EL ORIGEN DE LAS ESPECIES

14 biblioteca **edaf**

Charles Darwin

El origen de las especies

Traducción de Aníbal Froufe
Prólogo de Faustino Cordón

www.edaf.net
MADRID - MÉXICO - BUENOS AIRES - SAN JUAN - SANTIAGO
2012

Director de Biblioteca EDAF: Melquíades Prieto

Diseño de cubierta y de interiores: Gerardo Domínguez

Editorial Edaf, S. L. U.
Jorge Juan, 68. 28009 Madrid
http://www.edaf.net
edaf@edaf.net

Algaba Ediciones, S.A. de C.V.
Calle, 21, Poniente 3323, Colonia Belisario Domínguez
Puebla, 72180, México
Teléfono: 52 22 22 11 13 87
edafmexicoclien@yahoo.com.mx

Edaf del Plata, S. A.
Chile, 2222
1227 Buenos Aires (Argentina)
edafdelplata@edaf.net

Edaf Antillas, Inc.
Local 30 A 2, zona portuaria Puerto Nuevo
San Juan, PR-00920
Telf.: (787) 707-1792

Edaf Chile, S. A.
Coyancura, 2270, oficina 914. Providencia
Santiago, Chile
edafchile@edaf.net

6.ª edición de esta colección: septiembre 2014

ISBN: 978-84-414-2501-9
Depósito legal: M-43.649-2011

IMPRESO EN ESPAÑA — PRINTED IN SPAIN

Impreso por Cofas

Mas, por lo que se refiere al mundo material, podemos, al menos, llegar a esto: sospechamos que los hechos se producen, no por intervenciones aisladas del poder divino, ejercidas en cada caso particular, sino en virtud del establecimiento de leyes generales.

WHEWELL, *Bridgewater Treatise*

El único sentido claro de la palabra *natural* es el de *regulado, fijado o establecido;* puesto que tanto requiere y presupone lo que es natural un agente inteligente para realizarlo —esto es, que lo produzca continuamente o en momentos determinados—, como requiere lo que es sobrenatural o milagroso un agente que lo produzca una sola vez.

BUTLER, *Analogy of Revealed Religion*

Para concluir: por consiguiente, nadie, por un flaco concepto de sensatez o una moderación mal aplicada, piense o sostenga que un hombre pueda indagar mucho o aprender demasiado en el libro de la palabra de Dios, o en el libro de las obras de Dios —en la teología o en la filosofía—; sino, más bien, procuren los hombres un continuo progreso o aprovechamiento en ambas.

BACON, *Advancement of Learning*

Índice

CAPÍTULO III
LA LUCHA POR LA EXISTENCIA

CAPÍTULO IV
LA SELECCIÓN NATURAL, O LA SUPERVIVENCIA DE LOS MÁS APTOS

CAPÍTULO V
LEYES DE LA VARIACIÓN

CAPÍTULO VI
DIFICULTADES DE LA TEORÍA

CAPÍTULO VII

OBJECIONES DIVERSAS A LA TEORÍA
DE LA SELECCIÓN NATURAL

CAPÍTULO VIII

INSTINTO

CAPÍTULO IX
HIBRIDISMO

CAPÍTULO X
DE LA IMPERFECCIÓN DEL ARCHIVO GEOLÓGICO

CAPÍTULO XI
DE LA SUCESIÓN GEOLÓGICA DE LOS SERES ORGÁNICOS

CAPÍTULO XII
DISTRIBUCIÓN GEOGRÁFICA

CAPÍTULO XIII
DISTRIBUCIÓN GEOGRÁFICA
(Continuación)

CAPÍTULO XIV
AFINIDADES MUTUAS DE LOS SERES ORGÁNICOS. MORFOLOGÍA. EMBRIOLOGÍA. ÓRGANOS RUDIMENTARIOS

CAPÍTULO XV
RECAPITULACIÓN Y CONCLUSIÓN

Prólogo

ACOJO con calor la honrosa invitación que me hace el editor de prologar una nueva versión de *El origen de las especies por selección natural,* de Charles Darwin. Este libro [del que hemos celebrado recientemente los 150 años de su publicación], por su extraordinario fondo de verdad y consiguiente repercusión sobre el desarrollo de la biología, poseerá siempre un valor señero para el estudioso de la historia de esta ciencia. Pocos serán los biólogos actuales que no consideren al *Origen de las especies* como el libro de biología más importante nunca aparecido.

La obra de Darwin constituye la fuente más caudalosa del pensamiento biológico actual. La idea de que la riquísima gama de las especies actuales de animales y plantas procede de antepasados comunes muy sencillos, a partir de los cuales ha ido surgiendo a través de innumerables cambios insensibles producidos a lo largo de las eras geológicas, es una idea anterior a Darwin, pero que este difundió e impuso definitivamente al pensamiento contemporáneo. Además, Darwin descubrió, simultáneamente con Wallace, el mecanismo en virtud del cual evolucionan las especies —a saber, por selección natural de los individuos más aptos—, y presentó una incomparable suma de hechos en los que parece operar este mecanismo.

Sobre estas dos ideas rectoras del pensamiento de Darwin, los conocimientos biológicos anteriores a él se han podido reorganizar en sistemas de conocimientos científicos más claros y generales que los de la biología predarwinista. Por ejemplo, la zoología y la botánica sistemáticas, fundadas un siglo antes por Linneo sobre el concepto correcto de especie, habían ordenado las especies en un sistema de grupos denominado sistema natural; sin que se lo hubieran propuesto sus autores, este sistema presentaba la propiedad notable de que en él se subordinan los caracteres taxonómicos; pues bien, un conjunto de seres que puede clasificarse así, como apunta genialmente Darwin, necesariamente ha de tener comunidad de origen; de este modo, el cuerpo de doctrina biológico más importante que halló Darwin (la clasificación de las especies supuestas inmutables) encontró paradójicamente su explicación en el hecho de que las especies evolucionan y poseen un origen común.

Pero, además, el pensamiento darwinista ha planteado importantes cuestiones biológicas, resolubles por observación y por experimentación, que han dado lugar a ciencias nuevas (como la genética clásica, la genética de poblaciones, la ecología, la biogeografia, etc.) que han confirmado los supuestos darwinistas. Y, lo que refuerza aún más la solidez del darwinismo, esta doctrina ha terminado por dar su verdadero sentido a hechos que en un principio se pensó que contradecían a la selección natural (me refiero ante todo a los hechos descubiertos por la genética mendeliana).

En una palabra, la biología es otra desde Darwin: ha enunciado leyes más generales, se ha planteado problemas más profundos y ha adquirido un instrumento cognoscitivo particularmente eficaz para inquirir la naturaleza.

La evolución de las especies por selección natural es, pues, un proceso perfectamente confirmado por la ciencia. Es, por tanto, innecesario romper una lanza en favor del evolucionismo, y ni siquiera en favor del darwinismo, esto es, de la teoría que defiende que las especies evolucionan por selección natural. Para ayudar a que los lectores alejados de estos temas sitúen el libro de Darwin en el contexto de la ciencia actual, voy a limitarme a hacer unas sucintas consideraciones sobre los cuatro temas siguientes: alcance que Darwin dio a las ideas por él enunciadas y campo de conocimientos al que las aplicó; trascendencia general de estas ideas; influencia del darwinismo sobre el desarrollo de la biología; y, por último, nuevos campos científicos que es de prever que sean conquistados para la biología en un próximo futuro por la noción dialéctica de la evolución conducida por selección natural.

ALCANCE DEL DARWINISMO EN DARWIN

Darwin estaba convencido de que las especies evolucionan, y de que uno de los mecanismos principales por los que se produce la evolución, en el curso del tiempo, de una especie es por selección natural de los individuos más aptos.

Darwin llegó a convencerse del primer punto (de que las especies evolucionan) por el estado de la ciencia de su época, en el que el evolucionismo afloraba en muchas disciplinas (en la biología, en la geología con Lyell, en astronomía con Kant), y por la observación de la naturaleza; en sus propias palabras, «las relaciones geológicas que existen entre la fauna actual y la fauna extinta de América meridional, así como ciertos hechos relativos a la distribución de los seres organizados, me ha llamado la atención, con ocasión de mi viaje a bordo del *Beagle*, en calidad de naturalista».

Veamos ahora cómo Darwin descubrió su pensamiento básico y el carácter de este descubrimiento. El hecho de que las especies evolucionan por selección natural le fue sugerido a Darwin por las razas de animales domésticos y de plantas cultivadas que ganaderos y agricultores han producido y perfeccionan por selección artificial. Si bien se mira, esta inferencia fundamental de Darwin no es sino una deducción directa y correcta de ciencia experimental.

Claro es que, para corresponder al orden en que normalmente se verifican (o al menos se comunican) las inducciones experimentales, el proceso mental de Darwin hubiera tenido que recorrer el mismo camino que siguió, pero en sentido inverso. Una vez convencido de la evolución, hubiera tenido que partir, como hipótesis de trabajo (que le hubieran sugerido algunos hechos observados), de la idea de que los animales de una especie evolucionan en el curso de las generaciones porque tienden a dejar más descendencia los individuos más aptos para sobrevivir hasta el estado adulto en las condiciones normales de existencia, y luego hubiera tenido que idear un experimento que confirmara su hipótesis, es decir, hubiera tenido que verificar por actividad humana este presunto proceso natural. Este experimento no hubiera podido consistir más que en seleccionar sistemáticamente para padres a individuos de cualidades artificialmente convenidas y observar si se aprecia evolución de la estirpe de generación en generación. De haber procedido así, Darwin hubiera postulado y demostrado su teoría de un modo experimental canónico.

Ni que decir tiene que el proceso mental de Darwin recorrió el camino inverso; y, además, tuvo que ser así, porque el experimento que confirma su teoría era una práctica humana corriente. El proceso mental de Darwin, tal como se expone en su libro, puede sintetizarse del modo siguiente: Convencido de que las especies de animales y plantas evolucionan en estado natural, le preocupaba entender cómo se verifica este proceso; por otra parte, conocía perfectamente que las razas de animales domésticos y de plantas cultivadas son resultados artificiales de la selección humana de padres con cualidades apetecidas por el ganadero o el agricultor; del previo conocimiento del mecanismo que modifica, de generación en generación, a los animales y plantas por obra del hombre, dedujo cuál es el mecanismo que los modifica en condiciones naturales.

Pero el hecho de que Darwin haya sabido cómo actúa el hombre sobre las especies animales y vegetales antes de haber imaginado cómo lo hace la naturaleza no resta un ápice al valor demostrativo que aquel conocimiento tiene sobre la verdad de este. Bien al contrario, hasta la época contemporánea, los ganaderos y agricultores no han perfeccionado sus estirpes por una selección sistemática; y, no obstante, ha bastado el apego constante a los ejemplares que poseían en alto grado determinadas cualidades útiles, para que de antiguo se hayan ido seleccionando razas excelentes de animales domésticos y de plantas cultivadas. El hombre, durante milenios, ha practicado una selección tan ciega como la de la naturaleza, que hubiera resultado totalmente imposible si las especies de animales y plantas no fueran tan plásticas y moldeables por selección. En pocas palabras, la teoría de la selección natural de Darwin nació confirmada por la inmemorial práctica de la ganadería y de la agricultura, y, de hecho, explica la ley natural en que se apoya esta conquista milenaria.

Justifiquemos ahora, con el apoyo de hechos muy generales y admitidos por todos, el carácter necesario de la teoría de Darwin. El organismo animal es un conjunto coordinado que resulta de un proceso ontogénico irreversible y que está adaptado a un medio determinado para cada especie; en él se encuentran las células germinales, bien resguardadas de influencias externas y sobre las cuales no pueden actuar *coherentemente* las modificaciones que experimente durante su vida el cuerpo del animal (esto es, los caracteres adquiridos no se heredan). Pero si es inconcebible, como de hecho lo es, que el organismo adulto, al irse modificando por su peripecia, moldee de modo coherente con esta a sus células embrionarias, hay que deducir como conclusión incontrovertible que el medio de una especie no ha podido ajustarla a él moldeando directamente los cuerpos de los individuos adultos. En consecuencia, el medio ha ido moldeando las especies como el hombre las razas domésticas, por la selección de la descendencia de los individuos que nacen con cualidades que los hacen adecuados para vivir en él. Esto es lo que nos dice Darwin.

Darwin pasa a preguntarse de qué modo el medio de una especie selecciona a los individuos de ella (cómo el medio natural ejerce esta función que el hombre imita cuando actúa sobre sus animales domésticos y plantas cultivadas), y se dio la siguiente respuesta: Cada especie tiene un ámbito determinado, más o menos amplio y variable, que es el que conviene a sus necesidades, al que los biólogos denominan su hábitat o medio. Ahora bien, un hábitat, por extenso que sea, solo puede sustentar un número finito de ejemplares, que contrasta con lo ilimitado de la descendencia potencial de animales y plantas. Si todos los nacidos dejaran descendencia, la población de una especie rebasaría enseguida la capacidad de albergarla que posee el medio de la especie; así, es indudable que muchos de los nacidos mueren antes de reproducirse. Sobre estos supuestos, Darwin sentó el principio de que la muerte no hiere enteramente al azar, sino que tienen más probabilidad de vivir hasta reproducirse (y, por tanto, de transmitir sus cualidades individuales congénitas hereditarias) unos individuos que otros. De este modo, la naturaleza selecciona los individuos más aptos de cada especie, y esta va evolucionando de generación en generación. La teoría de Darwin tiene carácter científico en cuanto pretende explicar la evolución por un encadenamiento inteligible de causas y efectos. (Remite la explicación de un proceso a influencias del resto de la realidad.) Pero en favor de la absoluta generalidad con que opera la selección natural en la evolución de las especies (hecho este que no se atrevía a afirmar Darwin) habla el hecho de que su acción se funda en unas propiedades que parecen definir con gran generalidad a los seres vivos organizados en especies. Estas propiedades son: *primera,* que incluso en su medio natural están abocados y amenazados continuamente por la muerte; que tienen, pues, una inseguridad radical; *segunda,* que la capacidad intrínseca de reproducción de los seres vivos normales de todas las especies, por ser ilimitada, excede de la capacidad de su hábitat de acoger y alimentar a toda su descendencia posible; y, *tercera,* que se reproducen de un modo tal que los hijos suelen parecerse más a los padres que a otros individuos de la especie, y, además, que entre hijos de los mismos padres se da una variabilidad sobre la que pueden operar acciones selectivas. El hecho de que el mecanismo postulado por Darwin para explicar la evolución de las especies convenga con las características más profundas y generales de los seres vivos da a su teoría un carácter de verdad necesaria.

TRASCENDENCIA DE LAS IDEAS DE DARWIN

Deseo apuntar muy rápidamente que el edificio especulativo montado por Darwin para explicar la evolución de las especies tiene una trascendencia y alcance mayor que el que les dio Darwin mismo. Ya he señalado que Darwin pensaba que la selección natural no es sino uno de los mecanismos posibles (aunque tal vez el más importante) de los que determinan la evolución de las especies; ahora bien, de las cualidades de todos los seres vivos estructurados en especies (en comunidades de reproducción), se deduce que, normalmente (esto es, cuando está colmado el medio), el mecanismo único que moldea las especies es la selección natural. En este sentido, debemos ser hoy más darwinistas que Darwin.

Pero, en segundo lugar, las tres cualidades que imponen el que actúe la selección natural —1) la amenaza de muerte en su medio natural; 2) una capacidad de reproducción *sui géneris*, por mediación de seres más simples y pasando por un proceso ontogénico, y 3) la finitud del medio— no son exclusivas de los seres pluricelulares estructurados en especies a que se refería Darwin. Presentaban y presentan también estas cualidades otros seres vivos que poseen un nivel de complejidad esencialmente inferior a los vegetales y animales; nos referimos al protoplasma y a la célula. Los vegetales y animales están constituidos forzosamente de células, y las células lo están de protoplasma; y el protoplasma y la celula, antes de integrar seres más complejos, se originaron en sendas etapas evolutivas ancestrales, en la primera de las cuales, el protoplasma, y en la segunda, la célula, fueron los seres superiores de la biosfera. Como tanto el protoplasma como la célula poseen dichas tres propiedades, la evolución del protoplasma (cuando él era la culminación de la evolución biológica) y la evolución de la célula (cuando, a su vez, surgió esta como culminación de la evolución del protoplasma) hubieron, pues, de estar conducidas por selección natural.

Por la misma razón, la selección natural tiene que ser el mecanismo que presida también siempre la diversificación de las células que integran un organismo vegetal o animal en el curso del desarrollo ontogénico de este. Y lo mismo puede decirse, *mutatis mutandis*, de los ajustes actuales del protoplasma en el interior de células sometidas a un proceso cualquiera ontogénico que las diversifique.

En resumidas cuentas, la teoría de la selección natural de Darwin constituye la base teórica que explica no solo la fase de la evolución biológica en que evolucionaron las especies, surgiendo unas de otras, sino todas y cada una de las etapas de la evolución biológica desde el origen mismo de la vida, y que sigue operando actualmente. Pero, es más, la selección natural opera constantemente en los procesos de ontogénesis de cada ser vivo; la selección natural de las estructuras internas (en la concurrencia recíproca de las que son de un mismo nivel de complejidad) es lo único que explica el desarrollo ajustado y luego la conservación de los organismos.

Puede darse un paso más y afirmar, con el apoyo de razones que no es este lugar de exponer, que la selección natural condujo asimismo el proceso geológico ancestral del que surgió el protoplasma. Cabe, pues, decir que la selección natural precede a la vida misma.

Por último, la selección natural es el mecanismo que conduce a la etapa más alta de la evolución biológica terrestre, la evolución humana. En esta etapa, el sustrato de la evolución —lo que evoluciona— ya no son las especies animales en el marco de la fauna y de la flora, sino el hombre en el marco de la sociedad humana. El nuevo orden de relaciones hace que ya no se perfeccionen por selección las cualidades somáticas ni mentales con que nacen los hombres. Lo que en la nueva etapa evoluciona es la actividad social humana en sus tentativas de beneficiar la máxima cantidad de bienes de consumo de toda clase con el mínimo esfuerzo posible; las relaciones humanas para ejercer del mejor modo la actividad social dicha; el pensamiento humano que nace de dicha actividad para, a su vez, conducirla. Pues bien, es obvio que todo este perfeccionamiento, ya genuinamente humano, no se verifica más que por selección de lo que la experiencia demuestra que es mejor; y, es más, también es evidente que la selección perfecciona: 1) la actividad de cada hombre (aprendizaje) —conduciendo lo que, por similitud, podemos llamar la ontogenia de la etapa—, y 2) la experiencia humana integrada en los desarrollos históricos de la técnica, de la política y de la ciencia y el arte (conduciendo lo que podemos llamar la filogenia de la etapa).

La evolución por selección natural es, pues, un tipo de proceso de una gran generalidad. Tan grande que, probablemente, tiene el carácter de ley general de la realidad. Pero si es así, la evolución por selección natural (que determina el perfeccionamiento de los organismos amenazados de desaparición hasta elevarlos a organismos de un tipo superior) tiene que estar relacionada, que ser consecuencia y efecto de ellas, con otras leyes generales de la realidad. No es aventurado predecir que el descubrimiento de estas relaciones nos permitirá conocer mejor la realidad en su conjunto, y, en este sentido, puede decirse que Darwin ha puesto a la biología en camino de constituirse en ciencia básica, en maestra de otras ciencias.

Para terminar, digamos que un examen atento de la teoría de la selección natural ofrece la posibilidad de entender las relaciones entre la evolución biológica y tales leyes generales de la realidad. A este fin, parece muy prometedor investigar, en términos de los procesos generales de la realidad, a qué se debe la aparición de las tres cualidades dichas que hacen que un ser sea seleccionable. No cabe aquí ni iniciar este tema, pero quizá sea oportuno señalar, como ejemplo, la relación evidente que existe entre la selección natural y el segundo principio de la termodinámica. Hemos dicho varias veces que la primera cualidad que ha de poseer un ser para ser seleccionable es la de estar conminado a perecer en su medio natural; la muerte puede decirse que es el agente del perfeccionamiento, y, en último término, del origen de la vida. La tendencia a caer en el desorden con desvaloración de energía, que, como ley general de la realidad, se enuncia en dicho principio de la termodinámica, es lo que paradójicamente determina, en ciertas condiciones, la creación de un orden creciente. La teoría de la selección natural explica, pues, cómo, dentro del proceso evolutivo del conjunto de la realidad, se condicionan mutuamente los procesos que determinan un desorden creciente y aquellos en que se crea un orden creciente, como es el de la evolución biológica en la Tierra.

Baste lo señalado para que el lector advierta que la teoría descubierta por Darwin en el libro que tiene en las manos posee la trascendencia de descubrir un aspecto general de los procesos reales, y de constituir, por tanto, un instrumento capaz de afinarse de modo impredecible cuando se aplique más y mejor por la ciencia.

EL DARWINISMO Y LA BIOLOGÍA POSDARWINISTA

En el primer apartado de este prólogo («Alcance del darwinismo en Darwin») señalamos que la teoría de Darwin coronó la biología predarwinista, esto es, dio la clave de los hechos generales descubiertos y no interpretados por las ciencias naturales del pasado. Análogamente, hay que decir que la teoría de Darwin ha dado un impulso enorme a la biología, en la que ha provocado el desarrollo de ramas científicas nuevas; y, además, que la teoría de la selección natural (que en opinión de algunos autores parecía en contradicción con algunos hechos) ha terminado por dar la clave de estos, por situarlos a su verdadera luz, de modo que la teoría de la selección natural se considera hoy por la inmensa mayoría de los biólogos como una verdad definitivamente confirmada. Es patente que el descubrimiento de ciertos hechos nuevos, que parecían contradictorios con el darwinismo, hizo que, hacia los años veinte del pasado siglo, el crédito de esta teoría sufriera un oscurecimiento pasajero; pero hoy, la teoría de la evolución por selección natural está en el cenit de su prestigio. Y, como no podía dejar de ser, de este enfrentamiento con una rica gama de hechos antes desconocidos ha salido más perfecto y más complejo ese íntimo entramado de método científico y de concepto de la realidad que Darwin entregó en *El origen de las especies*.

Es evidente que para que pueda operar la selección natural tienen que darse entre padres e hijos dos relaciones: la *primera*, que los hijos de los mismos padres no sean iguales entre sí, sino que muestren cierta variación en algunos caracteres (que haga a unos individuos más aptos en su medio que otros), y, la *segunda*, que esta cierta variación tienda a ser hereditaria. Vemos, pues, que la teoría de la selección natural plantea el problema de la herencia biológica. Así pues, el estudio de la herencia, la genética, es un legado directo de Darwin, y ha constituido tal vez el campo de la biología en que se ha trabajado más desde principios del siglo XX.

Como no podía ser de otra forma, al mismo Darwin le preocupó mucho el problema de la herencia. Dedica una parte de su obra a estudiar la variación intraespecífica. Pero, además, enfoca el problema de la herencia de caracteres de padres a hijos, y su visión objetiva (por estar guiada por la verdad de su teoría) le hizo poner certeramente el acento sobre las cualidades esenciales que presenta la herencia en los vegetales y animales. Darwin, más o menos explícitamente, atribuye a la herencia de estos seres estas dos cualidades: *primera,* que no se heredan caracteres aisladamente, sino una pauta estructural y funcional conjunta en la que se distinguen caracteres, y, *segunda,* que las variaciones, respecto a los hermanos, no congénitas, sino adquiridas en el transcurso de la vida, no se heredan (los caracteres adquiridos no se heredan).

Esta es la noción de la herencia que conviene con la teoría de Darwin, teoría que, por primera vez, da una explicación objetiva, científica, de los seres vivos en términos de efectos de su medio. Darwin opina que la selección hace evolucionar una especie, esto es, perfecciona su ajuste al medio, mediante el progresivo afinamiento, por pasos insensibles, del concierto armónico de cualidades preexistentes, que ya la definían por su previo ajuste al medio. Para Darwin sería inconcebible una evolución producida por surgimiento, en los animales o plantas de una especie, de cualidades nuevas, anómalas (incoherentes con su medio, sin historia evolutiva). El modo darwinista de entender la herencia y la evolución conviene con el principio de la coherencia de la realidad, que es el postulado necesario para que se pueda allegar conocimiento científico, y, aún más, toda forma de experiencia.

La genética, pues, es una ciencia del siglo XX que procura responder a problemas puestos en primer plano por la teoría de la selección natural. ¿Qué nos dice hoy esta ciencia respecto a la noción de la herencia de Darwin? Cada vez es más evidente que los hechos conocidos confirman ya de modo incontrovertible la noción darwinista de la herencia.

Una rama importante de la genética, la genética clásica o mendeliana, estudia la herencia individual de un determinado carácter. Veamos muy sucintamente la significación y el valor que los conocimientos conseguidos por esta ciencia tienen para la teoría de la selección natural. Tanto los fenómenos de segregación mendeliana como el papel de los cromosomas en la herencia, lo que demuestran es el mecanismo de la herencia al nivel celular y la firmeza y continuidad de este mecanismo. En resumidas cuentas, explican por qué las células resultantes de la partición de otra se asemejan a ella, y, en particular, por qué las células sexuales producidas por un individuo se asemejan a las células sexuales de cuyo cruzamiento él procede. También demuestran que las *diferencias* que se observan entre las células sexuales producidas por un organismo y las células sexuales que le dieron origen se deben: 1) a alteraciones que circunstancialmente haya sufrido uno de los gametos (mutaciones), y 2) al modo distinto de producirse los diversos gametos de un organismo por la gran variedad de modos posibles de producirse la segregación de una misma dotación cromosómica en la meiosis; y que, en cambio, tales diferencias son independientes del proceso ontogénico del animal adulto que las porta. En conclusión, los hechos de la genética clásica, de acuerdo con la teoría de la selección natural, demuestran y explican el hecho de que los caracteres adquiridos no se hereden.

Una rama más moderna de la genética, la genética de poblaciones, ha estudiado cómo evolucionan el genotipo y el fenotipo en grupos de animales de una especie dada que tengan posibilidad de cruzarse libremente unos con otros. La descendencia probable de un organismo depende no solo de su propia dotación hereditaria (de su genoma), sino de los genomas más frecuentes en los animales coespecíficos con que pueda cruzarse. Esta genética moderna (armada con los conocimientos analíticos que le proporcionó la genética clásica) vuelve, pues, la atención en la misma dirección que interesaba a Darwin. En efecto, vuelve a estudiar la evolución de las especies en su medio natural; únicamente que (gracias a la genética clásica) puede evaluar la importancia de un dato del medio que no podía precisar el gran naturalista, a saber, el genotipo de las comunidades de reproducción en que están distribuidos los animales de cada especie. Pues bien, los resultados de la genética de poblaciones (que pueden estudiarse bien en el libro de Dobzhansky,

Genética y el origen de las especies, y en el de Mayr, *La especie animal y la evolución*) confirman, como no podía menos de ser, el papel rector de la selección natural en la evolución. Pero, además, estos resultados demuestran que la selección natural nunca opera seleccionando caracteres del fenotipo surgidos bruscamente (esto es, por un trastorno de la herencia al nivel celular, por mutación); sino que, de acuerdo una vez más con las nociones de herencia darwinistas, lo que la selección va perfeccionando son cualidades preexistentes, que surgen de la combinación de genomas normales de la población, cualidades sobre las que continuamente insiste hasta llevarlas a un alto grado de ajuste al medio.

Por otra parte, la genética de poblaciones rechaza la noción de la herencia particulada que considera que el cigote posee «genes» entendidos como entidades discretas portadoras de caracteres «abstractos» del fenotipo. Si los caracteres no son ni significan nada aisladamente en el organismo desarrollado, ¿cómo van a estar dados en clave, aisladamente, en el cigote? La genética de poblaciones demuestra que los hijos heredan de los padres toda una constitución integrada anatómico-funcional. Los «genes», según los genéticos de poblaciones, son pleiotrópicos, esto es, influyen cada uno sobre muchos caracteres, y se interinfluyen en sus efectos de modo múltiple. En consecuencia, la selección natural no selecciona «genes» aislados (caracteres aislados), sino «constelaciones armónicas de genes» que dan origen a individuos armónicamente adaptados al medio. De este modo, la genética de poblaciones (reaccionando frente al concepto realmente sustantivo o mágico de gene como el origen interno misterioso de un carácter, y frente al de especie como un monstruo con porvenir surgido de una mutación fortuita) vuelve a la noción científica de la herencia fusionada que parecía estar ya suficientemente probada por la subordinación de caracteres en todo el sistema natural.

DESARROLLO PREVISIBLE DEL PENSAMIENTO DE DARWIN

Mi entusiasmo por el pensamiento de Darwin no es, por decirlo así, platónico, sino que nace de la convicción del gran provecho científico que cabe esperar de su desarrollo futuro. Ahora bien, para beneficiar este provecho es necesario percibir las limitaciones del pensamiento de Darwin y del darwinismo actual. Procuraré dar una sucinta idea de cómo entiendo estas limitaciones.

Aparte del descubrimiento de la selección natural (esto es, del mecanismo general de la evolución, y no solo de la de los animales y plantas), me parece que el gran mérito de Darwin fue demostrar que los animales y plantas son seres que pueden ser objeto de conocimiento científico, ya que sus estirpes son modificables por acciones de su medio natural; dio como prueba la creación por el hombre de razas domésticas. Comparte esta gloria con Pavlov, que probó que los animales pueden ser objeto de conocimiento científico también en su conducta individual, ya que esta conducta depende de acciones de su medio natural; dio como prueba la creación por el hombre de reacciones condicionadas.

La gloria de estos dos grandes hombres de ciencia es la de ser los dos experimentadores que sometieron a experimentación (a acción humana) por primera vez a los organismos vivos como un todo: a los animales y plantas, en la filogenia, Darwin; y a los animales en su ontogenia, Pavlov. Este es un doble paso definitivo, ¿cuál es su limitación?

Darwin explica la evolución de una especie por la elección practicada por el medio natural (de la que es paradigma la selección humana) de los individuos de la especie que son más aptos para vivir en él. Esta explicación es correcta y está perfectamente probada, pero plantea un nuevo problema: ¿en qué consiste ese medio seleccionador en sentidos distintos de todas y cada una de las especies? Por su parte, Pavlov define la actividad animal por la aptitud de reaccionar adecuadamente al medio, mediante la adquisición de reflejos condicionados frente a estímulos ambientales coincidentes en el tiempo, a semejanza de los estímulos que le ofrece el experimentador. La inferencia de Pavlov es, asimismo, correcta, pero ¿en qué consiste ese medio capaz de ofrecer a todos los animales asociaciones temporales de estímulos adecuados para conformar las actividades peculiares de todas y cada una de las especies?

Podemos decir, en resumen, que Darwin y Pavlov *descubren sendas propiedades comunes a todos los medios* de las distintas especies. Darwin nos dice, implícitamente, que el medio de una especie tiene la aptitud de seleccionar sus individuos por unos determinados caracteres anatómicos, fisiológicos y de conducta en los que insiste hasta lograr un fenotipo bien definido que luego mantiene cientos de miles de años. Pavlov nos dice, por su parte, implícitamente, que el medio natural de una especie animal tiene la aptitud de brindar asociaciones temporales de estímulos fijas, gracias a las cuales todos los individuos de ella reaccionan de manera semejante ante las mismas circunstancias; también es muy persistente esta propiedad del medio de una especie, ya que la conducta específica permanece inalterada en tanto que perdure la especie.

Los ecólogos actuales estudian a los animales en términos de sus relaciones con el medio, pero entienden por medio de un animal a un conjunto de innumerables datos heterogéneos de su entorno (químicos, físicos y bióticos); muchos de estos datos son comunes a los medios de muchas especies, y, en todo caso, se dan como una suma inconexa. Pero de Darwin y Pavlov puede sacarse la enseñanza de que el medio de cada especie posee dos propiedades importantes: 1) la de seleccionar las determinadas cualidades que definen a la especie, y 2) la de brindar sistemáticamente ciertas coordinaciones de estímulos que eduquen y mantengan el modo de reaccionar propio de la especie. Por la posesión de estas dos cualidades hemos de inducir qué es lo que sea, en general, el medio de una especie, y, en particular, el medio de cada especie.

Sin embargo, paradójicamente, Darwin y Pavlov, y los darwinistas y pavlovianos actuales, no ven el medio sino como el entorno general en que viven confundidamente innumerables especies. Pero, precisamente siguiendo su dirección de pensamiento, llegamos, como hemos visto, a la conclusión de que este medio general (la biosfera y sus nichos ecológicos) está estructurado en medios peculiares de las especies, cada uno de los cuales es: 1) capaz de seleccionar los individuos que continuarán la especie, según Darwin, y 2) capaz de moldear la actividad de todos los individuos, según enseña Pavlov.

En otro lugar hemos razonado nuestra convicción de que lo que define el medio de una especie viene dado: *a)* por las especies con la que la especie dada está en relación frecuente, y *b)* por los modos, fijos, de reaccionar mutuamente los individuos de la especie dada con los de cada una de las especies de su entorno (incluida la propia). Parece evidente que el medio de una especie, así concebido, por una parte selecciona, al modo darwinista, y por la otra brinda asociaciones fijas de estímulos, al modo pavloviano.

Al llegar a este punto, hemos de hacer una observación. Nuestro modo de abordar el problema remite, al modo objetivo de Darwin y Pavlov, la explicación de los animales y plantas a su medio, de acuerdo con el principio de la coherencia de la realidad, básico de la ciencia experimental. Pero procura dar un paso más, y considera que el mantenimiento de un ser exige procesos ambientales dirigidos y estables, y que la evolución de un ser exige la evolución congruente de sus procesos ambientales. De acuerdo con ello, creemos que hay que buscar la explicación de los animales y plantas en la definición de los medios congruentes con cada uno de ellos (simples en los animales inferiores, complejos en los superiores), y la explicación de la evolución de animales y plantas en la evolución simultánea de los medios respectivos; todo ello de acuerdo con el principio básico de la ciencia evolucionista de que la realidad constituye un proceso integrado de evolución conjunta. Esta consideración de la evolución conjunta de los animales en términos de las interacciones de su actividad ha de ser tarea de la biología en un futuro inmediato.

El hecho de que una especie tenga el doble aspecto de organismo en evolución y de elemento constituyente del medio de otros organismos explica la evolución coherente de todas las especies y de sus medios respectivos. La fauna y la flora, en su conjunto, están sometidas a un único proceso de evolución integrada que he analizado en otro lugar. Aquí voy a limitarme a señalar dos conclusiones del descubrimiento de esta ley. La *primera* es que explica el proceso de la especiación, esto es, la formación de especies nuevas *: el ajuste progresivo de la conducta de unas especies ante otras llega a sentar las condiciones para que se produzcan conductas con un grado más de especialización, base de la diferenciación de una especie en dos, lo que a su vez complejiza los medios, etc. La *segunda* es que explica un hecho fundamental de la evolución biológica, y, aún más, de la evolución conjunta de la realidad: cómo se originan seres cualitativamente distintos (definidos por un nuevo modo de acción y sometidos a un nuevo proceso de evolución conjunta) como culminación de la etapa precedente de evolución conjunta; por ejemplo, cómo surgió el hombre (definido por un nuevo modo de acción, el pensamiento, y por un nuevo coorden de medios, las relaciones sociales) como culminación de la evolución conjunta de todos los animales.

Una tarea apremiante de la biología es definir y distinguir claramente, por su proceso de origen (esto es, por el proceso conjunto de toda la realidad estructurada hasta el nivel inferior), a las grandes jerarquías de seres vivos (el protoplasma, la célula, el animal y, en cierto sentido, el hombre), definidas por modos de acción cualitativamente distintos y por sendos procesos de interacción coherente.

Naturalmente que, por su proceso de origen, en el modo de acción de un nivel alto se integra el modo de acción del nivel inferior y su medio. En consecuencia, no se puede entender un organismo vivo sin comprender el juego dialéctico: *a)* del conjunto de seres que integran cada nivel inferior, interactuando por selección natural dentro del medio que les corresponde (células entre sí dentro del animal, interacción protoplásmica dentro de la célula), y *b)* de la influencia recíproca entre los modos de acción de distintos niveles, que son sumamente notables, ya que la acción

* Darwin estudió el mecanismo por el que evoluciona una especie dada, no el mecanismo en virtud del cual una especie se desdobla en dos (especiación). Los genéticos de poblaciones abordan las condiciones de reproducción necesarias para que se produzca la especiación, pero no las condiciones esenciales, que son las dadas por la evolución del medio propio de la especie.

del nivel alto gobierna el bajo por constituir su medio integrado, pero, a la vez, no puede percibir directamente su acontecer particular, por ser de índole cualitativamente distinta y superior.

Solo la comprensión plena de este doble juego dialéctico permitirá entender las cualidades de los organismos, no de un modo sustantivo, sino como resultado determinado de procesos del medio. Es decir, explicará cómo una sucesión de medio coherentes va conformando cada protoplasma, cada célula, cada animal, cada hombre, en sucesivas etapas ontogénicas en las que se alberga lo elaborado en un nivel inferior y se le multiplica y diferencia por el medio estructurado propio.

FAUSTINO CORDÓN

Bibliografía

OBRAS ESCOGIDAS DE DARWIN

Narrative of the Surveying Voyages of Her Majesty's Ships «Adventure» and «Beagle» between the years 1826 and 1836, etc. (*Journal and Remarks*, vol. III, 1839). «Narración de los viajes de estudio de los buques de la marina británica *Adventure* y *Beagle* («Sabueso») durante los años 1826-1836», etc. («Diario y notas», vol. III), 1839.

Journal of Researches into the Natural History and Geology of the Countries visited during the Voyage of H. M. S. «Beagle» round the World, etc. «Diario de investigaciones de la historia natural y de la geología de los países visitados durante el viaje del *Beagle* alrededor del mundo», etc.; segunda edición, con correcciones y adiciones, 1845.

A Naturalist's Voyage (Journal of Researches, etc.), «Viaje de un naturalista» («Diario de investigaciones», etc.); 1860 [1].

Zoology of the Voyage of H. M. S. «Beagle», «Zoología del viaje del *Beagle*», en cinco partes (mamíferos fósiles, mamíferos, aves, peces y reptiles), 1840-43.

The Structure and Distribution of Coral Reefs, «La estructura y distribución de los arrecifes de coral». (Primera parte de la geología del *Viaje del «Beagle»*), 1842; segunda edición, 1874.

[1] De la serie de obras sobre el «Viaje del *Beagle*», esta es sin duda la traducida en España con el título: *Diario del viaje de un naturalista alrededor del mundo en el «Beagle»*.

Geological Observations on the Volcanic Islands visited during the Voyage of H. M. S. «Beagle», «Observaciones geológicas sobre las islas volcánicas visitadas durante el viaje del *Beagle»* (Geología del *Viaje del «Beagle»)*, segunda parte, 1844; tercera parte, 1846; segunda edición, 1876.

A Monograph of the Fossil Lepadidae; or Pedunculated Cirripedes of Great Britain, «Monografía de los *Lepadidae* fósiles, o cirrípedos pedunculados de Gran Bretaña», 1851.

The Balanidae (or Sessile Cirripedes), etc., «Los balánidos (o cirrípedos sésiles)», etc., 1851.

A Monograph of the Fossil Balanidae and Verrucidae of Great Britain, «Monografía de los balánidos y *Verrucidae* fósiles de Gran Bretaña», 1854.

Of the Origin of Species by means of Natural Selection, or the Preservation of Favoured Races in the Struggle for Life, «Del origen de las especies por medio de la selección natural, o la conservación de las razas favorecidas en la lucha por la vida», 1859; segunda edición, 1860; tercera edición, con adiciones y correcciones, 1861; cuarta, quinta y sexta ediciones, cada una con adiciones y correcciones, 1866, 1869 y 1877.

On the Various Contrivances by which Orchids are Fertilized by Insects, «De los diferentes artificios mediante los cuales las orquídeas son fecundadas por los insectos», 1862; segunda edición, 1877.

The Movements and Habits of Climbing Plants, «Los movimientos y costumbres de las plantas trepadoras», 1875.

The Variation of Animals and Plants under Domestication, «La variación de los animales y de las plantas en domesticidad», 1868; segunda edición revisada, 1875.

The Descent of Man, and Selection in Relation to Sex, «La descendencia del hombre, y la selección en relación al sexo», 1871; segunda edición, aumentada y corregida, 1874[2].

[2] Esta es la otra obra famosa de Darwin, conocida con el título de *El origen del hombre*.

The Expression of the Emotions in Men and Animals, «La expresión de las emociones en los hombres y en los animales», 1872 [3].

Insectivorous Plants, «Plantas insectívoras», 1875.

The Effects of Cross and Self Fertilisation in the Vegetable Kingdom, «Los efectos del cruzamiento y de la autofecundación en el reino vegetal», 1876; segunda edición, 1878. (Libro que sirve de complemento al de la fecundación de las orquídeas por los insectos.)

The Different Forms of Flowers on Plants of the same Species, «Las diferentes formas de flores en plantas de una misma especie», 1877; segunda edición, 1880.

The Power of Movement in Plants (ayudado por F. Darwin), «La facultad de movimiento en las plantas», 1880. (Libro que complementa al que trata de los movimientos de las plantas trepadoras.)

The Formation of Vegetable Mould, through the Action of Worms, etc., «La formación del moho vegetal por la acción de los gusanos», etc., 1881.

Las memorias científicas de Darwin aparecieron en las actas de diversas sociedades, como la *Geological Society,* la *Zoological Society,* la *Geographical Society* y la *Linnean Society;* en la *Annual Magazine of Natural History* («Revista Anual de Historia Natural», 1835-82) y en otras más. (Un ensayo póstumo sobre el instinto se publicó en la obra titulada *Mental Evolution in Animals,* «La evolución mental de los animales», de Romanes, 1883.)

[3] Esta sugestiva obra de Darwin no iba a ser más que una capítulo de *El origen del hombre*.

OBRAS DE CONSULTA

Life and Letters of Charles Darwin, including an Autobiographica 1 Chapter, «Vida y cartas de Charles Darwin, con un capítulo autobiográfico», editada por F. Darwin, tres volúmenes, 1887.

The Complete Extant Correspondence between Wallace and Darwin, 1857-1881, «La correspondencia completa de que hay noticia entre Wallace y Darwin, 1857-1881», 1916.

L. HUXLEY: *Charles Darwin,* 1912.

ARTHUR KEITH: *Darwinism and its Critics,* «El darvinismo y sus críticos», 1935.

P. B. SEARS: *Charles Darwin: naturalist as cultural force,* «Charles Darwin o el naturalista como fuerza cultural», 1950.

Adiciones y correcciones al texto en las sucesivas ediciones de la obra

PARA dar por completo las revisiones posteriores que Darwin hizo al texto, se requeriría una edición *variorum* [1] muchísimo más amplia que la sexta, tal como aquí se reimprime. Para que fuese totalmente acabada, tendría que dar cuenta del borrador original de la obra, en sus dos ensayos, escrito dieciséis años antes de que se publicase *El origen de las especies*, y que únicamente fue impreso por su hijo Francis Darwin, en 1902. El presente sumario [2]

[1] Edición de una obra clásica con comparación de textos y notas según se han impreso por los diversos editores y comentaristas.

[2] En 1837 comenzó Darwin su cuaderno de notas de lo que veinte años más tarde será su obra famosa. En 1842 escribe el primer borrador de su bosquejo, que amplía en 1844. En 1856, por consejo de Lyell, inició un compendio detallado de sus notas, que interrumpió, sin publicar —hubiese sido cuatro o cinco veces más extenso que el presente volumen—, en 1858, al recibir la memoria de míster Wallace, que se publicó, junto con un resumen de sus ideas, en el *Journal of the Linnean Society.* Por consejo de Lyell y Hooker, y por el escaso interés que había despertado ese resumen, trabajó desde septiembre de 1858 en la preparación de un compendio que extractaba el más amplio iniciado en 1856, y el 24 de noviembre de 1859 se publicó la primera edición de la famosa obra —los 1.250 ejemplares de la primera impresión se vendieron el mismo día que salió al público—; la segunda edición se publicó el 7 de enero de 1860; la tercera, con adiciones y correcciones, en 1861, y la cuarta, quinta y sexta, cada una con adiciones y correcciones, en 1866, 1869 y 1877, respectivamente. La obra se publicó con este título: *Of the Origen of Species by means of*

abarca la lista de adiciones y de otros cambios en el texto realizados por Darwin durante las varias reimpresiones de la obra. Como él mismo indicaba al lector, numerosas y pequeñas correcciones se hicieron en las sucesivas ediciones sobre diversos asuntos, a medida que la evidencia se fortalecía o se debilitaba. Las correcciones más importantes y las adiciones más sobresalientes se registran en las tablas de las páginas siguientes. La segunda edición fue poco más que una reimpresión de la primera. La tercera edición fue ampliamente corregida y aumentada, y la cuarta y quinta ediciones fueron aún más ampliamente revisadas.

ADICIONES DEL AUTOR
SEGUNDA Y TERCERA EDICIONES (1861)

1 Casos de correlación de color y propensión al veneno.

2 Sobre la improbabilidad de que se presenten súbitas e importantes modificaciones de forma.

3 De la doctrina recientemente expresada por algunos naturalistas de que los animales no presentan variaciones de ninguna clase.

4 Se expone más claramente el significado del término «especies dominantes».

5 Ampliación acerca de la dependencia de la fecundación del trébol respecto de las visitas de los insectos.

6 Respuesta a varias objeciones al término «selección natural».

Natural Selection, or the Preservation of Favoured Races in the Struggle for Life («Del origen de las especies por medio de la selección natural, o la conservación de las razas favorecidas en la lucha por la vida»), y en su portada se leía «An Abstract on the Origen of Species and Varieties Through Natural Selection», by Charles Darwin, M. A. Fellow of the Royal, Geological, and Linnean Societies. London, 1859 («Compendio sobre el origen de las especies y de las variedades, etc.»). Pero el título ya clásico universalmente es *The Origin of Species* («El origen de las especies»).

7 Acerca de las dos presunciones de una cuantía indeterminada o determinada de variación.

8 Se exagera la facultad de reversión.

9 Idea errónea de la eficacia del tiempo por sí solo para producir cambios.

10 De la acumulación accidental de variaciones semejantes que se efectúan apenas sin la ayuda de selección.

11 De la tendencia de la organización a progresar.—De la coexistencia actual de los seres orgánicos superiores e inferiores.—Dificultad de concebir cómo se modificaron, en la aurora de la vida, los seres más sencillos.—Se examinan diversas objeciones.—Sobre la consecuencia.—De la multiplicación indefinida de formas específicas.

12 De las mutilaciones que son hereditarias.

13 Se amplía y se corrige la cuestión de la ceguera de los animales cavernícolas.

14 Se amplía el caso del pájaro carpintero terrícola.

15 Se amplía acerca de la modificación del ojo.

16 Sobre los frenos ovígeros de los cirrípedos.

17 De los efectos del poco ejercicio y la abundante comida.

18 Sobre las variaciones de las costumbres de las abejas.

19 Corrección acerca del grosor de las paredes de las celdillas de las abejas.

20 Sobre variaciones relacionadas en los instintos y en la conformación, no necesariamente simultáneas.

21 Breve ampliación sobre la fecundidad de variedades cruzadas.

22 Se omite el cómputo del tiempo necesario para la denudación del Weald. «Me he convencido —dice Darwin— de su inexactitud en varios aspectos, por un excelente artículo publicado en la *Saturday Review* el 24 de diciembre de 1859.»

23 Se modifica parcialmente la cuestión de sedimentación durante hundimiento.—Acerca de la denudación completa de todas las formaciones que en otro tiempo han debido cubrir áreas graníticas.

24 De las leves modificaciones que evidentemente han experimentado las formas terciarias más recientes.

25 Acerca de la naturaleza de los *links* (eslabones) entre las especies pasadas y actuales, que la geología ha revelado en unos casos y en otros no.

26 Acerca de los primitivos eslabones de transición.

27 El caso de las pisadas fósiles de aves en Estados Unidos se añade en la segunda edición, en lugar del de la ballena, que es dudoso.

28 Sobre la falacia de que el tamaño grande o la robustez libre a los animales de extinción.

29 Ampliación acerca del grado de desarrollo de las formas orgánicas vivientes comparadas con las antiguas.

30 Hechos adicionales a la acción glaciar de otro tiempo en la cordillera [3] de América del Sur.

31 Sobre el cruzamiento que mantiene sin modificación a las aves de la isla de Madeira y de las Bermudas, se añade en la segunda edición.

32 Se añade un pasaje sobre la autoridad de Von Baer respecto a la semejanza embrionaria de los animales vertebrados.

33 La distinción entre órganos nacientes y rudimentarios se indica en la segunda edición.

34 Acerca del apoyo teológico de la argumentación general añadido en la segunda edición y en la presente.

35 Se amplía la cuestión sobre la probabilidad de que todos los seres orgánicos desciendan de una sola forma primordial.

CUARTA EDICIÓN (1866)

1 Se da noticia [4] del trabajo del doctor Wells, en el que por vez primera se propugna claramente la doctrina de la selección natural aplicada al hombre.

2 Se amplía la relación de las opiniones del profesor Owen y se da noticia de las opiniones de algunos otros naturalistas [4].

[3] En castellano en el original siempre que se refiere a los Andes.

[4] Todas ellas en el *Bosquejo histórico* del autor, que se da a continuación.

3 Se añaden hechos sobre el origen múltiple y la antigüedad de algunas de nuestras plantas de cultivo y animales domésticos.

4 De los animales y plantas dimorfos y trimorfos.

5 De míster Wallace, acerca de diversas formas locales del archipiélago malayo.

6 De míster B. D. Walsh, sobre las variedades y especies fitofágicas.

7 De míster Alphonse de Candolle, sobre la variabilidad de los robles.

8 Se corrige y se aumenta sobre la fecundación del trébol por himenópteros.

9 Se consideran objeciones adicionales a la teoría de la selección natural.

10 De míster Walsh, sobre variabilidad uniforme.

11 Se da un ejemplo sorprendente de un potro con rayas.

12 De sir J. Lubbock, acerca de un insecto himenóptero buceador.

13 Se corrige y se aumenta la cuestión acerca de la graduación de la estructura del ojo.

14 Los modos de transición se ejemplifican más extensamente.

15 Se amplía sobre los órganos eléctricos de los peces.

16 De Fritz Müller, acerca de los órganos semejantes en función pero diferentes en estructura que se han adquirido por selección natural. Sobre el mismo propósito, cuando se han adquirido a menudo por los medios más varios.

17 Acerca de cómo se adquirió la belleza mediante selección natural.

18 Se trata más detenidamente de los instintos del cuclillo.

19 Del profesor Wyman, sobre las irregularidades en las celdillas de las abejas.

20 Se ilustra más ampliamente la producción de insectos neutros.

21 Sobre la fecundidad del cebú cuando se cruza con el ganado vacuno europeo.

22 La esterilidad de las especies cruzadas y de los híbridos no se adquiere por selección natural.

23 Sobre la muerte prematura del embrión de especies cruzadas.

24 Acerca de la esterilidad peculiar de las plantas dimorfas y trimorfas, en cuanto que arroja luz sobre la esterilidad de los híbridos.

25 Los periodos durante los cuales las especies han experimentado modificaciones son probablemente cortos en comparación con aquellos en que han permanecido invariables.

26 Sobre el *Eozoon* de la formación laurentina de Canadá.

27 De ciertas formas que no han progresado en organización desde los periodos más remotos.

28 Sobre el número de semillas contenidas en pequeñas porciones de tierra.

29 Toda la discusión sobre el periodo glaciar del mundo, ampliamente corregida y aumentada.

30 Corrección respecto al número de aves terrestres que viven en la isla de Madeira.

31 De la resistencia a la inmersión en el agua del mar de los moluscos terrestres.

32 De Fritz Müller, acerca de la importancia exagerada de los caracteres embriológicos para la clasificación.

33 De míster Bates, sobre las mariposas miméticas de América del Sur.

34 Toda la discusión sobre embriología y desarrollo se amplía considerablemente, en especial por las obras de Fritz Müller y sir J. Lubbock.

QUINTA EDICIÓN [1869]

1 Se corrige la referencia de las opiniones del profesor Owen sobre las especies.

2 De las causas de variabilidad.—Límites de variación en estado doméstico.

3 Sobre la gran importancia de las diferencias individuales y sobre la intrascendencia de las variaciones únicas.

4 De Moritz Wagner, sobre la importancia del aislamiento en la formación de las especies.

5 De Fritz Müller, sobre el pez lanza, que no compite con peces de organización superior.

6 Las opiniones de Bronn y Nägeli acerca de que los caracteres que son importantes desde un punto de vista morfológico, pero fisiológicamente intrascendentes, no son debidos a la selección natural.

7 Corrección acerca de las causas de variabilidad.

8 Adiciones respecto a los instintos del cuclillo.

9 Casos adicionales de plantas que puedan cruzarse con una especie distinta, pero que son infecundas con el polen de una misma planta individual.

10 Se corrige la discusión acerca de las plantas dimorfas y trimorfas.

11 Se corrigen las conclusiones respecto a la fecundidad de las variedades cuando se cruzan, en contraste con la de las especies.

12 Infecundidad de las variedades de *Verbascum* cuando se cruzan.

13 Sobre denudación al aire libre.

14 De la velocidad de denudación al aire libre, medida en años, y de la probable velocidad del cambio de las especies.

15 Ausencia de restos orgánicos en ciertas formaciones sedimentarias importantes.

16 Variedades intermedias dentro de una misma formación.

17 La edad de la Tierra en condiciones de habitabilidad.

18 De las plantas monocotiledóneas en la formación cámbrica.

19 Del profesor Gaudry, sobre los caracteres intermedios de los mamíferos fósiles del Ática, y del profesor Huxley, sobre las formas conexas entre aves y reptiles.

20 Del profesor Günther, sobre la gran proporción de peces en común a ambos lados del istmo de Panamá.

21 Casos de langostas que transportan semillas.

22 Sobre semillas vivas en la tierra adherida a la pata de una chocha.

23 De míster Croll, sobre periodos glaciares alternos de los hemisferios boreal y austral, y la relación de esta conclusión con la distribución geográfica.

24 Del profesor Haeckel, sobre filogenia, o las líneas genealógicas de todos los seres orgánicos.

25 Toda la discusión sobre embriología se corrige en detalles pequeños.

26 De míster G. H. Lewes, sobre la estructura inútil de la larva de la *Salamandra atra.* Toda la discusión sobre los órganos rudimentarios ha sido levemente modificada.

27 Del profesor Weismann, sobre la futulidad de la idea de que los órganos rudimentarios completan el esquema de la naturaleza.

28 Acerca de la cuestión de si aparecieron primero una o muchas formas orgánicas.

SEXTA EDICIÓN [1877]

1 Influencia de la destrucción fortuita en la selección natural.

2 Sobre la convergencia de las formas específicas,

3 Se modifica la referencia del pájaro carpintero terrícola de La Plata.

4 De la modificación del ojo.

5 Transiciones por la aceleración o retraso del periodo de reproducción.

6 Se amplía la relación de los órganos eléctricos de los peces.

7 Semejanzas analógicas entre los ojos de los cefalópodos y de los vertebrados.

8 De Claparède, sobre la semejanza de los órganos de los acáridos para agarrarse al pelo.

9 El uso probable del cascabel de la serpiente de cascabel.

10 De Helmholtz, sobre la imperfección del ojo humano.

11 La primera parte de este capítulo nuevo (cap. VII) consta de párrafos, muy modificados, tomados del capítulo IV de las ediciones anteriores. La parte última y más extensa es nueva, y se re-

fiere principalmente a la pretendida incapacidad de la selección natural para explicar las fases incipientes de las estructuras útiles. Hay también una discusión sobre las causas que impiden en muchos casos la adquisición por selección natural de estructuras útiles. Por último, se exponen los motivos para la incredulidad en modificaciones grandes y repentinas. También se consideran aquí incidentalmente las gradaciones de caracteres, acompañadas a menudo por cambios de función.

12 Se confirma la afirmación respecto a que las crías de cuclillos arrojan del nido a sus hermanos de crianza.

13 Sobre las costumbres del *Molothrus*, semejantes a las del cuclillo.

14 De las polillas híbridas fecundas.

15 Se condensa y se modifica la discusión acerca de que la fecundidad de los híbridos no se ha adquirido por selección natural.

16 Se aumenta y se corrige la cuestión en torno a las causas de la esterilidad de los híbridos.

17 *Pyrgoma* encontrado en el Cretáceo.

18 Formas extinguidas que sirven para enlazar grupos existentes.

19 De la tierra adherida a las patas de las aves migratorias.

20 Acerca de la amplia distribución geográfica de una especie de *Galaxias*, pez de agua dulce.

21 Se desarrolla y se modifica la discusión acerca de las semejanzas analógicas.

22 Estructura homológica de las patas de ciertos animales marsupiales.

23 Correcciones acerca de los homologías en serie.

24 De míster E. Ray Lankester, sobre morfología.

25 De la reproducción asexual del *Chironomus*.

26 Correcciones acerca del origen de las partes rudimentarias.

27 Se corrige la recapitulación sobre la esterilidad de los híbridos.

28 Se corrige la recapitulación sobre la ausencia de fósiles anteriores al sistema Cámbrico.

29 La selección natural no es el agente exclusivo en la modificación de las especies, como siempre se mantuvo en esta obra.

30 La creencia en la creación separada de las especies se sostuvo generalmente por los naturalistas hasta época reciente.

EDICIONES EXTRANJERAS

La tercera edición francesa y la segunda alemana se tradujeron de la tercera edición inglesa, con algunas adiciones de la cuarta edición. La cuarta edición francesa fue traducida por el coronel Moulinié: la primera mitad lo fue de la quinta edición inglesa, y la última mitad de la sexta edición. La tercera edición alemana, bajo la supervisión del profesor Victor Carus, se vertió de la cuarta edición inglesa; la quinta edición alemana fue preparada por el mismo autor sobre la sexta inglesa. La segunda edición americana [Estados Unidos] se hizo de la segunda inglesa, con unas cuantas adiciones de la tercera edición; y la tercera edición americana se imprimió de la quinta edición inglesa. La primera edición italiana se tradujo de la tercera inglesa; la primera edición holandesa y la tercera rusa se vertieron de la segunda edición inglesa, y la primera edición sueca lo fue de la quinta edición inglesa.

EDICIONES EN ESPAÑA DE *EL ORIGEN DE LAS ESPECIES*

El origen de las especies se ha traducido a todos los idiomas cultos, desde el hebreo hasta el chino. La repercusión de las ideas de Darwin en España no se puede medir, desde luego, por las escasas y deficientes ediciones de sus obras, salvo honrosas excepciones [Gomis y Josa: *Bibliografía crítica ilustrada de las obras de Darwin en España (1857-2005)*, CSIC, 2007]. Limitándonos a *El origen de las especies,* he aquí la lista de las principales y primeras ediciones en España:

En 1877, la «Biblioteca Perojo» edita en Madrid la presente obra —tal vez la primera traducción española de la sexta edición inglesa—, con el título de *Origen de las Especies por medio de la se-*

lección natural o la Conservación de las Razas favorecidas en la lucha por la existencia, por Charles Darwin, traducida con autorización del autor de la sexta y última edición inglesa por Enrique Godínez. En esta traducción íntegra y meritoria, pulcramente editada, se publican dos cartas del autor al traductor, con su versión castellana, por las que nos enteramos de que Darwin sabía español. En la primera, de 28 de abril de 1876, dice: «... Me place y honra que se traduzca mi libro al español, pues de ese modo será leído en el dilatado reino de España y en las extensísimas regiones donde se habla el castellano... No hace falta más autorización que esta carta». Y en la de 21 de marzo de 1877, Darwin le escribe al señor Godínez: «... esta mañana..., he recibido los pliegos de la traducción española de mi *Origen de las especies,* y me gusta el aspecto del tipo, etc.; ... siento en extremo decir que por mi mala salud y exceso de trabajo no puedo emprender la tarea de leer con detención los pliegos. Sería un trabajo considerable, pues he olvidado mucho de lo que antes sabía de vuestro hermoso idioma, por falta de práctica. Las pocas páginas que he leído parécenme clarísimamente expresadas».

En 1880 aparece otra edición (tal vez la segunda), tambien en Madrid, y, ¿posteriormente?, en Barcelona se publica otra edición, sin fecha. En 1903, en Valencia, la editorial Sempere edita, en tres volúmenes, la traducción de Manuel Rojo, la mejor de la época; segunda edición, en 1920. En 1921, Espasa-Calpe publica, en tres volúmenes de su «Colección Universal», la valiosa traducción de Antonio de Zulueta [5], que sigue rigurosamente la sexta edición in-

[5] Don Antonio de Zulueta nació el día 7 de marzo de 1885 en Barcelona; fue un naturalista ideólogo que perteneció al grupo de jóvenes que fundó en Barcelona, en 1899, la «Institución Catalana de Historia Natural», licenciado en Historia Natural por Madrid y París, y doctor en esta ciencia por Madrid. Siendo conservador de la Sección de Vertebrados del Museo Nacional de Ciencias Naturales de Madrid, fue encargado de un curso práctico de biología en dicho museo, que se convirtió en parmanente y del que fue profesor por oposición, en 1930; también fue profesor auxiliar por oposición de la Facultad de Ciencias de la Universidad Central. En 1930 fue invitado por la «Fundación del Amo» (California) para realizar estudios de

glesa; segunda edición, 1930-32. Este rigor editorial se rompe lamentablemente para nuestra historia cultural con la traducción de J. M. Barroso-Bonzón —que publica en dos volúmenes «Ediciones Ibéricas», Madrid, 1950; segunda edición, 1963—, pues no sigue la sexta edición inglesa, como se ve por todo el contexto, y, especialmente, por el capítulo séptimo. Nuestra traducción —que ha tenido en cuenta la de Antonio de Zulueta en especial, eliminando algunas de sus imperfecciones, y que quiere ser como un homenaje modesto, aunque tardío, que llene el vacío editorial de nuestra patria al centenario de la publicación de esta obra trascendental— se ha hecho directamente de la sexta edición inglesa, según la última reimpresión de 1963, que la editorial «Everyman's Library» ha publicado en Londres con este título: *The Origin of Species.*

genética junto al profesor Th. Morgan. Entre sus investigaciones, citadas en el extranjero, destaca: «La herencia ligada al sexo en el coleóptero *Phytodecta variabilis*»; y entre sus publicaciones, el *Estado actual de la teoría de la evolución,* y otros trabajos en diversas revistas. Además de *El origen de las especies,* de Darwin, tradujo varias obras del inglés, entre ellas *Evolución y mendelismo,* de Morgan.

Bosquejo histórico

DEL DESARROLLO DE LAS IDEAS ACERCA DEL ORIGEN DE LAS ESPECIES, ANTES DE LA PUBLICACIÓN DE LA PRIMERA EDICIÓN DE ESTA OBRA

DARÉ aquí un breve bosquejo del desarrollo de las ideas acerca del origen de las especies. Hasta muy recientemente, la gran mayoría de los naturalistas creía que las especies eran producciones inmutables y que habían sido creadas separadamente. Por el contrario, unos pocos naturalistas han creído que las especies sufren modificaciones, y que las formas orgánicas existentes son las descendientes, por verdadera generación, de formas preexistentes. Pasando por alto las alusiones a este asunto en los escritores clásicos [1], el

[1] Aristóteles, en sus *Physicae Auscultationes* (lib. 2, cap. 8, s. 2), después de advertir que la lluvia no cae más para hacer crecer la mies que para estropear el grano del labrador cuando lo trilla a la intemperie, aplica el mismo argumento al organismo; y añade —según la traducción de míster Clair Grece, quien por vez primera me señaló este pasaje—: «De igual modo, ¿qué impide a las diferentes partes del cuerpo tener esta relación puramente accidental en su naturaleza? Como los dientes, por ejemplo, que crecen necesariamente los de delante afilados, aptos para cortar, y las muelas, planas y útiles para masticar, pues no se hicieron con este propósito, sino que esto fue un resultado accidental. Y lo mismo les sucede a las demás partes en que parece existir una adaptación a un fin. Por consiguiente, dondequiera que todas las cosas conjuntas —esto es, todas las partes de un todo— concurren como si estuviesen hechas con algún pro-

primer autor que en los tiempos modernos lo ha tratado con espíritu científico fue Buffon; pero como sus ideas fluctuaron mucho en diferentes periodos, y no entra en las causas o medios de la transformación de las especies, no necesito entrar aquí en detalles.

El primer hombre cuyas conclusiones sobre este asunto despertaron mucho la atención fue Lamarck. Este naturalista, justamente celebrado, publicó primero sus opiniones en 1801, las amplió sobremanera en 1809, en su *Philosophie Zoologique,* y, subsiguientemente, en 1815, en la Introducción a su *Hist. Nat. des Animaux sans Vertêbres.* En estas obras sostuvo la doctrina de que todas las especies, incluso el hombre, han descendido de otras especies. Fue el primero que prestó el eminente servicio de llamar la atención acerca de que todos los cambios, tanto en el mundo orgánico como en el inorgánico, son el resultado de una ley y no de una interposición milagrosa. Lamarck parece haber llegado principalmente a su conclusión sobre el cambio gradual de las especies por la dificultad de distinguir especies y variedades, por la gradación casi perfecta de formas de ciertos grupos y por la analogía con las producciones domésticas. Respecto a los medios de modificación, atribuyó algo a la acción directa de las condiciones físicas de vida, algo al cruzamiento de formas ya existentes, y mucho al uso y desuso, es decir, a los efectos del hábito. A este último agente parece atribuir todas las hermosas adaptaciones de la naturaleza, tales como el cuello largo de la jirafa para ramonear las ramas de los árboles. Pero Lamarck creyó igualmente en una ley de desarrollo progresivo; y como todas las formas vivientes tienden, por consiguiente, a progresar, para explicar la existencia en nuestros días de seres sencillos, sostuvo que estas formas se engendran en la actualidad espontáneamente [2].

pósito, estas se conservaron, siendo adecuadamente constituidas por espontaneidad interna; y cualesquiera cosas que no fueron constituidas así, perecieron y perecen siempre». Vemos aquí el principio de la selección natural vagamente indicado; pero cuán incompletamente entendió Aristóteles este principio se demuestra por sus observaciones sobre la formación de los dientes. (*Nota del autor.*)

[2] La fecha de la primera publicación de Lamarck la he tomado de Isid. Geoffroy Saint-Hilaire (*Hist. Nat. Genérale,* tomo II, pág. 405, 1859), exce-

Geoffroy Saint-Hilaire, según se declara en su *Vida*, escrita por su hijo, sospechó, ya en 1795, que lo que llamamos especies son degeneraciones diversas de un mismo tipo. Pero hasta 1828 no dio a la publicidad su convicción de que las mismas formas no se han perpetuado desde el origen de todas las cosas. Geoffroy parece haber contado principalmente con las condiciones de vida, o el *monde ambiant*, como causa del cambio. Fue cauto en sacar conclusiones, y no creyó que las especies existentes sufran ahora modificación; y, como añade su hijo: «Es, pues, un problema completamente reservado al porvenir, aun suponiendo que llegue a ser resuelto en el porvenir» [3].

En 1813, el doctor W. C. Wells leyó, ante la «Royal Society», *An Account of a White female, part of whose skin ressembles that of a Negro* («Informe de una mujer blanca, de quien parte de su piel se parece a la de un negro»); pero su memoria no fue publicada hasta que apareció, en 1818, su famoso *Two Essays upon Dew and Single Vision* («Dos ensayos sobre rocío y visión simple»). En esta memoria reconoce claramente el principio de la selección natural, y es la primera vez que se halla indicado este reconocimiento; pero lo

lente historia de las ideas sobre esta materia. En esta obra se da una completa relación de las conclusiones de Buffon sobre el mismo asunto. Es curioso hasta qué punto mi abuelo, el doctor Erasmus Darwin, se anticipó a las ideas y erróneos fundamentos de las opiniones de Lamarck, en su *Zoonomía* (vol. I, págs. 500-10), publicada en 1794. Según Isid. Geoffroy, no hay duda de que Goethe fue partidario acérrimo de opiniones parecidas, como se ve en la introducción a una obra escrita en 1794 y 1795, aunque no fue publicada hasta mucho después. Goethe observo agudamente (*Goethe als Naturforscher* —«Goethe como naturalista»—, del doctor Karl Meding, pág. 34) que el problema futuro para los naturalistas sería, por ejemplo, cómo el toro adquiere sus cuernos y no para qué los usa. Es quizá un ejemplo único de la manera en que opiniones parecidas surgen aproximadamente al mismo tiempo, el hecho de que Goethe en Alemania, el doctor Darwin en Inglaterra y Geoffroy Saint-Hilaire —como veremos inmediatamente— en Francia, llegasen a la misma conclusión sobre el origen de las especies, en los años 1794-1795. (*Nota del autor.*)

[3] En francés en el original.

aplica solo a las razas humanas, y únicamente a ciertos caracteres. Después de observar que los negros y mulatos gozan de inmunidad para ciertas enfermedades tropicales, hace notar, en primer lugar, que todos los animales tienden a variar en algún grado, y, en segundo, que los agricultores mejoran sus animales domésticos por selección; y luego añade: pero lo que, en este último caso, hace «el arte, parece hacerlo con igual eficacia, aunque más lentamente, la naturaleza, en la formación de las variedades de la humanidad, adecuadas para el país que habitan. De las variedades accidentales del hombre, que aparecerían entre los escasos y dispersos primeros habitantes de las regiones centrales de África, alguna sería más apta que las demás para soportar las enfermedades del país. Esta raza, por consiguiente, se multiplicaría, mientras que las otras decrecerían, no solo por su incapacidad para resistir los ataques de la enfermedad, sino también por su incapacidad para contender con sus vecinos más vigorosos. Doy por supuesto, por lo que se ha dicho antes, que el color de esta raza vigorosa sería oscuro. Pero existiendo todavía la misma disposición para formar variedades, saldría en el transcurso del tiempo una raza cada vez más oscura; y como la más oscura sería la más apropiada para el clima, esta, a la larga, llegaría a ser la raza predominante, si no la única, en la región particular en que se hubiese originado». El doctor W. C. Wells extiende luego estas mismas ideas a los habitantes blancos de climas más fríos. Le estoy reconocido a míster Rowley, de los Estados Unidos, por haberme llamado la atención, a través de míster Brace, sobre el pasaje precedente de la obra del doctor Wells.

El honorable y reverendo W. Herbert, más tarde deán de Mánchester, en el cuarto volumen de las *Horticultural Transactions*, 1822, y en su obra sobre las *Amaryllaceae* (1837, páginas 19 y 339), declara que «experimentos de horticultura han probado, más allá de toda posibilidad de refutación, que las especies botánicas son solamente una clase más elevada y permanente de variedades». Extiende la misma opinión a los animales. El deán cree que especies sencillas de cada género fueron creadas en una condición, originariamente, de gran plasticidad, y que estas han producido, principalmente por cruzamiento, pero también por variación, todas nuestras especies existentes.

En 1826, el profesor Grant, en el párrafo con que concluye su bien conocida Memoria (*Edinburgh Philosophical Journal*, vol. XIV, pág. 283) sobre la *Spongilla*, manifiesta claramente su creencia de que las especies descienden de otras especies y que se perfeccionan en el curso de la modificación. La misma opinión fue expuesta en su quincuagésimo quinta conferencia, publicada en *The Lancet* en 1834.

En 1831, míster Patrick Matthew publicó su trabajo sobre *Naval Timber and Arboriculture* («Madera de construcción naval y arboricultura»), en el que expone precisamente el mismo punto de vista sobre el origen de las especies que el presentado por míster Wallace y por mí en el *Linnean Journal*, al que voy a aludir en breve, y que la desarrollada en este volumen. Desgraciadamente, esta opinión fue expuesta por míster Wallace muy brevemente, en pasajes diseminados de un Apéndice a una obra sobre un asunto diferente, de modo que quedó desconocida, hasta que el mismo míster Matthew llamó la atención sobre ella en la *Gardener's Chronicle* de 7 de abril de 1860. Las diferencias entre la opinión de míster Matthew y la mía no son de mucha importancia: parece que considera que el mundo fue casi despoblado en periodos sucesivos, y luego repoblado; y da como una posibilidad el que puedan generarse nuevas formas «sin la presencia de ningún molde o germen de agregados anteriores». No estoy seguro de haber entendido algunos pasajes, pero parece que atribuye mucha influencia a la acción directa de las condiciones de vida. Sin embargo, míster Matthew vio claramente toda la fuerza del principio de la selección natural.

El renombrado geólogo y naturalista Von Buch, en su excelente *Description Physique des Isles Canaries* (1836, pág. 147), expresa claramente su creencia de que las variedades llegan lentamente a convertirse en especies permanentes, que ya no son capaces de ningún cruzamiento.

Rafinesque, en su *New Flora of North America*, publicada en 1836, escribió (pág. 6) lo siguiente: «Todas las especies pueden haber sido variedades alguna vez, y muchas variedades se convierten gradualmente en especies, adquiriendo caracteres constantes y peculiares»; pero más adelante (pág. 18) añade: «Excepto los tipos primitivos o progenitores del género».

En 1843-44, el profesor Haldeman (*Boston Journal of Nat. Hist. U. States,* vol. IV, pág. 468) ha presentado hábilmente los argumentos en pro y en contra de la hipótesis del desarrollo y modificación de las especies: parece inclinarse hacia el lado del cambio.

Los *Vestiges of Creation* aparecieron en 1844. En la décima edición, muy mejorada (1853), su anónimo autor dice (pág. 155): «La proposición establecida, después de muchas consideraciones, es que las diversas series de seres animados, desde el más sencillo y antiguo hasta el más elevado y reciente, son, bajo la providencia de Dios, el resultado: *primero,* de un impulso que ha sido conferido a las formas orgánicas, haciéndolas ascender, en tiempos determinados, por generación, a través de grados de organización que terminan en las dicotiledóneas y vertebrados más superiores, siendo estos grados en corto número y marcados generalmente por intervalos de carácter orgánico, de lo que resulta una dificultad práctica para descubrir las afinidades; *segundo,* de otro impulso relacionado con las fuerzas vitales, que tiende, en el transcurso de las generaciones, a modificar las estructuras orgánicas de acuerdo con las circunstancias externas, como el alimento, la naturaleza del hábitat y los medios meteóricos, siendo estas las "adaptaciones" del teólogo natural». El autor cree aparentemente que el organismo progresa por saltos brucos, pero que los efectos producidos por las condiciones de vida son graduales. Razona con mucha fuerza, apoyándose en fundamentos generales, que las especies no son producciones inmutables. Pero no puedo comprender cómo los dos supuestos «impulsos» expliquen, con sentido científico, las numerosas y hermosas coadaptaciones que vemos por toda la naturaleza; no puedo comprender que adquiramos así conocimiento alguno de cómo, por ejemplo, el pájaro carpintero haya llegado a adaptarse a sus hábitos peculiares de vida. La obra, por su estilo enérgico y brillante, aunque mostró en sus primeras ediciones poca exactitud en los conocimientos y una gran falta de prudencia científica, tuvo inmediatamente gran circulación. En mi opinión, ha prestado excelente servicio en nuestro país al llamar la atención sobre este asunto, alejando prejuicios y preparando así el terreno para la recepción de puntos de vista análogos.

En 1846, el veterano geólogo M. J. d'Omalius d'Halloy publicó, en un excelente aunque breve trabajo (*Bulletins de l'Acad. Roy. Bruxelles,* tomo XIII, pág. 581), su opinión de que es más probable que nuevas especies hayan sido producidas por descendencia con modificación, que el que hayan sido creadas por separado: el autor expresó por vez primera esta opinión en 1831.

El profesor Owen, en 1849 (*Nature of Limbs,* pág. 86) («Naturaleza de los miembros»), escribió lo siguiente: «La idea arquetipo se manifestó en la carne, bajo diversas modificaciones, sobre este planeta, mucho antes de la existencia de las especies animales que actualmente la ejemplifican. A qué leyes naturales o causas secundarias puede haber sido encomendada la ordenada sucesión y progresión de tales fenómenos orgánicos, lo ignoramos aún». En su comunicación a la *British Association,* en 1858, habla (pág. LI) de «el axioma de la acción continua del poder creador o del ordenado cambiar de los seres vivientes». Más adelante (página XC), después de referirse a la distribución geográfica, añade: «Estos fenómenos hacen vacilar nuestra confianza en la conclusión de que el *Apteryx*[4], de Nueva Zelanda, y el *Lagopus scoticus*[5], de Inglaterra, fueron, respectivamente, creaciones especiales en estas y para estas islas. Además, deberá tenerse muy en cuenta que por la palabra "creación" el zoólogo entiende *un proceso, no sabe cuál*». El profesor Owen amplía esta idea, añadiendo que cuando casos tales como el del *Lagopus scoticus* son «citados por el zoólogo como evidencia de creación expresa de un ave en tales y para tales islas, manifiesta principalmente que no sabe cómo el *Lagopus scoticus* llegó a estar allí y exclusivamente allí; significando tam-

[4] Género de aves que solo tiene rudimentos de alas y carece de cola. El nombre de los individuos de este género —*Kivi*— es una onomatopeya maorí de la voz del macho.

[5] Lagópodo rojo o perdiz de Escocia. (Véase la nota de la página 140.)

bién, mediante este modo de expresar su ignorancia, su creencia de que tanto el ave como las islas debieron su origen a una gran causa creadora primera». Si interpretamos estas frases expuestas en la misma comunicación, una por otra, parece que este eminente fi-lósofo sintió vacilar, en 1858, su confianza en que el *Apteryx* y el *Lagopus scoticus* apareciesen por vez primera en sus respectivas patrias, «no sabemos cómo», o mediante algún proceso, «no sabemos cuál».

Esta comunicación fue entregada después que las memorias de míster Wallace y mía sobre el origen de las especies, de las que en-seguida se hablará, fueran leídas en la *Linnean Society.* Cuando se publicó la primera edición de esta obra estaba yo tan completamente equivocado, como lo estaban otros muchos, por expresiones tales como «la acción continua del poder creador», que incluí al profesor Owen, con otros paleontólogos, como firmemente convencido de la inmutabilidad de las especies; pero parece (*Anat. of Vertebrates,* vol. III, pág. 796) que esto fue por mi parte un error absurdo. En la última edición de esta obra deduzco —y la deducción aún me parece perfectamente justa—, de un pasaje que comienza con las palabras: «No hay ninguna duda de que la forma-tipo...», etc. (*ibídem,* vol. I, pág. XXXV), que el profesor Owen admitió que la selección natural puede haber hecho algo en la formación de una especie nueva; pero esto parece (*ibídem,* vol. III, pág. 798) que es inseguro y sin pruebas. También di algunos extractos de una correspondencia entre el profesor Owen y el editor de la *London Review,* de los que resulta evidente, tanto para el editor como para mí, que el profesor reclama haber promulgado la teoría de la selección natural antes que yo lo hubiese hecho, y yo expresé mi sorpresa y mi satisfacción por esta advertencia; pero hasta donde es posible entender ciertos pasajes recientemente publicados (*ibídem,* vol. III. pág. 798), yo he caído, parcial o totalmente, de nuevo en error. Es consolador para mí que otros encuentren los escritos polémicos del profesor Owen tan difíciles de entender y tan inconciliables entre sí como los encuentro yo. Por lo que se refiere a la simple enunciación del principio de la selección natural, no tiene ninguna importancia que el profesor Owen me haya precedido, o no, pues los dos, como se ha demostrado en este bosquejo histórico, fuimos precedidos hace mucho tiempo por el doctor Wells y por míster Matthew.

Monsieur Isidore Geoffroy Saint-Hilaire, en sus conferencias dadas en 1850 —de las cuales apareció un resumen en la *Revue et Mag. de Zoolog.* (enero 1851)—, expone brevemente sus razones para creer que los caracteres específicos «son fijos, para cada especie, siempre que esta se perpetúe en medio de las mismas circunstancias: se modifican, si las circunstancias ambientes cambian». «En resumen, *la observación* de los animales salvajes demuestra ya la variabilidad *limitada* de las especies. Las *experiencias* con los animales salvajes domesticados y con los animales domésticos que se han vuelto salvajes lo demuestran más claramente aún. Estas mismas experiencias prueban, además, que las diferencias producidas pueden ser de *valor genérico.*» En su *Hist. Nat. Générale* (tomo II, pág. 430, 1859) amplía conclusiones análogas.

En una circular publicada recientemente parece que el doctor Freke, en 1851 (*Dublin Medical Press*, pág. 322), propuso la doctrina de que todos los seres orgánicos han descendido de una forma primordial. Los fundamentos de su creencia y el modo de tratar el asunto son completamente diferentes de los míos; pero como el doctor Freke ha publicado ahora (1861) su ensayo sobre *The Origin of Species by means of Organic Affinity*, el difícil intento de dar una idea de sus opiniones sería superfluo por mi parte.

Míster Herbert Spencer, en un ensayo —originariamente publicado en el *Leader*, marzo 1852, y reeditado en sus *Essays* en 1858—, ha contrastado con notable inteligencia y vigor las teorías de la creación y la del desarrollo de los seres orgánicos. Deduce de la analogía con las producciones domésticas, de los cambios que experimentan los embriones de muchas especies, de la dificultad de distinguir especies y variedades, y del principio de la gradación general, que las especies se han modificado, y atribuye esta modificación al cambio de circunstancias. El autor (1855) se ha ocupado también de psicología, considerada desde el principio de la necesaria adquisición gradual de cada facultad y capacidad mental.

En 1852, el distinguido botánico monsieur Naudin planteó expresamente, en una admirable memoria sobre el origen de las especies (*Revue Horticole,* pág. 102; después parcialmente editada en los *Nouvelles Archives du Muséum,* tomo I, pág. 171), su creencia de que las especies se forman de un modo análogo al de las variedades que están bajo cultivo, y atribuye este último proceso al poder de selección del hombre. Pero no expone cómo la selección actúa en la naturaleza. Cree, como el deán Herbert, que las especies, al nacer, eran más plásticas que hoy. Concede importancia a lo que llama el principio de finalidad, «potencia misteriosa, indeterminada; fatalidad para unos, voluntad providencial para otros, cuya acción incesante sobre los seres vivos determina, en todas las épocas de la existencia del mundo, la forma, el volumen y la duración de cada uno de ellos, en razón de su destino dentro del orden de cosas de que forma parte. Esta potencia es la que armoniza cada miembro al conjunto, apropiándolo a la función que debe cumplir en el organismo general de la naturaleza, función que es para él su razón de ser» [6].

En 1853, un renombrado geólogo, el conde Keyserling (*Bulletin de la Soc. Géolog.*, segunda serie, tomo X, pág. 357) sugirió que, del mismo modo que nuevas enfermedades, que se suponen causadas por algún miasma, se han originado y difundido por el mundo, así también, en determinados periodos, los gérmenes de

[6] De las referencias en las *Untersuchungen über die Entwickelungs-Gesetze,* de Bronn, resulta que el famoso botánico y paleontólogo Unger publicó, en 1852, su creencia de que las especies experimentan desarrollo y modificación. De igual modo, Dalton, en la obra de Pander y Dalton sobre los perezosos fósiles, expresaba, en 1821, una opinión semejante. Opiniones similares, como es bien sabido, han sido defendidas por Oken en su mística *Natur-Philosophie.* De otras referencias de la obra de Godron *Sur l'Espéce,* parece que Bory St. Vincent, Burdach, Poiret y Fries han admitido que se están produciendo continuamente nuevas especies.

Puedo añadir que de los treinta y cuatro autores nombrados en este *Bosquejo histórico,* que creen en la modificación de las especies o, por lo menos, que no creen en actos separados de creación, veintisiete han escrito sobre ramas especiales de historia natural o geología. (*Nota del autor.*)

las especies existentes pueden haber sido químicamente afectados por moléculas circunambientes de naturaleza particular, y han dado así origen a formas nuevas.

En el mismo año, 1853, el doctor Schaaffhausen publicó un excelente folleto (*Verhand des Naturhist. Vereins der Preus. Rheinlands,* etc.), en el que sostiene el progresivo desenvolvimiento de las formas orgánicas sobre la tierra. Llega a la conclusión de que muchas especies se han mantenido constantes durante largos periodos, mientras que unas pocas han llegado a modificarse. Explica la distinción de especies por la destrucción de graduadas formas intermedias. «De este modo, las plantas y animales vivientes no están separados de los extintos por nuevas creaciones, sino que han de ser considerados como sus descendientes a través de reproducción continuada.»

Un conocido botánico francés, monsieur Lecoq, escribe en 1854 (*Études sur Géograph. Bot.*, tomo I, pág. 250): «Se ve que nuestras investigaciones sobre la constancia o la variación de la especie nos conducen directamente a las ideas emitidas por dos hombres justamente famosos, Geoffroy Saint-Hilaire y Goethe». Algunos otros pasajes esparcidos por la extensa obra de monsieur Lecoq dejan un poco dudoso hasta qué punto extiende sus opiniones sobre la modificación de las especies.

La «filosofía de la creación» ha sido tratada de modo magistral por el reverendo Baden Powell en sus *Essays on the Unity of Worlds,* 1855. No hay nada más extraordinario que la forma en que demuestra que la introducción de nuevas especies es «un fenómeno regular, no casual», o, como lo expresa sir John Herschel, «un proceso natural, en contraposición a uno milagroso».

El tercer volumen del *Journal of the Linnean Society* contiene las memorias, leídas el 1 de julio de 1858 por míster Wallace y por mí, en las que, como se dice en la «Introducción» de este volumen, la teoría de la selección natural se proclama por míster Wallace con admirable energía y claridad.

Von Baer, por quien todos los zoólogos sienten tan profundo respeto, expresó, hacia el año 1859 (véase Rudolph Wagner: *Zoologisch-Anthropologische Untersuchungen,* 1861, s. 51), su convicción, basada fundamentalmente en las leyes de la distribución geográfica, de que formas ahora perfectamente distintas han descendido de una sola forma madre.

En junio de 1859, el profesor Huxley dio una conferencia ante la Royal Institution sobre los *Persistents Types of Animal Life*. Refiriéndose a tales cuestiones, observa: «Es difícil comprender la significación de hechos como estos, si suponemos que cada especie de animal o planta, o cada gran tipo de organización, se formó y se estableció sobre la superficie del globo, tras largos intervalos, por un acto distinto del poder creador; y es conveniente recordar que semejante presunción está tan falta de apoyo por la tradición o la revelación, como se opone a la analogía general de la naturaleza. Si, por el contrario, consideramos los "tipos persistentes" en relación con la hipótesis que supone que las especies que han vivido en cualquier época son el resultado de la gradual modificación de las especies preexistentes —hipótesis que, aunque no probada y lamentablemente perjudicada por algunos de sus defensores, es, sin embargo, la única a la que la fisiología presta algún apoyo—, su existencia parecería demostrar que el grado de modificación que los seres vivientes han experimentado durante el tiempo geológico es muy pequeño en relación con toda la serie de cambios que han sufrido».

En diciembre de 1859, el doctor Hooker publicó su *Introduction to the Australian Flora*. En la primera parte de esta gran obra admite la verdad de la descendencia y modificación de las especies, y defiende esta doctrina con muchas observaciones originales.

La primera edición de esta obra fue publicada el 24 de noviembre de 1859, y la segunda edición el 7 de enero de 1860.

El origen de las especies

Introducción del autor

Cuando iba como naturalista a bordo del *Beagle,* buque de la marina real, me sorprendieron mucho ciertos hechos en la distribución de los seres orgánicos que viven en América del Sur y las relaciones geológicas entre los habitantes actuales y los pasados de aquel continente. Estos hechos, como se verá en los últimos capítulos de este volumen, parecían arrojar alguna luz sobre el origen de las especies, ese misterio de los misterios, como lo ha llamado uno de nuestros más grandes filósofos. A mi regreso a la patria, se me ocurrió, en 1837, que acaso podría aclararse algo de esta cuestiones acumulando y reflexionando pacientemente sobre toda clase de hechos que pudiesen tener quizá alguna relación con ella. Después de cinco años de trabajo, me permití discurrir especulativamente sobre el asunto, y redacté unas breves notas; estas las amplié en 1844, hasta formar un bosquejo de las conclusiones que entonces me parecían probables, y desde este periodo hasta hoy he perseguido firmemente el mismo objeto. Espero que se me perdone por entrar en estos detalles personales, anotados para demostrar que no me he precipitado al llegar a una decisión.

Mi obra está ahora (1859) casi terminada; pero como me llevará muchos años completarla y mi salud está muy lejos de ser robusta, se me ha instado para que publicase este resumen. Me ha movido especialmente a hacerlo el que míster Wallace, que está actualmente estudiando la historia natural del archipiélago malayo, ha llegado casi exactamente a las mismas conclusiones generales que sostengo yo sobre el origen de las especies. En 1858 me envió una memoria [1] sobre este asunto, con ruego de que la transmitiese a sir Charles Lyell, quien la envió a la Linnean Society, y está publicada en el tercer volumen del *Journal* de esta sociedad. Sir C. Lyell y el doctor Hooker, que tenían conocimiento de mi trabajo —este último había leído mi bosquejo de 1844—, me honraron juzgando conveniente publicar, junto con la excelente memoria de míster Wallace, algunos breves extractos de mis manuscritos.

Este resumen que publico ahora tiene, necesariamente, que ser imperfecto. No puedo dar aquí referencias y textos en pro de mis diversas afirmaciones, y he de contar con que el lector deposite alguna confianza en mi exactitud. Sin duda se habrán deslizado errores, aunque espero haber sido siempre cauto en dar crédito tan solo a buenas autoridades. Únicamente puedo dar aquí las conclusiones generales a que he llegado, ilustradas con unos cuantos hechos, aunque confío en que serán suficientes en la mayoría de los casos. Nadie puede sentir más que yo la necesidad de publicar después detalladamente, y con referencias, todos los hechos sobre los que se apoyan mis conclusiones, y espero hacerlo en una obra futura. Pues sé perfectamente que apenas se discute en este volumen un solo punto acerca del cual no puedan aducirse hechos que con frecuencia llevan aparentemente a conclusiones diametralmente opuestas a las que yo he llegado. Un resultado justo solo puede obtenerse exponiendo por completo y contrapesando los hechos y argumentos de ambos aspectos de cada cuestión; y esto es aquí imposible.

Lamento mucho que la falta de espacio me impida tener la satisfacción de agradecer la generosa ayuda que he recibido de muchísimos naturalistas, algunos de ellos personalmente desconocidos para mí. Sin embargo, no puedo desaprovechar esta oportunidad sin expresar mi profundo agradecimiento al doctor Hooker, quien durante los últimos quince años me ha ayudado de todos los mo-

[1] *On the Tendency of Varieties to depart indefinitely from the original type* («De la tendencia de las variedades a separarse indefinidamente del tipo original»).

dos posibles, con sus grandes acopios de conocimientos y su excelente criterio.

Al considerar el origen de las especies, es totalmente comprensible que un naturalista, reflexionando sobre las afinidades mutuas de los seres orgánicos, sobre sus relaciones embriológicas, su distribución geográfica, sucesión geológica y otros hechos semejantes, llegue a la conclusión de que las especies no han sido creadas independientemente, sino que han descendido, como variedades, de otras especies. No obstante, semejante conclusión, aun cuando estuviese bien fundada, no sería satisfactoria hasta que pudiese demostrarse de qué modo las innumerables especies que pueblan este mundo se han modificado hasta adquirir esa perfección de estructura y coadaptación que causa, con justicia, nuestra admiración. Los naturalistas continuamente se refieren a las condiciones externas, tales como el clima, el alimento, etc., como la única causa posible de variación. En un sentido limitado, como veremos después, esto puede ser verdad; pero es absurdo atribuir a meras condiciones externas la estructura, por ejemplo, del pájaro carpintero, con sus patas, su cola, su pico y su lengua tan admirablemente adaptados para capturar insectos bajo la corteza de los árboles. En el caso del muérdago, que saca su alimento de ciertos árboles, que tiene semillas que necesitan ser transportadas por ciertas aves y que tiene flores con sexos separados que requieren absolutamente la mediación de ciertos insectos para llevar el polen de una flor a otra, es igualmente absurdo explicar la estructura de este parásito y sus relaciones con diversos seres orgánicos distintos, por los efectos de las condiciones externas, de la costumbre o de la volición de la planta misma.

Es, por consiguiente, de la mayor importancia tener un claro punto de vista acerca de los medios de modificación y de coadaptación. Al comienzo de mis observaciones me pareció probable que un estudio cuidadoso de los animales domésticos y de las plantas cultivadas ofrecería las mayores oportunidades para resolver este oscuro problema. No he sido defraudado; en este y en todos los demás casos dudosos he hallado invariablemente que nuestro conocimiento, por imperfecto que sea, de la variación en estado doméstico proporciona la pista mejor y más segura. Me aventuro a manifestar mi convicción del alto valor de tales estudios, aunque han sido muy comúnmente descuidados por los naturalistas.

Teniendo en cuenta estas consideraciones, dedicaré el primer capítulo de este resumen a la variación en estado doméstico. Veremos así que una amplia cuantía de la modificación hereditaria es, por lo menos, posible; y, lo que es tanto o más importante, veremos cuán grande es el poder del hombre al acumular por su selección ligeras variaciones sucesivas. Pasaré luego a la variabilidad de las especies en estado de naturaleza; pero, desgraciadamente, me veré obligado a tratar este asunto con demasiada brevedad, pues solo puede ser tratado adecuadamente dando largos catálogos de hechos. Sin embargo, nos proporcionará la ocasión de discutir qué circunstancias son las más favorables para la variación. En el capítulo siguiente se examinará la lucha por la existencia entre todos los seres orgánicos a través del mundo, lo que se sigue inevitablemente de la elevada razón geométrica de su aumento. Esta es la doctrina de Malthus[2], aplicada al conjunto de los reinos animal y vegetal. Como de cada especie nacen muchos más individuos de los que pueden sobrevivir, y como, consiguientemente, hay que recurrir con frecuencia a la lucha por la existencia, se deduce que cualquier ser, si varía, aunque sea levemente, de algún modo provechoso para él, bajo las complejas y a veces variables condiciones de vida, tendrá mayor probabilidad de sobrevivir, y de ser así *seleccionado naturalmente*. Según el vigoroso principio de la herencia, toda variedad seleccionada tenderá a propagar su forma nueva y modificada.

Esta cuestión fundamental de la selección natural será tratada con alguna extensión en el capítulo cuarto, y entonces veremos cómo la selección natural causa casi inevitablemente mucha extinción de las formas de vida menos perfeccionadas y conduce a lo

[2] En octubre de 1838, al año de iniciar sus notas, leyó Darwin el *Ensayo sobre la población,* de Malthus, cuya idea de la «lucha por la existencia» le sirvió de herramienta teórica para su obra.

que he llamado divergencia de caracteres. En el capítulo siguiente discutiré las complejas y poco conocidas leyes de la variación. En los cinco capítulos subsiguientes se presentarán las dificultades más aparentes y graves para aceptar la teoría; a saber: primero, las dificultades de las transiciones, o cómo un ser sencillo o un órgano sencillo puede transformarse y perfeccionarse hasta convertirse en un ser altamente desarrollado o en un órgano primorosamente construido; segundo, el tema del instinto o de las facultades mentales de los animales; tercero, el hibridismo o la esterilidad de las especies y la fecundidad de las variedades cuando se cruzan; y cuarto, la imperfección de la crónica geológica. En el capítulo siguiente consideraré la sucesión geológica de los seres orgánicos a través del tiempo; en los capítulos doce y trece, su distribución geográfica a través del espacio; en el capítulo catorce, su clasificación o afinidades mutuas, tanto en adultos como en estado embrionario. En el último capítulo daré una breve recapitulación de todo el trabajo y unas cuantas observaciones finales.

No debe sentir sorpresa nadie por lo mucho que queda todavía sin explicar respecto al origen de las especies y de las variedades, si se tiene en cuenta nuestra profunda ignorancia respecto a las relaciones mutuas de los muchos seres que viven a nuestro alrededor. ¿Quién puede explicar por qué una especie se extiende mucho y es muy numerosa, y por qué otra especie afín tiene una dispersión reducida y es rara? Sin embargo, estas relaciones son de la mayor importancia, pues determinan la prosperidad presente y, a mi parecer, la futura suerte y variación de cada uno de los habitantes del mundo. Aún sabemos menos de las relaciones mutuas de los innumerables habitantes de la Tierra durante las diversas épocas geológicas pasadas de su historia. Aunque es mucho lo que permanece oscuro, y permanecerá durante largo tiempo, no puedo abrigar la menor duda, después del estudio más detenido y desapasionado juicia de que soy capaz, de que la opinión que la mayor parte de los naturalistas mantuvieron hasta hace poco, y que yo mantuve anteriormente, o sea, que cada especie ha sido creada independientemente, es errónea. Estoy completamente convencido no solo de que las especies no son inmutables, sino de que las que pertenecen a lo que se llama el mismo género son descendientes directos de alguna otra especie, generalmente extinguida, de la misma manera que las variedades reconocidas de una especie cualquiera son los descendientes de esta. Además, estoy convencido de que la selección natural ha sido el medio más importante, si no el único, de modificación.

Capítulo I
LA VARIACIÓN EN EL ESTADO DOMÉSTICO

Causas de variabilidad.—Efectos de la costumbre y del uso y desuso de los miembros; variación correlativa; herencia.—Caracteres de las variedades domésticas; dificultad de la distinción entre variedades y especies; origen de las variedades domésticas a partir de una o más especies.—Razas de la paloma doméstica: sus diferencias y origen.—Principios de selección seguidos antiguamente y sus efectos.—Selección inconsciente.—Circunstancias favorables al poder de selección del hombre

Causas de variabilidad

Cuando comparamos los individuos de la misma variedad o subvariedad de nuestras plantas cultivadas y animales domésticos más antiguos, una de las primeras cosas que nos sorprenden es que, generalmente, difieren más entre sí que los individuos de cualquier otra especie o variedad en estado de naturaleza. Y si reflexionamos en la gran diversidad de plantas y animales que han sido cultivados, y que han variado durante todas las edades bajo los climas y tratamiento más diferentes, llegamos a la conclusión de que esta gran variabilidad se debe a que nuestras producciones domésticas se han criado en condiciones de vida no tan uniformes, y desde luego algo diferentes a aquellas a que la especie madre ha estado sometida en la naturaleza. Hay, también, algo de probable en la opinión propuesta por Andrew Knight, de que esta variabilidad puede estar relacionada en parte con el exceso de alimento. Parece evidente que los seres orgánicos tienen que estar expuestos durante varias generaciones a condiciones nuevas para que se produzca alguna cuantía importante de variación; y que, una vez que el organismo ha comenzado a variar, generalmente continúa variando durante muchas generaciones. No se registra ningún caso de que un organismo variable cese de variar sometido a cultivo. Nuestras plantas cultivadas más antiguas, tales como el trigo, producen todavía nuevas variedades; nuestros animales domésticos más antiguos son aún capaces de rápido mejoramiento o modificación.

Hasta donde puedo yo juzgar, después de prestar larga atención a este asunto, las condiciones de vida parecen actuar de dos modos: directamente, sobre todo el organismo o sobre ciertas partes solo, e indirectamente, obrando sobre el sistema reproductor. Respecto a la acción directa, debemos tener presente que en cada caso, como el profesor Weismann ha insistido recientemente y yo he señalado incidentalmente en mi obra sobre *La variación en el estado doméstico,* hay dos factores, a saber: la naturaleza del organismo y la naturaleza de las condiciones. El primero parece ser, con mucho, el más importante, pues variaciones casi semejantes se originan a veces, hasta donde podemos juzgar, en condiciones diferentes; y, por otro lado, variaciones diferentes se originan en condiciones que parecen ser casi uniformes. Los efectos en la descendencia son ya determinados o indeterminados. Se pueden considerar como determinados cuando todos o casi todos los descendientes de individuos sometidos a ciertas condiciones durante varias generaciones se modifican de la misma manera. Es extremadamente difícil llegar a cualquier conclusión respecto a la extensión de los cambios que se han producido así definitivamente. Sin embargo, apenas cabe duda, por lo que se refiere a diversos cambios ligeros, tales como el tamaño, debido a la cantidad de comida; el color, debido a la clase de comida; el grosor de la piel y del pelaje, según el clima, etc. Cada una de las infinitas variaciones que vemos en el plumaje de nuestras aves de corral debe de haber tenido alguna causa eficiente; y si la misma causa actuase uniformemente durante una larga serie de generaciones sobre muchos individuos, probablemente todos se modificarían de la misma manera. Hechos tales como las complejas y extraordinarias excrecencias que invariablemente siguen a la inserción de una diminuta gota de veneno por un insecto productor de agallas, nos muestran las singulares modificaciones que podrán resultar en el caso de las plantas por un cambio químico en la naturaleza de la savia.

La variabilidad indeterminada es un resultado mucho más frecuente del cambio de condiciones que la variabilidad determinada, y probablemente ha desempeñado un papel más importante en la formación de nuestras razas domésticas. Nosotros vemos la variabilidad indeterminada en las peculiaridades infinitas y leves que distinguen a los individuos de la misma especie, y que no pueden explicarse por la herencia, ni de sus padres, ni de ningún antecesor más remoto. Incluso diferencias claramente señaladas aparecen a veces entre las crías de una misma camada y entre las plantas procedentes de semillas del mismo fruto. Con largos intervalos de tiempo, entre los millones de individuos criados en el mismo país y alimentados casi con la misma comida, se presentan desviaciones de estructura tan fuertemente pronunciadas que merecen llamarse monstruosidades; pero las monstruosidades no pueden separarse por una línea precisa de las variaciones más ligeras. Todos estos cambios de conformación, ya extremadamente leves o fuertemente señalados, que aparecen entre muchos individuos que viven juntos, pueden considerarse como los efectos indeterminados de las condiciones de vida sobre cada organismo individual, casi del mismo modo que un enfriamiento afecta a hombres diferentes de un modo indeterminado, según el estado o la constitución de sus cuerpos, causando toses o resfriados, reumatismo o inflamación de diferentes órganos.

Respecto a lo que he llamado la acción indirecta del cambio de condiciones, o sea, a través del sistema reproductor al ser afectado, podemos inferir que la variabilidad se produce de este modo: en parte por el hecho de ser este sistema sumamente sensible a cualquier cambio en las condiciones, y en parte por la semejanza, según han señalado Kölreuter y otros, entre la variabilidad que resulta del cruzamiento de especies distintas y la que puede observarse en las plantas y animales criados en condiciones nuevas o no naturales. Muchos hechos demuestran claramente lo extraordinariamente sensible que el sistema reproductor es a muy ligerísimos cambios en las condiciones ambientes. No hay nada más fácil que domesticar a un animal, y pocas cosas son más difíciles que hacerle procrear ilimitadamente en cautividad, aun cuando el macho y la hembra se unan. ¡Cuántos animales hay que no procrean, aun tenidos en estado casi libre en su país natal! Esto se atribuye, en general, aunque erróneamente, a instintos viciados. ¡Muchas plantas despliegan el mayor vigor y, sin embargo, rara vez o nunca producen semillas! En un corto número de casos se ha descubierto que un cambio muy insignificante, como un poco más o menos de agua en algún periodo determinado del crecimiento, determinará que una planta produzca o no semillas. No puedo dar aquí los detalles que he recogido y publicado en otra parte sobre este curioso asunto; mas para demostrar cuán extrañas son las leyes que determinan la reproducción de los animales en cautividad, puedo mencionar que los animales carnívoros, aun los de los trópicos, crían en nuestro país bastante bien en cautividad, con la excepción de los plantígrados o familia de osos, que rara vez dan crías; mientras que las aves carnívoras, salvo rarísimas excepciones, casi nunca ponen huevos fecundos. Muchas plantas exóticas tienen polen totalmente inútil, de la misma condición que el de las plantas híbridas más estériles. Cuando, por una parte, vemos plantas y animales domésticos que, aunque débiles y enfermizos con frecuencia, procrean ilimitadamente en cautividad, y cuando, por otra parte, vemos individuos que, aun sacados jóvenes del estado de naturaleza, perfectamente domesticados, longevos y sanos —de lo que yo podría citar numerosos ejemplos—, tienen, sin embargo, su sistema reproductor tan seriamente afectado, por causas desconocidas, que deja de funcionar, no ha de sorprendernos que este sistema, cuando actúa en cautividad, funcione irregularmente y produzca descendencia algo diferente de sus padres. Puedo añadir que, así como algunos organismos procrean ilimitadamente en las condiciones más antinaturales —por ejemplo, los conejos y los hurones tenidos en cajones—, lo que demuestra que sus órganos reproductores no se alteran fácilmente, así también algunos animales y plantas resistirán la domesticación o el cultivo y variarán muy ligeramente, apenas más tal vez que en estado natural.

Algunos naturalistas han sostenido que todas las variaciones están relacionadas con el acto de la reproducción sexual; pero esto es sin duda un error, pues he dado en otra obra una larga lista de *sporting plants* [1], como las llaman los jardineros, esto es: de plantas que han producido súbitamente un solo brote con caracteres nuevos y a veces muy diferentes de los demás brotes de la misma planta. Estas variaciones de brotes, como puede llamárseles, pueden ser propagadas por injertos, acodos, etc., y a veces por semillas. Estas variaciones ocurren raramente en estado natural, pero no son raras en cultivo. Como entre los muchos miles de brotes producidos, año tras año, en el mismo árbol, en condiciones uniformes, se ha visto uno solo que tome súbitamente caracteres nuevos; y como brotes de distintos árboles, que crecen en condiciones diferentes, han producido a veces casi la misma variedad —por ejemplo, brotes de melocotoneros que producen *nectarines* [2], y brotes de rosales comunes que producen rosas de musgo—, vemos claramente que la naturaleza de las condiciones es de importancia subordinada en comparación con la naturaleza del organismo, para determinar cada forma particular de variedad, quizá de importancia no mayor que la que tiene la naturaleza de la chispa con que se prende una masa de materia combustible para determinar la naturaleza de las llamas.

Efectos de la costumbre y del uso y desuso de los miembros; variación correlativa; herencia

El cambio de costumbres produce un efecto hereditario, como en la época de la floración de las plantas cuando se las transporta

1 «Plantas locas.»

2 Variedad de melocotón de piel lisa y pulpa más dura y aromática que el melocotón común; es el que llamamos «abridor», variedad del pérsico.

de un clima a otro. En los animales, el creciente uso o desuso de los órganos ha tenido una influencia más marcada; así, en el pato doméstico, hallo que los huesos del ala pesan menos y los huesos de la pata más, en proporción a todo el esqueleto, que los mismos huesos en el pato salvaje, y este cambio puede atribuirse seguramente a que el pato doméstico vuela muchos menos y anda más que sus progenitores salvajes. El grande y hereditario desarrollo de las ubres de las vacas y cabras en países donde son habitualmente ordeñadas, en comparación con estos órganos en otros países, es probablemente otro ejemplo de los efectos del uso. No puede citarse ningún animal doméstico que no tenga en cualquier país las orejas caídas, y parece probable la opinión que se ha sugerido de que el tener las orejas caídas se debe al desuso del músculo de la oreja, pues estos animales se sienten raras veces muy alarmados.

Muchas leyes regulan la variación, algunas de las cuales apenas pueden ser confusamente vislumbradas, y serán después brevemente discutidas. Aludiré aquí solamente a lo que puede llamarse la variación correlativa. Cambios importantes en el embrión o larva ocasionarán probablemente cambios en el animal adulto. En las monstruosidades, las correlaciones entre partes completamente distintas son muy curiosas, y se citan de ello muchos ejemplos en la gran obra de Isidore Geoffroy Saint-Hilaire sobre este asunto. Los criadores creen que las patas largas van casi siempre acompañadas de cabeza alargada. Algunos ejemplos de correlación son muy caprichosos: así, los gatos que son completamente blancos y tienen los ojos azules, son sordos generalmente; pero últimamente míster Tait ha demostrado que esto se limita a los machos. El color y las peculiaridades de constitución van juntos, de lo que podrían citarse muchos casos notables en animales y plantas. De los hechos reunidos por Heusinger resulta que a las ovejas y cerdos blancos los dañan ciertas plantas, de lo que se salvan los ejemplares de color oscuro. El profesor Wyman me ha comunicado recientemente un buen ejemplo de esto: preguntando a unos granjeros de Virginia a qué era debido que todos sus cerdos fuesen negros, le informaron que los cerdos comían *paint-root (Lanchnanthes),* que tiñó sus huesos de color de rosa y causó la caída de las pezuñas de todas las variedades, excepto la negra; y uno de los *crackers* —es decir, colonos usurpadores de Virginia— añadió: «Elegimos para la cría los individuos negros de una camada, pues solo ellos tienen probabilidades de vivir». Los perros de poco pelo tienen los dientes imperfectos; los animales de pelo largo y basto son propensos a tener, según se afirma, los cuernos muy largos; las palomas calzadas tienen piel entre sus dedos externos; las palomas de pico corto tienen los pies pequeños, y las de pico largo, pies grandes. Por tanto, si el hombre continúa seleccionando, y por consiguiente aumentando, cualquier peculiaridad, casi sin duda se modificarán involuntariamente otras partes de la estructura, debido a las misteriosas leyes de la correlación.

Los resultados de las diversas leyes de la variación, ignoradas u oscuramente conocidas, son infinitamente complejos y variados. Bien vale la pena estudiar cuidadosamente los diversos tratados de algunas de nuestras plantas cultivadas de antiguo, como el jacinto, la patata e incluso la dalia, etc., y es verdaderamente sorprendente observar los innumerables puntos de estructura y constitución en que las variedades y subvariedades difieren ligeramente unas de otras. Todo el organismo parece haberse vuelto plástico y se aparta en débil grado del organismo del tipo progenitor.

Toda variación que no es hereditaria carece de importancia para nosotros. Pero el número y diversidad de desviaciones de estructura hereditaria, tanto de pequeña como de considerable importancia fisiológica, es infinito. El tratado, en dos amplios volúmenes, del doctor Prosper Lucas, es el más completo y el mejor sobre este asunto. Ningún criador duda de lo fuerte que es la tendencia a la herencia; que lo semejante produce lo semejante es su creencia fundamental; dudas sobre este principio solamente las han suscitado escritores teóricos. Cuando una desviación cualquiera de estructura aparece con frecuencia, y nosotros la vemos en el padre y en el hijo, no podemos decir si esta desviación no puede ser debida a una misma causa que haya actuado sobre ambos; pero cuando entre individuos evidentemente sometidos a las mismas condiciones, cualquier desviación rarísima, debida a alguna extraordinaria combinación de circunstancias, aparece en el padre —digamos una vez entre varios millones de individuos— y reaparece en el hijo, la simple doctrina de las probabilidades casi nos obliga a atribuir a la herencia su reaparición. Todos hemos oído hablar de casos de albinismo, de piel con púas, de cuerpos peludos, etc., que aparecen en varios miembros de la misma familia. Si las variaciones de estructura raras y extrañas se heredan realmente, puede admitirse sin reserva que las desviaciones menos extrañas y más comunes son heredables. Quizá la manera correcta de ver todo este asunto sería considerar la herencia de todo carácter, cualquiera que sea, como la regla, y la no herencia, como la anomalía.

Las leyes que rigen la herencia son, en su mayor parte, desconocidas. Nadie puede decir por qué la misma peculiaridad en individuos diferentes de la misma especie, o en especies diferentes, es unas veces heredada y otras no; por qué el niño, a menudo, en ciertos caracteres, vuelve a su abuelo o abuela, o a un antepasado más remoto; por qué muchas veces una particularidad es transmitida de un sexo a los dos sexos, o a un sexo solo, más comúnmente, aunque no exclusivamente, al sexo similar. Es un hecho de cierta importancia para nosotros el que peculiaridades que aparecen en los machos de nuestras crías domésticas se transmiten con frecuencia, ya exclusivamente o en un grado mucho mayor, solo a los machos. Una regla mucho más importante, a la que espero se dará crédito, es que, cualquiera que sea el periodo de la vida en que aparece por vez primera una peculiaridad, esta tiende a reaparecer en la descendencia a la misma edad, aunque a veces un poco antes. En muchos casos, esto no podría ser de otra manera; así, las particularidades hereditarias en los cuernos del ganado vacuno solamente podrían aparecer en la descendencia casi en el periodo de madurez; peculiaridades en el gusano de seda se sabe que aparecen en la fase correspondiente de oruga o capullo. Pero las enfermedades hereditarias y algunos otros hechos me hacen creer que la regla tiene una extensión más amplia, y que, aun cuando no existe razón aparente para que una peculiaridad haya de aparecer a una edad determinada, sin embargo, esta tiende a aparecer en la descendencia en el mismo periodo en que apareció por primera vez en el antecesor. Creo que esta regla es de la mayor importancia para explicar las leyes de la embriología. Estas observaciones se limitan, por supuesto, a la primera *aparición* de la peculiaridad, y no a la causa primaria que pueda haber actuado sobre los óvulos o sobre el elemento masculino; casi del mismo modo que la mayor longitud de los cuernos en la descendencia de una vaca cornicorta con un toro cornilargo, aunque aparezca en un periodo avanzado de la vida, se debe evidentemente al elemento masculino.

Habiendo aludido a la cuestión de la reversión, permítaseme referirme aquí a una afirmación frecuentemente hecha por los naturalistas: a saber, que nuestras variedades domésticas, cuando pasan de nuevo al estado salvaje, revierten, gradual pero inevitablemente, a los caracteres de su tronco aborigen. De esto se ha argüido que no pueden sacarse deducciones de las razas domésticas para las especies en estado natural. En vano me he esforzado en descubrir sobre qué hechos decisivos se ha formulado tan frecuente y osadamente la anterior afirmación. Sería muy difícil probar su veracidad: seguramente podemos sacar la conclusión de que muchísimas de las variedades domésticas más profundamente acentuadas quizá no podrían vivir en estado salvaje. En muchos casos ignoramos cuál fue el tronco aborigen, y por ello no podría decirse si había seguido o no una reversión casi perfecta. Sería necesario, para evitar los efectos del cruzamiento, que una sola variedad únicamente se volviese silvestre en su nueva patria. No obstante, como nuestras variedades ciertamente revierten a veces en algunos de sus caracteres a formas ancestrales, no me parece improbable que si lográsemos naturalizar o cultivar, durante muchas generaciones, las varias razas, por ejemplo, de la col, en suelo muy pobre —en cuyo caso, sin embargo, algún efecto habría de atribuirse a la acción *determinada* del suelo pobre—, revertirían en gran parte, o hasta completamente, al primitivo tronco salvaje. Que tuviese o no buen éxito el experimento no es de gran importancia para el hilo de nuestra argumentación, pues, por el experimento mismo, las condiciones de vida han cambiado. Si pudiera demostrarse que nuestras variedades domésticas manifestasen una gran tendencia a la reversión —esto es, a perder sus caracteres adquiridos, mientras se las mantiene en las mismas condiciones y en número considerable, de modo que el libre cruzamiento pudiese contrarrestar, al mezclarse todas, cualesquiera leves desviaciones de su estructura—, en tal caso convengo en que no podríamos deducir nada de las variedades domésticas con relación a las especies. Pero no hay ni la menor sombra de evidencia en favor de esta opinión: afirmar que no podríamos criar, por un número ilimitado de generaciones, nuestros caballos de tiro y de carrera, nuestro ganado vacuno de cuernos largos y de cuernos cortos, nuestras aves de corral de diversas castas y nuestros vegetales comestibles, sería contrario a toda experiencia.

Caracteres de las variedades domésticas: dificultad de la distinción entre variedades y especies; origen de las variedades domésticas a partir de una o más especies

Cuando consideramos las razas o variedades hereditarias de nuestras plantas y animales domésticos, y las comparamos con especies íntimamente afines, vemos generalmente en cada raza doméstica, como ya hemos observado, menos uniformidad de caracteres que en las especies verdaderas. Las razas domésticas tienen a menudo un carácter algo monstruoso; con lo cual quiero decir que, aunque difieren entre sí y de las demás especies del mismo género en varios respectos poco importantes, difieren con frecuencia en sumo grado en alguna parte cuando se comparan entre sí, y más especialmente cuando se comparan con las especies en estado natural que le son más afines. Con estas excepciones —y con la de la perfecta fecundidad de las variedades cuando se cruzan, asunto para ser discutido más adelante—, las razas domésticas de la misma especie difieren entre sí del mismo modo que las especies íntimamente afines del mismo género en estado natural, pero las diferencias, en la mayor parte de los casos, son en menor grado. Esto ha de admitirse como cierto, pues las razas domésticas de muchos animales y plantas han sido clasificadas por varias autoridades competentes como descendientes de especies primitivamente distintas y por otros jueces competentes como simples variedades. Si existiese alguna diferencia bien marcada entre una raza doméstica y una especie, esta fuente de duda no se presentaría tan constantemente. Se ha afirmado muchas veces que las razas domésticas no difieren entre sí por caracteres de valor genérico. Puede demostrarse que esta afirmación no es correcta; pero los naturalistas discrepan mucho al determinar cuáles son los caracteres de valor genérico, y todas estas valoraciones son hasta el momento empíricas. Cuando se exponga cómo se originan los géneros en la naturaleza, se verá que no tenemos derecho alguno a confiar mucho en hallar una cuantía genérica de diferencia en nuestras razas domesticadas.

Al intentar apreciar el grado de diferencia estructural entre razas domésticas afines, nos vemos envueltos enseguida en la duda, por no saber si han descendido de una o de varias especies madres. Este punto, si pudiese ser aclarado, sería interesante; si, por ejemplo, pudiese demostrarse que el galgo, el *bloodhound*, el *terrier*, el *spaniel* y el *bulldog*, que todos sabemos que propagan su raza pura, eran la descendencia de una sola especie cualquiera, entonces estos hechos tendrían gran peso para hacernos dudar de la inmutabilidad de las muchas especies naturales íntimamente afines —por ejemplo, de los muchos zorros— que viven en diferentes regiones de la Tierra. No creo, como veremos enseguida, que la cuantía total de diferencia entre las diversas castas de perros se haya producido en domesticidad; creo que una pequeña parte de la diferencia se debe a que descienden de especies distintas. En el caso de razas fuertemente caracterizadas de algunas otras especies domesticadas, hay la presunción o incluso la seria evidencia de que todas descienden de un solo tronco salvaje.

Se ha admitido con frecuencia que el hombre ha escogido para la domesticación animales y plantas que tienen una extraordinaria tendencia intrínseca a variar y también a soportar climas diversos. No discuto que estas capacidades hayan contribuido ampliamente al valor de la mayor parte de nuestras producciones domésticas; pero ¿cómo pudo saber un salvaje, cuando domó por vez primera a un animal, sí variaría en las generaciones sucesivas y si soportaría otros climas? La poca variabilidad del asno y el ganso, la escasa resistencia del reno al calor, o la del camello común al frío, ¿han impedido su domesticación? No puedo dudar de que si otros animales y plantas, en número igual a nuestras producciones domésticas e igualmente pertenecientes a clases y regiones diversas, fuesen sacados del estado natural y se les pudiese hacer procrear igual número de generaciones en domesticidad, variarían por término medio tanto como han variado las especies madres de nuestras producciones domésticas hoy existentes.

En el caso de la mayor parte de nuestras plantas y animales domesticados en la Antigüedad, no es posible llegar a una conclusión determinada acerca de si descienden de una o varias especies salvajes. El argumento con que cuentan principalmente los que creen en el origen múltiple de nuestros animales domésticos es que en los tiempos más antiguos, en los monumentos de Egipto y en las habitaciones lacustres de Suiza, encontramos gran diversidad de razas, y que algunas de estas razas antiguas tienen un gran parecido, o incluso son idénticas a las que todavía existen. Pero esto solo hace retroceder la historia de la civilización, y demuestra que los animales fueron domesticados en tiempo mucho más antiguo de lo que hasta aquí se había supuesto. Los habitantes de las casas lacustres de Suiza cultivaron diversas clases de trigo y de cebada, el guisante, la adormidera para aceite y lino, y poseyeron diversos animales domesticados. También mantuvieron comercio con otros pueblos. Todo esto demuestra claramente, como ha señalado Heer, que en esta remota edad habían progresado considerablemente en civilización, y esto implica de nuevo un previo y prolongado periodo de civilización menos adelantada, durante el cual los animales domesticados, tenidos por diferentes tribus en diferentes comarcas, podían haber variado y haber dado origen a razas distintas. Desde el descubrimiento de las herramientas de sílex en las formaciones superficiales de muchas partes del mundo, todos los geólogos creen que el hombre salvaje existió en un periodo enormemente remoto, y sabemos que hoy día apenas hay una tribu tan salvaje que no haya domesticado, por lo menos, al perro.

El origen de la mayoría de nuestros animales domésticos probablemente permanecerá para siempre dudoso. Pero puedo afirmar aquí que, respecto a los perros domésticos de todo el mundo, he llegado a la conclusión, después de una laboriosa recopilación de todos los datos conocidos, de que han sido amansadas varias especies salvajes de cánidos, y que su sangre, en algunos casos totalmente mezclada, corre por las venas de nuestras castas domésticas. Por lo que se refiere a las ovejas y cabras, no puedo formar ninguna opinión decidida. Por los datos que me ha comunicado míster Blyth sobre las costumbres, voz, constitución y estructura del ganado bovino indio de giba[3], es casi cierto que descendió de un tronco aborigen diferente del de nuestro ganado bovino europeo, y algunas autoridades competentes creen que este último ha tenido dos o tres progenitores salvajes, merezcan o no el nombre de especies. Esta conclusión, lo mismo que la de la distinción específica entre el ganado bovino común y el de giba, puede realmente considerarse como demostrada por las admirables investigaciones del profesor Rütimeyer. Respecto a los caballos, por razones que no puedo dar aquí, me inclino dubitativamente a creer, en oposición a diversos autores, que todas las razas pertenecen a la misma especie. Habiendo mantenido vivas casi todas las razas inglesas de aves de corral, habiéndolas criado y cruzado, y examinado sus esqueletos, me parece casi seguro que todas son descendientes del gallo salvaje indio, *Gallus bankiva,* y esta es la conclusión de míster Blyth y de otros que han estudiado esta ave en la India. Respecto a los patos y conejos, algunas de cuyas razas difieren mucho entre sí, es clara la evidencia de que todas descienden del pato y del conejo comunes salvajes.

La doctrina del origen de nuestras diversas razas domésticas de diversos troncos primitivos ha sido llevada a un extremo absurdo por algunos autores. Creen que cada raza que cría sin variaciones, por ligeros que sean los caracteres distintivos, ha tenido su prototipo salvaje. Por esta razón, tendrían que haber existido, por

[3] El *Bos indicus* o cebú, buey con giba en la cruz, de la India.

lo menos, una veintena de especies de ganado vacuno salvaje, otras tantas de ovejas y varias de cabras, solo en Europa, y varias aún dentro de Gran Bretaña. ¡Un autor cree que antiguamente existieron once especies salvajes de ovejas peculiares de Gran Bretaña! Si tenemos en cuenta que Gran Bretaña no tiene ahora ningún mamífero peculiar, y Francia muy pocos distintos de los de Alemania, y que lo mismo ocurre con Hungría, España, etc., y que cada uno de estos países posee varias castas peculiares de ganado vacuno, lanar, etc., debemos de admitir que muchas castas domésticas se han originado en Europa, pues ¿de dónde, si no, pudieron haber derivado? Lo mismo ocurre en la India. Aun en el caso de las castas del perro doméstico repartidas por todo el mundo, que admito descienden de varias especies salvajes, no puede dudarse de que ha habido una inmensa cuantía de variación hereditaria; pues ¿quién creerá que animales muy parecidos al galgo italiano, al *bloodhound,* al *bulldog,* al *pugdog* o al *spaniel Blenheim,* etcétera —tan distintos de todos los cánidos salvajes—, existieron alguna vez en estado de naturaleza? Se ha dicho muchas veces libremente que todas nuestras razas de perros han sido producidas por el cruce de unas pocas especies primitivas; pero mediante cruzamiento solamente podemos obtener formas intermedias entre sus padres, y si explicamos nuestras varias razas domésticas por este procedimiento, tenemos que admitir la existencia anterior de las formas más extremas, como el galgo italiano, el *bloodhound,* el *bulldog,* etc., en estado salvaje. Además, se ha exagerado extraordinariamente la posibilidad de producir razas distintas por cruzamiento. Se han registrado muchos casos que demuestran que una raza puede ser modificada por cruzamientos ocasionales, si se ayuda mediante la cuidadosa selección de los individuos que presenten el carácter deseado; pero obtener una raza intermedia entre dos razas completamente distintas sería muy difícil. Sir J. Sebright hizo expresamente experimentos con este objeto, y fracasó. La descendencia del primer cruzamiento entre dos razas puras es de carácter tolerablemente uniforme, y a veces —como he observado en las palomas— completamente uniforme, y todo parece bastante sencillo; pero cuando estos mestizos se cruzan entre sí durante varias generaciones, apenas dos de ellos son iguales, y entonces la dificultad de la tarea se hace patente.

Razas de la paloma doméstica: sus diferencias y origen

Como creo que siempre es preferible estudiar algún grupo especial, después de madura reflexión he elegido el de las palomas domésticas. He tenido todas las razas que pude comprar o conseguir, y he sido muy amablemente favorecido con pieles de varias regiones del mundo, especialmente de la India, por el honorable W. Eliot, y de Persia, por el honorable C. Murray. Se han publicado muchos tratados sobre palomas, en diferentes lenguas, y algunos de ellos son importantísimos por ser de considerable antigüedad. Me he relacionado con varios criadores eminentes y he sido admitido en dos clubes colombófilos de Londres. La diversidad de las razas es algo asombroso. Compárese la *carrier* o paloma mensajera inglesa y la *tumbler* caricorta o volteadora de cara corta, y véase la portentosa diferencia en sus picos, que imponen las diferencias correspondientes en sus cráneos. La *carrier,* especialmente el macho, es tan notable por el prodigioso desarrollo de la piel llena de carúnculos alrededor de la cabeza, y esto va acompañado de párpados muy alargados, orificios externos de la nariz muy grandes y una gran abertura de boca. La *tumbler* caricorta tiene un pico cuyo perfil es casi como el del pinzón; y la volteadora común tiene la singular costumbre hereditaria de volar a gran altura en bandadas compactas y de dar volteretas en el aire. La *runt* es una paloma de gran tamaño, con pico largo y sólido y pies grandes; algunas de las subrazas de *runts* tienen el cuello muy largo; otras, alas y cola muy largas, y otras singularmente cortas. La *barb* es afín a la *carrier;* pero, en vez del pico largo, tiene uno muy corto y ancho. La *pouter* o paloma buchona inglesa tiene el cuerpo, las alas y las patas muy largos, y su buche enormemente desarrollado, que se complace en hinchar, excita el asombro y hasta la risa. La *turbit* tiene un pico corto y cónico, con una fila de plumas invertidas debajo de la pechuga, y tiene la costumbre de distender ligera y continuamente la parte superior del esófago. La capuchina tiene detrás del cuello tan vueltas las plumas, que forman una capucha, y, en proporción a su tamaño, tiene largas las plumas de las alas y de la cola. La *trumpeter* o trompetera y la *laugher* o reidora, como sus nombres expresan, emiten un zureo muy diferente al de las otras razas. La colipavo tiene treinta y hasta cuarenta plumas rectrices o timoneras, en vez de doce o catorce, número normal en todos los miembros de la gran familia de las palomas; estas plumas se mantienen extendidas, y el animal las lleva tan levantadas que, en los buenos ejemplares, la cabeza y la cola se tocan; tiene su glándula oleosa completamente atrofiada. Podrían especificarse otras varias razas menos distintas.

En los esqueletos de las diversas razas, el desarrollo de los huesos de la cara, en longitud, anchura y curvatura, difiere enormemente. La forma, así como el ancho y largo de las ramas de la mandíbula inferior, varía de un modo realmente notable. Las vértebras caudales y sacras varían mucho en número; lo mismo ocurre con el número de costillas, juntamente con su anchura relativa y la presencia de excrecencias. El tamaño y la forma de las aberturas del esternón son sumamente variables, así como el grado de divergencia y el tamaño relativo de los dos brazos de la fúrcula [4]. La anchura relativa de la abertura de la boca, la longitud relativa de los párpados, de los orificios nasales, de la lengua —no siempre en estricta correlación con la longitud del pico—, el tamaño del buche y de la parte superior del esófago; el desarrollo y la atrofia de la glándula oleosa; el número de las plumas primarias de las alas, o rémiges o remeras primarias, y de la cola, o plumas caudales; la longitud del ala, en relación con la de la cola y con la del cuerpo; la longitud relativa de la pata y del pie; el número de escudetes en los dedos y el desarrollo de la piel entre los dedos, son todos puntos de conformación variables. Varía el periodo en que adquieren el plumaje completo, como también el estado de la pelusa con que salen los pichones del cascarón. Varía el tamaño y la forma de los huevos; la manera de volar, y en algunas razas el

[4] Véase el glosario de términos científicos.

arrullo y la índole difieren notablemente. Por último, en algunas razas, los machos y las hembras han llegado a diferir ligeramente entre sí.

En conjunto, podría escogerse, por lo menos, una veintena de palomas, que si se mostrasen a un ornitólogo y se le dijese que eran aves salvajes, las clasificaría seguramente como especies bien definidas. Más aún, no creo que ningún ornitólogo, en este caso, colocase en el mismo género a la *carrier,* a la *tumbler* caricorta, a la *runt,* la *barb,* la *pouter* y la *fantail* o colipavo, muy especialmente porque podrían presentarle de cada una de estas razas varias subrazas cuyos caracteres se heredan sin variación, o especies, como él las llamaría.

A pesar de ser tan grandes las diferencias entre las razas de palomas, estoy plenamente convencido de que la opinión común de los naturalistas es correcta, es decir, que todas descienden de la paloma silvestre o *rock-pigeon*[5] *(Columba livia),* incluyendo en esta denominación a varias razas geográficas o subespecies que difieren entre sí en aspectos muy insignificantes. Como varias de las razones que me han llevado a esta creencia son, en cierto grado, aplicables a otros casos, las expondré aquí brevemente. Si las diferentes razas no son variedades y no han procedido de la paloma silvestre, tienen que haber descendido por lo menos de siete u ocho troncos primitivos, pues es imposible obtener las actuales razas domésticas por el cruce de un número menor. ¿Cómo, por ejemplo, podría producirse una buchona por el cruzamiento de dos castas, a no ser que uno de los troncos progenitores poseyese el enorme buche característico? Los supuestos troncos aborígenes deben de haber sido todos *rock-pigeons,* es decir, que no anidaban en los árboles ni sentían inclinación a posarse en ellos. Pero, aparte de la *Columba livia* con sus subespecies geográficas, solo se conocen otras dos o tres especies de *rock-pigeons,* y estas no tienen

[5] La *rock-pigeon* o paloma de las rocas, porque vive en las rocas y cuevas, llamada también paloma brava, común, montés o, impropiamente, zurita. Darwin la describe un poco más adelante. Es distinta de la zurita *(Columba aenas)* y de la torcaz *(Columba palumbus).*

ninguno de los caracteres de las razas domésticas. Por tanto, los supuestos troncos primitivos o bien tienen que existir aún en los países donde fueron domesticados originariamente, y ser desconocidos todavía por los ornitólogos —cosa que parece improbable, si consideramos su tamaño, sus costumbres y notables características—, o bien tienen que haberse extinguido en estado salvaje. Pero aves que crían en precipicios y son buenas voladoras no parecen fáciles de ser exterminadas, y la *rock-pigeon* común, que tiene las mismas costumbres que las razas domésticas, no ha sido exterminada ni incluso en varios de los islotes británicos más pequeños, ni en las costas del Mediterráneo. Por consiguiente, el supuesto exterminio de tantas especies que tienen costumbres semejantes a las de la paloma silvestre parece una presunción muy aventurada. Es más: las diversas castas domésticas antes citadas han sido transportadas a todas las partes del mundo y, por tanto, algunas de ellas deben de haber sido llevadas de nuevo a su país de origen; pero ninguna se ha vuelto salvaje o bravia, si bien la paloma corriente de palomar, que es la paloma silvestre ligerísimamente modificada, se ha hecho bravía en diversos lugares. Además, todas las experiencias recientes demuestran que es difícil lograr que los animales salvajes procreen ilimitadamente en domesticidad, y en la hipótesis del origen múltiple de nuestras palomas habría que admitir que siete u ocho especies por lo menos fueron domesticadas tan cabalmente en tiempo antiguos por el hombre semicivilizado que son perfectamente prolíficas en cautividad.

Un argumento de gran peso, y aplicable en otros varios casos, es que las razas antes especificadas, aunque concuerdan generalmente con la paloma silvestre en constitución, costumbres, arrullo, color y en la mayor parte de su estructura, son, sin embargo, ciertamente muy anómalas en otras partes; en vano será que busquemos en toda la gran familia de los colúmbidos un pico como el de la *carrier,* o el de la *tumbler* caricorta, o el de la *barb;* plumas vueltas como las de la capuchina, buche como el de la *pouter,* y plumas rectrices como las de la colipavo. Por tanto, habría que admitir no solo que ese hombre semicivilizado consiguió domesticar por completo diversas especies, sino que, intencionadamente o por casualidad, eligió especies extraordinariamente anómalas y, además, que desde entonces estas mismas especies han venido a extinguirse o a ser desconocidas. Tantas extrañas casualidades son en sumo grado inverosímiles.

Algunos hechos referentes al color de las palomas merecen ser tenidos muy en cuenta. La paloma silvestre es de color azul de pizarra, con el obispillo blanco; pero la subespecie india, *Columba intermedia* de Strickland, tiene esta parte azulada. La cola tiene una franja oscura en el extremo, y la parte externa de las plumas exteriores están ribeteadas de blanco en la base. Las alas tienen dos franjas negras. Algunas castas semidomésticas y otras verdaderamente silvestres tienen, además de estas dos franjas negras, las alas moteadas de negro. Estos diversos caracteres no se presentan juntos en ninguna otra especie de toda la familia. Ahora bien, en cada una de las razas domésticas, tomando ejemplares por completo de pura raza, todos los caracteres dichos, incluso el ribete blanco de las plumas rectrices externas, concurren a veces perfectamente desarrollados. Más aún: cuando se cruzan ejemplares pertenecientes a dos o más razas distintas, ninguna de las cuales es azul ni tienen ninguno de los caracteres especificados anteriormente, los descendientes mestizos son muy propensos a adquirir súbitamente estos caracteres. Para dar un ejemplo de los muchos que he observado: crucé algunas colipavos blancas, que criaban tipos sin variación, con unas *barbs* negras —pues ocurre que las variedades azules de *barbs* son tan raras que nunca he oído hablar de ningún caso en Inglaterra—, y los mestizos salieron negros, castaños y moteados. Crucé también una *barb* con una *spot* —que es una paloma blanca, con la cola roja y una mancha roja en la frente, y de crías notoriamente legítimas—, y los mestizos salieron oscuros y moteados. Crucé entonces uno de los mestizos *barb*-colipavos con un mestizo *barb-spot*, y produjeron un ave de tan hermoso color azul, con el obispillo blanco, la doble franja negra en las alas y plumas rectrices el ribete blanco y la franja, ¡como cualquier *rock-pigeon* silvestre! Podemos comprender estos hechos apoyándonos en el bien conocido principio de la reversión a los caracteres ancestrales, si admitimos que todas las castas domésticas descienden de la paloma silvestre. Pero si negamos esto, tenemos que adoptar una de las dos hipótesis siguientes, sumamente improbables: primera, o bien que todos los diversos troncos primitivos imaginados tuvieron los mismos colores y dibujos que la paloma silvestre —aun cuando ninguna otra especie viviente tiene este color y dibujo—, de modo que en cada casta separada pudo haber una tendencia a volver a los idénticos colores y dibujos; o bien —segunda hipótesis— que cada casta, aun la más pura, en el transcurso de una docena, o a lo sumo de una veintena de generaciones, ha estado cruzada con la paloma silvestre: y digo de doce o veinte generaciones porque no se conoce ningún caso de descendientes cruzados que vuelvan a un antepasado de sangre extraña separado por un número mayor de generaciones. En una casta que ha sido cruzada una sola vez, la tendencia a volver a cualquier carácter derivado de este cruzamiento irá siendo naturalmente cada vez menor, pues en cada una de las generaciones sucesivas habrá menos sangre extraña; pero cuando no ha habido cruzamiento alguno y existe en la casta una tendencia a volver a un carácter que se perdió en alguna generación pasada, esta tendencia, a pesar de todo lo que podamos ver en contrario, puede transmitirse sin disminución durante un número indefinido de generaciones. Estos dos casos distintos de reversión se confunden frecuentemente aunados por los que han escrito sobre la herencia.

Por último, los híbridos o mestizos que resultan de entre todas las castas de palomas son perfectamente fecundos, como puedo afirmarlo por mis propias observaciones, hechas a propósito con las castas más distintas. Ahora bien, apenas se ha averiguado con certeza algún caso de híbridos de dos especies de animales completamente distintas que sean fecundos. Algunos autores creen que la domesticidad continuada por largo tiempo elimina esta fuerte tendencia a la esterilidad de las especies. Por la historia del perro y de algunos otros animales domésticos, esta conclusión es, probablemente, correcta por completo, si se aplica a especies íntimamente relacionadas entre sí. Pero extenderlo hasta suponer que especies primitivamente tan distintas como lo son ahora las mensajeras inglesas, las volteadoras, las buchonas inglesas y las colipavos produzcan descendientes perfectamente fecundos *inter se,* sería en extremo arriesgado.

Por estas varias razones, a saber: por la improbabilidad de que el hombre antiguamente haya hecho procrear ilimitadamente en domesticidad a siete u ocho supuestas especies de palomas; por ser estas supuestas especies completamente desconocidas en estado salvaje y no haber vuelto bravías en ninguna parte; por presentar estas especies ciertos caracteres muy anómalos, comparados con todos los demás colúmbidos, a pesar de ser tan parecidas a la paloma silvestre en la mayoría de los aspectos; por la reaparición accidental del color azul y de las diferentes señales negras en todas las castas, lo mismo mantenidas puras que cruzadas; y, finalmente, por ser la descendencia mestiza perfectamente fecunda; por todas estas varias razones, tomadas en conjunto, podemos llegar con seguridad a la conclusión de que todas nuestras razas domésticas descienden de la paloma silvestre *Columba livia,* con sus subespecies geográficas.

En favor de esta opinión puedo añadir: primero, que se ha averiguado que la *Columba livia* silvestre es capaz de domesticación en Europa y en la India, y que coincide en costumbres y en gran número de caracteres de estructura con todas las razas domésticas; segundo, que aunque la *carrier* o la *tumbler* caricorta difieren inmensamente en ciertos caracteres de la *rock-pigeon,* a pesar de esto, comparando las diversas subcastas de estas dos razas, sobre todo las traídas de países lejanos, podemos formar, entre ellas y la paloma silvestre, una serie casi perfecta —lo mismo podemos hacer en algunos otros casos—, pero no con todas las razas; tercero, aquellos caracteres que son principalmente distintivos de cada casta son en cada una de ellas eminentemente variables, por ejemplo, las carúnculas y la longitud del pico de la *carrier,* lo corto de este en la *tumbler,* y el número de plumas de la cola en la colipavo, y la explicación de este hecho será obvia cuando tratemos de la selección; cuarto, las palomas han sido observadas y atendidas con el mayor cuidado y estimadas por muchos pueblos. Han sido domesticadas durante miles de años en diversas partes del mundo; el primer testimonio conocido de palomas pertenece a la quinta dinastía egipcia, aproximadamente tres mil años antes de Cristo, según me indicó el profesor Lepsius; pero míster Birch me informa que las palomas aparecen en una lista de manjares de la dinastía anterior. En tiempo de los romanos, como sabemos por Plinio, se pagaban precios elevadísimos por las palomas; «es más: han llegado a tal punto, que puede confiarse en su genealogía y su raza». Las palomas fueron muy apreciadas por Akber Khan en la India hacia el año 1600; nunca contaba la corte con menos de veinte mil palomas. «Los monarcas de Irán y de Turán le enviaron algunos ejemplares rarísimos», y continúa el historiador de la corte: «Su majestad, cruzando las castas, con método que nunca se había practicado hasta entonces, las ha mejorado asombrosamente». Por la misma época, los holandeses eran tan entusiastas de las palomas como lo fueron los antiguos romanos. La excepcional importancia de estas consideraciones para explicar la inmensa cuantía de variación que las palomas han experimentado será igualmente obvia cuando tratemos de la selección. También veremos entonces cómo es que las diversas castas tienen con tanta frecuencia un carácter algo monstruoso. Es también una circunstancia muy favorable para la producción de razas distintas que el macho y la hembra puedan ser fácilmente apareados por toda la vida, y así tener juntas en el mismo palomar a razas diferentes.

He discutido el probable origen de las palomas domésticas con alguna, aunque insuficiente, extensión, porque cuando por vez primera tuve palomas y observé las diversas clases, sabiendo bien cuán invariable es su descendencia, encontré exactamente la misma dificultad en creer que, puesto que habían sido domesticadas, habían procedido todas de un progenitor común, como la que podría tener cualquier naturalista en llegar a una conclusión similar respecto a las muchas especies de pinzones o de otro grupo de aves en estado natural. Me sorprendió mucho una circunstancia, y es que casi todos los criadores de los diversos animales domésticos y los cultivadores de plantas con quienes he conversado o he leído sus obras están firmemente convencidos de que las diferentes castas a que cada uno se ha dedicado descienden de otras tantas especies primitivamente distintas. Preguntad, como he preguntado yo, a un renombrado criador de ganado vacuno de Hereford[6] si su ganado no podría haber descendido de los *longhorns*[7], o ambos de un tronco común, y se reirá de vosotros despectivamente. No me he encontrado jamás con un criador de palomas, gallinas, patos o conejos que no estuviese completamente convencido de que cada raza principal había descendido de especies distintas. Van Mons, en su tratado sobre las peras y las manzanas, enseña que no cree en absoluto en que las diferentes clases, por ejemplo, el *Ribston-pippin* o el *Codlin-apple,* puedan haber procedido nunca de las semillas del mismo árbol. Podrían citarse otros innumerables ejemplos. La explicación, a mi parecer, es sencilla: el estudio continuado durante mucho tiempo les ha grabado fuertemente las diferencias entre las diversas razas; y aunque saben bien que cada raza varía ligeramente, pues ganan sus premios seleccionando estas leves diferencias, sin embargo ignoran todos los argumentos generales y rehúsan abarcar en sus mentes las ligeras diferencias acumuladas durante muchas generaciones sucesivas. ¿No podrían esos naturalistas que, sabiendo mucho menos de las leyes de la herencia de lo que saben los criadores y no sabiendo más que estos de los eslabones intermedios de las largas líneas de descendencia, admiten, sin embargo, que muchas de nuestras razas domésticas descienden de los mismos progenitores, no podrían aprender una lección de prudencia cuando se burlan de la idea de que las especies en estado natural son descendientes directos de otras especies?

Principios de selección seguidos antiguamente y sus efectos

Consideremos ahora brevemente los pasos por los que se han producido las razas domésticas, ya a partir de una o de varias especies afines. Algún efecto puede atribuirse a la acción directa y determinada de las condiciones externas de vida, y algo a la cos-

[6] La famosa vaca de Hereford, dedicada a la producción de carne.

[7] Raza de ganado vacuno cornilargo, o de cuernos largos.

tumbre; pero sería un temerario quien explicase por tales medios las diferencias entre un caballo de tiro y otro de carreras, entre un galgo y un *bloodhound*, entre una paloma mensajera y una volteadora. Uno de los rasgos distintivos más notables de nuestras razas domésticas es que vemos en ellas la adaptación, no ciertamente para el propio bien del animal o planta, sino para el provecho o el capricho del hombre. Probablemente, algunas variaciones útiles a este se han originado repentinamente o de un salto; muchos botánicos, por ejemplo, creen que el cardo de cardar, con esos ganchos con los que no puede rivalizar ningún artefacto mecánico, no es más que una variedad del *Dipsacus* silvestre, y este cambio puede haberse producido súbitamente en una planta de semillero. Así ha ocurrido, probablemente, con el perro *turnspit* [8], y se sabe que así ha sucedido con la oveja *ancon* [9]. Pero cuando comparamos el caballo de tiro y el de carreras, el dromedario [10] y el camello, las diversas castas de ovejas apropiadas ya para terreno cultivado o para pastos de montaña, con la lana de una casta, buena para un objeto, y la de otra casta, buena para otro; cuando comparamos las muchas razas de perros, cada una de ellas útil al hombre de modo diferente; cuando comparamos el gallo de pelea, tan pertinaz en la lucha, con otras castas tan poco pendencieras, con las «ponedoras perpetuas» —*everlasting layers*—, que nunca quieren empollar, y con la *bantam* [11], tan pequeña y elegante; cuando comparamos la multitud de razas de plantas agrícolas, culinarias, de huerta y de jardín, útilísimas al hombre en las diferentes estaciones y para diferentes fines, o tan hermosas a los ojos, creo que tenemos que ver algo más que simple variabilidad. No podemos

[8] Casta de perro de patas torcidas, parecido al *dachshund,* perro de cuerpo largo y patas cortas que sirve para atraer al tejón.

[9] Casta de patas cortas y torcidas.

[10] El nombre «dromedario» se aplica aquí a una casta muy ligera de camello que, al igual que el camello ordinario, tiene una sola giba. Es erróneo reservar este nombre para el animal de dos jorobas, al que puede llamarse «camello asiático».

[11] Casta de gallina de tamaño reducido.

suponer que todas las castas se produjeron de repente tan perfectas y tan útiles como las vemos ahora; realmente, en muchos casos sabemos que no ha sido esta su historia. La clave está en el poder del hombre para la selección acumulativa: la naturaleza produce variaciones sucesivas; el hombre las aumenta en determinadas direcciones útiles para él. En este sentido puede decirse que ha hecho por sí mismo razas útiles.

La gran fuerza de este principio de selección no es hipotética. Es cierto que varios de nuestros más eminentes criadores, aun dentro del tiempo que abarca la vida de un solo hombre, han modificado en gran medida sus razas de ganado vacuno y lanar. Para darse perfecta cuenta de lo que han hecho es casi necesario leer varios de los muchos tratados consagrados a este asunto e inspeccionar a los animales. Los ganaderos suelen hablar del organismo de un animal como de algo plástico, que pueden modelar casi como quieren. Si tuviese espacio, podría citar numerosos pasajes a este propósito de autoridades extraordinariamente competentes. Youatt, que probablemente está mejor enterado que casi nadie de las obras de los agricultores, y que fue él mismo un excelente conocedor de animales, habla del principio de selección como de «lo que permite al agricultor no solo modificar la índole de su rebaño, sino cambiarlo por completo. Es la vara mágica mediante la cual puede dar vida a cualquier forma y modelarla como le plazca». Lord Somerville, hablando de lo que los ganaderos han hecho con las ovejas, dice: «Es como si hubiesen dibujado con yeso en una pared una forma perfecta en sí misma y después la hubiesen dado vida». En Sajonia, la importancia del principio de selección, por lo que se refiere a la oveja merina, está reconocido tan por completo que los hombres lo ejercen como un oficio: las ovejas se colocan sobre una mesa y son estudiadas, como un cuadro por un perito; esto se hace tres veces con intervalos de meses, y las ovejas son marcadas y clasificadas cada vez, de modo que las mejores pueden ser por fin seleccionadas para la cría.

Lo que los criadores ingleses han hecho realmente se prueba por los precios enormes pagados por animales con buena genealogía; y estos han sido exportados a casi todas las regiones del mundo. El mejoramiento no se debe, generalmente, en modo alguno, al cruce de razas diferentes; todos los mejores criadores son radicalmente opuestos a esta práctica, excepto a veces entre subrazas muy afines. Y cuando se ha hecho un cruzamiento, una rigurosísima selección es aún más indispensable que en los casos ordinarios. Si la selección consistiese meramente en separar alguna variedad muy típica y hacer cría de ella, el principio sería tan obvio como apenas digno de mención; pero su importancia consiste en el gran efecto producido por la acumulación en una dirección, durante generaciones sucesivas, de diferencias absolutamente inapreciables para un ojo no experto, diferencias que yo intenté inútilmente apreciar. Ni de entre mil hombres hay uno que tenga la agudeza de vista y el discernimiento necesario para llegar a ser un eminente criador. Si, dotado de estas cualidades, estudia durante años el asunto y consagra toda su vida a ello con perseverancia inquebrantable, triunfará y puede conseguir grandes mejoras; si adolece de alguna de estas cualidades, fracasará seguramente. Pocos estarían dispuestos a creer en la capacidad natural y años de práctica que se requieren para llegar a ser nada más que un experto criador de palomas.

Los mismos principios siguen los horticultores, pero las variaciones son aquí, con frecuencia, más bruscas. Nadie supone que nuestras producciones más selectas se hayan producido por una sola variación del tronco primitivo. Tenemos pruebas de que esto no ha sido en diferentes casos en que se habían conservado datos exactos; así, para dar un ejemplo muy sencillo, puede citarse el aumento de tamaño, cada vez mayor, de la grosella. Vemos un asombroso perfeccionamiento en muchas flores de los floristas cuando se comparan las flores de hoy con dibujos hechos hace solamente veinte o treinta años. Una vez que una raza de plantas está bastante bien fijada, los productores de semillas no escogen las plantas mejores, sino que simplemente se pasan por sus semilleros y arrancan las *rogues* [12], como llaman ellos a las plantas que se apartan del tipo conveniente. Con los animales también se si-

[12] Las «bribonas», las «pícaras».

gue, de hecho, esta clase de selección, pues casi nadie es tan descuidado que saque cría de sus animales peores.

Respecto a las plantas hay otros medios de observar los efectos acumulados de la selección, a saber: comparando en el jardín la diversidad de flores en las diferentes variedades de la misma especie; en la huerta, la diversidad de hojas, cápsulas, tubérculos o cualquier otra parte, si se aprecia en comparación con las flores de las mismas variedades; y, en el huerto, la diversidad de frutos de la misma especie, en comparación con las hojas y flores del mismo grupo de variedades. Véase cuán diferentes son las hojas de la col y qué extraordinariamente parecidas las flores; cuán diferentes las flores del pensamiento y qué parecidas las hojas; lo mucho que difieren en tamaño, color, forma y pilosidad los frutos de las diferentes clases de grosellas, y, sin embargo, las flores presentan diferencias ligerísimas. No es que las variedades que difieren mucho en un punto no difieran en absoluto en otros; esto no ocurre casi nunca —hablo después de cuidadosa observación—, o quizá nunca. La ley de la variación correlativa, cuya importancia no debe ser descuidada, asegurará algunas diferencias; pero, como regla general, no se puede dudar de que la selección continuada de ligeras variaciones, tanto en las hojas como en las flores o frutos, producirá razas que difieran entre sí principalmente en estos caracteres.

Puede objetarse que el principio de la selección ha sido reducido a práctica metódica apenas hace más de tres cuartos de siglo; ciertamente, ha sido más atendida en los últimos años y se han publicado muchos tratados sobre el asunto, y el resultado ha sido rápido e importante en un grado correspondiente. Pero está muy lejos de la verdad decir que el principio es un descubrimiento moderno. Podría dar varias referencias de obras antiquísimas en las que se reconoce toda la importancia de este principio. En los periodos turbulentos y bárbaros de la historia de Inglaterra fueron importados muchos animales selectos y se dieron leyes para impedir su exportación: se ordenó la destrucción de caballos inferiores a cierta alzada, y esto puede compararse al *roguing* [13] de las

[13] Acción de arrancas las *rogues*.

plantas por los que cuidan de los semilleros. El principio de la selección lo encuentro claramente dado en una antigua enciclopedia china. Algunos de los escritores clásicos romanos dieron reglas explícitas. Por pasajes del Génesis es evidente que en aquel temprano periodo se prestó atención al color de los animales domésticos. Actualmente los salvajes cruzan a veces sus perros con cánidos salvajes para mejorar la raza, y antiguamente lo hacían así, según se atestigua por pasajes de Plinio. Los salvajes de África del Sur emparejan por el color su ganado vacuno de tiro, como hacen algunos esquimales con sus traíllas de perros. Livingstone afirma que las buenas razas domésticas son muy estimadas por los negros del interior de África que no han entrado en relación con europeos. Algunos de estos hechos no demuestran selección real; pero muestran que la cría de animales domésticos fue cuidadosamente atendida en los tiempos antiguos, y que hoy es atendida por los salvajes más inferiores. Hubiera sido un hecho realmente extraño que no se hubiese prestado atención a la cría, pues es tan evidente la herencia de las cualidades buenas y malas.

Selección inconsciente

Actualmente, criadores eminentes, por medio de una selección metódica, con vistas a un fin bien determinado, tratan de obtener un nuevo linaje o subraza superiores a todas las de su clase en el país. Mas para nuestro propósito es más importante una forma de selección, que puede llamarse inconsciente, y que resulta de que cada uno procura poseer y sacar cría de los mejores ejemplares. Así, la persona que intenta tener *pointers,* procura, naturalmente, hacerse con perros tan buenos como pueda, y después saca crías de sus mejores perros, pero sin tener ningún deseo ni esperanza de alterar permanentemente la raza. Sin embargo, debemos deducir que este procedimiento, seguido durante siglos, mejoraría y modificaría cualquier raza, del mismo modo que Bakewell, Collins, etc., por este mismo procedimiento, pero llevado más metódicamente, modificaron en gran manera, solamente durante el tiempo de su vida, las formas y cualidades de su ganado vacuno. Cambios lentos e insensibles de esta clase no pueden reconocerse nunca, a menos que mucho tiempo antes se hayan tomado de las razas en cuestión medidas reales y dibujos cuidadosos que puedan servir de comparación. En algunos casos, sin embargo, individuos no modificados, o poco modificados, de la misma raza existen en comarcas menos civilizadas, donde la raza haya sido menos mejorada. Hay motivo para creer que el *spaniel King Charles* ha sido inconscientemente modificado en gran medida desde el tiempo de aquel monarca. Algunas autoridades muy competentes están convencidas de que el *setter* desciente directamente del *spaniel,* y probablemente ha sido lentamente modificado a partir de este. Se sabe que el *pointer* inglés ha cambiado mucho en el último siglo, y en este caso el cambio se ha efectuado, según se cree, principalmente por cruzamientos con el *foxhound;* pero lo que nos concierne a nosotros es que el cambio se ha efectuado inconsciente y gradualmente, y, sin embargo, de un modo tan efectivo que, aunque el antiguo *pointer* español vino seguramente de España [14], míster Borrow, según me ha informado, no ha visto ningún perro indígena en España semejante a nuestro *pointer*.

Mediante un procedimiento análogo de selección, y un amaestramiento cuidadoso, los caballos de carrera ingleses han llegado a aventajar en ligereza y tamaño a los progenitores árabes, hasta el punto de que estos últimos, en el reglamento para las carreras de Goodwood, son favorecidos en los pesos que llevan. Lord Spencer y otros han demostrado cómo el ganado vacuno de Inglaterra

[14] «Mi amigo don Ángel Cabrera, especialista en la materia, ha tenido la bondad de indicarme que el *pointer* español de que habla Darwin es nuestro antiguo *perro de punta,* que puede verse a los pies del príncipe Baltasar Carlos en uno de los cuadros de Velázquez existentes en el Museo del Prado (número 1.189). El perro de punta ya no se conserva exactamente con todos los caracteres que entonces tenía, considerándose como su representante actual más parecido en nuestro país el *braco español* o *navarro.*» (Nota de la traducción de la presente obra de Darwin por Antonio de Zulueta, «Colección Universal», Espasa Calpe, Madrid, 1930.

ha aumentado de peso y es de más pronta madurez, comparado con el ganado que se criaba antes en este país. Comparando los informes dados en varios tratados antiguos sobre la condición de antaño y la actual de las palomas mensajera y volteadora en Gran Bretaña, India y Persia, podemos seguir las fases por las que han pasado insensiblemente hasta llegar a diferir en tan gran manera de la paloma silvestre.

Youatt da un excelente ejemplo de los efectos de un proceso de selección que puede ser considerado como inconsciente, en cuanto que los criadores nunca podían haber esperado, ni aun deseado, producir el resultado que ocurrió, que fue la producción de dos linajes diferentes. Los dos rebaños de ovejas de Leicester, de míster Buckley y míster Burgess, como observa míster Youatt, «han venido criando, sin mezcla, del tronco original de míster Bakewell, durante más de cincuenta años. No existe la menor sospecha, absolutamente en nadie enterado del asunto, de que el dueño de ninguno de los dos rebaños se haya apartado ni una sola vez de la sangre pura del rebaño de míster Bakewell, y, sin embargo, entre las ovejas que poseen estos dos señores es tan grande que tienen la apariencia de ser variedades completamente diferentes».

Aunque existan salvajes tan bárbaros que no piensan nunca en el carácter hereditario de la descendencia de sus animales domésticos, sin embargo, cualquier animal que les es particularmente útil para algún objeto especial sería cuidadosamente preservado de las hambres y otras calamidades, a las que tan expuestos se hallan los salvajes, y estos animales escogidos darían así generalmente más descendencia que los de clase inferior, de modo que en este caso se iría produciendo una especie de selección inconsciente. Vemos el valor atribuido a los animales incluso por los salvajes de Tierra del Fuego, cuando matan y devoran a sus mujeres viejas, en tiempos de escasez, como de menos valor que sus perros.

En las plantas, este mismo proceso gradual de mejoramiento mediante la conservación accidental de los mejores individuos —sean o no lo suficientemente distintos para ser clasificados a primera vista como variedades distintas y se hayan o no mezclado entre sí por cruzamiento dos o más especies o razas—, se puede reconocer claramente en el aumento de tamaño que vemos actualmente en las variedades del pensamiento, de la rosa, del pelargonio, de la dalia y de otras plantas, cuando las comparamos con las variedades antiguas o con sus troncos primitivos. Nadie esperaría siquiera obtener un pensamiento o dalia de primera calidad de la semilla de un planta silvestre. Nadie esperaría conseguir una pera de agua de primera calidad de la semilla de un peral silvestre, aun cuando podría conseguirlo de una pobre planta de semillero que creciese silvestre, si provenía de un árbol de cultivo. La pera, a pesar de cultivarse en los tiempos clásicos, parece haber sido, según descripción de Plinio, un fruto de calidad muy inferior. He visto que se manifiesta gran sorpresa en las obras de horticultura por la prodigiosa habilidad de los horticultores al haber producido tan espléndidos resultados de materiales tan pobres; pero el arte ha sido sencillo, y por lo que se refiere al resultado final, se ha proseguido casi inconscientemente. Ha consistido en cultivar siempre la variedad más renombrada, sembrando sus semillas, y cuando por casualidad aparecía una variedad ligeramente mejor, en seleccionar esta, y así sucesivamente. Pero los horticultores de la época clásica que cultivaron las mejores peras que pudieron procurarse, jamás pensaron en los espléndidos frutos que comeríamos nosotros, aunque debamos, en algún pequeño grado, nuestros excelentes frutos a que ellos, naturalmente, escogieron y conservaron las mejores variedades que pudieron encontrar por doquier.

Muchos cambios, lenta e inconscientemente así acumulados, explican, a mi parecer, el hecho bien conocido de que en cierto número de casos no podamos reconocer —y, por consiguiente, desconozcamos— los troncos primitivos silvestres de las plantas cultivadas desde los tiempos más remotos en nuestras huertas y jardines. Si se han necesitado cientos y miles de años para mejorar o modificar la mayor parte de nuestras plantas hasta conseguir su tipo actual de utilidad para el hombre, podemos comprender cómo es que ni Australia, ni el Cabo de Buena Esperanza, ni ninguna otra región poblada por hombres completamente sin civilizar, no nos haya proporcionado ni una sola planta digna de cultivo. No es que estos países, tan ricos en especies, no posean, por una extraña casualidad, los troncos primitivos de cualesquiera plantas útiles, sino que las plantas indígenas no han sido mejoradas por selección continuada hasta llegar a un tipo de perfección comparable con el adquirido por las plantas en países civilizados desde la Antigüedad.

Respecto a los animales domésticos pertenecientes a hombres incivilizados, no debe pasar inadvertido que casi siempre estos animales han de luchar por su propio alimento, al menos durante ciertas estaciones del año. Y en dos países de condiciones muy diferentes, individuos de las misma especie, que posean constitución o estructura levemente diferentes, tendrán a menudo más posibilidad de medrar en un país que en otro; y así, por un proceso de «selección natural», como se explicará después más detalladamente, pudieron formarse dos subrazas. Esto quizá explica, en parte, por qué las variedades que poseen los salvajes —como han observado varios autores— tienen más el carácter de verdaderas especies que las variedades que se conservan en los países civilizados.

Según la idea aquí dada del importante papel que ha representado la selección hecha por el hombre, resulta enseguida evidente por qué nuestras razas domésticas muestran en su conformación o en sus costumbres adaptación a las necesidades o caprichos del hombre. Creo que podemos comprender además el carácter frecuentemente anormal de nuestras razas domésticas, e igualmente que sus diferencias sean tan grandes en los caracteres externos y relativamente tan pequeñas en órganos o partes internas. El hombre apenas puede seleccionar, o solamente con mucha dificultad, alguna desviación de estructura, excepto las que son externamente visibles; y, en verdad, raras veces se preocupa por lo que está interno. Nunca puede actuar mediante selección, excepto con variaciones que primero le son dadas, en cierto grado, por la naturaleza. Nadie habría intentado nunca obtener una paloma colipavo hasta que vio una paloma con la cola desarrollada en cierto grado de una manera inusitada, o una buchona hasta que vio una paloma con un buche de tamaño algo desacostumbrado; y cuanto más anómalo e inusitado fue un carácter al aparecer por vez primera, más fácilmente hubo de llamar la atención. Pero usar expresiones tales como «intentar hacer una colipavo», no tengo duda de que, en la mayoría de los casos, es totalmente incorrecto. El primer hombre que seleccionó una paloma con una cola ligeramente más grande, no soñó nunca en lo que los descendientes de aquella paloma llegarían a ser mediante una selección largo tiempo prolongada, en parte inconsciente y en parte metódica. Quizá el progenitor de todas las colipavos tuvo solamente catorce plumas rectrices algo extendidas, como la actual colipavo de Java, o como ejemplares de otras razas distintas, en las cuales se han contado hasta diecisiete plumas rectrices. Tal vez la primera paloma buchona no hinchó su buche mucho más que la *turbit* de nuestros días hincha la parte superior de su esófago, costumbre que es despreciada por todos los criadores, porque no es uno de los caracteres de la casta.

No hay que pensar que sería necesaria una gran desviación de estructura para atraer la vista del criador; este percibe diferencias extremadamente pequeñas, y es condición humana apreciar cualquier novedad, por ligera que sea, en las cosas propias. Ni debe juzgarse el valor que se atribuía antiguamente a las leves diferencias entre los individuos de la misma especie por el valor que se les atribuyen actualmente, después que han sido claramente establecidas diversas razas. Es sabido que en las palomas aparecen actualmente a veces muchas ligeras diferencias, pero estas son rechazadas como defectos o desviaciones del tipo de perfección de cada raza. El ganso común no ha dado origen a ninguna variedad notable; de aquí que la casta de Tolosa y la casta común, que difieren solo en el color —el más fugaz de los caracteres—, han sido presentadas últimamente como distintas en nuestras exposiciones de aves de corral.

Estos puntos de vista parecen explicar lo que se ha observado a veces, o sea, que apenas sabemos nada acerca del origen o historia de ninguna de nuestras razas domésticas. Pero, de hecho, de una casta, como del dialecto de un idioma, difícilmente puede decirse que tenga un origen preciso. Alguien conserva y cría de un individuo que presenta alguna ligera desviación de estructura, o pone más cuidado que de ordinario en aparear sus mejores animales, y así los perfecciona, y los animales perfeccionados se extienden lentamente por los alrededores inmediatos; pero difícilmente tendrán todavía un nombre distinto y, solo por ser muy poco estimados, su historia habrá pasado inadvertida. Cuando, mediante el mismo método, lento y gradual, hayan sido más mejorados, se extenderán más ampliamente y serán reconocidos como algo distinto y estimable, y probablemente entonces recibirán un nombre regional. En países semicivilizados, de comunicación poco libre, la difusión de una nueva subraza sería un proceso lento. Tan pronto como los rasgos característicos son una vez conocidos, el principio, como lo he llamado, de selección inconsciente tenderá siempre —quizá más en un periodo que en otro, según esté más o menos de moda; quizá más en una comarca que en otra, según el estado de civilización de los habitantes— a aumentar lentamente los rasgos característicos de la raza, cualesquiera que sean estos. Pero serán infinitamente pequeñas las probabilidades de que se haya conservado ningún historial de estos cambios lentos, variantes e insensibles.

Circunstancias favorables al poder de selección del hombre

Digamos unas palabras sobre las circunstancias, favorables o adversas, al poder de selección del hombre. Un alto grado de variabilidad es evidentemente favorable, pues da ilimitadamente los materiales para que la selección pueda elaborarse; y no es que las simples diferencias individuales no sean lo suficientemente amplias para permitir, con sumo cuidado, la acumulación de una gran cuantía de modificación en casi todas las direcciones que se deseen. Pero como las variaciones manifiestamente útiles o agradables al hombre aparecen solo de cuando en cuando, la probabilidad de su aparición aumentará mucho más cuando se tenga un gran número de individuos. Por consiguiente, el número es de suma importancia para el éxito. Sobre este principio, Marshall observó antaño, con respecto a las ovejas de algunas comarcas del condado de Yorkshire, que, «como generalmente pertenecen a gente pobre, y están mayormente *en pequeños lotes,* nunca pueden ser mejoradas». Por el contrario, los jardineros encargados de los semilleros, por poseer grandes existencias de la misma planta, tienen por lo general más éxito que los aficionados al producir variedades nuevas y valiosas. Un gran número de ejemplares de un animal o planta pueden criarse solamente cuando las condiciones para su propagación son favorables. Cuando los individuos escasean, a todos se les deja propagarse, cualquiera que sea su cualidad, y esto impedirá de hecho la selección. Pero, probablemente, el elemento más importante es que el animal o planta sea tan altamente estimado por el hombre que se preste la máxima atención aun a las desviaciones más leves de sus cualidades o estructura. Sin poder prestar esa atención, no puede lograrse nada. He visto que se ha observado con la mayor gravedad que fue una gran fortuna el hecho de que la fresa comenzase a variar precisamente cuando los hortelanos empezaron a prestar atención a esta planta. Indudablemente, la fresa ha variado siempre desde que fue cultivada; pero se habían descuidado las variaciones ligeras. Sin embargo, tan pronto como los hortelanos escogieron plantas determinadas con frutos ligeramente mayores, más tempranos o mejores, y criaron semilleros de ellos, y de nuevo escogieron las mejores plantitas y obtuvieron descendencia de ellas, entonces —con alguna ayuda, mediante cruzamiento de especies distintas— se originaron las numerosas y admirables variedades de fresa que han aparecido durante los últimos cincuenta años.

En los animales, la facilidad de evitar los cruzamientos es un importante elemento en la formación de nuevas especies; por lo menos en un país que ya cuenta con otras razas. A este respecto, el aislamiento del país juega su papel. Los salvajes errantes y los habitantes de llanuras abiertas rara vez poseen más de una raza de la misma especie. Las palomas pueden ser apareadas durante toda su vida, y esto es una gran ventaja para el criador, pues así muchas razas pueden mejorarse y conservarse puras, aunque estén mezcladas en el mismo palomar, y esta circunstancia debe de haber favorecido mucho la formación de castas nuevas. Debo añadir que las palomas pueden propagarse en gran número y en progresión rapidísima, y los ejemplares inferiores pueden rechazarse sin limitación, pues al ser matados sirven de alimento. Por el contrario, los gatos, por sus costumbres de vagar de noche, no pueden ser apareados fácilmente y, aunque son tan estimados por las mujeres y los niños, rara vez vemos una casta distinta conservada durante mucho tiempo; las razas que vemos a veces de ese tipo son casi siempre importadas de algún otro país. Aun cuando no dudo de que unos animales domésticos varían más que otros, sin embargo, la rareza o ausencia de castas distintas del gato, del asno, del pavo real, del ganso, etc., puede atribuirse principalmente a que no ha entrado en juego la selección: en los gatos, por la dificultad de aparearlos; en los asnos, porque los tienen solo en corto número la gente pobre y se presta poca atención a su cría, pues recientemente, en ciertas partes de España y de los Estados Unidos, este animal ha sido sorprendentemente modificado y mejorado mediante cuidadosa selección; en los pavos reales, porque no se crían muy fácilmente y no se tienen grandes cantidades de ellos; en los gansos, porque solo se les estima para dos propósitos: alimento y plumas, y muy especialmente por no haber sentido placer alguno en la exhibición de las distintas razas; pero el ganso, en las condiciones a que está sometida en la domesticidad, parece tener un organismo singularmente inflexible, si bien ha variado en pequeña medida, como he descrito en otra parte.

Algunos autores han sostenido que la cuantía de variación de nuestras producciones domésticas se colma muy pronto, y que después nunca puede ser rebasada. Sería algo arriesgado afirmar que el límite ha sido alcanzado en algún caso, pues casi todos nuestros animales y plantas han sido muy mejorados en muchos aspectos, dentro de un periodo reciente, y esto implica variación. Sería igualmente arriesgado afirmar que los caracteres incrementados actualmente hasta su límite último no puedan, después de permanecer fijos durante varios siglos, variar de nuevo bajo otras condiciones de vida. No cabe duda, como míster Wallace ha señalado con mucho acierto, de que al fin será alcanzado un límite. Por ejemplo, ha de haber un límite para la velocidad de cualquier animal terrestre, que estará determinada por el rozamiento que tiene que vencer, el peso del cuerpo que tiene que llevar y el poder de contracción de las fibras musculares. Pero lo que nos interesa es que las variedades domésticas de la misma especie difieran entre sí en casi todos los caracteres a que el hombre ha prestado atención y ha seleccionado, más de lo que difieren las distintas especies de los mismos géneros. Isidore Geoffroy Saint-Hilaire ha demostrado esto en cuanto al tamaño, y lo mismo ocurre con el color y probablemente con la longitud del pelo. Por lo que se refiere a la velocidad, que depende de muchos caracteres corporales, *Eclipse* fue mucho más veloz, y un caballo de tiro es incomparablemente más fuerte que cualesquiera de dos especies naturales pertenecientes al mismo género. Lo mismo ocurre con las plantas, en las que las semillas de las diferentes variedades de la judía o del maíz difieren más en tamaño que las semillas de distintas especies de cualquier género de estas dos familias. La misma observación puede hacerse respecto al fruto de las diversas variedades del ciruelo, y aún con mayor fuerza respecto al melón, así como en otros muchos casos análogos.

Resumamos lo dicho acerca del origen de nuestras razas domésticas de animales y plantas. El cambio de condiciones de vida es de suma importancia como causante de variabilidad, tanto por actuar directamente sobre el organismo, como indirectamente, al afectar al sistema reproductor. No es probable que la variabilidad sea una contingencia inherente y necesaria en todas las circunstancias. La mayor o menor fuerza de la herencia y de la reversión determinan si las variaciones serán duraderas. La variabilidad está regida por muchas leyes desconocidas, de las cuales la del crecimiento correlativo es tal vez la más importante. Algo, aunque no sabemos cuánto, ha de atribuirse a la acción determinada de las condiciones de vida. Algún efecto —quizá grande— puede atribuirse al creciente uso y desuso de los órganos. El resultado final se hace así infinitamente complejo. En algunos casos, el intercruzamiento de especies primitivamente distintas parece haber jugado un papel importante en el origen de nuestras razas. Una vez que en un país se han formado diferentes razas, su intercruzamiento casual, con la ayuda de la selección, ha ayudado mucho, sin duda, a la formación de nuevas subrazas; pero se ha exagerado mucho la importancia del cruzamiento, tanto por lo que se refiere a los animales como a aquellas plantas que se propagan por semillas. En las plantas que se propagan temporalmente por esquejes, injertos, etc., es inmensa la importancia del cruzamiento, pues el cultivador puede en este caso desatender la extremada variabilidad, tanto de los híbridos como de los mestizos, y la esterilidad de los híbridos; pero las plantas que no se propagan por semillas son de poca importancia para nosotros, pues su duración es solo temporal. Por encima de todas estas causas de cambio, la acción acumulada de la selección, ya aplicada metódica y activamente, ya inconsciente y lentamente, pero con más eficacia, parece haber sido la fuerza predominante.

CAPÍTULO II
LA VARIACIÓN EN LA NATURALEZA

Variabilidad.—Diferencias individuales.—Especies dudosas.— Las especies de gran dispersión, las muy difundidas y las comunes son las que más varían.—Las especies de los géneros mayores de cada país varían más frecuentemente que las especies de los géneros menores.—Muchas de las especies de los géneros mayores parecen variedades por estar muy íntima, aunque desigualmente, relacionadas entre sí, y por lo restringido de sus áreas.—Resumen.

ANTES de aplicar a los seres orgánicos en estado de naturaleza los principios a que hemos llegado en el capítulo precedente, debemos discutir brevemente si estos seres están sujetos a alguna variación. Para tratar este asunto con toda propiedad habría que dar una larga lista de áridos hechos, pero los reservaré para una obra futura. Tampoco discutiré aquí las varias definiciones que se han dado del término «especie». Ninguna definición ha satisfecho a todos los naturalistas; sin embargo, todo naturalista sabe vagamente lo que quiere decir cuando habla de una especie. Generalmente, esta palabra encierra el elemento desconocido de un acto distinto de creación. El término «variedad» es casi tan difícil de definir, pero en él se sobrentiende casi universalmente comunidad de origen, aunque rara vez pueda probarse. Tenemos además lo que se llama «monstruosidades», pero estas se gradúan entre las variedades. Por monstruosidad presumo que se quiere significar alguna considerable desviación de estructura, generalmente perjudicial o no útil para la especie. Algunos autores emplean el término «variación» en un sentido técnico, como implicando una modificación directamente debida a las condiciones físicas de vida; y las variaciones, en este sentido, se supone que no son hereditarias; pero ¿quién puede decir que el enanismo de las conchas de las aguas salobres del Báltico, o las plantas enanas de las cumbres de los Alpes, o el mayor espesor del pelaje de un animal del lejano Septentrión, no sean hereditarios en algunos casos, por lo menos durante algunas generaciones? Y en este caso, presumo que la forma sería llamada variedad.

Puede dudarse de si las súbitas y considerables desviaciones de estructura, como las que de cuando en cuando vemos en nuestras producciones domésticas, especialmente en las plantas, se propagan alguna vez de modo permanente en estado de naturaleza. Casi todas las partes de todo ser orgánico están tan armónicamente relacionadas con sus complejas condiciones de vida, que parece tan improbable que una parte cualquiera haya sido producida súbitamente perfecta como el que una máquina complicada haya sido inventada por el hombre en estado perfecto. En domesticidad, a veces aparecen monstruosidades que se asemejan a estructuras normales de animales muy diferentes. Así, de vez en cuando han nacido cerdos con una especie de trompa, y si alguna especie salvaje del mismo género hubiese tenido naturalmente trompa, podría argüirse que esta había aparecido como una monstruosidad; pero hasta ahora no he podido encontrar, después de diligente búsqueda, casos de monstruosidades que se asemejen a estructuras normales en formas muy afines, y solo estos casos tienen relación con la cuestión. Si formas monstruosas de esta clase aparecen alguna vez en estado de naturaleza y son capaces de reproducción —lo que no ocurre siempre—, como se presentan rara vez y en un solo individuo, su conservación dependería de circunstancias inusitadamente favorables. Además, durante la primera generación y las siguientes se cruzarían con la forma ordinaria, de modo que su carácter anormal se perdería casi inevitablemente. Pero tendré que insistir en un capítulo futuro sobre la conservación y perpetuación de las variaciones aisladas o accidentales.

Diferencias individuales

Las muchas diferencias leves que aparecen en la descendencia de los mismos padres, o que puede presumirse que han surgido así, por haberse observado en los individuos de una misma especie que habitan en una misma localidad aislada, pueden llamarse diferencias individuales. Nadie supone que todos los individuos de la misma especie estén fundidos en el mismo molde real. Estas diferencias individuales son de la mayor importancia para nosotros, pues con frecuencia son heredadas, como es sabido de todos, y proporcionan así materiales para que la selección natural actúe sobre ellas y las acumule, de la misma manera que el hombre acumula en una dirección determinada las diferencias individuales de sus producciones domésticas. Estas diferencias individuales afectan generalmente a lo que los naturalistas consideran partes sin importancia; pero podría demostrar, mediante una larga lista de hechos, que partes que deben llamarse importantes, tanto si se las considera desde el punto de vista fisiológico como desde el de la clasificación, varían a veces en los individuos de la misma especie. Estoy convencido de que el naturalista más experimentado se quedaría sorprendido ante el número de casos de variabilidad, incluso en partes importantes de la estructura, que podría recopilar debidamente comprobados, como los he recopilado yo, durante el transcurso de años. Hay que recordar que los sistemáticos están lejos de sentirse complacidos al encontrar variabilidad en caracteres importantes, y que no hay muchas personas que quieran examinar pacientemente órganos internos e importantes y compararlos en muchos ejemplares de la misma especie. Nunca se hubiera esperado que las ramificaciones de los nervios principales, junto al gran ganglio central de un insecto, fuesen variables en la misma especie; podría pensarse que cambios de esta naturaleza se habían efectuado solo lenta y gradualmente; sin embargo, sir J. Lubbock ha demostrado la existencia de un grado de variabilidad en estos nervios principales en el *Coccus* [15], que casi puede compararse a la ramificación irregular del tronco de un árbol. Puedo añadir que este naturalista filósofo ha demostrado también que los músculos de las larvas de ciertos insectos distan mucho de ser uniformes. A veces, los autores razonan en un círculo vicioso cuando afirman que los órganos importantes no varían nunca, pues, como han confesado honradamente algunos naturalistas, estos mismos autores clasifican prácticamente como importantes aquellas partes que no varían, y, desde este punto de vista, jamás se hallará ningún ejemplo de una parte importante que varíe; pero desde cualquier otro punto de vista seguramente se pueden presentar muchos ejemplos.

Hay un punto relacionado con las diferencias individuales que es en extremo desconcertante: me refiero a aquellos géneros que se ha llamado «proteos» o «polimorfos», en los cuales las especies presentan una inmoderada cuantía de variación. Podemos poner como ejemplos *Rubus, Rosa* y *Hieracium,* entre las plantas; varios géneros de insectos y de braquiópodos. En la mayor parte de los géneros polimorfos, algunas de las especies tienen caracteres fijos y definidos. Los géneros que son polimorfos en un país parecen ser, con pocas excepciones, polimorfos en otros países, y también, a juzgar por los braquiópodos, en periodos anteriores. Estos hechos son muy desconcertantes, pues parecen demostrar que esta clase de variabilidad es independiente de las condiciones de vida. Me inclino a sospechar que, por lo menos en algunos de estos géneros polimorfos, vemos algunas variaciones que no son ni de uti-

15 Insecto del orden de los hemípteros.

lidad ni de perjuicio para la especie, y que, por consiguiente, la selección natural no las ha recogido ni precisado, según se explicará más adelante.

Los individuos de la misma especie presentan a menudo, como todo el mundo sabe, grandes diferencias de estructura, independientemente de la variación, como ocurre en los dos sexos de diversos animales, en las dos o tres clases de hembras estériles o trabajadoras entre los insectos, y en los estados inmaturo y larval de muchos de los animales inferiores. Existen también casos de dimorfismo y trimorfismo, tanto en los animales como en las plantas. Así, míster Wallace, que ha llamado recientemente la atención sobre este asunto, ha señalado que las hembras de ciertas especies de mariposas del archipiélago malayo aparecen normalmente bajo dos, e incluso bajo, tres formas notablemente distintas, no enlazadas por variedades intermedias. Fritz Müller ha descrito casos análogos, pero aún más extraordinarios, en los machos de ciertos crustáceos del Brasil; así, el macho de un *Tanais* se presenta normalmente bajo dos formas distintas: una de ellas tiene pinzas fuertes y de hechura diferente, y la otra tiene las antenas mucho más abundantemente provistas de pelos olfativos. Aunque en la mayor parte de estos casos las dos o tres formas, tanto en los animales como en las plantas, no están hoy enlazadas por gradaciones intermedias, es probable que en otro tiempo estuviesen relacionadas de este modo. Míster Wallace, por ejemplo, describe cierta mariposa que presenta, en la misma isla, una gran serie de variedades unidas por eslabones intermedios, y los eslabones extremos de la cadena se asemejan mucho a las dos formas de una especie dimorfa afín que habita en otra parte del archipiélago malayo. Así también, en las hormigas, las varias clases de obreras son, por lo general, completamente distintas; pero en algunos casos, como veremos después, están unidas entre sí por variedades suavemente graduadas. Lo mismo ocurre con algunas plantas dimorfas, como he observado por mí mismo. Ciertamente, al principio parece un hecho sumamente notable que la misma mariposa hembra tenga la facultad de producir al mismo tiempo tres formas femeninas distintas y una masculina, y que una planta hermafrodita produzca de las semillas del mismo fruto tres formas distintas hermafroditas, que producen tres clases diferentes de hembras y tres, o hasta seis, clases diferentes de machos. Sin embargo, estos casos no son más que exageraciones del hecho común de que la hembra produce descendencia de los dos sexos, que a veces difieren entre sí de un modo portentoso.

Especies dudosas

Las formas que poseen en grado algo considerable el carácter de especie, pero que son tan íntimamente similares a otras formas, o que están tan estrechamente unidas a ellas por gradaciones intermedias, que los naturalistas no quieren clasificarlas como especies, son, por varios conceptos, las más importantes para nosotros. Tenemos todo fundamento para creer que muchas de estas formas dudosas y muy íntimamente afines han retenido permanentemente sus caracteres durante largo tiempo, tan largo, hasta donde podemos saber, como las buenas y verdaderas especies. Prácticamente, cuando el naturalista puede unir, mediante eslabones intermedios, dos formas cualesquiera, considera a una como variedad de la otra, clasificando no a la más común, sino a veces a la descrita primero como la especie, y a la otra como la variedad. Pero a veces surgen casos de gran dificultad, que no enumeraré aquí, al decidir si hay que clasificar o no a una forma como variedad de otra, aun cuando estén estrechamente unidas por eslabones intermedios; ni tampoco suprimirá siempre la dificultad la naturaleza híbrida, comúnmente admitida, de las formas intermedias. En muchísimos casos, sin embargo, una forma se clasifica como variedad de otra, no porque se hayan encontrado realmente los eslabones intermedios, sino porque la analogía lleva al observador a suponer que estos existen actualmente en alguna parte, o pueden haber existido anteriormente, y aquí se abre una ancha puerta para dar entrada a la duda y a las conjeturas.

Por eso, al determinar si una forma debe ser clasificada como especie o como variedad, la opinión de los naturalistas de buen juicio y larga experiencia parece la única guía que seguir. Sin embargo, en muchos casos tenemos que decidir por mayoría de naturalistas, pues pocas variedades bien caracterizadas y bien conocidas pueden citarse que no hayan sido clasificadas como especies por, al menos, algunos jueces competentes.

Que las variedades de esta naturaleza dudosa distan mucho de ser raras es algo que no puede discutirse. Compárense las diversas floras de Gran Bretaña, de Francia o de Estados Unidos, fijadas por diferentes botánicos, y véase qué número tan sorprendente de formas han sido clasificadas por un botánico como verdaderas especies y por otro como simples variedades. Míster H. C. Watson, a quien le estoy profundamente agradecido por la valiosa ayuda de todas clases, me ha reseñado ciento ochenta y dos plantas británicas que son consideradas generalmente como variedades, pero que han sido todas clasificadas como especies por los botánicos, y al hacer esta lista omitió muchas variedades insignificantes que, no obstante, habían sido clasificadas por algunos botánicos como especies, y ha omitido por completo varios géneros sumamente polimorfos. En los géneros, incluyendo las formas más polimorfas, míster Babington da doscientas cincuenta y una especies, mientras que míster Bentham da solamente ciento doce, ¡una diferencia de ciento treinta y nueve formas dudosas! Entre los animales que se unen para cada procreación y que son extraordinariamente trashumantes, las formas dudosas, clasificadas por un zoólogo como especie y por otro como variedad, rara vez pueden encontrarse en un mismo país, pero son comunes en áreas separadas. ¡Cuántos pájaros e insectos de América del Norte y de Europa, que difieren entre sí ligerísimamente, han sido clasificados por algún eminente naturalista como especies dudosas, y por otro como variedades o razas geográficas, como se las llama frecuentemente! Míster Wallace, en varios estimables trabajos sobre diversos animales, esencialmente sobre lepidópteros, que viven en las islas del archipiélago malayo, expone que estos pueden clasificarse en cuatro grupos, a saber: como formas variables, como formas locales, como razas geográficas o subespecies y como verdaderas especies típicas. Las primeras, o formas variables, varían mucho dentro de los límites de la misma isla. Las formas locales son moderadamente constantes y distintas en cada isla, tomadas por separado; pero cuando se comparan juntas todas las de las diversas islas, se ve que las diferencias son tan leves y graduadas que es imposible definirlas o describirlas, aunque al mismo tiempo las formas extremas son suficientemente distintas. Las razas geográficas o subespecies son formas locales completamente fijas y aisladas; pero como no difieren entre sí por caracteres muy típicos e importantes, «no hay ninguna prueba posible, sino solo la opinión particular, para determinar cuáles deben ser consideradas como especies y cuáles como variedades». Por último, las especies típicas ocupan el mismo lugar en la economía natural de cada isla que las formas locales y las subespecies; pero como se distinguen entre sí con mayor diferencia que la que existe entre las formas locales y las subespecies, son casi universalmente clasificadas por los naturalistas como especies verdaderas. Sin embargo, no es posible dar ningún criterio seguro por el cual puedan ser reconocidas las formas variables, las formas locales, las subespecies y las especies típicas.

Hace muchos años, comparando y viendo comparar a otros las aves de las islas, muy próximas entre sí, del archipiélago de los Galápagos, unas con otras y con las del continente americano, quedé muy sorprendido de lo completamente arbitraria y vaga que es la distinción entre especies y variedades. En las islitas del pequeño grupo de Madeira existen muchos insectos que están clasificados como variedades en la admirable obra de míster Wollaston, pero que seguramente serían clasificados como especies distintas por muchos entomólogos. Hasta Irlanda tiene unos cuantos animales, generalmente considerados ahora como variedades, pero que han sido clasificados como especies por algunos zoólogos. Varios ornitólogos experimentados consideran a nuestra perdiz de Escocia (*Lagopus scoticus*) [16] solo como una raza fuertemente caracterizada de una especie noruega, mientras que el mayor número la clasifica como una especie indudable peculiar de la Gran Bretaña.

[16] Ver nota 28, pág. 156.

Una gran distancia entre los lugares de residencia de dos formas dudosas lleva a muchos naturalistas a clasificarlas como especies distintas; pero se ha preguntado con razón: ¿qué distancia será suficiente? Si la distancia entre América y Europa es grande, ¿será suficiente la que hay entre Europa y las Azores, o Madeira, o las Canarias, o entre las varias islitas de estos pequeños archipiélagos?

Míster B. D. Walsh, distinguido entomólogo de los Estados Unidos, ha descrito lo que llama variedades fitofágicas y especies fitofágicas. La mayor parte de los insectos que se alimentan de vegetales viven a expensas de una clase de planta o de un grupo de plantas; algunos comen indistintamente de muchas clases, pero no por ello varían. En varios casos, sin embargo, insectos que se nutren de plantas diferentes ha observado míster Walsh que se presentan en estado larval o maduro, o en ambos, diferencias ligeras, aunque constantes, en el color, tamaño o en la naturaleza de sus secreciones. Se observó así que —en algunos casos solo los machos, y en otros los machos y las hembras— diferían en pequeño grado. Cuando las diferencias están más bien fuertemente marcadas, y cuando son afectados ambos sexos y en todas las edades, las formas son clasificadas por todos los entomólogos como verdaderas especies. Pero ningún observador puede determinar para otro, aun concediendo que pueda hacerlo para sí mismo, cuáles de estas formas fitofágicas deben ser llamadas especies y cuáles variedades. Míster Walsh clasifica como variedades las formas que puede suponerse que se cruzarían entre sí ilimitadamente, y como especies las que parecen haber perdido esta facultad. Como las diferencias dependen de que los insectos se han alimentado durante mucho tiempo de plantas distintas, no puede esperarse que se encuentren actualmente los eslabones intermedios que unen las diversas formas. El naturalista pierde así su mejor guía para determinar si ha de clasificar las formas dudosas como variedades o como especies. Esto mismo ocurre necesariamente con organismos muy afines que habitan en distintos continentes o islas. Cuando, por el contrario, un animal o planta se extiende por el mismo continente, o habita varias islas del mismo archipiélago, y presenta formas diferentes en las distintas áreas, hay siempre muchas probabilidades de que se descubran formas intermedias que enlacen los estados extremos y estos queden entonces reducidos a la categoría de variedades.

Un corto número de naturalistas sostienen que los animales nunca presentan variedades; pero entonces estos mismos naturalistas clasifican como de valor específico la más leve diferencia, y cuando la misma forma idéntica se ha encontrado en dos países distantes o en dos formaciones geológicas, creen que dos especies distintas están ocultas bajo el mismo ropaje. El término especie viene a ser así una mera abstracción inútil, que implica y supone un acto separado de creación. Es cierto que muchas formas, consideradas por autoridades altamente competentes como variedades, parecen especies tan perfectamente por sus caracteres, que han sido clasificadas así por otros jueces altamente competentes. Pero discutir si deben llamarse especies o variedades, antes de que haya sido generalmente aceptada cualquier definición de estos términos, es dar inútilmente palos de ciego.

Muchos casos de variedades muy acusadas o de especies dudosas merecen consideración, pues se han aducido diversos e interesantes argumentos, según la distribución geográfica, la variación analógica, el hibridismo, etc., para intentar determinar su categoría; pero la falta de espacio no me permite discutirlos aquí. Una atenta investigación llevará sin duda alguna a los naturalistas a ponerse de acuerdo, en muchos casos, sobre la clasificación de formas dudosas. Sin embargo, debemos confesar que en los países mejor conocidos es donde encontramos el mayor número de ellas. Me ha sorprendido el hecho de que si cualquier animal o planta en estado de naturaleza es muy útil al hombre, o si por cualquier otro motivo atrae poderosamente su atención, se encontrarán variedades suyas casi universalmente registradas. Además, estas variedades serán clasificadas a menudo como especies por algunos autores. Fijémonos en el roble común, que tan atentamente ha sido estudiado; sin embargo, un autor alemán distingue más de una docena de especies sacadas de formas que son casi universalmente consideradas como variedades por otros botánicos; y en nuestro país pueden citarse las más altas autoridades botánicas y los prácticos en la materia para demostrar que el roble sésil y el roble pedunculado son verdaderas y distintas especies o simples variedades.

Debo referirme aquí a la notable memoria recientemente publicada por A. de Candolle sobre los robles del mundo entero. Nunca tuvo nadie materiales más abundantes para la discriminación de las especies, ni pudo trabajar en ellos con más celo y sagacidad. Da primero detalladamente todos los puntos de estructura que varían en las diversas especies, y calcula numéricamente la frecuencia relativa de las variaciones. Especifica más de una docena de caracteres que puede descrubrirse que varían incluso en la misma rama, a veces según la edad o el desarrollo, a veces sin causa alguna a que pueda atribuirse. Estos caracteres no son, por supuesto, de valor específico; pero son, como ha observado Asa Gray al comentar esta memoria, como los que entran generalmente en las definiciones de las especies. De Candolle pasa a decir que da la categoría de especies a las formas que difieren por caracteres que nunca varían en el mismo árbol y que nunca se hallan unidas por estados intermedios. Después de esta discusión, resultado de tanto trabajo, observa enfáticamente: «Están equivocados quienes repiten que la mayor parte de nuestras especies están claramente limitadas, y que las especies dudosas existen en pequeña minoría. Esto parecía ser verdad en tanto que un género estaba imperfectamente conocido y sus especies se fundaban en unos cuantos ejemplares, es decir, mientras eran provisionales. Tan pronto como llegamos a conocerlas mejor, las formas intermedias surgen y las dudas respecto a los límites específicos aumentan».

Añade también que las especies mejor conocidas son precisamente las que presentan el mayor número de variedades espontáneas y de subvariedades. Así, el *Quercus robur* tiene veintiocho variedades, todas las cuales, excepto seis, se agrupan en torno a tres subespecies, que son: *Q. pedunculata, sessiliflora* y *pubescens*. Las formas que enlazan estas tres subespecies son relativamente raras, y, como Asa Gray advierte de nuevo, si estas formas de enlace, que actualmente son raras, llegasen a extinguirse por completo, las tres subespecies guardarían entre sí exactamente la misma relación que guardan las cuatro o cinco especies provisionalmente admitidas, y que están muy cerca del *Quercus robur* típico. Finalmente, De Candolle admite que de las trescientas especies que se enumerarán en su *Pródromo* como pertenecientes a la familia de los robles, dos tercios por lo menos son especies provisionales, es decir, no se sabe si llenan exactamente la definición antes dada de especie verdadera. Debería añadirse que De Candolle no cree ya que las especies sean creaciones inmutables, y concluye que la teoría de la derivación es la más natural «y la más conforme con los hechos conocidos en paleontología, en geografía botánica y zoológica, de estructura anatómica y clasificación».

Cuando un joven naturalista comienza el estudio de un grupo de organismos completamente desconocidos para él, al principio se encuentra muy perplejo al determinar qué diferencias ha de considerar como específicas y cuáles como de variedad, pues no sabe nada de la cuantía y clase de variación a que está sujeto el grupo: y esto demuestra, por lo menos, cuán general es que haya alguna variación. Pero si limita su atención a una clase dentro de un país, enseguida se formará una idea de cómo clasificar la mayor parte de las formas dudosas. Su tendencia general será hacer muchas especies, pues llegará a impresionarse —exactamente lo mismo que el criador de palomas o aves de corral, de que antes se habló— por la cuantía de diferencia que existe en las formas que estudia continuamente, y tiene poco conocimiento general de la variación analógica en otros grupos y en otros países con que corregir sus primeras impresiones. A medida que extienda el campo de sus observaciones, tropezará con muchos casos dificultosos, pues encontrará mayor número de formas sumamente afines. Pero si sus observaciones se extienden ampliamente, será capaz por fin de realizar por lo general su propia idea, pero esto lo conseguirá a costa de admitir mucha variación, y la realidad de esta admisión será discutida a menudo por otros naturalistas. Cuando pase al estudio de las formas afines traídas de países que actualmente no están unidos, en cuyo caso no puede tener la esperanza de encontrar eslabones intermedios, se verá obligado a confiar casi por completo en la analogía, y sus dificultades llegarán al máximum.

Ciertamente, no se ha trazado todavía una linea clara de demarcación entre especies y subespecies —o sea, las formas que, en opinión de algunos naturalistas, se acercan mucho, aunque no llegan completamente, a la categoría de especies—, ni tampoco entre subespecies y variedades bien caracterizadas, o entre variedades ínfimas y diferencias individuales. Estas diferencias se mezclan entre sí por series insensibles, y una serie imprime en la mente la idea de un tránsito real.

Por consiguiente, considero a las diferencias individuales, a pesar de su escaso interés para el sistematizador, como de la mayor importancia para nosotros, por ser los primeros pasos hacia variedades tan leves que apenas se las cree dignas de mención en los tratados de historia natural. Y considero a las variedades que son en algún grado más distintas y permanentes como pasos hacia variedades más intensamente acentuadas y permanentes, y a estas últimas como pasos que conducen a las subespecies y luego a las especies. El tránsito de un estadio de diferencia a otro puede ser en muchos casos el simple resultado de la naturaleza del organismo y de las diferentes condiciones físicas a que haya estado expuesto durante largo tiempo; pero, por lo que se refiere a los caracteres más importantes y de adaptación, el paso de un estadio de diferencia a otro puede atribuirse seguramente a la acción acumulativa de la selección natural, que se explicará más adelante, y a los efectos del creciente uso y desuso de los órganos. Una variedad bien caracterizada puede, por consiguiente, denominarse especie incipiente, y si es o no justificable esta creencia, ha de juzgarse por el peso de los diversos hechos y consideraciones que se expondrán a lo largo de esta obra.

No es necesario suponer que todas las variedades o especies incipientes alcanzarán la categoría de especies. Pueden llegar a extinguirse o pueden perdurar como variedades durante larguísimos periodos, como míster Wollaston ha demostrado que ocurre con las variedades de ciertos moluscos terrestres fósiles en la isla de Madeira, y Gaston de Saporta, con plantas. Si una variedad llegase a florecer de tal modo que excediese en número a la especie madre, entonces aquella se clasificaría como especie, y la especie como variedad; y podría llegar a suplantar y exterminar la especie madre, o ambas podrían coexistir y ser clasificadas ambas como especies independientes. Pero más adelante volveremos sobre este asunto.

Por estas observaciones se verá que considero el término de especie como un término dado arbitrariamente, por razón de conveniencia, a un grupo de individuos muy semejantes entre sí, y que no difiere esencialmente del término variedad, que se da a formas menos precisas y más fluctuantes. Además, el término variedad, en comparación con las diferencias meramente individuales, se aplica también arbitrariamente por razón de convivencia.

Las especies de gran dispersión, las muy difundidas y las comunes son las que más varían

Guiado por consideraciones teóricas, pensé que podrían obtenerse algunos resultados interesantes respecto a la naturaleza y relaciones de las especies que varían más, formando tablas de todas las variedades de diversas floras bien estudiadas. A primera vista, esto parecía una tarea sencilla; pero míster H. C. Watson, a quien le estoy muy reconocido por sus valiosos servicios y consejos en este asunto, me convenció enseguida de las muchas dificultades que había, como también lo hizo después el doctor Hooker, todavía en términos más enérgicos. Reservaré para un trabajo futuro la discusión de estas dificultades, y las tablas de los números proporcionales de las especies variables. El doctor Hooker me autoriza a añadir que, después de haber leído atentamente mi manuscrito y examinado las tablas, cree que las siguientes conclusiones están bien e imparcialmente fundadas. Sin embargo, todo este asunto, tratado con mucha brevedad, como es necesario aquí, es un poco desconcertante y no pueden evitarse las alusiones a la «lucha por la existencia», a la «divergencia de caracteres» y a otras cuestiones que serán discutidas más adelante.

Alphonse de Candolle y otros han demostrado que las plantas que tienen áreas muy extensas presentan generalmente variedades, lo que podía esperarse por estar expuestas a diferentes condiciones físicas y porque entran en competencia —lo que, como veremos más adelante, es una circunstancia tanto o más importante— con diferentes grupos de seres orgánicos. Pero mis tablas muestran además que en todo país limitado las especies que son más comunes —esto es, más abundantes en individuos— y las especies que están más ampliamente difundidas dentro de su propio país —y esta es una consideración diferente de área extensa y, hasta cierto punto, de ser común— son las que con más frecuencia dan origen a variedades suficientemente caracterizadas para ser registradas en las obras de botánica. De aquí que las especies más florecientes o, como pueden llamarse, las especies dominantes las que, ocupando áreas extensas, son las más difundidas en su propio país y las más numerosas en individuos—, sean las que con más frecuencia producen variedades bien caracterizadas o, como yo las considero, especies incipientes. Y esto quizá podría haber sido previsto; pues como las variedades, para llegar a ser en algún modo permanentes, tienen que luchar necesariamente con los otros habitantes de su país, las especies que son ya dominantes serán las más aptas para producir descendientes, los cuales, aunque modificados solo en muy débil grado, heredan, no obstante, las ventajas que capacitaron a sus progenitores para llegar a dominar sobre sus compatriotas. En estas observaciones sobre el predominio ha de entenderse que solo se hace referencia a las formas que entran en competencia mutua, y más especialmente a los miembros del mismo género o clase que tienen costumbres casi semejantes. Respecto al número de individuos o frecuencia de una especie, la comparación, por supuesto, se refiere solo a los miembros del mismo grupo. Puede decirse que una planta superior es dominante si es más numerosa en individuos y está más ampliamente difundida que las otras plantas del mismo país, las cuales viven casi en las mismas condiciones. Una planta de esta clase no es menos dominante porque alguna conferva [17] que vive en el agua o algún hongo parásito sean infinitamente más numerosos en indivi-

[17] Véase el glosario de términos científicos.

duos y más ampliamente difundidos. Pero si la conferva o el hongo parásito supera a sus afines en los respectos antes citados, será entonces dominante dentro de su propia clase.

Las especies de los géneros mayores de cada país varían más frecuentemente que las especies de los géneros menores

Si las plantas que viven en un país, según aparecen descritas en cualquier flora, se dividen en dos masas iguales, poniendo a un lado todas las de los géneros mayores —esto es, las que contienen muchas especies— y al otro lado todas las de los géneros menores, se verá que el primer grupo comprende un número algo mayor de especies muy comunes y muy difundidas, o especies dominantes. Esto podía haberse previsto, pues el mero hecho de que muchas especies del mismo género vivan en un país determinado demuestra que en las condiciones orgánicas o inorgánicas de ese país hay algo favorable para el género y, por consiguiente, era de esperar que encontraríamos en los géneros mayores —o que comprenden muchas especies— un número relativo mayor de especies dominantes. Pero son tantas las causas que tienden a oscurecer este resultado, que estoy sorprendido de que mis tablas muestren siquiera una pequeña mayoría del lado de los géneros mayores. Aludiré aquí solamente a dos causas de oscuridad. Las plantas de agua dulce y las halófilas tienen generalmente áreas muy extensas y están muy difundidas; pero esto parece estar relacionado con la naturaleza de los lugares en que viven, y tienen poca o ninguna relación con el tamaño de los géneros a que pertenecen las especies. Además, las plantas inferiores en la escala de la organización están generalmente mucho más difundidas que las plantas superiores, y aquí, de nuevo, no hay ninguna relación inmediata con el tamaño de los géneros. La causa de que las plantas de organización inferior estén muy ampliamente extendidas se discutirá en el capítulo sobre la distribución geográfica.

El considerar las especies tan solo como variedades bien caracterizadas y definidas me llevó a anticipar que las especies de los géneros mayores de cada país presentarían variedades con más frecuencia que las especies de los géneros menores, pues dondequiera que se hayan formado muchas especies íntimamente relacionadas —es decir, especies del mismo género— deben, por regla general, estar formándose actualmente muchas variedades o especies incipientes. Donde crecen muchos árboles grandes, esperamos encontrar retoños. Donde se han formado por variación muchas especies de un género, las circunstancias han sido favorables para la variación y, por consiguiente, podemos esperar que, en general, lo seguirán siendo todavía. Por el contrario, si consideramos a cada especie como un acto especial de creación, no hay ninguna razón aparente para que se presenten más variedades en un grupo que tenga muchas especies que en otro que tenga pocas.

Para probar la verdad de esta anticipación he ordenado las plantas de veinte países y los insectos coleópteros de dos comarcas en dos grupos aproximadamente iguales, a un lado las especies de los géneros mayores y al otro las de los géneros menores, y esto ha demostrado invariablemente que en el lado de los géneros mayores era mayor la proporción de especies que presentaban variedades que en el lado de los géneros menores. Además, las especies de los géneros mayores que presentan cualquier variedad ofrecen invariablemente un promedio mayor de número de variedades que las especies de los géneros menores. Ambos resultados subsisten cuando se hace otra división y cuando se excluyen por completo de las tablas todos los géneros más pequeños que comprendan solo de una a cuatro especies.

Estos hechos tienen clara significación en la hipótesis de que las especies son tan solo variedades permanentes y fuertemente caracterizadas, pues dondequiera que se han formado muchas especies del mismo género, o donde —si se nos permite la expresión— la fabricación de especies ha sido muy activa, debemos, en general, encontrar todavía la fábrica en movimiento, sobre todo cuando tenemos todas las razones para creer que el proceso de fabricación de especies nuevas es lento. Y esto, ciertamente, resulta verdad si se consideran las variedades como especies incipientes, pues mis tablas muestran claramente, como regla general, que dondequiera que se han formado especies de un género, las especies de este género presentan un número de variedades, esto es, de especies incipientes, superior al promedio. No es que todos los géneros grandes estén actualmente variando mucho y, por consiguiente, que estén aumentando el número de sus especies, ni que ningún género pequeño esté ahora variando y aumentando; pues si esto fuese así sería fatal para mi teoría, por cuanto que la geología claramente nos dice que los géneros pequeños, en el transcurso del tiempo, frecuentemente han aumentado mucho de tamaño, y que con frecuencia los géneros grandes han llegado a su máximo, han declinado y desaparecido. Todo lo que necesitábamos demostrar es que donde se han formado muchas especies de un género se están formando, por término medio, muchas todavía; y esto, ciertamente, queda establecido.

Muchas de las especies de los géneros mayores parecen variedades por estar muy íntima, aunque desigualmente, relacionadas entre sí, y por lo restringido de sus áreas

Entre las especies de los géneros grandes y sus variedades registradas existen otras relaciones dignas de notarse. Hemos visto que no hay un criterio infalible para distinguir las especies de las variedades bien caracterizadas; y cuando no se han encontrado los eslabones intermedios entre las formas dudosas, los naturalistas se ven obligados a llegar a una determinación por la cuantía de diferencia que hay entre ellas, juzgando por analogía si esta cuantía es o no suficiente para elevar una forma o ambas a la categoría de especie. De aquí que la cuantía de diferencia es un criterio importantísimo para establecer si dos formas han de ser clasificadas como especies o como variedades. Ahora bien, Fries ha observado, respecto a las plantas, y Westwood, por lo que se refiere a los insectos, que en los géneros grandes la cuantía de diferencia entre las especies es a menudo excesivamente pequeña. Me he esforzado en comprobar esto numéricamente mediante promedios y, hasta donde alcanzan mis imperfectos resultados, confirman esta opinión. He consultado también con algunos observadores sagaces y experimentados, y, después de deliberar, coinciden con esta opinión. Por tanto, en lo que a ello respecta, las especies de los géneros mayores parecen variedades más que las especies de los géneros menores. O el caso puede interpretarse de otra manera; puede decirse que en los géneros mayores, en los cuales se están fabricando actualmente un número de variedades o especies incipientes mayor que el promedio, muchas de las especies ya fabricadas parecen, hasta cierto punto, variedades, pues difieren entre sí menos de la cuantía habitual de diferencia.

Además, las especies de los géneros mayores están relacionadas entre sí de la misma manera que están relacionadas entre sí las variedades de cualquier otra especie. Ningún naturalista pretende que todas las especies de un género estén igualmente distantes unas de otras; generalmente pueden ser divididas en subgéneros, o secciones, o grupos ínfimos. Como muy bien ha señalado Fries, grupos pequeños de especies están generalmente reunidos como satélites alrededor de otras especies. ¿Y qué son las variedades sino grupos de formas desigualmente relacionadas entre sí y agrupadas en torno a ciertas formas, o sea, alrededor de sus especies madres? Indudablemente, existe un punto de diferencia importantísimo entre las variedades y las especies, a saber: que la cuantía de diferencia entre las variedades, cuando se comparan entre sí o con sus especies madres, es mucho menor que la que existe entre las especies del mismo género. Pero cuando lleguemos a discutir el principio, como yo lo llamo, de la divergencia de caracteres, veremos cómo puede explicarse esto, y cómo las diferencias ínfimas entre las variedades tienden a acrecentarse hasta convertirse en las diferencias más grandes entre las especies.

Existe otro punto que es digno de subrayarse. Las variedades ocupan, por lo general, áreas muy restringidas: esta afirmación no es, realmente, apenas más que un axioma, pues si se viese que una variedad tenía un área más extensa que la de su supuesta especie madre, se invertirían sus denominaciones. Pero hay fundamento para creer que las especies que son muy afines a otras especies —tanto que parecen variedades—, tienen a menudo áreas muy restringidas. Por ejemplo, míster H. C. Watson me ha señalado, en el bien fundamentado *London Catalogue of plants* (4.ª edición), sesenta y tres plantas que aparecen allí clasificadas como especies, pero que él las considera tan afines a otras especies que las cree de valor dudoso; estas sesenta y tres supuestas especies se extienden, por término medio, por 6,9 de las provincias en que míster Watson ha dividido a Gran Bretaña. Ahora bien, en este mismo catálogo figuran cincuenta y tres variedades reconocidas, que se extienden por 7,7 de las provincias, mientras que las especies a que estas variedades pertenecen se extienden por 14,3 de las provincias. De modo que las variedades reconocidas tienen casi el mismo promedio restringido de dispersión que las formas muy afines, que míster Watson me señaló como especies dudosas, pero que los botánicos ingleses clasifican casi unánimemente como reales y verdaderas especies.

Resumen

En conclusión, las variedades no pueden distinguirse de las especies, excepto: primero, por el descubrimiento de formas de enlace intermedias, y, segundo, por cierta cantidad indefinida de diferencia entre ellas, pues si dos formas difieren muy poco son clasificadas generalmente como variedades, a pesar de que no pueden ser estrechamente relacionadas; pero la cuantía de diferencia que se considera necesaria para dar a cualquiera de las dos formas la categoría de especie no se puede determinar. En los géneros que en un país tienen un número de especies mayor que el promedio, las especies de estos géneros tienen más variedades que el promedio. En los géneros grandes, las especies son susceptibles de agruparse íntima, pero desigualmente, formando pequeños grupos alrededor de otras especies. Las especies estrechamente afines a otras especies ocupan, al parecer, áreas restringidas. En todos estos aspectos, las especies de los géneros grandes presentan una analogía muy intensa con las variedades. Y podemos comprender claramente estas analogías si las especies existieron en otro tiempo como variedades y se originaron de este modo; mientras que estas analogías resultan completamente inexplicables si las especies son creaciones independientes.

Hemos visto también que son las especies más florecientes, o especies dominantes, de los géneros mayores, dentro de cada clase, las que producen por término medio el mayor número de variedades; y las variedades, como veremos más adelante, tienden a convertirse en especies nuevas y distintas. Así, los géneros mayores propenden a hacerse más grandes y en toda la naturaleza las formas orgánicas que son actualmente dominantes tienden a hacerse más predominantes aún, dejando numerosos descendientes modificados y predominantes. Pero, por los pasos que se explicará más adelante, los géneros mayores tienden a fragmentarse en géneros menores. Y de este modo, en todo el universo, las formas orgánicas llegan a dividirse en grupos subordinados a otros grupos.

CAPÍTULO III
LA LUCHA POR LA EXISTENCIA

Su relación con la selección natural.—La expresión «lucha por la existencia» se usa en sentido amplio.—Progresión geométrica del aumento.—Naturaleza de los obstáculos al aumento.—Complejas relaciones mutuas de todos los animales y plantas en la lucha por la existencia.—La lucha por la vida es rigurosísima entre individuos y variedades de la misma especie

ANTES de entrar en el tema de este capítulo debo hacer unas cuantas observaciones preliminares para demostrar cómo la lucha por la existencia se relaciona con la selección natural.

Se vio en el capítulo anterior que entre los seres orgánicos en estado de naturaleza existe alguna variabilidad individual y, en verdad, no estoy enterado de que esto se haya discutido nunca. No tiene importancia para nosotros que a una multitud de formas dudosas se las llame especies, o subespecies, o variedades, ni qué categoría, por ejemplo, tengan derecho a ocupar las doscientas o trescientas formas dudosas de plantas británicas. Pero la simple existencia de la variabilidad individual y de unas pocas variedades bien caracterizadas, aunque necesaria como base de trabajo, nos ayuda bien poco a comprender cómo surgen las especies en la naturaleza. ¿Cómo se han perfeccionado todas esas exquisitas adaptaciones de una parte del organismo a otra, y a las condiciones de vida, y de un ser orgánico a otro? Vemos estas bellas coadaptaciones del modo más claro en el pájaro carpintero y en el muérdago, y solamente un poco menos claro en el más humilde parásito que se adhiere a los pelos de un cuadrúpedo o a las plumas de un ave, en la estructura del escarabajo que bucea en el agua, en la simiente plumosa que la más suave brisa mece en el aire; en resumen, vemos hermosas adaptaciones por cualquier lugar y en cada una de las partes del mundo orgánico.

Puede preguntarse, además, cómo es que las variedades que he llamado especies incipientes llegan a convertirse al fin en verdaderas y definidas especies, que en la mayoría de los casos difieren claramente entre sí mucho más que las variedades de la misma especie; y cómo surgen esos grupos de especies, que constituyen lo que se llaman géneros distintos y que difieren entre sí más que las especies del mismo género. Todos estos resultados, como veremos más detenidamente en el próximo capítulo, se derivan de la lucha por la vida. Debido a esta lucha, las variaciones, por ligeras que sean, y cualquiera que sea la causa de que procedan, si son en algún grado provechosas para los individuos de una especie, en sus relaciones infinitamente complejas con otros seres orgánicos y con sus condiciones de vida, tenderán a la conservación de estos individuos y serán, en general, heredadas por la descendencia. La descendencia también tendrá así mayor probabilidad de sobrevivir, pues de los muchos individuos que nacen periódicamente de una especie cualquiera, solo sobrevive un corto número. He denominado a este principio, por el cual toda variación ligera, si es útil, se conserva, con el término de «selección natural», a fin de señalar su relación con la facultad de selección del hombre. Pero la expresión frecuentemente empleada por míster Herbert Spencer de «la supervivencia de los más aptos» es más exacta y, a veces, igualmente conveniente. Hemos visto que el hombre puede producir, ciertamente por selección, grandes resultados, y puede adaptar a los seres orgánicos a sus usos particulares mediante la acumulación de leves pero útiles variaciones, que le son dadas por la mano de la naturaleza. Pero la selección natural, como veremos más adelante, es una fuerza incesantemente dispuesta a la acción y tan inconmensurablemente superior a los débiles esfuerzos del hombre como las obras de la naturaleza lo son a las del arte.

Discutiremos ahora con un poco más detalle la lucha por la existencia. En mi futura obra, este asunto será tratado, como bien lo merece, con mayor extensión. Aug. P. de Candolle y Lyell han expuesto amplia y filosóficamente que todos los seres orgánicos están sujetos a rigurosa competencia. Por lo que se refiere a las plantas, nadie ha tratado este asunto con más talento y habilidad que W. Herbert, deán de Mánchester, lo que indudablemente es resultado de sus grandes conocimientos en horticultura.

Nada más fácil que admitir de palabra la verdad de la lucha universal por la vida, ni más difícil —al menos así me parece a mí— que tener siempre presente esta conclusión. Sin embargo, a menos que esto se grabe por completo en la mente, la economía entera de la naturaleza, con todos los hechos sobre distribución, rareza, abundancia, extinción y variación, se comprenderá confusamente o será por completo mal comprendida. Contemplamos la faz de la naturaleza radiante de alegría, vemos a menudo superabundancia de alimentos; pero no vemos, o lo olvidamos, que los pájaros que cantan ociosos a nuestro alrededor viven en su mayor parte de insectos o semillas y, por tanto, están constantemente destruyendo vida; y olvidamos con qué abundancia son destruidos estos cantores, o sus huevos, o sus polluelos por las bestias de rapiña; y no siempre tenemos presente que, aunque el alimento puede ser en este momento superabundante, no ocurre así en todas las estaciones de cada uno de los años que transcurren.

La expresión «lucha por la existencia» se usa en sentido amplio

Debo hacer constar que empleo esta expresión en un sentido amplio y metafórico, que incluye la dependencia de un ser respecto de otro y —lo que es más importante— incluye no solo la vida del individuo, sino también el éxito al dejar descendencia. De dos animales caninos, en tiempo de escasez y de hambre, puede decirse verdaderamente que luchan entre sí por conseguir alimento y vivir. Pero de una planta en el límite de un desierto se dice que lucha por la vida contra la sequedad, aunque fuera más propio decir que depende de la humedad. De una planta que produce anualmente un millar de semillas, de las que, por término medio, solo una llega a la madurez, puede decirse con más exactitud que lucha con las plantas de la misma clase y de otras que ya cubren el suelo. El muérdago depende del manzano y de algunos otros árboles; mas solo en un sentido muy amplio puede decirse que lucha con estos árboles, pues si creciesen demasiados parásitos en el mismo árbol, este se extenúa y muere; pero de varias plantitas de muérdago que crecen muy juntas en la misma rama puede decirse con más exactitud que luchan entre sí. Como el muérdago se disemina por los pájaros, su existencia depende de estos, y puede decirse metafóricamente que lucha con otras plantas frutales, tentando a los pájaros a devorar y así diseminar sus semillas. En estos diversos sentidos, que se relacionan entre sí, empleo por razón de conveniencia la expresión general de «lucha por la existencia».

Progresión geométrica del aumento

La lucha por la existencia resulta inevitablemente de la elevada proporción en que tienden a aumentar todos los seres orgánicos. Todo ser que en el transcurso natural de su vida produce varios huevos o semillas tiene que sufrir destrucción durante algún periodo de su vida, o durante alguna estación, o accidentalmente en algún año, pues de lo contrario, según el principio de la progresión geométrica, su número llegaría a ser rápidamente tan excesivamente grande que ningún país podría mantener la producción. De aquí que, como se producen más individuos que los que pueden sobrevivir, tiene que haber en cada caso una lucha por la existencia, ya de un individuo con otro de la misma especie o con individuos de especies distintas, ya con las condiciones físicas de vida. Es la doctrina de Malthus aplicada con doble motivo al conjunto de los reinos animal y vegetal, pues en este caso no puede haber ningún aumento artificial de alimentos, ni ninguna limitación prudencial por parte del matrimonio. Aunque algunas especies puedan estar aumentando numéricamente en la actualidad con más o menos rapidez, no pueden estarlo todas, pues no cabrían en el mundo.

No hay ninguna excepción a la regla de que todo ser orgánico aumenta naturalmente en progresión tan elevada que, si no es destruido, pronto estaría la tierra cubierta por la descendencia de una sola pareja. Incluso el hombre, que es lento en reproducirse, se ha duplicado en veinticinco años y, según esta progresión, en menos de mil años su progenie no tendría literalmente sitio para estar de pie [18]. Linneo ha calculado que si una planta anual pro-

[18] En estos pasajes, Darwin expresa el impacto que le produjo la teoría de Robert Malthus. Con el auge del mercantilismo y la manufactura, y sobre todo con la primera revolución industrial, se producen en la Europa occidental —excepto España, que no entra en esta última corriente— dos hechos sociales de la mayor importancia: el aumento de población y la terrible miseria del proletariado naciente; hechos que, al ser relacionados estadísticamente por Malthus, constituyen la materia prima de su teoría: la población crece en progresión geométrica y los alimentos en progresión aritmética. En efecto, Europa —que en la Edad Media tenía unos 25 millones de habitantes— pasó, a lo largo del siglo XIX, de 175 a 357 millones de habitantes, y la población mundial—que hace tres siglos era de 500 millones de habitantes—pasó, a lo largo del siglo XIX, de unos 900 a 2.000 millones de habitantes. La población humana asciende hoy a 3.000 millones de habitantes y, según el ritmo actual de crecimiento, para el año 2000 será de 6.000 millones; es decir, que en los próximos cuarenta años se doblará la población actual, a que la humanidad ha llegado en poco menos de un millón de años, correspondiendo el porcentaje mayor a la raza amarilla,

duce tan solo dos semillas—y no hay ninguna planta que sea tan poco productiva—, y sus plantitas producen otras dos en el año siguiente, y así sucesivamente, a los treinta años habría un millón de plantas. El elefante es considerado como el animal que se reproduce más lentamente de todos los conocidos, y me he tomado el trabajo de calcular la progresión mínima probable de su aumento natural: admitamos, para más seguridad, que empieza a criar a los treinta años, que continúa criando hasta los noventa, dando en ese intervalo seis hijos, y que sobrevive hasta los cien años; siendo así, después de un periodo de setecientos cuarenta a setecientos cincuenta años, habría aproximadamente diecinueve millones de elefantes vivos descendientes de la primera pareja.

Pero sobre este asunto tenemos pruebas mejores que los cálculos meramente teóricos, y son los numerosos casos registrados de aumento asombrosamente rápido de varios animales en estado de naturaleza, cuando las circunstancias les han sido favorables durante dos o tres temporadas seguidas. Todavía más sorprendente es la prueba de los animales domésticos de muchas clases que se han vuelto salvajes en diversas partes del mundo; los datos sobre la proporción de crecimiento en América del Sur, y últimamente en Australia, de los caballos y ganado vacuno —animales lentos en reproducirse— hubieran sido increíbles si no estuviesen bien comprobados. Lo mismo ocurre con las plantas; podría citarse casos de plantas introducidas que han llegado a ser comunes en islas enteras en un periodo de menos de diez años. Algunas plantas, tales como el cardo silvestre y un cardo alto [19], que son actual-

luego a la negra y existiendo en el área de raza blanca no súper sino infrapoblación. Pero Malthus —que se olvidó de la injusta distribución de la riqueza— se hubiese sorprendido aún más del crecimiento de la producción de alimentos: actualmente puede ser alimentado en la Tierra un billón de seres humanos. Y la técnica espacial viene a resolver anticipadamente el menos urgente problema de la habitación humana.

[19] Probablemente, un *Cirsium* —cirseo, la yerba buglosa—, quizá el *Cirsium altissimum*.

mente las más comunes en las dilatadas llanuras de La Plata, donde cubren leguas cuadradas de superficie casi con exclusión de toda otra planta, han sido introducidas de Europa; y hay plantas que, según me dice el doctor Falconer, se extienden actualmente en la India desde el cabo Comorín hasta el Himalaya, plantas que han sido importadas de América después de su descubrimiento. En casos tales —y podrían citarse infinitos más—, nadie supone que la fecundidad de los animales o de las plantas haya aumentado súbita y temporalmente en grado sensible. La explicación evidente es que las condiciones de vida han sido sumamente favorables, por lo que, consiguientemente, ha habido menos destrucción de viejos y jóvenes, y casi todos los jóvenes han podido criar. Su progresión geométrica de aumento —cuyo resultado nunca deja de ser sorprendente— explica sencillamente su incremento extraordinariamente rápido y su amplia difusión en las nuevas tierras.

En estado natural, casi todas las plantas plenamente desarrolladas producen anualmente semillas, y entre los animales son muy pocos los que no se aparean cada año. Por esto podemos afirmar confiadamente que todas las plantas y animales tienden a aumentar en progresión geométrica —que todos poblarían rápidamente cualquier lugar en el que en todo caso pudieran existir—, y que esta tendencia geométrica al aumento ha de ser contrarrestada por la destrucción en algún periodo de la vida. Nuestra familiaridad con los grandes animales domésticos tiende, me parece, a despistarnos: vemos que no hay en ellos una gran destrucción, pero olvidamos que anualmente se sacrifican millares para alimento, y que en estado natural un número igual tendría que invertirse de algún modo.

La única diferencia entre los organismos que anualmente producen huevos o semillas por millares y los que producen extremadamente pocos es que los que crían lentamente requerirían algunos años más para poblar, en condiciones favorables, toda una comarca, aunque fuese grandísima. El cóndor pone un par de huevos, y el avestruz de América una veintena, y, sin embargo, en el mismo país, el cóndor es tal vez el mas numeroso de los dos; el petrel de Fulmar[20] no pone más que un solo huevo y, no obstante, se cree que es el ave más numerosa del mundo. Una mosca deposita centenares de huevos, y otra, como la *Hippobosca,* uno solo; pero esta diferencia no determina cuántos individuos de las dos especies pueden mantenerse en una comarca. Un gran número de huevos tiene alguna importancia para las especies que dependen de una cantidad fluctuante de comida, pues esto les permite aumentar rápidamente en número; pero la verdadera importancia de un gran número de huevos o semillas es compensar la excesiva destrucción en algún periodo de la vida, y este periodo, en la gran mayoría de los casos, es en la edad temprana. Si un animal pudiese proteger de algún modo sus propios huevos y crías, tal vez produciría un corto número y, sin embargo, el promedio de población se conservaría plenamente; pero si son destruidos muchos huevos o crías, tienen que producirse también muchos, o la especie acabará por extinguirse. Para mantener el número completo de una especie de árbol que viviese un promedio de mil años, bastaría con que se produjese una sola semilla cada mil años, suponiendo que esta semilla no fuese destruida nunca y que estuviese asegurada su germinación en un lugar adecuado. Así pues, en todos los casos, el promedio de cualquier animal o planta depende solo indirectamente del número de sus huevos o semillas.

Al contemplar la naturaleza es muy necesario tener siempre en cuenta las consideraciones precedentes; no olvidar que todos y cada uno de los seres orgánicos puede decirse que se esfuerzan a todo trance por aumentar su número; que cada uno vive merced a una lucha en algún periodo de su vida; que inevitablemente pesa sobre los jóvenes o los viejos una importante destrucción, durante cada generación o a intervalos recurrentes. Aligérese cualquier obstáculo, mitíguese la destrucción, aunque sea poquísimo, y el número de individuos de la especie aumentará casi instantáneamente hasta llegar a una cantidad cualquiera.

[20] Tipo *Fulmarus glacialis* de las islas Shetland, ave de mar llamada también «ave de san Pedro o de las tempestades» *(Procellaria pelágica),* de la especie de los procelarios o petreles, aves eminentemente oceánicas.

Naturaleza de los obstáculos al aumento

Las causas que contrarrestan la tendencia natural de cada especie a aumentar son de lo más oscuro. Consideremos la especie más vigorosa: cuanto mayor sea el número de sus enjambres, tanto más tenderá a aumentar todavía. No sabemos exactamente cuáles sean los obstáculos, ni siquiera en un solo caso. Ni sorprenderá esto a nadie que reflexione en lo ignorantes que somos respecto a este asunto, incluso en lo que se refiere a la humanidad, a pesar de estar incomparablemente mejor conocida que cualquier otro animal. Este asunto de los obstáculos al aumento ha sido sabiamente tratado por varios autores, y espero discutirlo con la debida extensión en una obra futura, especialmente en lo que se refiere a los animales salvajes de Sudamérica. Aquí haré solamente algunas observaciones, nada más que para traer a la mente del lector algunos de los puntos principales. Los huevos y los animales muy jóvenes parece que generalmente sufren mayor destrucción, pero no siempre es así. En las plantas hay una enorme destrucción de semillas; pero, según observaciones que he realizado, resulta que los planteles sufren más por germinar en terreno que ya está densamente poblado por otras plantas. Además, los planteles son destruidos en gran número por diversos enemigos; por ejemplo: en un trozo de terreno de un metro de largo y poco más de medio metro de ancho aproximadamente, cavado y limpiado, y donde no podía haber ningún obstáculo por parte de otras plantas, señalé todas las plantitas de hierbas indígenas a medida que iban naciendo, y de trescientas cincuenta y siete, no menos de doscientas noventa y cinco fueron destruidas, principalmente por babosas e insectos. Si no se deja crecer el césped después de mucho tiempo de haber sido segado —y lo mismo sería con césped que hubiese servido de pasto a los cuadrúpedos—, las plantas más vigorosas matarán gradualmente a las menos vigorosas, a pesar de ser plantas completamente desarrolladas; así, de veinte especies que crecían en un pequeño espacio de césped segado —de un metro por metro y medio aproximadamente—, nueve especies perecieron porque se dejó a las otras desarrollarse libremente.

La cantidad de alimento para cada especie señala naturalmente el límite extremo a que cada una de ellas puede llegar; pero, con mucha frecuencia, lo que determina el promedio numérico de una especie no es la obtención del alimento, sino servir de presa a otros animales. Así, parece que hay pocas dudas de que la cantidad de perdices, lagópodos[21] y liebres en una gran hacienda depende principalmente de la destrucción de alimañas. Si durante los próximos veinte años no se matase en Inglaterra ni una sola pieza de caza, y si, al mismo tiempo, no fuese destruida ninguna alimaña, habría, con toda probabilidad, menos caza que ahora, aun cuando actualmente se matan cada año centenares de miles de piezas. Por el contrario, en algunos casos, como el del elefante, ningún individuo es destruido por animales de presa, pues incluso el tigre de la India rarísimamente se atreve a atacar a un elefante joven protegido por su madre.

El clima desempeña un papel importante para determinar la proporción numérica de los individuos de una especie, y las épocas periódicas de frío o sequedad parecen ser el más eficaz de todos los obstáculos para contrarrestar ese incremento. Calculo —principalmente por el número reducidísimo de nidos en la primavera— que el invierno de 1854-55 destruyó las cuatro quintas partes de los pájaros de mi propia finca, y esta es una destrucción tremenda, si recordamos que el diez por ciento es una mortalidad extraordinariamente grande en las epidemias del hombre. La acción del clima parece, a primera vista, ser por completo independiente de la lucha por la existencia; pero como el clima actúa principalmente reduciendo los alimentos, origina la lucha más rigurosa entre los individuos, ya de la misma o de distintas especies, que viven de la misma clase de alimento. Incluso cuando el clima actúa directamente —por ejemplo, el frío intenso—, los individuos que sufrirán más serán los menos vigorosos, o los que hayan conseguido menos alimentos a medida que avanza el invierno. Cuando viajamos de sur a norte, o de una región húmeda a otra seca, vemos invariablemente que algunas especies van siendo

[21] Ver nota 28, pág. 156.

gradualmente cada vez más raras, y por fin desaparecen; y como el cambio de clima es bien notorio, atribuimos todo el efecto a su acción directa. Pero esta es una idea errónea; olvidamos que cada especie, aun donde es más abundante, sufre constantemente enorme destrucción en algún periodo de su vida, a causa de enemigos o de competidores por el mismo lugar y alimento; y si estos enemigos o competidores son favorecidos, aun en el más ínfimo grado por cualquier leve cambio de clima, aumentarán en número y, como cada área está ya completamente poblada de habitantes, las otras especies tendrán que disminuir. Cuando viajamos hacia el sur y vemos que una especie disminuye de número, podemos estar seguros de que la causa estriba en que las demás especies son favorecidas como en que aquella es perjudicada. Lo mismo ocurre cuando viajamos hacia el norte, aunque en menor grado, porque el número de especies de todas clases y, por consiguiente, de competidores, decrece hacia el norte; de aquí que, yendo hacia el norte o subiendo a una montaña, nos encontremos con mayor frecuencia con formas canijas, debidas a la acción *directamente* perjudicial del clima, que yendo hacia el sur o al descender de una montaña. Cuando llegamos a las regiones árticas, o a las cumbres coronadas de nieve, o a los desiertos totales, la lucha por la vida es casi exclusivamente con los elementos.

Que el clima actúa sobre todo indirectamente favoreciendo a otras especies, lo vemos claramente en el prodigioso número de plantas que en los jardines pueden resistir perfectamente nuestro clima, pero que nunca llegan a naturalizarse, pues no pueden competir con nuestras plantas indígenas ni resistir la destrucción a que las someten nuestros animales nativos.

Cuando una especie, debido a circunstancias altamente favorables, aumenta su número de un modo desacostumbrado en una pequeña comarca, sobrevienen con frecuencia epizootias —por lo menos, esto parece ocurrir generalmente con nuestros animales de caza—, y nos encontramos aquí un freno que limita la expansión, independiente de la lucha por la vida. Pero incluso algunas de las llamadas epizootias parece que son debidas a gusanos parásitos que, por alguna causa —posiblemente, en parte, por la facilidad de difusión entre los animales aglomerados—, han sido desproporcionadamente favorecidos, y de aquí resulta una especie de lucha entre el parásito y su presa.

Por el contrario, en muchos casos, una gran cantidad de individuos de la misma especie, en relación con el número de sus enemigos, es absolutamente necesaria para su conservación. De este modo podemos obtener fácilmente en los campos gran abundancia de trigo, de simiente de colza [22], etcétera, porque las simientes existen en exceso comparadas con el número de pájaros que se alimentan de ellas; ni pueden los pájaros, a pesar de tener una superabundancia de comida en esta estación del año, aumentar en número proporcionalmente a la cantidad de semillas, porque su número fue contrarrestado durante el invierno; pero cualquiera que tenga experiencia sabe cuán penoso es obtener simiente de un poco de trigo o de otras plantas semejantes en un jardín; yo, en este caso, perdí todas las semillas.

Esta opinión de la necesidad de una gran cantidad de individuos de la misma especie para su conservación explica, a mi parecer, algunos hechos extraños de la naturaleza, como el de que plantas muy raras sean a veces sumamente abundantes en los lugares donde se crían, y el de que algunas plantas sociales sigan siendo sociales —esto es, abundantes en individuos— aun en el límite extremo de su área de dispersión; pues en tales casos podríamos creer que una planta existe solamente donde sus condiciones de vida fueron tan favorables que pudieron vivir muchas juntas, y, de este modo, salvar a la especie de una destrucción total. He de añadir que los efectos benéficos del entrecruzamiento y los perjudiciales de la unión entre individuos parientes próximos entran en juego, indudablemente, en muchos de estos casos; pero no quiero extenderme aquí sobre este asunto.

[22] Nabo silvestre.

Complejas relaciones mutuas de todos los animales y plantas en la lucha por la existencia

Se han registrado muchos casos que muestran lo complejo e inesperado de los obstáculos y relaciones entre los seres orgánicos que han de luchar entre sí en el mismo país. No daré más que un solo ejemplo, pues aunque es sencillo me interesó. En el condado de Staffordshire, en la hacienda de un pariente, donde tenía abundantes medios de investigación, había un extenso brezal, sumamente estéril, que jamás había sido tocado por la mano del hombre; pero varios centenares de acres de exactamente la misma naturaleza habían sido cercados veinticinco años antes y plantados de pino silvestre. El cambio que se había operado en la vegetación espontánea de la parte plantada del brezal era muy notable, más de lo que generalmente se ve al pasar de un terreno a otro completamente diferente: no solo el número relativo de las plantas de brezo cambió por completo, sino que doce especies de plantas —sin contar las hierbas y los carex— que no pudieron encontrarse en el brezal florecían en las plantaciones. El efecto sobre los insectos debió ser mayor aún, pues seis aves insectívoras que no se habían visto en el brezal eran muy comunes en las plantaciones, y el brezal era frecuentado por dos o tres aves insectívoras distintas. Vemos aquí cuán poderoso había sido el efecto de la introducción de un solo árbol, no habiéndose hecho nada más, excepto cercar la tierra para que no pudiese entrar el ganado. Mas cuán importante elemento es el cercado lo vi claramente cerca de Farnham, en Surrey. Hay allí extensos brezales, con unos cuantos grupos de viejos pinos silvestres en las distantes cimas de los cerros; en los últimos diez años se han cercado grandes espacios y multitud de pinos sembrados espontáneamente crecen en la actualidad tan densos que no pueden vivir todos. Cuando me cercioré de que estos arbolitos no habían sido sembrados ni plantados, quedé tan sorprendido por su número que fui a situarme en diferentes puntos de vista, desde donde pude observar centenares de acres del brezal no cercado, y no pude ver, literalmente, ni un solo pino silvestre, excepto los viejos grupos plantados; pero mirando atentamente entre los tallos de los brezos, encontré multitud de plantitas y arbolitos que habían sido continuamente ramoneados por el ganado vacuno. En un metro cuadrado de terreno, en un punto distante unos cien metros de uno de los grupos de viejos pinos, conté treinta y dos arbolitos; y uno de ellos, con veintiséis anillos de crecimiento, había intentado durante varios años levantar su copa por encima de los tallos del matorral, sin haberlo conseguido. No debe sorprendernos, pues, que, en cuanto la tierra fue cercada, llegase a cubrirse densamente de pinitos que crecían con tanto vigor. Sin embargo, el brezal era tan extremadamente estéril y tan extenso que nadie hubiera imaginado nunca que el ganado hubiese buscado su comida tan atenta y eficazmente.

Vemos aquí que el ganado determina en absoluto la existencia del pino silvestre; pero en diversas partes del mundo los insectos determinan la existencia del ganado. Quizá Paraguay ofrece el ejemplo más curioso de esto, pues allí ni el ganado vacuno, ni los caballos, ni los perros se han vuelto nunca salvajes, a pesar de que pululan hacia el sur y hacia el norte en estado feral, y Azara [23] y Rengger han demostrado que esto se debe a que en Paraguay es muy numerosa cierta mosca que pone sus huevos en el ombligo de estos animales cuando acaban de nacer. El aumento de estas moscas, con ser numerosas, debe de estar habitualmente contrarrestado por algunos medios, probablemente por otros insectos parásitos. De aquí se deduce que si ciertas aves insectívoras disminuyesen en Paraguay, los insectos parásitos probablemente aumentarían, y esto haría disminuir el número de las moscas ombligueras; entonces el ganado vacuno y caballar se volvería salvaje, y esto sin duda alteraría mucho la vegetación —como realmente he observado en regiones de Sudamérica—; esto, a su vez, afectaría en gran manera a los insectos, y esto —como acabamos de ver en el condado de Staffordshire— en las aves insectívoras, y así progresivamente en círculos de complejidad siempre creciente. No quiero decir que en la naturaleza las relaciones sean siempre tan

[23] Félix de Azara, naturalista español (1746-1821). Escribió *Viajes a través de la América meridional* y *Ensayos de Historia Natural.*

sencillas como estas. Batallas tras batallas han de librarse continuamente, con fortuna varia, y, sin embargo, tarde o temprano, las fuerzas quedan tan perfectamente equilibradas, que la faz de la naturaleza permanece uniforme durante largos periodos de tiempo, aunque seguramente la cosa más insignificante daría la victoria a un ser orgánico sobre otro. Sin embargo, tan profunda es nuestra ignorancia y tan grande nuestra presunción, que nos maravillamos cuando oímos hablar de la extinción de un ser orgánico y, como no sabemos la causa, ¡invocamos cataclismos para desolar el mundo o inventamos leyes sobre la duración de las estructuras vivientes!

Estoy tentado de dar un ejemplo más para mostrar cómo plantas y animales, muy distantes en la escala de la naturaleza, están ligados entre sí por un tejido de complejas relaciones. Más adelante tendré ocasión de exponer que la exótica *Lobelia fulgens* [24] no es visitada nunca en mi jardín por los insectos y, consiguientemente, a causa de su peculiar estructura, jamás produce semillas. Casi todas nuestras plantas orquídeas requieren indispensablemente visitas de insectos que trasladen sus masas polínicas y así las fecunden. He averiguado por experimentos que los abejorros [25] son casi indispensables para la fertilización del pensamiento *(Viola tricolor)*, pues otras abejas no visitan esta flor. He descubierto también que las visitas de las abejas son necesarias para la fertilización de ciertas clases de trébol; por ejemplo, veinte cabezas de trébol blanco *(Trifolium repens)* produjeron dos mil doscientas noventa semillas, y otras veinte cabezas resguardadas de las abejas no pro-

[24] Flor ornamental, de raíces medicinales, que debe su nombre al botánico flamenco Lobel. Acaso variedad de la lobelia, planta silvestre de Cuba, de hojas pectorales y venéreas.

[25] El nombre «abejorros» se aplica, en nuestro idioma, indistintamente a dos grupos muy diferentes de insectos que solo tienen de común el ser grandes, revolotear y zumbar: uno es el grupo de los himenópteros, y el otro el de los coleópteros. Aquí traduce la palabra inglesa *humble-bee* igual a abejorro, abejarrón o abeja silvestre, es decir, el grupo de los insectos himenópteros.

dujeron ninguna. Igualmente, cien cabezas de trébol rojo (*T. pratense)* produjeron dos mil setecientas semillas, pero el mismo número de cabezas protegidas no produjeron ni una sola semilla. Solo los abejorros visitan el trébol rojo, pues las otras abejas no pueden alcanzar el néctar. Me han sugerido que las polillas podían fecundar los tréboles; pero dudo de si podrían hacerlo en el caso del trébol rojo, pues su peso no es suficiente para deprimir los pétalos llamados «alas». De aquí podemos deducir como lo más probable que, si todo el género de los abejorros llegase a extinguirse o a ser muy raro en Inglaterra, el pensamiento y el trébol rojo también llegarían a ser muy raros o a desaparecer por completo. El número de abejorros en cada comarca depende en gran medida del número de ratones de campo, que destruyen sus panales y nidos, y el coronel Newman, que ha dedicado mucho tiempo a estudiar las costumbres de los abejorros, cree que «más de las dos terceras partes de ellos se destruyen así en toda Inglaterra». Ahora bien, el número de ratones depende mucho, como todo el mundo sabe, del número de gatos, y el coronel Newman dice: «Junto a las aldeas y poblaciones pequeñas he encontrado nidos de abejorros en mayor número que en cualquier otra parte, lo que atribuyo al número de gatos que destruyen a los ratones». ¡De aquí que sea completamente verosímil que la presencia de un gran número de felinos en una comarca pueda determinar, mediante la intervención primero de los ratones y luego de las abejas, la frecuencia de ciertas flores en aquella comarca!

En el caso de cada especie, probablemente entran en juego muchos obstáculos diferentes, que actúan en distintos periodos de la vida y durante diferentes estaciones o años, siendo por lo general un obstáculo, o unos pocos, los más poderosos, aunque concurren todos para determinar el promedio de individuos o hasta la existencia de la especie. En algunos casos puede demostrarse que obstáculos muy dispares actúan sobre la misma especie en comarcas diferentes. Cuando contemplamos las plantas y los arbustos que cubren una ladera enmarañada, nos sentimos tentados a atribuir su número relativo y sus clases a lo que llamamos casualidad. Pero ¡cuán errónea opinión es esta! Todo el mundo ha oído que cuando se desmonta un bosque americano, surge una vegetación muy diferente; pero se ha observado que las antiguas ruinas de los indios en los Estados Unidos del Sur, que antiguamente debieron de estar limpias de árboles, ofrecen hoy la misma diversidad y proporción de clases que la selva virgen que los rodea. ¡Qué lucha debe de haberse desarrollado durante largos siglos entre las diversas clases de árboles, esparciendo cada una anualmente sus semillas por millares! ¡Qué guerra entre insecto e insecto —y entre insectos, caracoles y otros animales con las aves y las bestias de rapiña—, esforzándose todos por aumentar, alimentándose todos unos de otros, o de los árboles, sus semillas y pimpollos, o de otras plantas que cubrieron antes el suelo y entorpecieron así el crecimiento de los árboles! Échese al aire un puñado de plumas, y todas caerán al suelo según leyes definidas; pero ¡qué sencillo es el problema de cómo caerá cada una comparado con el de la acción y reacción de las innumerables plantas y animales que han determinado, en el transcurso de los siglos, el número proporcional y las clases de árboles que ahora crecen en las antiguas ruinas indias!

La dependencia de un ser orgánico respecto a otro, como la de un parásito respecto a su víctima, existe generalmente entre seres distantes en la escala de la naturaleza. En este caso están a veces los seres de quienes puede decirse estrictamente que luchan entre sí por la existencia, como en el caso de la langosta y los cuadrúpedos herbívoros. Pero la lucha será casi siempre más severa entre los individuos de la misma especie, pues frecuentan las mismas comarcas, necesitan el mismo alimento y están expuestos a los mismos peligros. En el caso de las variedades de la misma especie, la lucha será por lo general casi igualmente severa, y a veces la contienda muy pronto decidida; por ejemplo, si se siembran juntas diversas variedades de trigo, y la semilla mezclada se vuelve a sembrar, algunas de las variedades que mejor se acomoden al suelo y al clima, o que sean las más fértiles por naturaleza, vencerán a las otras, producirán así más simiente y, por consiguiente, suplantarán en unos cuantos años a las demás variedades. Para conservar un acopio mezclado, aun cuando sea de variedades tan próximas como los guisantes de olor de diferentes colores, hay que recoger el fruto por separado cada año y mezclar después las semillas en la debida proporción; pues, de lo contrario, las clases más débiles decrecerían rápidamente en número y desaparecerían. Así ocurre también con las variedades de ovejas: se ha afirmado que ciertas variedades de montaña harían morir de hambre a otras variedades de montaña, de modo que no se las puede tener juntas. El mismo resultado ha ocurrido por tener juntas diferentes variedades de la sanguijuela medicinal. Hasta puede dudarse de si las variedades de cualquiera de nuestras plantas o animales domésticos tienen tan exactamente las mismas fuerzas, costumbre y constitución, para que las proporciones primitivas de un conjunto mezclado —evitándose el cruzamiento— pudieran sostenerse durante media docena de generaciones, si se les permitiese luchar entre sí del mismo modo que los seres en estado de naturaleza, y si las semillas o las crías no se conservasen anualmente en la debida proporción.

La lucha por la vida es rigurosísima entre individuos y variedades de la misma especie

Como las especies de un mismo género suelen tener —aunque en ningún modo invariablemente— mucha semejanza en costumbres y constitución, y siempre en estructura, la lucha será más rigurosa entre ellas si entran en competencia entre sí que entre las especies de distintos géneros. Vemos esto en la reciente extensión por algunas regiones de Estados Unidos de una especie de golondrina que ha causado el descenso de otra especie. El reciente aumento del *charla*[26] en regiones de Escocia ha causado la disminución del *zorzal*[27]. ¡Con cuánta frecuencia oímos decir de una especie de rata que ha desplazado a otra especie en los climas más

[26] Pájaro de la familia de los tordos, llamado también, «cagaaceite o cagarrache».

[27] Pájaro de la familia de los tordos *(Turdidae)*. Es el *Turdus musicus* de los zoólogos

diferentes! En Rusia, la pequeña cucaracha asiática ha ido empujando por todas partes a su congénere grande. En Australia, la abeja común importada está exterminando rápidamente a la abeja indígena, pequeña y sin aguijón. Se ha sabido de una especie de mostaza silvestre que suplanta a otra especie, y así otros muchos casos. Podemos vislumbrar por qué tiene que ser severísima la competencia entre formas afines, que ocupan casi el mismo lugar en la economía de la naturaleza; pero probablemente en ningún caso podríamos decir con precisión por qué una especie ha vencido a otra en la gran batalla de la vida.

Un corolario de la mayor importancia puede deducirse de las observaciones precedentes, a saber: que la estructura de todo ser orgánico está emparentada de modo esencialísimo, aunque a menudo oculto, con la de todos los demás seres orgánicos con que entra en competencia por el alimento o residencia, o de los que tiene que escapar, o de los que hace presa. Esto es obvio en la estructura de los dientes y garras del tigre, y en la de las patas y garfios del parásito que se adhiere al pelo del cuerpo del tigre. Pero en la semilla, con hermoso vilano, del diente de león y en las patas aplastadas y peludas del escarabajo acuático la relación parece limitada al principio a los elementos aire y agua. Sin embargo, la ventaja de las simientes con vilano se halla, indudablemente, en íntima relación con el hecho de estar la tierra cubierta ya densamente de otras plantas, pues las simientes pueden distribuirse más lejos y caer en terreno no ocupado. En el escarabajo acuático, la estructura de sus patas, tan bien adaptadas para bucear, le permite competir con otros insectos acuáticos, cazar su presa y evitar ser presa de otros animales.

La provisión de alimento almacenada en las semillas de muchas plantas parece a primera vista que no tiene ninguna relación con otras plantas. Pero por el activo crecimiento de plantas jóvenes producidas por esta clase de semillas, como los guisantes y las judías, cuando se siembran en medio de hierba alta, puede sospecharse que la utilidad principal del alimento en la semilla es favorecer el desarrollo de las plantitas mientras están luchando con otras plantas que crecen vigorosamente a su alrededor.

Contemplemos una planta en el centro de su área de dispersión. ¿Por qué no duplica o cuadruplica su número? Sabemos que puede perfectamente resistir un poco más de calor o de frío, de humedad o de sequedad, pues en cualquier otra parte se extiende por comarcas algo más calurosas o más frías, más húmedas o más secas. En este caso podemos ver claramente que si concedemos imaginativamente a la planta el poder de aumentar en número, tendremos que concederle alguna ventaja sobre sus competidoras o sobre los animales que la devoran. En los confines de su área de distribución geográfica, un cambio de constitución relacionado con el clima sería, evidentemente, una ventaja para nuestra planta; pero tenemos motivo para creer que solo unas cuantas plantas o animales se extienden tan lejos que sean destruidos exclusivamente por el rigor del clima. La competencia no cesará hasta que alcancemos los límites extremos de la vida en las regiones árticas o en los confines de un desierto absoluto. El terreno puede ser extremadamente frío o seco, y, sin embargo, habrá competencia entre algunas pocas especies, o entre los individuos de la misma especie, por los lugares más calientes o más húmedos.

Por consiguiente, podemos ver que cuando una planta o un animal se halla en país nuevo entre competidores nuevos, las condiciones de su vida cambiarán por lo general de un modo esencial, aunque el clima pueda ser exactamente el mismo que en su país anterior. Si su promedio de individuos ha de aumentar en el nuevo país, tendremos que modificar este animal o planta de un modo diferente del que habríamos tenido que hacerlo en su país de origen, pues habríamos de darle alguna ventaja sobre un conjunto diferente de competidores o enemigos.

Es bueno intentar dar de este modo, con la imaginación, a una especie cualquiera, una ventaja sobre otra. Es probable que ni en un solo caso sabríamos cómo hacerlo. Esto debiera convencernos de nuestra ignorancia acerca de las relaciones mutuas de todos los seres orgánicos, convicción tan necesaria como difícil de adquirir. Todo lo que podemos hacer es grabar firmemente en nuestra mente que cada ser orgánico se esfuerza por aumentar en razón geométrica; que cada uno de ellos, en algún periodo de su vida, durante alguna estación del año, durante todas las generaciones o a intervalos, tiene que luchar por la vida y sufrir gran destrucción. Cuando reflexionamos sobre esta lucha, nos podemos consolar con la completa seguridad de que la guerra en la naturaleza no es incesante, que no se siente ningún miedo, que la muerte es generalmente rápida, y que el vigoroso, el sano y el feliz sobrevive y se multiplica.

CAPÍTULO IV
LA SELECCIÓN NATURAL, O LA SUPERVIVENCIA DE LOS MÁS APTOS

Selección natural: su fuerza comparada con la selección del hombre; su poder sobre caracteres de escasa importancia; su influencia en todas las edades y en los dos sexos.—Selección sexual.—Ejemplos de la acción de la selección natural o de la supervivencia de los más aptos.—Sobre el cruzamiento de los individuos.—Circunstancias favorables para la producción de nuevas formas de selección natural.—Extinción producida por la selección natural.—Divergencia de caracteres.—Efectos probables de la acción de la selección natural, mediante la divergencia de caracteres y la extinción, sobre los descendientes de un progenitor común.—Sobre el grado a que tiende a progresar la organización.—Convergencia de caracteres.—Resumen

¿CÓMO actuará la lucha por la existencia, que hemos discutido brevemente en el capítulo anterior, en lo que se refiere a la variación? El principio de selección, que hemos visto tan potente en las manos del hombre, ¿puede aplicarse en las condiciones naturales? Creo que veremos que puede actuar muy eficazmente. Ténganse presentes el sinnúmero de variaciones pequeñas y de diferencias individuales que ocurren en nuestras producciones domésticas y, en menor grado, en las que están en condiciones naturales, así como también la fuerza de la tendencia hereditaria. En la domesticidad, puede decirse realmente que todo el organismo se hace plástico en cierta medida. Pero la variabilidad que encontramos casi universalmente en nuestras producciones domésticas no es producida directamente por el hombre, como muy bien hacen notar Hooker y Asa Gray; el hombre no puede originar variedades ni impedir su aparición; únicamente puede conservar y acumular aquellas que aparezcan. Involuntariamente, el hombre somete a los seres orgánicos a nuevas y cambiantes condiciones de vida, y sobreviene la variabilidad; pero semejantes cambios de condiciones pueden ocurrir, y ocurren, en la naturaleza. Téngase también presente cuán infinitamente complejas y rigurosamente adaptadas son las relaciones de todos los seres orgánicos entre sí y con sus condiciones físicas de vida, y, en consecuencia, qué infinitas diversidades variadas de estructura serían útiles a cada ser en las cambiantes condiciones de vida. ¿Puede, pues, parecer improbable, después de ver que indudablemente se han presentado variaciones útiles al hombre, que otras variaciones útiles de alguna manera para cada ser en la gran y compleja batalla de la vida ocurran en el transcurso de muchas generaciones sucesivas? Si esto ocurre, ¿podemos dudar —y recordemos que nacen muchos más individuos de los que es posible que sobrevivan— de que los individuos que tengan cualquier ventaja, por ligera que sea, sobre otros, tendrían más probabilidades de sobrevivir y de procrear su especie? Por el contrario, podemos estar seguros de que toda variación perjudicial, aun en el grado más ínfimo, sería rigurosamente destruida. A esta conservación de las variaciones y diferencias individualmente favorables y la destrucción de las que son perjudiciales, la he llamado *selección natural* o *supervivencia de los más aptos*. Las variaciones que no son útiles ni perjudiciales no serían afectadas por la selección natural y quedarían abandonadas ya a un elemento fluctuante, como vemos quizá en ciertas especies polimorfas, o bien llegándose a fijar finalmente, a causa de la naturaleza del organismo y de la naturaleza de las condiciones del medio ambiente.

Varios autores han entendido mal o puesto reparos al término selección natural. Algunos hasta han imaginado que la selección natural produce la variabilidad, siendo así que implica solamente la conservación de las variaciones que surgen y son beneficiosas al ser en sus condiciones de vida. Nadie pone reparos a los agricultores que hablan de los poderosos resultados de la selección del hombre, y en este caso las diferencias individuales dadas por la naturaleza, que el hombre elige con algún objeto, tienen por necesidad que ocurrir antes. Otros han objetado que el término selección implica elección consciente en los animales que se modifican, y hasta se ha argüido que, como las plantas no tienen volición, la selección natural no es aplicable a ellas. En el sentido literal de la palabra, indudablemente, *selección natural* es una expresión falsa; pero ¿quién pondrá nunca reparos a los químicos que hablan de las *afinidades electivas* de los diferentes elementos? Y, sin embargo, de un ácido no puede decirse estrictamente que elige una base con la cual se combina preferentemente. Se ha dicho que hablo de la selección natural como de una potencia activa o divinidad; pero ¿quién hace cargos a un autor que habla de la atracción de la gravedad como si regulase los movimientos de los planetas? Todos sabemos lo que significan e implican tales expresiones metafóricas, que son casi necesarias para la brevedad. Del mismo modo, también, es difícil evitar la personificación de la palabra *naturaleza;* pero por *naturaleza* quiero decir solo la acción conjunta y el producto de muchas leyes naturales, y por *leyes,* la sucesión de hechos en cuanto son comprobados por nosotros. Familiarizándose un poco con los términos, estas objeciones tan superficiales quedarán olvidadas.

Comprenderemos mejor el curso probable de la selección natural tomando el caso de un país con algún ligero cambio físico, por ejemplo, de clima. El número proporcional de sus habitantes experimentará casi inmediatamente un cambio, y algunas especies llegarán probablemente a extinguirse. De lo que hemos visto acerca del modo íntimo y complejo como están unidos entre sí los habitantes de cada país, podemos sacar la conclusión de que cualquier cambio en las proporciones numéricas de los habitantes, independientemente del cambio de clima mismo, afectaría seriamente a los otros habitantes. Si el país fuese de contornos abiertos, seguramente inmigrarían formas nuevas, y esto perturbaría también gravemente las relaciones de algunos de los habitantes anteriores. Recuérdese que se ha demostrado cuán poderosa es la influencia de un solo árbol o mamífero introducido. Pero en el caso de una isla o de un país parcialmente rodeado de barreras, en el cual no pudiesen entrar ilimitadamente formas nuevas y mejor adaptadas, nos encontraríamos entonces con lugares en la economía de la naturaleza que estarían con seguridad mejor ocupados, si algunos de los habitantes originarios se modificasen en algún modo; pues si el territorio hubiese sido de inmigración, estos mismos lugares hubiesen sido ocupados por intrusos. En casos tales, modificaciones ligeras, que en algún modo favorecen a los individuos de una especie determinada, por adaptarlos mejor a las condiciones modificadas, tenderían a conservarse, y la selección natural tendría campo libre para su obra de mejoramiento.

Tenemos buen fundamento para creer, como se ha demostrado en el capítulo primero, que los cambios en las condiciones producen una tendencia a aumentar la variabilidad, y en los casos precedentes las condiciones han cambiado, y esto sería manifiestamente favorable a la selección natural, por aportar mayores probabilidades de que ocurran variaciones aprovechables. A no ser que aparezcan estas, la selección natural no puede hacer nada. No debe olvidarse nunca que en el término *variaciones* se incluyen las simples diferencias individuales. Así como el hombre puede producir un gran resultado en las plantas y animales domésticos, añadiendo en una dirección determinada diferencias individuales, también la selección natural pudo hacerlo, aunque con mucha más facilidad por tener incomparablemente más tiempo para obrar.

No es que yo crea que un gran cambio físico, por ejemplo, de clima o cualquier grado musitado de aislamiento que impida la inmigración, sea necesario a fin de que queden nuevos puestos vacantes para que la selección natural los llene, perfeccionando alguno de los habitantes que varían. Pues como todos los habitantes de cada país están luchando entre sí con fuerzas finamente equilibradas, modificaciones sumamente ligeras en la estructura o en las costumbres de una especie le darían con frecuencia una ventaja sobre otras, y aun nuevas modificaciones de la misma clase aumentarían todavía más la ventaja, mientras la especie continúe en las mismas condiciones de vida y saque provecho por semejantes medios para la subsistencia y la defensa. No puede citarse ningún país en el que todos los habitantes indígenas estén en la actualidad tan perfectamente adaptados entre sí y a las condiciones físicas en que viven, que ninguno de ellos pueda estar aún mejor adaptado o perfeccionado; pues en todos los países los nativos han sido conquistados hasta tal punto por producciones naturalizadas, que han permitido a algunos extranjeros tomar firme posesión de la tierra. Y como los extranjeros han derrotado así, en todos los países, a algunos de los indígenas, podemos seguramente sacar la conclusión de que los indígenas podían haber sido modificados más ventajosamente, de modo que hubiesen podido resistir mejor a los invasores.

Si el hombre puede producir, y seguramente ha producido, grandes resultados con sus medios metódicos e inconscientes de selección, ¿qué no podrá efectuar la selección natural? El hombre puede actuar solo sobre caracteres externos y visibles. La naturaleza —si se me permite personificar la conservación o supervivencia natural de los más aptos— no se preocupa para nada de las apariencias, excepto en la medida en que son útiles a cualquier ser. Puede obrar sobre todos los órganos internos, sobre todos los matices de diferencia constitucional, sobre el mecanismo entero de la vida. El hombre selecciona solo para su propio bien; la naturaleza lo hace solo para el bien del ser que tiene a su cuidado. La naturaleza hace funcionar plenamente todo carácter seleccionado, como lo implica el hecho de su selección. El hombre conserva en un mismo país los nativos de climas diferentes; raras veces ejercita cada carácter seleccionado de un modo peculiar y adecuado; alimenta con la misma comida a una paloma de pico largo y a otra de pico corto; no ejercita de un modo especial a un cuadrúpedo de lomo alargado y a otro de patas largas; somete al mismo clima ovejas de lana corta y de lana larga. No permite a los machos más vigorosos luchar por las hembras. No destruye con rigidez todos los animales inferiores, sino que protege, en la medida que puede, todos sus productos durante cada cambio de estación. Empieza con frecuencia su selección por alguna forma semimonstruosa, o por lo menos por alguna modificación lo bastante prominente para que atraiga la vista o que le sea decididamente útil. En la naturaleza, las más ligeras diferencias de estructura o constitución pueden inclinar la balanza, tan delicadamente equilibrada, en la lucha por la vida, y de este modo ser conservadas. ¡Qué fugaces son los deseos y esfuerzos del hombre! ¡Qué breve su vida y, por consiguiente, qué pobres serán sus resultados, comparados con los acumulados por la naturaleza durante periodos geológicos enteros! ¿Qué deducimos, pues, de que las producciones de la naturaleza sean de condición mucho más real que las producciones del hombre, que estén infinitamente mejor adaptadas a las más complejas condiciones de vida, y de que lleven claramente el sello de una hechura muy superior?

Metafóricamente puede decirse que la selección natural escudriña, cada día y cada hora, por todo el mundo, las más ligeras variaciones; rechaza las que son malas, conserva y acumula todas las que son buenas, y trabaja silenciosa e insensiblemente, *cuando quiera y donde quiera que se presenta la oportunidad*, por el mejoramiento de cada ser orgánico en relación con sus condiciones orgánicas e inorgánicas de vida. No vemos nada de estos cambios que se desarrollan lenta y progresivamente, hasta que la mano del tiempo ha señalado el transcurso de las edades, y aun así es tan imperfecta nuestra visión de las remotas edades geológicas, que solamente vemos que las formas orgánicas son actualmente diferentes de lo que fueron antiguamente.

Para que en una especie se efectúe alguna modificación grande, una vez formada una variedad debe —quizá después de un largo intervalo de tiempo— variar de nuevo o presentar diferencias individuales de idéntica naturaleza favorable que antes, y estas han de ser conservadas de nuevo; y así progresivamente, paso a paso. Al ver que las diferencias individuales de la misma clase vuelven a presentarse perpetuamente, difícilmente puede considerarse esto como una suposición injustificada. Pero el que sea cierta o no solo podemos juzgarlo viendo hasta qué punto la hipótesis concuerda con los fenómenos generales de la naturaleza y los explica. Por otra parte, la creencia ordinaria de que la cuantía de variación posible es una cantidad estrictamente limitada es igualmente una simple suposición.

Aun cuando la selección natural solo puede actuar por y para el bien de cada ser, sin embargo, caracteres y estructuras que estamos inclinados a considerar como de una importancia muy insignificante pueden ser afectados por ella. Cuando vemos verdes los insectos que comen las hojas, moteados de gris los que se alimentan de cortezas de árboles, blanca en invierno la perdiz alpina y del color del brezo la perdiz de Escocia, hemos de pensar que estos colores son de utilidad a estos insectos y aves para librarse de peligros. Los lagópodos[28], si no fuesen destruidos en algún periodo de su vida, aumentarían hasta ser incontables; se sabe que son víctimas en gran cantidad de las aves de rapiña, y los halcones se dirigen a sus presas guiados por la vista, de tal modo que en algunas partes del continente se aconseja que no se conserven palomas blancas, por ser las más expuestas a la destrucción. Por consiguiente, la selección natural pudo ser eficaz al dar a cada clase de lagópodo el color apropiado y al conservar este color, una vez adquirido, de una manera exacta y constante. No debemos creer que la destrucción accidental de un animal de un color particular produzca un efecto insignificante; recordemos lo importante que es en un rebaño de ovejas blancas destruir todo corderillo con la menor mancha negra. Hemos visto cómo el color de los cerdos que se alimentan de *paint-root* en Virginia determina que vivan o que mueran. En las plantas, la pelusa del fruto y el color de la carne son considerados por los botánicos como caracteres de la más insignificante importancia; sin embargo, sabemos por un

[28] *Lagópodos* —del latín *lagopus*, palabra de origen griego que significa «pies de liebre»—: género de aves de caza, especialmente la perdiz blanca. *Lagopus scoticus* o perdiz de Escocia, lagópodo rojo; *Lagopus mutus*, la perdiz alpina o chocha de las nieves; *Tetrao tetrix*, o lagópodo negro, y el *Tetrao urogallus*, o gallo de los bosques, son sus especies principales.

excelente horticultor, Downing, que en los Estados Unidos los frutos de piel lisa son mucho más atacados por un coleóptero, un *Curculio*, que los que tienen pelusa; que las ciruelas moradas padecen mucho más cierta enfermedad que las ciruelas amarillas, mientras que otra enfermedad ataca a los melocotones de carne amarilla mucho más que a los que tienen la pulpa de otro color. Si, con todos los auxilios del arte, estas ligeras diferencias originan una gran diferencia al cultivar las diversas variedades, seguramente que, en estado natural, en el que unos árboles tienen que luchar con otros árboles y con una legión de enemigos, estas diferencias decidirían realmente las variedades que hubiesen de triunfar, si un fruto liso o velloso, de carne amarilla o morada.

Al considerar las muchas diferencias pequeñas que existen entre las especies —diferencias que, hasta donde nuestra ignorancia nos permite juzgar, parecen completamente sin importancia—, no hemos de olvidar que el clima, el alimento, etcétera, han producido indudablemente algún efecto directo. También es necesario tener presente que, debido a las leyes de la correlación, cuando una parte varía y las variaciones se acumulan por la selección natural, sobrevendrán otras modificaciones, a menudo de la naturaleza más inesperada.

Así como vemos que las variaciones que aparecen en domesticidad, en cualquier periodo determinado de la vida, tienden a reaparecer en la descendencia en el mismo periodo —por ejemplo, las variaciones en la forma, tamaño y sabor de las semillas de las numerosas variedades de nuestras plantas culinarias y agrícolas; en los estados de oruga y capullo de las variedades del gusano de seda; en los huevos de las gallinas y en el color de la pelusa de sus polluelos, y en los cuernos del ganado bovino y de los carneros cuando son casi adultos—, de igual modo, en el estado de naturaleza, la selección natural podrá influir en los seres orgánicos y modificarlos en cualquier edad, por la acumulación de variaciones útiles a esa edad y por su herencia a la edad correspondiente. Si le es útil a una planta que sus semillas sean diseminadas por el viento a distancia cada vez más grande, no veo mayor dificultad en que esto se efectúe por selección natural que en el hecho de que en las plantaciones de algodón se aumente y se mejore por selección el pellón de las cápsulas de los algodoneros. La selección natural puede modificar y adaptar la larva de un insecto a una veintena de contingencias completamente diferentes de las que conciernen al insecto en estado adulto, y estas modificaciones pueden influir, por correlación, en la estructura del adulto. También, a la inversa, las modificaciones en el adulto pueden influir en la estructura de la larva; pero en todos los casos la selección natural garantizará que no sean perjudiciales, pues si lo fuesen la especie llegaría a extinguirse.

La selección natural modificará la estructura del hijo en relación con el padre, y la del padre en relación con el hijo. En los animales sociales, adaptará la estructura de cada individuo para beneficio de toda la comunidad, si esta saca provecho del cambio seleccionado. Lo que la selección natural no puede hacer es modificar la estructura de una especie sin darle alguna ventaja para el bien de otras especies; y aunque en las obras de historia natural pueden hallarse afirmaciones de este género, no he podido encontrar un solo caso que resista la comprobación. Una conformación usada solo una vez en la vida del animal, si es de gran importancia para él, pudo ser modificada hasta cualquier extremo por selección natural; por ejemplo: las grandes mandíbulas que poseen ciertos insectos, utilizadas exclusivamente para abrir el capullo, o la punta dura del pico de las aves antes de nacer, empleada para romper el huevo. Se ha afirmado que de las mejores palomas *tumbler* de pico corto, perecen en el huevo un número mayor que las que consiguen salir de él, por lo que los criadores las ayudan en el acto de la incubación. Ahora bien, si la naturaleza tuviese que hacer muy corto el pico de una paloma adulta para la propia ventaja del ave, el proceso de modificación sería lentísimo, y habría simultáneamente, dentro del huevo, la selección más rigurosa de todos los polluelos que tuvieran los picos más potentes y duros, pues todos los de pico blando perecerían inevitablemente; o bien podrían ser seleccionadas las cáscaras más delicadas y fáciles de romper, pues es sabido que el grosor de la cáscara varía como cualquier otra estructura.

Será conveniente observar aquí que en todos los seres ha de haber mucha destrucción fortuita, que poca o ninguna influencia tienen en el curso de la selección natural [29]. Por ejemplo, un inmenso número de huevos y semillas son devorados anualmente, y estos solo podrían ser modificados por selección natural si variasen de algún modo que los protegiese de sus enemigos. Sin embargo, muchos de estos huevos o semillas, si no hubiesen sido destruidos, habrían producido quizá individuos mejor adaptados a sus condiciones de vida que cualquiera de los que tuvieron la suerte de sobrevivir. Además, también un número inmenso de animales y plantas adultos, sean o no los mejor adaptados a sus condiciones, tienen que ser destruidos anualmente por causas accidentales que no serían mitigadas ni en el menor grado por ciertos cambios de estructura o constitución que, de otra manera, podrían ser beneficiosos para la especie. Pero aunque la destrucción de los adultos sea tan considerable —siempre que el número que exista en una comarca no esté por completo limitado por esta causa—, o aunque la destrucción de huevos y semillas sea tan grande que solo se desarrolle una centésima o una milésima parte, sin embargo, de los individuos que sobrevivan, los mejor adaptados —suponiendo que haya alguna variabilidad en sentido favorable— tenderán a propagar su clase en mayor número que los menos bien adaptados. Si el número está completamente limitado por las causas que se acaban de indicar, como habrá ocurrido muchas veces, la selección natural será impotente en ciertas direcciones beneficiosas; pero esto no es una objeción válida contra su eficacia en otros tiempos y por otras vías, pues estamos lejos de tener alguna razón para suponer que muchas especies experimenten continuamente modificaciones y perfeccionamientos al mismo tiempo y en la misma región.

Selección sexual

Puesto que en domesticidad aparecen con frecuencia en un sexo particularidades que quedan unidas hereditariamente a ese

[29] Véase la tabla de adiciones y correcciones en preliminares.

sexo, lo mismo sucederá, sin duda, en estado de naturaleza. De este modo se hace posible que los dos sexos se modifiquen por selección natural en relación con diferentes costumbres de vida, cosa que ocurre a veces, o que un sexo se modifique con relación al otro, como pasa comúnmente. Esto me lleva a decir unas palabras sobre lo que he llamado *selección sexual*. Esta forma de selección depende no de una lucha por la existencia en relación con otros seres orgánicos o con condiciones externas, sino de una lucha entre individuos de un sexo, generalmente los machos, por la posesión del otro sexo. El resultado no es la muerte del competidor desafortunado, sino que deja poca o ninguna descendencia. La selección sexual es, por tanto, menos rigurosa que la selección natural. Por lo general, los machos más vigorosos, los que son más aptos para desempeñar su papel en la naturaleza, dejarán más descendencia; pero en muchos casos la victoria depende no tanto del vigor natural como de la posesión de armas especiales limitadas al sexo masculino. Un ciervo sin cuernos o un gallo sin espolones tendrían pocas probabilidades de dejar numerosa descendencia. La selección sexual, dejando siempre criar al vencedor, pudo seguramente dar valor indomable, longitud a los espolones y fuerza al ala para impulsar la pata armada de espolón, casi del mismo modo que lo hace el brutal criador de gallos de pelea mediante la cuidadosa selección de sus mejores gallos.

No sé hasta qué grado, en la escala de los seres naturales, desciende la ley del combate; se ha descrito que los caimanes machos riñen rugiendo y girando alrededor, como los indios en una danza guerrera, por la posesión de las hembras; se ha observado que los salmones machos se pelean durante todo el día; los ciervos volantes [30] machos a veces llevan heridas causadas por las enormes mandíbulas de los otros machos; los machos de ciertos insectos himenópteros, como ha visto muchas veces ese inimitable observador que es monsieur Fabre, riñen por una hembra determinada que está posada al lado, espectador en apariencia indiferente de la

[30] Coleóptero —llamado también escarabajo cornudo— cuyo macho tiene dos mandíbulas muy desarrolladas y parecidas a las astas del ciervo.

lucha, la cual se retira luego con el vencedor. La guerra es quizá más severa entre los machos de los animales polígamos, y parece que estos están provistos muy frecuentemente de armas especiales. Los machos de los animales carnívoros están siempre bien armados, aun cuando a ellos y a otros les pueden ser dados medios especiales de defensa mediante la selección sexual, como la melena del león y la mandíbula ganchuda del salmón macho, pues el escudo puede ser tan importante para la victoria como la espada o la lanza.

Entre las aves, la contienda es a menudo de carácter más pacífico. Todos los que se han ocupado de este asunto creen que existe la rivalidad más rigurosa entre los machos de muchas especies por atraer cantando a las hembras. El tordo de las rocas de Guayana [31], las aves del paraíso y algunas otras se reúnen, y los machos, sucesivamente, despliegan con el más minucioso cuidado su esplendoroso plumaje y lo exhiben de la mejor manera; asimismo, ejecutan extraños movimientos ante las hembras que, asistiendo como espectadoras, escogen al fin al compañero más atractivo. Los que han observado atentamente a las aves en cautividad saben muy bien que muestran a menudo preferencias y aversiones individuales; así, sir R. Heron ha descrito cómo un pavo real manchado era sumamente atractivo para todas las pavas que lo rodeaban. No puedo entrar aquí en los detalles necesarios; pero si el hombre puede en breve tiempo dar hermosura y porte elegante a sus gallos *bantam*, conforme a su ideal de belleza, no veo ninguna buena razón para dudar de que las aves hembras, al seleccionar, durante miles de generaciones, los machos más apuestos y melodiosos, según su ideal de belleza, puedan producir un efecto señalado. Algunas leyes bien conocidas respecto al plumaje de las aves machos y hembras en comparación con el plumaje de los polluelos, puede explicarse parcialmente mediante la acción de la selección sexual sobre variaciones que se presentan en diferentes edades y se transmiten solo a los machos

[31] En inglés *rock-thrush of Guiana,* pájaro del género *Mouticula* o *Petrocinacha.*

o a los dos sexos en las edades correspondientes; pero no creo oportuno tratar aquí este asunto.

Así es que, a mi parecer, cuando los machos y las hembras de cualquier tipo de animal tienen los mismos hábitos generales de vida, pero difieren en estructura, color o adorno, estas diferencias han sido producidas principalmente por selección sexual, es decir, mediante individuos machos que han tenido en generaciones sucesivas alguna leve ventaja sobre otros machos en sus armas, en sus medios de defensa o en sus encantos, que han transmitido a su descendencia masculina solamente. Sin embargo, no quisiera atribuir todas las diferencias sexuales a esta acción, pues en los animales domésticos vemos surgir particularidades que quedan ligadas al sexo masculino, particularidades que, evidentemente, no han sido acrecentadas mediante selección por el hombre. El mechón de pelo en el pecho del pavo salvaje no puede tener ningún uso, y es dudoso que pueda servir de adorno a los ojos de la hembra; realmente, si el mechón hubiese aparecido en domesticidad, se le hubiese calificado de monstruosidad.

Ejemplos de la acción de la selección natural o de la supervivencia de los más aptos

Para que quede más claro cómo actúa, en mi opinión, la selección natural, he de suplicar que se me permita dar uno o dos ejemplos imaginarios. Tomemos el caso de un lobo, que hace presa en diversos animales, apoderándose de unos por la astucia, de otros por la fuerza y de otros por velocidad, y supongamos que la presa más veloz, un gamo, por ejemplo, hubiese aumentado de número por algún cambio en el país, o que otra presa hubiese disminuido durante la estación del año en que el lobo estuviese más duramente acuciado por el hambre. En estas circunstancias, los lobos más ágiles y más feroces tendrían las mayores probabilidades de sobrevivir y, por tanto, de conservarse y ser seleccionados, siempre que conservasen fuerzas para dominar sus presas en esta o en otra época del año, cuando se viesen obligados a apresar a otros animales. No veo que haya más motivo para dudar de que este sería el resultado, que para dudar de que el hombre sea capaz de mejorar la velocidad de sus galgos por medio de una selección cuidadosa y metódica, o por aquella clase de selección inconsciente que resulta de que todo hombre procura conservar los mejores perros, sin idea alguna de modificar la raza. Puedo añadir que, según míster Pierce, existen dos variedades del lobo en las montañas Catskill, en los Estados Unidos: una, de forma ligera, como de galgo, que persigue al gamo, y la otra, más gruesa, con patas más cortas, que ataca con más frecuencia a los rebaños de los pastores.

Habría que advertir que, en el ejemplo anterior, hablo de los lobos más delgados, y no de que haya sido conservada una sola variación fuertemente acusada. En ediciones anteriores de esta obra hablé a veces como si esta última alternativa hubiese ocurrido frecuentemente. Veía la gran importancia de las diferencias individuales, y esto me condujo a discutir ampliamente los resultados de la selección inconsciente por el hombre, que estriba en la conservación de todos los individuos más o menos valiosos y en la destrucción de los peores. Veía también que la conservación, en estado de naturaleza, de una desviación accidental de estructura, tal como una monstruosidad, tendría que ser un acontecimiento raro, y que, si se conservaba el principio, se perdería generalmente por los cruzamientos ulteriores con individuos ordinarios. Sin embargo, hasta que no leí un estimable y autorizado artículo en la *North British Review* (1867), no aprecié cuán raramente se perpetúan las variaciones únicas, ya estén poco o muy acusadas. El autor toma el caso de una pareja de animales que produzca durante el transcurso de su vida doscientos descendientes, de los cuales, por diferentes causas de destrucción, solo dos, por término medio, sobreviven para reproducir su linaje. Esto es más bien un cálculo exagerado para los animales superiores, pero no, en modo alguno, para muchos de los organismos inferiores. Demuestra luego el autor que si naciese un solo individuo que variara en cierta manera que le diese dobles probabilidades de vida que a los otros individuos, las probabilidades de que sobreviviera serían todavía sumamente escasas. Suponiendo que sobreviva y se reproduzca, y que la mitad de sus crías hereden la variación favorable, aun las crías, según sigue exponiendo el articulista, tendrían una probabilidad tan solo ligeramente mayor de sobrevivir y criar, y esta probabilidad iría decreciendo en las generaciones sucesivas. La justeza de estas observaciones no creo que pueda ser discutida. Si, por ejemplo, un ave de cualquier clase pudiese procurarse su alimento con mayor facilidad por tener el pico corvo, y si naciese un individuo con el pico muy corvo, y que a consecuencia de ello prosperase, habría, sin embargo, poquísimas probabilidades de que este solo individuo perpetuase su linaje hasta la exclusión de la forma común; pero, juzgando por lo que vemos que ocurre en estado doméstico, apenas puede dudarse de que se seguiría este resultado después de la conservación, durante muchas generaciones, de un gran número de individuos con el pico más o menos corvo, y de la destrucción de un número todavía mayor de individuos de pico muy recto.

Sin embargo, no habría que dejar pasar inadvertido que ciertas variaciones bastante bien acusadas, que nadie clasificaría como simples diferencias individuales, se repiten con frecuencia debido a que organismos semejantes actúan de un modo parecido, hecho del que podrían citarse numerosos ejemplos en nuestras producciones domésticas. En tales casos, si el individuo que varía no transmite realmente a sus descendientes el carácter recién adquirido, les transmitiría indudablemente, mientras las condiciones de existencia permaneciesen iguales, una tendencia aún más enérgica a variar del mismo modo. Tampoco puede dudarse apenas de que la tendencia a variar del mismo modo ha sido a menudo tan fuerte que todos los individuos de la misma especie se han modificado de una manera semejante, sin la ayuda de ninguna forma de selección. O solamente puede haber sido afectada así una tercera, una quinta o una décima parte de los individuos, de lo que podrían citarse diferentes ejemplos. Así, Graba calcula que una quinta parte aproximadamente de los *guillemots* [32] de las islas Feroe

[32] *Guillemot* (diminutivo de *Guillaume* —Guillermo, en el antiguo alto sajón) —en castellano, *uría*—, cualquier pájaro del género natatorio *Alca* o *Uría,* de cola corta y alas puntiagudas, que abunda en los mares del Norte.

son de una variedad tan señalada que antes era clasificada como una especie distinta, con el nombre de *Uria lacrymans.* En casos de esta clase, si la variación fuese de naturaleza ventajosa, la forma original sería suplantada pronto por la forma modificada, a causa de la supervivencia de los más aptos.

Tendré que insistir sobre los efectos del cruzamiento en la eliminación de variaciones de todas clases; pero puede hacerse observar aquí que la mayor parte de los animales y plantas se mantienen en sus propios países y andan errabundos de un país a otro innecesariamente; vemos esto hasta en las aves migratorias, que casi siempre vuelven al mismo sitio. Por consiguiente, toda variedad recién formada tendría que ser generalmente local al principio, como parece ser la regla común en las variedades en estado de naturaleza; de manera que pronto existirían, reunidos en un pequeño grupo, los individuos modificados de un modo semejante, y con frecuencia criarían juntos. Si la nueva variedad era afortunada en su lucha por la vida, se propagaría lentamente desde una región central, compitiendo con los individuos no modificados y venciéndolos en las márgenes de un círculo siempre creciente.

Tal vez valga la pena dar otro ejemplo más complejo de la acción de la selección natural. Ciertas plantas segregan un jugo dulce, al parecer con objeto de eliminar algo nocivo de su savia; esto se efectúa, por ejemplo, por medio de unas glándulas situadas en la base de las *estípulas* [33] de algunas leguminosas, y en el envés de las hojas del laurel común. Este jugo, aunque escaso en cantidad, es buscado codiciosamente por los insectos, pero sus visitas no benefician en modo alguno a la planta. Ahora bien, supongamos que el jugo o néctar segregado desde el interior de las flores de un cierto número de plantas de una especie cualquiera, los insectos, al buscar el néctar, quedarían empolvados de polen, y con frecuencia lo transportarían de una flor a otra; las flores de dos individuos distintos de la misma especie se cruzarían así, y el hecho del cruzamiento, como puede probarse plenamente, ori-

[33] Véase el glosario de términos científicos, pág. 653.

gina plantas vigorosas que, por tanto, tendrán las mayores probabilidades de florecer y de sobrevivir. Las plantas que produjesen glándulas o nectarios más grandes y que segregaran más néctar serían las visitadas con mayor frecuencia por los insectos y las más frecuentemente cruzadas; y de este modo, a la larga, adquirirían ventaja y formarían una variedad local. Asimismo, las flores que tuviesen sus estambres y pistilos colocados, en relación con el tamaño y las costumbres del insecto determinado que las visitase, de modo que facilitase en cierto grado el transporte del polen, también serían favorecidas. Pudimos haber tomado el caso de insectos que visitan flores con objeto de recoger el polen, en vez de néctar; y como el polen se forma con el único propósito de la fecundación, su destrucción parece ser una simple pérdida para la planta; sin embargo, si un poco de polen fuese llevado de una flor a otra, primero accidentalmente y luego habitualmente, por los insectos que devoran polen, efectuándose de este modo un cruzamiento, aunque las nueve décimas partes del polen fuesen destruidas, todavía podría ser un gran beneficio para la planta ser robada así, y los individuos que produjeran cada vez más polen y tuviesen anteras más grandes serían seleccionados.

Cuando nuestra planta, mediante el proceso anterior, continuado durante largo tiempo, se hubiese vuelto extraordinariamente atractiva para los insectos, llevarían estos —sin intención por su parte— el polen de flor en flor de una manera regular; y que esto es lo que hacen efectivamente podría demostrarlo fácilmente con muchos hechos sorprendentes. Citaré solamente uno, que sirve además de ejemplo que señala un paso en la separación de los sexos de las plantas. Algunos acebos dan solamente flores masculinas, que tienen cuatro estambres —que producen una cantidad algo pequeña de polen— y un pistilo rudimentario; otros acebos dan solo flores femeninas: estas tienen un pistilo completamente desarrollado y cuatro estambres con anteras arrugadas, en las que no se puede encontrar ni un solo grano de polen. Habiendo hallado un acebo hembra exactamente a unos sesenta metros de un acebo macho, puse al microscopio los estigmas de veinte flores, cogidas de diferentes ramas, y en todas, sin excepción, había unos cuantos granos de polen, y en algunos una profusión. Como el viento había soplado durante varios dias del acebo hembra al acebo macho, el polen no pudo ser llevado por este medio. El tiempo había sido frío y tempestuoso y, por consiguiente, desfavorable para las abejas, y, sin embargo, todas las flores femeninas que examiné habían sido fecundadas efectivamente por las abejas que habían volado de un árbol a otro en busca de néctar. Pero, volviendo a nuestro caso imaginario, tan pronto como la planta se hubiese vuelto tan atractiva para los insectos que el polen era llevado regularmente de flor en flor, pudo comenzar otro proceso. Ningún naturalista duda de la ventaja de lo que se ha llamado la *división fisiológica del trabajo;* por consiguiente, podemos creer que sería ventajoso para una planta producir estambres solos en una flor o en toda una planta, y pistilos solos en otra flor o en otra planta. En plantas de cultivo y puestas en nuevas condiciones de vida, los órganos masculinos unas veces, y los femeninos otras, se vuelven más o menos impotentes; ahora bien, si suponemos que esto ocurre, aunque sea en grado ínfimo, en estado natural, entonces, como el polen es llevado ya regularmente de flor en flor, y como una separación completa de los sexos de nuestra planta según el principio de la división del trabajo, los individuos con esta tendencia cada vez más aumentada serían continuamente favorecidos o seleccionados, hasta que al fin se efectuase una completa separación de los sexos. Llenaría demasiado espacio exponer los diversos grados, pasando por el dimorfismo y otros medios, por los que la separación de los sexos en las plantas de varias clases se está efectuando evidentemente en la actualidad; pero puedo añadir que algunas de las especies de acebo de América del Norte están, según Asa Gray, en un estado exactamente intermedio o, como se expresa él, son más o menos dioicamente polígamas.

Volvamos ahora a los insectos que se alimentan de néctar; podemos suponer que la planta, cuyo néctar hemos hecho aumentar lentamente por selección continuada, sea una planta común, y que ciertos insectos dependan principalmente de su néctar para alimentarse. Podría citar muchos hechos para demostrar lo codiciosas que son las abejas por ahorrar tiempo; por ejemplo, su costumbre de hacer agujeros y de chupar el néctar en la base de ciertas flores, en las cuales, con muy poca molestia más, pueden entrar por la boca. Teniendo en cuenta estos hechos, puede creerse que, en ciertas circunstancias, diferencias individuales en la curvatura o longitud de la trompa, etc., demasiado ligeras para ser apreciadas por nosotros, podrían aprovechar a una abeja o a otro insecto, de modo que ciertos individuos fuesen capaces de obtener su alimento más rápidamente que otros; y así, las comunidades a que ellos perteneciesen prosperarían y darían muchos enjambres que heredarían las mismas particularidades. Los tubos de la corola del trébol rojo común y del encarnado *(Trifolium pratense* y *T. incarnatum)* no parecen diferir, a primera vista, en longitud; sin embargo, la abeja común puede chupar fácilmente el néctar del trébol encarnado, pero no el del trébol rojo, que es visitado solo por los abejorros; de modo que campos enteros de trébol rojo ofrecen en vano una abundante provisión de precioso néctar a la abeja común. Que este néctar gusta mucho a la abeja común es seguro, pues he visto repetidas veces —aunque solo en otoño— muchas abejas comunes succionando las flores por los agujeros hechos en la base del tubo por los abejorros. La diferencia de longitud de la corola en las dos clases de trébol —que determina las visitas de la abeja común— tiene que ser insignificante, pues se me ha asegurado que cuando el trébol rojo ha sido segado, las flores de la segunda cosecha son algo menores, y que estas son muy frecuentadas por las abejas comunes. No sé si este informe es exacto, ni si puede darse crédito a otro informe publicado, a saber, que la abeja de Liguria —considerada generalmente como una simple variedad de la abeja común, con la que se cruza ilimitadamente— es capaz de alcanzar y succionar el néctar del trébol rojo. Por tanto, en un país donde abunde esta clase de trébol puede ser una gran ventaja para la abeja común tener la trompa un poco más larga o diferentemente construida. Por otra parte, como la fecundidad de este trébol depende por completo de las abejas que visitan las flores, si los abejorros llegasen a ser raros en algún país, podría ser una gran ventaja para la planta tener una corola más corta o más profundamente separada, de suerte que la abeja común pudiese succionar sus flores. Así puedo comprender cómo una flor y una abeja pudieron lentamente, y de una manera simultánea o una después de otra, modificarse y adaptarse entre sí del modo más perfecto, mediante la conservación continuada de todos los individuos que presentasen ligeras desviaciones de estructura mutuamente favorables.

Bien sé que esta doctrina de la selección natural, de la que son ejemplos los dos casos imaginarios anteriores, está expuesta a las mismas objeciones que se suscitaron al principio contra las nobles opiniones de sir Charles Lyell acerca de «los cambios modernos de la Tierra como ilustrativos de la geología»; pero hoy raras veces oímos hablar ya de los agentes que vemos aún en actividad como de causas inútiles o insignificantes, cuando se hace uso de ellos para explicar la excavación de los valles más profundos o la formación de largas líneas de acantilados en el interior de un país. La selección natural actúa solamente mediante la conservación y acumulación de pequeñas modificaciones heredadas, todas ellas provechosas para el ser conservado; y así como la geología moderna casi ha desterrado opiniones tales como la excavación de un gran valle por una sola onda diluvial, de igual modo la selección natural desterrará la creencia de la creación continuada de nuevos seres orgánicos o de cualquier modificación grande y súbita en su estructura.

Sobre el cruzamiento de los individuos

Permítaseme una breve digresión. En el caso de animales y plantas con sexos separados, es evidente, por supuesto, que para procrear tienen siempre que unirse dos individuos —excepto en los casos curiosos y no bien conocidos de partenogénesis—; pero en los casos de los hermafroditas esto dista mucho de ser cierto. No obstante, hay razones para creer que en todos los hermafroditas concurren, accidental o habitualmente, dos individuos para la reproducción de su especie. Esta idea fue hace mucho tiempo sugerida, dubitativamente, por Sprengel, Knight y Kölreuter. Ahora veremos su importancia; pero he de tratar aquí el asunto con suma brevedad, a pesar de que tengo preparados los materiales para una amplia discusión. Todos los vertebrados, todos los insectos y algunos otros grandes grupos de animales se aparean para cada reproducción. Las investigaciones modernas han hecho disminuir mucho el número de supuestos hermafroditas, y un gran número de los hermafroditas verdaderos se aparean; o sea, dos individuos se unen regularmente para la reproducción, que es todo lo que nos interesa. Mas, a pesar de todo, hay muchos animales hermafroditas que realmente no se aparean de una manera habitual, y una gran mayoría de plantas son hermafroditas. Puede preguntárseme: ¿qué razón existe para suponer que en estos casos concurren siempre dos individuos para la reproducción? Como es imposible entrar aquí en detalles, me limitaré solo a algunas consideraciones generales.

En primer lugar, he reunido un cúmulo tan grande de hechos y he realizado tantos experimentos, que demuestran, de conformidad con la creencia casi universal de los criadores, que en los animales y plantas un cruce entre dos variedades distintas, o entre dos individuos de la misma variedad, pero de otra estirpe, da vigor y fecundidad a la descendencia, y, por el contrario, que la cría entre parientes *próximos* disminuye su vigor y fecundidad, que estos hechos por sí solos me inclinan a creer que es una ley general de la naturaleza el que ningún ser orgánico se fecunde a sí mismo durante un número infinito de generaciones, y que, de vez en cuando, quizá con largos intervalos de tiempo, es indispensable un cruzamiento con otro individuo.

Admitiendo que esto sea una ley de la naturaleza, creo que podemos comprender varias clases de hechos muy numerosos, como los siguientes, que son inexplicables desde cualquier otro punto de vista. Todo el que se ocupa de cruzamientos sabe lo desfavorable que es para la fecundación de una flor el que esté expuesta a mojarse, y, sin embargo, ¡qué multitud de flores tienen sus anteras y estigmas completamente expuestos a la intemperie! Pero si es indispensable de cuando en cuando algún cruzamiento, aun a pesar de que las anteras y pistilos de la propia planta están tan próximos que casi aseguran la autofecundación, la más completa libertad para la entrada de polen de otro individuo explicará lo que se acaba de decir sobre la exposición de los órganos. Muchas flores, por el contrario, tienen sus órganos de fructificación completamente encerrados, como ocurre en la gran familia de las papilionáceas, o familia de los guisantes; pero estas flores presentan casi invariablemente bellas y curiosas adaptaciones con respecto a las visitas de los insectos. Tan necesarias son las visitas de las abejas para muchas flores papilionáceas, que su fecundidad disminuye mucho si se impiden esas visitas. Ahora bien, apenas es posible a los insectos que van de flor en flor dejar de llevar polen de una a otra, con gran beneficio para la planta. Los insectos obran como un pincel de acuarela, y para asegurar la fecundación basta con tocar con el mismo pincel las anteras de una flor y luego el estigma de otra; pero no debe suponerse que las abejas produzcan de este modo una multitud de híbridos entre especies distintas, pues si se colocan en el mismo estigma el propio polen de la planta y el de otra especie, el primero es tan prepotente que invariablemente destruye por completo la influencia del polen extraño, según ha demostrado Gärtner.

Cuando los estambres de una flor se lanzan súbitamente hacia el pistilo, o se mueven lentamente uno tras otro hacia él, el artificio parece adaptado exclusivamente para asegurar la autofecundación, y es indudablemente útil para este fin; pero muchas veces se requiere la acción de los insectos para hacer que los estambres se echen hacia delante, como Kölreuter ha demostrado que ocurre en el bérbero; y en este mismo género, que parece tener una especial disposición para la autofecundación, es bien sabido que si se plantan cerca unas de otras formas o variedades muy afines, es casi imposible obtener semillas que den plantas puras; de tal modo se cruzan espontáneamente. En otros muchos casos, lejos de estar favorecida la autofecundación, hay dispositivos especiales que impiden eficazmente que el estigma reciba polen de su propia flor, como podría demostrar por las obras de Sprengel y otros, así como por mis propias observaciones; por ejemplo, en la *Lobelia fulgens* hay un mecanismo realmente primoroso y acabado, mediante el cual los granos de polen, infinitamente numerosos, son barridos de las anteras reunidas de cada flor antes que el estigma de ella esté dispuesto para recibirlos; y como esta flor nunca es visitada —al menos en mi jardín— por los insectos, nunca produce semilla alguna, aunque colocando polen de una flor en el estigma de otra logre producir numerosos planteles. Otra especie de *Lobelia,* que es visitada por abejas, produce semillas espontáneamente en mi jardín. En muchísimos otros casos, aunque no exista ningún dispositivo mecánico para impedir que el estigma reciba polen de la misma flor, sin embargo, como han demostrado Sprengel, y más recientemente Hildebrand y otros, y como yo puedo confirmar, o bien las anteras estallan antes que el estigma esté dispuesto para la fecundación, o bien el estigma está presto antes que lo esté el polen de la flor, de modo que estas plantas, llamadas dicógamas, tienen de hecho sexos separados y deben cruzarse habitualmente. Lo mismo ocurre con las plantas recíprocamente dimorfas y trimorfas a que se ha aludido anteriormente. ¡Qué extraños son estos hechos! ¡Qué extraño que el polen y la superficie estigmática de una misma flor, a pesar de estar colocados tan cerca, como si estuvieran dispuestos a propósito para favorecer la autofecundación, hayan de ser en tantos casos mutuamente inútiles! ¡Y qué sencillamente se explican estos hechos sobre la hipótesis de que un cruzamiento accidental con un individuo distinto sea ventajoso o indispensable!

Si a diversas variedades de la col, rábano, cebolla y algunas otras plantas se les deja dar semillas muy juntas entre sí, una gran mayoría de las plantitas así obtenidas resultarían mestizas, según he comprobado; por ejemplo, obtuve doscientas treinta y tres plantitas de col de algunas plantas de diferentes variedades que habían nacido unas junto a otras, y de ellas solamente setenta y ocho fueron de raza pura, y algunas de estas no lo fueron del todo. Sin embargo, el pistilo de cada flor de col está rodeado no solo por sus seis estambres propios, sino también por los de otras muchas flores de la misma planta, y el polen de cada flor se deposita fácilmente encima de su propio estigma sin la mediación de los insectos; pues he comprobado que plantas cuidadosamente protegidas contra los insectos producen el número completo de sus cápsulas. ¿Cómo sucede, pues, que un número tan grande de plantitas sean mestizas? Esto puede ser debido a que el polen de una *variedad* distinta tenga un efecto predominante sobre el propio polen de la flor, y esto es parte de la ley general del resultado ventajoso que se deriva del cruzamiento de individuos distintos de la misma especie. Cuando se cruzan *especies* distintas, el caso se invierte, pues el polen propio de una planta es casi siempre prepotente sobre el polen extraño; pero acerca de este asunto hemos de volver en otro capítulo.

En el caso de un árbol grande cubierto de innumerables flores, se puede argüir que el polen raras veces pudo ser llevado de un árbol a otro, y a lo sumo solo de una flor a otra en el mismo árbol; y las flores del mismo árbol solo en un sentido limitado pueden considerarse como individuos distintos. Creo que esta objeción es válida, pero también que la naturaleza actúa ampliamente contra ella dando a los árboles una fuerte tendencia a dar flores de sexos separados. Cuando los sexos están separados, aunque las flores masculinas y femeninas puedan producirse en el mismo árbol, el polen tiene que ser llevado regularmente de una flor a otra, y esto aumentará las probabilidades de que el polen sea llevado de cuando en cuando de un árbol a otro. Observo que en nuestro país los árboles pertenecientes a todos los órdenes tienen sus sexos separados con más frecuencia que otras plantas, y, a petición mía, el doctor Hooker hizo una estadística de los árboles de Nueva Zelanda, y el doctor Asa Gray otra de los árboles de Estados Unidos, y el resultado fue el que yo había previsto. Por el contrario, el doctor Hooker me informa que la regla no se cumple en Australia; pero si la mayor parte de los árboles de Australia son dicógamos, tiene que producirse el mismo resultado que si llevasen flores con los sexos separados. He hecho alguna de estas observaciones sobre los árboles simplemente para llamar la atención hacia el asunto.

Volviendo por un momento a los animales, diversas especies terrestres son hermafroditas, como los moluscos terrestres y las lombrices de tierra; pero todos ellos se aparean. Hasta ahora no he encontrado un solo animal terrestre que pueda fecundarse a sí mismo. Este hecho notable, que ofrece un contraste tan violento con las plantas terrestres, es inteligible en la hipótesis de que sea indispensable un cruzamiento de vez en cuando; pues debido a la naturaleza del elemento fecundante, no hay ningún medio análogo a la acción de los insectos y del viento en las plantas por los cuales pueda efectuarse en los animales un cruzamiento accidental sin el concurso de dos individuos. Entre los animales acuáticos hay muchos hermafroditas que se fecundan a sí mismos; pero aquí las corrientes de agua ofrecen un medio fácil para el cruzamiento accidental. Como en el caso de las flores, no he conseguido hasta ahora —después de consultar con una de las autoridades más eminentes, el profesor Huxley— descubrir un solo animal hermafrodita con los órganos de reproducción tan perfectamente cerrados que pueda demostrarse que es físicamente imposible el acceso desde fuera y la influencia accidental de un individuo distinto. Los cirrípedos [34] me parecieron durante mucho tiempo constituir, desde este punto de vista, un caso de gran dificultad; mas, por una feliz casualidad, me ha sido posible probar que dos individuos, aunque ambos son hermafroitas autofecundantes, a veces se cruzan.

Tiene que haber sorprendido a la mayoría de los naturalistas, como una anomalía extraña, que tanto en los animales como en las plantas, unas especies de la misma familia y hasta del mismo género, a pesar de que se asemejan mucho entre sí en el conjunto de su organismo, sean hermafroditas y otras unisexuales. Pero si, de hecho, todos los hermafroditas se cruzan de vez en cuando, la diferencia entre ellos y las especies unisexuales es pequeñísima, por lo que se refiere a la función.

De estas varias consideraciones y de muchos hechos especiales que he reunido, pero que no puedo dar aquí, parece que en los animales y en las plantas el cruzamiento accidental entre individuos distintos es una ley muy general, si no universal, de la naturaleza.

[34] Véase el glosario de términos científicos.

Circunstancias favorables para la producción de nuevas formas por selección natural

Es este un asunto sumamente intrincado. Una gran cuantía de variabilidad, bajo cuyo término se incluyen siempre las diferencias individuales, será evidentemente favorable. Un gran número de individuos, al aumentar las probabilidades de la aparición de variedades ventajosas en un periodo dado, compensará una cuantía de variabilidad menor en cada individuo, y es, a mi parecer, un elemento importantísimo de éxito. Aunque la naturaleza concede largos periodos de tiempo para la obra de la selección natural, no concede un periodo indefinido, pues como todos los seres orgánicos se esfuerzan por ocupar cada puesto en la economía de la naturaleza, cualquier especie que no se modifique y perfeccione en el grado correspondiente en relación con sus competidores, será exterminada. A menos que las variaciones favorables sean heredadas por alguno, al menos, de los descendientes, nada puede hacer la selección natural. La tendencia a la reversión puede a menudo dificultar o impedir la labor; pero así como esta tendencia no ha impedido al hombre formar por selección numerosas razas domésticas, ¿por qué habría de prevalecer contra la selección natural?

En el caso de la selección metódica, un criador selecciona con un objeto definido, y si a los individuos se les deja cruzarse libremente, su obra fracasará por completo. Pero cuando muchos hombres, sin intentar alterar la raza, tienen un tipo de perfección casi igual y todos tratan de procurarse los mejores animales y obtener crías de ellos, segura, aunque lentamente, resultará mejora de este proceso inconsciente de selección, a pesar de que en este caso no hay separación de individuos seleccionados. Así ocurrirá en estado de naturaleza; pues dentro de un área limitada, con algún puesto en la economía natural no perfectamente ocupado, todos los individuos que varíen en la dirección debida, aunque en grados diferentes, tenderán a conservarse. Pero si el área es grande, sus diversas comarcas presentarán casi con seguridad condiciones diferentes de vida, y entonces, si la misma especie sufre modificación en diferentes comarcas, las variedades recién formadas se cruzarán entre sí en los confines de cada una de ellas. Pero veremos en el capítulo sexto que las variedades intermedias, que habitan en comarcas intermedias, serán a la larga generalmente suplantadas por alguna de las variedades contiguas. El cruzamiento afectará principalmente a aquellos animales que se unen para cada cría, que son muy errabundos y que no crían de un modo muy rápido. Por eso, en animales de esta clase —por ejemplo, las aves—, las variedades están confinadas por lo general en países separados, y he visto que así ocurre. En los organismos hermafroditas que se cruzan solo accidentalmente, y también en los animales que se aparean para cada cría, pero que vagan poco de un lado para otro y que pueden incrementarse de un modo rápido, una variedad nueva y mejorada podría formarse rápidamente en cualquier sitio, y podría mantenerse allí mismo formando un grupo y extenderse después, de modo que los individuos de la nueva variedad tendrían que cruzarse principalmente entre sí. Según este principio, los horticultores encargados de semilleros y planteles prefieren guardar semilla procedente de una gran plantación, porque las probabilidades de cruzamiento disminuyen de este modo.

Aun en los animales que se unen para cría y que no se propagan rápidamente, no hemos de admitir que el cruzamiento libre haya de eliminar siempre los efectos de la selección natural; pues puedo presentar un conjunto considerable de hechos que demuestran que, dentro de una misma área, dos variedades del mismo animal pueden permanecer distintas durante mucho tiempo por frecuentar sitios diferentes, por criar en épocas algo diferentes o porque los individuos de cada variedad prefieran unirse entre sí.

El cruzamiento representa en la naturaleza un papel importantísimo al conservar en los individuos de la misma especie o de la misma variedad el carácter puro y uniforme. Evidentemente, el cruzamiento obrará así con más eficacia en los animales que se unen para cada cría; pero, como ya se ha dicho, tenemos motivos para creer que en todos los animales y plantas ocurren cruzamientos accidentales. Aun cuando estos tengan lugar solo tras largos intervalos de tiempo, las crías producidas de este modo aventajarán tanto en vigor y fecundidad a los descendientes de una autofecundación continuada durante largo tiempo, que tendrán más probabilidades de sobrevivir y de propagar su linaje, y así, a larga, la influencia de los cruzamientos, incluso ocurriendo de tarde en tarde, será grande. Respecto a los seres orgánicos muy inferiores en la escala natural, que no se propagan sexualmente ni se ayuntan, y que no pueden quizá cruzarse, pueden conservar la uniformidad de caracteres, en las mismas condiciones de vida, solo mediante el principio de la herencia, y por la selección natural que destruirá a todo individuo que se aparte del tipo propio. Si las condiciones de vida cambian y la forma sufre modificación, la uniformidad de caracteres puede adquirirse por la descendencia modificada únicamente mediante la selección natural que conserva las variaciones favorables análogas.

El aislamiento también es un elemento importante en la modificación de las especies por selección natural. En un área confinada o aislada, si no es muy grande, las condiciones orgánicas e inorgánicas de vida serán generalmente casi uniformes, de modo que la selección natural tenderá a modificar de la misma manera a todos los individuos que varíen de la misma especie. Además, el cruzamiento con los habitantes de las comarcas colindantes será evitado de ese modo. Moritz Wagner ha publicado recientemente un interesante ensayo sobre este asunto, y ha demostrado que el servicio que presta el aislamiento al evitar cruzamientos entre variedades recién formadas es probablemente aún mayor de lo que supuse; mas, por razones ya expuestas, no puedo de ninguna manera estar de acuerdo con este naturalista en que la migración y el aislamiento son elementos necesarios para la formación de especies nuevas. La importancia del aislamiento es igualmente grande al impedir, después de algún cambio físico en las condiciones —como un cambio de clima, de elevación del terreno, etc.—, la inmigración de organismos mejor adaptados, y de este modo quedarán vacantes nuevos puestos en la economía natural de la comarca para ser llenado mediante la modificación de los antiguos habitantes. Finalmente, el aislamiento dará tiempo para que una nueva variedad se perfeccione lentamente, y esto puede ser a veces de mucha importancia. Sin embargo, si el área aislada es muy pequeña, ya por estar rodeada de barreras, ya porque tenga condiciones físicas muy peculiares, el número total de los habitantes será menor, y esto retardará la producción de nuevas especies mediante selección natural, por disminuir las probabilidades de que aparezcan variaciones favorables.

El simple transcurso del tiempo, por sí mismo, no hace nada en favor ni en contra de la selección natural. Digo esto porque se ha afirmado erróneamente que he dado por sentado que el elemento tiempo juega un papel del todo importante en la modificación de las especies, como si todas las formas de vida estuviesen necesariamente experimentando cambios por alguna ley innata. El transcurso del tiempo es solo importante —y su importancia en este concepto es grande— en cuanto que da mayores probabilidades de que surjan variaciones ventajosas, y de que sean seleccionadas, acumuladas y fijadas. El transcurso del tiempo tiende a aumentar la acción directa de las condiciones físicas de vida en relación con la constitución de cada organismo.

Si nos volvemos a la naturaleza para comprobar la verdad de estas observaciones y nos fijamos en cualquier área aislada de reducida extensión, tal como una isla oceánica, aunque el número de especie que la habiten sea corto, como veremos en nuestro capítulo sobre distribución geográfica, sin embargo, una proporción muy grande de estas especies es endémica —esto es, se han producido allí y no en ninguna otra parte más del mundo—. De aquí que una isla oceánica parezca a primera vista ser altamente favorable para la producción de nuevas especies; pero podemos engañarnos, pues para cerciorarnos de si ha sido más favorable para la producción de nuevas formas orgánicas un pequeño territorio aislado o un gran territorio abierto, como un continente, tendríamos que hacer la comparación en iguales espacios de tiempo, y esto no podemos hacerlo.

Aunque el aislamiento es de gran importancia en la producción de especies nuevas, en general me inclino a creer que la extensión del área es aún más importante, especialmente para la producción de especies que resulten capaces de subsistir durante un largo periodo y de extenderse a gran distancia. En un área grande y abierta, no solo habrá más probabilidades de que surjan variaciones favorables de entre el gran número de individuos de la misma especie que allí residen, sino que las condiciones de vida son mucho más complejas por el gran número de especies ya existentes; y si alguna de estas muchas especies se modifica y perfecciona, las demás tendrán que perfeccionarse en un grado correspondiente, o serán exterminadas. Cada forma nueva, además, tan pronto como haya sido muy perfeccionada, será capaz de extenderse por el área abierta y continua, y de este modo en competencia con otras muchas formas. Por otra parte, grandes áreas actualmente continuas habrán existido, debido a anteriores oscilaciones de nivel, en estado fraccionado; de modo que generalmente habrán concurrido, hasta cierto punto, los buenos efectos del aislamiento. Por último, llego a la conclusión de que, aun cuando las pequeñas áreas aisladas han sido, en algunos conceptos, sumamente favorables a la producción de nuevas especies, sin embargo, el curso de modificación habrá sido generalmente más rápido en las áreas grandes, y, lo que es más importante, que las formas nuevas producidas en las áreas grandes, que habrán triunfado ya sobre muchos competidores, serán las que se extiendan más lejos y darán origen a mayor número de variedades y especies nuevas. De este modo jugarán un papel más importante en la cambiante historia del mundo orgánico.

De acuerdo con esta opinión, quizá podamos comprender algunos hechos a los que aludiremos de nuevo en nuestro capítulo sobre la distribución geográfica; por ejemplo, el hecho de que las producciones del pequeño continente australiano cedan actualmente ante las de la gran área europeo-asiática. Igualmente, el hecho de que las producciones continentales hayan llegado a naturalizarse, por todas partes, en tan gran número de islas. En una isla pequeña, la competencia por la vida habrá sido menos severa, y habrá habido menos modificaciones y menos exterminio. Por esto podemos comprender por qué la flora de Madeira, según Oswald Heer, se parece, hasta cierto punto, a la extinguida flora terciaria de Europa. Todas las cuencas de agua dulce, tomadas en conjunto, constituyen una paqueña área comparada con la del mar o con la de tierra firme. Por consiguiente, la competencia entre las producciones de agua dulce habrá sido menos dura que en cualquier otra parte; las formas nuevas se habrán producido, pues, más lentamente, y las formas viejas se habrán exterminado más lentamente. Y es en las cuencas de agua dulce donde encontramos siete géneros de peces ganoideos, restos de un orden preponderante en otro tiempo; y en agua dulce encontramos algunas de las formas más anómalas conocidas hoy en el mundo, como el *Ornithorhynchus*[35] y la *Lepidosiren*[36], que, como los fósiles, unen, hasta cierto punto, órdenes en la actualidad muy separados en la escala natural. Estas formas anómalas pueden llamarse *fósiles vivientes:* han resistido hasta hoy por haber habitado en áreas confinadas y por haber estado expuestos a competencia menos variada y, por ende, menos severa.

En resumen, hasta donde lo intrincado del asunto lo permite, las circunstancias favorables y desfavorables para la producción de especies nuevas por selección natural, llego a la conclusión de que, para las producciones terrestres, una gran área continental que haya experimentado muchas oscilaciones de nivel habrá sido la más favorable para la producción de muchas nuevas formas orgánicas, capaces de resistir durante mucho tiempo y de extenderse ampliamente. Mientras el área existió como continente, los habitantes habrán sido numerosos en individuos y especies, y habrán estado sometidos a severa competencia. Cuando por hundimiento se convirtió en grandes islas separadas, habrán existido muchos individuos de la misma especie en cada isla; el cruzamiento en los confines del área de cada nueva especie se habrá refrenado; después de cambios físicos de cualquier clase, la inmigración habrá sido evitada, de modo que los nuevos puestos en la economía de

35 Ornitorrinco, ave australiana que tiene cuerpo de nutria, pico de pato y pies palmeados.

36 Lepidosirena, género de peces *dipneos* —orden de peces antiquísimo que respiran por agallas y pulmones (de ahí su nombre), situado en la transición a los anfibios—, una de cuyas especies es la «Lepidosiren paradoxa», el pez de légamo de América del Sur, que procede del río Amazonas.

cada isla habrán tenido que ser ocupados mediante la modificación de los antiguos habitantes, y habrá habido tiempo para que las variedades de cada isla se modifiquen y se perfeccionen bien. Cuando, por nueva elevación, las islas se conviertan en un área continental, habrá habido de nuevo una competencia muy rigurosa: las variedades más favorecidas o perfeccionadas se habrán extendido, se habrán extinguido muchas de las formas menos perfeccionadas, y las relaciones numéricas entre los diversos habitantes del continente reconstituido habrán cambiado de nuevo, y de nuevo habrá un campo favorable para que la selección natural mejore todavía más a los habitantes y produzca de este modo nuevas especies.

Que la selección natural obra generalmente con extrema lentitud, lo admito plenamente. Solo puede obrar cuando en la economía natural de una región haya puestos que puedan ser mejor ocupados mediante la modificación de algunos de los habitantes que viven en ella. La existencia de tales puestos dependerá con frecuencia de cambios físicos, que generalmente se verifican muy lentamente, y de que sea evitada la inmigración de formas mejor adaptadas. A medida que unos cuantos de los antiguos moradores se modifiquen, las relaciones mutuas de los demás a menudo quedarán perturbadas, y esto creará nuevos puestos a punto para ser ocupados por formas mejor adaptadas; pero todo esto se efectuará muy lentamente. Aunque todos los individuos de la misma especie difieren entre sí en algún leve grado, con frecuencia habría de pasar mucho tiempo antes que pudiesen presentarse, en las diversas partes del organismo, diferencias de naturaleza conveniente. A menudo, el resultado sería muy retardado por el cruzamiento libre. Muchos dirán que estas diversas causas son más que suficientes para neutralizar el poder de la selección natural. No lo creo. Pero sí creo que la selección natural obrará, por lo general, con mucha lentitud, solo a grandes intervalos, y solo en unos cuantos habitantes de la misma región. Creo, además, que estos lentos e intermitentes resultados concuerdan bien con lo que nos dice la geología acerca de la velocidad y manera como han cambiado los seres que pueblan la Tierra.

Por lento que pueda ser el proceso de selección, si el hombre, tan débil, es capaz de hacer mucho mediante selección artificial, no alcanzo a ver límite alguno para la cantidad de cambios, para la belleza y complejidad de las coadaptaciones de todos los seres orgánicos, entre sí y con sus condiciones físicas de vida, que puedan haberse realizado en el largo transcurso del tiempo, mediante el poder de selección natural, o sea, por la supervivencia de los más aptos.

Extinción producida por la selección natural

Este asunto será discutido más ampliamente en el capítulo sobre geología; pero hay que aludir a él en este lugar por estar íntimamente relacionado con la selección natural. La selección natural obra únicamente mediante la conservación de variaciones en algún modo ventajosas y que, por consiguiente, subsisten. Debido a la elevada progresión geométrica de aumento de todos los seres orgánicos, cada área está ya completamente provista de habitantes, y de esto se sigue que así como las formas favorecidas aumentan en número, las menos favorecidas generalmente disminuirán y llegarán a ser raras. La rareza, según nos enseña la geología, es precursora de la extinción. Podemos ver que toda forma que esté representada por pocos individuos corre mucho más riesgo de una extinción completa durante las grandes fluctuaciones de la naturaleza en las estaciones del año, o por un aumento temporal en el número de sus enemigos. Pero podemos ir más lejos aún; pues, como se producen nuevas formas, muchas formas viejas tienen que extinguirse, a menos que admitamos que las formas específicas puedan seguir aumentando en número indefinidamente. Que el número de formas específicas no ha aumentado indefinidamente nos lo enseña claramente la geología; y ahora intentaremos demostrar por qué el número de especies en el mundo no ha llegado a ser inconmesurablemente grande.

Hemos visto que las especies que son más numerosas en individuos tienen las mayores probabilidades de producir variaciones favorables en cualquier periodo determinado. Tenemos pruebas de esto en los hechos indicados en el capítulo segundo, al demostrar que las especies comunes, difundidas, o dominantes, son las que ofrecen el mayor número de variedades registradas. De aquí que las especies raras se modificarán y perfeccionarán con menor rapidez en un periodo dado y, por consiguiente, serán derrotadas en la lucha por la vida por los descendientes modificados y perfeccionados de las especies más comunes.

De estas varias consideraciones creo que se deduce inevitablemente que, mientras en el transcurso del tiempo se forman especies nuevas por selección natural, las demás se irán haciendo cada vez más raras y, por último, se extinguirán. Las formas que entran en competencia más estrecha con las que experimentan modificación y mejoramiento son las que, naturalmente, sufrirán más. Y hemos visto en el capítulo sobre la lucha por la existencia que las formas más afines —variedades de la misma especie, y especies del mismo género o de géneros próximos— son las que, por tener casi la misma estructura, constitución y costumbres, entran generalmente en la más rigurosa competencia mutua; en consecuencia, cada nueva variedad o especie, durante su proceso de formación, luchará con la mayor dureza contra sus parientes más próximos y tenderá a exterminarlos. Vemos este mismo proceso de exterminio entre nuestras producciones domésticas, mediante la selección de formas perfeccionadas por el hombre. Podrían citarse muchos ejemplos curiosos que prueban la rapidez con que las nuevas castas de ganado vacuno, lanar y de otros animales, y las variedades de flores, reemplazan a las más antiguas e inferiores. Se sabe históricamente que en el condado de Yorkshire el antiguo ganado vacuno negro fue desplazado por los *long-horns*[37], y que estos «fueron barridos por los *short-horns*[38] —cito las palabras textuales de un escritor agrónomo— como por una peste mortal».

[37] Ganado vacuno típico de cuernos largos.
[38] Ídem de cuernos cortos.

Divergencia de caracteres

El principio que he designado con esta expresión es de suma importancia y explica, a mi parecer, varios hechos importantes. En primer lugar, las variedades, aun las más intensamente acentuadas, aunque tengan algo del carácter de especies —como lo demuestran las continuas dudas, en muchos casos, para clasificarlas—, difieren ciertamente mucho menos entre sí que las especies verdaderas y distintas. No obstante, según mi opinión, las variedades son especies en vías de formación o, como las he llamado, especies incipientes. ¿De qué modo, pues, la pequeña diferencia que existe entre las variedades aumenta hasta convertirse en la gran diferencia que hay entre las especies? Que esto ocurre habitualmente debemos deducirlo de que la mayor parte de las innumerables especies de la naturaleza presentan diferencias bien acusadas, mientras que las variedades, los supuestos prototipos y progenitores de futuras especies bien señaladas presentan diferencias ligeras y mal definidas. Solamente la casualidad, como podemos llamarla, pudo hacer que una variedad difiriese en algún carácter de sus progenitores y que la descendencia de esta variedad difiera de nuevo de sus padres precisamente en el mismo carácter y en mayor grado; pero esto solo no explicaría nunca un grado de diferencia tan habitual y considerable como la que existe entre las especies del mismo género.

Como ha sido siempre mi costumbre, he buscado la explicación de este punto en las producciones domésticas. Encontraremos en ellas algo análogo. Se admitirá que la producción de razas tan diferentes como el ganado vacuno *short-horn* y el de Hereford, los caballos de carreras y de tiro, las diferentes castas de palomas, etc., jamás se hubieran efectuado por la mera acumulación casual de variaciones similares durante muchas generaciones sucesivas. En la práctica, a un criador de palomas, por ejemplo, le llama la atención una paloma que tiene el pico ligeramente más corto; a otro criador le llama la atención otra paloma que tiene el pico un poco más largo, y —según el conocido principio de que «los criadores no admiran ni admirarán un tipo medio, sino que les gustan los extremos»— ambos continuarán, como ha ocurrido realmente con las subrazas de la paloma volteadora, escogiendo y sacando crías de ejemplares con pico cada vez más largo y con pico cada vez más corto. Además, podemos suponer que, en periodo remoto de la historia, los hombres de un pueblo o de una región necesitaron caballos más veloces, mientras que los de otro necesitaron caballos más fuertes y corpulentos. Las primeras diferencias serían muy leves; pero, en el transcurso del tiempo, por la selección continuada de los caballos más veloces en un caso, y de los caballos más fuertes en el otro, las diferencias se harían mayores y se distinguirían como formando dos subrazas. Por último, después de un lapso de siglos, estas subrazas llegarían a convertirse en dos razas distintas y bien establecidas. A medida que las diferencias se iban haciendo mayores, los animales inferiores con caracteres intermedios, que no fuesen ni muy veloces ni muy fuertes, no se utilizarían para la crianza, y así tendieron a desaparecer. Aquí, pues, vemos en las producciones del hombre la acción de lo que puede llamarse el *principio de divergencia,* ocasionando diferencias, apenas apreciables al principio, que aumentan constantemente, y las razas que se separan, por sus caracteres, ambas una de otra y de su tronco común.

Pero podría preguntarse: ¿cómo puede aplicarse un principio análogo en estado de naturaleza? Creo que puede aplicarse, y que se aplica muy eficazmente —aunque pasó mucho tiempo antes de que yo viese cómo—, por la simple circunstancia de que cuanto más se diferencian los descendientes de una especie cualquiera en estructura, constitución y costumbres, tanto más capaces serán de ocupar muchos y muy diferentes puestos en la economía de la naturaleza, y más capaces por ello de aumentar en número.

Podemos ver claramente esto en el caso de los animales de costumbres sencillas. Tomemos el caso de cuadrúpedo carnívoro cuyo número de individuos haya llegado desde hace mucho tiempo al promedio máximo que puede mantenerse en un país cualquiera. Si se deja obrar a su poder natural de aumento, este animal solo puede conseguir aumentar —puesto que el país no experimenta cambio alguno en sus condiciones— porque sus descendientes que varíen se apoderen de los puestos actualmente ocupados por otros animales: unos, por ejemplo, por poder aumentarse nuevas clases de presa, muertas o vivas; otros, por habitar nuevos parajes, trepar a los árboles o frecuentar las aguas, y otros, quizá por haberse hecho menos carnívoros. Cuanto más lleguen a diferenciarse en costumbres y estructura los descendientes de nuestros animales carnívoros, tantos más puestos serán capaces de ocupar. Lo que se aplica a un animal se aplicará en todos los tiempos a todos los animales —es decir, si varían—, pues de otro modo la selección natural no puede hacer nada.

Lo mismo ocurrirá con las plantas. Se ha demostrado experimentalmente que si se siembra una parcela de terreno con una sola especie de hierba, y otra parcela semejante se siembra con varios géneros distintos de hierbas, se puede obtener en este último caso mayor número de plantas y un peso mayor de herbaje seco que en el primer caso. Lo mismo sucede cuando, en espacios iguales de terreno, se han sembrado una variedad de trigo en uno, y diversas variedades mezcladas de trigo en otro. Por consiguiente, si una especie cualquiera de hierba fuese variando y fuesen seleccionadas continuamente las variedades que difieran entre sí del mismo modo, aunque en grado ligerísimo, que difieren las distintas especies y géneros de hierbas, un gran número de individuos de esta especie, incluyendo sus descendientes modificados, conseguirían vivir en la misma parcela de terreno. Y sabemos que cada especie y cada variedad de hierba da anualmente casi innumerables simientes, y de este modo está esforzándose, por decirlo así, al máximo por aumentar su número. En consecuencia, en el transcurso de muchos miles de generaciones, las variedades más distintas de una especie cualquiera de hierba tendrían las mayores probabilidades de triunfar y de aumentar el número de sus individuos, y de suplantar así a las variedades menos distintas; y las variedades, cuando se han hecho muy diferentes, alcanzan la categoría de especies.

La verdad del principio de que la cantidad máxima de vida puede sostenerse merced a una gran diversificación de estructuras se ve en muchas circunstancias naturales. En un área extremadamente pequeña, en especial si está libremente abierta a la inmigración, y donde la contienda entre individuos tiene que ser muy severa, encontramos siempre gran diversidad en sus habitantes. Por ejemplo, he observado que en un trozo de césped, de un metro por metro y medio de superficie, que había estado expuesto durante muchos años exactamente a las mismas condiciones, sustentaba a veinte especies de plantas, y estas pertenecían a dieciocho géneros y a ocho órdenes, lo que demuestra cuánto diferían estas plantas entre sí. Lo mismo ocurre con las plantas e insectos en las islas pequeñas y uniformes, y también en las lagunas de agua dulce. Los labradores observan que pueden obtener más productos mediante una rotación de plantas pertenecientes a los órdenes más diferentes; la naturaleza sigue lo que podría llamarse una *rotación simultánea*. La mayor parte de los animales y plantas que viven estrechamente en torno de cualquier pequeña parcela de terreno podrían vivir en ella —suponiendo que su naturaleza no sea en modo alguno excepcional—, y puede decirse que se esfuerzan denodadamente para vivir allí; pero se ve que, cuando entran en competencia más viva, las ventajas de la diversificación de estructura, junto con las diferencias de costumbres y constitución que las acompañan, determinan que los habitantes, que pugnan por tanto más empeñadamente entre sí, pertenezcan, por regla general, a lo que llamamos géneros y órdenes diferentes.

El mismo principio se observa en la naturalización de plantas, mediante la acción del hombre, en tierras extranjeras. Podía esperarse que las plantas que hubieran conseguido llegar a naturalizarse en un país cualquiera tenían que haber sido, en general, muy afines de las indígenas, pues estas, por lo común, son consideradas como especialmente creadas y adaptadas para su propio país. Quizá también podría esperarse que las plantas naturalizadas hubiesen pertenecido a unos cuantos grupos más especialmente adaptados a ciertos lugares de sus nuevos hogares. Pero el caso es muy diferente; y Alph. de Candolle ha hecho observar muy atinadamente, en su grande y admirable obra, que las floras aumentan por naturalización, en proporción al número de géneros y especies indígenas, mucho más en nuevos géneros que en nuevas especies. Para dar un solo ejemplo: en la última edición del *Manual of the Flora of the Northern United States,* del doctor Asa Gray, se enumeran doscientas sesenta plantas naturalizadas, y estas pertenecen a ciento sesenta y dos géneros. Vemos, en este caso, que estas plantas naturalizadas son de una naturaleza altamente diversificada. Además, difieren mucho de las indígenas, pues de los ciento sesenta y dos géneros, no menos de cien géneros no son indígenas allí, y de este modo se ha añadido un número relativamente grande a los géneros que actualmente viven en los Estados Unidos.

Considerando la naturaleza de las plantas o animales que en un país cualquiera han luchado con buen éxito con los indígenas, y que han llegado a naturalizarse allí, podemos adquirir una tosca idea del modo como algunos de los seres indígenas hubieran tenido que modificarse a fin de obtener alguna ventaja sobre sus compatriotas, y podemos, al menos, inferir que la diversificación de estructura, llegando hasta diferencias genéricas nuevas, les sería provechosa.

La ventaja de la diversificación de estructura en los habitantes de una misma región es, de hecho, la misma que la de la división fisiológica del trabajo en los órganos de un mismo individuo, asunto tan bien dilucidado por Milne Edwards. Ningún fisiólogo duda de que un estómago adaptado a digerir solo materias vegetales, o solo carne, saca más alimento de estas sustancias. De igual modo, en la economía general de cualquier país, cuanto más extensa y perfectamente diversificados estén los animales y plantas para diferentes costumbres de vida, tanto mayor será el número de individuos que puedan sostenerse en él. Un conjunto de animales cuyos organismos sean poco diversificados difícilmente podría competir con otro conjunto de estructura más perfectamente diversificada. Puede dudarse, por ejemplo, de si los marsupiales australianos, que están divididos en grupos que difieren poco entre sí, y que, como míster Waterhouse y otros han observado, representan débilmente a nuestros carnívoros, rumiantes y roedores, podrían competir con buen éxito con estos órdenes bien desarrollados. En los mamíferos australianos vemos el proceso de diversificación en un estadio de desarrollo primitivo e incompleto.

Efectos probables de la acción de la selección natural, mediante la divergencia de caracteres y la extinción, sobre los descendientes de un antepasado común

Después de la discusión precedente, que ha sido muy condensada, podemos admitir que los descendientes modificados de cualquier especie prosperarán tanto mejor cuanto más diversificada llegue a ser su estructura, y de este modo sean capaces de usurpar los puestos ocupados por otros seres. Veamos ahora cómo tiende a obrar este principio del provecho que se deriva de la divergencia de caracteres, combinado con los principios de la selección natural y de la extinción.

El diagrama de la página 190 nos ayudará a comprender este asunto un poco enmarañado. Supongamos que las letras A a L representan las especies de un género grande en su propio país; se supone que estas especies se asemejan entre sí en grados desiguales, como generalmente ocurre en la naturaleza, y como está representado en el diagrama mediante la disposición de las letras a distancias desiguales. He dicho un género grande, porque, como vimos en el capítulo segundo, en proporción, varían más las especies en los géneros grandes que en los géneros pequeños, y las especies que varían de los géneros grandes presentan un número mayor de variedades. Hemos visto también que las especies más comunes y más ampliamente difundidas varían más que las especies raras y de área restringida. Sea A una especie común, muy difundida y variable, que pertenece a un género grande en su propio país. Las líneas de puntos ramificados y divergentes de longitudes desiguales procedentes de A, pueden representar su descendencia variable. Se supone que las variaciones son extremadamente leves, pero de la más diversa naturaleza; no se supone que todas aparezcan simultáneamente, sino a menudo después de largos intervalos de tiempo; ni tampoco se supone que persistan durante periodos iguales. Solo las variaciones que sean en algún modo ventajosas serán conservadas o naturalmente seleccionadas. Y aquí aparece la importancia del principio del provecho derivado de la divergencia de caracteres, pues esto llevará generalmente a que las

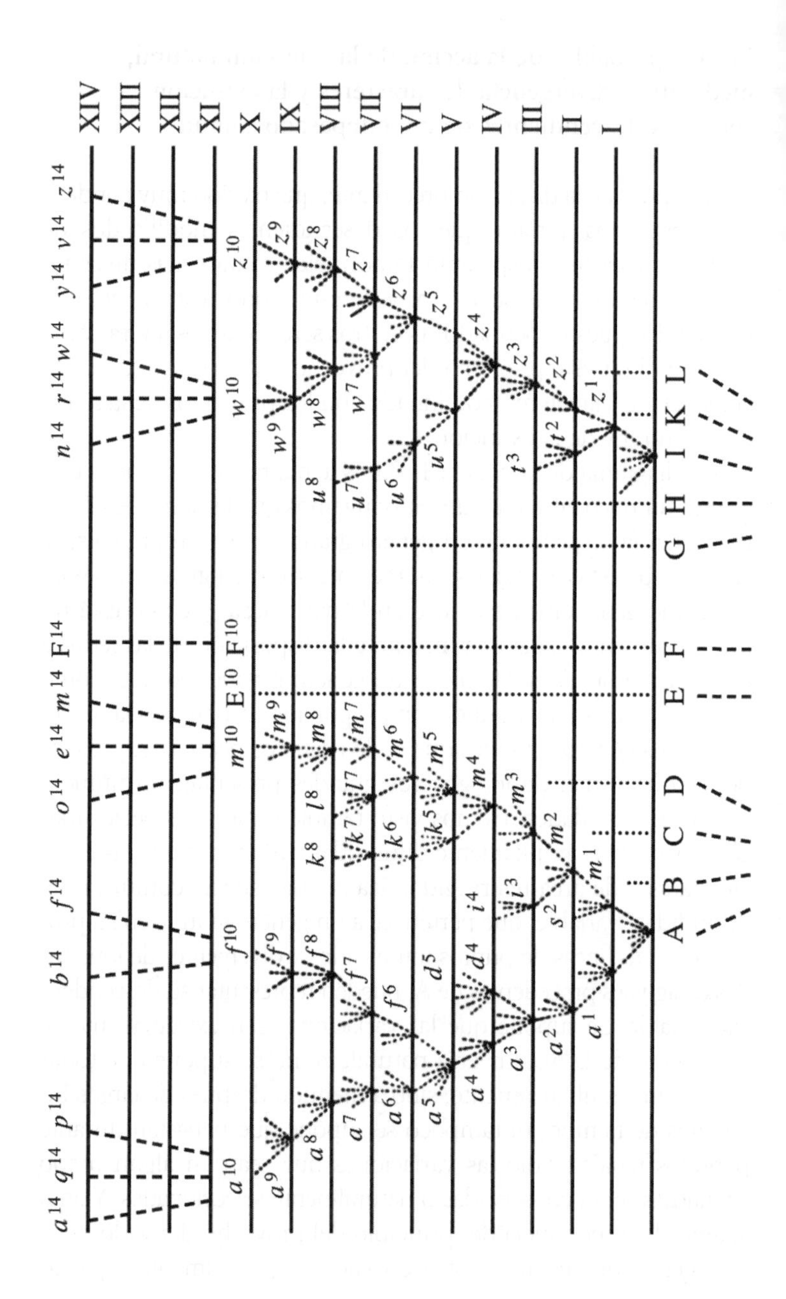

A B C D E F G H I K L
I II III IV V VI VII VIII IX X XI XII XIII XIV
a14 q14 p14 b14 f14 o14 e14 m14 F14 n14 r14 w14 y14 v14 z14
a10 f10 m10 E10 F10 w10 z10

variaciones divergentes o más diferentes —representadas por las líneas de puntos más externas— sean conservadas y acumuladas por selección natural. Cuando una línea de puntos alcanza una de las líneas horizontales y está señalada allí con una letra minúscula numerada, se supone que se ha acumulado una cantidad suficiente de variación para constituir una variedad bien acusada; tanto, que se la juzgaría digna de ser registrada en una obra sistemática.

Los intervalos entre las líneas horizontales del diagrama pueden representar cada uno un millar de generaciones o más. Después de un millar de generaciones, se supone que la especie A ha producido dos variedades bien acusadas, a saber, a^1 y m^1. Estas dos variedades estarán, por lo general, sometidas todavía a las mismas condiciones que hicieron variar a sus progenitores, y como la tendencia a la variabilidad es hereditaria, consiguientemente, tenderán también a variar y, por lo común, casi del mismo modo que lo hicieron sus padres. Además, estas dos variedades, como solo son formas ligeramente modificadas, tenderán a heredar aquellas ventajas que hicieron a su tronco común A más numeroso que la mayor parte de los demás habitantes del mismo país; participarán ellas también de aquellas ventajas más generales que hicieron del género a que perteneció la especie madre A, un género grande en su propio país. Y todas estas circunstancias son favorables a la producción de nuevas variedades.

Si estas dos variedades son, pues, variables, las más divergentes de sus variaciones se conservarán, por lo común, durante las mil generaciones siguientes. Y después de este intervalo, se supone que la variedad a^1 del diagrama ha producido la variedad a^2, que, debido al principio de divergencia, diferirá más de A que la variedad a^1. La variedad m^1 se supone que ha producido dos variedades, a saber: m^2 y s^2, que difieren entre sí y aún más de su tronco común A. Podemos continuar el proceso por pasos semejantes, durante cualquier espacio de tiempo: produciendo algunas de las variedades, después de cada mil generaciones, una sola variedad, pero de una condición cada vez más modificada; produciendo otras, dos o tres variedades, y no consiguiendo otras producir ninguna. De este modo, las variedades o descendientes modificados del tronco común A continuarán, en general, aumentando en número y divergiendo en caracteres. En el diagrama el proceso está representando hasta la diezmilésima generación y, en forma abreviada y simplificada, hasta la catorcemilésima generación.

Pero he de hacer observar aquí que no supongo que el proceso continúe siempre tan regularmente como está representado en el diagrama —aunque este es ya algo irregular—, ni que se desarrolle continuamente; es mucho más probable que cada forma permanezca inalterada durante largos periodos y luego experimente otra vez modificación. Tampoco supongo que las variedades más divergentes se conserven invariablemente; una forma intermedia puede, con frecuencia, durar mucho tiempo y puede o no producir más de una forma descendiente modificada; pues la selección natural obra siempre de acuerdo con la naturaleza de los puestos que estén desocupados o no perfectamente ocupados por otros seres, y esto depende de relaciones infinitamente complejas. Mas, por regla general, cuanto más diversificada pueda llegar a ser la estructura de los descendientes de una especie cualquiera, de tantos más puestos podrán apropiarse y tanto más aumentará su progenie modificada. En nuestro diagrama, la línea de sucesión está interrumpida a intervalos regulares por letras minúsculas numeradas, que señalan las formas sucesivas que han llegado a ser suficientemente distintas para ser registradas como variedades. Pero estas interrupciones son imaginarias y podrían haberse insertado en cualquier parte, después de intervalos bastante largos para permitir la acumulación de una cuantía considerable de variación divergente.

Como todos los descendientes modificados de una especie común y muy difundida perteneciente a un género grande tenderán a participar de las mismas ventajas que les sirvieron a sus padres para triunfar en la vida, continuarán generalmente multiplicándose en número, así como divergiendo en caracteres: esto está representado en el diagrama por las diversas ramas divergentes que parten de A. La descendencia modificada de las ramas más modernas y altamente perfeccionadas de las líneas de descendencia ocuparán, probablemente, a menudo el lugar de las ramas más antiguas y menos perfeccionadas, destruyéndolas así, lo que está representado en el diagrama por algunas de las ramas más bajas que no llegan a las líneas horizontales superiores. En algunos casos, indudablemente, el proceso de modificación estará limitado a una sola línea de descendencia, y el número de descendientes modificados no aumentará, aunque puede haber aumentado la cuantía de modificación divergente. Este caso estaría representado en el diagrama, si todas las líneas que parten de A fuesen suprimidas, excepto las que van desde a^1 hasta a^{10}. Así es como el caballo de carreras inglés y el *pointer* inglés han ido evidentemente divergiendo poco a poco en sus caracteres de los troncos primitivos, sin que hayan dado ninguna nueva rama o raza.

Se supone que, después de diez mil generaciones, la especie A ha producido tres formas: a^{10}, f^{10} y m^{10}, las cuales, por haber divergido en sus caracteres durante las generaciones sucesivas, habrán llegado a diferir mucho, aunque quizá desigualmente, unas de otras y de su tronco común. Si suponemos que la cuantía del cambio entre cada línea horizontal de nuestro diagrama es excesivamente pequeña, estas tres formas podían ser todavía solo variedades bien acusadas; pero no tenemos más que suponer que los pasos en el proceso de modificación son más numerosos o de mayor cuantía para que estas tres formas se conviertan en especies dudosas o, cuando menos, en variedades bien definidas. De este modo, el diagrama ilustra los pasos por los que las pequeñas diferencias que distinguen a las variedades crecen hasta convertirse en las grandes diferencias que distinguen a las especies. Al continuar este mismo proceso durante un gran número de generaciones —como muestra el diagrama de un modo abreviado y simplificado—, obtenemos ocho especies, señaladas por las letras entre a^{14} y m^{14}, descendientes todas de A. Así es como, según mi parecer, se multiplican las especies y se forman los géneros.

En un género grande es probable que varíe más de una especie. En el diagrama he supuesto que una segunda especie I ha producido, por etapas análogas, después de diez mil generaciones, dos variedades bien caracterizadas —w^{10} y z^{10}—, o dos especies, según la cuantía del cambio que se suponga representado entre las líneas horizontales. Después de catorce mil generaciones, se supone que se han producido seis especies nuevas, señaladas por las letras n^{14} a z^{14}. En todo género, las especies que sean ya muy diferentes en sus caracteres entre sí tenderán generalmente a producir el mayor número de descendientes modificados, pues estos tendrán mejores probabilidades de ocupar puestos nuevos y muy diferentes en la economía de la naturaleza; por esto, en el diagrama he elegido la especie extrema A y la especie casi extrema I, como las que han variado más y han dado origen a variedades y especies nuevas. Las otras nueve especies —señaladas por letras mayúsculas— de nuestro género primitivo pueden continuar dando, durante largos aunque desiguales periodos, descendientes no modificados, y esto se representa en el diagrama por las líneas de puntos desiguales prolongadas hacia arriba.

Pero durante el proceso de modificación, representado en el diagrama, otro de nuestros principios, el de la extinción, habrá jugado también un papel importante. Como en cada país completamente poblado la selección natural necesariamente obra mediante la forma seleccionada, que tiene alguna ventaja en la lucha por la vida sobre las demás formas, habrá una tendencia constante en los descendientes perfeccionados de una especie cualquiera a suplantar y a exterminar en cada generación a sus predecesores y a su tronco primitivo. Pues hay que recordar que la competencia será, en general, más rigurosa entre las formas que están más íntimamente relacionadas entre sí en costumbres, constitución y estructura. De aquí que todas las formas intermedias entre el estado primitivo y los más recientes, o sea, entre los estados menos perfeccionados y los más perfeccionados de la misma especie, así como también la misma especie madre primitiva, tenderán en general a extinguirse. Así ocurrirá probablemente con muchas ramas colaterales, que serán vencidas por ramas más modernas y mejoradas. Sin embargo, si los descendientes modificados de una especie penetran en un país distinto o se adaptan rápidamente a una estación nueva por completo, en la cual descendencia y progenitor no entren en competencia, los dos pueden continuar viviendo.

Si se admite, pues, que nuestro diagrama representa una cuantía considerable de modificación, la especie A y todas las variedades primitivas llegarán a extinguirse, siendo reemplazadas por ocho especies nuevas —a^{14} a m^{14}—, y la especie I será remplazada por seis especies nuevas —n^{14} a z^{14}.

Pero podemos ir más lejos aún. Se suponía que las especies primitivas de nuestro género se asemejaban entre sí en grados desiguales, como ocurre generalmente en la naturaleza, estando la especie A íntimamente relacionada con B, C y D que con las demás especies, y la especie I con G, H, K y L más que con las otras especies. Se suponía también que estas dos especies A e I eran muy comunes y difundidas, de modo que debían haber tenido primitivamente alguna ventaja sobre la mayor parte de las demás especies del género. Sus descendientes modificados, en número de catorcemilésima generación, habrán heredado probablemente algunas de esas mismas ventajas; además, se habrán modificado y perfeccionado de un modo diversificado en cada generación, de manera que habrán llegado a adaptarse a muchos puestos adecuados en la economía natural de su país. Por tanto, parece sumamente probable que habrán ocupado los puestos, no solo de sus antepasados *A* e *I*, sino también de algunas de las especies primitivas que eran más afines a sus padres, exterminándolas así. Por consiguiente, muy pocas de las especies primitivas habrán transmitido descendencia a la generación catorcemilésima. Podemos suponer que solo una —F— de las dos especies —E y F— que era la menos afín con las otras nueve especies primitivas ha transmitido descendencia hasta esta última generación.

Las nuevas especies de nuestro diagrama, que descienden de las once especies primitivas, serán ahora en número de quince. Debido a la tendencia divergente de la selección natural, la cuantía máxima de diferencia de caracteres entre las especies a^{14} y z^{14} será mucho mayor que entre las más distintas de las once especies primitivas. Además, las nuevas especies estarán relacionadas entre sí de una manera muy diferente. De los ocho descendientes de *A*, los tres señalados por a^{14}, q^{14} y p^{14} serán muy afines por haberse ramificado recientemente de a^{10}; b^{14} y f^{14}, por haber divergido, en un periodo anterior, de a^5, serán distintas, en cierto grado, de las tres especies primero mencionadas; y, por último, o^{14}, e^{14} y m^{14} estarán muy relacionadas entre sí, más por haber divergido desde el comienzo mismo del proceso de modificación, serán muy diferentes de las otras cinco especies y pueden constituir un subgénero distinto.

Los seis descendientes de I formarán dos subgéneros o géneros. Pero como la especie primitiva I difería mucho de A, por estar casi en el otro extremo del género primitivo, los seis descendientes de I, debido solo a la herencia, diferirán considerablemente de los ocho descendientes de A; además, se supone que los dos grupos continúan divergiendo en direcciones diferentes. También las especies intermedias —y esta es una consideración importantísima— que enlazaban las especies primitivas A e I, se habrán extinguido todas, excepto F, y no han dejado ningún descendiente. Por consiguiente, las seis especies nuevas descendientes de I y las ocho descendientes de A tendrán que ser clasificadas como géneros muy distintos y hasta como subfamilias distintas.

Así es, a mi parecer, cómo dos o más géneros se originan, por descendencia con modificación, de dos o más especies del mismo género. Y las dos o más especies madres se supone que han descendido de alguna especie de un género anterior. En el diagrama se ha indicado esto por las líneas interrumpidas que hay debajo de las letras mayúsculas, líneas que convergen por abajo en subramas hacia un punto común; este punto represente una especie: el supuesto progenitor de nuestros diversos subgéneros y géneros nuevos.

Vale la pena reflexionar un momento sobre el carácter de la nueva especie F^{14}, que se supone no solo que no ha divergido mucho en sus caracteres, sino que ha conservado la forma de F sin alteración o alterada únicamente en grado leve. En este caso, sus afinidades con las otras catorce especies nuevas serán de curiosa e intrincada naturaleza. Por descender de una forma situada entre las especies madres A e I, a las que se supone actualmente extinguidas y desconocidas, será, en cierto grado, de caracteres intermedios entre los dos grupos que descienden de estas dos especies.

Pero como estos dos grupos han continuado divergiendo en sus caracteres del tipo de sus progenitores, la nueva especie F^{14} no será directamente intermedia entre ellos, sino más bien entre tipos de los dos grupos, y todo naturalista recordará seguramente casos semejantes.

Hasta ahora se ha supuesto que cada línea horizontal del diagrama representa mil generaciones; pero cada una puede representar un millón o más de generaciones, o también puede representar una sección de los estratos sucesivos de la corteza terrestre, que contienen restos de seres extinguidos. Cuando lleguemos al capítulo sobre geología, tendremos que referirnos de nuevo a este asunto, y creo que entonces veremos que el diagrama arroja luz sobre las afinidades de los seres extinguidos, los cuales, aunque pertenezcan por lo general a los mismos órdenes, familias o géneros que los hoy vivientes, sin embargo, son con frecuencia de caracteres intermedios, en cierto grado, entre los grupos existentes, y podemos comprender este hecho porque las especies extinguidas vivieron en diferentes épocas remotas, cuando las ramificaciones de las líneas de descendencia divergían menos.

No veo razón alguna para limitar el proceso de modificación, tal como queda explicado ahora, a la formación de géneros únicamente. Si en el diagrama suponemos que es grande la cuantía del cambio representado por cada grupo sucesivo de líneas divergentes de puntos, las formas señaladas a^{14} a p^{14}, las formas b^{14} y f^{14}, y las o^{14} a m^{14} constituirán tres géneros muy disetintos. También tendremos dos géneros muy distintos descendientes de I, que diferirán mucho de los descendientes de A. Estos dos grupos de géneros formarán así dos familias distintas o dos órdenes, según la cuantía de modificación divergente que se suponga representada en el diagrama. Y las dos nuevas familias, u órdenes, descienden de dos especies del género primitivo, y se supone que estas descienden de una forma aún más antigua y desconocida.

Hemos visto que en cada país las especies que pertenecen a los géneros mayores son las que con más frecuencia presentan variedades o especies incipientes. En realidad, podía esperarse esto, pues como la selección natural obra mediante una forma que tiene alguna ventaja sobre las demás en la lucha por la existencia, obrará principalmente sobre aquellas que ya tienen alguna ventaja, y la amplitud de un grupo demuestra que sus especies han heredado alguna ventaja en común de un antepasado común. Por consiguiente, la lucha por la producción de nuevos descendientes modificados se dará principalmente entre los grupos mayores, que se esfuerzan todos por aumentar numéricamente. Un grupo grande vencerá lentamente a otro grupo grande, reducirá su número y así amenguará sus probabilidades de una ulterior variación y perfeccionamiento. Dentro del mismo grupo grande, los subgrupos más recientes y más altamente perfeccionados, por haberse ramificado y apoderado de muchos puestos nuevos en la economía de la naturaleza, tenderán constantemente a suplantar y a destruir a los grupos más primitivos y menos perfeccionados. Los grupos y subgrupos pequeños y fragmentarios desaparecerán finalmente. Mirando al futuro, podemos predecir que los grupos de seres orgánicos que son actualmente amplios y triunfantes y que están poco fragmentados, o sea, los que hasta ahora han sufrido menos extinciones, continuarán aumentando durante un largo periodo; pero nadie puede predecir qué grupos prevalecerán finalmente, pues sabemos que muchos grupos que eran los más extensivamente desarrollados en otro tiempo, han llegado a extinguirse en la actualidad. Mirando aún más lejos en el porvenir, podemos predecir que, debido al crecimiento continuo y firme de los grupos mayores, una multitud de grupos menores llegará a extinguirse por completo y no dejará ningún descendiente modificado, y, consiguientemente, que de las especies que vivan en un periodo cualquiera serán muy escasas las que transmitan descendencia en un lejano futuro. Tendré que volver sobre este asunto en el capítulo sobre la clasificación; pero puedo añadir que, según esta opinión, muy pocas de las especies más antiguas han transmitido descendientes hasta el día de hoy; y como todos los descendientes de una misma especie forman una clase, podemos comprender cómo es que existen tan pocas clases en cada una de las divisiones principales de los reinos animal y vegetal. Aunque pocas de las especies más antiguas hayan dejado descendientes modificados, sin embargo, en remotos periodos geológicos, la Tierra pudo haber estado casi tan bien poblada como hoy de especies de muchos géneros, familias, órdenes y clases.

Sobre el grado a que tiende a progresar la organización

La selección natural obra exclusivamente mediante la conservación y acumulación de variaciones que sean provechosas en las condiciones orgánicas e inorgánicas a que cada ser está sometido en todos los periodos de su vida. El resultado final es que todo ser tiende a perfeccionarse cada vez más en relación con sus condiciones. Este perfeccionamiento conduce inevitablemente al progreso gradual de la organización del mayor número de seres vivientes en todo el mundo. Pero entramos aquí en un asunto muy intrincado, pues los naturalistas no han definido a satisfacción de todos lo que se entiende por *progreso en la organización.*

Entre los vertebrados entra en juego evidentemente el grado de inteligencia y el acercamiento a la estructura del hombre. Podría pensarse que la cuantía del cambio que las diferentes partes y órganos experimentan en su desarrollo desde el embrión al estado adulto bastaría como tipo de comparación; pero hay casos, como el de ciertos crustáceos parásitos, en que diferentes partes de la estructura se vuelven menos perfectas, de modo que no puede decirse que el animal adulto sea superior a su larva. El tipo de comparación de Von Baer parece el mejor y el más ampliamente aplicable: consiste en el grado de diferenciación de las partes de un mismo ser orgánico —en estado adulto, me inclinaría a añadir yo— y su especialización para funciones diferentes, o, como se expresaría Milne Edwards, la perfección de la división del trabajo fisiológico. Pero comprenderemos cuán oscuro es este asunto si observamos, por ejemplo, a los peces, entre los cuales algunos naturalistas clasifican como superiores a los que, como los escualos, se aproximan más a los anfibios, mientras otros naturalistas clasifican como superiores a los peces óseos comunes o peces teleósteos, por cuanto son estos los más estrictamente pisciformes y difieren más de las otras clases de vertebrados. Comprenderemos aún mejor la oscuridad de este asunto fijándonos en las plantas, entre las cuales el tipo de inteligencia queda naturalmente excluido por completo; y aquí algunos botánicos clasifican como superiores a las plantas que tienen todos los órganos, como sépalos, pétalos, estambres y pistilos, completamente desarrollados en cada flor, mientras que otros botánicos, probablemente con más razón, consideran como superiores a las plantas que tienen sus diferentes órganos muy modificados y en número reducido.

Si tomamos como tipo de organización superior la cuantía de diferenciación y la especialización de los diversos órganos en cada ser cuando es adulto —incluyendo en esto el progreso del cerebro para fines intelectuales—, la selección natural conduce claramente hacia este tipo, pues todos los fisiólogos admiten que la especialización de los órganos, por cuanto que en este estado realizan mejor sus funciones, es una ventaja para todo ser y, por consiguiente, la acumulación de variaciones que tiendan a la especialización está dentro del radio de acción de la selección natural. Por otra parte —teniendo en cuenta que todos los seres orgánicos se esfuerzan por aumentar en una progresión elevada y por apoderarse de cualquier puesto desocupado o que no esté debidamente ocupado en la economía de la naturaleza—, comprenderemos que es completamente posible por selección natural adaptar a un ser gradualmente a una situación en la que diversos órganos sean superfluos o inútiles; en estos casos habrá retrocesos en la escala de organización. En el capítulo sobre la sucesión geológica se discutirá más oportunamente si la organización en conjunto ha avanzado realmente desde los más remotos periodos geológicos hasta hoy día.

Pero puede objetarse que si todos los seres orgánicos tienden a elevarse de este modo en la escala, ¿cómo es que por todo el mundo existen todavía multitud de formas inferiores, y cómo es que en todas las clases grandes hay algunas formas muchísimo más desarrolladas que otras? ¿Por qué las formas más desarrolladas no han suplantado ni exterminado por todas las partes a las inferiores? Lamarck, que creía en una tendencia innata e inevitable hacia la perfección en todos los seres orgánicos, parece haberse dado cuenta tan vivamente de esta dificultad, que le llevó a pensar que continuamente se están produciendo, por generación espontánea, formas nuevas y sencillas. La ciencia no ha probado todavía la verdad de esa creencia, sea lo que fuere lo que el porvenir pueda revelarnos. Según nuestra teoría, la persistencia de organismos inferiores no ofrece dificultad alguna, pues la selección natural, o la supervivencia de los más aptos, no implica necesariamente desarrollo progresivo; solo saca provecho de las variaciones a medida que surgen y son beneficiosas para cada ser en sus complejas relaciones vitales. Y puede preguntarse: ¿qué ventaja habría —hasta donde nosotros podemos comprender— para un animálculo infusorio, para un gusano intestinal o incluso para una lombriz de tierra, en tener una organización superior? Si no hubiese ninguna ventaja, estas formas serían abandonadas por la selección natural, sin mejorar o muy poco mejoradas, y podrían permanecer por tiempo indefinido en su actual condición inferior. Y la geología nos dice que algunas de las formas más inferiores, como los infusorios y rizópodos han permanecido durante un periodo enorme casi en su estado actual. Pero suponer que la mayor parte de las muchas formas inferiores que hoy existen no han progresado en lo más mínimo desde la primera aurora de la vida, sería sumamente arriesgado, pues todo naturalista que haya disecado algunos de los seres clasificados actualmente como muy inferiores en la escala tiene que haber quedado sorprendido por su organización realmente admirable y hermosa.

Casi las mismas observaciones son aplicables si atendemos a los diferentes grados de organización dentro de un mismo grupo grande; por ejemplo, a la coexistencia de mamíferos y peces en los vertebrados; a la coexistencia del hombre y del ornitorrinco entre los mamíferos; y, entre los peces, a la coexistencia del tiburón y del pez lanza *(Amphioxus)*, pez este último que, por la extrema sencillez de su estructura, se aproxima a las clases de los invertebrados. Pero mamíferos y peces apenas entran en competencia mutua; el progreso, hasta el grado más alto, de la totalidad de la clase de los mamíferos, o de ciertos miembros de esta clase, no les llevaría a ocupar el puesto de los peces. Los fisiólogos creen que el cerebro necesita estar bañado de sangre caliente para estar en gran actividad, y esto requiere respiración aérea; de modo que los mamíferos, animales de sangre caliente, cuando viven en el agua están en situación desventajosa, por tener que salir continuamente a la superficie para respirar. Entre los peces, los miembros de la familia de los tiburones no tenderían a suplantar al *Amphioxus,* pues este, según me informa Fritz Müller, tiene por único compañero y competidor, en la árida costa arenosa del Brasil meridional, un anélido anómalo. Los tres órdenes más inferiores de mamíferos, es decir, los marsupiales, los desdentados y los roedores, coexisten en América del Sur en una misma región con numerosos monos, y probablemente se perturban poco entre sí. Aun cuando la organización, en conjunto, pueda haber avanzado y esté aún avanzando en todo el mundo, sin embargo, la escala presentará siempre muchos grados de perfección, pues el elevado progreso de ciertas clases enteras, o de ciertos miembros de cada clase, no conduce de ninguna manera necesariamente a la extinción de aquellos grupos con los cuales no entran en estrecha competencia. En algunos casos, como veremos más adelante, formas de organización muy inferior parece que se han conservado hasta hoy día por haber vivido en estaciones confinadas o peculiares, donde han estado sujetas a competencia menos severa y donde, por su escaso número, han tenido menos oportunidades de que surgieran variaciones favorables.

En fin, creo que existen actualmente en el mundo, por diferentes causas, muchas formas de organización muy inferior. En algunos casos pueden no haber aparecido nunca variaciones o diferencias individuales de naturaleza favorable para que la selección natural actúe sobre ellas y las acumule. En ningún caso, probablemente, ha sido suficiente el tiempo para permitir el grado máximo posible de desarrollo. En algunos pocos casos ha habido lo que podemos llamar retroceso de organización. Pero la causa princinal estriba en el hecho de que, en condiciones muy sencillas de vida, una organización elevada no sería de ninguna utilidad; quizá sería un verdadero perjuicio, por ser de naturaleza más delicada y más susceptible de descomponerse y dañarse.

Considerando la primera aurora de la vida, cuando todos los seres orgánicos, según podemos creer, presentaban la estructura más sencilla, se ha preguntado cómo pudieron originarse los primeros pasos en el progreso o diferenciación de las partes. Míster Herbert Spencer contestaría probablemente que tan pronto como un simple organismo unicelular llegó, por crecimiento o división, a estar compuesto de diversas células, o llegó a estar adherido a cualquier superficie de sostén, entraría en acción su ley: «Que las unidades homólogas de cualquier orden llegan a diferenciarse a medida que sus relaciones con las fuerzas incidentes se hacen diferentes». Pero como no tenemos hechos que nos guíen, la especulación sobre este asunto es casi inútil. Es, sin embargo, un error sunoner que no habría lucha por la existencia, ni, por consiguiente, selección natural, hasta que se produjesen muchas formas: las variaciones de una sola especie que viviese en una estación aislada pudieron ser beneficiosas, y de este modo todo el conjunto de individuos pudo modificarse, o pudieron originarse dos formas distintas. Pero, como hice observar hacia el final de la Introducción, nadie debe sorprenderse de lo mucho que todavía queda por explicar sobre el origen de las especies, si nos hacemos el debido cargo de nuestra profunda ignorancia acerca de las relaciones mutuas de los habitantes del mundo en los tiempos presentes, y más aún durante las edades pasadas.

Convergencia de caracteres

Míster H. C. Watson piensa que he exagerado la importancia de la divergencia de caracteres —en la cual, sin embargo, parece creer—, y que la *convergencia*, como puede llamarse, ha desempeñado igualmente su papel. Si dos especies pertenecientes a dos géneros distintos, aunque próximos, hubiesen producido un gran número de formas nuevas y divergentes, se concibe que estas se asemejasen tanto entre sí que tuviesen que ser clasificadas todas en el mismo género, y así los descendientes de dos géneros distintos convergerían en uno. Pero en la mayor parte de los casos sería sumamente arriesgado atribuir a la convergencia la semejanza íntima y general de estructura en los descendientes modificados de formas muy distintas. La forma de un cristal está determinada únicamente por las fuerzas moleculares, y no es sorprendente que sustancias desemejantes asuman a veces la misma forma; mas en los seres orgánicos hemos de tener presente que la forma de cada uno depende de una infinidad de relaciones complejas, a saber: de las variaciones que han sufrido, debidas a causas demasiado intrincadas para ser indagadas; de la naturaleza de las variaciones que se han conservado o seleccionado —y esto depende de las condiciones físicas ambientes y, en mayor grado aún, de los organismos que rodean a cada ser, y con los cuales entran en competencia—, y, por último, la herencia —que es en sí misma un elemento fluctuante— de innumerables progenitores, cada uno de los cuales ha tenido su forma determinada por relaciones igualmente complejas. Es increíble que los descendientes de dos organismos, que primitivamente habían diferido de una manera notable, convergiesen después tanto que llevase a toda su organización a aproximarse casi a la identidad. Si esto hubiese ocurrido, nos encontraríamos con que una misma forma, independientemente de conexiones genéticas, se repetiría en formaciones geológicas muy separadas; y la comparación de las pruebas se opone a semejante admisión.

Míster Watson ha objetado también que la acción continuada de la selección natural, junto con la divergencia de caracteres, tendería a producir un número indefinido de formas específicas [39]. Por lo que concierne a las condiciones meramente inorgánicas, parece probable que un número suficiente de especies se adaptarían pronto a todas las diferencias considerables de calor, humedad, etc.; pero yo admito por completo que son más importantes las relaciones mutuas de los seres orgánicos, y, como el número de especies de cualquier país va en aumento, las condiciones orgánicas de vida tienen que ir siendo cada vez más complejas. Consi-

[39] Véase la tabla de adiciones, pág. 41.

guientemente, parece a primera vista que no hay límite para la diversificación ventajosa de estructura ni, por tanto, para el número de especies que puedan producirse. No sabemos que esté completamente poblada de formas específicas ni siquiera el área más prolífica: en el cabo de Buena Esperanza y en Australia, donde vive un número tan asombroso de especies, se han aclimatado muchas plantas europeas. Pero la geología nos enseña que el número de especies de moluscos, desde los primeros tiempos del periodo Terciario, y el número de mamíferos, desde la mitad del mismo periodo, no ha aumentado mucho, si es que aumentó algo. ¿Qué es, pues, lo que impide un aumento indefinido en el número de especies? La cuantía de vida —no me refiero al número de formas específicas— que puede mantener un área ha de tener un límite, puesto que depende en tan gran manera de las condiciones físicas; por consiguiente, si un área está habitada por muchísimas especies, todas o casi todas estarán representadas por pocos individuos, y estas especies estarán expuestas a ser exterminadas por las fluctuaciones accidentales que ocurran en la naturaleza de las estaciones del año o en el número de sus enemigos. El proceso de exterminio en estos casos sería rápido, mientras que la producción de especies nuevas ha de ser siempre lenta. Imaginemos el caso extremo de que hubiese en Inglaterra tantas especies como individuos, y el primer invierno crudo o el primer verano seco exterminaría miles y miles de especies. Las especies raras —y toda especie llegará a ser rara si el número de especies de cualquier país aumenta indefinidamente— presentarán, según el principio tantas veces explicado, dentro de un periodo dado, pocas variaciones favorables; en consecuencia, de este modo se retrasaría el proceso de dar nacimiento a nuevas formas específicas. Cuando una especie cualquiera llega a ser muy rara, los cruzamientos muy afines ayudarán a exterminarla; algunos autores han pensado que esto contribuye a explicar la decadencia de los bisontes [40] en Lituania, del ciervo en Escocia y de los osos en Noruega, etc. Por último —y me inclino a pensar que este es el elemento más importante—,

[40] Se refiere a los uros o toros bravíos, de los que desciende el bisonte europeo.

una especie dominante, que ha vencido ya a muchos competidores en su propio país, tenderá a extenderse y a suplantar a otras muchas. Alphonse de Candolle ha demostrado que las especies que se extienden mucho tienden generalmente a extenderse «muchísimo»; por consiguiente, tenderán a suplantar y exterminar a diferentes especies en diferentes áreas, y de este modo contrarrestan el aumento desordenado de formas específicas por todo el mundo. El doctor Hooker ha demostrado recientemente que en el extremo sudeste de Australia, donde evidentemente hay muchos invasores procedentes de diferentes partes del mundo, el número de especies endémicas australianas se ha reducido en gran manera. No pretendo decir qué importancia hay que atribuir a estas diversas consideraciones; pero, en conjunto, tienen que limitar en cada país la tendencia a un aumento indefinido de formas específicas.

Resumen

Si en condiciones cambiantes de vida los seres orgánicos presentan diferencias individuales en casi todas las partes de su estructura —y esto es indiscutible—; si, debido a su progresión geométrica de aumento, hay una lucha rigurosa por la vida en alguna edad, estación o año —y esto, ciertamente, no puede discutirse—; entonces, considerando la complejidad infinita de las relaciones de todos los seres orgánicos entre sí con sus condiciones de vida, que causan una diversidad infinita en la estructura, constitución y costumbres, para ventaja suya, sería el hecho más extraordinario que no se hubiesen presentado nunca variaciones útiles a la prosperidad de cada ser, del mismo modo que se han presentado tantas variaciones útiles para el hombre. Pero si alguna vez ocurren variaciones útiles a cualquier ser orgánico, los individuos así caracterizados tendrán seguramente las mejores probabilidades de conservarse en la lucha por la vida, y, por el poderoso principio de la herencia, estos tenderán a producir descendencia con caracteres semejantes. A este principio de conservación o supervivencia de los más aptos lo he llamado *selección natural*. Conduce este principio al perfeccionamiento de cada ser en relación con sus condiciones orgánicas e inorgánicas de vida, y, por consiguiente, en la mayor parte de los casos, a lo que puede considerarse como un progreso en la organización. Sin embargo, las formas inferiores y sencillas persistirán mucho tiempo si están bien adecuadas a sus sencillas condiciones de vida.

La selección natural, por el pricipio de que las cualidades se heredan a las edades correspondientes, puede modificar el huevo, la semilla o al individuo joven tan fácilmente como al adulto. En muchos animales, la selección sexual habrá prestado su ayuda a la selección ordinaria, asegurando a los machos más vigorosos y mejor adaptados el mayor número de descendientes. La selección sexual dará también caracteres útiles solo a los machos en sus luchas o rivalidades con otros machos, y estos caracteres se transmitirán a un sexo o a ambos sexos, según la forma de herencia que predomine.

Si la selección natural ha obrado positivamente de este modo, adaptando las diversas formas orgánicas a sus diferentes condiciones y estaciones, es cosa que ha de juzgarse por el contenido general y por la comparación de las pruebas que se dan en los capítulos siguientes. Pero ya hemos visto que la selección natural ocasiona extinción, y la geología manifiesta claramente el importante papel que la extinción ha desempeñado en la historia del mundo. La selección natural lleva también a la divergencia de caracteres, pues cuanto más difieren los seres orgánicos en estructura, costumbres y constitución, tanto mayor es el número de ellos que puede mantenerse en una misma área, de lo que vemos una prueba considerando los habitantes de cualquier región pequeña y las producciones naturalizadas en países extranjeros. Por consiguiente, durante la modificación de los descendientes de cualquier especie y durante la incesante lucha de todas las especies por incrementar su número, cuanto más diversos lleguen a ser los descendientes, mayores serán sus probabilidades de triunfo en la lucha por la vida. De este modo, las pequeñas diferencias que distinguen a las variedades de una misma especie tienden firmemente a aumentar, hasta que igualan a las diferencias más grandes que existen entre las especies de un mismo género o incluso de géneros distintos.

Hemos visto que las especies comunes, las muy difundidas y las de áreas muy extensas, que pertenecen a los géneros mayores dentro de cada clase, son las que más varían, y estas tienden a transmitir a su descendencia modificada esa superioridad que las hace ahora dominantes en sus propios países. La selección natural, como se acaba de hacer observar, conduce a la divergencia de caracteres y a una gran extinción de las formas orgánicas intermedias y menos perfeccionadas. Según estos principios, puede explicarse la naturaleza de las afinidades y de las diferencias, generalmente bien definidas, que existen entre los innumerables seres orgánicos de cada clase en todo el mundo. Es un hecho verdaderamente maravilloso —maravilla que propendemos a pasar por alto por estar familiarizados con ella— que todos los animales y todas las plantas, en todo tiempo y lugar, estén relacionados entre sí en grupos subordinados a otros grupos, en la manera en que los contemplamos por doquier, o sea: las variedades de una misma especie, las más íntimamente relacionadas, las especies del mismo género menos íntima y desigualmente relacionadas, formando secciones o subgéneros; y las especies de géneros distintos, mucho menos estrechamente relacionadas, y los géneros, relacionados en grados diferentes, formando subfamilias, familias, órdenes, subclases y clases. Los diferentes grupos subordinados de una clase cualquiera no pueden ser clasificados en una sola fila, sino que parecen agruparse alrededor de puntos, y estos alrededor de otros puntos, y así sucesivamente en círculos casi infinitos. Si las especies hubiesen sido creadas independientemente, no hubiera habido explicación posible alguna de este género de clasificación; pero se explica mediante la herencia y la acción compleja de la selección natural, que acarrea la extinción y divergencia de caracteres, como lo vemos gráficamente en el diagrama.

Las afinidades de todos los seres de la misma clase se han representado a veces por un gran árbol. Creo que este símil expresa mucho la verdad. Los vastagos verdes y en ciernes pueden representar las especies existentes, y las ramas producidas durante años anteriores pueden representar la larga sucesión de especies extinguidas. En cada periodo de crecimiento, todos los vástagos, al crecer, han intentado ramificarse por todos los lados y sobrepujar y matar a los brotes y ramas de alrededor, del mismo modo que las especies y los grupos de especies han dominado, en todos los tiempos, a otras especies en la gran batalla por la vida. Las ramas principales, que arrancan del tronco y se dividen en ramas grandes, las cuales se subdividen en ramas cada vez menores, fueron en un tiempo, cuando el árbol era joven, vastagos en ciernes; y esta relación entre los brotes pasados y presentes, mediante la ramificación, puede representar muy bien la clasificación de todas las especies vivientes y extinguidas en grupos subordinados unos a otros.

De los muchos vástagos que florecieron cuando el árbol era un simple arbolillo, solo dos o tres, convertidos ahora en grandes ramas, sobreviven todavía y sostienen a las demás ramas; de igual modo, de las especies que vivieron durante periodos geológicos muy antiguos, poquísimas han dejado descendientes vivos y modificados. Desde el primer crecimiento del árbol, muchas ramas de las principales y grandes se han secado y caído; y estas ramas caídas de diversos tamaños pueden representar a todos aquellos órdenes, familias y géneros enteros que no tienen actualmente representantes vivientes y que nos son conocidos tan solo en estado fósil. Del mismo modo que, de vez en cuando, vemos una ramita perdida que brota de una bifurcación muy baja de un árbol, y que por alguna circunstancia ha sido favorecida y todavía vive en su apogeo, también de vez en cuando nos encontramos un animal, como el *Ornithorhynchus* o la *Lepidosiren,* que, hasta cierto punto, enlaza, por sus afinidades, dos grandes ramas de la vida, y que, al parecer, se ha salvado de la competencia fatal por haber vivido en una estación protegida. Así como los brotes dan origen, por crecimiento, a nuevos brotes, y estos, si son vigorosos, se ramifican y sobrepujan por todos los lados a muchas ramas más débiles, así también, a mi parecer, ha ocurrido en el gran árbol de la vida, que con sus ramas muertas y rotas llena la corteza terrestre y cubre su superficie con sus hermosas ramificaciones, siempre en constante bifurcación.

CAPÍTULO V
LEYES DE LA VARIACIÓN

Efectos del cambio de condiciones.—Efecto del mayor uso y desuso de los órganos en cuanto están sometidos a la selección natural.—Aclimatación.—Variación correlativa.—Compensación y economía de crecimiento.—Las conformaciones múltiples rudimentarias y de organización inferior son variables.—Una parte desarrollada en cualquier especie o grado o en modo extraordinarios, en comparación con la misma parte con especies afines, tiende a ser sumamente variable.—Los caracteres específicos son más variables que los caracteres genéricos.—Los caracteres sexuales secundarios son variables.—Especies distintas presentan variaciones análogas, de modo que una variedad de una especie toma a menudo caracteres propios de una especie afín o vuelve a algunos de los caracteres de un progenitor remoto.—Resumen

HASTA aquí he hablado a veces como si las variaciones —tan comunes y multiformes en los seres orgánicos en domesticidad, y en menor grado en los que viven en estado de naturaleza— fuesen debidas a la casualidad. Esto, por supuesto, es una expresión completamente incorrecta, pero sirve para reconocer llanamente nuestra ignorancia de la causa de cada variación particular. Algunos autores creen que producir diferencias individuales o variaciones ligeras de estructura es tan función del aparato reproductor como hacer al hijo semejante a sus padres. Pero el hecho de que las variaciones y monstruosidades ocurran con mucha más frecuencia en domesticidad que en estado natural, y de que se dé mayor variabilidad en las especies de áreas extensas que en las de áreas restringidas, llevan a la conclusión de que la variabilidad está generalmente relacionada con las condiciones de vida a que ha estado sometida cada especie durante varias generaciones sucesivas. En el capítulo primero procuré demostrar que los cambios de condiciones obran de dos modos: directamente sobre todo el organismo o solo sobre ciertas partes, e indirectamente a través del sistema reproductor. En todos los casos hay dos factores: la naturaleza del organismo —que es el más importante de los dos— y la naturaleza de las condiciones de vida. La acción directa del cambio de condiciones conduce a resultados definidos o indefinidos. En este último caso, el organismo parece hacerse plástico, y tenemos una gran variabilidad fluctuante. En el primer caso, la naturaleza del organismo es tal que cede rápidamente cuando está sometida a determinadas condiciones, y todos o casi todos los individuos se modifican de la misma manera.

Es muy difícil precisar hasta qué punto el cambio de condiciones, tales como las de clima, alimentos, etc., han obrado de un modo determinado. Hay motivos para creer que en el transcurso del tiempo los efectos han sido mayores de lo que puede probarse con clara evidencia. Pero seguramente podemos sacar la conclusión de que no pueden atribuirse simplemente a esta acción las complejas e innumerables coadaptaciones de estructura entre diferentes seres orgánicos por toda la naturaleza. En los casos siguientes, las condiciones parecen haber producido algún ligero efecto definido. E. Forbes afirma que las conchas que habitan en el límite meridional de su región, y cuando viven en aguas poco profundas, son de colores más vivos que los de las mismas especies que moran más al norte o a más profundidad; pero esto, indudablemente, no siempre se confirma. Míster Gould cree que las aves de una misma especie son de colores más brillantes en donde la atmósfera es muy limpia que cuando viven cerca de la costa o en islas, y Wollaston está convencido de que la residencia cerca del mar influye en los colores de los insectos. Moquin-Tandon da una lista de plantas que cuando crecen cerca de la orilla del mar tienen sus hojas algo carnosas, a pesar de no serlo en ningún otro sitio más. Estos organismos que varían ligeramente son interesantes por cuanto presentan caracteres análogos a los que poseen las especies que están confinadas en parajes de condiciones similares.

Cuando una variación ofrece la mas pequeña utilidad a un ser cualquiera, no podemos decir cuánto hay que atribuir a la acción acumulativa de la selección natural y cuánto a la acción definida de las condiciones de vida. Así, los peleteros saben muy bien que los animales de una misma especie tienen un pelaje más abundante y mejor cuanto más al norte viven; pero ¿quién puede decir qué proporción de esta diferencia se deba a que los individuos de piel de más abrigo hayan sido favorecidos y conservados durante muchas generaciones, y cuánta a la acción de la crudeza del clima? Pues parece que el clima tiene alguna acción directa sobre el pelo de nuestros cuadrúpedos domésticos.

Se podrían dar ejemplos de variedades semejantes producidas por una misma especie en condiciones de vida tan diferentes como puedan concebirse, y, por otra parte, de variedades diferentes producidas en condiciones externas aparentemente iguales. Además, todo naturalista conoce innumerables ejemplos de especies que se mantienen constantes o que no varían en absoluto, a pesar de vivir en los climas más opuestos. Consideraciones tales como estas me inclinan a conceder menos peso a la acción directa de las condiciones ambientes que a una tendencia a variar debida a causas que ignoramos por completo.

En cierto sentido, puede decirse que las condiciones de vida no solamente ocasionan, directa o indirectamente, la variabilidad, sino también que comprenden la selección natural, pues las condiciones determinan si ha de sobrevivir esta o aquella variedad. Pero cuando es el hombre el agente que selecciona, vemos claramente que los dos elementos de cambio son distintos: la variablilidad está en cierto modo excitada, pero es la voluntad del hombre la que acumula las variaciones en direcciones determinadas, y esta última acción es la que corresponde a la supervivencia de los más aptos en estado de naturaleza.

Efectos del mayor uso y desuso de los órganos en cuanto están sometidos a la selección natural

Por los hechos indicados en el capítulo primero, creo que no puede caber duda alguna de que el uso ha fortalecido y desarrollado ciertos órganos en nuestros animales domésticos, de que el desuso los disminuye y de que estas modificaciones son hereditarias. En la libre naturaleza no tenemos ningún tipo de comparación con que juzgar los efectos del uso y desuso continuados durante largo tiempo, pues no conocemos las formas madres; pero muchos animales presentan conformaciones que el mejor modo de poder explicarlas es por los efectos del desuso. Como ha observado el profesor Owen, no existe mayor anomalía en la naturaleza que la de un ave que no pueda volar, y, sin embargo, varias viven en este estado. El pato de cabeza deforme[41] de América del Sur solo puede aletear a lo largo de la superficie del agua, a pesar de que sus alas son casi de la misma condición que el pato doméstico de Aylesbury; es un hecho notable que los individuos jóvenes, según míster Cunningham, pueden volar, mientras que los adultos han perdido esta facultad. Como las aves más grandes que encuentran su alimento en el suelo rara vez echan a volar, excepto para escapar del peligro, es probable que la condición casi áptera de varias aves, que actualmente viven o que vivieron recientemente en varias islas oceánicas donde no habita ninguna bestia de presa, haya sido producida por el desuso. Es verdad que el avestruz vive en continentes y está expuesto a peligros de los que no puede escapar volando, pero puede defenderse a patadas de sus enemigos, con tanta eficacia como muchos cuadrúpedos. Podemos creer que el progenitor de los avestruces tuvo costumbres parecidas a las de la avutarda y que, a medida que el tamaño y el peso de su cuerpo fueron aumentando en las generaciones sucesivas, usó más sus patas y menos sus alas, hasta que llegaron a ser inservibles para el vuelo.

Kirby ha señalado —y yo he observado el mismo hecho— que los tarsos o pies anteriores de muchos coleópteros coprófagos machos están frecuentemente rotos: examinó diecisiete ejemplares de su propia colección y en ninguno quedaba ni siquiera restos de tarso. En el *Onites apelles* es tan habitual que hayan perdido los tarsos, que se ha descrito al insecto como si no los tuviera. En algunos otros géneros se presentan tarsos, pero en estado rudimen-

[41] En inglés, *logger-headed duck* —literalmente, «pato tonto» o «pato tortuga marina»—; es el *Micropterus brachypterus* de Eyton, sinónimo del *Tachyeres cinereus* del estrecho de Magallanes y de las islas Malvinas.

tario. En el *Ateuchus*, o escarabajo sagrado de los egipcios, faltan por completo. La prueba de que las mutilaciones accidentales pueden ser heredadas no es hasta ahora decisiva; pero los notables casos de efectos hereditarios de operaciones observados por Brown-Séquard en los conejillos de Indias nos obligan a ser cautos en negar esta tendencia. Por consiguiente, quizá sea lo más seguro considerar la completa ausencia de los tarsos anteriores en el *Ateuchus* y su condición rudimentaria en algunos otros géneros, no como casos de mutilaciones heredadas, sino como debidos a los efectos del prolongado desuso; pues, como se encuentran generalmente muchos coleópteros coprófagos con sus tarsos perdidos, esto tuvo que ocurrir al pricipio de su vida, por lo cual los tarsos no pueden ser de mucha importancia ni muy usados en estos insectos.

En algunos casos podríamos fácilmente atribuir al desuso modificaciones de estructura que son por completo o principalmente debidas a la selección natural. Míster Wollaston ha descubierto el notable hecho de que doscientas especies de coleópteros, de las quinientas cincuenta —hoy se conocen más— que viven en la isla de Madeira, tiene las alas tan deficientes que no pueden volar, y que de veintinueve géneros endémicos, ¡nada menos que veintitrés tienen todas sus especies en este estado! Varios hechos, a saber: que los coleópteros, en muchas partes del mundo, son arrastrados con frecuencia por el viento al mar y perecen; que los coleópteros en la isla de Madeira, según ha observado míster Wollaston, permanecen muy escondidos hasta que el viento se calma y brilla el sol; que la proporción de coleópteros sin alas es mayor en las islas Desertas, expuestas al viento, que en la misma Madeira, y especialmente, el hecho extraordinario, sobre el que con tanta energía insiste míster Wollaston, de que determinados grupos grandes de coleópteros, sumamente numerosos en todas partes, que tienen que usar necesariamente de sus alas, faltan allí casi por completo; todas estas diversas consideraciones me hacen creer que la condición áptera de tantos coleópteros de Madeira sea debida principalmente a la acción de la selección natural, combinada probablemente con el desuso; pues durante muchas generaciones sucesivas cada coleóptero que volase menos, ya porque sus alas se hubiesen desarrollado un poco menos perfectamente, ya por su condición indolente, habrá tenido las mayores probabilidades de sobrevivir al no ser arrastrado por el viento al mar, y, por el contrario, aquellos coleópteros más dispuestos a emprender el vuelo tendrían que haber sido arrastrados con más frecuencia al mar por el viento y ser destruidos de este modo.

Los insectos de la isla de Madeira que no encuentran su alimento en el suelo y que, como ciertos coleópteros y lepidópteros que se alimentan de las flores, tienen que usar habitualmente sus alas para ganarse su sustento, no tienen sus alas —como sopecha míster Wollaston— en modo alguno reducidas, sino incluso más desarrolladas. Esto es completamente compatible con la acción de la selección natural. Pues cuando un nuevo insecto llegó por vez primera a la isla, la tendencia de la selección natural a desarrollar o a reducir las alas dependería de que se salvase un número mayor de individuos luchando felizmente con los vientos, o a que desistieron de intentarlo y volaros raras veces o nunca. Es lo que les ocurre a los marineros que naufragan cerca de una costa: habría sido mejor para los buenos nadadores haber sido capaces de nadar todavía más, mientras que habría sido mejor para los malos nadadores que no hubiesen sabido nadar y se hubiesen aferrado a los restos del naufragio.

Los ojos de los topos y de algunos roedores minadores son rudimentarios por su tamaño, y en algunos casos están completamente cubiertos por la piel y los pelos. Este estado de los ojos se debe probablemente a reducción gradual por desuso, aunque ayudada quizá por la selección natural. En América del Sur, un roedor minador, el tucu-tuco o *Ctenomys*, es en sus costumbres aún más subterráneo que el topo, y un español que los había cazado muchas veces me aseguró que con frecuencia eran ciegos. Un ejemplar que conservé vivo se encontraba realmente en ese estado, habiendo sido la causa, según se vio en la disección, la inflamación de la membrana nictitante. Como la inflamación frecuente de los ojos tiene que ser perjudicial a cualquier animal, y como los ojos verdaderamente no son necesarios a los animales que tienen costumbres subterráneas, una reducción en el tamaño, unida a la adherencia de los párpados y el crecimiento del pelo sobre ellos, pudo ser en este caso una ventaja; y, si es así, la selección natural ayudaría a los efectos del desuso.

Es bien sabido que son ciegos varios animales pertenecientes a las clases más diferentes que viven en las cavernas de Carniola y de Kentucky. En algunos crustáceos, el pedúnculo del ojo subsiste, aun cuando el ojo ha desaparecido; el soporte del telescopio está allí, pero el telescopio con sus lentes ha desaparecido. Como es difícil imaginar que los ojos, aunque sean inútiles, puedan ser en modo alguno perjudiciales a los animales que viven en la oscuridad, su pérdida puede atribuirse al desuso. En uno de los animales ciegos —la rata de mina *(Neotoma)*—, dos ejemplares del cual fueron capturados por el profesor Silliman a más de medio kilómetro de distancia de la entrada de la caverna y, por consiguiente, no en las mayores profundidades, los ojos eran lustrosos y de gran tamaño, y estos animales—según me informa el profesor Silliman—, después de haber estado sometidos durante un mes aproximadamente a una luz graduada, adquirieron una confusa percepción de los objetos.

Es difícil imaginar condiciones de vida más semejantes que las de las profundas cavernas de piedra caliza; de modo que, según la antigua teoría de que los animales ciegos han sido creados separadamente para las cavernas de América y de Europa, habría de esperarse una estrecha semejanza en su organización y en sus afinidades. Pero no ocurre así, ciertamente, si nos fijamos en el conjunto de ambas faunas; y por lo que se refiere solo a los insectos, Schiödte ha hecho observar: «No podemos, pues, considerar todo el fenómeno bajo ninguna otra luz, más que como algo puramente local, y la semejanza que se manifiesta entre unas cuantas formas de la Cueva del Mamut, en Kentucky, y las cuevas de Carniola, más que como una clarísima expresión de esa analogía que subsiste, en general, entre la fauna de Europa y la de América del Norte». En mi opinión, tenemos que suponer que los animales de América, dotados en la mayor parte de los casos de las facultades ordinarias de visión, emigraron lentamente, durante generaciones sucesivas, desde el mundo exterior a los escondrijos cada vez más escondidos de las cavernas de Kentucky, como hicieron los animales europeos en las cuevas de Europa. Tenemos algunas pruebas de esta gradación de costumbres, pues, como observa Schiödte: «Consideramos, pues, las faunas subterráneas como pequeñas ramificaciones que han penetrado en la tierra desde las faunas geográficamente limitadas de las comarcas adyacentes, y que a medida que se fueron extendiendo en la oscuridad se acomodaron a las circunstancias que las rodean. Animales no muy diferentes de las formas ordinarias preparan la transición de la luz a la oscuridad. Siguen luego los que están conformados para una media luz, y, por último, los destinados a la oscuridad total, y cuya conformación es totalmente peculiar». Estas observaciones de Schiödte, entiéndase bien, no se aplican a una misma especie, sino a especies distintas. Cuando un animal ha llegado, después de numerosas generaciones, a los escondrijos más profundos, el desuso, según esta opinión, habrá atrofiado más o menos completamente sus ojos, y muchas veces la selección natural habrá efectuado otros cambios, como un aumento en la longitud de las antenas o palpos, como compensación por la ceguera. A pesar de estas modificaciones, podíamos esperar ver aún en los animales cavernícolas de América afinidades con los demás habitantes de aquel continente, y en los de Europa con los habitantes del continente europeo. Y así ocurre con algunos de los animales cavernícolas americanos, según me dice el profesor Dana; y algunos de los insectos cavernícolas europeos son muy afines a los del país circundante. Sería difícil dar una explicación racional de las afinidades de los animales cavernícolas ciegos con los demás animales de los dos continentes, según la opinión común de su creación independiente. Que varios de los habitantes del viejo y del nuevo continente tendrían que ser muy afines, era de esperar por la relación, bien conocida, de la mayor parte de sus demás producciones. Como una especie ciega de *Bathyscia* se encuentra en abundancia en las rocas sombrías lejos de las cavernas, la pérdida de la vista en las especies cavernícolas de este género no ha tenido probablemente ninguna relación con la oscuridad del lugar en que viven, pues es natural que un insecto privado ya de vista llegue a adaptarse fácilmente a las cavernas oscuras. Otro género ciego —el *Anophthalmus*— ofrece, según hace observar míster Murray, la notable particularidad de que sus especies no se han encontrado todavía en ninguna otra parte más que en las cavernas; además las que viven en las diferentes cuevas de Europa y de América son distintas; pero es posible que los progenitores de estas diversas especies, cuando estaban provistos de ojos, pudieron haberse extendido antiguamente por ambos continentes y haberse extinguido después, excepto en los lugares retirados donde actualmente habitan. Lejos de experimentar sorpresa porque algunos de los animales cavernícolas sean muy anómalos —como ha hecho observar Agassiz respecto del pez ciego, el *Amblyopsis*[42], y como ocurre con el *Proteus* ciego, comparado con los reptiles[43] de Europa—, a mí solo me sorprende que no se hayan conservado más restos de la vida antigua debido a la competencia menos severa a que habrán estado sometidos los escasos habitantes de estos tenebrosos parajes.

Aclimatación

La costumbre es hereditaria en las plantas en la época de la florescencia, en las horas de sueño, en la cantidad de lluvia necesaria para que germinen las simientes, etc., y esto me conduce a decir algunas palabras sobre la aclimatación. Como es muy frecuente que especies distintas pertenecientes al mismo género habiten en países cálidos y fríos, si es verdad que todas las especies del mismo género descienden de una sola forma madre, la aclimatación debió de llevarse a cabo fácilmente durante una larga serie de generaciones. Es notorio que cada especie está adaptada al clima de su propio país: las especies de una región ártica o incluso

[42] Pez teleósteo, de las cuevas de Kentucky, de ojos rudimentarios adaptados a la oscuridad.

[43] El *Proteus* pertenece al grupo de los anfibios, considerado en un tiempo como parte de los reptiles.

templada no pueden resistir un clima tropical, y viceversa; del mismo modo, además, muchas plantas jugosas no pueden resistir un clima húmedo. Pero se exagera a menudo el grado de adaptación de las especies a los climas en que viven. Podemos deducir esto de nuestra frecuente incapacidad para predecir si una planta importada resistirá o no nuestro clima, y del número de plantas y animales traídos de diferentes países, que viven aquí con perfecta salud.

Tenemos motivos para creer que las especies en estado de naturaleza están estrictamente limitadas a sus áreas por la competencia de otros seres orgánicos, tanto o más que por la adaptación a sus climas particulares. Pero sea o no muy rigurosa esta adaptación en la mayor parte de los casos, tenemos pruebas de que algunas plantas han llegado naturalmente a acostumbrarse, hasta cierto punto, a temperaturas diferentes, o sea, a aclimatarse: así, los pinos y rododendros nacidos de semillas recogidas por el doctor Hooker de plantas de una misma especie que crecen a diferentes altitudes del Himalaya, se ha visto que poseen diferente fuerza de constitución para resistir el frío de Inglaterra. Míster Thwaites me informa de que ha observado hechos semejantes en Ceilán; observaciones análogas han sido hechas por míster H. C. Watson en especies europeas de plantas traídas de las islas Azores a Inglaterra, y podría citar otros casos. Por lo que se refiere a los animales, podrían aducirse diversos ejemplos auténticos de especies que, en tiempos históricos, han extendido ampliamente su área desde latitudes más cálidas a más frías, y viceversa; pero no sabemos de un modo positivo que estos animales estuviesen estrictamente adaptados a su clima nativo, aunque en todos los casos ordinarios admitimos que ocurra así; ni tampoco sabemos que después hayan llegado a aclimatarse especialmente a sus nuevos países, de modo que hayan logrado adaptarse mejor a ellos de lo que lo estuvieron al principio.

Como podemos suponer que nuestros animales domésticos fueron primitivamente elegidos por el hombre salvaje porque eran útiles y porque criaban fácilmente en cautividad, y no porque después se viese que podían ser transportados a grandes distancias, la extraordinaria capacidad común a los animales domésticos no solo de resistir los climas diferentes, sino también de ser en ellos perfectamente fecundos —prueba esta más dura—, puede ser utilizada como un argumento en favor de que un gran número de otros animales, actualmente en estado salvaje, podrían fácilmente acostumbrarse a soportar climas muy diferentes. No debemos, sin embargo, llevar demasiado lejos el precedente argumento, teniendo en cuenta que algunos de nuestros animales domésticos tiene probablemente su origen en diversos troncos salvajes; la sangre, por ejemplo, de un lobo tropical y de otro ártico pueden quizá estar mezcladas en nuestras razas domésticas. La rata y el ratón no pueden considerarse como animales domésticos, pero ha sido transportado por el hombre a muchas partes del mundo, y tienen actualmente un área mucho más extensa que la de ningún otro roedor, pues viven en el clima frío de las islas Feroe, al norte, y de las Malvinas, al sur, y en muchas islas de las zonas tórridas. Por consiguiente, la adaptación a un clima especial cualquiera puede considerarse como una cualidad que se injerta fácilmente en una gran flexibilidad innata de constitución, común a la mayor parte de los animales. Según esta opinión, la capacidad de resistencia de los climas más diferentes por el hombre mismo y por sus animales domésticos, y el hecho de que el elefante y el rinoceronte extintos hayan resistido antiguamente un clima glacial, mientras que las especies actualmente vivientes son todas tropicales o subtropicales en sus costumbres, no deben considerarse como anomalías, sino como ejemplos de una flexibilidad muy común de constitución, puesta en acción en circunstancias especiales.

Es una cuestión oscura determinar qué proporción de la aclimatación de las especies a un clima peculiar cualquiera se debe simplemente a la costumbre, cuánto a la selección natural de variedades que tienen diferente constitución congénita y cuánto a estas dos causas combinadas. Que el hábito o la costumbre tiene alguna influencia, he de creerlo, tanto por la analogía como por el consejo dado incesantemente en las obras de agricultura —incluso en las antiguas enciclopedias de China— para que se tuviera mucha prudencia al transportar animales de una región a otra. Y como no es probable que el hombre haya conseguido seleccionar tantas razas y subrazas de constitución especialmente adecuada para sus respectivas comarcas, el resultado ha de ser debido, creo yo, a la costumbre. Por otra parte, la selección natural tendería inevitablemente a conservar aquellos individuos que naciesen con constitución mejor adaptada al país que habitasen. En los tratados sobre muchas clases de plantas cultivadas se dice que determinadas variedades resisten mejor que otras ciertos climas; esto se ve de una manera sorprendente en las obras sobre árboles frutales publicadas en Estados Unidos, en las que se recomiendan habitualmente ciertas variedades para los estados del norte y otras para los del sur; y como la mayor parte de las variedades son de origen reciente, no pueden deber a la costumbre sus diferencias de constitución. El caso de la pataca [44], que nunca se propaga en Inglaterra por semilla, y de la que, por consiguiente, no se han producido variedades nuevas, ¡se ha propuesto como prueba de que la aclimatación no puede realizarse, pues es ahora tan delicada como siempre lo fue! También se ha citado frecuentemente con el mismo propósito y con mayor fundamento el caso de la judía; pero no puede decirse que el experimento haya sido comprobado, hasta que alguien, durante una veintena de generaciones, siembre judías tan temprano que sean destruidas en gran cantidad por la escarcha y recoja entonces las semillas de los pocos supervivientes, procurando evitar cruzamientos accidentales y, con las mismas precauciones, obtenga de nuevo semillas de estas plantas. Y no se suponga tampoco que no aparecen nunca diferencias en la constitución de las plantitas de las judías, pues se ha publicado un informe acerca de que algunos planteles son mucho más resistentes que otros, y de este hecho yo mismo he observado ejemplos sorprendentes.

En suma, podemos sacar la conclusión de que el hábito, o sea, el uso y desuso, han jugado en algunos casos un papel importante en la modificación de la constitución y estructura, pero que sus

[44] También llamada «aguaturma», planta herbácea de raíz tuberculosa. En Inglaterra se llama *Jerusalem artichoke,* «alcachofa de Jerusalén» *(Helianthus tuberosus).*

efectos a menudo se han combinado ampliamente con la selección natural de variaciones congénitas, y a veces han sido dominados por ella.

Variación correlativa

Con esta expresión quiero decir que toda la organización está tan enteramente ligada entre sí durante su crecimiento y desarrollo que, cuando ocurren pequeñas variaciones en alguna parte y son acumuladas por la selección natural, llegan a modificarse otras partes. Este es un asunto importantísimo, que ha sido muy imperfectamente entendido, y en el que sin duda dos clases de hechos completamente diferentes pueden confundirse del todo. Veremos ahora que la simple herencia da frecuentemente una apariencia falsa de correlación. Uno de los casos reales más evidentes es que las variaciones de estructura que se originan en las larvas o en jóvenes tienden naturalmente a modificar la estructura del animal adulto. Las diferentes partes del cuerpo que son homologas, y que al principio del periodo embrionario son de estructura idéntica, y que están sometidas necesariamente a condiciones semejantes, parecen propender mucho a variar de la misma manera; vemos esto en los lados derecho e izquierdo del cuerpo, que varían de la misma manera, en las patas delanteras y traseras, y hasta en las mandíbulas y miembros, que varían juntos, pues algunos anatómicos creen que la mandíbula inferior es homologa de los miembros. No tengo ninguna duda de que estas tendencias pueden ser dominadas más o menos completamente por la selección natural: asi, existió una vez una familia de ciervos con un asta en un solo lado, y si esto hubiese sido de gran utilidad para la casta, probablemente se hubiese convertido en permanente por selección.

Las partes homólogas, como han señalado algunos autores, tienden a soldarse; esto se ve con mucha frecuencia en las plantas monstruosas, y no hay nada más común que la unión de partes homologas en estructuras normales, como la unión de los pétalos formando un tubo. Las partes duras parecen influir en la forma de las partes blandas contiguas; algunos autores creen que la diversidad de formas en la pelvis de las aves produce la notable diversidad en la forma de sus riñones. Otros creen que, en la especie humana, la forma de la pelvis de la madre influye, por presión, en la forma de la cabeza del niño. En las culebras, según Schlegel, la forma del cuerpo y la manera de engullir determinan la posición y la forma de algunas de las visceras más importantes.

La naturaleza de la relación es con frecuencia completamente oscura. Monsieur Isidore Geoffroy Saint-Hilaire ha señalado con insistencia que ciertas conformaciones anómalas coexisten muchas veces, y otras, raras veces, sin que podamos indicar razón alguna. ¿Qué cosa puede haber más singular que la relación que existe en los gatos entre la blancura completa y los ojos azules con la sordera, o entre la coloración *mariposa* y el sexo femenino? ¿Y, en las palomas, entre las patas calzadas y la piel que une los dedos externos, o entre la presencia de más o menos pelusa en los pichones al salir del huevo con el futuro color de su plumaje? ¿O, también, la relación entre el pelo y los dientes del perro turco pelado, aunque en este caso, indudablemente, entra en juego la homología? Pero lo que se refiere a este último caso de correlación, creo que difícilmente puede ser casual que los dos órdenes de mamíferos que son más anómalos en su envoltura dérmica, es decir, los cetáceos —ballenas, etc.— y los desdentados —armadillos, pangelines, etc.— sean también, en general, los más anómalos en la dentadura; pero hay tantísimas excepciones de esta regla, según ha hecho observar míster Mivart, que tiene poco valor.

No conozco caso más adecuado para demostrar la importancia de las leyes de correlación y variación, independientemente de la utilidad y, por consiguiente, de la selección natural, que el de la diferencia entre las flores externas y las internas de algunas plantas compuestas y umbelíferas. Todo el mundo está familiarizado con las diferencias entre las florecillas periféricas y las centrales de la margarita, por ejemplo, y esta diferencia va acompañada muchas veces de la atrofia parcial o total de los órganos reproductores. Pero en algunas de estas plantas, las semillas difieren también en forma y en relieve. Estas diferencias se han atribuido a veces a la presión del involucro sobre las florecillas o a la presión mutua de estas, y la forma de los aquenios en las flores periféricas de algunas compuestas apoya esta opinión; pero en las umbelíferas, según me informa el doctor Hooker, no son de ningún modo las especies con inflorescencias más densas las que con más frecuencia difieren en sus flores interiores y exteriores. Podría creerse que el desarrollo de los pétalos periféricos al quitar alimento de los órganos reproductores, produce su aborto; pero esto difícilmente puede ser la causa única, pues en algunas compuestas los frutos de las florecillas interiores y exteriores difieren, sin que haya diferencia alguna en la corola. Es posible que estas diversas diferencias estén relacionadas con la desigual afluencia de las sustancias nutritivas hacia las flores centrales y externas; sabemos, por lo menos, que en las flores irregulares las que están más próximas al eje son las más sujetas a *peloria* [45], esto es, a ser anormalmente simétricas. Puedo añadir, como ejemplo de este hecho y como caso asombroso de correlación, que en muchos pelargonios los dos pétalos superiores de la flor central del grupo pierden a menudo sus manchas de color más oscuro y, cuando esto ocurre, el nectario contiguo está completamente abortado, llegando a hacerse de este modo la flor central pelórica o regular. Cuando falta el color en uno solo de los dos pétalos superiores, el nectario no está por completo abortado, pero se encuentra muy reducido.

Respecto al desarrollo de la corola, es muy probable la idea de Sprengel de que las florecillas periféricas sirven para atraer a los insectos, cuya acción es sumamente ventajosa o necesaria para la fecundación de estas plantas; y si es así, la selección natural puede haber entrado en juego. Pero con respecto a los frutos, parece imposible que sus diferencias de forma, que no siempre son correlativas de alguna diferencia en la corola, puedan ser en modo alguno beneficiosas; sin embargo, en las umbelíferas estas diferencias son de importancia tan visible —los frutos son a veces ortospermos [46] en las flores exteriores y celospermos [47] en las flores centrales—,

[45] Véase el glosario de términos científicos.

[46] *Ibídem*.

[47] *Ibídem*.

que Aug. Pyr. de Candolle basó las divisiones principales del orden en estos caracteres. Por eso, las modificaciones de estructura, consideradas por los sistemáticos como de gran valor, pueden deberse por completo a las leyes de variación y correlación, sin que sean, hasta donde podemos juzgar, de la menor utilidad para las especies.

Muchas veces podemos atribuir erróneamente a variación correlativa estructuras que son comunes a grupos enteros de especies y que, en realidad, son simplemente debidas a la herencia; pues un antiguo progenitor puede haber adquirido por selección natural alguna modificación en su estructura y, después de millares de generaciones, alguna otra modificación independiente, y estas dos modificaciones, habiéndose transmitido a todo un grupo de descendientes de costumbres diversas, podría pensarse naturalmente que son necesariamente correlativas en cierto modo.

Algunas otras correlaciones son debidas evidentemente al único modo como puede obrar la selección natural. Por ejemplo, Alph. de Candolle ha señalado que las semillas aladas no se encuentran nunca en frutos que no se abren. Explicaría yo esta regla por la imposibilidad de que las semillas lleguen a ser gradualmente aladas por medio de la selección natural, sin que las cápsulas se abran; pues en este caso las semillas que fuesen un poco más adecuadas para ser mecidas por el viento pudieron adquirir ventaja sobre otras menos adecuadas para una gran dispersión.

Compensación y economía de crecimiento

Entienne Geoffroy Saint-Hilaire y Goethe propusieron, casi al mismo tiempo, su ley de compensación o de equilibrio de crecimiento, o, según la expresión de Goethe, «la naturaleza, para gastar en un lado, se ve obligada a economizar en otro». Creo que esto se confirma, en cierta medida, en nuestras producciones domésticas: si la sustancia nutritiva afluye en exceso a una parte u órgano, rara vez afluye, por lo menos en exceso, a otra parte; y así, es difícil conseguir que una vaca dé mucha leche y engorde con facilidad. Unas mismas variedades de col no producen abundantes y nutritivas hojas y una copiosa cantidad de semillas oleaginosas. Cuando las semillas se atrofian en nuestras frutas, el fruto mismo gana mucho en tamaño y calidad. En las aves de corral, un moño grande de plumas en la cabeza va acompañado generalmente de cresta reducida, y una barba grande, de carúnculas reducidas. En las especies en estado de naturaleza difícilmente se puede sostener que esta ley sea de aplicación universal; pero muchos buenos observadores, botánicos especialmente, creen en la exactitud de esta ley. Sin embargo, no daré aquí ningún ejemplo, pues apenas veo modo de distinguir entre los efectos, por un lado, de una parte que se ha desarrollado mucho por medio de la selección natural y otra parte contigua que se ha reducido por este mismo proceso y por desuso, y, por otro lado, los efectos de la retirada efectiva de sustancias nutritivas de una parte debida al exceso de crecimiento en otra parte contigua.

Sospecho también que algunos de los casos de compensación que se han indicado, así como algunos otros hechos, pueden fundirse en un principio más general, o sea: que la selección natural se esfuerza continuamente por economizar todas las partes de la organización. Si en un cambio de condiciones de vida una estructura, antes útil, llega a serlo menos, su disminución será favorecida, pues le servirá de provecho al individuo no derrochar su alimento en conservar una estructura inútil. Solo así puedo comprender un hecho que me llamó mucho la atención cuando estudiaba los cirrípedos y del que podrían citarse muchos ejemplos análogos, o sea, que cuando un cirrípedo es parásito en el interior de otro cirrípedo y de ese modo resulta protegido, pierda más o menos por completo su propia concha o caparazón. Así sucede en el macho de *Ibla* y, de un modo completamente extraordinario, en el *Proteolepas,* pues el caparazón en todos los demás cirrípedos está formado por los tres importantísimos segmentos anteriores de la cabeza, enormemente desarrollados y provistos de grandes nervios y músculos, mientras que, el *Proteolepas,* parasitario y protegido, toda la parte anterior de la cabeza está reducida a un simple rudimento unidos a las bases de las antenas prensiles. Ahora bien, ahorrarse una estructura grande y compleja cuando se ha hecho superflua tiene que ser una ventaja decisiva para cada uno de los individuos sucesivos de la especie, pues en la lucha por la vida, a que todo animal está expuesto, tendrán más probabilidades de mantenerse por malgastar menos sustancia nutritiva.

De este modo, a mi parecer, la selección natural tenderá a la larga a cualquier parte de la organización tan pronto como llegue a ser superflua por el cambio de costumbres, sin que, en modo alguno, sea esto causa de que alguna otra parte se desarrolle mucho en la proporción correspondiente. Y, viceversa, que la selección natural puede conseguir perfectamente que se desarrolle mucho un órgano sin exigir como compensación necesaria la reducción de ninguna parte contigua.

Las conformaciones múltiples rudimentarias y de organización inferior son variables

Parece ser una regla, según señala Isidore Geoffroy Saint-Hilaire, tanto en las variedades como en las especies, que cuando alguna parte u órgano se repite muchas veces en el mismo individuo —como las vértebras en las culebras y los estambres en las flores poliándricas—, el número es variable, mientras que la misma parte u órgano, cuando se presenta en número menor, es constante. El mismo autor, así como algunos botánicos, ha observado además que las partes múltiples son muy propensas a variar de conformación. Como la «repetición vegetativa» —para usar la expresión del profesor Owen— es un signo de organización inferior, la afirmación precedente concuerda con la opinión común de los naturalistas de que los seres que ocupan lugar inferior en la escala de la naturaleza son más variables que los que figuran en lugares más altos. Presumo que la inferioridad significa aquí que las diversas partes de la organización están muy poco especializadas para funciones particulares, y mientras que una misma parte tiene que realizar labor diversa, acaso podamos comprender por qué ha de permanecer variable, o sea, por qué la selección natural no conserve o rechace cada pequeña desviación de forma tan cuidadosa como cuando la parte ha de servir para algún objeto especial, del mismo modo que un cuchillo que ha de cortar toda clase de cosas puede tener casi cualquier forma, mientras que un instrumento destinado a un fin particular ha de tener una forma especial. La selección natural, no hay que olvidarlo, solamente puede obrar por y para la ventaja de cada ser.

Las partes rudimentarias, según se admite generalmente, propenden a ser muy variables. Tendremos que volver de nuevo sobre este asunto y solo añadiré aquí que su variabilidad parece resultar de su inutilidad y de que la selección natural, por consiguiente, no ha tenido poder para contrarrestar las desviaciones de su estructura.

Una parte desarrollada en cualquier especie en grado o en modo extraordinarios, en comparación con la misma parte en especies afines, tiende a ser sumamente variable

Hace unos años me llamó mucho la atención una observación sobre este particular, hecha por míster Waterhouse. El profesor Owen también parece haber llegado a una conclusión casi igual. Es en vano intentar convecer a nadie de la verdad de la proposición antes expuesta sin dar la larga serie de hechos que he reunido y que no es posible presentar aquí; únicamente puedo manifestar mi convicción de que es una regla muy general. Reconozco que puede haber diversas causas de error, mas confío en que me he hecho el debido cargo de ellas. Ha de entenderse bien que la regla en modo alguno se aplica a ninguna parte, aunque esté inusitadamente desarrollada, si no lo está así en una o varias especies, en comparación con la misma parte en muchas especies íntimamente afines. Así, el ala del murciélago es una de las estructuras más anómalas en la clase de los mamíferos; pero la regla no se aplicaría en este caso, pues todo el grupo de los murciélagos posee alas; se aplicaría solo si alguna especie tuviese alas desarrolladas de un modo notable en comparación con las demás especies del mismo género. La regla se aplica muy rigurosamente en el caso de los caracteres sexuales secundarios, cuando se manifiestan de un modo inusitado. La expresión «caracteres sexuales secundarios», empleada por Hunter, se refiere a los caracteres que van unidos a un sexo, pero no están directamente relacionados con el acto de la reproducción. La regla se aplica a machos y hembras, pero más raramente a las hembras, pues estas presentan pocas veces caracteres sexuales secundarios notables. El hecho de que la regla se aplique tan claramente en el caso de los caracteres sexuales secundarios puede ser debido a la gran variabilidad de estos caracteres, manifiéstense o no de un modo desusado, variabilidad de la que creo que apenas puede caber duda.

Pero que nuestra regla no se limita a los caracteres sexuales secundarios se ve claramente en el caso de los cirrípedos hermafroditas; cuando estudié este orden presté particular atención a la observación de míster Waterhouse, y estoy plenamente convencido de que la regla se cumple casi siempre. En una obra futura daré una lista de todos los casos más notables; aquí citaré tan solo uno, porque ilustra la regla en su aplicación más amplia. Las válvulas operculares [48] de los cirrípedos sésiles (bálanos) [49] son, en toda la extensión de la palabra, estructuras importantísimas y difieren muy poco incluso en géneros distintos; pero en las diferentes especies de un género, el *Pyrgoma*, estas válvulas presentan una maravillosa diversidad, siendo a veces las válvulas homólogas en las diferentes especies de forma completamente distinta, y la variación en los individuos de la misma especie es tan grande, que no hay ninguna exageración en afirmar que las variedades de una misma especie difieren más entre sí en los caracteres derivados de estos órganos de lo que difieren las especies pertenecientes a otros géneros distintos.

Como en las aves los individuos de una misma especie que viven en el mismo país varían poquísimo, les he prestado particular atención, y la regla parece ciertamente confirmarse en esta clase. No he podido comprobar si la regla se aplica a las plantas, y esto

48 Véase OPÉRCULO en el glosario.

49 Véase *BALANUS* en el glosario de términos científicos.

me haría vacilar seriamente en mi creencia de su exactitud si la gran variabilidad de las plantas no hubiese hecho particularmente difícil comparar sus grados relativos de variabilidad.

Cuando vemos una parte u órgano cualquiera desarrollado en un grado o modo notables en una especie, la presunción razonable es que el órgano o parte es de gran importancia para esta especie, y, sin embargo, lo que ocurre en este caso es que está muy sujeto a variación. ¿Por qué ha de ser así? Según la teoría de que cada especie ha sido creada independientemente, con todas sus partes tal como ahora las vemos, no puedo hallar explicación alguna; pero con la teoría de que grupos de especies descienden de otras especies y han sido modificados por selección natural, creo que podemos conseguir alguna luz. Primero permítaseme hacer algunas observaciones preliminares. Si en los animales domésticos cualquier parte o todo el animal son desatendidos y no se ejerce selección alguna, esta parte —por ejemplo, la cresta de la gallina Dorking—, o toda la raza, cesará de tener carácter uniforme, y se puede decir que la raza degenera. En los órganos rudimentarios y en los que se han especializado muy poco para un fin determinado, y quizá en los grupos polimorfos, vemos un caso casi parejo, pues en tales casos la selección natural no ha entrado o no ha llegado a entrar de lleno en juego, y así el organismo ha quedado en un estado fluctuante. Pero lo que nos interesa aquí más particularmente es que aquellos puntos de los animales domésticos actualmente están experimentando un cambio rápido por selección continuada, son también muy propensos a variación. Fijémonos en los individuos de una misma raza de palomas y véase qué prodigiosa diferencia hay en los picos de las *tumblers,* en los picos y carúnculas de las *carriers,* en el porte y cola de las colipavos, etcétera, puntos que son ahora principalmente atendidos por los criadores ingleses. Hasta en una misma subraza, como en la *tumbler* caricorta, hay notoria dificultad para criar individuos casi perfectos, pues muchos se apartan considerablemente del modelo. Realmente puede decirse que hay una lucha constante entre la tendencia, por un lado, a la regresión a un estado menos perfecto, junto con una tendencia innata a nuevas variaciones, y, por otro lado, la fuerza de una selección continua para conservar pura la raza. A la larga, la selección triunfa, pues no se nos ocurre descender tanto como para criar una paloma tan basta como una volteadora común de una *tumbler* caricorta. Pero mientras la selección avanza rápidamente hay que esperar siempre mucha variación en las partes que experimentan modificación.

Volvamos ahora a la naturaleza. Cuando una parte se ha desarrollado de un modo extraordinario en una especie cualquiera, comparada con las demás especies del mismo género, podemos sacar la conclusión de que esta parte ha experimentado extraordinaria modificación desde el periodo en que las diversas especies se separaron del tronco común del género. Este periodo raras veces será extremadamente remoto, pues las especies raramente persisten durante más de un periodo geológico. Una modificación extraordinariamente grande implica una variabilidad inusitadamente amplia y muy continuada, que se ha ido acumulando constantemente por selección natural para beneficio de la especie. Pero como la variabilidad del órganos o parte extraordinariamente desarrollados ha sido tan grande y tan continuada dentro de un periodo no excesivamente remoto, podemos esperar encontrar todavía, por regla general, más variabilidad en estas partes que en las demás del organismo que han permanecido casi constantes durante un periodo mucho más largo. Y estoy convencido de que ocurre así.

No veo razón alguna para dudar de que la lucha entre la selección natural, de una parte, y la tendencia a la reversión y a la variabilidad, de otra, cese con el transcurso del tiempo, ni de que los órganos más anómalamente desarrollados lleguen a ser constantes. Por consiguiente, cuando un órgano, por anómalo que sea, se ha transmitido aproximadamente en el mismo estado a muchos descendientes modificados, como en el caso del ala del murciélago, tiene que haber existido, según nuestra teoría, durante un inmenso periodo, casi en el mismo estado, y de este modo ha llegado a ser más variable que cualquier otra estructura. Solo en aquellos casos en los que la modificación ha sido relativamente reciente y extraordinariamente grande, debemos esperar encontrar la *variabilidad generativa,* como puede llamarse, todavía presente en sumo grado, pues, en este caso, la variabilidad raras veces habrá sido fijada todavía por la selección continuada de los individuos que varían en el grado y modo requeridos y por la exclusión continuada de los que tiendan a volver a un estado anterior y menos modificado.

Los caracteres específicos son más variables que los caracteres genéricos

El principio discutido bajo el epígrafe anterior puede aplicarse a la cuestión presente. Es notorio que los caracteres específicos son más variables que los genéricos. Explicaré con un solo ejemplo lo que esto quiere decir: si en un género grande de plantas unas especies tuviesen las flores azules y otras las tuviesen rojas, el color sería solamente un carácter específico y nadie se sorprendería de que una de las especies azules se convirtiese en roja, o viceversa; pero si todas las especies tuviesen flores azules, el color pasaría a ser un carácter genérico, y su variación sería un hecho más inusitado. He elegido este ejemplo porque la explicación que darían la mayor parte de los naturalistas no tiene aplicación aquí, o sea: que los caracteres específicos son más variables que los genéricos, pues están tomados de partes de menos importancia fisiológica que los utilizados comúnmente para la clasificación de los géneros. Creo que esta explicación es, en parte, exacta, aunque solo de un modo indirecto; comoquiera que sea, volveré sobre este punto en el capítulo sobre la clasificación.

Sería casi superfluo aducir pruebas en apoyo de la afirmación de que los caracteres específicos ordinarios son más variables que los genéricos; pero, tratándose de caracteres importantes, he advertido repetidas veces en obras de historia natural que cuando un autor observa con sorpresa que algún órgano o parte importante, que generalmente es muy constante en todo un grupo grande de especies, «difiere» considerablemente de especies muy afines, este carácter es con frecuencia «variable» en los individuos de la misma especie. Y este hecho prueba que un carácter, que es ordinariamente de valor genérico, cuando desciende en valor y llega a ser solo de valor específico, se vuelve a menudo variable, aunque su importancia fisiológica pueda seguir siendo la misma. Algo así se aplica a las monstruosidades; por lo menos, Isidore Geoffroy Saint-Hilaire no tiene, al parecer, duda alguna de que, cuanto más difiere normalmente un órgano de las diferentes especies del mismo grupo, tanto más sujeto está a anomalías en los individuos.

Según la teoría ordinaria de que cada especie ha sido creada independientemente, ¿por qué esa parte de la estructura que difiere de la misma parte en las demás especies del mismo género creadas independientemente tendría que ser más variable que aquellas partes que son muy semejantes en las diversas especies? No veo que pueda darse ninguna explicación. Pero, según la teoría de que las especies son únicamente variedades reciamente acusadas y fijadas, podemos esperar encontrarlas con frecuencia variando todavía en aquellas partes de su estructura que han variado en un periodo moderadamente reciente y que de este modo han llegado a diferir. O, para exponer el caso de otra manera: los puntos en que todas las especies de un género se asemejan entre sí y en que difieren de los géneros próximos, se llaman *caracteres genéricos,* y estos caracteres se pueden atribuir a la herencia de un progenitor común, pues rara vez puede haber ocurrido que la selección natural haya modificado exactamente de la misma manera a varias especies distintas, adaptadas a costumbres más o menos diferentes; y como estos caracteres, llamados por eso genéricos, se han heredado antes del periodo en que las diversas especies se separaron por vez primera de su progenitor común y, por consiguiente, no han variado o llegado a diferir en grado alguno, o solamente en grado leve, no es probable que varíen en nuestros días. Por el contrario, los puntos en que unas especies difieren de otras del mismo género se llaman *caracteres específicos;* y como estos caracteres específicos han variado y llegado a diferir desde el periodo en que las especies se separaron del progenitor común, es probable que todavía sean con frecuencia variables en algún grado; por lo menos, más variables que aquellas partes del organismo que han permanecido constantes durante un periodo larguísimo.

Los caracteres sexuales secundarios son variables

Creo que los naturalistas admitirán, sin que entre en detalles, que los caracteres sexuales secundarios son altamente variables. También se admitirá que las especies del mismo grupo difieren entre sí más ampliamente en sus caracteres sexuales secundarios que en otras partes de su estructura; compárese, por ejemplo, la diferencia que existe entre los machos de las gallináceas, en los que los caracteres sexuales secundarios están fuertemente desarrollados, con la diferencia entre las hembras. La causa de la variabilidad primitiva de estos caracteres no es manifiesta; pero podemos ver que no se han hecho tan constantes y tan uniformes como los demás, pues se acumulan por selección sexual, la cual es menos rígida en su acción que la selección ordinaria, pues no acarrea la muerte, sino que da solo menos descendientes a los machos menos favorecidos. Cualquiera que sea la causa de la variabilidad de los caracteres sexuales secundarios, como son sumamente variables, la selección sexual habrá tenido un gran radio de acción, y de este modo puede haber conseguido dar a las especies del mismo grupo diferencias mayores en estos caracteres que en los demás.

Es un hecho notable que las diferencias secundarias entre los dos sexos de la misma especie se manifiestan, por lo común, precisamente en las mismas partes de la estructura en que difieren entre sí las especies del mismo género. De este hecho daré como ejemplos los dos primeros que figuran en mi lista, y como las diferencias en estos casos son de naturaleza muy inusitada, la relación difícilmente puede ser accidental. Tener el mismo número de artejos en los tarsos es un carácter común a grupos grandísimos de coleópteros; pero en los éngidos, como ha hecho observar Westwood, el número varía mucho, y el número difiere también en los dos sexos de la misma especie. Además, en los himenópteros cavadores, la nerviación de las alas es un carácter de la mayor importancia, por ser común a grupos grandes; pero, en ciertos géneros, la nerviación difiere en las distintas especies, así como en los dos sexos de la misma especie. Sir J. Lubbock ha señalado recientemente que varios crustáceos diminutos ofrecen excelentes ejemplos de esta ley. «En el *Pontella*, por ejemplo, los caracteres sexuales se expresan principalmente por las antenas anteriores y el quinto par de patas; las diferencias específicas también son dadas principalmente por estos órganos.» Esta relación tiene una clara significación dentro de mi teoría: considero que todas las especies del mismo género descienden tan indudablemente de un progenitor común, como lo son los dos sexos de una especie cualquiera. Por consiguiente, si una parte cualquiera de la estructura del progenitor común, o de sus primeros descendientes, se hizo variable, es muy probable que las variaciones de esta parte fuesen aprovechadas por la selección natural y sexual para adaptar las diferentes especies a sus diferentes lugares en la economía de la naturaleza, y asimismo para adaptar entre sí a los dos sexos de la misma especie, o para adaptar a los machos a la lucha con otros machos por la posesión de las hembras.

En resumen, pues, llego a la conclusión de que la mayor variabilidad en los caracteres específicos —o sea, aquellos que distinguen unas especies de otras— que en los caracteres genéricos —o sea, los que poseen todas las especies—; que la variabilidad a menudo extrema de cualquier parte que esté desarrollada de una manera inusitada en una especie, en comparación con la misma parte en sus congéneres, y la escasa variabilidad de una parte, por extraordinario que pueda ser su desarrollo, si es común a todo un grupo de especies; que la gran variabilidad de los caracteres sexuales secundarios y su gran diferencia en especies muy afines, y que las diferencias sexuales secundarias y las específicas ordinarias se manifiestan generalmente en las mismas partes de la estructura, son todos principios íntimamente ligados entre sí. Todos ellos se deben principalmente a que las especies del mismo grupo descienden de un progenitor común, del cual han heredado mucho en común; a que partes que han variado recientemente y mucho, son más propensas a continuar todavía variando, que las partes que han sido heredadas hace mucho tiempo y no han variado; a que la selección natural ha dominado, más o menos completamente, según el lapso de tiempo transcurrido, la tendencia a la reversión y a la ulterior variabilidad; a que la selección sexual es menos rígida que la selección ordinaria, y a que las variaciones en las mismas partes se acumulan por selección natural y sexual, y de este modo se han adaptado a los fines sexuales secundarios y a los ordinarios.

Especies distintas presentan variaciones análogas, de modo que una variedad de una especie toma a menudo caracteres propios de una especie afín o vuelve a algunos de los caracteres de un progenitor remoto

Estas proposiciones se comprenderán más fácilmente fijándonos en nuestras razas domésticas. Las castas más distintas de palomas, en países muy lejanos, presentan subvariedades con plumas vueltas en la cabeza y con plumas en los pies, caracteres que no posee la paloma silvestre primitiva, siendo, pues, estas variaciones análogas en dos o más razas distintas. La presencia frecuente de catorce y aun dieciséis plumas rectrices en la paloma buchona puede considerarse como una variación que representa la conformación anormal de otra raza, la colipavo. Creo que nadie dudará de que semejantes variaciones análogas se deben a que las diferentes razas de palomas han heredado de un antepasado común la misma constitución y tendencia a variar cuando obran sobre ellas influencias similares y desconocidas.

En el reino vegetal tenemos un caso de variación análoga en los tallos engruesados, comúnmente llamados raíces, del nabo sueco y de la *rutabaga,* plantas que algunos botánicos clasifican como variedades producidas por cultivo de un antepasado común; si esto no fuese así, sería entonces un caso de variación análoga en dos pretendidas especies distintas, y a estas podría añadirse una tercera, el nabo común. Según la teoría ordinaria de que cada especie ha sido creada independientemente, tendríamos que atribuir esta semejanza en los tallos engruesados de estas tres plantas, no a la *vera causa* de la comunidad de descendencia y a la consiguiente tendencia a variar de modo semejante, sino a tres actos de creación separados, aunque muy relacionados. Naudin ha observado muchos casos semejantes de variación análoga en la gran familia de las cucurbitáceas, y varios autores los han observado en nuestros cereales. Casos semejantes que se presentan en los insectos en condiciones naturales han sido discutidos últimamente con mucha competencia por míster Walsh, quien los ha agrupado en su ley de «variabilidad uniforme».

En las palomas también tenemos otro caso: el de la aparición accidental, en todas las razas, de individuos de color azul pizarra, con dos bandas negras en las alas, la rabadilla blanca, una faja en el extremo de la cola y las plumas exteriores de esta orladas externamente de blanco junto a su arranque. Como todas estas señales son características de la paloma silvestre progenitora, creo que nadie dudará de que este es un caso de reversión, y no de una nueva variación análoga que aparezca en diferentes castas. Creo que podemos llegar confiadamente a esta conclusión, porque, como hemos visto, estos caracteres de color son eminentemente propensos a aparecer en la descendencia cruzada de dos castas distintas y de coloraciones diferentes; y en este caso, aparte de la influencia del simple hecho del cruzamiento sobre las leyes de la herencia, no hay nada en las condiciones externas de vida que motiva la reaparición del color azul pizarra junto con las diversas señales.

Indudablemente, es un hecho muy sorprendente que los caracteres reaparezcan después de haberse perdido durante muchas generaciones, probablemente, durante centenares. Pero cuando una casta se ha cruzado solo una vez con otra, los decendientes muestran accidentalmente, durante muchas generaciones, una tendencia a volver a los caracteres de la casta extraña; algunos dicen que durante una docena o una veintena de generaciones. Al cabo de doce generaciones, la proporción de sangre —para emplear una expresión corriente— procedente de un antepasado es tan solo de 1/2.048, y, sin embargo, como vemos, se cree generalmente que este remanente de sangre extraña conserva la tendencia a la reversión. En una casta que no se haya cruzado, pero en la cual «ambos» progenitores hayan perdido algún carácter que poseyeron sus antepasados, la tendencia, enérgica o débil, a reproducir el carácter perdido podrían transmitirse durante un número casi ilimitado de generaciones, como hemos observado antes, a pesar de todo cuanto podamos ver en contrario. Cuando un carácter perdido en una raza reaparece después de un gran número de generaciones, la hipótesis más probable no es que un individuo, de repente, se parezca a un antepasado del que dista unos centenares de generaciones, sino que el carácter en cuestión ha permanecido latente en cada generación sucesiva y que, al fin, se ha desarrollado en condiciones favorables desconocidas. En la paloma *barb,* que rara vez da individuos azules, es probable que haya en cada generación una tendencia latente a producir plumaje azul. La improbabilidad teórica de que esta tendencia se transmita durante un gran número de generaciones no es mayor que la de que se transmitan de un modo semejante órganos rudimentarios o completamente inútiles. La simple tendencia a producir un rudimento se hereda, en verdad, a veces de este modo.

Como se supone que todas las especies del mismo género descienden de un progenitor común, se podría esperar que variasen accidentalmente de una manera análoga, de modo que las variedades de dos o más especies se pareciesen entre sí, o que una variedad de una especie se pareciese en ciertos caracteres a otra especie distinta, no siendo esta otra especie, según nuestra teoría, más que una variedad bien acusada y permanente. Pero los caracteres debidos exclusivamente a variación análoga serían probablemente de poca importancia, pues la conservación de todos los caracteres funcionalmente importantes habrá sido determinada por la selección natural, de acuerdo con las diferentes costumbres de la especie. Se podría esperar, además, que las especies del mismo género presentasen circunstancialmente reversiones a caracteres perdidos desde hace mucho tiempo. Sin embargo, como no conocemos el antepasado común de ningún grupo natural, no podemos distinguir entre caracteres reversibles y caracteres análogos. Si no supiésemos, por ejemplo, que la paloma silvestre ancestral no tiene plumas en los pies ni moñete en la cabeza, no podríamos haber dicho si estos caracteres, en las razas domésticas, eran reversiones o solamente variaciones análogas; pero podríamos haber inferido que el color azul era un caso de reversión, por las numerosas señales relacionadas con este color, que probablemente no hubiesen aparecido todas juntas por simple variación, y especialmente podríamos haber inferido esto por aparecer con tanta frecuencia el color azul y las diversas señales cuando se cruzan castas de coloración diferente. Por consiguiente, aunque en estado natural haya de quedar casi siempre en duda qué casos son reversiones a caracteres que existieron antiguamente y cuáles son variaciones nuevas pero análogas, sin embargo, según nuestra teoría, deberíamos encontrar a veces que la descendencia modificada de una especie adquiere caracteres que se presentan ya en otros miembros del mismo grupo, e indudablemente así ocurre.

La dificultad de distinguir las especies variables se debe, en gran parte, a las variedades que imitan, por decirlo así, a las demás especies del mismo género. Se podría dar también un catálogo considerable de formas intermedias entre otras dos formas, las cuales, a su vez, solo con duda pueden ser clasificadas como especies, y esto demuestra —a menos que todas estas formas tan afines se consideren como especies creadas independientemente— que, al variar, han adquirido algunos de los caracteres de las otras. Pero la mejor prueba de variaciones análogas nos la proporcionan los órganos o partes que generalmente son constantes en sus caracteres, pero que a veces varían de modo que se asemejan, en cierto grado, a los mismos órganos o partes de una especie afín. He reunido una larga lista de estos casos, pero ahora —como antes— tengo la gran desventaja de no poder citarlos. Solamente puedo repetir que estos casos ocurren en realidad y que me parecen muy notables.

Citaré, sin embargo, un caso curioso y complejo, no ciertamente porque presente ningún carácter importante, sino porque se presenta en diversas especies del mismo género, unas en domesticidad y otras en estado de naturaleza. Se trata casi con seguridad de un caso de reversión. El asno tiene a veces en las patas unas rayas transversales muy claras, como las de las patas de la cebra; se ha afirmado que son muy visibles en los buches y, por las averiguaciones que he hecho, creo que esto es verdad. La raya de la espaldilla es a veces doble, y es muy variable en longitud y contorno. Se ha descrito un asno blanco, pero «no» albino, sin raya escapular ni dorsal, y estas rayas son a veces muy confusas o faltan por completo en los asnos de color oscuro. Se dice que se ha observado en el *kulan*[50] de Pallas[51] una raya escapular doble. Míster Blyth ha visto un ejemplar de *hemiono*[52] con una clara raya escapular, aunque típicamente no la tiene, y el coronel Poole me ha informado de que los buches de esta especie son generalmente rayados en las patas y débilmente en la espaldilla. El *cuaga*[53], aunque tiene el cuerpo tan listado como la cebra, no tiene rayas en las patas; pero el doctor Gray ha dibujado un ejemplar con rayas como de cebra, muy visibles, en los corvejones.

Respecto al caballo, he reunido casos en Inglaterra de raya dorsal en caballos de razas más distintas y de *todos* los colores: rayas transversales en las patas no son raras en los bayos[54], en los de pelo de rata y, en una ocasión, en un alazán oscuro; una débil raya escapular se puede ver a veces en los bayos, y he visto indicios en un caballo castaño. Mi hijo examinó cuidadosamente y me hizo examinar un boceto de un caballo de tiro belga, de color bayo, con una doble raya en cada espaldilla y con rayas en las patas; yo mismo he visto un poni del condado de Devonshire bayo, y me han descrito cuidadosamente un poni bayo del País de Gales, ambos con «tres» rayas paralelas en cada espaldilla.

En la región noroeste de la India, la raza de caballos de Kativar es tan general que tenga rayas que, según me dice el coronel Poole, quien examinó esta casta para el Gobierno indio, un caballo sin

[50] Asno, posiblemente en una lengua turania.

[51] Pallas (Pedro Simón) —1741-1811—, naturalista y viajero alemán; viajó por Holanda, Inglaterra y especialmente por Rusia y Siberia, dando un gran impulso a las ciencias naturales.

[52] Asno salvaje del Asia occidental.

[53] Asno salvaje del África meridional.

[54] Para la traducción de los nombres de las capas de los caballos he seguido las indicaciones de A. Cabrera en su obra *El caballo moruno* (Memorias de la Real Sociedad Española de Historia Natural, pág. 56, Madrid, 1921). *(Nota de la traducción de Antonio de Zulueta, publicada por Espasa-Calpe.)*

rayas no es considerado como de pura raza. La raya dorsal existe siempre; las patas son generalmente listadas, y la raya escapular, que unas veces es doble y otras triple, es muy común; además, los lados de la cara tienen a veces rayas. Las rayas suelen ser más visibles en los potros, y a veces desaparecen por completo en los caballos viejos. El coronel Poole ha visto caballos tordos y castaños de Kativar, con rayas, cuando eran potrillos recién nacidos. Tengo también fundamento para suponer, por noticias que me ha facilitado míster W. W. Edwards, que en el caballo de carreras inglés la raya dorsal es más común en el potro que en el caballo adulto. Yo mismo he obtenido recientemente un potro de una yegua castaña —hija de un caballo turcomano y una yegua flamenca— y un caballo castaño de carreras inglés; este potro, cuando tenía una semana, presentaba en sus cuartos traseros y en su frente rayas numerosas, muy estrechas y oscuras, como las de una cebra, y en sus patas, rayas muy débiles; todas las rayas desaparecieron pronto por completo. Sin entrar aquí en más detalles, puedo decir que he reunido casos de patas y espaldillas con rayas en caballos de razas muy diferentes de diversos países, desde Gran Bretaña hasta la China oriental, y desde Noruega, al norte, hasta el archipiélago malayo, al sur. En todas las partes del mundo se presentan estas rayas con mucha más frecuencia en los bayos y en los pelos de rata, comprendiendo la palabra bayo una gran serie de colores, desde uno entre castaño y negro hasta acercarse mucho al color crema.

Confieso que el coronel Hamilton Smith, que ha escrito sobre este asunto, cree que las diferentes razas del caballo han descendido de diversas especies primitivas —una de las cuales, la baya, tenía rayas—, y que los casos de aparición de estas antes descritos son debidos todos a cruzamientos antiguos con el tronco bayo. Pero esta opinión puede desecharse con seguridad, pues es sumamente improbable que el pesado caballo de tiro belga, los *panies* del País de Gales, el *cob*[55] noruego, la larguirucha raza de Kativar, etc., que viven en las partes más distantes del mundo, se hayan cruzado con un supuesto tronco primitivo.

55 Una raza de caballos membrudos de Noruega.

Volvamos ahora a los efectos del cruzamiento de diversas especies del género caballo. Rollin asegura que la mula común, procedente de asno y yegua, o a la inversa, es particularmente propensa a tener rayas en sus patas; según míster Gosse, en ciertas partes de Estados Unidos, de cada diez mulas, nueve tienen las patas rayadas. Una vez vi una mula con las patas tan rayadas, que cualquiera hubiera creído que era un híbrido de cebra, y míster W. C. Martin, en su excelente tratado del caballo, da una estampa de una mula semejante. En cuatro dibujos en color que he visto de híbridos de asno y cebra, las patas estaban mucho más visiblemente listadas que el resto del cuerpo, y en uno de ellos había una doble raya escapular. En el famoso híbrido de lord Morton, nacido de una yegua alazana oscura y un cuaga macho, el híbrido —y aun la descendencia pura producida después por la misma yegua y un caballo árabe negro— tenía, sin embargo, las cuatro patas listadas y tres cortas rayas escapulares, como las de los ponis bayos del condado de Devonshire y del País de Gales, y hasta tenía a los lados de la cara unas rayas como las de la cebra. Acerca de este último hecho, estaba yo tan convencido de que ni una sola raya de color aparece por lo que comúnmente se llama casualidad, que la sola presencia de estas rayas en la cara de este híbrido de asno y hemión me indujo a preguntarle al coronel Poole si estas rayas en la cara se presentaban alguna vez en la raza de caballos de Kativar, tan notablemente listada, y la respuesta, como hemos visto, fue afirmativa.

¿Qué diremos, pues, de estos diversos hechos? Vemos varias especies distintas del género caballo que, por simple variación, presentan rayas en las patas como una cebra o en las espaldillas como un asno. En el caballo vemos esta tendencia muy acentuada siempre que aparece un color bayo, coloración que se acerca a la general de las demás especies. La aparición de las rayas no va acompañada de cambio alguno de forma ni de ningún otro carácter nuevo. Vemos que esta tendencia a presentar rayas se manifiesta más acusadamente en híbridos de entre algunas de las especies más distintas. Examinemos ahora el caso de las diversas razas de palomas: descienden de una paloma —que incluye dos o tres subespecies o razas geográficas— de color azulado, con ciertas listas y otras señales, y cuando una raza cualquiera adquiere por simple variación color azulado, estas listas y las demás señales aparecen invariablemente, sin ningún otro cambio de forma o de caracteres. Cuando se cruzan las razas más antiguas y puras de diversos colores, vemos en los híbridos una fuerte tendencia al color azul y a la reaparición de las listas y señales. He sentado que la hipótesis más probable para explicar la reaparición de los caracteres antiquísimos es que hay una «tendencia» en los jóvenes de cada generación sucesiva a producir el carácter perdido hace mucho tiempo, y que esta tendencia, por causas desconocidas, a veces prevalece. Y acabamos de ver que en diferentes especies del género caballo las rayas son más evidentes o aparecen con más frecuencia en los jóvenes que en los adultos. Llamemos especies a las razas de palomas, algunas de las cuales se han conservado puras durante siglos, y ¡qué similar resulta este caso del de las especies del género caballo! Por mi parte, me aventuro a dirigir confiadamente la vista a miles y miles de generaciones atrás, y veo a un animal listado como una cebra, aunque, por otra parte, construido quizá de un modo muy diferente, antepasado común de nuestro caballo doméstico —haya descendido o no de uno o más troncos salvajes—, del asno, del hemión, del cuaga y de la cebra.

Quien crea que cada especie equina fue creada independientemente, afirmará —supongo— que cada especie ha sido creada con una tendencia a variar, tanto en estado de naturaleza como en domesticidad, de este modo particular, de manera que con frecuencia llegue a presentarse con rayas, como las demás especies del género, y que todas han sido creadas con una poderosa tendencia —cuando se cruzan con especies que viven en puntos distantes del mundo— a producir híbridos que por sus rayas se parecen, no a sus propios padres, sino a otras especies del género. Admitir esta opinión es, a mi parecer, desechar la causa real por otra imaginaria o, al menos, por otra desconocida. Esta opinión convierte las obras de Dios en una pura burla y engaño; casi preferiría creer, con los antiguos e ignorantes cosmogonistas, que las conchas fósiles no han vivido nunca, sino que han sido creadas de piedra para imitar las conchas que viven en las orillas del mar.

Resumen

Nuestra ignorancia de las leyes de variación es profunda. Ni en un solo caso entre ciento podemos pretender señalar una causa cualquiera por la que esta o aquella parte haya variado. Pero siempre que tenemos medios de establecer comparación, parece que han obrado las mismas leyes al producir las más pequeñas diferencias entre variedades de la misma especie y las diferencias mayores entre especies del mismo género.

El cambio de condiciones, generalmente, produce mera variabilidad fluctuante, aunque a veces causa efectos directos y determinados, y estos, con el transcurso del tiempo, pueden llegar a ser muy acentuados, si bien no tenemos pruebas suficientes sobre este punto.

La costumbre —al producir particularidades de constitución—, el uso —fortificando los órganos— y el desuso —debilitándolos y reduciéndolos— parecen en muchos casos haber sido poderosos en sus fectos.

Las partes homólogas tienden a variar de la misma manera, y también a adaptarse. Las modificaciones en las partes duras y externas influyen a veces en las partes más blandas e internas.

Cuando una parte está muy desarrollada, quizá tiende a atraer sustancias nutritivas de las partes contiguas; y toda parte de la estructura que pueda ser economizada sin detrimento del individuo será economizada.

Los cambios de conformación en edad temprana pueden influir en las partes que se desarrollen después, e indudablemente ocurren muchos casos de variación correlativa, cuya naturaleza no somos capaces de comprender.

Las partes múltiples son variables en número y estructura, quizá debido a que tales partes no se han especializado mucho para una función determinada cualquiera, de manera que sus modificaciones no han sido rigurosamente contrarrestadas por la selección natural. A esta misma causa se debe probablemente el que los seres orgánicos inferiores en la escala sean más variables que los que figuran en lugares más elevados y que tienen toda su estructura más especializada.

Los órganos rudimentarios, por ser inútiles, no están regulados por la selección natural, siendo, por tanto, variables.

Los caracteres específicos —esto es, los caracteres que han llegado a diferir desde que las diversas especies del mismo género se separaron de su antepasado común— son más variables que los caracteres genéricos —o sea, aquellos que han sido heredados desde hace mucho tiempo y no se han diferenciado dentro de ese mismo periodo.

En estas observaciones nos referimos a partes u órganos especiales que son todavía variables, porque han variado recientemente y así han llegado a diferir; pero también hemos visto en el capítulo segundo que el mismo principio se aplica a todo el individuo, pues en una comarca donde se encuentran muchas especies de un género —esto es, donde ha habido anteriormente mucha variación y diferenciación, o donde ha trabajado activamente la fábrica de formas especificas nuevas—, en esta comarca y entre estas especies encontramos ahora, por término medio, el mayor número de variedades.

Los caracteres sexuales secundarios son altamente variables y difieren mucho en las especies del mismo grupo. La variabilidad en las mismas partes de la estructura ha sido generalmente aprovechada dando diferencias sexuales secundarias a los dos sexos de la misma especie, y diferencias específicas a las diversas especies del mismo género.

Cuaquier órganos o parte desarrollada en un tamaño o en modo extraordinarios, en comparación con la misma parte u órgano en las especies afines, tiene que haber experimentado una modificación extraordinaria desde que se originó el género, y así podemos comprender por qué muchas veces son todavía mucho más variables que otras partes, pues la variación es un proceso lento y de mucha duración, y la selección natural, en estos casos, no habrá tenido aún tiempo de dominar la tendencia a una mayor variabilidad y a una reversión a un estado menos modificado. Pero cuando una especie que tiene un órgano extraordinariamente desarrollado se ha convertido en progenitura de muchos descendientes modificados —lo cual, según nuestra teoría, tiene que ser un proceso lentísimo que requiere un gran lapso de tiempo—, en este caso, la selección natural ha logrado dar un carácter fijo al órgano, por muy extraordinario que sea el modo en que pueda haberse desarrollado.

Las especies que heredan casi la misma constitución de un antepasado común y están expuestas a influencias parecidas tienden naturalmente a presentar variaciones análogas, o estas mismas especies pueden circunstancialmente volver a algunos de los caracteres de sus progenitores remotos. Aun cuando de la reversión y de la variación análoga no pueden originarse modificaciones importantes y nuevas, estas modificaciones aumentarán la belleza y armónica diversidad de la naturaleza.

Cualquiera que pueda ser la causa de cada una de las ligeras diferencias entre los descendientes y sus progenitores —y tiene que existir una causa para cada una de ellas—, tenemos fundamento para creer que la continua acumulación de diferencias beneficiosas es la que ha dado origen a todas las modificaciones más importantes de estructura en relación con las costumbres de cada especie.

CAPÍTULO VI
DIFICULTADES DE LA TEORÍA

Dificultades de la teoría de la descendencia con modificación.—Sobre la ausencia o rareza de variedades de transición.—Del origen y transiciones de los seres orgánicos que tienen costumbres y conformación peculiares.—Órganos de perfección y complicación extremas.—Modos de transición.—Dificultades especiales de la teoría de la selección natural.—Influencia de la selección natural en órganos al parecer de poca importancia.—La doctrina utilitaria, hasta qué punto es verdadera; la belleza, cómo se adquiere.— Resumen: la ley de unidad de tipo y la de las condiciones de existencia están comprendidas en la teoría de la selección natural.

MUCHO antes de que el lector haya llegado a esta parte de mi obra se le habrán presentado un cúmulo de dificultades. Algunas son tan graves, que aún hoy apenas puedo reflexionar en ellas sin sentir cierta vacilación; pero, según mi leal saber y entender, la mayor parte son solo aparentes, y las que son reales no son, a mi juicio, funestas para mi teoría.

Estas dificultades y objeciones pueden clasificarse en los siguientes grupos:

Primero: Si las especies han descendido de otras por suaves gradaciones, ¿por qué no encontramos en todas partes innumerables formas de transición? ¿Por qué no es todo confusión en la naturaleza, en vez de estar las especies, como las vemos, tan bien definidas?

Segundo: ¿Es posible que un animal dotado, por ejemplo, de la conformación y costumbres de un murciélago, se haya formado por modificación de algún otro animal de conformación y costumbres muy diferentes? ¿Podemos creer que la selección natural produzca, por un lado, un órgano de tan escasa importancia como la cola de la jirafa, que sirve de mosqueador, y, por otro lado, un órgano tan maravilloso como el ojo?

Tercero: ¿Pueden adquirirse y modificarse los instintos por selección natural? ¿Qué diremos del instinto que lleva a la abeja a construir celdas, y que prácticamente se ha anticipado a los descubrimientos de profundos matemáticos?

Cuarto: ¿Cómo podemos explicar que las especies, al cruzarse, sean estériles y produzcan descendencia estéril, mientras que, cuando se cruzan las variedades, su fecundidad salga incólume?

Los dos primeros grupos se discutirán en este capitulo, algunas objeciones diversas en el capítulo próximo y el instinto y la hibridación en los dos capítulos siguientes.

Sobre la ausencia o rareza de las variedades de transición

Como la selección natural obra únicamente mediante la conservación de modificaciones útiles, cada forma nueva tenderá, en un país totalmente poblado, a suplantar y, finalmente, a exterminar a su propia forma madre, menos perfeccionada, y a las demás formas menos favorecidas con las que entre en competencia. Así pues, la extinción y la selección natural van de la mano. Por consiguiente, si consideramos a cada especie como descendiente de alguna forma desconocida, tanto la forma madre como todas las variedades de transición habrán sido, en general, exterminadas por el mismo proceso de formación y perfeccionamiento de las formas nuevas.

Pero como, según nuestra teoría, tienen que haber existido innumerables formas de transición, ¿por qué no las encontramos incrustadas, en número sin fin, en la corteza terrestre? Será más conveniente discutir esta cuestión en el capítulo «De la imperfección del archivo geológico», y aquí expresaré solamente mi creencia de que la respuesta estriba principalmente en que el archivo es incomparablemente menos perfecto de lo que generalmente se supone. La corteza terrestre es un vasto museo; pero las colecciones naturales se han hecho de un modo imperfecto y solo a largos intervalos de tiempo.

Pero puede argüirse que cuando varias especies muy afines viven en un mismo territorio seguramente deberíamos encontrar en nuestros días muchas formas de transición. Pongamos un caso sencillo: viajando de norte a sur por un continente, nos encontramos por lo general, a intervalos sucesivos, con especies muy afines o representativas, que evidentemente ocupan casi el mismo lugar en la economía natural del país. A menudo, estas especies representativas se encuentran y entremezclan, y a medida que una va siendo más rara, otra va siendo cada vez más frecuente, hasta que una reemplaza a la otra. Pero si comparamos estas especies allí donde se entremezclan, resultan por lo general tan absolutamente distintas unas de otras en todos los detalles de conformación, como lo son los ejemplares tomados en el centro mismo de la región habitada por cada una. Según mi teoría, estas especies afines descienden de un tronco común, y durante el proceso de modificación, cada una de ellas se ha ido adaptando a las condiciones de vida de su propia región y ha suplantado y exterminado a su forma madre primitiva y a todas las variedades de transición entre sus estados presente y pasado. De aquí que debamos esperar encontrarnos actualmente con numerosas variedades de transición en cada región, aun cuando hayan existido allí y puedan estar enterradas en estado fósil. Pero en las regiones intermedias que tienen condiciones de vida también intermedias, ¿por qué no encontramos hoy variedades intermedias de íntimo enlace? Esta dificultad me desconcertó por completo durante mucho tiempo, pero creo que puede explicarse en gran parte.

En primer lugar, debemos ser extremadamente cautos al deducir que porque un área sea actualmente continua lo haya sido durante un largo periodo. La geología nos lleva a creer que la mayor parte de los continentes se fragmentaron en islas hasta durante los últimos periodos terciarios, y en estas islas pudieron formarse separadamente especies distintas, sin la posibilidad de que existiesen variedades intermedias en las zonas intermedias. Por cambios en la forma de la Tierra y en el clima, áreas marinas que actualmente son continuas tienen que haber existido a menudo, en los tiempos recientes, en una condición mucho menos continua y uniforme que hoy día. Pero dejaré a un lado este modo de eludir la dificultad, pues creo que muchas especies perfectamente definidas se han formado en áreas rigurosamente continuas; aunque no tengo la menor duda de que la antigua condición fragmentada de áreas actualmente continuas ha jugado un papel importante en la formación de especies nuevas, sobre todo en animales errantes y que se cruzan con facilidad.

Al considerar las especies tal como están distribuidas actualmente en una extensa área, las encontramos por lo general bastante numerosas en un gran territorio, haciéndose luego casi de repente cada vez más raras en los confines, hasta desaparecer por último. Por eso, el territorio neutral entre dos especies representativas es generalmente reducido en comparación con el territorio propio de cada una. Vemos el mismo hecho al subir a las montañas, y a veces es muy notable cuán súbitamente desaparece, como ha hecho observar Alph. de Candolle, una especie alpina común. El mismo hecho ha sido advertido por E. Forbes al explorar con la draga las profundidades del mar. A quienes consideran el clima y las condiciones físicas de vida como los elementos esencialmente importantes de distribución de los seres orgánicos, estos hechos debieran causarles sorpresas, pues el clima y la altura y la profundidad varían gradual e insensiblemente. Pero cuando recordamos que casi todas las especies, incluso en su tierra de origen, aumentarían inmensamente en el número de individuos si no fuese por la competencia de otras especies; que casi todas las especies hacen presa o sirven de presa de otras; en una palabra, que cada ser orgánico está directa o indirectamente relacionado del modo más importante con otros seres orgánicos, vemos que la superficie ocupada por los individuos de una especie en un país cualquiera no depende en modo alguno exclusivamente del cambio gradual e insensible de las condiciones físicas, sino que depende, en gran parte, de la presencia de otras especies a costa de las cuales vive, o por las que es destruida o con las que entre en competencia; y como estas especies son ya entidades definidas, que no se entremezclan por gradaciones insensibles, la extensión ocupada por una especie cualquiera, dependiendo como depende de la extensión ocupada por las otras, tenderá a ser tajantemente precisa. Además, cada especie, en los confines del área que ocupe, donde existe en número más reducido, estará muy expuesta a exterminio total durante las fluctuaciones numéricas de sus enemigos o de sus presas, o de la naturaleza de las estaciones, y, de este modo, su distribución geográfica llegará a ser aún más tajantemente delimitada.

Como las especies afines o representativas, cuando viven en un área continua, están, por lo general, distribuidas de tal manera que cada una ocupa una gran extensión, con un territorio neutral relativamente estrecho entre ellas, en el que se hacen casi de repente cada vez más raras, y como las variedades no difieren esencialmente de las especies, se aplicará probablemente la misma regla a ambas; y si tomamos una especie variante que vive en un área muy extensa, tendremos que adaptar dos variedades a dos áreas extensas, y una tercera variedad a una estrecha zona intermedia. La variedad intermedia, por consiguiente, contará con menor número de individuos por habitar en un área más estrecha y reducida; y, prácticamente, hasta donde he podido averiguar, esta regla es útil con las variedades en estado natural. Me he encontrado con ejemplos sorprendentes de esta regla en el caso de las variedades intermedias que existen entre variedades bien acusadas del género *Balanus*. Y, según información que me han facilitado míster Watson, el doctor Asa Gray y míster Wollaston, resultaría que, por lo general, cuando se presentan variedades intermedias entre otras dos formas, son mucho más escasas en número de individuos que las forman que unen. Ahora bien, si podemos confiar en estos hechos e inducciones, y llegar a la conclusión de que las variedades que enlazan otras dos variedades a la vez han existido generalmente con menor número de individuos que las formas que unen, entonces podemos comprender por qué las variedades intermedias no persisten durante periodos larguísimos; porque, por regla general, son exterminadas y desaparecen más pronto que las formas que primitivamente enlazaron.

Porque toda forma que está representada por un corto número de individuos corre, como ya dijimos, mayor riesgo de ser exterminada que la que cuenta con un gran número de individuos; y, en este caso particular, la forma intermedia estaría sumamente expuesta a las incursiones de las formas muy afines que viven a ambos lados de ella. Pero es una consideración mucho más importante el hecho de que, durante el proceso de modificación posterior, por el que se supone que dos variedades se convierten y perfeccionan en dos especies distintas, las dos que tienen mayor número de individuos, por vivir en áreas más extensas, llevarán una gran ventaja sobre la variedad intermedia, que vive con menor número de individuos en una zona estrecha e intermedia. Porque las formas que cuentan con mayor número de representantes tendrán más probabilidades, en cualquier periodo dado, de presentar nuevas variaciones favorables para que se apodere de ellas la selección natural, que las formas mas raras, que tienen menos individuos. Por consiguiente, las formas más comunes tenderán, en la lucha por la vida, a vencer y a suplantar a las formas menos comunes, pues estas se modificarán y se perfeccionarán más lentamente. Es el mismo principio que, en mi opinión, explica el hecho de que las especies comunes de cada país, como se demostró en el capítulo segundo, presenten por término medio un número mayor de variedades bien acusadas que las especies más raras. Puedo ilustrar lo que quiero decir suponiendo que tenemos tres variedades de ovejas: una adaptada a una gran región montañosa, otra a una zona desigual y relativamente estrecha y la tercera a las extensas llanuras de la base, y que los habitantes se están esforzando todos con igual constancia y habilidad en mejorar sus rebaños por selección. En este caso, las probabilidades estarán muy en favor de los grandes propietarios de los rebaños que viven en las montañas o en las llanuras, para mejorar sus castas más rápidamente que los pequeños propietarios de los rebaños que viven en la zona intermedia, estrecha y desigual; y, por consiguiente, la casta mejorada de las montañas o de las llanuras ocupará pronto el lugar de la casta de la zona desigual, y así las dos castas que originariamente estuvieron representadas por un gran número de individuos, entrarán en estrecho contacto sin la interposición de la variedad de la zona desigual intermedia, que habrá sido suplantada.

Resumiendo, creo que las especies llegan a ser entidades bastante bien definidas y no se presentan en ningún periodo como un inextricable caos de eslabones variantes e intermediarios:

En primer lugar, porque las nuevas variedades se forman muy lentamente, pues la variación es un proceso lento, y la selección natural no puede hacer nada hasta que se presenten variaciones o diferencias individuales favorables, y hasta que un puesto en la economía natural del país pueda estar mejor ocupado por alguna modificación de uno o más de sus habitantes. Y estos nuevos puestos dependerán de cambios lentos de clima o de la inmigración accidental de nuevos habitantes, y probablemente, en grado aún más importante, de que algunos de los antiguos moradores lleguen a modificarse lentamente, obrando y reaccionando mutuamente las nuevas formas así producidas y las antiguas. Así pues, en cualquier región y en cualquier época, solamente hemos de ver unas cuantas especies que presenten ligeras modificaciones de estructura, hasta cierto punto permanentes, y esto es seguramente lo que vemos.

En segundo lugar, áreas actualmente continuas deben haber existido a menudo, en el periodo moderno, como porciones aisladas, en las cuales muchas formas, sobre todo de las clases que se unen para cada reproducción y son muy errantes, pueden haberse vuelto por separado lo suficientemente distintas para ser clasificadas como especies representativas. En este caso, tienen que haber existido antiguamente, dentro de cada porción aislada de tierra, variedades intermedias entre las diversas especies representativas y su tronco común; pero estos eslabones habrán sido suplantados y exterminados durante el proceso de selección natural, de modo que no existirían por mucho tiempo en estado viviente.

En tercer lugar, cuando se formaron dos o más variedades en regiones diferentes de un área rigurosamente continua, es probable que se hayan formado al principio variedades intermedias en las zonas intermedias; pero generalmente habrán sido de corta duración, pues estas variedades intermedias, por razones ya expuestas —es decir, por lo que sabemos de la distribución actual de las especies muy afines o representativas, así como de las variedades reconocidas—, existirán en las zonas intermedias con menor número de individuos que las variedades que tienden a enlazar. Por esta causa, solo las variedades intermedias estarán expuestas a exterminio accidental, y durante el proceso de modificación posterior mediante selección natural serán casi con seguridad vencidas y suplantadas por las formas que unen, pues estas, por contar con mayor número de individuos, presentarán en conjunto más variedades, y así serán aún más mejoradas por selección natural y conseguirán nuevas ventajas.

Por último, considerando no un periodo de tiempo determinado, sino todo el tiempo, si mi teoría es cierta, tienen que haber existido indudablemtne innumerables variedades intermedias que enlacen estrechamente todas las especies del mismo grupo; pero el mismo proceso de selección natural tiende constantemente, como tantas veces se ha hecho observar, a exterminar las formas madres y los eslabones intermedios. En consecuencia, solo pueden encontrarse pruebas de su existencia pasada entre los restos fósiles, los cuales se han conservado, como intentaremos demostrar en uno de los próximos capítulos, en un archivo sumamente imperfecto e intermitente.

Del origen y transiciones de los seres orgánicos que tienen costumbres y conformación peculiares

Los adversarios de las ideas que sotengo me han preguntado cómo pudo, por ejemplo, un animal carnívoro terrestre convertirse en un animal de costumbres acuáticas; porque ¿cómo pudo existir el animal en su estado de transición? Fácil sería demostrar que existen actualmente animales carnívoros que presentan todos los grados intermedios entre las costumbres rigurosamente terrestres y las acuáticas, y si todos estos animales existen en medio de la lucha por la vida, es evidente que cada uno tiene que estar bien adaptado a su puesto en la naturaleza. Consideremos la *Mustela vison* [56] de América del Norte, que tiene los pies con membranas interdigitales y que se asemeja a la nutria por su piel, por sus patas cortas y por la forma de su cola. Durante el verano, este animal se zambulle para apresar pescado, pero durante el largo invierno abandona las aguas heladas y, como otros *turones* [57], devora ratones y animales terrestres. Si se hubiese tomado un caso diferente, y se hubiese preguntado cómo un cuadrúpedo insectívoro pudo posiblemente convertirse en un murciélago volador, la pregunta hubiese sido mucho más difícil de contestar. Sin embargo, creo que tales dificultades son de poco peso.

Ahora, lo mismo que en otras ocasiones, me encuentro en una situación muy desventajosa, pues de los muchos casos notables que he reunido solo puedo dar un ejemplo o dos de costumbres y conformaciones de transición en especies afines, y de diversidad de costumbres, constantes o accidentales, en una misma especie. Y me parece que una larga lista de estos casos puede ser suficiente para aminorar la dificultad de cualquier caso particular como el del murciélago.

Consideremos la familia de las ardillas; en ella tenemos la más delicada gradación, desde animales con la cola ligeramente aplas-

[56] Pertenece al género *Mustela,* familia de los mustélidos *(Mustelidae),* como las martas y cebellinas.

[57] También llamados «vesos», «mofetas» o «putorios» *(Putorius foetidus),* del género *Putorius,* tribu de las mustelinas, familia de los mustélidos.

tada, y desde animales, según ha señalado sir J. Richardson, con la parte posterior de su cuerpo más bien ancha y con la piel de los flancos algo holgada, hasta las llamadas ardillas voladoras; y las ardillas voladoras tienen sus miembros, y aun la base de la cola, unidos por una ancha expansión de piel que sirve como de paracaídas y les permite deslizarse en el aire, hasta una asombrosa distancia, desde un árbol a otro. Es indudable que cada conformación le es útil a cada clase de ardilla en su propio país, facultándola para escapar de las aves de rapiña y de las bestias de presa, para procurarse alimento más rápidamente o, como fundadamente podemos creer, para aminorar el peligro de caídas accidentales. Pero de este hecho no se sigue que la estructura de cada ardilla sea la mejor que se pueda concebir para todas las condiciones posibles. Supongamos que el clima y la vegetación cambien, que emigren otros roedores que les hagan la competencia, o nuevos animales de presa, o que se modifiquen los antiguos, y toda analogía nos llevaría a creer que algunas, al menos, de las ardillas disminuirían en número o llegarían a ser exterminadas, a menos que también se modificasen y perfeccionasen su estructura de un modo correspondiente. Por consiguiente, no veo ninguna dificultad —sobre todo si las condiciones de vida cambian— en la continua conservación de individuos con membranas laterales cada vez más amplias, siendo útil y propagándose cada modificación hasta que, por la acumulación de los resultados de este proceso de selección natural, se produjo una ardilla voladora perfecta.

Consideremos ahora el *Galeopithecus*, el llamado lémur volador, que antiguamente se clasificaba entre los murciélagos, aunque hoy se cree que pertenece a los insectívoros. Una membrana lateral sumamente ancha se extiende desde los ángulos de la mandíbula hasta la cola, incluyendo los miembros con sus dedos alargados. Esta membrana lateral va provista de un músculo extensor. Aunque no exista ningún eslabón de estructura intermedia, adaptado para deslizarse por el aire, que enlace en la actualidad al *Galeopithecus* con los demás insectívoros, sin embargo, no hay dificultad en suponer que estas formas de unión existieron antiguamente, y que cada uno se desarrolló de la misma manera que en las ardillas que se deslizan en el aire con menos perfección, pues cada grado de estructura sería útil al animal que lo poseía. Tampoco veo ninguna dificultad insuperable en creer, además, que los dedos y el antebrazo del *Galeopithecus*, unidos por la membrana, se hubiesen alargado extraordinariamente por selección natural, y esto —por lo que a los órganos del vuelo se refiere— hubiera convertido a este animal en un murciélago. En ciertos murciélagos en los que la membrana del ala se extiende desde la parte superior del hombro hasta la cola, incluyendo las patas posteriores, encontramos quizá vestigios de un aparato originariamente adaptado para deslizarse por el aire más bien que para volar.

Si se hubiesen llegado a extinguir alrededor de una docena de géneros de aves, ¿quién se hubiera atrevido a conjeturar que podían haber existido aves que usaban sus alas únicamente a modo de paletas, como el pato de cabeza deforme (*Micropterus* de Eyton), o de aletas en el agua y de patas anteriores en tierra, como el pingüino, o de velas, como el avestruz, o funcionalmente para ningún propósito, como el *Apteryx*? Y, sin embargo, la estructura de cada una de estas aves es buena para el ave respectiva, en las condiciones de vida a que se encuentra sometida, pues todas tienen que luchar para vivir; pero esta estructura no es, necesariamente, la mejor posible en todas las condiciones posibles. No debe deducirse de estas observaciones que cualquiera de los grados de conformación de las alas a que hemos aludido aquí —los cuales pueden quizá ser todos resultado del desuso— indique las etapas por las que las aves lograron positivamente su perfecta facultad de vuelo; pero sirven para demostrar la diversidad de medios de transición que son, al menos, posibles.

Al ver que unos cuantos miembros de las clases de respiración acuática, como los crustáceos y los moluscos, están adaptados para vivir en tierra, y al ver que hay aves y mamíferos voladores, insectos voladores de los tipos más diversos y que antiguamente hubo reptiles voladores, se concibe que los peces voladores, que actualmente se deslizan por el aire, elevándose ligeramente y girando con ayuda de sus trémulas aletas, pudieron haberse modificado en animales perfectamente alados. Si esto hubiera ocurrido, ¿quién hubiese jamás imaginado que en un primer estado de transición habían sido habitantes del océano y que habían usado sus incipientes órganos de vuelo exclusivamente, por lo que sabemos, para escapar de ser devorados por otros peces?

Cuando vemos cualquier estructura sumamente perfeccionada para una determinada costumbre particular, como las alas de las aves para el vuelo, hemos de tener presente que raras veces habrán sobrevivido hasta nuestros días animales que ofrezcan los primeros grados de transición de la estructura, pues habrán sido suplantados por sus sucesores, que se fueron haciendo gradualmente más perfectos por selección natural. Es más: podemos sacar la conclusión de que los estados de transición entre estructuras adecuadas para hábitos de vida muy diferentes raras veces se habrán desarrollado, en un periodo primitivo, en gran número ni con muchas formas subordinadas. Así, volviendo a nuestro ejemplo imaginario del pez volador, no parece probable que se hubiesen desarrollado peces capaces de verdadero vuelo, con muchas formas subordinadas, para capturar de muchos modos presas de muchas clases, en tierra y en agua, hasta que sus órganos de vuelo hubiesen llegado a un elevado grado de perfección, para darles una ventaja decisiva sobre los demás animales en la lucha por la vida. De aquí que las probabilidades de descubrir especies con transiciones graduales de estructura en estado fósil serán siempre menores, por haber existido en menor número, que en el caso de especies con estructuras completamente desarrolladas.

Daré ahora dos o tres ejemplos, tanto de diversidad como de cambio de costumbres en individuos de la misma especie. En cualquiera de los dos casos será fácil, por selección natural, adaptar la estructura del animal a sus nuevas costumbres o exclusivamente a una de sus diversas costumbres. Sin embargo, es difícil decidir, e intrascendente para nosotros, si cambian en general primero las costumbres y después la estructura, o si ligeras modificaciones de estructura conducen al cambio de costumbres, siendo probable que a menudo ocurran ambas cosas casi simultáneamente. En cuanto a casos de cambio de costumbres, bastará simplemente con citar el de los muchos insectos británicos que se alimentan ahora de plantas exóticas o exclusivamente de sustancias artificiales. En cuanto a diversidad de costumbres podrían citarse innumerables ejemplos; he observado con frecuencia, en América del Sur, a un papamoscas tiránido *(Saurophagus sulphuratus)* cerniéndose sobre un punto y luego dirigiéndose a otro, como lo haría un cernícalo, y en ocasiones lo he visto inmóvil a la orilla del agua, y luego lanzarse sobre un pez lo mismo que un martín pescador. En nuestro propio país se puede ver al carbonero o tipo mayor de paro *(Parus major)* trepando por las ramas casi como un *trepador*[58]; a veces, como un *pega reborda*[59], mata pajarillos golpeándolos en la cabeza, y muchas veces lo he visto y oído martillar las simientes del tejo y sobre una rama y partirlas así igual que una *sita*[60]. Hearne ha observado en América del Norte al oso negro nadar durante horas con la boca muy abierta, cazando así, como una ballena, insectos en el agua.

Como a veces vemos individuos que siguen costumbres diferentes de las propias de su especie y de las damas especies del mismo género, podríamos esperar que estos individuos diesen origen accidentalmente a nuevas especies, de costumbres anómalas, y cuya estructura se separaría ligera o considerablemente de la de su tipo. Y ejemplos de esta clase ocurren en la naturaleza. ¿Puede darse un ejemplo más notable de adaptación que el del pájaro carpintero para trepar por los árboles y coger insectos en las grietas de su corteza? Sin embargo, en América del Norte hay pájaros carpinteros que se alimentan en gran parte de frutos, y otros, con las alas alargadas, que cazan insectos al vuelo. En las llanuras de La Plata, donde apenas crece un árbol, hay un pájaro carpintero *(Colaptes campestris)* que tiene dos dedos hacia delante y dos hacia atrás, la lengua larga y puntiaguda, las plumas rectrices puntiagudas —lo suficientemente tiesas para sostener el animal su posición vertical en un poste, aunque no tan tiesas como en los pá-

58 O «gateador» *(Certhia familiaris).*

59 También llamado «alcaudón», famosos por su rapacidad.

60 *Suntla europaea.* Pertenece a una clase de pájaros comúnmente llamados «trepatroncos».

jaros carpinteros típicos—, y el pico recto y fuerte. Sin embargo, el pico no es tan recto ni tan fuerte como en los pájaros carpinteros típicos, pero es lo suficientemente fuerte para taladrar la madera. Por consiguiente, este *Colaptes* es un pájaro carpintero en todas las partes esenciales de su estructura. Incluso en caracteres tan insignificantes como la coloración, el timbre desagradable de la voz y el vuelo ondulado se manifiesta claramente su íntimo parentesco con nuestro pájaro carpintero común; y, sin embargo —como puedo afirmar, no solo por propias observaciones, sino también por las de Azara [61], tan exacto—, en determinadas comarcas extensas ¡no trepa a los árboles y hace sus nidos en los agujeros de las márgenes de los ríos! [62]. En otras comarcas, sin embargo, este pájaro carpintero, según manifiesta míster Hudson, frecuenta los árboles y agujerea sus troncos para hacer sus nidos. Puedo mencionar, como otro ejemplo de las costumbres diversas de este género, que De Saussure ha descrito un *Colaptes* de México que hace agujeros en madera dura para depositar una provisión de bellotas.

Los *petreles* son las aves más aéreas y oceánicas que existen; pero en los tranquilos estuarios de Tierra del Fuego, a la *Puffinuria berardi*, por sus costumbres generales, por su asombrosa facultad de zambullirse, por su manera de nadar y de volar cuando se le obliga a tomar el vuelo, la confundiría cualquiera con una *alca* [63] o con un *somormujo* [64], y, sin embargo, es esencialmente un petrel, pero con muchas partes de su organización profundamente modificadas en relación con sus nuevos hábitos de vida, en tanto que el pájaro carpintero de La Plata tiene su estructura solo ligeramente modificada. En el caso del tordo de agua, el observador más perspicaz que examinara su cuerpo muerto jamás sospecha-

[61] Félix de Azara. Naturalista español (1746-1821). Escribió *Viajes a través de la América Meridional* y *Ensayos de Historia Natural.*

[62] Véase tabla de adiciones, pág. 38.

[63] Género de aves palmípedas, de la familia de las alcídeas, que abundan en los mares del norte.

[64] También llamado «colimbo», miembro de la familia *Colymbidae,* género *Podiceps.*

ría sus costumbres subacuáticas, y, sin embargo, esta ave, que está relacionada con la familia de los tordos, busca su alimento buceando, para lo que utiliza sus alas bajo el agua y se agarra a las piedras con las patas. Todos los miembros del gran orden de los insectos himenópteros son terrestres, excepto el género *Proctotrupes*, que es de costumbres acuáticas, como ha descubierto sir John Lubbock; entra en el agua con frecuencia y bucea en torno, utilizando, no sus patas, sino sus alas, y permanece hasta cuatro horas debajo del agua; sin embargo, no muestra modificación alguna en su estructura de acuerdo con sus costumbres anómalas.

Quien crea que todo ser viviente ha sido creado tal como ahora lo vemos, tiene que haberse sentido sorprendido a veces al encontrarse con un animal cuyas costumbres y conformación no están de acuerdo. ¿Qué puede haber más evidente que el hecho de que los pies con membranas interdigitales de los patos y gansos están hechos para nadar? Sin embargo, hay gansos de tierra adentro [65] con membranas interdigitales, aunque rara vez se acercan al agua, y nadie ha visto, excepto Audubon, al *rabihorcado* [66], que tiene sus dedos unidos por membranas, posarse en la superficie del océano. En cambio, los *somormujos* y las *fochas* [67] son eminentemente acuáticos, a pesar de que sus dedos solo están ribeteados por membranas. ¿Qué cosa parece más evidente que el que los dedos largos, desprovistos de membranas, de los *Grallatores* [68] estén hechos para andar por las charcas y las plantas flotantes? La *polla de agua* [69] y el rálido [70] son miembros de este orden; sin em-

65 El ganso de tierra —*upland goose*— *(Chlöephaga magellanica).*

66 También llamado «fragata», ave de rapiña tropical, acuática, pero vive cerca de la tierra, y notable por la velocidad de su vuelo *(Tachypetes aquilius).*

67 Se aplica este nombre a diferentes aves; en la obra se aplica exclusivamente a las *Fulica.*

68 Aves zancudas. Véase el glosario: GRALLATORES.

69 *Gallinula chloropus.*

70 Las «rálidas» es una familia de aves del orden de las zancudas, suborden de los raliformes, que comprende las subfamilias o tribus de las «ralinas» —como el *Rallus,* el rálido o guion o rey de codornices— y de las «fulicinas» —como la *Fulica* o focha, fúlica, negreta.

bargo, la primera es casi tan acuática como la focha, y el segundo es casi tan terrestre como la codorniz y la perdiz. En estos casos, y en otros muchos que podrían citarse, las costumbres han cambiado sin un correspondiente cambio de estructura. Puede decirse que las patas con membranas interdigitales del ganso de tierra se han vuelto casi rudimentarias en función, pero no en estructura. En el rabihorcado, la membrana profundamente escotada entre los dedos demuestra que la conformación ha empezado a cambiar.

Quien crea en actos separados e innumerables de creación puede decir que en estos casos se ha complacido el Creador en hacer que un ser de un tipo ocupe el lugar de otro ser que pertenece a otro tipo; pero esto me parece tan solo enunciar de nuevo el hecho con lenguaje más elevado. Quien crea en la lucha por la existencia y en el principio de la selección natural reconocerá que todo ser orgánico se está esforzando continuamente por aumentar el número de sus individuos, y que si un ser cualquiera varía, aunque sea muy poco, en costumbres o estructura, y obtiene de este modo ventaja sobre algún otro habitante del mismo país, se apropiará el puesto de este habitante, por diferente que pueda ser de su propio puesto. Por consiguiente, no le causará sorpresa que existan gansos y rabihorcados provistos de patas con membranas interdigitales que vivan en tierra seca y que rara vez se posen en el agua; que haya guiones de codornices con dedos largos que vivan en los prados en vez de vivir en lagunas; que haya pájaros carpinteros donde apenas crece un árbol; que hay tordos e himenópteros que buceen y petreles con costumbres de alcas.

Órganos de perfección y complicación extremas

Parece absurdo de todo punto —lo confieso espontáneamente— suponer que el ojo, con todas sus inimitables disposiciones para acomodar el foco a diferentes distancias, para admitir cantidad variable de luz y para la corrección de las aberraciones esférica y cromática, pudo haberse formado por selección natural. Cuando se dijo por vez primera que el Sol estaba inmóvil y la Tierra giraba a su alrededor, el sentido común de la humanidad declaró falsa esta doctrina; pero el antiguo adagio de *vox populi, vox Dei,* como todo filósofo sabe, no puede admitirse en la ciencia. La razón me dice que si puede demostrarse que existen numerosas gradaciones desde un ojo sencillo e imperfecto a un ojo complejo y perfecto, siendo útil cada grado al animal que lo posea, como ciertamente ocurre; si, además, el ojo varía alguna vez y las variaciones se heredan, como también ocurre ciertamente; y si estas variaciones son útiles a un animal cualquiera en condiciones variables de vida, entonces la dificultad de creer que un ojo complejo y perfecto pudo formarse por selección natural, aunque insuperable para nuestra imaginación, no sería considerada como destructora de nuestra teoría. Saber cómo un nervio ha llegado a ser sensible a la luz, apenas nos concierne más que saber cómo se ha originado la vida misma; pero puedo señalar que, comoquiera que algunos de los organismos inferiores, en los cuales no pueden descubrirse nervios, son capaces de percibir la luz, no parece imposible que ciertos elementos sensitivos de su sarcoda [71] llegasen a reunirse y desarrollarse hasta convertirse en nervios dotados de esta especial sensibilidad.

Al buscar las gradaciones mediante las que se ha perfeccionado un órgano de una especie cualquiera, debemos atender exclusivamente a sus antepesados en línea directa; pero esto casi nunca es posible, y nos vemos obligados a atender a otras especies y géneros del mismo grupo, es decir, a los descendientes colaterales de la misma forma madre, para ver qué gradaciones son posibles y por si acaso algunas gradaciones se han transmitido inalteradas o con poca alteración. Pero el estado de un mismo órgano en clases distintas puede incidentalmente arrojar luz sobre las etapas por las que se ha ido perfeccionando.

El órgano más sencillo al que se le puede dar el nombre de ojo consta de un nervio óptico, rodeado por células pigmentarias y cubierto por piel traslúcida, pero sin cristalino ni otro cuerpo refringente. Sin embargo, según monsieur Jourdain, podemos des-

[71] Véase el glosario de términos científicos.

cender todavía un grado más y encontrar conglomerados de células pigmentarias que parecen servir como órganos de vista sin nervios, y que descansan simplemente sobre tejido sarcódico. Ojos de naturaleza tan sencilla como los que se acaban de mencionar son incapaces de visión clara y sirven tan solo para distinguir la luz de la oscuridad. En ciertas estrellas de mar, pequeñas depresiones en la capa de pigmento que rodea al nervio están llenas, según describe el autor arriba citado, de una sustancia gelatinosa transparente, que sobresale formando una superficie convexa, como la córnea de los animales superiores. Dicho autor sugiere que esto sirve no para formar una imagen, sino solo para concentrar los rayos luminosos y hacer más fácil su percepción. Con esta concentración de rayos conseguimos dar el primero y, desde luego, el más importante paso hacia la formación de un ojo verdadero, formador de imágenes, pues no tenemos más que colocar la extremidad desnuda del nervio óptico —que en algunos animales inferiores se encuentra profundamente hundida en el cuerpo y en otros cerca de la superficie— a la distancia debida del aparato de concentración, y se formará sobre aquella una imagen.

En la gran clase de los artrópodos podemos empezar a partir de un nervio óptico simplemente cubierto de pigmento, formando este último a veces una especie de pupila, pero desprovisto de cristalino o de otro mecanismo óptico. Se sabe actualmente que, en los insectos, las numerosas facetas de la córnea de sus grandes ojos compuestos forman verdaderos cristalinos, y que los conos encierran filamentos nerviosos, curiosamente modificados. Pero estos órganos, en los artrópodos, están tan diversificados, que Müller los dividió antaño en tres clases principales, con siete subdivisiones, además de una cuarta clase principal de ojos sencillos agregados.

Cuando reflexionamos sobre estos hechos, expuestos aquí demasiado brevemente, relativos a la extensión, diversidad y gradación de la estructura de los ojos en los animales inferiores, y cuando tenemos en cuenta lo pequeño que debe de ser el número de todas las formas vivientes en comparación con las que se han extinguido, entonces deja de ser muy grande la dificultad de creer que la selección natural pueda haber convertido el sencillo aparato de un nervio óptico, cubierto de pigmento y revestido por una membrana transparente, en un instrumento óptico tan perfecto como el que posee cualquier miembro de la clase de los artrópodos.

Quien haya llegado hasta aquí, no debe dudar en dar un paso más, si averigua, al terminar este volumen, que grandes grupos de hechos, de otro modo inexplicables, se pueden explicar por la teoría de la modificación por selección natural; debe admitir que una estructura, aunque sea tan perfecta como el ojo de un águila, pudo formarse de este modo, aun cuando en este caso no conozca los estados de transición [72]. Se ha hecho la objeción de que para que se modificase el ojo y para que, a pesar de ello, se conservase como un instrumento perfecto, tendrían que efectuarse simultáneamente muchos cambios, lo que se supone que no pudo hacerse por selección natural; pero, como he procurado demostrar en mi obra sobre la variación de los animales domésticos [73], no es necesario suponer que todas las modificaciones fueron simultáneas, si fueron extremadamente leves y graduales. Clases diferentes de modificación servirían, además, para el mismo fin general; como ha hecho observar míster Wallace, «si una lente tiene el foco demasiado corto o demasiado largo, puede corregirse mediante una alteración de curvatura o mediante una alteración de densidad; si la curvatura es irregular y los rayos no convergen en un punto, entonces cualquier aumento de regularidad en la curvatura será un perfeccionamiento. Así, ni la contracción del iris ni los movimientos musculares del ojo son esenciales para la visión, sino tan solo perfeccionamientos que pudieron haber sido añadidos y completados en cualquier etapa de la construcción del instrumento». En la división superior del reino animal, es decir, en los vertebrados, podemos empezar a partir de un ojo tan simple que consta, como en el anfioxo, de un saquito de piel transparente, provisto de un nervio y revestido de pigmento, pero desprovisto

[72] Véase tabla de adiciones, pág. 41.

[73] *The Variation of Animals and Plants under Domestication* («La variación de los animales y de las plantas en domesticidad»), 1868; segunda edición revisada en 1875.

de cualquier otro aparato. En los peces y reptiles, como ha hecho observar Owen, «la serie de gradaciones de las estructuras dióptricas es muy grande». Es un hecho significativo que, incluso en el hombre, según la gran autoridad de Virchow, la hermosa lente que constituye el cristalino está formada en el embrión por una acumulación de células epidérmicas, situadas en un pliegue en forma de saco de la piel; y el cuerpo vítreo está formado por un tejido embrionario subcutáneo. Para llegar, sin embargo, a una conclusión justa acerca de la formación del ojo, con todos sus caracteres maravillosos, aunque no absolutamente perfectos, es indispensable que la razón venza a la imaginación; pero he sentido demasiado vivamente la dificultad para que me sorprenda de que otros titubeen en dar tan dilatado alcance al principio de la selección natural.

Apenas es posible dejar de comparar el ojo con un telescopio. Sabemos que este instrumento ha sido perfeccionado por los continuos esfuerzos de las inteligencias más preclaras y, naturalmente, deducimos que el ojo se ha formado por un procedimiento algo análogo. ¿Pero no será tal vez presuntuosa esta deducción? ¿Tenemos algún derecho para suponer que el Creador trabaja con facultades intelectuales como la del hombre? Si hemos de comparar el ojo con un instrumento óptico, debemos imaginarnos una capa gruesa de tejido transparente con espacios llenos de líquido y con un nervio sensible a la luz, situado debajo, y luego suponer que cada parte de esta capa está cambiando de continuo lentamente de densidad hasta separarse en capas de diferentes densidades y espesores, colocadas a distancias diferentes unas de otras, y cuyas superficies van cambiando poco a poco de forma. Tenemos que suponer además que existe una fuerza, representada por la selección natural o supervivencia de los más aptos, que acecha atenta y constantemente la menor alteración en las capas transparentes, y conserva cuidadosamente aquellas que, en diversas circunstancias, de cualquier manera o en cualquier grado, tienden a producir una imagen más clara. Hemos de suponer que cada nuevo estado del instrumento se multiplica por un millón, y se conserva hasta que se produce otro mejor, siendo entonces destruidos los antiguos. En los cuerpos vivos, la variación producirá las ligeras modificaciones, la generación las multiplicará casi hasta el infinito y la selección natural entresacará con infalible destreza todo perfeccionamiento. Supongamos que este proceso continúa durante millones de años, y durante cada año en millones de individuos de muchas clases; ¿no podemos creer que pudiera formarse de este modo un instrumento óptico viviente tan superior a uno de vidrio, como las obras del Creador lo son a las del hombre?

Modos de transición

Si pudiera demostrarse que existió algún órgano complejo que tal vez no pudo formarse por modificaciones ligeras, sucesivas y numerosas, mi teoría se vendría abajo por completo; pero no descubro ningún caso semejante. Sin duda existen muchos órganos de los cuales no conocemos sus grados de transición, sobre todo si nos fijamos en las especies muy aisladas, en torno a las cuales, según mi teoría, ha habido mucha destrucción; o también si, consideramos un órgano común a todos los miembros de una clase, pues en este último caso el órgano tiene que haberse formado en un periodo remoto, después del cual se han desarrollado todos los numerosos miembros de la clase, y, para descubrir los primeros grados de transición por los que ha pasado el órgano, tendríamos que buscar formas ancestrales antiquísimas, extinguidas desde hace mucho tiempo.

Hemos de ser muy prudentes en llegar a la conclusión de que un órgano no ha podido formarse por transiciones graduales de ninguna clase. Podrían citarse numerosos casos, entre los animales inferiores, de un mismo órgano que realiza al mismo tiempo funciones completamente distintas; así, en la larva del caballito del diablo y en el pez *Cobites*, el tubo digestivo respira, digiere y excreta. En la hidra, el animal puede ser vuelto del revés, y entonces la superficie exterior digerirá y el estómago respirará. En estos casos, la selección natural pudo especializar para una sola función, si de este modo se obtenía alguna ventaja, la totalidad o parte de un órgano que previamente había realizado dos funciones, y así, por grados insensibles, cambia en gran medida su naturaleza. Se conocen muchas plantas que producen, por lo regular, al mismo tiempo flores diferentemente construidas, y si estas plantas tuviesen que producir flores de una sola clase, se efectuaría un gran cambio, relativamente brusco, en los caracteres de la especie. Sin embargo, es probable que las dos clases de flores producidas por la misma planta se fueron diferenciando primitivamente por transiciones muy graduales, que todavía pueden seguirse en algunos casos.

Además, dos órganos distintos, o un mismo órgano con dos formas muy diferentes, pueden realizar simultáneamente en un mismo individuo la misma función, y este es un medio de transición importantísimo. Pongamos un ejemplo: hay peces con agallas o branquias que respiran el aire disuelto en el agua, al mismo tiempo que respiran el aire libre en sus vejigas natatorias, por estar dividido este último órgano por tabiques sumamente vascularizados y tener un *ductus pneumaticus* [74] para la entrada del aire. Pongamos otro ejemplo tomado del reino vegetal: las plantas trepan de tres modos diferentes, enroscándose en espiral, cogiéndose a un soporte con sus zarcillos sensitivos y por la emisión de raicillas aéreas; estos tres modos se encuentran de ordinario en grupos distintos, pero unas cuantas especies presentan dos de estos modos, y aun los tres, combinados en un mismo individuo. En todos estos casos, uno de los tres órganos se modificaría y perfeccionaría rápidamente hasta realizar todo el trabajo, siendo ayudado durante el proceso de modificación por el otro órgano, y luego este otro órgano se modificaría para algún otro fin completamente distinto o se extinguiría por completo.

El ejemplo de la vejiga natatoria de los peces es bueno, porque nos muestra claramente el hecho importantísimo de que un órgano originariamente construido para este fin —el de la flotación— puede convertirse en un órgano para un fin completamente diferente —el de la respiración—. La vejiga natatoria ha funcionado también como un accesorio de los órganos auditivos

[74] Conducto neumático.

de ciertos peces. Todos los fisiólogos admiten que la vejiga natatoria es homóloga, o «idealmente similar» en posición y estructura a los pulmones de los animales vertebrados superiores; por consiguiente, no hay razón para dudar de que la vejiga natatoria se ha convertido positivamente en pulmones, o sea, en un órgano utilizado exclusivamente para la respiración.

De acuerdo con esta opinión, puede deducirse que todos los animales con pulmones verdaderos descienden por generación ordinaria de un antiguo prototipo desconocido que estaba provisto de un aparato de flotación o vejiga natatoria. Así podemos comprender, según deduzco de la interesante descripción que Owen ha dado de estas partes, el hecho extraño de que toda partícula de comida o bebida que tragamos tenga que pasar por encima del orificio de la tráquea, con algún peligro de caer en los pulmones, a pesar del precioso mecanismo mediante el cual se cierra la glotis. En los vertebrados superiores, las branquias han desaparecido por completo; pero en el embrión, las hendiduras a los lados del cuello, y el recorrido en forma de asa de las arterias, señalan aún su posición primitiva. Pero se concibe que las branquias, perdidas por completo en la actualidad, se hayan utilizado gradualmente, por selección natural, para algún fin distinto; por ejemplo, Landois ha demostrado que las alas de los insectos provienen de las branquias traqueales; por consiguiente, es muy probable que, en esta gran clase, órganos que en un tiempo sirvieron para la respiración se hayan convertido realmente en órganos para el vuelo.

Al considerar las transiciones de órganos, es tan importante tener presente la posibilidad de la conversión de una función en otra, que citaré otro ejemplo. Los cirrípedos [75] pedunculados tienen dos diminutos pliegues de tegumentos, que yo he llamado *frenos ovígeros,* los cuales sirven, mediante un secreción pegajosa, para retener los huevos dentro del manto hasta que son incubados. Estos cirrípedos carecen de branquias, sirviéndoles para respirar toda la superficie del cuerpo y del manto. Los *balánidos (Balanidae)* o *cirrípedos sésiles,* por el contrario, no tienen frenos

75 Véase el glosario de términos científicos.

ovígeros, quedando los huevos sueltos en el fondo del manto, dentro de la bien cerrada concha; pero en la posición relativa de los frenos tienen membranas grandes y muy plegadas, que comunican libremente con las lagunas circulatorias del manto y del cuerpo, y que todos los naturalistas han considerado que funcionan como branquias. Ahora bien, creo que nadie discutirá que los frenos ovígeros en una familia son rigurosamente homólogos de las branquias en la otra familia; en realidad, se pasa gradualmente de un órgano a otro. Por consiguiente, no hay que dudar de que los dos pequeños pliegues de tegumento, que primitivamente sirvieron de frenos ovígeros, pero que ayudaban también muy débilmente el acto de la respiración, se han convertido gradualmente en branquias por selección natural, simplemente por aumento de su tamaño y por la consunción de sus glándulas adhesivas. Si todos los cirrípedos pedunculados se hubiesen extinguido —y han experimentado una extinción mucho mayor que los cirrípedos sésiles—, ¿quién hubiera imaginado siquiera que las branquias de esta última familia hubiesen existido originariamente como órganos para evitar que las huevas fuesen arrastradas por el agua fuera del manto?

Hay otro posible modo de transición, o sea, por la aceleración o retardo del periodo de reproducción [76]. Sobre esto ha insistido últimamente el profesor Cope y otros en Estados Unidos. Se sabe hoy día que algunos animales son capaces de reproducirse a una edad muy temprana, antes que hayan adquirido sus caracteres perfectos, y si esta facultad llegase a desarrollarse por completo en una especie, parece probable que, más pronto o más tarde, desaparecería el estado de desarrollo adulto, y en este caso, especialmente si la larva difiere mucho de la forma adulta, los caracteres de la especie cambiarían considerablemente y se degradarían. Además, no pocos animales, después de llegar a la madurez, continúan cambiando sus caracteres durante casi toda su vida. En los mamíferos, por ejemplo, la forma del cráneo frecuentemente se altera mucho con la edad, de lo que el doctor Marie ha proporcio-

[76] Véase tabla de adiciones, pág. 41.

nado algunos ejemplos notables en las focas; todos sabemos que las cuernas de los ciervos se ramifican cada vez más, y que las plumas de algunas aves se desarrollan más hermosamente a medida que estos animales se vuelven más viejos. El profesor Cope afirma que los dientes de ciertos saurios cambian mucho de forma al correr de los años; en los crustáceos, no solo muchas partes insignificantes, sino también algunas de importancia, según ha registrado Fritz Müller, asumen caracteres nuevos después de la madurez. En todos estos casos —y podrían citarse muchos más—, si la edad de la reproducción se retrasase, los caracteres de la especie, al menos en su estado adulto, se modificarían, y no es improbable que estados anteriores y más primitivos de desarrollo se acelerasen en algunos casos y, finalmente, desapareciesen. No puedo formar ninguna opinión acerca de si las especies se han modificado a menudo o nunca por este modo de transición relativamente súbito; pero si esto ha ocurrido, es probable que las diferencias entre el joven y el adulto, y entre el adulto y el viejo, se adquiriesen primitivamente por fases graduales.

Dificultades especiales de la teoría de la selección natural

Aunque hemos de ser muy prudentes en llegar a la conclusión de que ningún órgano ha podido producirse por pequeñas y sucesivas gradaciones de transición, sin embargo, es indudable que se presentan casos de grave dificultad.

Uno de los más graves es el de los insectos neutros, que a menudo son de conformación diferente de la de los machos y las hembras fecundas; pero este caso se tratará en el capítulo próximo. Los órganos eléctricos de los peces nos ofrecen otro caso de especial dificultad, pues no es posible concebir por qué pasos se han producido estos órganos maravillosos [77]; pero esto no es sorprendente, pues ni siquiera sabemos cuál sea su uso. En el *Gymnotus* y en el *Torpedo,* indudablemente sirven como podero-

[77] Véase tabla de adiciones, pág. 41.

sos medios de defensa, y quizá para asegurar sus presas; sin embargo, en la raya, como ha observado Mateucci, un órgano análogo en la cola manifiesta poca electricidad, aunque el animal esté muy irritado; tan poca, que apenas puede ser de utilidad alguna para los fines antes mencionados. Además, en la raya, aparte del órgano a que nos acabamos de referir, hay, como ha demostrado el doctor R. M'Donnell, otro órgano cerca de la cabeza que no sé sabe que sea eléctrico, pero que parece ser el verdadero homólogo de la batería eléctrica del torpedo. Se admite generalmente que entre estos órganos y los músculos ordinarios existe un estrecha analogía en la estructura íntima, en la distribución de los nervios y en la acción que ejercen sobre ellos diferentes reactivos. También hay que observar especialmente que la contracción muscular va acompañada de una descarga eléctrica, y, como insiste el doctor Radcliffe, «en el aparato eléctrico del torpedo, durante el reposo, parece que hay una carga igual por todos los conceptos a la que se halla en los músculos y en los nervios durante el reposo, y la descarga del torpedo, en vez de ser peculiar, puede ser solamente otra forma de la descarga que depende de la acción del músculo y del nervio motor». No podemos ir más allá, hoy por hoy, en el camino de la explicación; pero como sabemos tan poco acerca de los usos de estos órganos, y como no sabemos nada acerca de las costumbres y estructura de los progenitores de los peces eléctricos vivientes, sería muy arriesgado sostener que son posibles transiciones útiles de ninguna clase mediante las cuales estos órganos pudieran haberse desarrollado gradualmente.

Estos órganos parecen, al pronto, ofrecer otra dificultad mucho más grave, pues se presentan como una docena de clases de peces, algunos de los cuales son de afinidades muy remotas. Cuando un mismo órgano se encuentra en varios representantes de una misma clase, especialmente si es en individuos que tienen hábitos de vida muy diferentes, podemos, en general, atribuir su presencia a herencia de un antepasado común, y su ausencia en algunos de los representantes a pérdida por desuso o por selección natural. De modo que si los órganos eléctricos se hubiesen heredado de un solo progenitor antiguo, sería de esperar que todos los peces eléctricos estuviesen muy especialmente emparentados entre sí; pero está muy lejos de ser este el caso. Tampoco la geología nos induce, en modo alguno, a creer que la mayor parte de los peces poseyeran antiguamente órganos eléctricos que sus descendientes modificados hayan perdido en la actualidad. Pero cuando consideramos más de cerca la cuestión, vemos que, en los diversos peces provistos de órganos eléctricos, estos están situados en diferentes partes del cuerpo; que difieren en su estructura, así como en la disposición de las placas —y, según Pacini, en el procedimiento o medio de producir la electricidad—, y, finalmente, en estar provistos de nervios que proceden de diferentes orígenes, siendo esta quizá la más importante de todas las diferencias. De aquí que los órganos eléctricos de los diversos peces no puedan considerarse como homólogos, sino tan solo como análogos en su función. Por consiguiente, no hay ninguna razón para suponer que se han heredado de un progenitor común, pues si hubiera sido así, se hubiesen parecido mucho entre sí por todos los conceptos. Así pues, se desvanece la dificultad de que un órgano, en apariencia el mismo, se origine en diversas especies remotamente afines, quedando solo la dificultad menor, aunque todavía grande, de por qué pasos graduales se han desarrollado estos órganos en cada uno de los distintos grupos de peces.

Los órganos luminosos que se presentan en unos cuantos insectos de familias muy distintas, y que están situados en diferentes partes del cuerpo, ofrecen, en nuestro actual estado de ignorancia, una dificultad casi exactamente paralela a la de los órganos eléctricos. Podrían citarse otros casos semejantes; por ejemplo, en las plantas, la curiosísima disposición de una masa de granos de polen, soportada por un pedúnculo con una glándula adhesiva es evidentemente la misma en los *Orchis* y *Asclepias*, géneros casi los más distantes posible dentro de las plantas fanerógamas; pero tampoco aquí las partes son homologas. En todos los casos de seres muy separados en la escala de la organización, que estén provistos de órganos peculiares y semejantes, se encontrará que, aunque el aspecto general y la función de los órganos puedan ser iguales, sin embargo, siempre pueden descubrirse diferencias fundamentales entre ellos. Por ejemplo, los ojos de los cefalópodos y los de los animales vertebrados parecen asombrosamente semejantes, y en estos grupos tan separados nada de esta semejanza puede ser debida a herencia de un progenitor común [78]. Míster Mivart ha presentado este caso como uno de especial dificultad; pero no alcanzo a ver la fuerza de su argumento. Un órgano para la visión tiene que estar formado de tejido transparente, y ha de contener alguna clase de lente para formar una imagen en el fondo de una cámara oscura. Aparte del parecido superficial, apenas hay semejanza alguna real entre los ojos de los cefalópodos y los de los vertebrados, como puede verse consultando la admirable memoria de Hensen acerca de estos órganos en los cefalópodos. Me es imposible entrar aquí en detalles, pero puedo especificar algunos de los puntos en que difieren. El cristalino, en los cefalópodos superiores, consta de dos partes, colocadas una detrás de la otra, como dos lentes, teniendo ambas disposición y estructura muy diferentes de las que se encuentran en los vertebrados. La retina es completamente diferente, con una verdadera inversión de los elementos y con un gran ganglio nervioso encerrado dentro de las membranas del ojo. Las relaciones de los músculos son lo más diferente que pueda imaginarse, y así en otros puntos. Por consiguiente, no es pequeña dificultad decidir hasta qué punto deban emplearse los mismos términos al describir los ojos de los cefalópodos y de los vertebrados. Naturalmente, cada uno es libre de negar que el ojo, en uno y otro caso, pudo haberse desarrollado por selección natural de leves variaciones sucesivas; pero si se admite esto en un caso, es evidentemente posible en el otro; y las diferencias fundamentales de estructura en los órganos visuales de ambos grupos podían haberse previsto, de acuerdo con esta teoría, acerca de su modo de formación. Así como algunas veces dos hombres han llegado independientemente al mismo invento, así también, en los diversos casos precedentes, parece que la selección natural, trabajando para el bien de cada ser y sacando ventajas de todas las variaciones favorables, ha producido órganos se-

[78] Véase tabla de adiciones, pág. 41.

mejantes, por lo que a su función concierne, en seres orgánicos distintos, que no deben nada de su estructura en común a la herencia de un progenitor común.

Fritz Müller, con objeto de comprobar las conclusiones a que se llega en este volumen, ha seguido con mucha diligencia una línea de argumentación casi análoga. Diversas familias de crustáceos comprenden un corto número de especies que poseen un aparato para respirar en el aire y están conformadas para vivir fuera del agua. En dos de estas familias, que fueron estudiadas más especialmente por Müller y que son muy afines entre sí, las especies se asemejan mucho en todos los caracteres importantes, es decir, en los órganos de los sentidos, en el sistema circulatorio, en la posición de las tobas de pelo en el interior de sus complicados estómagos, y, por último, en toda la estructura de las branquias para respirar en el agua, incluso en los garfios microscópicos mediante los cuales se limpian. Por tanto, era de esperar que, en el escaso número de especies de ambas familias que viven en tierra, serían iguales los aparatos igualmente importantes para respirar en el aire; pues ¿por qué este aparato, destinado al mismo fin, habría de ser hecho diferente, mientras que todos los demás órganos importantes son muy similares o casi idénticos?

Fritz Müller alega que esta estrecha semejanza en tantos puntos de estructura debe explicarse —de conformidad con las opiniones expuestas por mí— por herencia de un progenitor común. Pero como la inmensa mayoría de las especies de las dos familias antes citadas, como la mayor parte de los demás crustáceos, son de costumbres acuáticas, es sumamente improbable que su progenitor común haya estado adaptado a respirar en el aire. Así fue inducido Müller a examinar cuidadosamente el aparato de las especies que respiran en el aire, y encontró que difiere en cada una en varios puntos importantes, como la posición de los orificios, el modo como se abren y se cierran, y en algunos detalles accesorios. Ahora bien, estas diferencias se explican —y hasta eran de esperar— por la suposición de que las especies pertenecientes a familias distintas se han ido adaptando lentamente a vivir poco a poco fuera del agua y a respirar en el aire. Pues estas especies, por pertenecer a familias distintas, serían hasta cierto punto diferentes y —según el principio de que la naturaleza de cada variación depende de dos factores, a saber: la naturaleza del organismo y la de las condiciones ambientes— su modo de variar no sería, con seguridad, exactamente el mismo. Por consiguiente, la selección natural tendría materiales o variaciones diferentes con que trabajar para llegar al mismo resultado funcional, y las conformaciones adquiridas de este modo tendrían que ser, casi necesariamente, diferentes. En la hipótesis de actos separados de creación, toda la cuestión permanece ininteligible. Este razonamiento parece haber sido de gran peso para mover a Fritz Müller a aceptar las opiniones sostenidas por mí en este libro.

Otro distinguido zoólogo, el difunto profesor Claparède, ha razonado de igual modo y ha llegado al mismo resultado. Demuestra que hay ácaros parásitos *(Acaridae)*, pertenecientes a subfamilias distintas, que están provistos de órganos para agarrarse al pelo. Estos órganos tienen que haberse desarrollado independientemente, pues no pudieron heredarse de un progenitor común, y están formados, en los diferentes grupos, por modificación de las patas anteriores, de las patas posteriores, de las maxilas o labios [79] y de apéndices del lado ventral de la parte posterior del cuerpo [80].

* * *

En los casos precedentes vemos conseguido el mismo fin o realizada la misma función, en seres nada o muy remotamente afines, por órganos muy semejantes por su apariencia, aunque no por su desarrollo. Por otra parte, es una regla general en toda la naturaleza que el mismo fin se consiga, incluso a veces en el caso de seres muy afines, por los medios más diversos. ¡Qué diferencia de construcción entre el ala con plumas de un ave y el ala cubierta de membrana del murciélago, y aún más entre las cuatro alas de una mariposa, las dos de una mosca y las dos alas con élitros de un

[79] Tal vez se refiera a los pedipalpos.

[80] Véase tabla de adiciones, pág. 41.

coleóptero! Las conchas bivalvas están hechas para abrir y cerrar, pero ¡cuántos modelos existen en la construcción de la charnela, desde la larga fila de dientes que engranan primorosamente en una *Nucula* hasta el simple ligamento de un mejillón! Las semillas se diseminan por su pequenez; por convertirse su cápsula en una ligera envoltura como la de un globo; por estar encajadas en pulpa o carne, formada de las partes más diversas, y vueltas nutritivas y coloreadas de un modo tan llamativo, que atraigan y sean devoradas por las aves; por tener ganchos y garfios de muchas clases y aristas dentadas, para adherirse al pelo de los cuadrúpedos, y por estar provistas de aspas y penachos tan diferentes en su forma como elegantes en su estructura, de modo que las arrastre la menor brisa. Daré otro ejemplo, pues esta cuestión de que el mismo fin se obtenga por los medios más diversos es bien digna de atención. Algunos autores sostienen que los seres orgánicos han sido formados de muchas maneras, simplemente por variar, casi como los juguetes en una tienda; pero tal concepción de la naturaleza es inadmisible. En las plantas que tienen los sexos separados y en aquellas que, aun siendo hermafroditas, el polen no cae espontáneamente sobre el estigma, es necesaria alguna ayuda para su fecundación. En diversas clases esto se efectúa por los granos de polen, que son ligeros e incoherentes, siendo arrastrados por el viento, al azar, hasta el estigma; y este es el medio más sencillo que pueda concebirse. Un medio casi tan sencillo, aunque muy diferente, se presenta en muchas plantas, en las que una flor simétrica segrega unas cuantas gotas de néctar, por lo que la frecuentan los insectos, y estos transportan el polen de las anteras al estigma.

A partir de este estado tan sencillo, pasamos por un número interminable de disposiciones, todas con el mismo objeto y realizadas en esencia de la misma manera, pero que ocasionan cambios en todas las partes de la flor. El néctar puede almacenarse en receptáculos de formas variadas, con los estambres y los pistilos modificados de muchas maneras, formando a veces mecanismos como trampas, que son capaces a veces, por irritabilidad o elasticidad, de movimientos primorosamente adaptados. Desde estas estructuras podemos avanzar hasta llegar a un caso de adaptación tan extraordinario como el descrito últimamente por el doctor Crüger en *Coryanthes*. Esta orquídea tiene parte de su labelo o labio inferior excavado, formando un gran cubo, donde caen continuamente gotas de agua casi pura desde dos cuernecillos secretores que están situados encima de él, y cuando el cubo está medio lleno, el agua se derrama por un conducto lateral. Parte de la base del labelo queda encima del cubo, y está a su vez excavada, formando una especie de cámara con dos entradas laterales, y dentro de esta cámara hay unos curiosos pliegues carnosos. El hombre más astuto, si no hubiese sido testigo de lo que ocurre, jamás hubiera imaginado para qué sirven todas estas partes. Pero el doctor Crüger vio una multitud de grandes abejorros que visitaban las flores gigantescas de esta orquídea, no para chupar el néctar, sino para roer los pliegues del interior de la cámara de encima del cubo; al hacer esto, muchas veces se empujan unos a otros cayendo dentro del cubo, y, al mojárseles allí las alas, no pueden echar a volar, sino que se ven obligados a salir arrastrándose por el paso que forma el conducto o vertedero. El doctor Crüger vio una «continua procesión» de abejorros que salían arrastrándose así de su involuntario baño. El paso es estrecho y está techado por la columna[81], de modo que el abejorro, al abrirse camino, frota su dorso, primero contra el estigma, que es viscoso, y después contra las glándulas viscosas de las masas polínicas. Las masas polínicas se pegan así al dorso del primer abejorro que sale arrastrándose por el paso de una flor recién abierta, y así es como las transporta. El doctor Crüger me envió, en alcohol, una flor con abejorro, que mató antes que hubiese acabado de salir, con una masa polínica todavía pegada a su dorso. Cuando el abejorro, así provisto, vuela a otra flor, o a la misma flor por segunda vez, y es empujado por sus compañeros al cubo y luego sale arrastrándose por el paso, la masa de polen necesariamente se pone primero en contacto con el estigma viscoso y, al adherirse a él, la flor queda fecundada. Por fin comprendemos ahora toda la utilidad de cada parte de la flor, de los cuernecillos que segregan el agua y del cubo

81 Véase: COLUMNA, en el glosario de términos científicos.

medio lleno de agua que les impide a los abejorros echarse a volar y les obliga a salir arrastrándose por el conducto y a frotarse contra las masas de polen viscosas y el estigma viscoso, tan oportunamente situados.

La estructura de la flor de otra orquídea muy afín, el *Catasetum*, es muy diferente, aunque sirve para el mismo fin; pero es igualmente curiosa. Los abejorros visitan sus flores, como las del *Coryanthes*, para roer su labelo; al hacer esto, tocan invariablemente un saliente largo, afilado y sensible, o la antena, como lo he denominado. Esta antena, al ser tocada, transmite una sensación o vibración a cierta membrana, que se rompe instantáneamente; esto suelta un resorte mediante el cual la masa polínica es lanzada en línea recta, como una flecha, y se pega por su extremidad viscosa al dorso del abejorro. La masa de polen de la planta masculina —pues en esta orquídea están separados los sexos— es transportada de este modo a la planta femenina, donde entra en contacto con el estigma, que es lo bastante viscoso para romper ciertos hilos elásticos y, reteniendo el polen, se efectúa la fecundación.

¿Cómo explicamos —puede preguntarse—, en el ejemplo precedente y en otros innumerables, la escala gradual de complejidad y los múltiples medios para alcanzar el mismo fin? Indudablemente, la respuesta es —como ya se indicó— que cuando varían dos formas que difieren ya entre sí en algún grado, la variación no será exactamente de la misma naturaleza y, por consiguiente, los resultados obtenidos por selección natural para el mismo propósito general no serán los mismos. Además, hemos de tener presente que todo organismo muy desarrollado ha pasado por muchos cambios, y que cada conformación modificada tiende a ser heredada, de manera que cada conformación no se perderá enseguida por completo, sino que puede ser alterada cada vez más. Por consiguiente, la conformación de cada parte de cada una de las especies, cualquiera que sea el fin para que pueda servir, es la suma de muchos cambios heredados, por los que ha pasado la especie durante sus adaptaciones sucesivas al cambio de costumbres y condiciones de vida.

Finalmente, pues, aunque en muchos casos es dificilísimo aún conjeturar por qué transiciones han llegado los órganos a su estado presente, sin embargo, considerando el pequeño número de formas vivientes y conocidas, en comparación con el de las formas extinguidas y desconocidas, me ha asombrado lo raro que es poder citar un órgano del que no se conozca algún grado de transición. Ciertamente es verdad que nunca o rara vez se presentan en un ser cualquiera órganos nuevos que parezcan como creados para un fin especial, según enseña en realidad el antiguo y algo exagerado precepto de historia natural de *Natura non facit saltum.* La encontramos admitida en los escritos de casi todos los naturalistas experimentados, o, como Milne Edwards lo ha expresado muy bien, la naturaleza es pródiga en variedad, pero tacaña en innovación. ¿Por qué —según la teoría de la creación— ha de haber tanta variedad y tan poca verdadera novedad? ¿Por qué todas las partes y órganos de muchos seres independientes —suponiendo que cada uno de ellos ha sido creado separadamente para su propio puesto en la naturaleza— han de estar con tanta frecuencia enlazados entre sí por series de gradaciones? ¿Por qué la naturaleza no ha dado un salto brusco de conformación a conformación? Según la teoría de la selección natural, podemos comprender claramente por qué no lo hace, pues la selección natural obra solamente aprovechando pequeñas variaciones sucesivas; no puede dar nunca un salto grande y repentino, sino que ha de avanzar por pasos cortos y seguros, aunque lentos.

Influencia de la selección natural en órganos al parecer de poca importancia

Como la selección natural obra mediante la vida y la muerte —mediante la supervivencia de los individuos más aptos y la destrucción de los menos aptos—, he experimentado a veces gran dificultad en comprender el origen o formación de partes de poca importancia; dificultad casi tan grandes, aunque de naturaleza muy diferente, como en el caso de los órganos perfectos y complejos.

En primer lugar, somos demasiado ignorantes por lo que concierne al conjunto de la economía de cualquier ser orgánico, para decir qué modificaciones serán de importancia y cuáles no. En un capítulo anterior he dado ejemplos de caracteres insignificantes —como la pelusilla de los frutos y el color de su carne, el color de la piel y del pelo de los cuadrúpedos— sobre los cuales, bien por estar en correlación con diferencia constitucionales o por estar determinados por el ataque de insectos, podía haber obrado seguramente la selección natural. La cola de la jirafa parece como un mosqueador construido artificialmente, y, a primera vista, parece increíble que pueda haberse adaptado a su objeto actual por pequeñas modificaciones sucesivas, cada vez más adecuadas para un objeto tan trivial como el de ahuyentar las moscas; sin embargo, hemos de reflexionar antes de ser demasiado categóricos, incluso en este caso, pues sabemos que la distribución y la existencia del ganado vacuno y de otros animales en América del Sur depende en absoluto de su facultad de resistir los ataques de los insectos; de modo que los individuos que por cualquier medio pudiesen defenderse de estos pequeños enemigos, serían capaces de extenderse a nuevos terrenos de pasto, consiguiendo de este modo una gran ventaja. No es que los grandes cuadrúpedos sean realmente destruidos —excepto en algunos casos raros— por las moscas, pero los hostigan de continuo y su fuerza disminuye, de manera que están sujetos a enfermedades, o no son capaces de buscar alimento cuando llega el tiempo de escasez, ni de escapar de las bestias de presa.

Órganos que son hoy de escasa importancia han sido probablemente, en algunos casos, de suma importancia para un remoto progenitor, y, después de haberse perfeccionado lentamente en un periodo anterior, se han transmitido a las especies actuales casi en el mismo estado, aunque sean ahora de poquísima utilidad; pero cualquier modificación realmente perjudicial en su estructura hubiera sido impedida, sin duda, por selección natural. De este modo, viendo la importancia que tiene la cola como órgano de locomoción en la mayoría de los animales acuáticos, puede quizá explicarse su presencia general y su uso para muchos fines en tantos animales terrestres que, con sus pulmones o vejigas natatorias modificadas, revelan su origen acuático. Habiéndose formado en un animal acuático una cola bien desarrollada, pudo esta después ser manejada para toda clase de usos, como un mosqueador, un órgano de presión o como ayuda para volverse, como ocurre en el caso del perro, aunque la ayuda en este último caso ha de ser muy pequeña, pues la liebre, que apenas tiene cola, se da la vuelta con más rapidez aún.

En segundo lugar, podemos equivocarnos con facilidad al atribuir importancia a los caracteres y al creer que se han desarrollado por selección natural. No podemos menospreciar en modo alguno los efectos de la acción determinada del cambio de las condiciones de vida, de las llamadas variaciones espontáneas, que parecen depender de un modo completamente subordinado de la naturaleza de las condiciones; de la tendencia a la reversión a caracteres perdidos hace ya mucho tiempo; de las complejas leyes de crecimiento, tales como la de correlación, compensación, presión de una parte sobre otra, etc., y, por último, de la selección sexual, mediante la cual se adquieren muchas veces caracteres de utilidad para un sexo y luego se transmiten más o menos perfectamente al otro sexo, aunque no sean de ninguna utilidad para este. Pero de las conformaciones adquiridas así indirectamente, aunque al principio no sean ventajosas para la especie, pueden después haber sacado ventajas sus descendientes modificados en nuevas condiciones de vida y de costumbres adquiridas de nuevo.

Si solo hubiesen existido los pájaros carpinteros verdes y no hubiésemos sabido que había muchas especies negras y de varios colores, me atrevo a afirmar que hubiéramos creído que el color verde era una excelente adaptación para ocultar de sus enemigos a estas aves que viven en los árboles y, en consecuencia, que este era un carácter de importancia que había sido adquirido por selección natural, siendo así que el color probablemente es debido, de modo principal, a la selección natural. Una palmera rastrera del archipiélago malayo trepa hasta los árboles más altos con ayuda de garfios primorosamente construidos, agrupados en la extremidad de las ramas, y, sin duda, esta disposición es de suma utilidad para la planta; pero, como vemos garfios casi iguales en muchos árboles que no son trepadores y que —según tenemos motivos para creer por la distribución de las especies espinosas en África y América del Sur— sirven como defensa contra los cuadrúpedos ramoneadores, también las espiguillas de la palmera pueden haberse desarrollado al principio con este objeto, y después haberse perfeccionado y ser ventajosos para la planta cuando esta experimentó nuevas modificaciones y se hizo trepadora. Se considera generalmente la piel desnuda de la cabeza del buitre como una adaptación directa para revolver en la podredumbre, y puede ser que sea así, o quizá sea debido a la acción directa de las materias pútridas; pero hemos de ser muy prudentes en llegar a cualquier conclusión semejante, cuando vemos que la piel de la cabeza del pavo macho, que se alimenta muy pulcramente, es también desnuda. Se ha manifestado que las suturas del cráneo de las crías de los mamíferos son una buena adaptación para ayudar al parto, y no hay duda de que lo facilitan o acaso sean indispensables para este acto; pero como las suturas se presentan en los cráneos de las crías de aves y reptiles, que no tienen más que salir del cascarón de un huevo roto, hemos de deducir que esta conformación se ha originado en virtud de las leyes de crecimiento y se ha sacado provecho de ella en el parto de los animales superiores.

Ignoramos por completo la causa de las variaciones pequeñas o de las diferencias individuales, y nos damos cuenta inmediatamente de ello reflexionando sobre las diferencias entre las razas de animales domésticos de diferentes países, especialmente en los países menos civilizados, donde ha habido poca selección metódica. Los animales que poseen los salvajes de diferentes países tienen que luchar con frecuencia por su propia subsistencia y están sometidos, hasta cierto punto, a selección natural, por lo que los individuos de constitución un poco diferente son los que prosperan más en climas diferentes. En el ganado vacuno, la susceptibilidad a los ataques de las moscas guarda correlación con el color, como lo guarda la propensión a ser envenenado por ciertas plantas; de modo que hasta el color estaría, pues, sujeto a la acción de la selección natural. Algunos observadores están convencidos de que el clima húmedo influye en el crecimiento del pelo y de que los cuernos son correlativos del pelo. Las razas de montaña difieren siempre de las razas del llano, y un país montañoso probablemente influiría en los miembros posteriores por ejercitarlos más, y quizá hasta en la forma de la pelvis; y luego, por la ley de variación homóloga, los miembros anteriores y la cabeza serían probablemente afectados. También la forma de la pelvis podría influir por presión en la forma de ciertas partes del feto en el útero. La respiración fatigosa tiende necesariamente en las regiones elevadas, como tenemos motivos fundados para creer, a aumentar el tamaño del pecho, y de nuevo entraría en juego la correlación. Los efectos, en todo el organismo, de la disminución del ejercicio, junto con la comida abundante, son probablemente más importantes aún, y esto —como ha demostrado recientemente H. von Nathusius en su excelente tratado— es, evidentemente, una de las causas principales de la gran modificación que han experimentado las razas de cerdos. Pero somos aún demasiado ignorantes para especular sobre la importancia relativa de las diversas causas conocidas y desconocidas de variación; y he hecho estas observaciones solamente para demostrar que, si somos incapaces de explicar las diferencias características de nuestras diversas razas domésticas —que, sin embargo, se admite en general que se han originado por generación ordinaria a partir de uno o de unos pocos troncos primitivos—, no debemos dar demasiada importancia a nuestra ignorancia de la causa precisa de las pequeñas diferencias análogas entre las especies verdaderas.

La doctrina utilitaria, hasta qué punto es verdadera; la belleza, cómo se adquiere

Las observaciones precedentes me llevan de la mano a decir algunas palabras acerca de la reciente protesta de algunos naturalistas contra la doctrina utilitaria, según la cual cada detalle de conformación se ha producido para beneficio de su poseedor. Creen estos naturalistas que muchas conformaciones han sido creadas con un propósito de belleza, para deleite del hombre o del creador —aunque este último punto está fuera del alcance de la discusión científica—, o meramente por razón de variedad, opinión ya discutida. Si fuesen ciertas estas doctrinas, serían funestas en absoluto para mi teoría. Admito por completo que muchas estructuras no son actualmente de utilidad directa para sus poseedores, y pueden no haber sido nunca de utilidad alguna para sus progenitores; pero esto no prueba que se hayan formado únicamente por belleza o variedad. Es indudable que la acción definida del cambio de condiciones y las varias causas de modificación últimamente especificadas han producido algún efecto, y probablemente grande, independientemente de cualquier ventaja adquirida de este modo. Pero una consideración aún más importante es que la parte principal de la organización de todo ser viviente es debida a la herencia, y, por consiguiente, aunque cada ser esté con seguridad bien adaptado a su puesto en la naturaleza, hoy muchas estructuras no tienen ninguna relación directa y estrecha con los hábitos de vida actuales. Así, difícilmente podemos creer que las patas con membrana interdigital del ganso de tierra adentro o del rabihorcado le sean de utilidad especial a estas aves; no podemos creer que los huesos semejantes del brazo del mono, de la pata anterior del caballo, del ala del murciélago y de la aleta de la foca le sean de utilidad especial a estos animales. Tal vez podamos atribuir con seguridad estas estructuras a la herencia. Pero las patas palmeadas, indudablemente, fueron tan útiles al progenitor del ganso de tierra y del rabihorcado, como lo son en la actualidad para la mayoría de las aves acuáticas existentes. Del mismo modo podemos creer que el progenitor de la foca no poseyó aletas, sino patas con cinco dedos adecuados para andar o para agarrarse; y podemos aventurarnos a creer que los diversos huesos de los miembros del mono, del caballo y del murciélago se desarrollaron primitivamente, según el principio de utilidad, probablemente por reducción de huesos más numerosos en la aleta de algún remoto progenitor, semejante a un pez, común a toda la clase. Apenas es posible decidir cuánto ha de atribuirse a causas dé cambio tales como la acción definida de las condiciones externas, las llamadas variaciones espontáneas y las complejas leyes de crecimiento; pero, hechas estas excepciones importantes, podemos llegar a la conclusión de que la estructura de todos los seres vivientes es actualmente, o fue antiguamente, de alguna utilidad directa o indirecta a su poseedor.

En cuanto a la opinión de que los seres orgánicos se crearon bellos para deleite del hombre —opinión que, como se ha dicho, es ruinosa para mi teoría—, puedo hacer observar, en primer lugar, que el sentido de la belleza es evidente que depende de la naturaleza de la mente, con independencia de toda cualidad real en el objeto admirado, y que la idea de lo que es bello no es innata ni invariable. Vemos esto, por ejemplo, en que los hombres de las diversas razas admiran un tipo de belleza completamente diferente en sus mujeres. Si los objetos bellos hubiesen sido creados únicamente para satisfacción del hombre, habría que demostrar que antes de la aparición del hombre había menos belleza sobre la faz de la Tierra que después que aquel entró en escena. Las hermosas conchas cónicas y con volutas (géneros *Conus* y *Voluta)* de la época eocena, y los amonites, elegantemente esculpidos, del periodo Secundario, ¿fueron creados para que el hombre pudiese admirarlos, edades después, en su gabinete? Pocos objetos hay más hermosos que los pequeños caparazones silíceos de las diatomeas: ¿fueron creadas estas para que fuesen examinadas y admiradas con los mayores aumentos del microscopio? La belleza, en este último caso y en otros muchos, parece que se debe por completo a la simetría de crecimiento. Las flores se encuentran entre las producciones más hermosas de la naturaleza; pero se han vuelto visibles al contraste con las hojas verdes, y, en consecuencia, hermosas al mismo tiempo, para que puedan ser vistas fácilmente por los insectos. He llegado a esta conclusión porque he encontrado como regla invariable que cuando una flor es fecundada mediante el viento no tiene nunca una corola de color llamativo. Diversas plantas producen habitualmente dos clases de flores: unas abiertas y coloreadas de tal modo que atraigan a los insectos, y las otras cerradas, no coloreadas, desprovistas de néctar y que nunca son visitadas por los insectos. Por consiguiente, podemos llegar a la conclusión de que si los insectos no se hubiesen desarrollado sobre la faz de la Tierra, nuestras plantas no se hubieran cubierto de bellas flores y hubieran producido solamente flores tan pobres como las que vemos en el abeto, el roble, el nogal y el fresno, y en las gramíneas, espinacas, acederas y ortigas, que se fecundan todos por la acción del viento. Un razonamiento semejante puede aplicarse a los frutos: todo el mundo admitirá que una fresa o una cereza madura es tan agradable a la vista como al paladar; que el fruto de la fresa o de la cereza, de colores tan llamativos, y los frutos rojos del acebo son cosas hermosas; pero esta belleza sirve simplemente de guía a las aves y a las bestias, para que el fruto pueda ser devorado y las semillas diseminadas por los excrementos. Deduzco que es así del hecho de que hasta ahora no he encontrado excepción alguna a la regla de que las semillas son diseminadas siempre de este modo cuando están encerradas en un fruto de cualquier clase —esto es, dentro de una envoltura pulposa o carnosa—, si tienen un color brillante o se hace visible por ser blanco o negro.

Por otra parte, admito de buen grado que un buen número de animales machos, así como todas nuestras aves más vistosas, algunos peces, reptiles y mamíferos y una multitud de mariposas de magníficos colores, se han vuelto hermosos por razón de belleza; pero esto se ha efectuado por selección sexual, o sea, porque los machos más hermosos han sido preferidos siempre por las hembras, y no para el deleite del hombre. Lo mismo ocurre con el canto de las aves. De todo esto podemos deducir que un gusto casi igual para los colores hermosos y para los sonidos musicales se extiende a una gran parte del reino animal. Cuando la hembra tiene una coloración tan hermosa como la del macho, lo que no es raro en las aves y mariposas, la causa reside evidentemente en que los colores adquiridos por selección sexual se han transmitido a ambos sexos, en vez de solo a los machos. Es una cuestión muy oscura la de cómo se desarrolló por vez primera en la mente del hombre y de los animales inferiores el sentimiento de la belleza en su forma más sencilla, esto es, en recibir un placer especial por ciertos colores, formas y sonidos. La misma dificultad se presenta si preguntamos cómo es que ciertos olores y sabores son agradables y otros desagradables. Parece que la costumbre, en todos estos casos, ha jugado cierto papel; pero debe de haber alguna causa fundamental en la constitución del sistema nervioso de cada especie.

* * *

La selección natural probablemente no puede producir ninguna modificación en una especie exclusivamente para el bien de otra especie, aunque por toda la naturaleza unas especies sacan incesantemente ventajas y provecho de la estructura de otras. Pero la selección natural puede producir, y produce con frecuencia, estructuras para perjuicio directo de otros animales, como vemos en el colmillo de la víbora y en el oviscapto del icneumón [82], mediante el cual deposita sus huevos en el cuerpo de otros insectos vivos. Si se pudiese probar que una parte cualquier de la estructura de una especie se hubiera formado para ventaja exclusiva de otra especie, esto aniquilaría mi teoría, pues esta parte no podría haberse producido por selección natural. Aunque en las obras de historia natural se encuentran muchas afirmaciones en este sentido, no he podido dar ni siquiera con una que parezca de algún peso. Se admite que la serpiente de cascabel tiene un colmillo venenoso para su propia defensa y para aniquilar a su presa; pero algunos autores suponen que, al mismo tiempo, está provista de un cascabel para su propio perjuicio, es decir, para advertir a su presa. Estaría casi tan dispuesto a creer que el gato, cuando se prepara a saltar, arquea la punta de su cola para avisar al ratón sentenciado a muerte. Es una opinión mucho más probable la de que la serpiente de cascabel utiliza este, la cobra [83] distiende su cuello y la víbora bufadora [84] se hincha mientras silban ruidosa y estridentemente para espantar a las numerosas aves y mamíferos que, como se sabe, atacan incluso a las especies más venenosas. Los ofidios obran según el principio que hace que la gallina ahueque sus

[82] Insecto himenóptero.

[83] O serpiente de anteojos *(Naja tripudians).*

[84] *Bitis arietans,* cuyo nombre científico significa «la caminante tozuda», la que se enfurece cuando le entorpecen el paso.

plumas y abra sus alas cuando un perro se acerca a sus polluelos; pero no tengo espacio aquí para extenderme sobre los muchos medios por los que los animales procuran ahuyentar a sus enemigos [85].

La selección natural no producirá nunca en ningún ser conformación alguna que le resulte más perjudicial que beneficiosa, pues la selección natural obra solamente por el bien y para el bien de cada ser. No se formará ningún órgano, como ha hecho notar Paley, con el fin de causar dolor o de perjudicar al ser que lo posea. Si se hace un balance exacto entre el bien y el mal causados por cada parte, se encontrará que cada una es, en conjunto, ventajosa. Después del transcurso del tiempo, en nuevas condiciones de vida, si una parte cualquiera llega a ser perjudicial, se modificará, y si no ocurre así, el ser se extinguirá, como se han extinguido millares de seres.

La selección natural tiende solo a hacer a cada ser orgánico tan perfecto, o un poco más perfecto que los demás habitantes del mismo país con los que entra en competencia. Y vemos que este es el tipo de perfección a que se llega en estado de naturaleza. Las producciones endémicas de Nueva Zelanda, por ejemplo, son perfectas comparadas entre sí; pero ceden rápidamente ante las legiones invasoras de animales y plantas importados de Europa. La selección natural no producirá perfección absoluta, ni —hasta donde podemos juzgar— nos encontraremos nunca con este tipo superior en estado natural. La corrección de la aberración de la luz, dice Müller que no es perfecta ni incluso en el órgano, en el ojo humano [86]. Helmholtz, cuyo juicio no discutirá nadie, después de describir en los términos más expresivos las maravillosas facultades del ojo humano, añade estas notables palabras: «Lo que hemos descubierto, en la vía de la inexactitud e imperfección de la máquina óptica y en la imagen sobre la retina, no es nada en comparación con las incongruencias con que acabamos de tropezar en el campo de las sensaciones. Se podría decir que la natura-

[85] Véase tabla de adiciones, pág. 41.
[86] Véase tabla de adiciones, pág. 41.

leza se ha complacido en acumular contradicciones para quitar todo fundamento a la teoría de la armonía preexistente entre el mundo exterior y el interior» [87]. Si nuestra razón nos lleva a admirar con entusiasmo una multitud de mecanismos inimitables en la naturaleza, esta misma razón nos dice —aunque podamos equivocarnos fácilmente en ambos casos— que otros mecanismos son menos perfectos. ¿Puede considerarse perfecto el aguijón de la abeja que —cuando ha sido empleado contra muchas clases de enemigos— no puede ser retirado, debido a que están dirigidos hacia atrás los dientes de sus endentaduras en forma de sierra, y ocasiona así inevitablemente la muerte del insecto al arrancarse sus vísceras?

Si considerásemos que el aguijón de la abeja ha existido en un remoto progenitor en forma de instrumento perforante y serrador —como ocurre en tantos insectos de este mismo extenso orden—, y que después se ha modificado, sin perfeccionarse, para su uso actual, con el veneno adaptado primitivamente para algún otro objeto —tal como producir agallas—, y después se hubiese intensificado, acaso podamos comprender por qué el uso del aguijón causa tan a menudo la muerte del propio insecto; pues si, en conjunto, la facultad de emplear el aguijón es útil para la comunidad en conjunto, el aguijón llenará todos los requisitos de la selección natural, aunque ocasione la muerte de algunos miembros. Si admiramos el olfato, verdaderamente maravilloso, por el que los machos de muchos insectos encuentran a sus hembras, ¿podremos admirar la producción para este fin de millares de zánganos, que son completamente inútiles a la comunidad para cualquier otro objeto, y que son finalmente asesinados por sus industriosas y estériles hermanas? Tal vez sea difícil, pero hemos de admirar el salvaje odio instintivo de la abeja reina, que le impulsa a destruir a las reinas jóvenes, sus hijas, tan pronto como nacen, o a perecer ella misma en el combate; pues indudablemente esto es bueno para la comunidad, y el amor materno o el odio materno —aunque este último, afortunadamente, es más raro— son exactamente

87 *Ibídem.*

iguales para el inexorable principio de la selección natural. Si admiramos los diversos mecanismos ingeniosos mediante los cuales las orquídeas y otras muchas plantas son fecundadas por la acción de los insectos, ¿podremos considerar como igualmente perfecta la elaboración de densas nubes de polen por nuestros abetos de modo que unos granulos sean llevados por el viento casualmente a los óvulos?

Resumen: la ley de unidad de tipo y la de las condiciones de existencia están comprendidas en la teoría de la selección natural

En este capítulo hemos discutido algunas de las dificultades y objeciones que pueden presentarse contra la teoría. Varias de ellas son graves; pero creo que en la discusión se ha arrojado luz sobre diversos hechos que, de acuerdo con la creencia en actos independientes de creación, son totalmente oscuros. Hemos visto que las especies, en periodo dado cualquiera, no son indefinidamente variables ni están enlazadas entre sí por una multitud de gradaciones intermedias, en parte porque el proceso de selección natural es siempre muy lento y en un tiempo dado cualquiera obra solo sobre unas pocas formas, y en parte porque el mismo proceso de la selección natural implica la continua suplantación y extinción de gradaciones anteriores e intermedias. Especies muy afines, que viven hoy en un área continua, han debido formarse a menudo cuando el área no era continua y cuando las condiciones de vida no variaban de una parte a otra por gradaciones insensibles. Cuando en dos comarcas de un área continua se forman dos variedades, se formará muchas veces una variedad intermedia, apropiada para una zona intermedia; pero, por las razones expuestas, la variedad intermedia existirá por lo común con menor número de individuos que las dos formas que une y, por consiguiente, estas dos últimas, durante el transcurso de nuevas modificaciones, tendrán una gran ventaja sobre la variedad intermedia menos numerosa, y de este modo conseguirán, por lo general, suplantarla y exterminarla.

Hemos visto en este capítulo lo prudentes que hemos de ser para llegar a la conclusión de que no pudo haber un cambio gradual entre los hábitos de vida más diversos; de que el murciélago, por ejemplo, no pudo formarse sin selección natural a partir de un animal que al principio solo se deslizase por el aire.

Hemos visto que una especie en nuevas condiciones de vida puede cambiar de costumbres, o tener costumbres diversas, algunas de ellas muy diferentes de las de sus congéneres más próximos. Por consiguiente, teniendo en cuenta que todo ser orgánico intenta vivir dondequiera que pueda, podemos comprender cómo ha ocurrido que haya gansos de tierra adentro con patas palmeadas, pájaros carpinteros terrícolas, tordos que bucean y petreles con costumbres de alcas.

Aunque la creencia de que un órgano tan perfecto como el ojo pudo haberse formado por selección natural es para hacer vacilar a cualquiera, sin embargo, en el caso de un órgano determinado, si tenemos noticia de una larga serie de gradaciones de complejidad, cada una de ellas buena para su poseedor, entonces, en condiciones variables de vida, no hay ninguna imposibilidad lógica en la adquisición, por selección natural, de cualquier grado de perfección concebible. En los casos en que no tenemos conocimiento de estados intermedios o de transición, hemos de ser sumamente prudentes en llegar a la conclusión de que no pueden haber existido, pues las metamorfosis de muchos órganos demuestran cuán maravillosos cambios de función son, por lo menos, posibles. Por ejemplo: una vejiga natatoria se ha convertido, evidentemente, en un pulmón para respirar el aire. El que un mismo órgano haya realizado simultáneamente funciones muy diferentes y luego se haya especializado, total o parcialmente, para una sola función; o el que una misma función haya sido realizada por dos órganos distintos, perfeccionándose uno de ellos mientras el otro le auxiliaba, con frecuencia tiene que haber facilitado mucho las transiciones.

Hemos visto que en dos seres muy distantes en la escala natural pueden haberse formado, separada o independientemente, órganos que sirven para el mismo fin y que son muy semejantes en su apariencia externa; pero cuando se examinan atentamente estos órganos, casi siempre pueden descubrirse en su estructura diferencias esenciales; y esto, naturalmente, se sigue del principio de la selección natural. Por otra parte, la regla general en toda la naturaleza es la infinita diversidad de estructuras para conseguir el mismo fin; y esto, naturalmente, se sigue del mismo principio fundamental.

En muchos casos, nuestra ignorancia es demasiado grande para que podamos afirmar que no existe parte u órgano de tan escasa importancia para la prosperidad de una especie, cuyas modificaciones en su estructura no puedan haberse acumulado lentamente por medio de la selección natural. En otros muchos casos, las modificaciones son probablemente el resultado directo de las leyes de variación y de crecimiento, independientemente de que se haya conseguido así alguna ventaja. Pero incluso estas conformaciones estamos seguros de que muchas veces han sido después aprovechadas, y aun modificadas aún más, para bien de la especie en nuevas condiciones de vida. También podemos creer que una parte que antiguamente fue de gran importancia se ha conservado con frecuencia —como la cola de un animal acuático en sus descendientes terrestres—, aunque haya llegado a ser de tan poca importancia que no podía ser adquirido, en su estado actual, mediante selección natural.

La selección natural no puede producir nada en una especie exclusivamente para ventaja o perjuicio de otra; aunque puede muy bien producir partes, órganos y excreciones muy útiles, y hasta indispensables, o también sumamente perjudiciales para otra especie, pero en todos los casos útiles al mismo tiempo a su poseedor. En todo país bien poblado, la selección natural obra mediante la competencia de sus habitantes y, por consiguiente, lleva a la victoria en la lucha por la vida solo ajustándose al tipo de perfección de cada país determinado. De aquí que los habitantes de un país —generalmente los del país menor— sucumban a menudo ante los habitantes de otro país, generalmente más grande. Pues en el país más grande existirán más individuos y formas más diversificadas, la competencia habrá sido más severa y, por consiguiente, el tipo de perfección se habrá elevado. La selección natural no conducirá necesariamente a la perfección absoluta, ni tampoco puede afirmarse —hasta donde nos es dado juzgar con nuestras limitadas facultades— que la perfección absoluta exista por todas las partes.

Según la teoría de la selección natural, podemos comprender claramente todo el sentido de aquella antigua regla de la historia natural: *Natura non facit saltum.* Esta ley, si consideramos únicamente a los actuales habitantes del mundo, no es rigurosamente exacta; pero si incluimos a todos los de los tiempos pasados, conocidos o desconocidos, tiene que ser, según nuestra teoría, rigurosamente verdadera.

Se reconoce generalmente que todos los seres orgánicos se han formado según dos grandes leyes: la de *unidad de tipo* y la de las *condiciones de existencia.* Por *unidad de tipo* se entiende la concordancia fundamental de estructura que vemos en los seres orgánicos de una misma clase, y que es completamente independiente de sus hábitos de vida. Según mi teoría, la unidad de tipo se explica por la unidad de descendencia. La expresión de condiciones de existencia, sobre la que tantas veces insistió el ilustre Cuvier, queda comprendida por completo en el principio de la selección natural. Pues la selección natural obra, o bien adaptando actualmente las partes que varían de cada ser a sus condiciones orgánicas e inorgánicas de vida, o bien por haberlas adaptado durante periodos de tiempo anteriores, siendo ayudadas en muchos casos las adaptaciones por el creciente uso o desuso de las partes, y estando influidas por la acción directa de las condiciones externas, y sometidas en todos los casos a las diversas leyes de crecimiento y variación. Por consiguiente, de hecho, la ley de las *condiciones de existencia* es la ley superior, pues mediante la herencia de las variaciones precedentes y de las adaptaciones comprende a la ley de *unidad de tipo.*

CAPÍTULO VII
OBJECIONES DIVERSAS A LA TEORÍA DE LA SELECCIÓN NATURAL[88]

Longevidad.—Las modificaciones no son necesariamente simultáneas.—Modificaciones, al parecer, de ninguna utilidad directa.—Desarrollo progresivo.—Los caracteres de poca importancia funcional son los más constantes.—Pretendida incapacidad de la selección natural para explicar los estados incipientes de las conformaciones útiles.—Causas que se oponen a la adquisición de conformaciones útiles por selección natural.—Gradaciones de estructura con cambio de funciones.—Órganos muy diferentes en miembros de la misma clase, desarrollados a partir de un solo y mismo origen.—Razones para no creer en modificaciones grandes y súbitas.

CONSAGRARÉ este capítulo a la consideración de las diversas objeciones que se han presentado contra mis opiniones, pues así algunas de las discusiones precedentes pueden quedar más claras; pero sería inútil discutir todas las objeciones, pues muchas han sido hechas por autores que no se han tomado la molestia de comprender el asunto. Así, un distinguido naturalista alemán ha afirmado que la parte más débil de mi teoría es que considero imperfectos a todos los seres orgánicos: lo que realmente he dicho es que no todos son tan perfectos como podían haberlo sido con relación a sus condiciones de vida, y prueban que esto es así las numerosas formas indígenas de muchas partes del mundo que han cedido sus puestos a invasores extranjeros. Además, aun en el caso de que los seres orgánicos hubiesen estado, en algún tiempo dado, perfectamente adaptados a sus condiciones de vida, tampoco pudieron haber continuado estándolo cuando sus condiciones cambiaron, a menos que ellos mismos cambiasen igualmente; y nadie discutirá que las condiciones físicas de cada país, lo mismo que el número y las clases de sus habitantes, han experimentado muchas mutaciones.

[88] Véase tabla de adiciones, pág. 41.

Un crítico ha sostenido recientemente, con cierto alarde de exactitud matemática, que la longevidad es una ventaja para todas las especies, de modo que quien crea en la selección natural «tiene que arreglar su árbol genealógico» de tal manera ¡que todos los descendientes tengan vida más larga que sus progenitores! ¿No puede concebir nuestro crítico que una planta bienal o un animal inferior pudieron extenderse a un clima frío y perecer allí cada invierno, y, sin embargo, debido a las ventajas conseguidas por selección natural, sobrevivir de año en año por medio de sus semillas o de sus huevas? Míster E. Ray Lankester ha discutido recientemente este asunto, y llega a la conclusión —hasta donde la extrema complejidad le permite formarse un juicio— de que la longevidad está relacionada, por lo general, con el tipo de cada especie en la escala de la organización, así como con la cuantía de desgaste en la reproducción y en la actividad general. Y es probable que estás condiciones estén determinadas, en gran medida, por la selección natural.

Se ha argüido que así como ninguno de los animales y plantas de Egipto, de los que tenemos algún conocimiento, ha cambiado durante los últimos tres o cuatro mil años, de igual modo probablemente no ha cambiado ninguno en ninguna parte del mundo. Pero, como ha hecho observar míster G. H. Lewes, este modo de argumentación prueba demasiado, pues las antiguas razas domésticas —representadas en los antiguos monumentos egipcios o embalsamadas— son sumamente semejantes y hasta idénticas a las que viven ahora, y, sin embargo, todos los naturalistas admiten que estas razas se han producido por modificación de sus tipos primitivos. Hubiese sido un caso incomparablemente más sólido el de los numerosos animales que han permanecido sin alteración desde el comienzo del periodo glaciar, pues estos han estado sometidos a grandes cambios de clima y han emigrado a grandes distancias, mientras que en Egipto, durante los últimos miles de años, las condiciones de vida —hasta donde alcanza nuestro conocimiento— han permanecido absolutamente uniformes. El hecho de que desde el periodo glaciar se haya producido poca o ninguna modificación, sería de alguna utilidad contra los que creen en una ley innata y necesaria de desarrollo, pero no tiene fuerza alguna contra la doctrina de la selección natural o de la supervivencia de los más aptos, que enseña que cuando ocurre que aparecen variaciones o diferencias individuales de naturaleza útil, estas se conservarán; pero se efectuará únicamente en ciertas circunstancias favorables.

El famoso paleontólogo Bronn, al final de su traducción alemana de esta obra [89], pregunta cómo, según el principio de la selección natural, puede vivir una variedad al lado de la especie madre. Si las dos han llegado a adaptarse a condiciones y hábitos de vida ligeramente diferentes, pueden vivir juntas; y si dejamos a un lado las especies polimorfas —en las que la variabilidad parece ser de una naturaleza peculiar—, y todas las variaciones meramente temporales, como el tamaño, albinismo, etc., las variedades más permanentes habitan por lo común —hasta donde he podido observar— estaciones distintas, como regiones montañosas o regiones de llanura, comarcas secas o comarcas húmedas. Es más: en el caso de animales muy trashumantes y que se cruzan sin limitación, sus variedades parecen estar confinadas, por lo general, a regiones distintas.

Bronn insiste también en que las especies distintas no difieren nunca unas de otras en un solo carácter, sino en muchas partes; y pregunta por qué ocurre siempre que muchas partes de la organización se modifiquen al mismo tiempo por variación y por selección natural. Pero no hay necesidad de suponer que todas las partes de un ser se han modificado simultáneamente. Las modificaciones más sorprendentes, especialmente adaptadas a algún fin, pudieron adquirirse, como se observó antes, por variaciones sucesivas, aunque ligeras, primero en una parte y luego en otra; y como han de transmitirse todas juntas, nos parece que se desarrollan simultáneamente. La mejor respuesta, sin embargo, a la objeción precedente la proporcionan las razas domésticas que han sido modificadas, principalmente por el poder de selección del hombre, para

[89] Se trata de la primera traducción alemana, de 1860, de la primera edición inglesa de 1859.

algún fin especial. Consideremos el caballo de carreras y el de tiro, o el galgo y el mastín. Toda su constitución y hasta sus características mentales se han modificado; pero si pudiésemos rastrear todos los pasos de la historia de su transformación —y los últimos pasos pueden rastrearse—, no veríamos cambios grandes y simultáneos, sino primero una parte y luego otra ligeramente modificada y mejorada. Incluso cuando la selección ha sido aplicada por el hombre a un único carácter —de lo que nuestras plantas de cultivo ofrecen los mejores ejemplos—, se encontrará invariablemente que, si bien esta parte sola, ya sea la flor, el fruto o las hojas, ha cambiado de un modo extraordinario, casi todas las demás partes se han modificado ligeramente. Tal vez pueda atribuirse esto, en parte, al principio de la correlación de crecimiento y, en parte, a la llamada variación espontánea.

Una objeción mucho más grave ha sido presentada por Bronn, y recientemente por Broca, o sea, que muchos caracteres parecen no prestar ningún servicio a cualesquiera que sean sus poseedores y, por consiguiente, no pueden haber sido influidos por la selección natural. Bronn aduce la longitud de las orejas y de las colas de diferentes especies de liebres y ratones, los complicados pliegues del esmalte en los dientes de muchos animales y una multitud de casos análogos. Por lo que se refiere a las plantas, este asunto ha sido discutido por Nägeli en un admirable ensayo. Admite que la selección natural ha hecho mucho, pero insiste en que las familias de plantas difieren entre sí principalmente por caracteres morfológicos, los cuales parecen no tener ninguna importancia para la prosperidad de las especies. Por consiguiente, cree en una tendencia innata hacia el desarrollo progresivo más perfecto. Especifica la disposición de las células en los tejidos y la de las hojas en el eje, como casos en los que la selección natural ha podido actuar. A estos pueden añadirse las divisiones numéricas de las partes de la flor, la posición de los óvulos, la forma de la semilla cuando no es de utilidad alguna para la diseminación, etc.

Muy poderosa es la objeción anterior. Sin embargo, debemos, en primer lugar, ser extremadamente cautos al pretender decidir qué conformaciones son ahora, o han sido en otro tiempo, de utilidad para cada especie. En segundo lugar, deberíamos tener siempre en cuenta que, cuando se modifica una parte, se modifican las demás, por ciertas causas que vislumbramos confusamente, tales como el aumento o disminución de la sustancia nutritiva que llega a una parte, presión recíproca, influencia de una parte que se desarrolló anteriormente sobre otra que se desarrolló después, etc., así como por otras causas que nos conducen a los muchos casos misteriosos de correlación, que no comprendemos en lo más mínimo. Estas causas pueden agruparse todas, por razón de brevedad, bajo la expresión de *leyes de crecimiento.* En tercer lugar, hemos de reconocer la acción directa y definida del cambio de condiciones de vida y las llamadas variaciones espontáneas, en las cuales la naturaleza de las condiciones juega evidentemente un papel completamente secundario. Las variaciones de brotes —como la aparición de una rosa de musgo en un rosal común, o de un *nectarine* en un melocotonero— ofrecen buenos ejemplos de variaciones espontáneas; pero incluso en estos casos, si tenemos presente el poder de una diminuta gota de veneno al producir complicadas agallas, no debemos sentirnos demasiado seguros de que las variaciones citadas no son el resultado de algún cambio local en la naturaleza de la savia, debido a algún cambio en las condiciones ambientes. Tiene que haber una causa eficiente para cada diferencia individual, lo mismo que para las variaciones más reciamente acusadas que aparecen circunstancialmente, y si la causa desconocida actuase persistentemente, es casi seguro que todos los individuos de la especie se modificarían de modo semejante.

En las primeras ediciones de esta obra he menospreciado, como parece ahora probable, la frecuencia y la importancia de las modificaciones debidas a variabilidad espontánea. Pero es imposible atribuir a esta causa las innumerables conformaciones que tan bien adaptadas están a los hábitos de cada especie. Me es tan imposible creer en esto como explicar de tal modo las formas tan bien adaptadas del caballo de carreras y del galgo, que tanto asombro producían a los antiguos naturalistas antes que fuese bien conocido el principio de la selección efectuada por el hombre.

Tal vez merezca la pena aclarar con ejemplos algunas de las observaciones precedentes. Por lo que se refiere a la pretendida inutilidad de varias partes y órganos, apenas es necesario hacer observar que, incluso en los animales superiores y mejor conocidos, existen muchas estructuras que están tan desarrolladas que nadie duda de que son de importancia, y, sin embargo, su utilidad no se ha averiguado o lo ha sido recientemente. Como Bronn cita la longitud de las orejas y de la cola en las diferentes especies de ratones como ejemplos, aunque insignificantes, de diferencias de conformación que no pueden ser de utilidad especial alguna, debo reconocer que, según el doctor Schöbl, las orejas del ratón común están extraordinariamente provistas, de manera que indudablemente le sirven como órganos táctiles; de aquí que la longitud de las orejas es difícil que pueda carecer por completo de importancia. Veremos luego, además, que la cola es un órgano prensil utilísimo a algunas especies, y su longitud tiene que influir mucho en su utilidad.

Por lo que se refiere a las plantas —respecto de las cuales, teniendo en cuenta el ensayo de Nägeli, me limitaré a las siguientes observaciones—, se admitirá que las flores de las orquídeas presentan una multitud de conformaciones curiosas, que hace algunos años se hubieran considerado como meras diferencias morfológicas sin función alguna especial; pero actualmente se sabe que son de la mayor importancia para la fecundación de la especie con la ayuda de los insectos, y probablemente se han conseguido por selección natural. Hasta hace poco nadie hubiera imaginado que en las plantas diformas y trimorfas la diferente longitud de los estambres y pistilos, y su disposición, pudiesen ser de alguna utilidad; pero actualmente sabemos que es así.

En ciertos grupos enteros de plantas, los óvulos se presentan erectos, y otros están colgando; y dentro del mismo ovario de unas cuantas plantas, un óvulo se mantiene en la primera posición y otro en la segunda. Estas posiciones parecen a primera vista puramente morfológicas, o de ninguna significación fisiológica; pero el doctor Hooker me informa de que, en un mismo ovario, en unos casos solo son fecundados los óvulos inferiores, y sugiere que esto probablemente depende de la dirección en que los tubos polínicos penetran en el ovario. Si es así, la posición de los óvulos, incluso cuando uno esté erecto y otro colgando dentro de un mismo ovario, resultaría de la selección de cualquiera de las pequeñas desviaciones de posición que favoreciese su fecundación y la producción de semillas.

Diversas plantas que pertenecen a distintos órdenes producen habitualmente flores de dos clases: unas, abiertas, de conformación ordinaria, y otras cerradas e imperfectas. Estas dos clases de flores a veces difieren asombrosamente en su conformación, a pesar de que puede verse que se pasa gradualmente de una a otra en la misma planta. Las flores ordinarias y abiertas pueden cruzarse, y así se aseguran probablemente los beneficios que resultan de este proceso. Las flores cerradas e imperfectas son, sin embargo, evidentemente de gran importancia, pues producen con absoluta seguridad una gran cantidad de semillas con un gasto asombrosamente pequeño de polen. Las dos clases de flores, como se acaba de decir, difieren a menudo mucho en su conformación. En las flores imperfectas, los pétalos consisten casi siempre en simples rudimentos, y los granos de polen son de diámetro reducido. En las *Ononis columnae,* cinco de los estambres alternos son rudimentarios, y en algunas especies de *Viola,* tres estambres se encuentran en este estado, conservando dos su función propia, aunque son de tamaños muy reducidos. De treinta flores cerradas de una violeta india —cuyo nombre me es desconocido, pues la planta nunca ha producido en mi poder flores perfectas—, en seis los pétalos se han reducido a tres del número normal de cinco. En una sección de las malpighiáceas [90], según A. de Jussieu, las flores cerradas están todavía más modificadas, pues los cinco estambres opuestos a los pétalos están todos abortados, y solo está desarrollado un sexto estambre opuesto a un pétalo, estambre que no se presenta en las flores ordinarias de estas especies; el estilo está abortado, y los ovarios se han reducido de tres a dos. Ahora bien, aunque la selección natural puede perfectamente haber tenido poder para impedir que se abriesen algunas de las flores y reducir la cuantía de polen

[90] Del nombre del anatomista y botánico italiano Marcello Malpighi (1628-1694), fundador de la anatomía microscópica.

cuando se hizo superfluo por la clausura de las flores, sin embargo, difícilmente puede haber sido determinada así ninguna de las modificaciones especiales citadas anteriormente, sino que deben haber resultado de las leyes de crecimiento, incluyendo la inactividad funcional de las partes durante el proceso de reducción del polen y la clausura de las flores.

Es tan necesario apreciar los importantes efectos de las leyes de crecimiento, que citaré algunos casos más de otra índole, o sea, de diferencias entre las mismas partes u órganos, debidas a diferencias en sus posiciones relativas en la misma planta. En el castaño común y en ciertos abetos, según Schacht, los ángulos de divergencia de las hojas son diferentes en las ramas casi horizontales y en las verticales. En la ruda común y en algunas otras plantas, una flor —por lo común, la central o terminal— se abre primero, y tiene cinco sépalos y pétalos y cinco divisiones en el ovario, mientras que todas las demás flores de la planta son tetrámeras. En la *Adoxa* inglesa, la flor superior tiene generalmente el cáliz bilobado y los demás órganos tretámeros, mientras que las flores que la rodean tienen, por lo común, el cáliz trilobado y los demás órganos pentámeros. En muchas plantas compuestas y umbelíferas, y en algunas otras, las flores periféricas tienen sus corolas mucho más desarrolladas que las del centro, y esto parece relacionado a menudo con el aborto de los órganos reproductores. Es un hecho muy curioso, señalado ya, que los aquenios o simientes de la periferia y del centro difieren a veces mucho en forma, color y en otros caracteres. En el *Carthamus* [91] y en algunas otras compuestas, los aquenios centrales son los únicos que están provistos de vilano, y en la *Hyoseris* [92], una misma inflorescencia produce aquenios de tres formas diferentes. En ciertas umbelíferas, los frutos exteriores, según Tausch, son ortospermos, y el central, celospermo, y este es un carácter que fue considerado por De Candolle, en otras especies, de la mayor importancia sistemática. El profesor Braun menciona un género de fumariáceas en el que las flores de

91 Planta de hojas espinosas, cuyas flores producen un colorante textil.

92 Una variedad de la achicoria, planta compuesta.

la parte inferior de la espiga producen nuececillas ovales, con nervaduras y con una sola semilla, y en la parte superior de la espiga, silicuas lanceoladas de dos valvas y con dos semillas. En estos casos diversos —excepto en el de las florecillas periféricas muy desarrolladas, que son de utilidad al hacer las flores visibles para los insectos—, la selección natural, hasta donde podemos juzgar, no ha entrado en juego, o lo ha hecho solo de un modo completamente secundario. Todas estas modificaciones resultan de la posición relativa y de la interacción de las partes, y apenas puede dudarse de que si todas las flores y hojas de una misma planta estuviesen sometidas a las mismas condiciones externas e internas que lo están las flores y hojas de determinadas posiciones, todas se hubieran modificado de la misma manera.

En otros muchos casos encontramos modificaciones de estructura —consideradas por los botánicos generalmente como de una naturaleza muy importante— que afectan solamente a algunas de las flores de una misma planta, o que se presentan en plantas distintas que crecen juntas en las mismas condiciones. Como estas variaciones no parecen ser de ninguna utilidad especial para las plantas, no pueden haber sido influidas por la selección natural. No sabemos completamente nada de la causa de estas variaciones; ni siquiera podemos atribuirlo, como en los casos de la última clase, a una acción inmediata cualquiera, tal como la posición relativa. Citaré solo unos ejemplos. Es tan común observar en una misma planta flores tetrámeras, pentámeras, etc., que no necesito ni citar ejemplos; pero como las variaciones numéricas son relativamente raras cuando las partes son pocas, mencionaré que, según De Candolle, las flores del *Papaver bracteatum* presentan, o dos sépalos y cuatro pétalos —que es el tipo común de las amapolas *Papaver*—, o tres sépalos y seis pétalos. La manera en que están plegados los pétalos en el capullo es, en las mayoría de los grupos, un carácter morfológico muy constante; pero el profesor Asa Gray afirma que, en algunas especies de *Mimulus* [93], la estiva-

[93] Mímulo, género de plantas escrofulariáceas, de hermosas flores y de diversos colores.

ción es casi tan frecuente en las rinantídeas como en las antirrinídeas, tribu esta última a la que pertenece el género. Aug. St.-Hilaire cita los casos siguientes: el género *Zanthoxylon* pertenece a una división de las rustáceas [94] con un solo ovario, pero en algunas especies pueden encontrarse flores en una misma planta, e incluso en un mismo panículo, ya con uno o con dos ovarios. En el *Helianthemum* [95] se ha descrito la cápsula como unilocular o trilocular; pero en el *H. mutabile*: «Una lámina, *más o menos ancha*, se extiende entre el pericarpo y la placenta» [96]. En las flores de la *Saponaria officinalis*, el doctor Masters ha observado ejemplos tanto de placentación marginal como de placentación central libre. Por último, St. Hilaire encontró, hacia el extremo sur del área de dispersión de la *Gomphia oleaeformis*, dos formas que, al principio, no dudó de que fuesen especies distintas, pero después vio que crecían en un mismo arbusto; y entonces añade: «He aquí en un mismo individuo unas celdillas y un estilo que se unen ya en un eje vertical ya en un ginobase» [97].

Así pues, vemos que en las plantas muchos cambios morfológicos pueden atribuirse a las leyes de crecimiento y a la interación de las partes, independientemente de la selección natural. Pero, por lo que se refiere a la doctrina de Nägeli, de una tendencia innata hacia la perfección o desarrollo progresivo, ¿puede afirmarse, en el caso de estas variaciones tan reciamente pronunciadas, que las plantas fueron sorprendidas en el acto de pasar a un estado superior de desarrollo? Por el contrario, yo deduciría del mero hecho de que las partes en cuestión difieran o varíen mucho en la misma planta, que tales modificaciones eran de poquísima importancia para las plantas mismas, cualquiera que sea la importancia que, en general, pueda tener para nosotros en nuestras clasificaciones. Di-

94 Familia de plantas con hojas que segregan aceites esenciales, como la ruda.

95 Planta llamada «yerba de oro». Género de plantas cistáceas.

96 En francés en el original.

97 Ginobase: prolongación de la base del ginoceo, órgano femenino de la flor. (Nota en francés en el original.)

fícilmente puede afirmarse que la adquisición de una parte inútil eleve a un organismo en la escala natural; y en el caso de las flores cerradas e imperfectas, antes descritas, si no se invoca ningún nuevo principio, puede ser más bien un caso de regresión que de progresión, y lo mismo debe ocurrir con muchos animales parásitos y degradados. Ignoramos la causa que provoca las modificaciones antes señaladas; pero si la causa desconocida tuviera que actuar de un modo casi uniforme durante un largo espacio de tiempo, tal vez dedujéramos que el resultado sería casi uniforme, y, en este caso, todos los individuos de la especie se modificarían de la misma manera.

Por el hecho de que los caracteres anteriormente citados no son de importancia para la prosperidad de las especies, las ligeras variaciones que se presentan en ellos no serían acumuladas ni aumentadas por selección natural. Una conformación que se ha desarrollado mediante una larga y continuada selección, cuando cesa de ser útil a una especie, se suele hacer variable, como vemos en los órganos rudimentarios, pues en lo sucesivo no estará regulada por la misma fuerza de selección. Pero cuando, por la naturaleza del organismo y por las condiciones de vida, se han producido modificaciones que no son de importancia para la prosperidad de la especie, estas modificaciones pueden transmitirse —y al parecer lo han sido muchas veces— casi en el mismo estado a numerosos descendientes modificados de muy diversas maneras. No puede haber sido de mucha importancia para la mayoría de los mamíferos, de las aves y de los reptiles el estar cubiertos bien de pelo, de plumas o de escamas; y, sin embargo, el pelo se ha transmitido a casi todos los mamíferos, las plumas a todas las aves y las escamas a todos los reptiles verdaderos. Una estructura, cualquiera que sea, que es común a muchas formas afines, la consideramos de gran importancia sistemática y, por consiguiente, con frecuencia se da por sentado que es de gran importancia vital para la especie. Así, según me inclino a creer, diferencias morfológicas que consideramos como importantes —tales como la disposición de las hojas, las divisiones de la flor o del ovario, la posición de los óvulos, etc.— aparecieron primero, en muchos casos, como variaciones fluctuantes que, más pronto o más tarde, se hicieron constantes por la naturaleza del organismo y de las condiciones ambientes, como también por el cruzamiento de individuos distintos, pero no por selección natural; pues como estos caracteres morfológicos no influyen en la prosperidad de la especie, cualesquiera ligeras variaciones en ellos no pudieron ser reguladas ni acumuladas mediante este último agente. Así llegamos a un extraño resultado, o sea, que caracteres de poca importancia vital para la especie son los más importantes para el sistemático; pero esto, según veremos más adelante, cuando tratemos del principio genético de la clasificación, no es en modo alguno tan paradójico como pueda parecer a primera vista.

Aunque no tengamos ninguna buena prueba de que exista en los seres orgánicos una tendencia innata hacia el desarrollo progresivo, sin embargo se sigue necesariamente —como he intentado demostrar en el capítulo cuarto— de la acción continuada de la selección natural. Pues la mejor definición que se haya dado nunca de un tipo elevado de organización es el grado en que las partes se hayan especializado o diferenciado, y la selección natural tiende a este fin, en cuanto que las partes son capaces de este modo de realizar sus funciones más eficazmente.

Un distinguido zoólogo, míster St. George Mivart, ha reunido recientemente todas las objeciones que se han hecho en todo tiempo por mí mismo y por otros a la teoría de la selección natural, tal como ha sido propuesta por míster Wallace y por mí, y las ha expuesto con un arte y una energía admirables. Ordenadas así, constituyen un ejército formidable, y como no entra en el plan de míster Mivart citar los diferentes hechos y consideraciones opuestas a sus conclusiones, deja no pequeño esfuerzo de razonamiento y de memoria para el lector que quiera pesar las pesas de ambas partes. Al discutir casos especiales, míster Mivart pasa por alto los efectos del creciente uso y desuso de los órganos, que he sostenido siempre que son de gran importancia, y que he tratado en mi obra *Variation under Domestication* [98] con mayor extensión, a mi juicio,

[98] *The Variation of Animals and Plants under Domestication* (La variación de los animales y de las plantas en domesticidad).

que ningún otro autor. Igualmente supone a menudo que no atribuyo nada a la variación, independientemente de la selección natural, cuando en la obra que acabo de citar he reunido un buen número de casos bien comprobados, mayor que el que pueda encontrarse en cualquier otra obra que yo conozca. Tal vez mi opinión no sea digna de crédito, pero después de haber leído atentamente el libro de míster Mivart, y de comparar cada sección con lo que he afirmado sobre el mismo asunto, nunca me había sentido antes tan firmemente convencido de la verdad general de las conclusiones a que he llegado aquí, sujetas, desde luego, en asunto tan intrincado, a muchos errores parciales.

Todas las objeciones de míster Mivart serán —o han sido ya— examinadas en el presente volumen. El nuevo punto que parece haber llamado la atención de muchos lectores es «que la selección natural es incapaz de explicar las fases incipientes de las estructuras útiles». Este asunto está íntimamente relacionado con el de la gradación de caracteres, frecuentemente acompañada de un cambio de función —por ejemplo, la transformación de la vejiga natatoria en pulmones—, puntos que fueron discutidos en el capítulo anterior bajo dos epígrafes. No obstante, examinaré aquí con algún detalle varios de los casos propuestos por míster Mivart, eligiendo aquellos que son los más ilustrativos, pues la falta de espacio me impide examinarlos todos.

La jirafa, por su elevada estatura y por su cuello, miembros anteriores, cabeza y lengua muy alargados, tiene toda su conformación maravillosamente adaptada para ramonear en las ramas más altas de los árboles. De este modo puede obtener alimento que está fuera del alcance de los demás ungulados, o animales de casco y pezuña, que viven en el mismo país; y esto puede serle de gran ventaja en tiempos de escasez. El ganado vacuno ñato [99] de América del Sur nos demuestra qué pequeña puede ser la diferencia de conformación que determine, en tiempos de escasez, una gran diferencia en la conservación de la vida de un animal. Este ganado puede rozar la hierba, igual que los demás; pero, por la

[99] «Chato», en América del Sur.

prominencia de la mandíbula inferior, no puede, durante las frecuentes sequías, ramonear las remitas de los árboles, las cañas, etc., alimento al que se ven obligados a recurrir el ganado vacuno y los caballos; de modo que, en los tiempos de sequía, los ñatos mueren si no son alimentados por sus dueños. Antes de pasar a las objeciones de míster Mivart, acaso sea conveniente explicar de nuevo otra vez cómo obra la selección natural en todos los casos ordinarios. El hombre ha modificado algunos de sus animales, sin que haya atendido necesariamente a determinados puntos de su estructura, sino por simple conservación y cría de los animales más veloces, como el caballo de carreras y el galgo, o por la crianza de aves victoriosas, como el gallo de pelea. Del mismo modo, en la naturaleza, al originarse la jirafa, los individuos que ramoneasen más alto y que durante los tiempos de escasez fuesen capaces de alcanzar aunque solo sea unos cinco centímetros más arriba que los demás, se conservarían a menudo, pues recorrerían todo el país en busca de alimento. El que los individuos de la misma especie difieran con frecuencia en la longitud relativa de todas sus partes, puede comprobarse en muchas obras de historia natural, en las que se dan medidas cuidadosas. Estas ligeras diferencias en las proporciones, debidas a las leyes de crecimiento y variación, no tienen la menor utilidad ni importancia en la mayor parte de las especies. Pero al originarse la jirafa el caso fue diferente, teniendo en cuanta sus probables hábitos de vida; pues aquellos individuos que tuviesen una o varias partes de su cuerpo un poco más alargados de lo corriente, habrán sobrevivido por lo general. Estos se habrán cruzado entre sí y habrán dejado descendencia que han heredado o bien las mismas peculiaridades corpóreas, o bien la tendencia a variar de nuevo de análoga manera; mientras que los individuos menos favorecidos en estos mismos conceptos habrán sido los más propensos a perecer.

Vemos aquí que no es necesario separar por parejas, como hace el hombre cuando mejora metódicamente una casta: la selección natural conservará, y de este modo separará, a todos los individuos superiores, permitiéndoles cruzarse ilimitadamente, y destruirá a todos los individuos inferiores. Mediante este proceso continuado durante mucho tiempo —que se corresponde exactamente con lo que he llamado selección inconsciente por el hombre—, combinado, sin duda de modo muy importante, con los efectos hereditarios del aumento del uso de los órganos, me parece casi seguro que un cuadrúpedo ungulado ordinario se convirtiese en jirafa.

Contra esta conclusión presenta míster Mivart dos objeciones. Una es que el aumento del tamaño del cuerpo exigiría evidentemente un aumento de alimento, y considera como «muy problemático si las desventajas que de aquí se originan no pesarían más en la balanza, en tiempos de escasez, que las ventajas». Pero como la jirafa existe actualmente en gran número en el sur de África, y como algunos de los antílopes más grandes del mundo, más altos que el buey, abundan allí, ¿por qué hemos de dudar de que, por lo que concierne al tamaño, pudieron haber existido allí antiguamente gradaciones intermedias, sometidas como ahora a rigurosa escasez? Seguramente el poder alcanzar, en cada estado de aumento de tamaño, una cantidad de comida dejada intacta por los demás cuadrúpedos ungulados del país, sería de alguna ventaja para la jirafa naciente [100]. Tampoco debemos pasar inadvertido el hecho de que el aumento de volumen obraría como una protección contra casi todas las bestias de presa, excepto el león, y —como ha hecho observar míster Chauncey Wright— contra este animal serviría su alto cuello —y cuanto más alto, mejor— como una atalaya. Esta es la causa, como hace observar sir S. Baker, de que ningún animal sea más difícil de cazar al acecho que la jirafa. Este animal también utiliza su largo cuello como un arma ofensiva y defensiva, meciendo violentamente su cabeza armada como de muñones de cuernos. La conservación de cada especie rara vez puede estar determinada por una sola ventaja, sino por la unión de todas, grandes y pequeñas.

Míster Mivart pregunta luego —y esta es su segunda objeción—: si la selección natural es tan potente, y si el ramonear alto es una ventaja tan grande, ¿por qué no ha adquirido un cuello largo

[100] Véase el glosario de términos científicos: NACIENTE.

y una estatura elevada ningún otro cuadrúpedo ungulado, aparte de la jirafa, y, en menor grado, del camello, el guanaco y la *Macrauchenia*? O también: ¿por qué no ha adquirido ningún miembro del grupo una larga trompa? Por lo que se refiere a África del Sur —que antiguamente estuvo habitada por numerosos rebaños de jirafas—, la respuesta no es difícil, y el mejor modo de darla es mediante un ejemplo. En todos los prados de Inglaterra en que crecen árboles vemos ramas inferiores recortadas o rapadas hasta un nivel preciso por el ramoneo del caballo o del ganado vacuno; y ¿qué ventaja habría, por ejemplo, para las ovejas, si las hubiese allí, en adquirir un poco más de longitud en el cuello? En cada región es casi seguro que alguna clase de animal será capaz de ramonear más alto que los otros, y es igualmente casi seguro que únicamente esta clase pudo alargar su cuello para este fin, por la selección natural y los efectos del aumento del uso. En África del Sur la competencia para ramonear en las ramas más altas de las acacias y de otros árboles tuvo que ser entre jirafa y jirafa y no con los demás ungulados.

No puede contestarse claramente por qué, en otras partes del mundo, han adquirido un cuello alargado o una trompa diversos animales que pertenecen a este mismo orden; pero es tan fuera de razón esperar una respuesta clara a esta cuestión como a la de por qué, en la historia de la humanidad, tal acontecimiento no se produjo en un país mientras que se produjo en otro. Ignoramos las condiciones que determinan el número y el área de acción de cada especie, y ni siquiera podemos conjeturar qué cambios de estructura serían favorables a su desarrollo en un país nuevo. Sin embargo, podemos comprender de una manera general las diferentes causas que pueden haber impedido el desarrollo de un cuello o de una trompa largos. Alcanzar el follaje a una altura considerable —sin trepar, para lo que los animales ungulados están singularmente mal constituidos— exige un gran aumento en el tamaño del cuerpo, y sabemos que algunas áreas mantienen poquísimos cuadrúpedos grandes —por ejemplo, América del Sur, a pesar de ser tan exuberante; mientras que en África del Sur abundan en un grado sin igual. Por qué es esto así, no lo sabemos, ni tampoco por qué los últimos periodos terciarios fueron mucho más favorables a su existencia que la época actual. Cualesquiera que puedan haber sido las causas, vemos que ciertas comarcas y tiempos han sido mucho más favorables que otros para el desarrollo de un cuadrúpedo tan grande como la jirafa.

Para que en un animal de alguna estructura adquiera un desarrollo grande y especial, es casi indispensable que otras varias partes se modifiquen y coadapten. Aun cuando todas las partes del cuerpo varíen ligeramente, no se sigue que las partes varíen siempre necesariamente en la dirección o grado debidos. En las diferentes especies de nuestros animales domésticos sabemos que las partes varían en modo y grado diferentes, y que algunas especies son mucho más variables que otras. Incluso si surgiesen las variaciones convenientes, no se sigue que la selección natural pueda actuar sobre ellas y producir una conformación que aparentemente sea ventajosa para la especie. Por ejemplo, si el número de individuos que existen en un país está determinado principalmente por la destrucción que en ellos causen las bestias de presa, los parásitos internos y externos, etc. —caso que parece ser frecuente—, entonces la selección natural poco podrá hacer, o se detendrá especialmente en modificar cualquier conformación particular para conseguir alimento. Por último, la selección natural es un proceso lento, y las mismas condiciones favorables tienen que durar mucho tiempo para que se produzca un efecto caracterizado cualquiera. Si no es atribuyéndolo a estas razones vagas y generales, no podemos explicar por qué, en muchas partes del mundo, los cuadrúpedos ungulados no han adquirido cuellos más alargados u otros medios para ramonear en las ramas altas de los árboles.

Objeciones de igual naturaleza que las precedentes se han presentado por muchos autores. En cada caso, causas varias, aparte de las generales que se acaban de indicar, han impedido probablemente la adquisición por selección natural de estructuras que se supone serían beneficiosas para ciertas especies. Un autor pregunta que por qué el avestruz no ha adquirido la facultad de volar; pero un momento de reflexión nos demostrará qué enorme cantidad de comida sería necesaria para dar a esta ave del desierto fuerza para mover su enorme cuerpo por los aires. Las islas oceánicas están habitadas por murciélagos y focas, pero no por mamíferos terrestres; sin embargo, como algunos de estos murciélagos son especies peculiares, tienen que haber vivido durante mucho tiempo en sus localidades actuales. Por esta razón, sir C. Lyell pregunta —y da algunas razones como respuesta— por qué las focas y los murciélagos no han dado origen en tales islas a formas adaptadas para vivir en tierra. Pero las focas tendrían que convertirse necesariamente, primero, en animales carnívoros terrestres de tamaño considerable, y los murciélagos en animales insectívoros terrestres; para los primeros no habría presas; para los murciélagos, los insectos del suelo les servirían de alimento, pero estos estarían ya muy perseguidos por los reptiles y las aves que colonizan primero las islas oceánicas y abundan en la mayoría de ellas. Las gradaciones de conformación, en cada una de las fases beneficiosas a la especie que cambia, serán favorecidas solamente en ciertas condiciones particulares. Un animal estrictamente terrestre, cazando a veces su alimento en aguas poco profundas, luego en ríos y lagos, pudo, al fin, convertirse en un animal tan acuático que desafiase al océano. Pero las focas no encontrarían en las islas oceánicas las condiciones favorables para su conversión gradual de nuevo en formas terrestres. Los murciélagos, como se expuso antes, adquirieron probablemente sus alas desplazándose primero por los aires de árbol en árbol, como las ardillas voladoras, con objeto de escapar de sus enemigos o para evitar las caídas; pero una vez que adquirió la facultad del vuelo verdadero, esta no volvería a convertirse nunca, al menos para los fines antes indicados, en la facultad menos eficaz de deslizarse por los aires. Realmente, los murciélagos, como en muchas aves, podían haberse reducido mucho de tamaño las alas, o perderse totalmente por desuso; pero en este caso hubiese sido necesario que adquiriesen primero la facultad de correr rápidamente por el suelo mediante la ayuda de sus miembros posteriores únicamente, de manera que compitiesen con las aves y otros animales terrícolas; mas, para tal cambio, parece que el murciélago está singularmente mal adaptado. Estas conjeturas se hacen simplemente para demostrar que una transición de conformación, ventajosa en cada uno de sus grados, es un asunto sumamente complejo, y que no tiene nada de extraño que, en cualquier caso particular, no haya ocurrido una transición.

Por último, más de un autor ha preguntado por qué algunos animales han desarrollado sus facultades mentales más que otros, cuando tal desarrollo es ventajoso para todos. ¿Por qué los monos no han adquirido las facultades intelectuales del hombre? Pudieran señalarse varias causas; pero como son conjeturas y su probabilidad relativa no puede aquilatarse, sería inútil exponerlas. Una respuesta definitiva a esta última cuestión no debe esperarse, sobre todo viendo que nadie puede resolver el problema más sencillo de por qué, de dos razas de salvajes, una ha ascendido más que otra en la escala de la civilización, y esto evidentemente implica aumento de fuerza cerebral.

* * *

Volvamos a las demás objeciones de míster Mivart. Los insectos se asemejan con frecuencia, por razón de protección, a objetos diversos, tales como hojas verdes o secas, ramitas muertas, trocitos de liquen, flores, espinas, excrementos de aves o insectos vivos; pero sobre este último punto volveré más adelante. La semejanza es maravillosa muchas veces, y no se limita al color, sino que se extiende a la forma y hasta a las actitudes de los insectos mismos. Las orugas se mantienen inmóviles, sobresaliendo como ramitas secas sobre las ramas en que se alimentan, ofrece un excelente ejemplo de semejanza de esta clase. Los casos de imitación de objetos tales como el excremento de las aves, son raros y excepcionales. Sobre esta cuestión hace observar míster Mivart: «Como, según la teoría de míster Darwin, hay una tendencia constante a la variación indefinida, y como las levísimas variaciones incipientes serán *en todas las direcciones,* deben tender a neutralizarse mutuamente y a formar al principio modificaciones tan inestables que es difícil, si no imposible, comprender cómo estas oscilaciones indefinidas de comienzos infinitesimales puedan constituir nunca semejanzas con una hoja, una caña de bambú u otro objeto, lo suficientemente apreciables para que la selección natural se apodere de ellas y las perpetúe».

Pero en todos los casos precedentes, los insectos, en su estado originario, presentan indudablemente alguna tosca y accidental semejanza con un objeto que se encuentra comúnmente en las estaciones por ellos frecuentadas; lo cual no es, en absoluto, improbable, si se considera el número casi infinito de objetos que los rodean y la diversidad de formas y colores de las legiones de insectos existentes. Como es necesaria alguna tosca semejanza para el primer paso, comprendemos por qué en los animales mayores y superiores —con la excepción, que yo sepa, de algún pez— no se asemejan, por razón de protección, a objetos determinados, sino tan solo a la superficie de lo que comúnmente les rodea, y esto principalmente en el color. Admitiendo que originariamente existiese un insecto que se pareciese algo a una ramita muerta o a una hoja seca, y que este insecto variase ligeramente de muchos modos, en este caso todas las variaciones que hiciesen al insecto más semejante en todo a un objeto determinado cualquiera, favoreciendo así su facultad de librarse de sus enemigos, se conservarían, mientras que las demás variaciones serían desdeñadas y, por último, perdidas; o, si hacían al insecto en algún modo menos parecido al objeto imitado, serían eliminadas. Verdaderamente, tendría fuerza la objeción de míster Mivart si hubiésemos intentado explicar estas semejanzas, independientemente de la selección natural, por simple variabilidad fluctuante; pero tal como el caso está planteado, no tiene ninguna.

Tampoco veo fuerza alguna en la dificultad que presenta míster Mivart respecto a «los últimos toques de perfección en el mimetismo»; como en el caso citado por míster Wallace de un insecto fásmido —*a walking-stick insect*— (*Creoxylus laceratus*), que se asemeja a «un bastoncito cubierto por un musgo reptante o *Jungermannia*» [101]. Tan completa era la semejanza que un indígena *daiac* [102] sostenía que las excrecencias foliáceas eran realmente

[101] Planta que debe su nombre al botánico alemán que la descubrió, Jungermann (1576-1653).

[102] Nombre malayo de una raza aborigen de Borneo.

musgo. Los insectos son presa de pájaros y de otros enemigos, cuya vista probablemente es más aguda que la nuestra, y todo grado de semejanza que ayude a un insecto a escapar de ser advertido o descubierto tenderá a conservarse, y cuanto más perfecta sea la semejanza, tanto mejor para el insecto. Considerando la naturaleza de las diferencias entre las especies del grupo que comprende el *Creoxylus* citado, no es nada improbable que en este insecto hayan variado las irregularidades de su superficie, y que estas hayan tomado un color más o menos verde; pues en cada grupo los caracteres que difieren en las diversas especies son los más aptos para variar, mientras que los caracteres genéricos, o sea, los comunes a todas las especies, son los más constantes.

* * *

La ballena de Groenlandia [103] es uno de los animales más maravillosos del mundo, y sus barbas una de sus mayores particularidades. Las barbas forman, a cada lado de la mandíbula superior, una fila de unas trescientas láminas o placas dispuestas transversalmente con relación al eje mayor de la boca. Dentro de la fila principal hay algunas filas subsidiarias. La extremidad y el borde interno de todas las placas están deshilachadas en cerdas rígidas, que cubren todo el gigantesco paladar y sirven para tamizar o filtrar el agua y, de este modo, retener a las diminutas presas de que se mantienen estos grandes animales. La lámina central, que es la más larga, en la ballena de Groenlandia tiene tres, tres y medio y hasta cuatro metros y medio de longitud; pero en las diferentes especies de cetáceos hay gradaciones en la longitud, teniendo la lámina central en una especie, según Scoresby, algo más de un metro; en otra unos noventa centímetros, cuarenta y cinco en otra, y en la *Balaenoptera rostrata* solo unos veintidós centímetros de longitud. La calidad de las barbas varían también en las diferentes especies.

Con relación a las barbas, míster Mivart hace observar que si estas «hubiesen alcanzado alguna vez un tamaño y desarrollo tales que las hiciesen útiles de algún modo, entonces su conservación

[103] Es la llamada «ballena franca o boreal» *(Balaena mysticetus).*

y aumento dentro de los límites utilizables hubiera sido fomentada por la selección natural únicamente. Pero ¿cómo obtener el comienzo de semejante desarrollo útil?». Como respuesta, puede preguntarse: ¿por qué los remotos progenitores de las ballenas con barbas no iban a poseer una boca constituida de modo algo parecido al pico con laminillas del pato? Los patos, como las ballenas, se sustentan tamizando el cieno y el agua, por lo que a la familia se le ha llamado a veces *Criblatores*, o cribadores. Espero que no se me interprete torcidamente, diciendo que los progenitores de las ballenas tuvieron realmente la boca con laminillas, como el pico de un pato. Tan solo quiero manifestar que esto no es increíble, y que las inmensas láminas de las barbas de la ballena de Groenlandia podían haberse desarrollado, a partir de laminillas semejantes, por pasos graduales, todos y cada uno de ellos útiles para su poseedor.

El pico del pato cucharetero *(Spatula clypeata)* es una estructura más compleja y admirable que la boca de la ballena. La mandíbula está provista a cada lado —en el ejemplar examinado por mí— de una fila o peine formado por ciento ochenta y ocho laminillas, delgadas y elásticas, cortas al sesgo de modo que terminen en punta, y colocadas transversalmente con relación al eje mayor de la boca. Estas laminillas nacen del paladar y están sujetas a los lados de la mandíbula por una membrana flexible. Las que están hacia el medio son las más largas, teniendo aproximadamente unos ocho milímetros de longitud, y sobresalen algo más de un milímetro por debajo del borde. En sus bases hay una corta fila subsidiaria de laminillas oblicuamente transversas. Por estos varios conceptos se asemejan a las barbas de la boca de la ballena. Pero hacia la extremidad del pico difieren mucho, pues se proyectan hacia dentro, en vez de hacerlo verticalmente hacia abajo. La cabeza de este pato —aunque es incomparablemente menos voluminosa— es aproximadamente una dieciochoava parte de la longitud de la cabeza de una *Balaenoptera rostrata* medianamente grande, especie en la que las barbas tienen solo veintidós centímetros de largo; de modo que si hiciésemos la cabeza del pato cucharetero tan largo como la de la *Balaenoptera*, las laminillas tendrían quince centímetros, o sea, dos tercios de la longitud de las barbas de esta especie de ballena. La mandíbula inferior del pato cucharetero está provista de laminillas de igual longitud que las de arriba, pero más finas; y al estar provista de estas laminillas difiere notoriamente de la mandíbula inferior de la ballena, que está desprovista de barbas. Por otra parte, las extremidades de estas laminillas inferiores están deshilachadas, formando finas puntas hirsutas, de modo que se asemejan así de un modo muy curioso a las placas de las barbas de la ballena. En el género *Prion,* miembro de la familia distinta de los petreles, únicamente la mandíbula superior está provista de laminillas, que están bien desarrolladas y sobresalen por debajo del borde, de modo que el pico de esta ave se parece, por este concepto, a la boca de la ballena.

De la conformación altamente desarrollada del pico del pato cucharetero podemos pasar —como he sabido por las informaciones y ejemplares que me ha enviado míster Salvin—, sin gran interrupción, por lo que a la propiedad de tamizar se refiere, merced al pico de la *Marganetta armata* [104] y, en algunos respectos, al de la *Aix sponsa,* al pico del pato común. En esta última especie, las laminillas son mucho más toscas que en el cucharetero y están firmemente adheridas a los dos lados de la mandíbula; son tan solo unas cincuenta a cada lado y no sobresalen nunca por debajo del borde. Sus extremidades están terminadas a escuadra, y están guarnecidas de tejido resistente y translúcido, como para triturar comida. Los bordes de la mandíbula inferior están cruzados por numerosos y finos plieguecitos que sobresalen muy poco. Aunque el pico resulta así muy inferior como tamiz al del cucharetero, sin embargo, esta ave, como todo el mundo sabe, lo utiliza constantemente para este objeto. Hay otras especies, según me informa míster Salvin, en las que las laminillas están considerablemente menos desarrolladas que en el pato común; pero no sé si estas aves usan sus picos para tamizar el agua.

Pasando a otro grupo de la misma familia, en el ganso de Egipto *(Chenalopex)* el pico se parece mucho al del pato común;

[104] Es el mergo, mergánsar o cuervo marino, que tiene la parte superior del pico dentada en sus bordes.

pero las laminillas no son tan numerosas, ni tan distintas unas de otras, ni sobresalen tanto hacia dentro; sin embargo, este ganso, según me informa míster E. Bartlett, «utiliza su pico como un pato, expulsando el agua por los lados». Sin embargo, su principal alimento es hierba, que corta como el ganso común. En esta última ave, las laminillas de la mandíbula superior son mucho más toscas que en el pato común, casi confluentes, en número de unas veintisiete a cada lado y terminaciones hacia arriba como protuberancias en forma de dientes. El paladar está también cubierto de protuberancias redondas y duras. Los bordes de la mandíbula inferior son serrados, con dientes mucho más prominentes, toscos y agudos que en el pato. El ganso común no tamiza el agua, sino que utiliza su pico exclusivamente para arrancar o cortar la hierba, uso para el cual está tan bien dispuesto que puede cortar el césped más al ras casi que cualquier otro animal. Hay otras especies de gansos, según me informa míster Bartlett, en las cuales las laminillas están menos desarrolladas que en el ganso común.

Vemos, pues, que una especie de la familia de los patos con el pico constituido como el del ganso común y adaptado únicamente para herbajar, o incluso una especie con un pico que tiene las laminillas menos desarrolladas, pudieron convertirse, por pequeños cambios, en una especie como el ganso egipcio; esta, en una como el pato común, y, finalmente, en una como el cucharetero, provisto de pico adaptado casi exclusivamente para tamizar el agua; pues esta ave apenas podría usar ninguna parte de su pico, excepto la punta ganchuda, para coger o desgarrar alimentos sólidos. Puedo añadir que el pico del ganso pudo también convertirse, por pequeños cambios, en un pico provisto de dientes prominentes y encorvados, como los del *Merganser* [105] —una especie de la misma familia—, que sirven para el propósito muy diferente de coger peces vivos.

Volviendo a los cetáceos, el *Hyperoodon bidens* está desprovisto de dientes verdaderamente eficaces; pero su paladar es áspero, según Lacepède, pues está erizado de puntas córneas pequeñas, desiguales y duras. Por consiguiente, no hay nada de improbable en

105 Es el mergánsar o mergo.

suponer que alguna forma cetácea primitiva tuvo el paladar provisto de puntas córneas semejantes, aunque dispuestas con más regularidad, puntas que, como las protuberancias del pico del ganso, le ayudarían a coger o desgarrar su alimento. Si hubiese sido así, difícilmente se negará que las puntas pudieron convertirse, por variación y selección natural, en laminillas tan bien desarrolladas como las del ganso egipcio, en cuyo caso se hubieran utilizado tanto para coger objetos como para tamizar el agua; después, en laminillas como las del pato doméstico, y así progresivamente, hasta que llegaron a estar tan bien construidas como las del pato cucharetero, en cuyo caso servirían exclusivamente como aparato para tamizar. A partir de esta fase, en la que las laminillas tendrían dos tercios de la longitud de las barbas de la *Balaenoptera rostrata*, las gradaciones —que pueden observarse en los cetáceos aún existentes— nos llevan hasta las enormes placas de las barbas de la ballena de Groenlandia.

Tampoco hay razón alguna para dudar de que cada grado de esta escala pudo ser tan útil a ciertos cetáceos antiguos, en los que las funciones de sus partes fueron cambiando lentamente durante el proceso de desarrollo, como lo son las gradaciones en los picos de las diferentes especies actuales de la familia de los patos. Hemos de tener presente que cada especie de pato está sometida a una severa lucha por la existencia, y que la conformación de cada parte de su estructura tiene que estar bien adaptada a sus condiciones de vida.

* * *

Los pleuronéctidos *(Pleuronectidae)* [106], o peces planos, son notables por la asimetría de su cuerpo. Permanecen acostados sobre un lado, en la mayoría de las especies sobre el izquierdo, pero en algunas sobre el derecho y, a veces, se presentan ejemplares adultos reversos. El lado inferior, o superficie de descanso, parece

[106] Pleuronecto, género de peces de cuerpo plano, que nadan de costado, como la platija y el gallo.

a primera vista el lado ventral de un pez ordinario: es de color blanco y está en muchos aspectos menos desarrollado que el lado superior, y frecuentemente tiene las aletas laterales de menor tamaño. Pero los ojos ofrecen una particularidad notabilísima, pues están situados los dos en el lado superior de la cabeza. En su primera edad, sin embargo, los ojos están opuestos uno a otro, y todo el cuerpo es entonces simétrico, teniendo ambos lados de igual color. Pronto el ojo propio del lado inferior empieza a deslizarse lentamente alrededor de la cabeza hacia el lado superior, pero no pasa a través del cráneo, como se creía antes. Es evidente que, a menos que el ojo inferior girase de esta manera, no podría usarlo el pez mientras yace en su posición habitual sobre un lado. Además, el ojo inferior estaría expuesto a rozarse con el fondo arenoso. Que los pleuronéctidos están admirablemente adaptados, por su estructura aplanada y asimétrica, a sus hábitos de vida es evidente, pues diversas especies, como los lenguados, platijas, etc., son muy comunes. Las principales ventajas obtenidas de este modo parecen ser la protección contra sus enemigos y la facilidad para alimentarse en el fondo. Sin embargo, los diferentes miembros de la familia presentan, como hace observar Schiödte, «una larga serie de formas que muestran una transición gradual, desde el *Hippoglossus pinguis*, que no altera mucho la forma en que abandona el huevo, hasta los lenguados, que están enteramente echados sobre un lado».

Míster Mivart ha recogido este caso, y hace observar que apenas se concibe una transformación súbita y espontánea en la posición de los ojos, en lo que estoy plenamente de acuerdo con él. Luego añade: «Si el tránsito fue gradual, entonces dista mucho verdaderamente de estar claro cómo semejante tránsito de un ojo en una diminuta fracción de viaje hacia el otro lado de la cabeza pudo ser beneficioso para el individuo. Parece, incluso, que semejante transformación incipiente debió ser más bien perjudicial». Pero míster Mivart pudo encontrar una respuesta a esta objeción en las excelentes observaciones publicadas por Malm en 1867. Los pleuronéctidos, mientras son muy jóvenes y todavía simétricos, con sus ojos situados en los lados opuestos de la cabeza, no pueden conservar durante mucho tiempo su posición vertical, debido al excesivo grosor de sus cuerpos, al pequeño tamaño de sus aletas laterales y a estar desprovistos de vejiga natatoria. Por tanto, se cansan pronto y caen al fondo sobre uno de sus lados. Mientras descansan así, vuelven con frecuencia, como observó Malm, el ojo inferior hacia arriba para ver por encima de ellos; y hacen esto tan vigorosamente que se produce una fuerte presión del ojo contra la parte superior de la órbita. A consecuencia de esto, la parte de la frente comprendida entre los ojos —como puede verse claramente— se estrecha de un modo pasajero. En una ocasión, Malm vio a un pez joven que levantaba y bajaba el ojo inferior a través de una distancia angular de setenta grados aproximadamente.

Debemos recordar que el cráneo, en esta edad temprana, es cartilaginoso y flexible, de modo que cede fácilmente a la acción muscular. También es sabido que en los animales superiores, aun después de la primera juventud, el cráneo cede y cambia de forma si la piel o los músculos están permanentemente contraídos por enfermedad o accidente. En los conejos de orejas largas, si una oreja cuelga hacia delante, su peso arrastra hacia delante todos los huesos del cráneo de su mismo lado, de lo que he dado una figura. Malm afirma que las crías recién nacidas de las percas, del salmón y de otros varios peces simétricos, tienen la costumbre de descansar a veces sobre un lado en el fondo; y ha observado que entonces tuercen con frecuencia sus ojos inferiores para mirar hacia arriba, y de este modo su cráneo se tuerce algo. Sin embargo, estos peces pueden mantenerse pronto en posición vertical, y por eso no se produce ningún efecto permanente. En los pleuronéctidos, por el contrario, cuanta más edad tienen, más habitual es que permanezcan sobre un lado, debido al aplastamiento creciente de sus cuerpos, y por eso se produce un efecto permanente en la cabeza y en la posición de los ojos. Juzgando por analogía, la tendencia a la torsión tiene que aumentar, indudablemente, por el principio de la herencia, Schiödte cree, en oposición a algunos otros naturalistas, que los pleuronéctidos no son completamente simétricos ni siquiera en el embrión; y si esto es así, podríamos comprender por qué individuos de ciertas especies, de jóvenes, caen y permanecen habitualmente del lado izquierdo, y los de otras especies, del lado derecho. Malm añade, en confirmación de la opinión anterior, que el *Trachypterus arcticus*, que no pertenece a los pleuronéctidos, permanece en el fondo sobre el lado izquierdo, nada diagonalmente en el agua, y se dice que en este pez los dos lados de la cabeza son algo desiguales. Nuestra gran autoridad en materia de peces, el doctor Günther, termina su resumen de la memoria de Malm haciendo observar que «el autor da una explicación muy sencilla de la anómala condición de los pleuronéctidos».

Vemos así que los primeros pasos del tránsito del ojo de un lado de la cabeza al otro, que míster Mivart considera que serían perjudiciales, pueden atribuirse a la costumbre —indudablemente favorable al individuo y a la especie— de esforzarse por mirar hacia arriba con los dos ojos mientras descansa en el fondo sobre uno de sus lados. También podemos atribuir a los efectos hereditarios del uso el hecho de que la boca, en diferentes clases de pleuronéctidos, esté inclinada hacia la superficie inferior, con los huesos de la mandíbula más fuertes y más eficaces en este lado —el lado sin ojo de la cabeza— que en el otro, con objeto, como supone el doctor Traquair, de alimentarse cómodamente en el fondo. El desuso, por otra parte, explicará la condición de menor desarrollo de toda la mitad inferior del cuerpo, incluyendo las aletas laterales, aunque Yarrel cree que el tamaño reducido de estas aletas es ventajoso para el pez, porque «hay muchísimo menos espacio para la acción que en las grandes aletas de arriba». Quizá pueda explicarse también por el desuso el menor número de dientes en la proporción de cuatro a siete en las mitades superiores de las dos mandíbulas de la platija, a la de veinticinco a treinta en las mitades inferiores. Por la falta de color en la superficie central de la mayoría de los peces y de otros muchos animales, podemos suponer razonablemente que la ausencia de color en los pleuronéctidos en el lado, ya sea el derecho o el izquierdo, que está debajo, es debida a la exclusión de la luz. Pero no ha de suponerse que sean debidos a la acción de la luz el jaspeado característico del lado superior del lenguado, tan parecido al fondo arenoso del mar; ni la facultad de algunas especies —como recientemente ha demostrado Pouchet— de cambiar de color, de acuerdo con la superficie que los rodea, ni tampoco la presencia de tubérculos óseos en la cara superior del rodaballo. Aquí, probablemente, ha entrado en juego la selección natural, lo mismo que al adaptar la forma general del cuerpo de estos peces, y muchas otras particularidades, a sus hábitos de vida. Debemos tener presente, como he insistido antes, que los efectos hereditarios del uso creciente de las partes, y acaso de su desuso, se reforzarán por selección natural. Pues todas las variaciones espontáneas en la dirección debida se conservarán de este modo; como se conservarán los individuos que hereden en grado más elevado los efectos del uso creciente y ventajoso de una parte cualquiera. Cuánto hay que atribuir, en cada caso particular, a los efectos del uso y cuánto a la selección natural, parece imposible de decidir.

Puedo dar otro ejemplo de una conformación que, al parecer, debe su origen exclusivamente al uso o la costumbre. La extremidad de la cola de algunos monos americanos se ha convertido en un órgano prensil maravillosamente perfecto, que sirve como una quinta mano. Un crítico, que está conforme con míster Mivart en todos los detalles, hace observar acerca de esta conformación: «Es imposible que, cualquiera que sea el tiempo transcurrido, la primera y débil tendencia incipiente a coger pudiese salvar la vida de los individuos que la poseían, o favorecer las probabilidades de tener y criar descendencia». Pero no hay ninguna necesidad de creer tal cosa. La costumbre —y esto casi implica que, por consiguiente, se deriva algún beneficio mayor o menos— bastaría, con toda probabilidad, para esta tarea. Brehm vio los pequeñuelos de un mono africano *(Cercopithecus)* trepando con las manos por la superficie ventral de su madre, y, al mismo tiempo, enganchaban sus colitas alrededor de la cola de ella. El profesor Henslow conservó en cautividad algunos ratones de las mieses *(Mus messorius)*, cuya cola no es prensil por su conformación; pero observó con frecuencia que enroscaban sus colas en las ramas de un arbusto colocado en la jaula, ayudándose así para trepar. He recibido una información análoga del doctor Günther, quien ha visto a un ratón descolgarse de esta manera. Si el ratón de las mieses hubiese sido más rigurosamente arborícola, tal vez su cola se hubiese vuelto de conformación más prensil, como ocurre con algunas especies del mismo orden. Sería difícil decir, teniendo en cuenta sus costumbres de joven, por qué el *Cercopithecus* no ha quedado provisto de cola prensil. Sin embargo, es posible que la larga cola de este mono sea más útil como órgano de equilibrio, al dar sus prodigiosos saltos, que como órgano prensil.

* * *

Las glándulas mamarias son comunes a toda la clase de los mamíferos, y son indispensables para su existencia; por consiguiente, tienen que haberse desarrollado en una época sumamente remota, y no sabemos nada cierto acerca de su modo de desarrollo. Míster Mivart pregunta: «¿Se concibe que la cría de cualquier animal se salvase alguna vez de la muerte chupando accidentalmente una gota de líquido apenas nutritivo, procedente de una glándula cutánea accidentalmente hipertrofiada de su madre? Y aun cuando esto hubiese ocurrido alguna vez, ¿qué probabilidades hubo de que se perpetuase tal variación?». Pero la cuestión no está aquí imparcialmente presentada. La mayoría de los evolucionistas admiten que los mamíferos descienden de una forma marsupial, y, si es así, las glándulas mamarias se habrán desarrollado al principio dentro de la bolsa marsupial. En el caso del pez *Hippocampus* [107], los huevos se desarrollan y los pequeños se crían durante un tiempo dentro de un saco de esta naturaleza; un naturalista americano, míster Lockwood, cree —por lo que ha visto del desarrollo de las crías— que estas se alimentan de la secreción de las glándulas cutáneas del saco. Ahora bien, en el caso de los remotos progenitores de los mamíferos, casi antes de que mereciesen este nombre, ¿no es posible, al menos, que las crías se alimentasen de un modo semejante? Y, en este caso, los individuos que segregasen un líquido, en mayor o menor grado el más nutri-

[107] El caballo marino, pez del género de los branquios.

tivo, de suerte que participase de la naturaleza de la leche, criarían a la larga un número mayor de descendientes bien alimentados que los individuos que segregasen un líquido más pobre y, de este modo, las glándulas cutáneas, que son las homólogas de las glándulas mamarias, se perfeccionarían o se volverían más eficaces. Está de acuerdo con el principio tan extendido de la especialización el que las glándulas de un determinado lugar del saco se hayan desarrollado más que las restantes y hayan formado luego una mama, aunque al principio sin pezón, como vemos en el ornitorrinco, en la base de la serie de los mamíferos. Aunque no pretenderé decir por qué causa las glándulas de un determinado lugar llegaron a especializarse más que las otras, ya sea en parte por compensación de crecimiento, o por los efectos del uso, o por selección natural.

El desarrollo de las glándulas mamarias hubiera sido inútil y no se hubiese podido efectuar mediante selección natural, a menos que la cría, al mismo tiempo, fuese capaz de participar de la secreción. No es más difícil comprender de qué modo las crías de los mamíferos han aprendido instintivamente a succionar la mama que comprender cómo los polluelos, antes de salir del huevo, han aprendido a romper el cascarón, golpeándolo con sus picos especialmente adaptados, o cómo a las pocas horas de abandonar el cascarón han aprendido a coger granos de comida. En tales casos, la solución más probable parece ser que la costumbre se adquirió al principio por la práctica a una edad más avanzada, y se transmitió después a la descendencia a una edad más temprana. Pero se dice que el canguro recién nacido no chupa, sino que solamente se aferra al pezón de su madre, quien tiene la facultad de inyectar la leche en la boca de su pequeñuelo desvalido y medio formado. Sobre este particular, míster Mivart hace observar: «Si no existiese una disposición especial, la cría sería infaliblemente ahogada por la introducción de leche en la tráquea. Pero *existe* una disposición especial. La laringe es tan alargada que sube hasta el extremo posterior del conducto nasal, y de este modo puede dar entrada libre al aire para los pulmones, mientras la leche pasa, sin perjuicio, por cada uno de los lados de esta laringe alargada, y llega así con seguridad al esófago, que está detrás de ella». Míster Mivart pregunta luego de qué modo la selección natural destruyó en el canguro adulto —y en la mayoría de los demás mamíferos, admitiendo que descienden de una forma marsupial— «esta conformación, por lo menos, completamente inocente e inofensiva». Puede sugerirse, como respuesta, que la voz —que es ciertamente de gran importancia para muchos animales— apenas podría ser utilizada con plena fuerza mientras la laringe penetrase en el conducto nasal, y el profesor Flower me ha indicado que esta conformación hubiera presentado grandes obstáculos en un animal que tragase alimento sólido.

Volveremos ahora, por breve espacio, a las divisiones inferiores del reino animal. Los equinodermos *(Echinodermata)* —estrellas de mar, erizos de mar, etc— están provistos de unos órganos notables, llamados pedicelarios, que consisten, cuando están bien desarrollados, en una pinza tridáctila, esto es, en una pinza formada por tres ramas dentadas, excelentemente adaptadas entre sí y situadas en la punta de un vástago flexible movido por músculos. Estas pinzas pueden hacer presa firmemente en cualquier objeto; Alexander Agassiz ha visto un *Echinus* o erizo de mar que, pasando con rapidez de pinza a pinza partículas de excremento, las hacía bajar, según ciertas líneas de su cuerpo, de modo que su caparazón no se ensuciase. Pero no hay duda de que, aparte de quitar toda clase de suciedades, los pedicelarios sirven para otras funciones, y una de ellas es, evidentemente, la defensa.

Respecto a estos órganos, míster Mivart, como en tantas otras ocasiones anteriores, pregunta: «¿Cuál sería la utilidad de los *primeros comienzos rudimentarios* de estas conformaciones, y cómo pudieron estos brotes incipientes preservar alguna vez la vida de un solo *Echinus?*». Y añade: «Ni siquiera el desarrollo súbito de la acción de agarrar pudo ser beneficioso sin el pedúnculo libremente móvil, ni este pudo ser eficaz sin las mandíbulas prensiles y, sin embargo, pequeñísimas variaciones puramente indeterminadas no pudieron producir por evolución simultáneamente estas complejas coordinaciones de conformación; negar esto no sería más que afirmar una sorprendente paradoja». Por paradójicas que puedan parecer a míster Mivart las pinzas tridáctiles, fijas e inmóviles por su base, pero capaces de acción prensil, existen ciertamente en algunas estrellas de mar; y esto se comprende si sirven, al menos en parte, como medio de defensa. Míster Agassiz —a cuya benevolencia le debo muchas noticias sobre este asunto— me informa que existen otras estrellas de mar en las cuales una de las tres ramas de la pinza está reducida a un soporte para las otras dos, y aún hay otros géneros en los que la tercera rama ha desaparecido por completo. En el *Echinoneus,* al describir su caparazón, monsieur Perrier dice que lleva dos clases de pedicelarios, unos que se parecen a los del *Echinus* y los otros a los del *Spatangus;* y estos casos son siempre interesantes, porque proporcionan los medios de transiciones aparentemente súbitas, por aborto de uno de los dos estados de un órgano.

Acerca de los grados por los que estos curiosos órganos se han desarrollado, míster Agassiz deduce, de sus propias investigaciones y de las de Müller, que, tanto en las estrellas de mar como en los erizos de mar, los pedicelarios deben considerarse indudablemente como espinas modificadas. Esto puede deducirse de su modo de desarrollo en el individuo, así como de una larga y completa serie de gradaciones en diferentes especies y géneros, a partir de simples granulos, pasando por las espinas ordinarias, hasta llegar a los pedicelarios tridáctilos perfectos. La gradación se extiende incluso a la manera como las espinas ordinarias y los pedicelarios, mediante sus varillas calcáreas de soporte, están articulados al caparazón. En ciertos géneros de estrellas de mar pueden encontrarse «las combinaciones precisamente necesarias para demostrar que los pedicelarios no son más que espinas modificadas y ramificadas». Así, tenemos espinas fijas con tres ramas móviles, equidistantes y dentadas, articuladas cerca de sus bases, y en la parte superior de la misma espina otras tres ramas móviles. Ahora bien, cuando estas últimas nacen de la punta de una espina, forman de hecho un tosco pedicelario tridáctilo, y este puede verse en una misma espina junto con las tres ramas inferiores. En este caso es inequívoca la identidad de naturaleza entre las ramas de los pedicelarios y las ramas móviles de una espina. Se admite generalmente que las espinas ordinarias sirven de protección; y siendo así, no hay razón para dudar de que las que están provistas de ramas móviles y dentadas sirvan también para el mismo fin, y servirían aún más eficazmente tan pronto como, al encontrarse juntas, actuaran como un aparato prensil o atrapador. Así, toda gradación, desde la espina ordinaria fija hasta el pedicelario fijo, sería de utilidad.

En ciertos géneros de estrellas de mar estos órganos, en vez de nacer o de estar fijados en un soporte inmóvil, están situados en la punta de un vástago flexible y muscular, aunque corto, y en este caso desempeñan probablemente alguna función adicional, además de la defensa. En los erizos de mar podemos seguir los pasos por los que una espina fija llega a articularse con el caparazón, haciéndose móvil de esta manera. Quisiera tener espacio para dar aquí un extracto más completo de las interesantes observaciones de míster Agassiz sobre el desarrollo de los pedicelarios. Todas las gradaciones posibles, según añade, se encuentran igualmente entre los pedicelarios de las estrellas de mar y los garfios de los *Ofiuroideos* —otro grupo de los equinodermos—, y además entre los pedicelarios de los erizos de mar y las anclas de las holoturias *(Holothuriae)* [108], que pertenecen también a la misma extensa clase.

* * *

Ciertos animales compuestos o zoófitos, como se les ha denominado —es decir, los polizoos—, están provistos de curiosos órganos llamados avicularios. Estos órganos difieren mucho de estructura en las distintas especies. En su estado más perfecto se asemejan de un modo muy curioso a la cabeza y al pico de un buitre en miniatura, fijada sobre un cuello y capaz de movimientos, como lo es igualmente la quijada o mandíbula inferior. En una especie observada por mí, todos los avicularios de la misma rama, con la mandíbula inferior muy abierta, se movían a menudo si-

108 Equinodermos cilíndricos, que viven del limo sobre el fondo de los mares templados; los chinos las comen secas *(trepang).*

multáneamente hacia delante y hacia atrás, describiendo un ángulo de unos 90 grados, en el transcurso de cinco segundos, y su movimiento hacía retemblar a todo el polizoario. Si se tocan las mandíbulas con una aguja, la cogen tan firmemente, que de este modo puede sacudirse la rama.

Míster Mivart aduce este caso, principalmente, en apoyo de la supuesta dificultad de que órganos—como los avicularios de los polizoos y los pedicelarios de los equinodermos, que él considera como «esencialmente semejantes»—se hayan desarrollado por selección natural en divisiones muy distintas del reino animal. Mas, por lo que a la estructura se refiere, no veo semejanza alguna entre los pedicelarios tridáctiles y los avicularios. Estos últimos se parecen algo más a las quelas o pinzas de los crustáceos; con igual fundamento pudo míster Mivart haber aducido esta semejanza como una especial dificultad, o incluso su semejanza con la cabeza y el pico de un ave. Míster Busk, el doctor Smit y el doctor Nitsche —naturalistas que han estudiado cuidadosamente este grupo— creen que los avincularios son homólogos de los zooides [109] y de sus celdas, que componen el zoófito, correspondiendo el labio móvil opérculo de la celdilla a la mandíbula inferior y movible del aviculario. Sin embargo, míster Busk no sabe de ninguna gradación, existente actualmente, entre un zooide y un aviculario. Es imposible, por consiguiente, conjeturar mediante qué gradaciones útiles pudo uno convertirse en el otro; pero de ningún modo se sigue de esto que tales gradaciones no hayan existido.

Como las quelas de los crustáceos se parecen en cierto modo a los avicularios de los polizoos, sirviendo ambos órganos de pinzas, tal vez valga la pena demostrar que en los primeros existe todavía una larga serie de gradaciones útiles. En la fase primera y más sencilla, el segmento terminal de una pata se dobla ya sobre la terminación rectangular del penúltimo y ancho segmento, o contra todo un lado, pudiendo así hacer presa de un objeto; pero este miembro sirve aún como órgano de locomoción. Inmediatamente después encontramos un ángulo del penúltimo y ancho segmento,

[109] Véase el glosario de términos científicos.

ligeramente prominente, provisto a veces de dientes irregulares, y contra estos se cierra el segmento terminal. Al aumentar el tamaño de esta prominencia, con su forma, así como el del segmento terminal, levemente modificado y perfeccionado, las pinzas se vuelven cada vez más perfectas, hasta que tenemos, por último, un instrumento tan eficaz como las quelas de un bogavante; y todas estas gradaciones pueden seguirse de hecho.

Además de los avicularios, poseen los polizoos los curiosos órganos llamados vibráculos. Estos órganos constan generalmente de largas cerdas, capaces de movimiento y fácilmente excitables. En una especie examinada por mí, los vibráculos eran ligeramente curvos y dentados a lo largo del borde externo, y todos los de un mismo polizoario a menudo se movían simultáneamente, de modo que, obrando como largos remos, barría rápidamente una ramita a través del portaobjetos de mi microscopio. Si se colocaba una rama sobre su cara, los vibráculos se quedaban enredados y hacían violentos esfuerzos para desembarazarlos. Se supone que los vibráculos sirven de defensa, y se les puede ver, como hace observar míster Busk, «barrer lenta y cuidadosamente la superficie del polizoario, quitando lo que pueda ser perjudicial para los delicados habitantes de las celdas cuando estos sacan hacia fuera sus tentáculos». Los avicularios, lo mismo que los vibráculos, sirven probablemente para la defensa; pero también cogen y matan a pequeños animales vivos, que se cree que luego son arrastrados por las corrientes hasta llegar al alcance de los tentáculos de los zooides. Algunas especies están provistas de avicularios y vibráculos; otras, de avicularios solo, y unas cuantas, solo de vibráculos.

No es fácil imaginar dos objetos más diferentes en apariencia, que una cerda o vibráculo y un aviculario parecido a la cabeza de un ave; sin embargo, son, casi con seguridad, homólogos y se han desarrollado de un mismo origen común, o sea, el zooide con su celda. Por consiguiente, podemos comprender por qué en algunos casos hay, según me informa míster Busk, gradaciones entre estos órganos. Así, en los avicularios de diferentes especies de *Lepralia*, la mandíbula móvil es tan saliente y tan parecida a una cerda, que solo la presencia de la mandíbula superior o pico fijo permite determinar su naturaleza de aviculario. Los vibráculos tal vez se hayan desarrollado directamente de los opérculos de las celdas, sin pasar por el estado de avicularios; pero parece más probable que hayan pasado por este estado, pues durante las primeras fases de transformación, las demás partes de la celda, con el zooide incluido, difícilmente pudieron desaparecer de una vez. En muchos casos, los vibráculos tienen en su base un soporte con surcos, que parece representar el pico fijo, aunque este soporte falta por completo en algunas especies. Esta teoría del desarrollo de los vibráculos, si es digna de crédito, es interesante; pues suponiendo que todas las especies provistas de avicularios se hubieran extinguido, nadie, ni aun con la más viva imaginación, hubiese pensado nunca que los vibráculos existieron originariamente como parte de un órgano parecido a la cabeza de un ave, o a una caja o caperuza irregular. Es interesante ver que estos dos órganos tan diferentes se han desarrollado de un origen común; y como el opérculo móvil de las celdas sirve de protección al zooide, no hay ninguna dificultad en creer que todas las gradaciones, mediante las cuales el opérculo se convirtió primero en la mandíbula inferior de un aviculario y luego en alargada cerda, sirvieron también de protección en modos y circunstancias diferentes.

* * *

En el reino vegetal, míster Mivart alude tan solo a dos casos, a saber: la estructura de las flores de las orquídeas y el movimiento de las plantas trepadoras. Respecto al primero, dice: «La explicación de su *origen* se juzga por completo insatisfactoria, totalmente insuficiente para explicar los infinitesimales comienzos incipientes de estructuras que solo son útiles cuando se han desarrollado considerablemente». Como he tratado extensamente este asunto en otra obra, solamente daré aquí unos pocos detalles sobre una de las peculiaridades más sorprendentes de las flores de las orquídeas, o sea, de sus polinias. Una polinia, cuando está muy desarrollada, consta de una masa de polen, fijada a un pedúnculo elástico o caudícula, y esta a una pequeña masa de materia sumamente viscosa. De este modo, las polinias son transportadas por los insectos desde una flor al estigma de otra. En algunas orquídeas no hay caudículas para las masas de polen, y los granos están simplemente unidos entre sí por finos hilillos; mas como esto no está limitado a las orquídeas, no es necesario tratarlo aquí, aunque puedo mencionar que, en la base de la serie de las orquídeas, en el *Cypripedium* [110], podemos ver cómo los hilos se desarrollan probablemente al principio. En otras orquídeas los hilos se unen entre sí, en un extremo de las masas polínicas, y esto constituye el primer indicio o aparición de una caudícula. De que este es el origen de la caudícula —aun cuando sea de considerable longitud y esté muy desarrollada— tenemos una buena prueba en los granos de polen abortados que, a veces, pueden descubrirse encajados dentro de las partes centrales y sólidas.

Por lo que se refiere a la segunda peculiaridad importante, o sea, a la pequeña masa de materia viscosa adherida al extremo de la caudícula, puede especificarse una larga serie de gradaciones, cada una de ellas de evidente utilidad para la planta. En la mayoría de las flores pertenecientes a los demás órdenes el estigma segrega un poco de materia viscosa. Ahora bien, en ciertas orquídeas, una sustancia viscosa semejante es segregada, pero en cantidades mucho mayores, por uno solo de los tres estigmas, y este estigma, quizá a consecuencia de la copiosa secreción, se vuelve estéril. Cuando un insecto visita una flor de esta clase, roza algo a la materia viscosa y así, al mismo tiempo, arrastra algunos de los granos de polen. A partir de esta sencilla disposición, que difiere muy poco de la de una multitud de flores ordinarias, existen infinitas gradaciones a especies en las que la masa polínica termina en una cortísima caudícula libre, y otras especies en las que la caudícula se adhiere firmemente a la materia viscosa, con el mismo estigma estéril muy modificado. En este último caso, tenemos una polinia en su condición más desarrollada y perfecta. Quien examine cuidadosamente, por sí mismo, las flores de las or-

[110] Cipripedio, «Calzado de Venus», orquídea de flores grandes con labios en forma de zapato. Se cultiva en parques acotados.

quídeas, no negará la existencia de dicha serie de gradaciones, desde una masa de granos de polen meramente unidos entre sí por filamentos, con el estigma muy poco diferente del de una flor ordinaria, hasta una polinia sumamente compleja y admirablemente adaptada para ser transportada por los insectos; ni negará tampoco que todas las gradaciones, de las diversas especies, están admirablemente adaptadas con relación a la estructura general de cada flor para su fecundación por insectos diferentes. En este, y en casi todos los demás casos, se puede llevar la indagación hasta muy atrás, y preguntarse cómo se hizo viscoso el estigma de una flor ordinaria; más como no sabemos la historia completa de ningún grupo de seres, es tan inútil hacer estas preguntas como aguardar una respuesta.

Pasemos ahora a las plantas trepadoras. Estas plantas pueden ordenarse formando una larga serie, desde las que simplemente se enroscan alrededor de un soporte, a las que he llamado trepadoras foliares *(leafclimbers)* y a las provistas de zarcillos. En estas dos últimas clases, los tallos han perdido generalmente, aunque no siempre, la facultad de enroscarse, si bien conservan la facultad de rotación, que también poseen los zarcillos. Las gradaciones desde las trepadoras foliares a las plantas portadoras de zarcillos se acercan de un modo tan asombroso, que ciertas plantas pueden clasificarse indistintamente en cualquiera de las dos clases. Pero, ascendiendo en la serie desde las plantas que simplemente se enroscan hasta las trepadoras foliares, se añade una importante cualidad, o sea, la sensibilidad al contacto, por medio de la cual los pedúnculos de las flores y los pecíolos de las hojas, o ellos modificados y convertidos en zarcillos, son excitados para encorvarse alrededor del objeto que los toca y agarrarse a él. Quien haya leído mi memoria sobre estas plantas admitirá, a mi parecer, que todas las numerosas gradaciones en función y estructura existentes entre las plantas que simplemente se enroscan y las que tienen zarcillos, son en cada caso beneficiosas en alto grado para la especie. Por ejemplo: es evidentemente una gran ventaja para una planta que se enrosca volverse trepadora foliar, y es probable que toda planta que se enrosca, que posea hojas con pecíolos largos, se hubiera convertido en trepadora foliar si sus pecíolos hubiesen poseído, en cualquier grado, la necesaria sensibilidad al contacto.

Como el modo más sencillo de subir por un soporte es enroscarse, y constituye la base de nuestra serie, se puede naturalmente preguntar cómo adquirieron las plantas esta facultad en su grado incipiente, para que se perfeccionase y se desarrollase después por selección natural. La facultad de enroscarse depende, en primer lugar, de que los tallos sean, de jóvenes, muy flexibles —aunque este es un carácter común a muchas plantas que no son trepadoras—, y, en segundo lugar, de que se dirijan hacia todos los puntos de la circunferencia, unos después de otros sucesivamente, en el mismo orden. Mediante este movimiento, los tallos se inclinan hacia todos los lados, lo que les hace dar vueltas y más vueltas. Tan pronto como la parte inferior de un tallo se detiene al chocar contra un objeto cualquiera, la parte superior continúa todavía encorvándose y girando, y de este modo se enrosca necesariamente y sube por el soporte. El movimiento de rotación cesa después del primer crecimiento de cada retoño. Como en muchas familias de plantas muy separadas en la escala, una sola especie o un solo género poseen la facultad de girar, habiendo llegado de este modo a ser plantas que se enroscan, tienen que haber adquirido independientemente esta facultad, y no pueden haberla heredado de un progenitor común. Esto me indujo a predecir que dista mucho de ser rara en las plantas que no trepan una ligera tendencia a un movimiento de esta clase, y que esto ha proporcionado la base para que la selección natural entrase en función y la perfeccionase. Cuando hice esta predicción, tan solo sabía de un caso imperfecto: el de los pedúnculos florales jóvenes de una *Maurandia,* que gira débil e irregularmente, como los tallos de las plantas volubles, pero sin hacer uso alguno de esta costumbre. Poco después, Fritz Müller descubrió que los tallos jóvenes de una *Alisma* y de un *Linum* —plantas que no trepan y que están muy separadas en el sistema natural [111]— giraban manifiestamente, aunque con irregularidad, y afirma que

[111] La *Alisma* es una especie de ova o alga, y el *Linum* es la planta del lino.

tiene motivos para sospechar que esto ocurre en algunas otras plantas. Estos ligeros movimientos parece que no son de ninguna utilidad a las plantas en cuestión; en todo caso, no tienen la menor utilidad en lo que se refiere a trepar, que es el punto que nos interesa. No obstante, podemos ver que si los tallos de estas plantas hubiesen sido flexibles, y si en las condiciones a que están sometidas les hubiese aprovechado subir a cierta altura, entonces la costumbre de girar leve e irregularmente hubiese sido aumentada y utilizada mediante selección natural, hasta que se hubiesen convertido en especies volubles bien desarrolladas.

Por lo que se refiere a la sensibilidad de los pedúnculos de las hojas y flores, y de los zarcillos, casi son aplicables las mismas observaciones que en el caso de los movimientos giratorios de las plantas volubles. Como un gran número de especies pertenecientes a grupos muy distintos están dotadas de esta clase de sensibilidad, esta tiene que encontrarse en estado naciente en muchas plantas que no han llegado a ser trepadoras. Y así ocurre; observé que los pedúnculos florales tiernos de la *Maurandia* antes citada se encorvaban un poco hacia el lado que se le tocaba. Morren descubrió en varias especies de *Oxalis* [112] que las hojas y sus pecíolos se movían, especialmente después de haberlas expuesto a un sol ardiente, al ser tocadas suave y repetidamente o cuando la planta era sacudida. He repetido estas observaciones en algunas otras especies de *Oxalis*, con el mismo resultado; en algunas de ellas, el movimiento era perceptible, pero se veía mejor en las hojas jóvenes; en otras era sumamente débil. Un hecho más importante es que, según la gran autoridad de Hofmeister, los retoños y las hojas jóvenes de todas las plantas se mueven después que han sido sacudidas, y sabemos que en las plantas trepadoras solo durante los primeros estados de crecimiento son sensibles los pecíolos y zarcillos.

Apenas es posible que estos débiles movimientos, debidos al contacto o sacudimiento, de los órganos jóvenes y en desarrollo de las plantas, puedan ser de alguna importancia funcional para

[112] Género de plantas de sabor ácido, oxalidáceas, como la acedera.

ellas. Pero obedeciendo a diversos estímulos, las plantas poseen facultades de movimiento que son de manifiesta importancia para ellas; por ejemplo, movimiento hacia la luz y, más raramente, para apartarse de ella; movimiento en oposición y, más raramente, en dirección a la atracción de gravedad. Cuando los nervios y músculos de un animal son excitados por galvanismo o por la absorción de estricnina, puede decirse que los movimientos consiguientes son un resultado accidental, pues los nervios y músculos no se han vuelto especialmente sensibles a estos estímulos. Así también parece que las plantas, a causa de tener facultad de movimiento al obedecer a determinados estímulos, son excitadas de un modo accidental por el contacto o al ser sacudidas. De aquí que no haya gran dificultad en admitir que, en el caso de las trepadoras foliares y en las plantas con zarcillos, sea esta tendencia la que haya sido aprovechada y aumentada por selección natural. Sin embargo, es probable —por razones que he indicado en mi memoria— que esto haya ocurrido solo en plantas que habían adquirido ya la facultad de girar y que, de este modo, se habían hecho volubles.

He procurado ya explicar de qué modo las plantas llegaron a ser volubles, a saber, por el aumento de la tendencia a movimientos giratorios débiles e irregulares que, al principio, no les eran de utilidad alguna, siendo este movimiento —lo mismo que el debido al contacto o sacudida— un resultado accidental de la facultad de movimiento adquirida para otros fines útiles. No pretenderé decidir si durante el desarrollo gradual de las plantas trepadoras la selección natural fue ayudada o no por los efectos hereditarios del uso; pero sabemos que ciertos movimientos periódicos —por ejemplo, el llamado sueño de las plantas— están regidos por la costumbre.

* * *

He considerado, pues, los suficientes casos —quizá más de los suficientes—, cuidadosamente elegidos por un competente naturalista, para probar que la selección natural es incapaz de explicar los estados incipientes de las estructuras útiles, y espero haber demostrado que no existe gran dificultad sobre este extremo. Se ha presentado así una buena oportunidad para extenderse un poco sobre las gradaciones de estructura, asociadas a menudo con cambios de funciones, asunto importante que no ha sido tratado con la suficiente extensión en las ediciones anteriores de esta obra. Recapitularé ahora brevemente los casos precedentes.

En el caso de la jirafa, la conservación continua de los individuos de algún rumiante extinguido que alcanzase muy alto, que tuviesen más largos los cuellos, las patas, etc., y pudiesen ramonear por encima de la altura media, unida a la continuada destrucción de los individuos que no pudiesen ramonear tan alto, habría sido suficiente para la producción de ese notable cuadrúpedo; aunque el uso prolongado de todas las partes, unido a la herencia, hayan ayudado de un modo importante a su coordinación.

Respecto a los numerosos insectos que imitan a objetos diversos, no hay nada de improbable en la creencia de que una semejanza accidental con algún objeto común fue, en cada caso, la base para la tarea de la selección natural, perfeccionada después por la conservación accidental de pequeñas variaciones que hiciesen la semejanza aún más perfecta; y esto habrá proseguido mientras el insecto continuase variando y mientras una semejanza cada vez más perfecta le permitiese escapar de enemigos dotados de vista penetrante.

En ciertas especies de cetáceos existe una tendencia a la formación de pequeñas e irregulares puntas córneas en el paladar; y parece estar por completo dentro del radio de acción de la selección natural conservar todas las variaciones favorables, hasta que las puntas se convirtieron, primero, en prominencias laminares o dientes, como los del pico del ganso; luego, en laminillas tan perfectas como las del pato cucharetero, y, finalmente, en las gigantescas placas de las barbas, como las de la boca de la ballena de Groenlandia. En la familia de los patos, las laminillas se usaron primero como dientes; luego, en parte como dientes y en parte como aparato tamizador, y, al fin, exclusivamente para este último propósito.

En estructuras tales como las citadas laminillas córneas o barbas de ballena, la costumbre o el uso poco o nada han podido hacer, hasta donde podemos juzgar, en lo concerniente a su desarrollo. Por el contrario, el traslado del ojo inferior de un pleuronéctido al lado superior de la cabeza, y la formación de una cola prensil, pueden atribuirse casi por completo al uso continuado, unido a la herencia. Por lo que se refiere a las mamas de los animales superiores, la conjetura más probable es que primitivamente las glándulas cutáneas de toda la superficie de un saco marsupial segregasen un líquido nutritivo, y que estas glándulas se perfeccionasen en su función mediante selección natural, y se concentrasen en un área limitada, en cuyo caso habrían formado una mama. No existe más dificultad en comprender cómo las espinas ramificadas de algunos equinodermos antiguos, que servían de defensa, llegasen a desarrollarse mediante selección natural en pedicelarios tridáctilos, que en comprender el desarrollo de las pinzas de los crustáceos, mediante modificaciones leves, pero útiles, en los segmentos último y penúltimo de un miembro que al principio se usaba únicamente para la locomoción. En los aviculares y vibráculos de los polizoos tenemos órganos muy diferentes en apariencia, que se han desarrollado a partir de un origen común; y en los vibráculos podemos comprender cómo pudieron ser de utilidad las gradaciones sucesivas. En las polinias de las orquídeas pueden seguirse los filamentos que originariamente sirvieron para unir los granos de polen, hasta reunirse en las caudículas; y pueden seguirse igualmente los pasos por los que una materia viscosa —como la segregada por los estigmas de las flores ordinarias y sirviendo casi, aunque no completamente, para el mismo fin— llegó a quedar adherida a las terminaciones libres de las caudículas, siendo todas estas gradaciones de manifiesta utilidad para las plantas en cuestión. Respecto a las plantas trepadoras, no necesito repetir lo que se acaba de decir hace bien poco.

Se ha preguntado muchas veces: si la selección natural es tan potente, ¿por qué esta o aquella conformación no se ha conseguido por una determinada especie, a la que, evidentemente, le habría sido ventajosa? Pero no es razonable esperar una respuesta precisa a estas cuestiones, si consideramos nuestra ignorancia de la historia pasada de cada especie y de las condiciones que actualmente determinan el número y la distribución geográfica de sus individuos. En la mayor parte de los casos solo pueden indicarse razones generales, si bien en algunos pueden señalarse razones especiales. Así, para que una especie se adapte a nuevos hábitos de vida, son casi indispensables muchas modificaciones coordinadas, y tal vez muchas veces haya ocurrido que las partes requeridas no variaron del modo o hasta el grado debido. Muchas especies tienen que haber impedido su aumento numérico mediante agentes destructores, que no tenían ninguna relación con ciertas estructuras que imaginamos deberían haber sido obtenidas por selección natural, debido a que nos parecen ventajosas para las especies. En este caso, como a la lucha por la vida no dependió de estas conformaciones, no pudieron haber sido adquiridas por selección natural. En muchos casos, para el desarrollo de una estructura son necesarias condiciones complejas y de mucha duración, a menudo de una naturaleza peculiar, y las condiciones requeridas raras veces concurren. La opinión de que cualquier conformación dada —que creemos con frecuencia, erróneamente, que hubiese sido ventajosa para una especie— tiene que haberse obtenido, en cualesquiera circunstancias, mediante selección natural, es opuesta a lo que podemos entender de su modo de acción. Míster Mivart no niega que la selección natural haya efectuado algo, pero la considera «insuficiente como modo de demostración» para explicar los fenómenos que explico mediante su acción. Sus argumentos principales acaban de ser considerados, y los demás lo serán más adelante. Me parece que participan poco del carácter de una demostración y que son de poco peso en comparación con los que existen en favor del poder de la selección natural, ayudada por las demás causas varias veces señaladas. Debo añadir que algunos de los hechos y argumentos de que me valgo aquí han sido planteados con el mismo objeto en un excelente artículo publicado recientemente en la *Medico-Chirurgical Review.*

En la actualidad, casi todos los naturalistas admiten la evolución bajo alguna forma. Míster Mivart opina que las especies cambian a causa de «una fuerza interna o tendencia», acerca de la cual no se pretende que se sepa nada. Que las especies tienen capacidad de cambio, lo admitirán todos los naturalistas; pero no hay necesidad alguna, me parece a mí, de invocar ninguna fuerza interna fuera de la tendencia a la variabilidad ordinaria que, merced a la ayuda de la selección por el hombre, ha dado origen a muchas razas domésticas bien adaptadas, y que gracias a la ayuda de la selección daría igualmente origen, por una serie de gradaciones, a las especies o razas naturales. El resultado final será, por lo general, como ya se explicó, un progreso en la organización, pero en algunos pocos casos será una regresión.

Míster Mivart se inclina, además, a creer, y algunos naturalistas están de acuerdo con él, que las especies nuevas se manifiestan ellas mismas «súbitamente y por modificaciones que aparecen de una vez». Supone, por ejemplo, que las diferencias entre el extinguido *Hipparion* de tres dedos y el caballo surgieron de repente. Piensa que es difícil creer que el ala de un ave «se desarrollase de cualquier otro modo que por una modificación relativamente súbita de un carácter importante y acusado»; y, al parecer, haría extensiva la misma opinión a las alas de los murciélagos y de los pterodáctilos. Esta conclusión, que implica grandes interrupciones o discontinuidad en las series, me parece improbable en sumo grado.

Todo el que crea en una evolución lenta y gradual admitirá, por supuesto, que los cambios específicos pueden haber sido tan bruscos y grandes como cualquier variación aislada de las que nos encontramos en estado de naturaleza, o incluso en estado doméstico. Pero como las especies son más variables cuando están en condiciones de domesticidad o cultivo que en condiciones naturales, no es probable que tales variaciones grandes y bruscas hayan ocurrido con frecuencia en estado de naturaleza, así como se sabe que surgen a veces en domesticidad. De estas últimas variaciones, algunas pueden atribuirse a reversión; y los caracteres que reaparecieron de este modo probablemente fueron, en muchos casos, conseguidos al principio de una manera gradual. Un número todavía mayor han de llamarse monstruosidades, como los hombres de seis dedos, los hombres puercoespines, las ovejas *ancon*, el ganado vacuno ñato, etc.; pero como difieren mucho por sus caracteres de las especies naturales, arrojan poca luz sobre nuestro asunto. Excluyendo estos casos de variaciones bruscas, los pocos que restan, si se encontrasen en estado de naturaleza, constituirían, a lo sumo, especies dudosas, muy emparentadas con sus tipos progenitores.

Las razones para dudar de que las especies naturales hayan cambiado tan bruscamente como a veces han cambiado las razas domésticas, y para no creer en absoluto que hayan cambiado de la manera asombrosa que indica míster Mivart, son las siguientes. De acuerdo con nuestra experiencia, las variaciones bruscas y muy acusadas se presentan en nuestras producciones domésticas aisladamente y más bien a largos intervalos de tiempo. Si estas variaciones ocurriesen en estado natural, estarían expuestas, como se explicó anteriormente, a perderse por causas accidentales de destrucción y por cruzamientos sucesivos, y sabemos que esto ocurre en estado doméstico, a menos que las variaciones bruscas de esta clase sean especialmente conservadas y separadas por el cuidado del hombre. De aquí que, para que aparezca súbitamente una especie nueva de la manera que supone míster Mivart, es casi necesario creer, en oposición a toda analogía, que diversos individuos asombrosamente modificados aparecieron simultáneamente dentro de una misma comarca. Esta dificultad, lo mismo que en el caso de la selección inconsciente por el hombre, queda salvada, de acuerdo con la teoría de la evolución gradual, por la conservación de un gran número de individuos que variaron más o menos en cualquier sentido favorable y por la destrucción de un gran número que variaron del modo contrario.

Que muchas especies se han transformado por evolución de un modo sumamente gradual es casi indudable. Las especies, e incluso los géneros de muchas grandes familias naturales, son tan afines entre sí que es difícil distinguir ni aun un corto número de ellas. En todos los continentes, al marchar de norte a sur, de la llanura a la montaña, etc., nos encontramos con una legión de especies muy emparentadas o representativas, como nos ocurre también en ciertos continentes distintos, que tenemos razones para creer estuvieron unidos antiguamente. Mas, al hacer estas y las siguientes observaciones, me veo obligado a aludir a asuntos que han de ser discutidos más adelante. Fijaos en las numerosas islas que están situadas, a poca distancia, alrededor de un continente, y ved el gran número de sus habitantes que solo pueden clasificarse como especies dudosas. Lo mismo ocurre si consideramos los tiempos pasados y comparamos las especies que acaban de desaparecer con las que aún viven dentro de unas mismas áreas; o si comparamos las especies fósiles enterradas en los subpisos de una misma formación geológica. Es evidente que multitud de especies están emparentadas del modo más íntimo con otras especies que viven todavía o que han existido hasta muy recientemente, y apenas es sostenible que tales especies se hayan desarrollado de una manera brusca o repentina. Tampoco debemos olvidar, cuando consideramos partes especiales de especies afines, en vez de especies distintas, que pueden seguirse numerosas gradaciones, asombrosamente delicadas, que reúnen conformaciones muy diferentes.

Muchos grupos de hechos son comprensibles solo mediante el principio de que las especies se han desarrollado por evolución a pasos lentísimos. Por ejemplo, el hecho de que las especies comprendidas en los géneros mayores estén más emparentadas entre sí y presenten un mayor número de variedades que las especies de los géneros menores. Además, las primeras están reunidas en pequeños grupos, como las variedades alrededor de las especies, y presentan otras analogías con las variedades, como se explicó en el capítulo segundo. Según este mismo principio, podemos comprender por qué los caracteres específicos son más variables que los genéricos, y por qué las partes que se han desarrollado en un grado o modo extraordinario son más variables que las demás partes de la misma especie. Podrían añadirse muchos hechos análogos, todos en el mismo sentido.

Aunque muchísimas especies se han producido, casi con seguridad, por grados no mayores que los que separan variedades pequeñas, sin embargo, tal vez pueda sostenerse que algunas se han desarrollado de un modo diferente y brusco. Mas no debe admitirse esto sin que se aporten pruebas poderosas. Las analogías vagas, y en algunos respectos falsas, como lo ha demostrado míster Chauncey Wright, que se han aducido en favor de esta opinión —como la cristalización repentina de sustancias inorgánicas, o la transformación de poliedro en otro mediante una cara— apenas merecen consideración. Sin embargo, una clase de hechos —a saber, la aparición súbita de formas orgánicas nuevas y distintas en las formaciones geológicas— apoya, a primera vista, la creencia en el desarrollo brusco. Pero el valor de esta prueba depende enteramente de la perfección del archivo geológico en relación con los periodos remotos de la historia del mundo. Si el archivo es tan fragmentario como enérgicamente lo afirman tantos geólogos, no hay nada de extraño en que aparezcan formas nuevas como si se hubiesen desarrollado súbitamente.

A menos que admitamos transformaciones tan prodigiosas como las invocadas por míster Mivart —tales como el súbito desarrollo de las alas de las aves y murciélagos, o la conversión repentina de un *Hipparion* en un caballo—, la creencia en modificaciones bruscas apenas arroja luz alguna sobre la falta de formas de enlace en nuestras formaciones geológicas. Pero contra la creencia en tales cambios bruscos, la embriología presenta una enérgica protesta. Es notorio que las alas de las aves y murciélagos, y las extremidades de los caballos y otros cuadrúpedos, no se pueden distinguir en un periodo embrionario temprano, y que llegan a diferenciarse por delicadas gradaciones insensibles. Las semejanzas embriológicas de todas clases pueden explicarse, como veremos más adelante, por los progenitores de las especies actuales que han variado después de su primera juventud y han transmitido sus caracteres nuevamente adquiridos a sus descendientes a la edad correspondiente. El embrión, pues, ha quedado casi sin modificar y sirve como un testimonio de la pasada condición de las especies. De aquí que las especies existentes se asemejen tan frecuentemente, durante las primeras fases de su desarrollo, a las formas antiguas y extinguidas pertenecientes a una misma clase. Según esta opinión, de la significación de la semejanza embriológica —y, en realidad, según cualquier opinión—, es increíble que un animal hubiese experimentado transformaciones instantáneas y bruscas como las indicadas antes, y, sin embargo, no llevase en su estado embrionario ni siquiera una huella de ninguna modificación súbita, desarrollándose cada detalle de su conformación por delicadas gradaciones insensibles.

Quien crea que alguna forma antigua se transformó de repente, mediante una fuerza o tendencia interna, en otra, por ejemplo, provista de alas, se verá casi obligado a admitir, en oposición a toda analogía, que variaron simultáneamente muchos individuos. Es innegable que estos cambios de estructura grandes y bruscos son muy diferentes de los que parecen haber experimentado la mayoría de las especies. Estará obligado a creer, además, que se han producido repentinamente muchas conformaciones admirablemente adaptadas a todas las demás partes de un mismo ser y a las condiciones ambientes; y no podrá presentar ni una sombra de explicación de estas complejas y asombrosas coadaptaciones. Se verá obligado a admitir que estas grandes y bruscas transformaciones no han dejado ningún rastro de su acción en el embrión. Admitir todo esto es, a mi parecer, entrar en las regiones del milagro y abandonar las de la ciencia.

CAPÍTULO VIII
INSTINTO

Cambios hereditarios de costumbres o instintos en los animales domésticos.—Instintos especiales.—Instintos del cuclillo.—Instinto esclavista.—Instinto de hacer celdillas de la abeja común.—Objeciones a la teoría de la selección natural aplicada a los instintos: insectos neutros o estériles.—Resumen

MUCHOS instintos son tan maravillosos, que probablemente su desarrollo le parecerá al lector una dificultad suficiente para echar por tierra toda mi teoría. Debo sentar aquí la premisa de que no me importa más el origen de las facultades mentales que lo que me importa el origen mismo de la vida [113]. Nos interesa solo la diversidad de los instintos y de las demás facultades mentales de los animales de una misma especie.

No intentaré dar definición alguna del instinto. Sería fácil demostrar que comúnmente se abarcan con este término varios actos mentales diferentes; pero todo el mundo comprende lo que se quiere expresar cuando se dice que el instinto es lo que impulsa al cuclillo a emigrar y a poner sus huevos en los nidos de otros pájaros. Generalmente se dice que es instintivo un acto —acto del que nosotros necesitamos experiencia para poder realizarlo— cuando lo ejecuta un animal, especialmente un animal recién nacido, sin experiencia, y cuando lo realizan de la misma manera muchos individuos, sin que sepan para qué fin se realiza. Mas podría demostrar que ninguno de estos caracteres es universal. Una pequeña dosis de juicio o de razón, según la expresión de Pierre Huber, entra a menudo en juego, incluso en los animales inferiores de la escala natural.

Frederick Cuvier y varios metafísicos antiguos han comparado el instinto con la costumbre. A mi parecer, esta comparación nos proporciona una noción exacta de la condición mental bajo la que se realiza un acto instintivo, pero no necesariamente de su origen. ¡Qué inconscientemente se realizan muchos actos habituales, incluso, a veces, en abierta oposición con nuestra voluntad consciente! Y sin embargo, estos hábitos pueden modificarse por la voluntad o por la razón. Las costumbres llegan fácilmente a asociarse con otras costumbres, con determinados periodos de tiempo y con ciertos estados del cuerpo. Una vez adquiridas, con frecuencia permanecen constantes durante toda la vida. Podrían indicarse otros varios puntos de semejanza entre los instintos y las costumbres. Del mismo modo que al repetir una canción bien repetida, también en los instintos una acción sigue a otra por una especie

[113] Frase —aparentemente de excesiva concisión— en la que se pone de relieve el rigor lógico del estilo de Darwin: para su teoría de la selección le es tan independiente el origen de la vida como —con respecto al instinto— el origen de las facultades mentales.

de ritmo; si se interrumpe a una persona cuando canta o repite mecánicamente algo aprendido de memoria, se ve obligada, por lo común, a volver atrás para recobrar el curso habitual del pensamiento. Así observó Pierre Huber que ocurría en una oruga que hace una especie de hamaca muy complicada; pues si cogía una oruga que hubiese completado su hamaca hasta —dice— la sexta fase de construcción, y la ponía en una hamaca hecha solamente hasta la fase tercera, la oruga, sencillamente, volvía a repetir la cuarta, quinta y sexta fases de construcción. Sin embargo, si retiraba una oruga de una hamaca hecha hasta, por ejemplo, la tercera fase, la oruga, sencillamente, volvía a repetir la cuarta, quinta y sexta fases de construcción. Sin embargo, si retiraba una oruga de una hamaca hecha hasta, por ejemplo, la tercera fase, y la ponía en una hamaca terminada hasta la fase sexta, de modo que tuviese ya ejecutado mucho trabajo, lejos de sacar de esto algún beneficio, se veía muy embarazada, y para completar su hamaca parecía obligada a comenzar desde la fase tercera, donde había abandonado su trabajo, y de este modo intentaba completar la obra ya terminada.

Si suponemos que un acto habitual llega a hacerse hereditario —y puede demostrarse que esto ocurre a veces—, entonces la semejanza entre lo que originariamente era una costumbre y un instinto llega a ser tan íntima que no se distinguen. Si Mozart, en vez de tocar el piano a los tres años de edad con un aprendizaje tan asombrosamente escaso, hubiese ejecutado una tonada sin práctica alguna en absoluto, hubiérase dicho con razón que lo había hecho instintivamente. Pero sería un grave error suponer que la mayor parte de los instintos se han adquirido por la costumbre en una generación y luego se han transmitido por herencia a las generaciones sucesivas. Puede demostrarse claramente que los instintos más maravillosos con los que estamos familiarizados, es decir, los de la abeja común y los de muchas hormigas, no han podido adquirirse tal vez por la costumbre.

Todo el mundo admitirá que los instintos son tan importantes como las estructuras corporales para la prosperidad de cada especie en sus actuales condiciones de vida. En otras condiciones de vida es posible, al menos, que leves modificaciones del instinto sean beneficiosas a una especie; y si puede demostrarse que los instintos han variado alguna vez, por poco que sea, entonces no veo ninguna dificultad en que la selección natural conservase y acumulase continuamente variaciones de instinto hasta un grado cualquiera que fuese provechoso. Así es, a mi parecer, como se han originado todos los instintos más complejos y maravillosos. No dudo de que ocurre con los instintos lo mismo que con las modificaciones de las estructuras corporales, que se originan y aumentan por el uso o por la costumbre, y disminuyen o se pierden por desuso. Pero creo que los efectos de la costumbre son, en muchos casos, de importancia subordinada a los efectos de la selección natural de lo que pueden llamarse variaciones espontáneas de los instintos; esto es, variaciones producidas por las mismas causas desconocidas que producen ligeras variaciones en la estructura corporal.

Tal vez ningún instinto complejo ha podido producirse mediante selección natural, a no ser por la lenta y gradual acumulación de numerosas variaciones leves, pero útiles. Por consiguiente, lo mismo que en el caso de las conformaciones tangibles, hemos de encontrar en la naturaleza, no las verdaderas gradaciones de transición mediante las cuales se ha adquirido todo instinto complejo —pues estas únicamente se encontrarían en los antepasados por línea directa de cada especie—, sino que hemos de encontrar alguna prueba de tales gradaciones en las líneas colaterales de descendencia o, por lo menos, hemos de poder demostrar que son posibles gradaciones de alguna clase, y esto ciertamente podemos hacerlo. Teniendo en cuenta que los instintos de los animales han sido poco estudiados, excepto en Europa y en América del Norte, y que no se conoce ningún instinto entre las especies extinguidas, me ha sorprendido ver cuán comúnmente se descubren gradaciones que conducen a los instintos más complejos. Los cambios de instinto pueden facilitarse a veces por el hecho de que una misma especie tenga instintos diferentes en diferentes periodos de su vida o en diferentes estaciones del año, o cuando se halla en circunstancias diferentes, etc.; casos en los que, bien un instinto u otro, pudo conservarse por selección natural. Y puede demostrarse que se presentan en la naturaleza ejemplos tales de diversidad de instintos en una misma especie.

Además, lo mismo que en el caso de conformación corpórea, y de acuerdo con mi teoría, el instinto de cada especie es bueno para ella misma; pero, hasta donde podemos juzgar, jamás se ha producido para el bien exclusivo de las demás especies. Uno de los ejemplos más interesantes de que tengo noticia, de un animal que aparentemente realice un acto para el bien único del otro, es el de los áfidos [114], que —como observó por vez primera Huber— dan espontáneamente su dulce secreción a las hormigas; que la dan espontáneamente lo demuestran los hechos siguientes. Quité todas las hormigas de un grupo de aproximadamente una docena de pulgones que estaban en una planta de lampazo y evité su presencia durante varias horas. Después de este intervalo, estaba seguro de que los pulgones necesitarían excretar. Los vigilé durante algún tiempo con una lente, pero ninguno excretaba; entonces les hice cosquillas y les hurgué con un pelo, de la manera más semejante posible a como lo hacen las hormigas con sus antenas; pero ninguno excretaba. Luego dejé que una hormiga los visitase, y esta, inmediatamente, por su ansiosa manera de acercarse, pareció darse cuenta del riquísimo rebaño que había descubierto; comenzó entonces a juguetear con sus antenas en el abdomen de un pulgón primero, y luego de otro; y todos, tan pronto como sentían las antenas, elevaban inmediatamente su abdomen y excretaban una límpida gota de jugo dulce, que era ansiosamente devorada por la hormiga. Incluso los pulgones recién nacidos se comportaron de esta manera, lo que demostraba que la acción era instintiva y no resultado de la experiencia. Es cierto, según observaciones de Huber, que los pulgones no muestran aversión alguna a las hormigas: si estas faltan, se ven obligados al fin a expeler su excreción. Pero como la excreción es muy viscosa, es indudablemente una conveniencia para los pulgones que se la quiten; por lo que, probablemente, no excretan solo para el beneficio de las hor-

114 Áfido, afídico o pulgón es el piojo de las plantas.

migas. Aunque no existe prueba alguna de que ningún animal realice un acto para el bien exclusivo de otra especie, sin embargo, todas tratan de aprovecharse de los instintos de las demás, como cada una se aprovecha de la constitución física más débil de otras especies. Así también, ciertos instintos no pueden considerarse como absolutamente perfectos; pero como no son indispensables los detalles sobre este y otros puntos semejantes, podemos pasarlos por alto aquí.

Como para la acción de la selección natural son imprescindibles algún grado de variación en los instintos en estado de naturaleza y la herencia de estas variaciones, debieran darse cuantos ejemplos fuesen posibles; pero me lo impide la falta de espacio. Solo puedo afirmar que los instintos realmente varían —por ejemplo, el instinto migratorio—, tanto en extensión y dirección como en su pérdida total. Así ocurre con los nidos de las aves, que varían, en parte, de acuerdo con los parajes elegidos y según la naturaleza y el clima del país que habitan, pero también, a menudo, por causas que nos son completamente desconocidas. Audubon ha citado varios casos notables de diferencias en los nidos de aves de una misma especie en las regiones septentrional y meridional de los Estados Unidos. ¿Por qué, se ha preguntado, si el instinto es variable, no se le ha concedido a la abeja «la aptitud de utilizar algún otro material cuando la cera escasea»? ¿Pero qué otra materia natural pueden utilizar las abejas? Las abejas llegan a trabajar, como he visto, con cera endurecida con bermellón o reblandecida con manteca de cerdo. Andrew Knight observó que sus abejas, en vez de recoger trabajosamente propóleos, usaban un cemento de cera y trementina, con el que habían recubierto árboles descortezados. Se ha demostrado recientemente que las abejas, en vez de ir en busca de polen, utilizan gustosas una sustancia muy diferente: la harina de avena. El temor a un enemigo determinado es ciertamente una cualidad instintiva, como puede verse en los pajarillos que no han salido aún del nido, si bien aumenta por la experiencia y por ver en otros animales el temor al mismo enemigo. El temor al hombre lo adquieren lentamente, como he demostrado en otra parte, los diversos animales que habitan en las islas desiertas; y vemos un ejemplo de esto incluso en Inglaterra, en la mayor selvatiquez de todas nuestras aves pequeñas, pues las aves grandes han sido más perseguidas por el hombre. Tal vez podamos atribuir a esta causa el mayor estado selvático de nuestras aves grandes, pues en las islas deshabitadas las aves grandes no son más tímidas que las pequeñas, y la urraca, tan desconfiada en Inglaterra, es mansa en Noruega, como lo es el grajo de capucha en Egipto.

Que las cualidades mentales de los animales de una misma especie, nacidos en estado de naturaleza, varían mucho, podría demostrarse por numerosos hechos. También podrían aducirse varios casos de costumbres ocasionales y extrañas de animales salvajes que, si fuesen ventajosas para la especie, podrían haber dado origen, mediante selección natural, a nuevos instintos. Mas estoy bien convencido de que estas afirmaciones generales, sin los hechos detallados, producirán débil efecto en el ánimo del lector. Únicamente puedo repetir mi convicción de que no hablo sin tener buenas pruebas.

Cambios hereditarios de costumbres o instintos en los animales domésticos

La posibilidad, o incluso la probabilidad, de variaciones hereditarias del instinto en estado de naturaleza se fortalecerá considerando brevemente unos cuantos casos de animales en estado doméstico. De este modo podremos ver el papel que la costumbre y la selección de las llamadas variaciones espontáneas han representado en la modificación de las cualidades mentales de nuestros animales domésticos. Es notorio cuánto varían los animales domésticos en sus cualidades mentales. En los gatos, por ejemplo, unos se dedican naturalmente a cazar ratas, y otros, ratones; y sabemos que estas tendencias son hereditarias. Un gato, según míster St. John, traía siempre a la casa aves de caza; otro, liebres y conejos, y otro cazaba en terrenos pantanosos y cogía casi todas las noches chochas y gachadizas. Podría citarse un buen número de ejemplos curiosos y auténticos de diferentes matices en la inclinación y gustos, y también de las más extrañas estratagemas, asociadas con ciertas disposiciones mentales o periodos de tiempo, que son hereditarios. Pero consideremos el caso familiar de las razas de perros: es indudable que los *pointers* [115] jóvenes —yo mismo he visto un caso notable— muestran a veces la caza y hasta hacen retroceder a otros perros la primera vez que se les saca; cobrar la caza es seguramente hereditario, en cierto grado, en los *retrievers* [116], y los perros de pastor heredan la tendencia a rodear el rebaño de ovejas, en vez de atacarlo. No puedo comprender que estos actos, realizados sin experiencia por los individuos jóvenes, y casi de la misma manera por todos los individuos, realizados con ávido placer por todas las castas y sin que sepan con qué fin —pues el cachorro del *pointer* sabe tanto que señala la caza para ayudar a su amo, como sabe la mariposa blanca por qué pone sus huevos en las hojas de la col—, no puedo comprender, digo, que estos actos difieran en esencia de los verdaderos instintos. Si nos parásemos a contemplar una especie de lobo, que, joven y sin adiestramiento alguno, tan pronto como olfatease su presa se quedase inmóvil como una estatua y luego rastrease lentamente hacia delante con paso particular; y a otra especie de lobo que, en vez de abalanzarse contra una manada de gamos, se precipitase corriendo alrededor de ellos para empujarlos hacia un punto distante, seguramente llamaríamos instintivos a estos actos. Los instintos domésticos, como podemos llamarlos, son ciertamente muchos menos fijos que los instintos naturales; pero sobre ellos ha actuado una selección mucho menos rigurosa y se han transmitido durante un periodo de tiempo incomparablemente más corto en condiciones de vida menos fijas.

Cuán tenazmente se heredan estos instintos, costumbres y disposiciones domésticas y lo curiosamente que llegan a mezclarse, se demuestra muy bien cuando se cruzan diferentes razas

[115] Perros de muestra.

[116] Perros cobradores, que buscan y llevan a sus amos las piezas muertas o heridas.

de perros. Así, se sabe que el cruce con un *bulldog* ha influido, durante muchas generaciones, en el valor y en la obstinación de los galgos; y el cruce con un galgo ha dado a toda una familia de perros de pastor una tendencia a cazar liebres. Estos instintos domésticos, comprobados de este modo por cruzamiento, se asemejan a los instintos naturales, que de un modo análogo se entremezclan curiosamente, y durante un largo periodo muestran indicios de los instintos de cada progenitor. Por ejemplo, Le Roy describe un perro cuyo bisabuelo era un lobo, y este perro mostraba vestigios de su estirpe salvaje en una sola costumbre: en la de no ir en línea recta a su amo cuando lo llamaba.

Se ha hablado a veces de los instintos domésticos como de actos que se han hecho hereditarios únicamente por la costumbre impuesta y continuada durante mucho tiempo; pero esto no es cierto. Nadie pudo pensar jamás en enseñar —ni probablemente pudiera haber enseñado— a la paloma *tumbler* a dar volteretas, acto que, como he presenciado, realizan pichones que nunca han visto a ninguna paloma dando volteretas. Tal vez podamos pensar que alguna paloma mostró una leve tendencia a esta extraña costumbre, y que la larga y continuada selección de los mejores individuos en las sucesivas generaciones hizo de las volteadoras lo que son ahora; cerca de Glasgow, según me informa míster Brent, hay volteadoras caseras que a cada casi medio metro de altura que vuelan tienen que dar una voltereta. Es dudoso que alguien haya pensado en enseñar a un perro a mostrar la caza si ningún perro hubiese mostrado alguna tendencia en este sentido; y se sabe que esto ocurre en ocasiones, como he visto una vez, en el *terrier* de pura raza: la muestra de la caza es probablemente, como han pensado muchos, tan solo la pausa exagerada de un animal preparándose a saltar sobre su presa. Una vez que se acusó la primera tendencia a mostrar la caza, la selección metódica y los efectos hereditarios del amaestramiento impuesto en cada una de las sucesivas generaciones completarían pronto la tarea, y la selección inconsciente continúa aún cuando cada criador procura, sin intentar mejorar la raza, conseguir perros que muestren y cacen mejor. Por otra parte, la costumbre solo en algunos casos ha sido suficiente; casi ningún animal es más difícil de domesticar que el gazapo del conejo de monte, y apenas hay animal más manso que el gazapo del conejo domesticado; pero difícilmente puedo imaginar que los conejos domésticos se han seleccionado con frecuencia solo por su mansedumbre; así que hemos de atribuir a la costumbre y al prolongado encierro, por lo menos, la mayor parte del cambio hereditario desde el extremo salvajismo a la extrema mansedumbre.

Los instintos naturales se pierden en estado doméstico: un ejemplo notable de esto se ve en las razas de gallinas que nunca o muy raras veces se vuelven «cluecas», o sea, que nunca quieren ponerse sobre sus huevos. Solo el hecho de estar tan familiarizados con nuestros animales domésticos nos impide apreciar cuánto y cuán permanentemente se han modificado las inclinaciones de estos animales. Apenas se puede dudar de que el amor al hombre se ha hecho instintivo en el perro. Todos los lobos, zorros, chacales y las especies del género felino, cuando se les retiene domesticados, sienten más deseos de atacar a las aves de corral, ovejas y cerdos, y se ha averiguado que esta tendencia es irremediable en los perros que se han importado, de cachorros, de países tales como Tierra del Fuego y Australia, donde los salvajes no tienen domesticados a estos animales. ¡Qué raro es, por el contrario, que haya que enseñar a nuestros perros civilizados, incluso cuando son muy jóvenes, a que no ataquen a las aves de corral, ovejas y cerdos! Indudablemente, alguna vez atacan, pero entonces se les pega, y si no se corrigen se los mata; de modo que la costumbre y cierto grado de selección han concurrido probablemente a civilizar por herencia a nuestros perros. Por otra parte, los polluelos han perdido totalmente, por costumbre, aquel temor al perro y al gato que, sin duda, fue en ellos instintivo; pues me informa el capitán Hutton que los pollitos del tronco primitivo, el *Gallus banquiva,* cuando se los cria en la India empollándolos una gallina, son al principio extraordinariamente salvajes. Lo mismo ocurre con los faisanes jóvenes que se crían en Inglaterra empollados por una gallina. No es que los polluelos hayan perdido todo temor, sino solamente el temor a los perros y los gatos, pues si la gallina hace el cloqueo de peligro, saldrán corriendo —especialmente los pollos de pavo— de debajo de la gallina y se ocultarán entre las hierbas y matorrales de los alrededores; y esto lo hacen evidentemente con el fin instintivo de permitir que su madre escape volando, como vemos en las aves terrícolas salvajes. Pero este instinto que conservan nuestros polluelos se ha hecho inútil en estado doméstico, pues la gallina madre casi ha perdido, por desuso, la facultad de volar.

Por tanto, podemos llegar a la conclusión de que, en estado doméstico, se han adquirido instintos y se han perdido instintos naturales, en parte por costumbre y en parte por haberse seleccionado y acumulado, mediante el hombre, durante generaciones sucesivas, actos y hábitos mentales peculiares, que aparecieron la primera vez por lo que, debido a nuestra ignorancia, llamamos casualidad. En algunos casos la costumbre impuesta ha bastado, por sí sola, para producir cambios mentales hereditarios; en otros casos, la costumbre obligatoria no ha hecho nada, y todo ha sido el resultado de la selección, proseguida tanto metódica como inconscientemente; pero en la mayoría de los casos han concurrido probablemente la costumbre y la selección.

Instintos especiales

Quizá, considerando unos cuantos casos, comprendamos mejor cómo han llegado a modificarse por selección los instintos en estado de naturaleza. Elegiré tres únicamente, a saber: el instinto que lleva al cuclillo a poner sus huevos en los nidos de otros pájaros, el instinto esclavista de ciertas hormigas y la facultad de hacer celdillas de la abeja común. Estos dos últimos instintos se consideran, justa y unánimemente, por los naturalistas, como los más maravillosos de todos los instintos conocidos.

Instintos del cuclillo

Suponen algunos naturalistas que la causa más inmediata del instinto del cuclillo es que pone sus huevos, no diariamente, sino a intervalos de dos o tres días; de modo que si tuviese que hacer su propio nido y empollar sus propios huevos, los primeros huevos que puso tendrían que quedar por algún tiempo sin incubar, o habría huevos y pajarillos de diferente tiempo en el mismo nido. Si fuese así, el proceso de puesta e incubación sería excesivamente largo, especialmente porque la hembra emigra muy pronto, y los pajarillos recién salidos del huevo probablemente tendrían que ser alimentados solo por el macho. Pero el cuclillo de América se halla en estas circunstancias, pues la hembra hace su propio nido y tiene huevos y pajarillos recién salidos del cascarón sucesivamente, todo a un mismo tiempo. Se ha afirmado y se ha negado que el cuclillo americano pone accidentalmente sus huevos en nidos de otros pájaros; pero el doctor Merrell, de Iowa, me ha informado recientemente de que una vez encontró, en Illinois, una cría de cuclillo junto con una cría de arrendajo [117] en el nido de un arrendajo azul *(Garrulus cristatus)*, y como ambos tenían ya casi toda la pluma, no pudo haber error alguno en su identificación. También podría citar varios ejemplos de diversos pájaros que se sabe ponen en alguna ocasión sus huevos en los nidos de otros pájaros. Supongamos ahora que el remoto progenitor de nuestro cuclillo europeo tuvo las costumbres del cuclillo americano, y que la hembra ponía a veces algún huevo en el nido de otro pájaro. Si el ave antigua obtuvo algún provecho de esta costumbre accidental, por poder emigrar más pronto, o por cualquier otra causa, o si las crías se hicieron más vigorosas —por el provecho que sacaban del engañado instinto de otra especie— que cuando las criaba su propia madre, abrumada, como había de estarlo por tener huevos y pajarillos de diferentes edades a un mismo tiempo, entonces los pájaros adultos y los pequeñuelos obtendrían alguna ventaja. Y la analogía nos lleva a creer que los pajarillos así criados serían aptos para seguir por herencia la costumbre accidental y aberrante [118] de su madre y, a su vez, tenderían a poner sus huevos en los nidos de otros pájaros, y, de este modo, lograrían más éxito en la cría de sus pequeños. Mediante un continuo proceso de esta naturaleza, creo

117 Pájaro afín al grajo, que saquea los nidos de las aves canoras.
118 Véase el glosario de términos científicos.

que se ha producido el singular instinto de nuestro cuclillo. También se ha afirmado recientemente, con pruebas suficientes, por Adolf Müller, que el cuclillo pone a veces sus huevos sobre el suelo pelado, los empolla y alimenta a sus crías. Este hecho extraordinario es probablemente un caso de reversión al primitivo instinto de nidificación, perdido desde hace mucho tiempo.

Se ha hecho la objeción de que no he mencionado otros instintos y adaptaciones de estructuras correlativos en el cuclillo, de los que se ha dicho que están necesariamente coordinados. Pero, en todo caso, es inútil especular acerca de un instinto que nos es conocido únicamente en una sola especie, pues hasta ahora no tenemos hechos que nos guíen. Hasta hace poco solo se conocían los instintos del cuclillo europeo y del cuclillo americano no parásito; actualmente, debido a las observaciones de míster Ramsay, hemos sabido algo acerca de tres especies australianas que ponen sus huevos en los nidos de otros pájaros. Los caracteres principales que hay que indicar son tres: primero, que el cuclillo común, con raras excepciones, pone solo un huevo en cada nido, de modo que la cría, grande y voraz, recibe abundante alimento. Segundo, que los huevos son notablemente pequeños, no excediendo a los de la alondra, ave que es aproximadamente una cuarta parte del tamaño del cuclillo. Que el tamaño pequeño del huevo es un caso real de adaptación lo podemos deducir del hecho de que el cuclillo americano no parásito pone sus huevos de tamaño normal. Tercero, que el cuclillo, tan pronto como nace, tiene el instinto, la fuerza y el dorso especialmente conformado para desalojar a sus hermanos de crianza, que mueren, por tanto, de frío y de hambre. ¡A esto se le ha llamado audazmente una disposición benéfica, a fin de que el cuclillo recién nacido pueda tener alimento suficiente, y de que sus hermanos de cría perezcan antes que hayan adquirido mucha sensibilidad!

Volviendo ahora a las especies australianas, aunque estos pájaros ponen generalmente un solo huevo en un nido, no es raro encontrar dos y hasta tres huevos en el mismo nido. En el cuclillo bronceado los huevos varían mucho de tamaño, de unos quince a veinte milímetros de longitud. Ahora bien, si hubiera sido ventajoso para esta especie poner huevos incluso más pequeños que los que pone actualmente, de modo que hubiese engañado a ciertos padres adoptivos, o —lo que es más probable— se hubiesen desarrollado en un periodo de tiempo más breve —pues se asegura que existe relación entre el tamaño de los huevos y el periodo de su incubación—, entonces no habría ninguna dificultad en creer que podía haberse formado una raza o especie que hubiese puesto huevos cada vez menores, pues estos se habrían incubado y empollado con más seguridad. Míster Ramsay hace observar que dos de los cuclillos australianos, cuando ponen sus huevos en un nido abierto, manifiestan una decidida preferencia por los nidos que contienen huevos parecidos a los suyos propios. La especie europea manifiesta, al parecer, cierta tendencia hacia un instinto semejante, aunque no es raro que se aparte de él, como lo demuestra al poner sus huevos mates y de color pálido en el nido de la curruca [119], que tiene sus huevos de un color azul verdoso brillante. Si nuestro cuclillo hubiera desplegado invariablemente el instinto antedicho, este se hubiera agregado seguramente a los instintos que se pretende que deben haberse adquirido todos a la vez. Los huevos del cuclillo bronceado de Australia, según míster Ramsay, varían extraordinariamente de color; de modo que, en este particular, así como en el tamaño, la selección natural pudo haber asegurado y fijado alguna variación ventajosa.

En el caso del cuclillo europeo, las crías de los padres adoptivos son, por lo común, arrojadas del nido a los tres días de haber salido el cuclillo del cascarón, y como este último a esa edad se halla en la condición más desvalida, míster Gould se inclinó antaño a creer que el acto de la expulsión era realizado por los mismos padres adoptivos [120]. Pero actualmente he recibido un informe fidedigno de que se ha visto a un cuclillo, todavía ciego e incapaz de sostener su propia cabeza, en el acto de arrojar a sus hermanos de crianza. El observador volvió a colocar en el nido a uno de estos, y fue arrojado de nuevo. Respecto a los medios por

119 Pájaro canoro, de bosque, prado o maleza, con nido esférico.

120 Véase tabla de adiciones, pág. 41.

los que se adquirió este extraño y odioso instinto, si fue de gran importancia para el cuclillo —como probablemente es el caso— recibir la mayor cantidad de comida posible poco después de su nacimiento, no alcanzo a ver dificultad especial alguna en que el cuclillo, durante las sucesivas generaciones, haya adquirido gradualmente el deseo ciego, la fuerza y la conformación necesarias para el trabajo de expulsión, pues los cuclillos recién nacidos que tuviesen más desarrolladas tal costumbre y conformación serían los que, con más seguridad, se criasen. El primer paso hacia la adquisición de este instinto peculiar pudo haber sido la simple inquietud voluntaria por parte del cuclillo recién nacido, ya un poco adelantado en edad y fuerza, habiéndose después perfeccionado y transmitido esta costumbre a una edad más temprana. No veo en esto mayor dificultad que en el hecho de que los polluelos de otras aves, antes de salir del huevo, adquieran el instinto de romper su propio cascarón; o el de que las crías de las culebras, según ha señalado Owen, adquieran en las mandíbulas superiores un diente agudo transitorio para cortar la correosa envoltura del huevo. Pues si toda parte es susceptible de variaciones individuales en todas las edades, y las variaciones tienden a ser heredadas a la edad correspondiente o antes —proposiciones que son indiscutibles—, entonces los instintos y la conformación del individuo joven pudieron modificarse lentamente, con la misma seguridad que los del adulto; y ambas hipótesis tienen que sostenerse o caer junto con toda la teoría de la selección natural.

Algunas especies de *Molothrus,* género muy característico de aves americanas, afín a nuestros estorninos, tienen costumbres parasitarias como las del cuclillo, y las especies presentan una interesante gradación en la perfección de sus instintos. El excelente observador míster Hudson afirma que los machos y hembras del *Molothrus badius* viven a veces en bandadas, agrupados en total promiscuidad, y otras veces en parejas. Construyen nido propio a veces, o se apoderan de uno perteneciente a algún otro pájaro, expulsando en algunas ocasiones a los pichones del extraño. Unas veces ponen sus huevos en el nido del que de tal manera se han apropiado o, lo que es bastante raro, construyen uno para ellos encima de aquel. Generalmente empollan sus propios huevos y crían a sus propios hijos; pero míster Hudson dice que es probable que sean parásitos en ocasiones, pues ha visto a los pajarillos de esta especie siguiendo a aves adultas de otra especie distinta y chillando para que los alimentasen. Las costumbres parásitas de otra especie de *Molothrus,* el *M. bonariensis,* están bastante más desarrolladas que las de este, pero distan mucho de ser perfectas. Este pájaro, por lo que sabemos, pone invariablemente sus huevos en los nidos de otros pájaros; pero es notable que a veces varios, juntos, comiencen a construir un nido propio, irregular y mal acondicionado, colocado en sitios singularmente inadecuados, como en las hojas de un gran cardo. Sin embargo, como ha averiguado míster Hudson, nunca terminan su nido por sí mismos. Con frecuencia ponen tantos huevos —de quince a veinte— en un mismo nido nodriza, que pocos o ninguno podrán ser empollados. Además, tienen la extraordinaria costumbre de agujerear picoteando los huevos, tanto los de su propia especie como los de padres nutricios que encuentran en los nidos de que se han apropiado. Ponen también muchos huevos en el suelo pelado, que de este modo se desperdician. Una tercera especie, el *M. pecoris* de América del Norte, ha adquirido instintos tan perfectos como los del cuclillo, pues nunca pone más de un huevo en el nido nodriza, de modo que el pajarillo se cría con seguridad. Míster Hudson es tenazmente incrédulo en cuanto a la evolución, pero parecen haberle impresionado tanto los instintos imperfectos del *Molothrus bonariensis,* que cita mis palabras y se pregunta: «¿Hemos de considerar estas costumbres, no como instintos especialmente donados o creados, sino como pequeñas consecuencias de una ley general, es decir, la de transición?» [121].

Diferentes aves, como se ha hecho observar ya, ponen sus huevos a veces en los nidos de otras aves. Esta costumbre no es muy rara en las gallináceas, y arroja alguna luz acerca del singular instinto de los avestruces. En esta familia se reúnen varias hembras y ponen primero unos pocos huevos en un nido y luego en

121 Véase tabla de adiciones, en preliminares.

otro, y estos huevos son incubados por los machos. Tal vez pueda explicarse este instinto por el hecho de que las hembras ponen un gran número de huevos, pero —como en el caso del cuclillo— a intervalos de dos o tres días. Sin embargo, el instinto del avestruz de América, y como en el caso del *Molothrus bonariensis,* no se ha perfeccionado todavía, pues un número sorprendente de huevos yacen desparramados por las llanuras, hasta el punto de que en un solo día de caza recogí no menos de veinte huevos perdidos y desperdiciados.

Muchos himenópteros son parásitos y ponen regularmente sus huevos en los nidos de otras especies de himenópteros. Este caso es más notable que el del cuclillo, porque estos insectos no solo han modificado sus instintos, sino también su conformación de acuerdo con sus costumbres parasitarias, pues no poseen el aparato colector del polen, que hubiera sido indispensable si almacenasen comida para sus propias crías. Algunas especies de esfégidos —insectos parecidos a las avispas— son también parásitos, y monsieur Fabre ha expuesto recientemente motivos fundados para creer que, aun cuando el *Tachytes nigra* generalmente hace su propio agujero y lo aprovisiona con presas paralizadas para sus propias larvas, a pesar de esto, cuando este insecto encuentra un agujero ya hecho y aprovisionado por otro esfégido, se aprovecha de la ganancia y se hace accidentalmente parásito. En este caso, como en el del *Molothrus* o en el del cuclillo, no veo dificultad alguna en que la selección natural haga permanente una costumbre accidental, si resulta ventajosa para la especie y si no es exterminado de este modo el insecto de cuyo nido y provisión de comida se apropia traidoramente.

Instinto esclavista

Este notable instinto fue descubierto por vez primera en la *Formica (Polyerges) rufescens* por Pierre Huber, mejor observador aún que su famoso padre. Esta hormiga depende en absoluto de sus esclavas; sin su ayuda, la especie se extinguiría seguramente en un solo año. Los machos y las hembras fecundas no hacen trabajo de ninguna clase, y las trabajadoras o hembras estériles, aunque sumamente enérgicas y valerosas al apresar esclavas, no hacen ningún otro trabajo. Son incapaces de hacer sus propios hormigueros y de alimentar a sus propias larvas. Cuando el hormiguero viejo resulta incómodo y tienen que emigrar, son las esclavas las que deciden la emigración y llevan realmente en sus mandíbulas a sus amas. Tan totalmente imposibilitadas son las amas, que, cuando Huber encerró treinta de ellas sin ninguna esclava, pero con abundancia de la comida que más les gusta, y con sus propias larvas y pupas [122] para estimularlas a trabajar, no hicieron nada; ni siquiera pudieron alimentarse a sí mismas, y muchas murieron de hambre. Entonces Huber introdujo una sola esclava *(F. fusca)*, y esta se puso a trabajar instantáneamente, alimentó y salvó a las supervivientes, hizo algunas celdillas y cuidó de las larvas y lo puso todo en orden. ¿Puede haber algo más extraordinario que estos hechos perfectamente comprobados? Si no supiéramos de ninguna otra hormiga esclavista, hubiese sido desesperado meditar acerca de cómo un instinto tan maravilloso pudo llegar a esta perfección.

Huber descubrió también, por vez primera, que otra especie, la *Formica sanguinea*, era hormiga esclavista. Esta hormiga se encuentra en las regiones meridionales de Inglaterra, y sus costumbres han sido estudiadas por míster F. Smith, del British Museum, a quien le estoy muy reconocido por sus informaciones sobre este y otros asuntos. A pesar de dar crédito completo a las afirmaciones de Huber y de míster Smith, procuré abordar este asunto en un estado de ánimo escéptico, pues a cualquiera puede excusársele muy bien de que dude de la existencia de un instinto tan extraordinario como el de tener esclavas. Por consiguiente, daré con algún detalle las observaciones que hice. Abrí catorce hormigueros de *F. sanguinea*, y en todos encontré unas cuantas esclavas. Los machos y las hembras fecundas de la especie esclava *(F. fusca)* se encuentran solo en sus propias y peculiares comunidades, y nunca

122 Véase el glosario de términos científicos: LARVA y PUPA.

se las ha visto en los hormigueros de la *F. sanguinea*. Las esclavas son negras, y su tamaño no pasa de la mitad del de sus amas, que son rojas, de modo que el contraste que ofrecen en su aspecto es grande. Si se perturba ligeramente el hormiguero, las esclavas salen de cuando en cuando y, lo mismo que sus amas, se muestran muy agitadas para defender el hormiguero; si se perturba mucho el hormiguero, y las larvas y ninfas corren peligro, las esclavas trabajan activamente, junto con sus amas, para transportarlas a un lugar seguro. Por tanto, es evidente que las esclavas se sienten completamente como en su casa. En los meses de junio y julio, por tres años consecutivos, vigilé durante muchas horas varios hormigueros en Surrey y en Sussex, y nunca vi a ninguna esclava entrar o salir del hormiguero. Como durante estos meses hay muy pocas esclavas, pensé que tal vez se comportaran de modo diferente cuando fuesen más numerosas; pero míster Smith me informa de que ha vigilado los hormigueros, a diferentes horas, durante los meses de mayo, junio y agosto, tanto en Surrey como en Hampshire, y aunque son muy numerosas en agosto, nunca vio a las esclavas entrar o salir del hormiguero. Por consiguiente, las considera como esclavas estrictamente domésticas. A las amas, por el contrario, se las ve constantemente llevando materiales para el hormiguero y comida de todas clases. En el año 1860, sin embargo, en el mes de julio, me tropecé con una comunidad en la que había un abundante provisión de esclavas, y advertí a unas cuantas esclavas que, entremezcladas con sus amas, salían del hormiguero y marchaban, por el mismo camino, hacia un gran pino silvestre, situado a menos de veinticinco metros, al que subieron en tropel, probablemente en busca de pulgones o cóccidos [123]. Según Huber, que tuvo muchas oportunidades para la observación, en Suiza las esclavas trabajan habitualmente con sus amas en hacer el hormiguero, pero solo ellas abren y cierran las puertas por la mañana y por la noche y, como Huber afirma expresamente, su principal oficio es buscar pulgones. Esta diferencia en las costumbres ordinarias de las amas y de las esclavas en los dos países, pro-

[123] Véase el glosario de términos científicos: COCCUS.

bablemente depende tan solo de que las esclavas se capturan en mayor número en Suiza que en Inglaterra.

Un día, afortunadamente, fui testigo de una emigración de la *F. sanguinea* de un hormiguero a otro, y era un espectáculo interesantísimo contemplar a las amas llevando cuidadosamente a sus esclavas en las mandíbulas, en vez de llevar estas a sus amas, como ocurre en el caso de la *F. rufescens.* Otro día llamó mi atención una veintena aproximadamente de hormigas esclavistas rondando por el mismo sitio, y evidentemente no en busca de comida; se acercaban y eran vigorosamente rechazadas por una comunidad independiente de la especie esclava *(F. fusca);* a veces, hasta tres de estas hormigas se aferraban a las patas de la especie esclavista *F. sanguinea.* Esta última mataba cruelmente a sus pequeñas adversarias y se llevaba sus cuerpos muertos como comida a su hormiguero, a más de veinticinco metros de distancia; pero no consiguieron llevarse ninguna ninfa para criarla como esclava. Luego desenterré una pequeña porción de ninfas de la *F. fusca* de otro hormiguero y las puse en un sitio despejado, cerca del lugar del combate; se apoderaron de ellas ávidamente y fueron llevadas en alto por las tiranas, quienes quizá se imaginaron que, después de todo, habían salido victoriosas en su último combate.

Al propio tiempo, coloqué en el mismo lugar una pequeña porción de ninfas de otra especie, *F. flava,* con algunas de estas pequeñas hormigas amarillas adheridas todavía a los fragmentos de su hormiguero. Esta especie, a veces, aunque muy raramente, fue reducida a esclavitud, según describió míster Smith. A pesar de ser una especie tan pequeña, es muy valiente, y la he visto atacando ferozmente a otras hormigas. En una ocasión encontré, para sorpresa mía, una comunidad independiente de *F. flava* bajo una piedra, debajo de un hormiguero de la especie esclavista *F. sanguinea,* y cuando perturbé accidentalmente a ambos hormigueros, las hormigas pequeñas atacaron a sus corpulentas vecinas con sorprendente valor. Mas sentí curiosidad por averiguar si la *F. sanguinea* distinguía las ninfas de la *F. fusca,* a las que habitualmente reduce a esclavitud, de las de la pequeña y furiosa *F. flava,* a las que rara vez captura, y era evidente que las distinguió al instante, pues vimos que se apoderaba ávida e instantáneamente de las ninfas de la *F. fusca*, mientras que se aterrorizaban mucho al encontrarse con las ninfas, y hasta con la tierra del hormiguero de la *F. flava*, y rápidamente huían, si bien al cabo de un cuarto de hora, aproximadamente, poco después de que todas las hormiguitas amarillas se hubiesen alejado, cobraron ánimo y se llevaron las ninfas.

Una tarde visité otra comunidad de *F. sanguinea*, y encontré a un gran número de estas hormigas que regresaban a casa y entraban en su hormiguero llevando los cuerpos muertos de la *F. fusca* —lo que demostraba que esto no era una emigración— y numerosas ninfas. Seguí el rastro de una larga fila de hormigas cargadas de botín, por espacio de unos treinta y cinco metros hacia atrás, hasta un matorral muy espeso de brezos, de donde vi salir a la última *F. sanguinea* cargada con una ninfa; pero no pude dar con el devastado hormiguero en el tupido brezal. Sin embargo, el hormiguero debía estar muy cerca, pues dos o tres individuos de la *F. fusca* se movían en torno con la mayor agitación, y uno colgaba, sin movimiento, del extremo de un ramito de brezo, con una ninfa de su propia especie en la boca, como si fuera una imagen de la desesperación sobre su hogar saqueado.

Tales son los hechos —aunque no necesitaban mi confirmación— que se refieren al maravilloso instinto de hacer esclavas. Obsérvese qué contraste presentan las costumbres instintivas de la *F. sanguinea* con las de la *F. rufescens*, que vive en el continente. Esta última no construye su propio hormiguero, ni decide sus propias migraciones, ni recoge comida para ella misma ni para sus crías, y ni siquiera puede alimentarse por sí misma: depende en absoluto de sus numerosas esclavas. La *Formica sanguinea,* por el contrario, posee muchas menos esclavas, y al comienzo del verano poquísimas: las amas deciden cuándo y dónde ha de formarse un nuevo hormiguero, y, cuando emigran, las amas cargan con las esclavas. Tanto en Suiza como en Inglaterra, las esclavas parecen tener el cuidado exclusivo de las larvas, y las amas van solas a las expediciones para apoderarse de esclavas. En Suiza, las esclavas y las amas trabajan juntas haciendo el hormiguero y acarreando materiales para ello; unas y otras, pero especialmente las esclavas, atienden y ordeñan—como puede decirse—a sus pulgones, y así amas y esclavas recogen comida para la comunidad. En Inglaterra solo las amas salen, por lo general, del hormiguero, para recoger materiales de construcción y comida para ellas mismas, para sus esclavas y para sus larvas. De modo que las amas, en este país, reciben muchos menos servicios de sus esclavas que en Suiza.

No pretenderé conjeturar por qué grados se originó el instinto de la *F. sanguinea.* Pero como las hormigas que no son esclavistas se llevan —como he visto— las ninfas de otras especies, si están esparcidas cerca de sus hormigueros, es posible que estas ninfas, almacenadas originariamente como alimento, llegasen a desarrollarse; y estas hormigas advenedizas, criadas así involuntariamente, seguirían luego sus propios instintos y harían el trabajo que pudiesen. Si su presencia resultó útil para la especie que las había cogido —si era más ventajoso para esta especie capturar obreras que procrearlas—, la costumbre de recoger ninfas, originariamente como alimento, pudo por selección natural consolidarse y hacerse permanente para el propósito muy diferente de criar esclavas. Una vez que se adquirió el instinto —aunque fuese en un grado mucho menor que en nuestra *F. sanguinea* inglesa, que, como hemos visto, es menos ayudada por sus esclavas que la misma especie en Suiza—, la selección natural pudo aumentar y modificar el instinto —suponiendo siempre que todas las modificaciones fuesen útiles para la especie—, hasta que se formó esa hormiga que depende de modo tan abyecto de sus esclavas como la *Formica rufescens.*

Instinto de hacer celdillas de la abeja común

No entraré aquí en detalles nimios sobre este asunto, sino que daré simplemente un bosquejo de las conclusiones a que he llegado. Necio ha de ser quien examine la exquisita estructura de un panal, tan maravillosamente adaptado a su fin, sin sentir entusiástica admiración. Nos enteramos por los matemáticos de que las abejas han resuelto prácticamente un problema profundo, y de que han hecho sus celdillas de la forma adecuada para que contengan la mayor cantidad posible de miel, con el menor gasto posible de la preciosa cera en su construcción. Se ha hecho observar que a un obrero hábil, con herramientas y medidas adecuadas, le resultaría muy difícil hacer celdillas de cera de esa misma forma, a pesar de que este trabajo se efectúa por una muchedumbre de abejas que trabajan en una oscura colmena. Aun concediéndoles todos los instintos que se quiera, parece al pronto completamente incomprensible cómo pueden hacer todos los ángulos y planos necesarios, y hasta darse cuenta de si están correctamente hechos. Pero la dificultad no es tan grande como a primera vista parece: puede demostrarse, a mi parecer, que todo este admirable trabajo es consecuencia de unos cuantos instintos sencillos.

Me indujo a investigar este asunto míster Waterhouse, quien ha demostrado que la forma de la celdilla está en intima relación con la existencia de celdillas adyacentes; y tal vez el siguiente punto de vista deba considerarse tan solo como una modificación de su teoría. Consideremos el gran principio de la gradación, y veamos si la naturaleza nos revela su método de trabajo. A un extremo de una corta serie tenemos a los abejorros, que utilizan sus capullos [124] viejos para guardar miel, añadiéndoles a veces cortos tubos de cera, y que hacen también celdillas de cera separadas y muy irregularmente redondeadas. Al otro extremo de la serie tenemos las celdillas de la abeja común, colocadas en una doble capa: cada celdilla, como es bien sabido, es un prisma hexagonal, con los bordes de la base de sus seis caras achaflanados, de modo que se acoplen a una pirámide invertida, formada por tres rombos. Estos rombos tienen determinados ángulos, y los tres que forman la base piramidal de una sola celdilla de un lado del panal entran en la composición de las bases de tres celdillas contiguas del lado opuesto. En la serie, entre la extrema perfección de las celdillas de la abeja común y la sencillez de las del abejorro, tenemos las celdillas de la *Melipona domestica* de México, cuidadosamente descritas y representadas por Pierre Huber. La *Melipona* misma es

124 Véase el glosario de términos científicos: CAPULLO.

de una estructura intermedia entre la abeja común y el abejorro, aunque más emparentada con este último. Construye un panal de cera, casi regular, de celdillas cilindricas, en las que se desarrollan las crías, y además algunas celdillas grandes de cera para guardar miel. Estas últimas son casi esféricas, de tamaño casi igual, y están unidas formando una masa irregular. Pero el punto importante que hay que observar es que estas celdillas se hubieran entrecortado mutuamente o se hubieran roto unas en otras si las esferas hubiesen sido completadas; pero esto no ocurre nunca, pues las abejas construyen paredes de cera perfectamente planas entre las esferas que tienden a entrecortarse. Por tanto, cada celdilla consta de una porción externa esférica y de dos, tres o más superficies planas, según que la celdilla conste de dos, tres o más celdillas. Cuando una celdilla descansa sobre otras tres celdillas —caso que ocurre muy frecuente y necesariamente, por ser las esferas del mismo tamaño—, las tres superficies planas se unen formando una pirámide, y esta pirámide, como ha hecho observar Huber, es evidentemente una imitación tosca de la base piramidal de tres caras de las celdillas de la abeja común. Lo mismo que en las celdillas de la abeja común, también aquí las tres superficies planas de una celdilla cualquiera entran necesariamente en la construcción de tres celdas contiguas. Es obvio que la *Melipona* ahorra cera y, lo que es más importante, trabajo, con esta manera de construir, porque las paredes planas que separan las celdillas contiguas no son dobles, sino del mismo espesor que las porciones esféricas externas, y, sin embargo, cada porción plana forma parte de dos celdillas.

Reflexionando sobre este caso se me ocurrió que si la *Melipona* hubiera hecho sus esferas a una distancia dada unas de otras, y las hubiera hecho de igual tamaño y las hubiera dispuesto simétricamente en una doble capa, la estructura resultante hubiese sido tan perfecta como el panal de la abeja común. Por consiguiente, escribí al profesor Miller, de Cambridge, y este geómetra ha revisado amablemente el siguiente resumen, sacado de sus informaciones, y me dice que es rigurosamente correcto.

Si describimos un número de esferas iguales, cuyos centros estén situados en dos capas paralelas, y el centro de cada esfera a la distancia de radio x $\sqrt{2}$, o radio x 1,41421 —o a una distancia algo menor— de los centros de las seis esferas que la rodean en la misma capa, y a la misma distancia de los centros de las esferas adyacentes en la otra capa paralela, entonces, si formamos los planos de intersección entre las diversas esferas de ambas capas, resultará una doble capa de prismas hexagonales, unidos entre sí por bases piramidales formadas de tres rombos; y los rombos y las caras de los prismas hexagonales tendrán todos los ángulos idénticamente iguales a los dados por las mejores medidas que se han hecho de las celdillas de la abeja común. Pero el profesor Wyman, que ha hecho numerosas y cuidadosas medidas, me informa de que la precisión de la labor de la abeja ha sido muy exagerada, hasta el punto de que, cualquiera que fuese la forma típica de la celdilla, raras veces o nunca se cumple.

Por tanto, podemos llegar, sin temor, a la conclusión de que si pudiésemos modificar ligeramente los instintos que ya posee la *Melipona,* no muy maravillosos en sí mismos, esta abeja haría una construcción tan maravillosamente perfecta como la de la abeja común. Supongamos que la *Melipona* tuviese la facultad de formar sus celdillas verdaderamente esféricas y de igual tamaño, cosa que no sería muy sorprendente viendo que ya hace esto en cierta medida y viendo qué agujeros tan perfectamente cilindricos hacen muchos insectos en la madera, al parecer dando vueltas en torno a un punto fijo. Supongamos que la *Melipona* dispone sus celdillas en capas planas, como ya lo hace con sus celdillas cilindricas, y supongamos aún —y esta es la mayor dificultad— que puede de algún modo juzgar con exactitud a qué distancia se encuentra de sus compañeras de trabajo cuando están varias haciendo sus esferas; pero la *Melipona* está ya tan capacitada para apreciar la distancia que siempre describe sus esferas de modo que se intersecten ampliamente, y luego une los puntos de intersección por superficies perfectamente planas. Mediante tales modificaciones de instintos, que en sí mismos no son muy maravillosos —apenas más que los que llevan a las aves a hacer sus nidos—, creo que la abeja común ha adquirido, por selección natural, sus inimitables facultades arquitectónicas.

Pero esta teoría puede comprobarse experimentalmente. Siguiendo el ejemplo de míster Tegetmeier, separé dos panales y puse entre ellos una tira rectangular, ancha y larga, de cera; inmediatamente las abejas comenzaron a excavar en ella diminutos hoyos circulares; y a medida que profundizaban estos hoyitos, los hacían cada vez más anchos, hasta que los convirtieron en unas depresiones poco profundas, que parecían a simple vista esferas o partes perfectas de una esfera, de diámetro aproximado al de una celdilla. Era interesantísimo observar que, dondequiera que varias abejas habían comenzado a excavar estas depresiones casi juntas, habían empezado su trabajo a tal distancia unas de otras que, con el tiempo, las depresiones habían adquirido la anchura antes indicada —es decir, aproximadamente la anchura de una celda ordinaria—, y tenían de profundidad como una sexta parte del diámetro de la esfera de que formaban parte, entrecortándose o interrumpiéndose mutuamente los bordes de las depresiones. Tan pronto como esto ocurría, las abejas cesaban de excavar y comenzaban a levantar paredes planas de cera sobre las líneas de intersección entre las depresiones, de manera que cada prisma hexagonal quedaba construido sobre el borde ondulado de una depresión suave, en vez de estarlo sobre los bordes rectos de una pirámide de tres caras, como ocurre en las celdillas ordinarias.

Luego puse en la colmena, en vez de una pieza rectangular y gruesa de cera, una lámina delgada y estrecha, como el filo de un cuchillo, teñida de bermellón. Las abejas empezaron inmediatamente a excavar a ambos lados pequeñas depresiones, unas junto a otras, lo mismo que antes; pero la lámina de cera era tan delgada que los fondos de las depresiones, si se hubiesen excavado hasta la misma profundidad que en el experimento anterior, hubiesen roto unos en otros desde los lados opuestos. Sin embargo, las abejas no permitieron que ocurriese esto, y pararon sus excavaciones a su debido tiempo, de modo que las depresiones, tan pronto como que profundizaron un poco, vinieron a tener sus bases planas; y estas bases planas, formadas por plaquitas delgadas con bermellón dejadas sin morder, estaban situadas, hasta donde podía apreciarse por la vista, exactamente a lo largo de los planos imaginarios de intersección de las depresiones de las caras opuestas de la lámina de cera. De este modo quedaron entre las depresiones opuestas, en unas partes, tan solo porciones pequeñas, y en otras partes porciones más grandes de una placa rómbica; pero la obra, debido al estado antinatural de las cosas, no había quedado primorosamente realizada. Las abejas tendrían que haber trabajado casi exactamente a la misma velocidad al morder circularmente y al profundizar las depresiones a ambos lados de la lámina de cera con bermellón, para conseguir que de este modo quedasen placas planas entre las depresiones, deteniendo su trabajo en los planos de intersección.

Teniendo en cuenta lo flexible que es la cera delgada, no veo que exista dificultad alguna en que las abejas, mientras trabajan a ambos lados de una tira de cera, noten cuándo han mordido la cera hasta dejarla de la delgadez adecuada y paren entonces su trabajo. En los panales ordinarios me ha parecido que las abejas no siempre consiguen trabajar exactamente a la misma velocidad en los lados opuestos; pues he observado que rombos a medio hacer, en la base de una celdilla recién comenzada, eran ligeramente cóncavos por un lado, donde supongo que las abejas habían excavado demasiado rápidamente, y convexo por el lado opuesto, donde las abejas habían trabajado menos rápidamente. En un caso muy notable volví a poner el panal en la colmena y dejé que las abejas continuasen trabajando durante un corto tiempo, y, al examinar de nuevo la celdilla, encontré que la placa rómbica había sido terminada y había quedado *perfectamente plana.* Era absolutamente imposible, por la extrema delgadez de la plaquita, que las abejas lo hubiesen efectuado mordisqueando el lado convexo, y sospecho que en estos casos las abejas se sitúan en los lados opuestos y empujan y doblan la cera, dúctil y caliente —que, como he comprobado, es fácil de hacer—, hasta dejarla en su verdadero plano intermedio y de este modo la igualan.

Por el experimento de la lámina de cera con bermellón vemos que si las abejas tuviesen que construir por sí mismas una delgada pared de cera, podrían hacer sus celdas de la forma debida, situándose a la distancia conveniente unas de otras, excavando a la misma velocidad y procurando hacer cavidades esféricas iguales, pero sin permitirse nunca que las esferas rompan unas en otras. Pues las abejas, como puede verse claramente examinando el borde de un panal en construcción, hacen una tosca pared o reborde circunferencial completamente alrededor del panal, y lo muerden por los dos lados, trabajando siempre circularmente al ahondar cada celda. No construyen al mismo tiempo toda la base piramidal de tres lados de una celdilla cualquiera, sino solamente la placa rombal que está situada en el borde de crecimiento, o las dos plaquitas, según sea el caso; y nunca completan los bordes superiores de las placas rombales, hasta que han comenzado las paredes hexagonales. Algunas de estas manifestaciones difieren de las hechas por el justamente celebrado François Huber; pero estoy convencido de su exactitud, y, si tuviera espacio, demostraría que son compatibles con mi teoría.

La afirmación de Huber de que la primera de todas las celdas se excava en una pequeña pared de cera de lados paralelos no es, por lo que he visto, rigurosamente exacta; el primer comienzo ha sido siempre una caperucita de cera, pero no entraré ahora en detalles. Sabemos el papel importante que juega la excavación en la construcción de las celdillas; pero sería un gran error suponer que las abejas no pueden construir una tosca pared de cera en la posición adecuada: esto es, a lo largo del plano de intersección entre dos esferas contiguas. Tengo varios modelos que demuestran claramente que las abejas lo pueden hacer. Incluso en la tosca pared de cera o reborde circunferencial que rodea a un panal en construcción pueden observarse a veces curvaturas que corresponden por su posición a los planos de las planas básicas rombales de las futuras celdas. Pero la tosca pared de cera tiene en todo caso que haberse terminado, mordiéndola ampliamente las abejas por sus dos lados. El modo como construyen las abejas es curioso: hacen siempre esa primera tosca pared diez o veinte veces más gruesa que la pared excesivamente delgada, una vez terminada, de la celdilla que ha de quedar finalmente. Comprenderemos cómo trabajan suponiendo que unos albañiles amontonasen primero un grueso muro de cemento y empezaran luego a quitar cemento por igual a ambos lados, cerca del suelo, hasta que quedase en el centro una pared muy delgada y lisa, al tiempo que los albañiles han ido amontonando el cemento quitado y añadiendo cemento nuevo en lo alto del muro. De esta manera tendremos una delgada pared que va creciendo continuamente, pero coronada siempre por una gigantesca albardilla. Debido a que todas las celdas, lo mismo las recién comenzadas a hacer como las ya terminadas, están así coronadas por esa gran albardilla de cera, pueden las abejas apiñarse y andar por el panal sin estropear las delicadas paredes hexagonales. Estas paredes, según datos que el profesor Miller ha tenido la bondad de averiguar, varían mucho en grosor, siendo, por término medio, de doce medidas hechas cerca del borde del panal, de 0,07 milímetros de grosor, mientras que las placas básicas romboidales son más gruesas —casi en la proporción de tres a dos—, teniendo un grosor medio, en veintiuna medida, de 0,1 milímetros. Mediante la singular manera de construir que se acaba de indicar, se refuerza continuamente el panal con la máxima economía final de cera.

Parece al principio que aumenta la dificultad de comprender cómo se hacen las celdillas el hecho de que una multitud de abejas trabajen juntas; pues una abeja, después de haber trabajado un poco de tiempo en una celdilla, se va a otra, de modo que, según ha afirmado Huber, incluso al comienzo de la primera celdilla trabajan una veintena de individuos. Pude demostrar prácticamente este hecho cubriendo los bordes de las paredes hexagonales de una sola celdilla o el margen irregular del cerco circunferencial de un panal en construcción, con una capa sumamente delgada de cera mezclada con bermellón; y vi invariablemente que las abejas difundían delicadamente el color —tan delicadamente como lo hubiera hecho un pintor con su pincel—, por haber cogido partículas de la cera coloreada del sitio en que estaba colocada y haber trabajado con ella en los bordes crecientes de todas las celdillas de alrededor. El trabajo de construcción parece ser una especie de equilibrio establecido entre muchas abejas, al situarse todas instintivamente a la misma distancia relativa unas de otras, procurando todas excavar esferas iguales y construir luego, o dejar sin morder, los planos de intersección entre estas esferas. Era realmente curioso observar, en casos de dificultad —como cuando dos trozos de panal se encuentran formando ángulo—, con qué frecuencia las abejas derriban y reconstruyen de diferentes maneras una misma celdilla, repitiendo a veces una forma que al principio habían desechado.

Cuando las abejas disponen de sitio donde pueden situarse en la posición adecuada para trabajar —por ejemplo, un listón de madera colocado directamente debajo del centro de un panal que va creciendo hacia abajo, de modo que el panal haya de construirse por encima de una cara del listón—, en este caso las abejas pueden echar los cimientos de una pared de un nuevo hexágono en su lugar preciso, proyectándose más allá de las celdillas ya terminadas. Basta con que las abejas puedan situarse a las debidas distancias relativas entre sí y respecto de las paredes de las últimas celdillas terminadas, y luego, mediante sorprendentes esferas imaginarias, construyen una pared intermedia entre dos esferas contiguas; pero, por lo que he visto, nunca muerden ni rematan los ángulos de una celdilla hasta que ha sido construida una gran parte de esta celdilla y de las contiguas. Esta facultad que tienen las abejas de echar los cimientos, en ciertas circunstancias, de una tosca pared en su lugar debido, entre dos celdillas recién comenzadas, es importante, pues se relaciona con un hecho que, al pronto, parece destruir la teoría precedente, es decir, con el hecho de que las celdillas que se encuentran en el margen irregular de los panales de las avispas son, a veces, rigurosamente hexagonales; pero no tengo espacio aquí para entrar en este asunto. Tampoco me parece una gran dificultad que un solo insecto —como ocurre en el caso de la avispa reina o maesa— haga celdillas hexagonales si se pusiese a trabajar alternativamente por la parte interior y por la parte exterior de dos o tres celdillas comenzadas a un mismo tiempo, situándose siempre a la debida distancia relativa de las partes de las celdillas recién comenzadas, excavando esferas o cilindros y construyendo planos intermedios.

Como la selección natural obra solo por la acumulación de ligeras modificaciones de conformación o de instinto, cada una de ellas útil al individuo en sus condiciones de vida, puede razonablemente preguntarse: ¿cómo una larga y gradual sucesión de modificaciones del instinto arquitectónico, tendentes todas hacia el presente y perfecto plan de construcción, pudo aprovechar a los progenitores de la abeja común? Creo que la respuesta no es difícil: las celdillas construidas como las de la abeja o las de la avispa ganan en resistencia y ahorran mucho trabajo, espacio y materiales de que se construyen. Por lo que se refiere a la formación de cera, es sabido que las abejas se ven con frecuencia muy apuradas para conseguir el néctar suficiente, y míster Tegetmeier me informa de que se ha probado experimentalmente que las abejas de una colmena consumen de cinco y medio a seis y medio kilogramos de azúcar seco para la secreción de un medio kilo de cera; de modo que las abejas de una colmena tienen que recolectar y consumir una cantidad asombrosa de néctar líquido para la secreción de la cera necesaria para la construcción de sus panales. Además, muchas abejas tienen que permanecer ociosas varios días durante el proceso de secreción. Una gran provisión de miel es indispensable para mantener a un enjambre de abejas durante el invierno, y es sabido que la seguridad de la colmena depende principalmente de que mantenga a un gran número de abejas. Por consiguiente, el ahorro de cera, unido al gran ahorro de miel y de tiempo empleado en recolectarla, ha de ser un elemento importante del buen éxito para toda la familia de abejas. Por supuesto, el éxito de la especie puede depender del número de sus enemigos o parásitos, o de causas completamente distintas, y ser por tanto independiente en absoluto de la cantidad de miel que recolecten las abejas. Pero supongamos que esta última circunstancia determinó —como probablemente lo determinó a menudo— que un himenóptero afín de nuestros abejorros existiese en gran número en un país cualquiera; y supongamos además que la comunidad subsistiese durante el invierno y necesitase, por consiguiente, una provisión de miel: es indudable, en este caso, que sería una ventaja para nuestro imaginario abejorro, si una ligera modificación de sus instintos lo llevase a hacer sus celdillas de cera casi juntas, de modo que se entrecortasen un poco; pues una pared común, aunque solo fuese para dos celdas contiguas, ahorraría un poco de trabajo y cera. Por consiguiente, sería de continuo y cada vez más ventajoso para nuestros abejorros si llegasen a hacer sus celdillas cada vez más regulares, cada vez más cerca unas de otras y aglomeradas en una masa, como las celdillas de la *Melipona;* pues en este caso una gran parte de la superficie que delimitase a cada celdilla serviría para delimitar las celdillas contiguas y se ahorraría mucho trabajo y cera. Además, por la misma causa, sería ventajoso para la *Melipona* si llegase a hacer sus celdillas cada vez más juntas y más regulares por todos los conceptos que en la actualidad; pues en este caso, como hemos visto, las superficies esféricas desaparecerían por completo y serían reemplazadas por superficies planas, y la *Melipona* haría un panal tan perfecto como el de la abeja común. Más allá de este estado de perfección, en lo que a arquitectura se refiere, la selección natural no podía llevar, pues el panal de la abeja común, como hemos visto, es absolutamente perfecto en lo que a economizar trabajo y cera se refiere.

De este modo, a mi entender, el instinto más maravilloso de todos los conocidos, el de la abeja común, puede explicarse porque la selección natural ha sacado provecho de numerosas, sucesivas y ligeras modificaciones de instintos más sencillos; y porque la selección natural, mediante lentas gradaciones, condujo de un modo cada vez más perfecto a que las abejas trazasen esferas iguales a una distancia dada unas de otras, en una capa doble, y a construir y excavar la cera a lo largo de los planos de intersección. Las abejas, por supuesto, no saben que describen sus esferas a una distancia especial entre sí, de igual modo que no saben lo que son los diversos ángulos de los prismas hexagonales y de las placas básicas rombales; pues la fuerza propulsora del proceso de la selección natural fue la construcción de celdillas de la debida solidez y del tamaño y la forma adecuados para las larvas, realizando esto con la mayor economía posible de trabajo y cera. Aquellos enjambres que de este modo hicieron las mejores celdillas con el mínimo trabajo y el mínimo gasto de miel en la secreción de la cera, tuvieron más éxito y transmitieron sus instintos ahorrativos últimamente adquiridos a nuevos enjambres, los cuales, a su vez, tendrán las mayores probabilidad de éxito en la lucha por la existencia.

Objeciones a la teoría de la selección natural aplicada a los instintos: insectos neutros o estériles

A la opinión precedente sobre el origen de los instintos se ha hecho la objeción de que «las variaciones de conformación y de instinto tienen que haber sido simultáneas y exactamente acopladas entre sí, pues una modificación en aquella, por ejemplo, sin un correspondiente cambio inmediato en este, hubiese sido fatal». La fuerza de esta objeción descansa por completo en la presunción de que los cambios en los instintos y en la conformación son bruscos. Tomemos como ejemplo el caso del carbonero (*Parus major*), al que se ha hecho alusión en el capítulo anterior; este pájaro sujeta a menudo las semillas del tejo entre sus patas, sobre una rama, y las martillea con su pico hasta que consigue llegar a la pepita. Ahora bien, ¿qué especial dificultad habría en que la selección natural conservase todas las pequeñas variaciones individuales en la forma del pico que se adaptasen cada vez mejor a romper las semillas abiertas, hasta que se formase un pico tan bien construido para este fin como el de la sita [125], al mismo tiempo que la costumbre, la necesidad o las variaciones espontáneas del gusto hicieran que este pájaro se volviese cada vez más granívoro? En este caso, se supone que el pico se modifica lentamente por selección natural, después de lentos cambios de costumbres o de gustos y de acuerdo con ellos; pero dejemos que los pies del carbonero varíen y se hagan más grandes por correlación con el pico, o por cualquier otra causa desconocida, y no es improbable que estos pies mayores lleven al pájaro a trepar cada vez más, hasta que adquiriese el instinto y la facultad de trepar tan notables del trepatroncos. En este caso, se supone que un cambio gradual de conformación lleva al cambio de costumbres instintivas. Pongamos un ejemplo más: pocos instintos son tan notables como el que lleva a la salangana [126] a hacer su nido por completo de saliva

[125] Una clase de los llamados pájaros trepatroncos.

[126] Ave malaya afín al vencejo, que construye sus nidos con saliva; en China, estos nidos son considerados como delicioso manjar.

condensada. Algunas aves hacen sus nidos de barro, que al parecer humedecen con su saliva; y uno de los vencejos de América del Norte hace su nido —como he visto— de palitos pegados con saliva, y hasta con laminillas formadas de esta sustancia. ¿Es, pues, muy improbable que la selección natural de aquellos vencejos que segregasen cada vez más saliva, produjera al fin una especie con instintos que la impulsase a desdeñar otros materiales y a hacer sus nidos exclusivamente de saliva condensada? Y lo mismo ocurre en otros casos. Hay que admitir, sin embargo, que en muchos casos no podemos conjeturar si fue el instinto o la conformación lo que varió primero.

No cabe duda de que podrían oponerse a la teoría de la selección natural muchos instintos de muy difícil explicación: casos en los que no podemos comprender cómo pudo originarse un instinto; casos en los que no sabemos que existan gradaciones intermedias; casos de instintos de importancia tan insignificante que la selección natural apenas pudo obrar sobre ellos; casos de instintos casi idénticos en animales tan distantes en la escala de la naturaleza que no podemos explicar su semejanza por herencia a partir de un progenitor común, y que, por tanto, hemos de creer que se adquirieron independientemente por selección natural. No entraré aquí en estos diversos casos, sino que me limitaré a una dificultad especial, que al principio me pareció insuperable y realmente fatal para toda la teoría. Me refiero a las hembras neutras o estériles de las comunidades de insectos, pues estas neutras difieren a menudo ampliamente en instinto y en conformación, tanto de los machos como de las hembras fecundas y, sin embargo, por ser estériles, no pueden propagar su especie.

El asunto bien merece ser discutido con gran extensión, pero aquí no escogeré más que un solo caso: el de las hormigas obreras o estériles. Cómo se han vuelto estériles las obreras constituye una dificultad; pero no mucho mayor que la de cualquier otra modificación notable de estructura, pues puede demostrarse que algunos insectos y otros artrópodos, en estado de naturaleza, resultan en ocasiones estériles; y si estos insectos fuesen sociales y hubiese sido provechoso para la comunidad que cada año naciera un cierto número capaces de trabajar, pero incapaces de procrear, no veo ninguna dificultad especial en que esto se haya realizado mediante selección natural. Pero he de pasar por alto esta dificultad preliminar. La gran dificultad estriba en que las hormigas obreras difieren mucho de los machos y de las hembras fecundas en conformación —como en la forma del tórax—, en estar desprovistas de alas y, a veces, de ojos, y en instinto. Por lo que concierne solo al instinto, la asombrosa diferencia a este respecto entre las obreras y las hembras fecundas quedaría mejor ilustrada con el ejemplo de la abeja común. Si una hormiga obrera u otro insecto neutro hubiera sido un animal ordinario, hubiese yo admitido sin titubeo que adquirieron lentamente todos sus caracteres mediante selección natural; es decir, por haber nacido individuos con ligeras modificaciones útiles, que fueron heredadas por los descendientes, y que estos, a su vez, variaron y fueron seleccionados de nuevo, y así sucesivamente. Pero en la hormiga obrera tenemos un insecto que difiere en gran manera de sus padres, además de ser absolutamente estéril; de modo que nunca pudo transmitir a su progenie modificaciones sucesivamente adquiridas de conformación o instinto.

Puede muy bien preguntarse cómo es posible conciliar este caso con la teoría de la selección natural. Recuérdese, en primer lugar, que tenemos innumerables ejemplos, tanto en nuestras producciones domésticas como en las que se hallan en estado de naturaleza, de toda clase de diferencias hereditarias de estructura que guardan relación con determinadas edades o con cualquiera de los dos sexos. Tenemos diferencias que guardan relación no solo con un sexo, sino con el corto periodo en que el sistema reproductor está en actividad, como el plumaje nupcial de muchas aves y las mandíbulas ganchudas del salmón macho. Tenemos también ligeras diferencias en los cuernos de distintas castas de ganado bovino, en relación con un estado artificialmente imperfecto del sexo masculino; pues los bueyes de ciertas castas tienen cuernos más largos que los bueyes de otras castas, en comparación con la longitud de los cuernos de los toros y vacas de esas mismas castas. Por consiguiente, no veo ninguna gran dificultad en que cualquier carácter llegue a ser correlativo con la condición de esterilidad de determinados representantes de las comunidades de insectos. La dificultad estriba en comprender cómo estas modificaciones correlativas de estructura se han acumulado lentamente por selección natural.

Esta dificultad, aunque parece insuperable, disminuye o desaparece, en mi opinión, cuando se recuerda que la selección puede aplicarse a la familia lo mismo que al individuo, y lograrse de este modo el fin deseado. Los que se dedican a la cría de ganado vacuno desean que la carne y la grasa estén bien entreveradas; se sacrifica a un animal que presentaba estos caracteres, pero el ganadero ha acudido confiadamente a la misma manada y ha tenido éxito. Tal fe puede ponerse en el poder de selección, que es probable que pudiera formarse una raza de ganado que diese siempre bueyes con cuernos extraordinariamente largos, observando cuidadosamente qué toros y vacas, al aparearse, producen bueyes con los cuernos más largos; y, sin embargo, ningún buey hubiera propagado jamás su clase. He aquí un ejemplo mejor y real: según míster Verlot, algunas variedades de alhelí blanco doble, por haber sido larga y cuidadosamente seleccionadas hasta el grado debido, producen siempre una gran proporción de plantitas con flores dobles y completamente estériles; pero también producen algunas plantas sencillas y fecundas. Estas últimas —las únicas mediante las cuales puede propagarse la variedad— pueden compararse a las hormigas fecundas, machos y hembras, y las plantas dobles estériles a las neutras de la misma comunidad. Lo mismo que en las variedades del alhelí blanco, en los insectos sociales la selección se ha aplicado a la familia y no al individuo, para el propósito de lograr un fin útil. Por consiguiente, podemos llegar a la conclusión de que las leves modificaciones de conformación o de instinto, que están en correlación con la condición de esterilidad de ciertos representantes de la comunidad, han resultado provechosas y, en consecuencia, los machos y las hembras fecundos han prosperado y transmitido a su descendencia fecunda una tendencia a producir individuos estériles con esas mismas modificaciones. Este proceso tiene que repetirse muchas veces, hasta que se produzca esa prodigiosa diferencia entre las hembras fecundas y las estériles de una misma especie que vemos en muchos insectos sociales.

Pero no he llegado todavía a la cima de la dificultad, o sea, el hecho de que las neutras de varias especies de hormigas difieren no solo de las hembras fecundas y de los machos, sino también entre sí, a veces en un grado casi increíble, por lo que están divididas en dos y hasta en tres castas. Las castas, además, no presentan, por lo general, gradaciones entre sí, sino que están perfectamente bien definidas, siendo tan distintas unas de otras como lo son dos especies cualesquiera de un mismo género, o, mejor aún, como dos géneros cualesquiera de una misma familia. Así, en la *Eciton* hay neutras obreras y neutras soldados, con mandíbulas e instintos extraordinariamente diferentes; en el *Cryptocerus* solo las obreras de una casta llevan sobre la cabeza una extraña especie de escudo, cuyo uso es completamente desconocido; y en el *Myrmecocystus* mexicano, las obreras de una casta nunca abandonan el nido, son alimentadas por las obreras de otra casta y tienen un abdomen enormemente desarrollado, que segrega una especie de miel que reemplaza la excretada por los pulgones —o ganado doméstico, como puede llamárseles—, a los que nuestras hormigas europeas guardan encerrados.

Se creerá, verdaderamente, que tengo una confianza presuntuosa en el principio de la selección natural, al no admitir que estos hechos maravillosos y bien confirmados aniquilan de una vez la teoría. En el caso más sencillo de los insectos neutros todos de una casta, que —según mi opinión— se han hecho diferentes de los machos y hembras fecundos mediante selección natural, podemos concluir, por la analogía de las variaciones ordinarias, que las sucesivas y ligeras modificaciones útiles no aparecieron al principio en todos los neutros de un mismo hormiguero, sino tan solo en unos pocos; y que, por supervivencia de las comunidades con hembras que produjesen el mayor número de neutros con la modificación ventajosa, todos los neutros llegaron por fin a quedar caracterizados como tales. De acuerdo con esta opinión, hemos de encontrar a veces en un mismo hormiguero insectos neutros que presenten gradaciones de estructura, y esto es lo que encontramos, incluso no raras veces, si consideramos el escaso número de insectos neutros que han sido estudiados cuidadosamente fuera de Europa. Míster F. Smith ha demostrado que las neutras de varias hormigas inglesas difieren entre sí sorprendentemente en tamaño y a veces en color, y que las formas extremas pueden eslabonarse mediante individuos tomados del mismo hormiguero; yo mismo he comparado gradaciones perfectas de esta clase. A veces ocurre que las obreras del tamaño más grande o las del tamaño menor son las más numerosas, o que tanto las grandes como las pequeñas son numerosas, mientras que las de tamaño intermedio son escasas. La *Formica flava* tiene obreras muy grandes y muy pequeñas, con unas cuantas de tamaño intermedio; y en esta especie, como ha observado míster F. Smith, las obreras más grandes tienen ojos sencillos (ocelos) [127], que a pesar de ser pequeños pueden distinguirse claramente, en tanto que las obreras más pequeñas tienen sus ocelos rudimentarios. Después de haber disecado cuidadosamente varios ejemplares de estas obreras, puedo afirmar que los ojos son mucho más rudimentarios en las obreras más pequeñas de lo que puede explicarse simplemente por su tamaño proporcionalmente menor; y estoy plenamente convencido, aunque no me atrevo a afirmarlo tan categóricamente, de que las obreras de tamaño intermedio tienen sus ocelos de una condición exactamente intermedia. De modo que, en este caso, tenemos dos grupos de obreras estériles en un mismo hormiguero, que difieren no solo por su tamaño, sino por sus órganos de la vista, si bien están enlazadas por un corto número de individuos de condición intermedia. Tal vez divague al añadir que si las obreras más pequeñas hubieran sido las más útiles a la comunidad, y hubieran sido seleccionados constantemente aquellos machos y hembras que producían cada vez mayor número de las obreras más pequeñas, hasta que todas las obreras fuesen de esta condición, hubiésemos tenido entonces una especie de hormigas con neutras casi de la misma condición que las de la *Myrmica*, pues las obreras de la *Myrmica* no tienen ni siquiera rudimentos de ocelos, aunque las hormigas machos y hembras de este género tienen ocelos bien desarrollados.

[127] Véase el glosario de términos científicos.

Puedo citar otro caso: tan confiadamente esperaba yo encontrar en alguna ocasión gradaciones de estructuras importantes entre las diferentes castas de neutras de una misma especie, que me valí gustoso del ofrecimiento que me hizo míster F. Smith de numerosos ejemplares de un mismo hormiguero de la hormiga cazadora *(Anomma)* del África Occidental. Tal vez el lector aprecie mejor la diferencia que hay en estas obreras dándole no las medidas reales, sino una comparación rigurosamnte exacta: la diferencia era la misma que si viésemos hacer una casa a una cuadrilla de obreros, de los cuales unos tuviesen un metro y sesenta centímetros de altura y otros cuatro metros y ochenta centímetros de altura; pero, además, hemos de suponer que los obreros más grandes tuviesen la cabeza, en lugar de tres, cuatro veces más voluminosa que la de los obreros más pequeños, y las mandíbulas casi cinco veces más voluminosas. Además, las mandíbulas de las hormigas obreras de los diversos tamaños diferían extraordinariamente en su forma, y en la conformación y el número de los dientes. Pero el hecho importante para nosotros es que, aun cuando las obreras puedan agruparse en castas de diferentes tamaños, hay, sin embargo, gradaciones insensibles entre ellas lo mismo que entre la muy diferente conformación de sus mandíbulas. Hablo confiadamente sobre este último punto, pues sir J. Lubbock me hizo unas tomas, con la cámara lúcida, de mandíbulas que disequé de obreras de diferentes tamaños. Míster Bates, en su interesante obra *Naturalist on the Amazona* [128], ha descrito casos análogos.

Ante estos hechos, creo que la selección natural, obrando sobre las hormigas fecundas o padres, pudo formar una especie que produjese normalmente neutras, todas de tamaño grande con una sola forma de mandíbula, o todas de tamaño pequeño con mandíbulas muy diferentes; o, por último, y esta es la mayor dificultad, una serie de obreras de un tamaño y conformación, y, simultáneamente, otra serie de obreras de tamaño y conformación diferentes, habiéndose formado primero una serie gradual —como en el caso de la hormiga cazadora—, y produciéndose luego las formas extre-

[128] *Un naturalista en el Amazonas.*

mas cada vez en mayor número, debido a la supervivencia de los padres que las engendraron, hasta que no se produjo ya ninguna de conformación intermedia.

Una explicación análoga ha dado míster Wallace del caso, igualmente complejo, de ciertas mariposas malayas que presentan normalmente dos y hasta tres formas distintas de hembras, y Fritz Müller, del de ciertos crustáceos del Brasil que presentan también dos formas muy distintas de machos. Pero este asunto no necesita ser discutido aquí.

Acabo de explicar cómo, a mi parecer, se ha originado el asombroso hecho de que existan en el mismo hormiguero dos castas claramente definidas de obreras estériles, que difieren mucho entre sí y de sus padres. Podemos comprender lo útil que la producción de estas obreras ha sido para una comunidad de hormigas sociales, basándonos en el mismo principio de que la división del trabajo es útil al hombre civilizado. Las hormigas, sin embargo, trabajan mediante instintos heredados y mediante órganos o herramientas heredados, mientras que el hombre trabaja mediante conocimientos adquiridos e instrumentos manufacturados. Pero he de confesar que, con toda mi fe en la selección natural, nunca hubiera esperado que este principio hubiese sido tan sumamente eficaz, si el caso de estos insectos neutros no me hubiese llevado a esta conclusión. Por este motivo he discutido este caso, con alguna aunque totalmente insuficiente extensión, a fin de demostrar el poder de la selección natural, y también porque esta es, con mucho, la dificultad especial más grave que mi teoría ha acometido. El caso, además, es muy interesante porque prueba que en los animales, lo mismo que en las plantas, puede realizarse cualquier grado de modificación por la acumulación de numerosas y ligeras variaciones espontáneas, que sean de alguna manera útiles, sin que haya entrado en juego el ejercicio o la costumbre. Pues las costumbres peculiares, limitadas a las obreras o hembras estériles, por mucho tiempo que puedan haberse practicado, no pudieron afectar posiblemente a los machos y a las hembras fecundas, que son los únicos que dejan descendientes. Me sorprende que nadie hasta ahora haya presentado este caso demostrativo de los insectos neutros en contra de la famosa doctrina de las costumbres heredadas, según la propuso Lamarck.

Resumen

En este capítulo me he esforzado en demostrar brevemente que las cualidades mentales de nuestros animales domésticos son variables y que las variaciones son hereditarias. Aún más brevemente he intentado demostrar que los instintos varían ligeramente en estado de naturaleza. Nadie discutirá que los instintos son de la mayor importancia para todo animal. Por consiguiente, no hay dificultad real alguna en que, cambiando las condiciones de vida, la selección natural acumule hasta cualquier grado ligeras modificaciones del instinto que sean de alguna manera útiles. En muchos casos es probable que la costumbre, el uso y el desuso hayan entrado en juego. No pretendo que los hechos citados en este capítulo robustezcan mucho mi teoría; pero, según mi leal saber y entender, ninguno de los casos de dificultad la destruye. Por el contrario, el hecho de que los instintos no sean nunca absolutamente perfectos y estén sujetos a errores; de que no pueda demostrarse que ningún instinto se haya producido para el bien de otros animales, aunque los animales saquen provecho de los instintos de otros; de que la regla de la historia natural, de *Natura non facit saltum,* se aplique a los instintos lo mismo que a la estructura corporal —y se explica claramente según las teorías precedentes, pero es inexplicable de otro modo—; todo tiende a corroborar la teoría de la selección natural.

Esta teoría se robustece también por algunos otros hechos relativos a los instintos, como el caso común de especies muy afines, pero distintas, que, aun habitando en diferentes partes del mundo y viviendo en condiciones de vida muy dispares, conservan, sin embargo, a menudo, casi los mismos instintos. Por ejemplo, podemos comprender, de acuerdo con el principio de la herencia, por qué el tordo de la región tropical de América del Sur reviste su nido con barro, de la misma manera peculiar a como lo hace nuestro zorzal británico; por qué los cálaos [129] de África y de India tienen el mismo instinto extraordinario de emparedar y aprisionar a las hembras en el hueco de un árbol, dejando tan solo un pequeño agujero en la plasta, por donde los machos alimentan a las hembras y a sus crías cuando nacen; por qué los reyezuelos [130] machos *(Troglodytes)* de América del Norte construyen «nidos de macho» —*cock-nests*— para descansar en ellos, como los machos de nuestros reyezuelos, costumbre completamente distinta de la de cualquier otra ave conocida. Finalmente, puede no ser una deducción lógica, mas para mi imaginación es muchísimo más satisfactorio considerar instintos tales como el de la cría del cuclillo, que expulsa a sus hermanos adoptivos; el de las hormigas esclavistas y el de las larvas de las icneumónidas que se alimentan del cuerpo vivo de las orugas, no como instintos especialmente creados o donados, sino como pequeñas consecuencias de una ley general que conduce al progreso de todos los seres orgánicos, es decir, que multiplica, varía y deja vivir a los más fuertes y morir a los más débiles.

CAPÍTULO IX
HIBRIDISMO

Grados de esterilidad.—Leyes que rigen la esterilidad de los primeros cruzamientos y la de los híbridos.—Origen y causas de la esterilidad de los primeros cruzamientos y de la de los híbridos.—Dimorfismo y trimorfismo recíprocos.—La fecundidad de las variedades al cruzarse y de su descendencia mestiza no es universal.—Comparación de híbridos y mestizos, independientemente de su fecundidad.—Resumen

LA opinión comúnmente sostenida por los naturalistas es la de que las especies, cuando se cruzan, resultan especialmente dotadas de esterilidad, a fin de impedir su confusión. Ciertamente,

129 Ave trepadora con excrecencias córneas en el pico.

130 El reyezuelo es el más pequeño de los pájaros canoros europeos. Los trogloditas son un género de pájaros dentirrostros, parecidos al reyezuelo, que viven en los matorrales.

esta opinión parece a primera vista probable, pues las especies que viven juntas difícilmente se hubieran conservado distintas si fuesen capaces de cruzarse ilimitadamente. El asunto es, por muchos aspectos, importante para nosotros, especialmente porque la esterilidad de las especies cuando se cruzan por primera vez y la de su descendencia híbrida no han podido adquirirse —como demostraré— mediante la conservación de sucesivos y provechosos grados de esterilidad. Es un resultado incidental de diferencias en los sistemas reproductores de las especies madres.

Al tratar de este asunto, se han confundido generalmente dos clases de hechos, fundamentalmente diferentes en gran parte: la esterilidad de las especies cuando se cruzan por primera vez y la esterilidad de los híbridos engendrados por ellas.

Las especies puras tienen, naturalmente, sus órganos de reproducción en estado perfecto y, sin embargo, cuando se cruzan entre sí producen poca o ninguna descendencia. Los híbridos, por el contrario, tienen sus órganos reproductores funcionalmente impotentes, como puede verse claramente por la condición del elemento masculino, tanto en las plantas como en los animales, aunque los órganos formadores mismos sean perfectos en su estructura, hasta donde lo revela el microscopio. En el primer caso, los dos elementos sexuales que contribuyen a formar el embrión son perfectos; en el segundo caso, o no se han desarrollado en absoluto, o se han desarrollado imperfectamente. Esta distinción es importante cuando ha de considerarse la causa de la esterilidad que es común a los dos casos. Probablemente se ha pasado por alto esta distinción, debido a que la esterilidad se ha considerado en ambos casos como un don especial, fuera de la incumbencia de nuestras facultades de raciocinio.

La fecundidad de las variedades —o sea, de las formas que se sabe o se cree que descienden de padres comunes— cuando se cruzan, y asimismo la fecundidad de su descendencia mestiza, es —por lo que se refiere a mi teoría— de igual importancia que la esterilidad de las especies, pues parece constituir una amplia y clara distinción entre variedades y especies.

Grados de esterilidad

Empecemos por la esterilidad de las especies cuando se cruzan y de su descendencia híbrida. Es imposible estudiar las diversas memorias y obras de aquellos dos admirables y escrupulosos observadores, Kölreuter y Gärtner, quienes consagraron casi sus vidas a este asunto, sin quedar profundamente impresionado por lo muy general que es cierto grado de esterilidad. Kölreuter establece la regla como universal; pero enseguida zanja la cuestión, pues en diez casos en los que encontró dos formas —consideradas por la mayoría de los autores como especies distintas— completamente fecundas entre sí, las clasifica sin titubeos como variedades. Gärtner también establece la regla como igualmente universal, y discute la completa fecundidad de los diez casos de Kölreuter. Pero en estos y en otros muchos casos, Gärtner se ve obligado a contar cuidadosamente las semillas para demostrar que hay algún grado de esterilidad. Compara siempre el número máximo de semillas producidas por dos especies al cruzarse por vez primera y el máximo de semillas producidas por su descendencia híbrida, con el promedio producido por las dos especies progenitoras puras en el estado de naturaleza. Pero aquí intervienen causas de grave error: una planta, para ser hibridada, tiene que ser castrada y, lo que muchas veces es más importante, ha de ser aislada con objeto de impedir que los insectos le lleven polen de otras plantas. Casi todas las plantas sometidas a experimento por Gärtner estaban en macetas y las guarda en un habitación de su casa. Es indudable que estos procedimientos son a menudo perjudiciales para la fecundidad de una planta; pues Gärtner da en su cuadro aproximadamente una veintena de casos de plantas que castró y fecundó artificialmente con su propio polen, y —excluyendo todos los casos, como el de las leguminosas, en los que existe una reconocida dificultad en la manipulación— la mitad de estas veinte plantas tenía su fecundidad dañada en cierto grado. Además, como Gärtner cruzó repetidas veces algunas formas —tales como los murajes rojo y azul comunes (*Anagallis arvensis* y *coerulea*) que los mejores botánicos clasifican como variedades— y las encontró absolutamente estériles, podemos dudar de si muchas especies son realmente tan estériles al cruzarse como él creía.

Es cierto, por una parte, que la esterilidad de especies diferentes cuando se cruzan es de grado tan distinto y presenta gradaciones tan insensibles, y, por otra parte, que la fecundidad de las especies puras es afectada tan fácilmente por circunstancias varias, que —para todos los fines prácticos— es muy difícil decir dónde termina la fecundidad perfecta y dónde empieza la esterilidad. Creo que no se puede pedir mejor prueba de esto que el hecho de que los dos observadores más experimentados que hayan existido, Kölreuter y Gärtner, llegaron a conclusiones diametralmente opuestas respecto a algunas de las mismas e idénticas formas. Es también muy instructivo comparar —pero no tengo espacio para entrar aquí en detalles— las pruebas dadas por nuestros mejores botánicos en el problema de si ciertas formas dudosas deben clasificarse como especies o como variedades, con las pruebas según la fecundidad aducidas por diferentes hibridadores, o por un mismo observador según experimentos hechos en diferentes años. De este modo se puede demostrar que ni la esterilidad ni la fecundidad proporcionan cualquier distinción segura entre especies y variedades. Las pruebas procedentes de estos experimentos muestran gradaciones insensibles y son tan dudosas como las pruebas procedentes de otras diferencias de estructura y de constitución.

Respecto a la esterilidad de los híbridos en generaciones sucesivas, aunque Gärtner pudo criar algunos híbridos, preservándolos cuidadosamente de todo cruzamiento con uno u otro de los progenitores puros, durante seis o siete, y en algunos casos diez generaciones, afirma, sin embargo, concluyentemente que su fecundidad nunca aumenta, sino que por lo general disminuye de manera importante y súbita. Respecto a esta disminución, hay que advertir en primer lugar que, cuando una desviación de estructura o constitución es común a ambos padres, esta se transmite a menudo aumentada a la descendencia; y los dos elementos sexuales de las plantas híbridas están ya afectados en cierto grado. Pero creo que su fecundidad ha disminuido en casi todos estos casos por una causa independiente, a saber: por cruzamiento entre parientes demasiado próximos. He hecho tantos experimentos y reunido tantos hechos que demuestran, por una parte, que un cruzamiento ocasional con un individuo o variedad distintos aumenta el vigor y fecundidad de la descendencia, y, por otra parte, que el cruzamiento entre parientes próximos disminuye su vigor y fecundidad, que no puedo dudar de la exactitud de esta conclusión. Raras veces crían un gran número de híbridos los experimentadores; y como las especies progenitoras u otros híbridos afines crecen generalmente en el mismo jardín, han de impedirse cuidadosamente las visitas de los insectos durante la época de la floración, de aquí que los híbridos, si se abandonan a sí mismos, serán fecundados generalmente en cada generación por el polen de una misma flor, y esto probablemente debe ser perjudicial para su fecundidad, disminuida ya por su origen híbrido. Me confirma en esta convicción una notable afirmación hecha repetidamente por Gärtner, o sea, que aun los híbridos menos fecundos, si son fecundados artificialmente con polen híbrido de la misma clase, su fecundidad, no obstante los efectos frecuentemente nocivos de la manipulación, aumenta a veces francamente, y sigue aumentando. Ahora bien, en el procedimiento de la fecundación artificial, el polen se toma con tanta frecuencia, por azar —como sé por experiencia propia—, de las anteras de otra flor, como de las anteras de la misma flor que ha de ser fecundada; de modo que así se efectúa un cruzamiento entre dos flores, aunque probablemente sean con frecuencia de una misma planta. Además, siempre que verificase experimentos complicados, un observador tan cuidadoso como Gärtner castraría a sus híbridos, y esto aseguraría en cada generación un cruzamiento con polen de una flor distinta, bien de la misma planta o bien de otra planta de igual naturaleza híbrida. Y de este modo, el hecho extraño de un aumento de la fecundidad en las generaciones sucesivas de híbridos *fecundados artificialmente*, en contraste con los que se autofecundan espontáneamente, puede explicarse —en mi opinión— porque se han evitado los cruzamientos entre parientes demasiado próximos.

Pasemos ahora a los resultados a que ha llegado un tercer hibridador muy experimentado, el honorable y reverendo W. Herbert.

Es tan terminante en su conclusión de que algunos híbridos son perfectamente fecundos —tan fecundos como las especies progenitoras puras—, como lo son Kölreuter y Gärtner en que cierto grado de esterilidad entre especies distintas es una ley universal de la naturaleza. Realizó experimentos con algunas de las mismas especies exactamente con que había experimentado Gärtner. La diferencia de sus resultados puede explicarse en parte, a mi parecer, por la gran competencia de Herbert en horticultura y por haber tenido invernáculos a su disposición. De sus numerosas afirmaciones importantes, citaré aquí tan solo una como ejemplo, a saber, que «todo óvulo de una cápsula de *Crinum capense* fecundado por un *C. revolutum* produjo una planta, lo que nunca vi que ocurriese en ningún caso de su fecundación natural». Así pues, tenemos aquí una fecundidad perfecta, o incluso más perfecta que lo común, en un primer cruzamiento entre dos especies distintas.

Este caso del *Crinum* me induce a referir un hecho singular, o sea, que determinadas plantas de ciertas especies de *Lobelia, Verbascum* [131] y *Passiflora* [132] pueden ser fecundadas fácilmente por polen procedente de una especie distinta, pero no por el polen de la misma planta, aunque se haya comprobado que este polen es perfectamente sano al fecundar a otras plantas o especies. En el género *Hippeastrum,* en el *Corydalis,* como demostró el profesor Hildebrand, y en varias orquídeas, como demostraron míster Scott y Fritz Müller, todos los individuos se hallan en esta situación particular. ¡Así pues, en algunas especies ciertos individuos anómalos, y en otras especies todos los individuos, pueden ser positivamente híbridos con mucha más facilidad que ser fecundados por el polen procedente de su misma planta! Para dar un ejemplo: un bulbo de *Hippeastrum aulicum* produjo cuatro flores; tres fueron fecundadas con su propio polen por Herbert, y la cuarta fue fecundada posteriormente con polen de un híbrido compuesto, descendiente de

[131] Verbasco, género de plantas escrofulariáceas —como el gordolobo—, de flores amarillas, empleadas como espectorantes.

[132] Género de plantas pasifloráceas, al que pertenece la pasionaria *(Passiflora caerulea).*

tres especies distintas: el resultado fue que «los ovarios de las tres flores primeras cesaron pronto de desarrollarse y, pocos días después, perecieron por completo, mientras que la cápsula impregnada por el polen del híbrido tuvo un crecimiento vigoroso, pasando rápidamente a la madurez, y produjo buenas semillas, que germinaron ilimitadamente». Míster Herbert hizo experimentos análogos durante varios años, y siempre con el mismo resultado. Estos casos sirven para demostrar de qué causas tan leves y misteriosas depende a veces la mayor o menor fecundidad de una especie.

Los experimentos prácticos de los horticultores, aunque no estén hechos con precisión científica, merecen alguna atención. Es notorio de qué modo tan complicado se han cruzado las especies de *Pelargonium* [133], *Fuchsia* [134], *Calceolaria* [135], *Petunia* [136], *Rhododendron* [137], etc., y, sin embargo, muchos de estos híbridos producen semillas ilimitadamente. Por ejemplo, Herbert afirma que un híbrido de *Calceolaria integrifolia* y *plantaginea,* especies sumamente diferentes en su constitución general, «se reproduce tan perfectamente como si fuese una especie natural de las montañas de Chile». Me he tomado algún trabajo para averiguar el grado de fecundidad de algunos de los cruzamientos complejos de los rododendros, y estoy seguro de que muchos de ellos son perfectamente fecundos. Míster C. Noble, por ejemplo, me informa de que cultiva pies para injertos de un híbrido de *Rh. ponticum* y *catawbiense,* y que este híbrido «produce semillas tan ilimitadamente como pueda imaginarse». Si los híbridos, al ser convenientemente

[133] Geranio silvestre.

[134] Fucsia, arbusto onagrerieo de flores rojas y colgantes; es una planta de adorno, procedente de América del Sur.

[135] Calceolaria, planta escrofulariácea de flores amarillas, blancas o purpúreas, de origen sudamericano; es planta de jardín por la belleza y variedad del color de sus flores.

[136] Petunia, planta solanácea de flores infundibuliformes (en forma de embudo), olorosas y blanquecinas; es planta ornamental de origen brasileño.

[137] Rododendro, arbolillo ericáceo de flores sonrosadas o purpúreas.

tratados, hubiesen ido disminuyendo constantemente en fecundidad en cada generación sucesiva, como creía Gärtner, el hecho sería notorio para los horticultores que cuidan de los semilleros. Los horticultores cultivan grandes tablares de un mismo híbrido, y únicamente así están tratados convenientemente, pues por medio de los insectos los diversos individuos pueden cruzarse ilimitadamente entre sí, y de este modo se evita la influencia perniciosa de los cruzamientos muy afines. Cualquiera puede convencerse fácilmente por sí mismo de la eficacia de la acción de los insectos examinando las flores de las clases más estériles de los rododendros híbridos, que no producen polen, porque descubrirá sobre sus estigmas gran cantidad de polen traído de otras flores.

Por lo que se refiere a los animales, se han hecho muchos menos experimentos cuidadosamente que con las plantas. Si se puede confiar en nuestros ordenamientos sistemáticos —es decir, si los géneros de los animales son tan distintos entre sí como lo son los géneros de las plantas—, entonces podemos deducir que los animales más distantes en la escala de la naturaleza se cruzan con más facilidad que en el caso de las plantas; pero los híbridos mismos son, a mi parecer, más estériles. Sin embargo, hay que tener presente que, debido al escaso número de animales que se procrean ilimitadamente en cautividad, se han intentado pocos experimentos en las condiciones convenientes. Por ejemplo, el canario se ha cruzado con nueve especies distintas de fringílidos [138]; pero como ninguna de estas procrea bien en cautividad, no tenemos derecho a esperar que los primeros cruzamientos entre ellas y el canario, ni que sus híbridos sean perfectamente fecundos. Además, por lo que se refiere a la fecundidad en generaciones sucesivas de los animales híbridos más fértiles, apenas sé de ningún caso en el que dos familias de un mismo híbrido se hayan criado al mismo tiempo procedentes de padres distintos, a fin de evitar los efectos perniciosos de un entrecruzamiento consanguíneo. Por el contrario, ordinariamente se han cruzado hermanos y herma-

[138] Familia de pájaros conirrostros, a la que pertenecen el gorrión, el jilguero, el pinzón y el canario.

nas en cada una de las generaciones sucesivas, en oposición a la advertencia constantemente repetida por todo criador. Y, en este caso, no es nada sorprendente que la esterilidad inherente a los híbridos haya ido en aumento.

Aunque apenas sé de casos verdaderamente bien comprobados de animales híbridos perfectamente fecundos, tengo motivos para creer que los híbridos de *Cervulus vaginalis* y *Reevesii,* y de *Phasianus colchicus* [139] con *Ph. torquatus* [140] son perfectamente fecundos. Monsieur Quatrefages afirma que los híbridos de dos pollitas *(Bombyx cynthia* y *arrindia)* se comprobó en París que eran fecundos *inter se* durante ocho generaciones [141]. Recientemente se ha afirmado que dos especies tan distintas como la liebre y el conejo, cuando se consigue hacerlos procrear entre sí, producen descendencia, que es sumamente fecunda cuando se cruza con una de las especies progenituras. Los híbridos del ganso común y del ganso chino *(Anser cygnoides),* especies tan diferentes que se las suele clasificar en géneros distintos, han procreado en nuestro país con una u otra de las especies progenituras puras, y en un solo caso han procreado *inter se.* Esto fue realizado por míster Eyton, quien crio dos híbridos de los mismos padres, pero de nidadas diferentes, y de estas dos aves crio nada menos que ocho híbridos —nietos de los gansos puros—, procedentes de un solo nido. En la India, sin embargo, estos gansos cruzados deben de ser mucho más fecundos, pues dos eminentes autoridades en la materia, míster Blyth y el capitán Hutton, me aseguran que bandadas enteras de estos gansos cruzados existen en diversas partes del país, y como se los cuida para explotación donde no hay ni una ni otra de las especies progenituras puras, han de ser por cierto de una extremada o perfecta fecundidad.

En los animales domésticos, las distintas razas, cuando se cruzan, son completamente fecundas; sin embargo, en muchos casos descienden de dos o más especies salvajes. De este hecho podemos sacar la conclusión de que también las especies progenitoras

139 Faisán común

140 Faisán de cuello anillado.

141 Véase tabla de adiciones, pág. 41.

aborígenes produjeron al principio híbridos perfectamente fecundos, o bien los híbridos que fueron criados después en domesticidad se volvieron fecundos por completo. Esta última alternativa —propuesta por primera vez por Pallas— parece, con mucho, la más probable, y, en verdad, difícilmente puede ponerse en duda. Es casi seguro, por ejemplo, que nuestros perros descienden de diferentes troncos salvajes, y sin embargo —exceptuando acaso ciertos perros domésticos indígenas de América del Sur— todos son completamente fecundos entre sí; pero la analogía me hace dudar mucho de que las diversas especies aborígenes hayan procreado al principio ilimitadamente entre sí y hayan producido híbridos completamente fecundos. Además, recientemente he adquirido la prueba decisiva de que la descendencia cruzada del cebú y el ganado vacuno común son perfectamente fecundos *inter se;* y, según las observaciones de Rütimeyer sobre sus importantes diferencias osteológicas, así como las de míster Blyth sobre sus diferencias en costumbres, voz, constitución, etc., estas dos formas han de considerarse como especies verdaderas y distintas. Las mismas observaciones pueden extenderse a las dos razas principales del cerdo. Por consiguiente, o bien tenemos que abandonar la creencia en la esterilidad universal de las especies cuando se cruzan, o bien tenemos que considerar esta esterilidad en los animales, no como una característica indeleble, sino como una característica capaz de eliminarse por la domesticación.

Finalmente, considerando todos los hechos comprobados relativos al entrecruzamiento de plantas y de animales, puede llegarse a la conclusión de que cierto grado de esterilidad, tanto en los primeros cruzamientos como en los híbridos, es un resultado sumamente general; pero que, en el estado actual de nuestros conocimientos, no puede considerarse como absolutamente universal.

Leyes que rigen la esterilidad de los primeros cruzamientos y la de los híbridos

Consideraremos ahora, con un poco más de detalle, las leyes que rigen la esterilidad de los primeros cruzamientos y la de los híbridos. Nuestro objeto principal será ver si estas leyes indican o no que las especies están especialmente dotadas de esta cualidad, a fin de evitar su cruzamiento y su mezcla en la más completa confusión. Las conclusiones siguientes están sacadas principalmente de la admirable obra de Gärtner sobre la hibridación de las plantas. Me he tomado mucho trabajo para averiguar hasta qué punto se aplican a los animales, y teniendo en cuenta lo escasos que son nuestros conocimientos respecto a los animales híbridos, me ha sorprendido ver cuán generalmente se aplican las mismas reglas a ambos reinos.

Se ha hecho observar ya que el grado de fecundidad, tanto en los primeros cruzamientos como en los híbridos, pasa gradualmente desde cero hasta la fecundidad perfecta. Es sorprendente ver por cuántos curiosos medios puede demostrarse esta gradación; pero aquí solo es posible dar un bosquejo más sencillo de los hechos. Cuando se coloca el polen de la planta de una familia en el estigma de una planta de otra familia distinta, no ejerce más influencia que otro tanto de polvo inorgánico. A partir de este cero absoluto de fecundidad, el polen de especies diferentes aplicado al estigma de alguna especie del mismo género da una perfecta gradación en el número de semillas producidas, hasta llegar a la fecundidad casi completa o completa del todo; y, como hemos visto, en ciertos casos anómalos, hasta un exceso de fecundidad, superior a la que produce el polen de la propia planta. De igual modo, en los híbridos hay algunos que nunca han producido, y probablemente nunca producirán, ni aun con el polen de los progenitores puros, ni una sola semilla fértil; pero en algunos de estos casos puede descubrirse un primer indicio de fecundidad, porque el polen de una de las especies progenitoras puras hace que la flor del híbrido se marchite antes de lo que se hubiera marchitado de otro modo, y es bien sabido que el hecho de que una flor se marchite pronto es una señal de fecundación incipiente. Desde este grado extremo de esterilidad, tenemos híbridos autofecundados que producen un número cada vez mayor de semillas hasta llegar a la fecundidad perfecta.

Los híbridos obtenidos de dos especies que son muy difíciles de cruzar, y que rara vez producen descendencia alguna, son generalmente muy estériles; pero el paralelismo entre la dificultad de hacer el primer cruzamiento y la esterilidad de los híbridos así producidos —dos clases de hechos que generalmente se confunden— no es, en modo alguno, riguroso. Hay muchos casos, como en el género *Verbascum,* en los que dos especies puras pueden unirse con insólita facilidad y producir numerosos descendientes híbridos, y, sin embargo, estos híbridos son notablemente estériles. En cambio, hay especies que se cruzan muy raras veces o con extrema dificultad, pero los híbridos, cuando al cabo se producen, son muy fecundos. Incluso dentro de los límites de un mismo género —por ejemplo, en el *Dianthus*[142]— ocurren estos dos casos opuestos.

La fecundidad de los primeros cruzamientos y la de los híbridos resulta más fácilmente afectada por las condiciones desfavorables que la fecundidad de las especies puras. Pero la fecundidad de los primeros cruzamientos es también, por naturaleza, variable, pues no es siempre de igual grado cuando las dos mismas especies se cruzan en idénticas condiciones; depende, en parte, de la constitución de los individuos que han sido elegidos para el experimento. Lo mismo ocurre con los híbridos, pues sé que con frecuencia su grado de fecundidad difiere mucho en los varios individuos procedentes de semillas de una misma cápsula y sometidas a las mismas condiciones.

Por el término *afinidad sistemática* se entiende la semejanza general, en estructura y constitución, entre dos especies. Ahora bien, la fecundidad de los primeros cruzamientos, y la de los híbridos generados de ellos, está regida en gran parte por su afinidad sistemática. Esto se demuestra claramente porque nunca se han obtenido híbridos entre especies clasificadas por los sistemáticos en familias distintas, y porque, en cambio, las especies muy afines se unen ge neralmente con facilidad. Pero la correspondencia entre la afinidad sistemática y la facilidad de cruzamiento no es, en modo alguno, rigurosa. Podrían citarse multitud de casos de especies muy afines que no se unen, o de lo que hacen solo con extrema

142 Género de plantas de la familia de las cariofiláceas, como el clavel.

dificultad, y de especies muy distintas que, en cambio, se unen con la mayor facilidad. En una misma familia puede haber un género, como el *Dianthus,* en el que se cruzan facilísimamente muchas especies, y otro género, como el *Silene* [143], en el que han fracasado los más perseverantes esfuerzos para producir un solo híbrido entre especies sumamente afines. Incluso dentro de los límites de un mismo género nos encontramos con esta misma diferencia; por ejemplo, las numerosas especies del género *Nicotiana* [144] se han cruzado mucho más que las de casi ningún otro género; pero Gärtner descubrió que la *N. acuminata,* que no es una especie particularmente distinta, se resistió pertinazmente a fecundar o a ser fecundada por nada menos que otras ocho especies de *Nicotiana.* Podrían citarse muchos hechos análogos.

Nadie ha sido capaz de señalar qué clase o qué cuantía de diferencia, en cualquier carácter apreciable, es suficiente para impedir que se crucen dos especies. Puede demostrarse que es posible cruzar plantas muy diferentes por su régimen y su aspecto general, y que tienen acusadas diferencias en todas las partes de su flor, incluso en el polen, en el fruto y en los cotiledones. Plantas anuales y perennes, árboles de hoja caduca y de hoja persistente, plantas que viven en estaciones diferentes y adaptadas a climas sumamente diferentes pueden muchas veces cruzarse con facilidad.

Por *cruzamiento recíproco entre dos especies* entiendo el caso, por ejemplo, de una burra cruzada primero con un caballo, y luego de una yegua con un asno: entonces puede decirse que estas dos especies se han cruzado recíprocamente. Muchas veces hay la mayor diferencia posible en la facilidad de hacer los cruzamientos recíprocos. Estos casos son de suma importancia, pues prueban que la capacidad de dos especies cualesquiera para cruzarse es a menudo completamente independiente de su afinidad sistemática, esto es, de cualquier diferencia en su estructura o constitución, excepto en sus sistemas reproductores. La diversi-

[143] Género de plantas cariofiláceas, como la colleja.

[144] Género de hierbas solanáceas, entre cuyas especies se halla el tabaco.

dad de resultados en los cruzamientos recíprocos entre las dos mismas especies fue observada hace mucho tiempo por Kölreuter. Demos un ejemplo: la *Mirabilis jalapa* puede ser fecundada fácilmente por el polen de la *M. longiflora,* y los híbridos producidos de este modo son bastante fecundos; pero Kölreuter intentó más de doscientas veces, durante ocho años consecutivos, fecundar recíprocamente la *M. longiflora* con el polen de la *M. jalapa,* y fracasó por completo. Podrían citarse otros varios hechos igualmente sorprendentes. Thuret observó el mismo hecho en ciertas algas marinas o *Fucus.* También Gärtner encontró que la diferencia de facilidad de hacer cruzamientos recíprocos es muy común en un grado menor. Observó esto incluso entre formas muy afines —como la *Matthiola annua* y la *glabra*—, que muchos botánicos clasifican tan solo como variedades. Es también un hecho notable el que los híbridos nacidos de cruzamientos recíprocos, aunque naturalmente están formados de las dos mismas especies —pues una especie fue utilizada primero padre y luego como madre—, y aunque rara vez difieren por sus caracteres externos, sin embargo, difieren generalmente poco en fecundidad, y accidentalmente en grado más elevado.

Se podrían citar otras varias reglas particulares de Gärtner: por ejemplo, algunas especies tienen una notable facultad de cruzamiento con otras especies; otras especies de un mismo género tienen una notable facultad de imprimir su semejanza a su descendencia híbrida; pero estas dos facultades no van, en modo alguno, necesariamente unidas. Hay ciertos híbridos que, en lugar de tener, como es lo corriente, un carácter intermedio entre sus dos progenitores, siempre se asemejan más a uno de ellos; y estos híbridos, a pesar de parecerse mucho en lo exterior a una de sus especies progenitoras puras, son, con raras excepciones, sumamente estériles. Además, entre los híbridos que, por lo general, son de conformación intermedia entre sus padres, nacen a veces individuos excepcionales y anómalos que se parecen mucho a uno de sus progenitores puros; y estos híbridos son, casi siempre, completamente estériles, aun cuando los otros híbridos producidos de semillas de la misma cápsula tengan un grado considerable de fecundidad. Estos hechos demuestran hasta qué punto la fecundidad de un híbrido es independiente de su semejanza externa con uno u otro de sus progenitores puros.

Considerando las diversas reglas que acaban de citarse —reglas que rigen la fecundidad de los primeros cruzamientos y la de los híbridos— vemos que cuando se unen formas, que deben considerarse como especies verdaderas y distintas, su fecundidad pasa gradualmente desde cero hasta la fecundidad perfecta o incluso, en determinadas condiciones, a una fecundidad excesiva; que su fecundidad, aparte de ser sumamente susceptible a las condiciones favorables, es variable por naturaleza; que en manera alguna lo es siempre en igual grado en el primer cruzamiento y en los híbridos producidos por este cruzamiento; que la fecundidad de los híbridos no está relacionada con el grado en que estos se asemejan por su aspecto externo a uno u otro de sus progenitores; y, por último, que la facilidad de hacer el primer cruzamiento entre dos especies cualesquiera no siempre está regida por su afinidad sistemática o grado de semejanza mutua. Esta última afirmación se prueba claramente por la diferencia en los resultados de los cruzamientos recíprocos entre las dos mismas especies, pues según que una u otra especie se emplee como padre o como madre, hay generalmente alguna diferencia —y a veces la mayor diferencia posible— en la facilidad de efectuar la unión. Además, los híbridos nacidos de cruzamientos recíprocos difieren a menudo en fecundidad.

Ahora bien, ¿indican estas leyes complejas y singulares que las especies estén dotadas de esterilidad sencillamente para impedir su confusión en la naturaleza? Creo que no. Pues ¿por qué ha de ser la esterilidad de grado tan sumamente diferente, cuando se cruzan especies distintas, si suponemos que es de igual importancia para todas ellas perservarlas de que se mezclen? ¿Por qué el grado de esterilidad ha de ser variable por naturaleza en los individuos de la misma especie? ¿Por qué unas especies se cruzan con facilidad y, sin embargo, producen híbridos muy estériles, y otras especies se cruzan con dificultad y, sin embargo, producen híbridos muy fecundos? ¿Por qué hay muchas veces una diferencia tan grande en el resultado de un cruzamiento recíproco entre las dos mismas especies? ¿Por qué —puede preguntarse aún— se ha permitido la producción de híbridos? Conceder a las especies la facultad especial de producir híbridos, para luego detener su ulterior propagación mediante diferentes grados de esterilidad, que no están rigurosamente relacionados con la facilidad de la primera unión entre sus progenitores, parece una extraña disposición.

Por el contrario, las reglas y los hechos precedentes me parece que indican claramente que tanto la esterilidad de los primeros cruzamientos como la de los híbridos es simplemente incidental o dependiente de diferencias desconocidas en sus sistemas reproductores, siendo las diferencias de naturaleza tan particular y limitada, que —en los cruzamientos recíprocos entre dos mismas especies— el elemento sexual masculino de una actuará a menudo ilimitadamente en el elemento sexual femenino de la otra, pero no en sentido inverso. Será conveniente explicar con algún detalle más, mediante un ejemplo, lo que entiendo al decir que la esterilidad es incidental con otras diferencias, y no una cualidad especialmente concedida. Como la capacidad de una planta para ser injertada en otras no tiene importancia para su prosperidad en estado de naturaleza, presumo que nadie supondrá que esta capacidad es una cualidad *especialmente* concedida, sino que admitirá que es incidental con diferencias en las leyes de crecimiento de las dos plantas. A veces podemos comprender la causa por la que un árbol no prende en otro, debido a diferencias en su velocidad de crecimiento, en la dureza de su madera, en el periodo del flujo de la savia o de la naturaleza de esta, etc.; pero en una multitud no podemos asignar causa alguna. La gran diversidad en el tamaño de las dos plantas, el ser una leñosa y otra herbácea, una de hoja persistente y otra de hoja caduca, y la adaptación a climas muy diferentes, no siempre impiden que puedan injertarse una en otra. Al igual que en la hibridación, también en el injerto la capacidad está limitada por la afinidad sistemática, pues nadie ha podido injertar uno en otro, árboles que pertenecen a familias completamente diferentes; y, en cambio, especies muy afines, y variedades de una misma especie, pueden por lo general, pero no invariablemente, injertarse con facilidad unas en otras. Pero esta capacidad, como ocurre en la hibridación, no está en absoluto regida por la afinidad sistemática. Aunque muchos géneros distintos dentro de una misma familia se hayan injertado entre sí, en otros casos especies de un mismo género no prenden unas en otras. El peral puede injertarse mucho más fácilmente en el membrillero, clasificado como un género distinto, que en el manzano, miembro perteneciente al mismo género. Incluso las diferentes variedades del peral prenden con diferentes grados de facilidad en el membrillero, y lo mismo ocurre con las diferentes variedades del albaricoquero y del melocotonero en determinadas variedades del ciruelo.

Así como Gärtner encontró que hay a veces una diferencia innata en los distintos *individuos* de las dos mismas especies al cruzarse, también Sageret cree que sucede igual en los distintos individuos de las dos mismas especies al ser injertadas recíprocamente. Lo mismo que en los cruzamientos recíprocos —donde la facilidad de efectuar una unión está a menudo muy lejos de ser igual—, también ocurre así a veces en el injerto; el grosellero espinoso [145], por ejemplo, no puede injertarse en el grosellero, en tanto que este prende, aunque con dificultad, en aquel.

Hemos visto que la esterilidad de los híbridos que tienen sus órganos reproductores en condición imperfecta es un caso diferente del de la dificultad de unir dos especies puras que tienen sus órganos reproductores perfectos; sin embargo, estas dos clases distintas de casos corren, en gran medida, paralelos. Algo análogo ocurre en el injerto, pues Thouin encontró que tres especies de *Robinia* [146], que germinaban ilimitadamente sembradas en sus propios pies y se injertaron sin gran dificultad con una cuarta especie, una vez injertadas se volvieron estériles. Por el contrario, ciertas especies de *Sorbus* [147], al ser injertadas en otras

[145] Es el llamado «uva espín», variedad de grosella.

[146] Género de leguminosas que comprende el algarrobo, la acacia falsa *(Robinia pseudoacacia)*, etc., y que debe su nombre al jardinero francés Jean Robin.

[147] Serbal, rosácea arbustiva o arbórea.

especies, produjeron dos veces más fruto que cuando están en su propio pie. Este último hecho nos recuerda los casos extraordinarios del *Hippeastrum*, la *Passiflora*, etc., que se reproducen mucho más ilimitadamente cuando son fecundadas por el polen de una especie distinta que cuando lo son por el polen de la misma planta.

Vemos así que, aunque hay una clara y gran diferencia entre la simple adherencia de tallos injertados y la unión de los elementos masculino y femenino en el acto de la reproducción, existe, sin embargo, un tosco paralelismo en los resultados del injerto y los del cruzamiento de especies distintas. Y así como hemos de considerar las extrañas y complejas leyes que rigen la facilidad con que los árboles pueden injertarse entre sí como concomitantes con diferencias desconocidas en sus sistemas vegetativos, del mismo modo, a mi parecer, las leyes aún más complejas que rigen la facilidad de los primeros cruzamientos son concomitantes con diferencias desconocidas en sus sistemas reproductores. En ambos casos, estas diferencias acompañan hasta cierto punto, como era de esperar, a la afinidad sistemática, término con el que se intenta expresar toda clase de semejanza o de desemejanza entre los seres orgánicos. Los hechos no parecen indicar, en modo alguno, que la mayor o menor dificultad de injertarse o de cruzarse las distintas especies sea un don especial; aunque en el caso del cruzamiento, la dificultad es tan importante para la conservación y estabilidad de las formas específicas cuanto es insignificante para su prosperidad en el caso del injerto.

Origen y causas de la esterilidad de los primeros cruzamientos y de la de los híbridos

En un tiempo me pareció probable —como le pareció a otros— que la esterilidad de los primeros cruzamientos y la de los híbridos se había adquirido lentamente mediante la selección natural de grados de fecundidad cada vez más levemente menores, esterilidad que —como cualquier otra variación— apareció espontáneamente en ciertos individuos de una variedad al cruzarse con los de otra variedad. Pues sería evidentemente ventajoso para las dos variedades o especies incipientes que pudiesen preservarse de mezcla, por el mismo principio que, cuando el hombre selecciona al mismo tiempo dos variedades, es necesario mantenerlas separadas. En primer lugar, debe observarse que las especies que viven en regiones distintas son a menudo estériles al cruzarse; ahora bien, no pudo servir evidentemente de ventaja alguna a estas especies separadas volverse mutuamente estériles, y, por consiguiente, esto no pudo efectuarse por selección natural; aunque tal vez pueda argüirse que, si una especie se volvió estéril con relación a otra de su mismo país, la esterilidad con otras especies se seguiría como una contingencia necesaria. En segundo lugar, es casi tan opuesto a la teoría de la selección natural como a la de la creación especial el hecho de que en los cruzamientos recíprocos el elemento masculino de una forma se haya vuelto totalmente impotente para una segunda forma, mientras que, al mismo tiempo, el elemento masculino de esta segunda forma es capaz de fecundar ilimitadamente a la forma primera, pues este estado peculiar del sistema reproductor difícilmente pudo ser ventajoso a ninguna de las dos especies.

Al considerar la probabilidad de que la selección natural haya entrado en acción, volviendo a las especies mutuamente estériles, se ve que la dificultad mayor descansa en la existencia de muchas etapas graduales, desde la fecundidad cada vez más levemente aminorada hasta la esterilidad absoluta. Tal vez se admita que sería útil para una especie incipiente que se volviese estéril en cierto leve grado al cruzarse con su forma madre o con alguna otra variedad, pues de este modo se produciría menos descendencia bastarda o degenerada que mezclase su sangre con la de la nueva especie en proceso de formación. Pero quien se tomase la molestia de reflexionar en las etapas por las que este primer grado de esterilidad aumentaría, mediante selección natural, hasta ese elevado grado que es común en tantas especies, y que es universal en las especies que se han diferenciado hasta clasificarse en géneros o familias distintas, encontraría que el asunto es extraordinariamente complejo. Después de madura reflexión, me parece que esto no pudo efectuarse por selección natural. Tomemos el caso de dos especies cualesquiera que, al cruzarse, producen poca y estéril descendencia; ahora bien, ¿qué hay en este caso que favorezca la supervivencia de aquellos individuos que resultaron estar dotados en un grado ligeramente superior de infecundidad mutua, y que se acercaban así, poco a poco, hacia la esterilidad absoluta? Sin embargo, si se hace intervenir la teoría de la selección natural, tiene que haber ocurrido incesantemente un progreso de esta naturaleza en muchas especies, pues una multitud de ellas son por completo mutuamente estériles. En los insectos neutros estériles tenemos razones para creer que las modificaciones en su conformación y fecundidad se han acumulado lentamente por seleción natural, debido a que se ha proporcionado así, indirectamente, una ventaja a la comunidad a que pertenecen sobre otras comunidades de la misma especie; pero un individuo que no pertenece a una comunidad social, si se volviese ligeramente estéril al cruzarse con alguna otra variedad, no obtendría por eso ninguna ventaja él mismo, ni proporcionaría indirectamente ninguna ventaja a los demás individuos de la misma variedad de modo que condujese a su conservación.

Pero sería superfluo discutir esta cuestión en detalle, pues en las plantas tenemos pruebas concluyentes de que la esterilidad de las especies cruzadas ha de ser debida a alguna causa por completo independiente de la selección natural. Tanto Gärtner como Kölreuter han probado que en géneros que comprenden numerosas especies puede formarse una serie desde las especies que, cuando se cruzan, producen cada vez menos semillas, hasta las especies que nunca producen ni una sola semilla, aunque son sensibles, no obstante, al polen de otras determinadas especies, pues el germen se hincha. En este caso es evidentemente imposible seleccionar a los individuos más estériles que han cesado ya de dar semillas, de modo que este máximo de esterilidad en que solo es afectado el germen, no puede haberse logrado mediante selección; puesto que las leyes que rigen los diferentes grados de esterilidad son tan uniformes en los reinos animal y vegetal, podemos deducir que la causa —cualesquiera que sea— es la misma, o casi la misma, en todos los casos[148].

* * *

Examinaremos ahora un poco más detenidamente la naturaleza probable de las diferencias entre las especies que producen esterilidad en los primeros cruzamientos y en los híbridos. En el caso de los primeros cruzamientos, la mayor o menor dificultad en efectuar una unión y en obtener descendencia parece depender de varias causas distintas. A veces debe de existir una imposibilidad física en que el elemento masculino llegue al óvulo, como sería el caso de una planta que tuviera el pistilo demasiado largo para que los tubos polínicos llegasen al ovario. Se ha observado también que cuando se coloca el polen de una especie en el estigma de otra remotamen-te afín, aunque los tubos polínicos empujan, no atraviesan la superficie estigmática. Además, el elemento masculino puede llegar al elemento femenino, pero ser incapaz de dar lugar a que se desarrolle un embrión, como parece que ha ocurrido en algunos de los experimentos de Thuret con *Fucus*. No puede darse explicación alguna de estos hechos, como tampoco de por qué ciertos árboles no pueden injertarse en otros. Finalmente, puede desarrollarse un embrión y morir luego en un periodo temprano de su desarrollo. A esta última alternativa no se le ha prestado la suficiente atención; pero creo, por observaciones que me ha comunicado míster Hewitt —quien ha alcanzado gran experiencia en hibridar faisanes y aves de corral—, que la muerte prematura del embrión es causa muy frecuente de esterilidad en los primeros cruzamientos. Míster Salter ha dado recientemente los resultados del examen de unos quinientos huevos producidos de varios cruzamientos entre tres especies de *Gallus* y sus híbridos; la mayoría de estos huevos han sido fecundados, y en la mayoría de los huevos fecundados los embriones o bien se han desarrollado parcialmente y luego han muerto, o bien habían llegado casi a término, pero fueron incapaces de romper el cascarón. De

148 Véase tabla de adiciones, pág. 41.

los polluelos que nacieron, más de las cuatro quintas partes murieron en los primeros días, o en las primeras semanas, «sin ninguna causa evidente; al parecer, por simple incapacidad para vivir»; de modo que de los quinientos huevos solo se criaron doce pollitos. En las plantas, los embriones hibridados probablemente mueren muchas veces de un modo semejante; por lo menos, se sabe que los híbridos producidos de especies muy distintas son a veces débiles y enanos y mueren a una edad temprana, hecho del que Max Wichura ha dado recientemente algunos casos notables en sauces híbridos. Tal vez valga la pena advertir aquí que, en algunos casos de partenogénesis, los embriones de los huevos de la mariposa del gusano de seda que no han sido fecundados pasan por sus primeras fases de desarrollo y luego mueren, como los embriones producidos por un cruzamiento entre especies distintas. Hasta que tuve conocimiento de estos hechos, estaba yo mal dispuesto a creer en la frecuente muerte prematura de los embriones híbridos, pues los híbridos, una vez que han nacido, tienen generalmente buena salud y larga vida, como vemos en el caso de la mula común. Sin embargo, los híbridos están en circunstancias diferentes antes y después del nacimiento: cuando nacen y viven en un país donde viven sus dos progenitores, se hallan por lo general en condiciones adecuadas de vida. Pero un híbrido participa solamente de la mitad de la naturaleza y constitución de su madre, y, por tanto, antes del nacimiento, todo el tiempo que es alimentado en el útero de su madre, o en el huevo o semilla producidos por la madre, tiene que estar sometido a condiciones en cierto modo inadecuadas y, por consiguiente, está expuesto a morir prematuramente, más especialmente por cuanto que todos los seres recién nacidos son sumamente sensibles a las condiciones perjudiciales o antinaturales de vida. Pero, después de todo, la causa radique más probablemente en alguna imperfección del acto originario de la fecundación que motive un desarrollo imperfecto del embrión, más bien que en las condiciones a que se encuentre sometido posteriormente.

Por lo que se refiere a la esterilidad de los híbridos, en los que los elementos sexuales están imperfectamente desarrollados, el caso es algo diferente. Más de una vez he aludido a un gran conjunto de hechos que demuestran que, cuando los animales y las plantas son sacados de sus condiciones naturales, están muy expuestos a que sean gravemente afectados sus sistemas reproductores. Este es, de hecho, el gran obstáculo en la domesticación de los animales. Entre la esterilidad así sobreañadida y la de los híbridos hay muchos puntos de semejanza. En ambos casos la esterilidad es independiente de la salud general, y muchas veces va acompañada de un exceso de tamaño o de gran exuberancia. En ambos casos la esterilidad se presenta en grados diferentes; en ambos, el elemento masculino es el más expuesto a ser afectado, pero a veces el femenino lo es más que el masculino. En ambos, la tendencia acompaña, en cierta medida, a la afinidad sistemática, pues grupos enteros de animales y plantas se vuelven impotentes por las mismas condiciones antinaturales, y grupos enteros de especies tienden a producir híbridos estériles. Por el contrario, una especie de un grupo resistirá a veces grandes cambios de condiciones sin que se dañe su fecundidad, y ciertas especies de un grupo producirán un número inusitado de híbridos fecundos. Nadie puede decir, hasta que lo ensaye, si un animal determinado cualquiera criará en cautividad, o si una planta exótica germinará ilimitadamente sometida a cultivo; ni puede decir, hasta que lo ensaye, si dos especies cualesquiera de un género producirán híbridos más o menos estériles. Por último, cuando a los seres orgánicos se los coloca durante varias generaciones en condiciones no naturales para ellos, son muy propensos a variar, lo que parece, en parte, debido a que sus sistemas reproductores han sido afectados de una manera especial, aunque en menor grado que cuando sobreviene la esterilidad. Lo mismo ocurre con los híbridos, pues sus descendientes en las generaciones sucesivas son notablemente propensos a variar, como han observado todos los experimentadores.

Así vemos que cuando los seres orgánicos se hallan colocados en condiciones nuevas y antinaturales, y cuando los híbridos se producen por el cruzamiento antinatural de dos especies, el sistema reproductor, independientemente del estado general de salud, es afectado de un modo muy semejante. En el primer caso, se han perturbado las condiciones de vida, aunque a menudo en un grado tan leve que es inapreciable para nosotros; en el segundo caso —o sea, el de los híbridos—, las condiciones externas han permanecido iguales, pero la organización se perturba porque dos estructuras y constituciones distintas, incluyendo por supuesto los sistemas reproductores, se han mezclado formando una sola; pues apenas es posible que dos organizaciones se combinen en una, sin que ocurra alguna perturbación en el desarrollo, en la acción periódica, en las relaciones mutuas de las diferentes partes y órganos entre sí o con las condiciones de vida. Cuando los híbridos son capaces de criar *inter se,* transmiten a sus descendientes, de generación en generación, la misma organización compuesta, y por eso no debe sorprendernos que su esterilidad, aunque en cierto grado variable, no disminuya; es incluso susceptible de aumento, siendo este generalmente el resultado —como se explicó antes— del entrecruzamiento demasiado afín. La opinión precedente de que la esterilidad de los híbridos se produce porque dos constituciones se combinan en una, ha sido enérgicamente defendida por Max Wichura.

Debe reconocerse, sin embargo, que no podemos explicar —con la opinión anterior ni con ninguna otra— varios hechos referentes a la esterilidad de los híbridos; por ejemplo, la desigual fecundidad de los híbridos producidos por cruzamientos recíprocos, o el aumento de esterilidad en aquellos híbridos que, circunstancial o excepcionalmente, se parecen mucho a uno u otro de sus progenitores puros. Tampoco pretendo que las observaciones precedentes lleguen a la raíz del asunto; no se ha dado explicación alguna de por qué un organismo, cuando está colocado en condiciones no naturales, se vuelve estéril. Todo lo que intento demostrar es que, en los dos casos —por algunos conceptos, semejantes—, la esterilidad es el resultado común, debido, en un caso, a que se alteraron las condiciones de vida, y en el otro, a que la organización se ha alterado porque dos organizaciones se han combinado en una sola.

Un paralelismo semejante es útil en una clase afín, aunque muy diferente, de hechos. Es una creencia antigua y casi universal, basada en un conjunto considerable de pruebas que he dado en otro lugar, que los cambios ligeros en las condiciones de vida son beneficiosos para todos los seres vivientes. Vemos que esto lo realizan los labradores y jardineros con sus frecuentes cambios de semillas, tubérculos, etc., de un suelo o clima a otros, y viceversa. Durante la convalecencia de los animales les resulta muy beneficioso casi cualquier cambio en sus hábitos de vida. Además, hay pruebas muy evidentes de que, tanto en los animales como en las plantas, un cruzamiento entre individuos de la misma especie, que difieran hasta cierto punto, proporciona vigor y fecundidad a la descendencia, y de que el entrecruzamiento entre parientes muy afines, continuado durante varias generaciones, si se mantiene a estos en las mismas condiciones de vida, conduce casi siempre a disminución de tamaño, debilidad o esterilidad.

Por consiguiente, parece que, por un lado, los pequeños cambios en las condiciones de vida benefician a todos los seres orgánicos, y, por otro lado, que los cruzamientos —esto es, cruzamientos entre machos y hembras de una misma especie, que hayan estado sometidos a condiciones ligeramente diferentes o que hayan variado ligeramente— dan vigor y fecundidad a la descendencia. Pero, según hemos visto, los seres orgánicos habituados durante mucho tiempo a ciertas condiciones uniformes en el estado de naturaleza, al ser sometidos, como ocurre en cautividad, a un cambio considerable en sus condiciones, se vuelven con frecuencia más o menos estériles; y sabemos que los cruzamientos entre dos formas, que han llegado a ser muy diferentes o específicamente diferentes, producen híbridos que son casi siempre estériles en algún grado [149]. Estoy completamente persuadido de que este doble paralelismo no es, en modo alguno, ni una casualidad ni una ilusión. Quien sea capaz de explicar por qué el elefante y otros muchos animales son incapaces de procrear cuando se los mantiene en condiciones tan solamente parciales de cautividad en su país natal, podrá explicar la causa fundamental de que los híbridos sean estériles de un modo tan general. Y, al mismo tiempo,

149 Véase tabla de adiciones, pág. 41.

podrá explicar por qué las razas de algunos de nuestros animales domésticos, que han estado frecuentemente sometidos a condiciones nuevas y no uniformes, son totalmente fecundas entre sí, aunque desciendan de especies distintas, que tal vez hubieran sido estériles si se hubiesen cruzado primitivamente. Estas dos series paralelas de hechos parecen estar relacionadas entre sí por algún vínculo común, aunque desconocido, que esté esencialmente relacionado con el principio de la vida; siendo este principio, según míster Herbert Spencer, que la vida depende o consiste en la incesante acción y reacción de diferentes fuerzas que, como en toda la naturaleza, tienden siempre a un equilibrio, y cuando esta tendencia es ligeramente alterada por cualquier cambio, las fuerzas vitales ganan en vigor.

Dimorfismo y trimorfismo recíprocos

Este asunto puede discutirse aquí brevemente, y se verá que arroja alguna luz sobre el hibridismo. Varias plantas, pertenecientes a órdenes distintos, presentan dos formas que están representadas por un número aproximadamente igual de individuos y que no difieren en nada, excepto en sus órganos reproductores, teniendo una forma el pistilo largo y los estambres cortos, y la otra un pistilo corto y los estambres largos, y ambas los granos de polen de tamaño diferente. En las plantas trimorfas hay tres formas también diferentes en las longitudes de sus pistilos y estambres, en el tamaño y color de los granos de polen y en algunos otros respectos; y, como en cada una de las tres formas hay dos clases de estambres, las tres formas poseen en total seis clases de estambres y tres de pistilos. Estos órganos tienen su longitud tan proporcionada entre sí que la mitad de los estambres en dos de las formas están al nivel del estigma de la tercera forma. Ahora bien, he demostrado —y el resultado ha sido confirmado por otros observadores— que, para obtener plena fecundidad en estas plantas, es necesario que el estigma de una forma sea fecundado por el polen tomado de los estambres de altura correspondiente de otra forma.

De suerte que en las especies dimorfas, dos uniones —que pueden llamarse legítimas— son plenamente fecundas, y otras dos —que pueden llamarse ilegítimas— son más o menos infecundas. En las especies trimorfas, seis uniones son legítimas o plenamente fecundas, y doce son ilegítimas o más o menos infecundas.

La infecundidad que puede observarse en diferentes plantas dimorfas y trimorfas, cuando son ilegítimamente fecundadas —esto es, por polen tomado de estambres que no se corresponden en altura con el pistilo—, difiere mucho en grado hasta llegar a la esterilidad absoluta y total, exactamente de la misma manera que ocurre en los cruzamientos de especies distintas. Como el grado de esterilidad, en este último caso, depende mucho de que las condiciones de vida sean más o menos favorables, he observado que ocurre lo mismo en las uniones ilegítimas. Es bien sabido que si en el estigma de una flor se coloca el polen de una especie distinta y luego —incluso después de un considerable intervalo de tiempo— se coloca en el mismo estigma su propio polen, su acción es tan enérgicamente preponderante que anula por lo general el efecto del polen precedente; lo mismo ocurre con el polen de las diversas formas de una misma especie, pues el polen legítimo es enérgicamente preponderante sobre el polen ilegítimo cuando se coloca a ambos en el mismo estigma. Me he cerciorado de esto fecundando diversas flores, primero ilegítimamente y veinticuatro horas después legítimamente, con polen tomado de una variedad de color particular, y todas las plantitas eran de este mismo color; esto demuestra que el polen legítimo, aunque fue aplicado veinticuatro horas después, había destruido por completo, o evitado, la acción del polen ilegítimo previamente aplicado. Además —lo mismo que al hacer cruzamientos recíprocos entre las dos mismas especies hay a veces una gran diferencia en los resultados—, esto mismo sucede en las plantas trimorfas; por ejemplo, la forma de estilo mediano del *Lythrum salicaria* [150] fue ilegítimamente fecundada, con la mayor facilidad, por el po-

[150] Salicaria, planta herbácea anual, de la familia de las litrarieas, común en España.

los estambres mas largos de la forma de estilo corto, y produjo muchas semillas; pero esta última forma no produjo ni una sola semilla al ser fecundada por los estambres más largos de la forma de estilo mediano.

Por todos estos conceptos, y por otros que podrían añadirse, las formas de una misma especie indudable, al unirse ilegítimamente, se comportan exactamente de la misma manera que dos especies distintas cuando se cruzan. Esto me indujo a observar cuidadosamente, durante cuatro años, muchas plantitas nacidas de diversas uniones ilegítimas. El resultado principal es que estas plantas ilegítimas —como se las puede llamar— no son plenamente fecundas. Es posible obtener de las especies dimorfas plantas ilegítimas, tanto de estilo largo como de estilo corto, y de las plantas trimorfas, las tres formas ilegítimas. Estas pueden después unirse debidamente de un modo legítimo. Cuando se ha hecho esto, no parece que haya razón alguna para que no produzcan tantas semillas como sus padres cuando se fecundan legítimamente. Pero no ocurre así. Todas ellas son infecundas en diferentes grados, siendo algunas tan absoluta e irremediablemente estériles que no produjeron durante cuatro temporadas ni una sola semilla y ni siquiera una cápsula germinada. La esterilidad de estas plantas ilegítimas, al unirse entre sí de un modo legítimo, puede compararse rigurosamente con la de los híbridos cuando se cruzan *inter se.*

Por otra parte, si un híbrido se cruza con cualquiera de las dos especies madres puras, la esterilidad ordinariamente disminuye mucho, lo mismo ocurre cuando una planta ilegítima es fecundada por una planta legitima. De la misma manera que la esterilidad de los híbridos no siempre corre pareja con la dificultad de hacer el primer cruzamiento entre las dos especies madres, así también la esterilidad de ciertas plantas ilegitimas fue inusitadamente grande, mientras que la esterilidad de la unión de que derivaron no fue en ninguna manera grande. En los híbridos procedentes de semillas de una misma cápsula, el grado de esterilidad es variable por predisposición innata, y lo mismo ocurre de una manera bien acusada en las planta ilegítimas. Por último, muchos híbridos dan flores con profusión y persistencia, en tanto que otros híbridos más estériles producen pocas flores que son débiles y miserablemente enanas; casos exactamente análogos se presentan en la descendencia ilegítima de diferentes plantas dimorfas y trimorfas.

En conjunto, entre las plantas ilegítimas y los híbridos existe la identidad más estrecha en caracteres y modo de comportarse. Apenas hay exageración en sostener que las plantas ilegítimas son híbridos producidos dentro de los límites de una misma especie por la unión incorrecta de ciertas formas, mientras que los híbridos ordinarios se producen por una unión incorrecta entre las llamadas especies distintas. Ya hemos visto también que hay una íntima semejanza, por todos los conceptos, entre las primeras uniones ilegítimas y los primeros cruzamientos entre especies distintas. Esto tal vez se haría aún más patente mediante un ejemplo: supongamos que un botánico descubriese dos variedades bien acusadas —como las hay— de la forma de estilo largo del trimorfo *Lythrum salicaria* y que decidiese experimentar por cruzamiento si eran o no específicamente distintas. El botánico hallaría que producen solo un quinto aproximadamente del número normal de semillas, y que se comportan, en todos los conceptos antes señalados, como si fuesen dos especies distintas. Mas, para cerciorarse, criaría plantas de sus supuestas semillas híbridas, y encontraría que las plantitas nacidas de las semillas eran miserablemente enanas y completamente estériles, y que se comportaban en todos los demás conceptos como híbridos ordinarios. El botánico sostendría luego que había probado positivamente, de acuerdo con la opinión común, que sus dos variedades eran especies tan legítimas y distintas como cualesquiera otras del mundo; pero estaría completamente equivocado.

Los hechos que se acaban de citar referentes a las plantas dimorfas y trimorfas son importantes, porque nos demuestran: primero, que la prueba fisiológica de disminución de fecundidad, tanto en los primeros cruzamientos como en los híbridos, no es un criterio seguro de distinción específica; segundo, porque podemos sacar la conclusión de que hay un vínculo desconocido que une la infecundidad de las uniones ilegítimas con la de su descendencia ilegítima, y nos vemos inducidos a hacer extensiva la misma opinión a los primeros cruzamientos y a los híbridos; y tercero, porque encontramos —y esto me parece de especial importancia— que pueden existir dos o tres formas de una misma especie que no difieren por ningún respecto ni en estructura ni en constitución, con relación a sus condiciones externas, y, sin embargo, son estériles cuando se unen de determinadas maneras; pues debemos recordar que es la unión de los elementos sexuales de los individuos de una misma forma —por ejemplo, de dos formas de estilo largo— la que resulta estéril, en tanto que es la unión de los elementos sexuales propios a dos formas distintas la que resulta fecunda. De aquí que el caso parezca a primera vista exactamente el reverso de lo que ocurre en la unión ordinaria de los individuos de una misma especie y en los cruzamientos entre especies distintas. Sin embargo, es dudoso que realmente sea así; pero no me extenderé sobre este asunto oscuro.

Podemos deducir, sin embargo, como probable de la consideración de las plantas dimorfas y trimorfas, que la esterilidad de las especies distintas cuando se cruzan y de su progenie híbrida depende exclusivamente de la naturaleza de sus elementos sexuales y no de cualquier diferencia en su estructura o en su constitución general. Nos induce también a esta misma conclusión el examen de los cruzamientos recíprocos, en los cuales el macho de una especie no puede unirse, o se une solo con gran dificultad, con la hembra de una segunda especie, mientras que el cruzamiento inverso puede efectuarse con perfecta facilidad. Ese gran observador que fue Gärtner llegó también a la conclusión de que las especies, cuando se cruzan, son estériles debido a diferencias limitadas a sus sistemas reproductores.

La fecundidad de las variedades al cruzarse y de su descendencia mestiza no es universal

Puede argüirse, como argumento abrumador, que tiene que haber alguna distinción esencial entre especies y variedades, por cuanto que estas últimas —por mucho que puedan diferir entre sí por su apariencia externa— se cruzan con toda facilidad y engendran descendencia perfectamente fecunda. Salvo algunas excepciones, que se citarán ahora, admito plenamente que esta es la regla. Pero el asunto está rodeado de dificultades, pues, por lo que se refiere a las variedades producidas en estado de naturaleza, si dos formas hasta aquí reputadas como variedades se encuentran que son estériles entre sí en algún grado, inmediatamente la mayoría de los naturalistas las clasifican como especies. Por ejemplo, de los murajes azul y rojo —que son considerados por la mayoría de los botánicos como variedades— Gärtner dice que son completamente estériles cuando se cruzan y, en consecuencia, los clasifica como especies indudables. Si argüimos así, en un círculo vicioso, seguramente tendrá que concederse la fecundidad de todas las variedades producidas en estado de naturaleza.

Si nos dirigimos a las variedades producidas, o que se supone que se han producido, en domesticidad, nos vemos aún envueltos por alguna duda; pues cuando se asevera, por ejemplo, que ciertos perros domésticos indígenas de América del Sur no se unen fácilmente con perros europeos, la explicación que se le ocurrirá a todo el mundo, y que probablemente es la verdadera, es que descienden de especies aborígenes distintas. Sin embargo, la perfecta fecundidad de tantas razas domésticas, que difieren mutuamente mucho en apariencia —por ejemplo, las razas de la paloma o las de la col—, es un hecho notable, especialmente si reflexionamos en cuántas especies hay que, aunque se asemejen mucho entre sí, son absolutamente estériles al cruzarse. Sin embargo, varias consideraciones hacen menos notable la fecundidad de las variedades domésticas. En primer lugar, debe observarse que la cuantía de diferencia externa entre dos especies no es indicio seguro de su grado de esterilidad mutua, de suerte que las diferencias análogas, en el caso de las variedades, no serían un indicio seguro. Es indudable que, en las especies, la causa estriba exclusivamente en diferencias en su constitución sexual. Ahora bien, las condiciones variables a que han sido sometidos los animales domesticados y las plantas cultivadas han tenido tan poca tendencia a modificar el sistema reproductor de manera que condujese a la esterilidad mutua, que tenemos buen fundamento para admitir la doctrina diametralmente opuesta de Pallas, o sea: que tales condiciones eliminan por lo general esta tendencia, de modo que los descendientes de las especies domesticadas que, en su estado de naturaleza, probablemente hubieran sido estériles en algún grado al cruzarse, llegarían a ser perfectamente fecundos entre sí. En las plantas, tan lejos está el cultivo de producir una tendencia a la esterilidad entre especies distintas, que en varios casos bien comprobados, a los que ya se hizo referencia, determinadas plantas se han modificado de un modo opuesto, pues han llegado a hacerse impotentes para sí mismas, en tanto que aún conservan la capacidad de fecundar y de ser fecundadas por otras especies. Si se admite la doctrina de Pallas de la eliminación de la esterilidad mediante domesticidad muy prolongada —doctrina que difícilmente puede rechazarse—, se hace sumamente improbable que condiciones análogas, prolongadas durante mucho tiempo, produzcan igualmente esta tendencia a la esterilidad, aunque en ciertos casos, en especies de una constitución peculiar, pudo a veces producirse así la esterilidad. Así podemos comprender, a mi parecer, por qué no se han producido en los animales domésticos variedades que sean mutuamente estériles, y por qué en las plantas se han observado tan solo un corto número de casos, que inmediatamente se van a citar.

La verdadera dificultad en la presente cuestión no es, según me parece a mí, por qué las variedades domésticas no se han vuelto mutuamente infecundas al cruzarse, sino por qué ha ocurrido esto de un modo tan general en las variedades naturales, tan pronto como se han modificado en grado suficiente para adquirir la categoría de especies. Estamos muy lejos de conocer exactamente la causa, y esto no es sorprendente viendo nuestra ignorancia respecto a la acción normal y anormal del sistema reproductor. Pero podemos comprender que las especies, debido a su lucha por la existencia con numerosos competidores, habrán estado expuestas durante largos periodos de tiempo a condiciones más uniformes que lo han estado las variedades domésticas, y esto puede muy bien originar una gran diferencia en el resultado, pues sabemos cuán comúnmente se vuelven estériles las plantas y animales salvajes al sacarlos de sus condiciones naturales y someterlos a cautividad, y las funciones reproductoras de los seres orgánicos que han vivido siempre en condiciones naturales es probable que sean, de igual manera, sumamente sensibles a la influencia de un cruzamiento antinatural. En cambio, las producciones domésticas que —como demuestra el simple hecho de su domesticación— no eran primitivamente muy sensibles a los cambios de sus condiciones de vida y que pueden por lo general resistir ahora, sin disminución de fecundidad, repetidos cambios de condiciones de vida, era de esperar que produjesen variedades que serían poco propensas a que sus facultades reproductoras resultasen perjudicialmente afectadas por el acto del cruzamiento con otras variedades que se originaron de un modo análogo.

Hasta ahora he hablado como si las variedades de una misma especie fuesen invariablemente fecundas al cruzarse entre sí. Pero es imposible resistirse a la evidencia de que existe una cierta cuantía de esterilidad en el corto número de casos siguientes, que resumiré brevemente. Las pruebas son, por lo menos, tan buenas como aquellas por las que creemos en la esterilidad de una multitud de especies. Las pruebas proceden, también, de los testimonios de personas hostiles que, en todos los demás casos, consideran la fecundidad y la esterilidad como criterios seguros de distinción específica. Gärtner conservó durante varios años una clase enana de maíz de granos amarillos y una variedad alta de granos rojos que crecían una junto a otra en su huerta; y aunque estas plantas tienen los sexos separados, jamás se cruzaron mutuamente. Luego fecundó trece flores de la clase primera con el polen de la otra; pero una sola mazorca únicamente produjo alguna semilla, y esta primera mazorca produjo solo cinco granos. La manipulación no pudo ser más perjudicial en este caso, pues las plantas tienen los sexos separados. Nadie, creo yo, ha sospechado que estas variedades de maíz sean especies distintas, y es importante advertir que las plantas híbridas así obtenidas fueron *perfectamente* fecundas; de modo que hasta Gärtner no se aventuró a considerar a las dos variedades como específicamente distintas.

Girou de Buzareingues cruzó tres variedades de calabaza vinatera, planta que, como el maíz, tiene los sexos separados, y afirma que su fecundación mutua es tanto menos fácil a medida que sus diferencias son mayores. No sé hasta qué punto pueden ser dignos de crédito estos experimentos; pero las formas con que se experimentó las clasifica Sagaret —que funda principalmente su clasificación en la prueba de la infecundidad— como variedades, y Naudin llegó a la misma conclusión.

El caso siguiente es mucho más notable, y parece increíble a primera vista; pero es el resultado de un número asombroso de experimentos hechos durante muchos años con nueve especies de *Verbascum* por tan buen observador y tan contrario testigo como Gärtner. Consiste este caso en que las variedades amarilla y blanca, al cruzarse, producen menos semillas que las variedades de igual color de la misma especie. Además, afirma Gärtner que, cuando las variedades amarilla y blanca de una especie se cruzan con las variedades amarilla y blanca de una especie *distinta*, se producen más semillas en los cruzamientos entre flores del mismo color que en los cruzamientos entre flores de color diferente. Míster Scott también ha hecho experimentos con las especies y variedades de *Verbascum*, y aunque no ha podido confirmar los resultados de Gärtner sobre el cruzamiento de especies distintas, halla que las variedades de color diferente de una misma especie dan menos semillas —en la proporción de ochenta y seis a ciento— que las variedades del mismo color. Sin embargo, estas variedades no difieren en nada, excepto en el color de sus flores, y a veces puede obtenerse una variedad de la semilla de otra.

Kölreuter —cuya exactitud ha sido confirmada por todos los observadores posteriores— ha demostrado el hecho notable de que una variedad especial del tabaco común era más fecunda que otras variedades cuando se cruzaba con una especie distinta. Hizo experiencias con cinco que comúnmente se reputaban como variedades, y las sometió a la prueba más rigurosa—es decir, a la de los cruzamientos recíprocos—, y encontró que su descendencia mestiza era perfectamente fecunda. Pero una de estas cinco variedades, cuando fue utilizada ya como padre, ya como madre, y se cruzó con la *Nicotiana glutinosa,* producía siempre híbridos no tan estériles como los producidos por las otras cuatro variedades al cruzarlas con la *N. glutinosa.* Por consiguente, el sistema reproductor de esta única variedad tiene que haberse modificado de alguna manera y en cierto grado.

En vista de estos hechos, no puede sostenerse ya más que las variedades, cuando se cruzan, son invariablemente fecundas por completo. De la gran dificultad de cerciorarnos de la infecundidad de las variedades en estado de naturaleza, pues si se probase que una supuesta variedad es infecunda en algún grado, sería clasificada casi universalmente como especie; de que el hombre atienda solo a los caracteres externos en las variedades domésticas, y de que estas variedades no hayan estado sometidas durante largos periodos de tiempo a condiciones uniformes de vida; de estas diversas consideraciones, en fin, podemos sacar la conclusión de que la fecundidad no constituye una distinción fundamental entre las variedades y las especies cuando se cruzan. La esterilidad general de las especies cruzadas puede considerarse seguramente no como una adquisición o don especial, sino como concomitante con cambios de naturaleza desconocida en sus elementos sexuales.

Comparación de híbridos y mestizos, independientemente de su fecundidad

Independientemente de la cuestión de la fecundidad, la descendencia de las especies y de las variedades cuando se cruzan puede compararse en otros diversos aspectos. Gärtner, cuyo mayor deseo era trazar una línea divisoria clara entre especies y variedades, solo pudo encontrar poquísimas diferencias —y, a mi parecer, completamente insignificantes— entre la llamada descendencia híbrida de las especies y la llamada descendencia mestiza de las variedades. Y, en cambio, ambas se armonizan muy íntimamente en muchos aspectos importantes.

Discutiré aquí este asunto con suma brevedad. La distinción más importante es que, en la primera generación, los mestizos son más variables que los híbridos; aunque Gärtner admite que los híbridos de las especies que han sido cultivadas durante mucho tiempo son a menudo variables en la primera generación, y yo mismo he visto ejemplos sorprendentes de este hecho, Gärtner admite, además, que los híbridos entre especies muy afines son más variables que los de especies muy distintas, y esto demuestra que la diferencia en el grado de variabilidad desaparece gradualmente. Cuando los mestizos y los híbridos más fecundos se propagan por varias generaciones, es notoria en ambos casos una extrema cuantía de variabilidad en la descendencia; aunque pudieran citarse algunos ejemplos tanto de híbridos como de mestizos que conservan durante mucho tiempo un carácter uniforme. Sin embargo, la variabilidad en las generaciones sucesivas de mestizos es quizá mayor que en los híbridos.

Esta variabilidad mayor en los mestizos que en los híbridos no parece en modo alguno sorprendente, pues los padres de los mestizos son variedades, y en su mayor parte variedades domésticas —muy pocos experimentos se han hecho con variedades naturales—, y esto implica que ha habido variabilidad reciente, que muchas continúa y aumenta la que resulta del acto del cruzamiento. La leve variabilidad de los híbridos en la primera generación, en contraste con la que hay en las generaciones sucesivas, es un hecho curioso que merece atención, pues apoya la opinión que he admitido acerca de una de las causas de variabilidad ordinaria, o sea, que el sistema reproductor, debido a ser notablemente sensible al cambio de condiciones de vida, deja de realizar en estas circunstancias su función propia de engendrar sumamente semejante por todos los conceptos a la forma progenitora. Ahora bien, los híbridos de la primera generación descienden de especies —exceptuando las cultivadas hace mucho tiempo— que no tuvieron sus sistemas reproductores afectados de modo alguno, y que no son variables; pero los híbridos mismos tienen su sistema reproductor gravemente afectado, y sus descendientes son sumamente variables.

Pero volvamos a nuestra comparación de mestizos y de híbridos: Gärtner afirma que los mestizos son algo más propensos que los híbridos a volver a una u otra de las formas progenitoras; pero, si esto es verdad, es tan solo ciertamente una diferencia de grado. Además, Gärtner afirma expresamente que los híbridos de plantas cultivadas durante hace mucho tiempo están más sujetos a reversión que los híbridos de especies en estado de naturaleza; y esto probablemente explica la singular diferencia en los resultados a que han llegado los diversos observadores; así, Max Wichura, que experimentó en formas no cultivadas de sauces, duda de que los híbridos vuelvan alguna vez a sus formas progenitoras; mientras que, por el contrario, Naudin, que experimentó principalmente en plantas cultivadas, insiste en los términos más enérgicos en la tendencia casi universal de los híbridos a la reversión. Gärtner afirma, además, que cuando dos especies cualesquiera, aunque muy afines entre sí, se cruzan con una tercera especie, los híbridos son muy diferentes entre sí; mientras que si dos variedades muy distintas de una especie se cruzan con otra especie, los híbridos no difieren mucho. Pero esta conclusión, hasta donde he podido averiguar, se basa en un solo experimento, y parece diametralmente opuesta a los resultados de los experimentos hechos por Kölreuter.

Tales son las únicas e intranscendentes diferencias que Gärtner puede señalar entre las plantas híbridas y mestizas. Por otra parte, los grados y clase de semejanza de los mestizos y de los híbridos con sus respectivos padres, especialmente de los híbridos producidos de especies muy emparentadas, siguen, según Gärtner, las mismas leyes. Cuando se cruzan dos especies, una tiene a veces la facultad predominante de imprimir su parecido al híbrido. Así ocurre, a mi parecer, en las variedades de plantas; y en los animales es seguro muchas veces que una variedad tiene esta facultad predominante sobre la otra variedad. Las plantas híbridas procedentes de un cruzamiento recíproco se asemejan generalmente mucho entre sí, y lo mismo ocurre con las plantas mestizas procedentes de cruzamientos recíprocos. Tanto los híbridos como los mestizos pueden reducirse a cualquiera de las dos formas progenitoras puras mediante cruzamientos repetidos en generaciones sucesivas con una de ellas.

Estas diversas observaciones se pueden aplicar, al parecer, a los animales; pero en este caso el asunto es muy complicado debido, en parte, a la existencia de caracteres sexuales secundarios, pero más especialmente a que el predominio en transmitir el parecido corre más enérgicamente por un sexo que por el otro, tanto cuando una especie se cruza con otra, como cuando una variedad se cruza con otra variedad. Por ejemplo, creo que tienen razón los autores que sostienen que el asno tiene una facultad predominante sobre el caballo, de modo que tanto el mulo como el burdégano se parecen más al asno que al caballo; pero que el predominio corre más enérgicamente por el asno que por la burra, de modo que el mulo, que es descendiente de burro y yegua, se parece más al asno que el burdégano, que es descendiente de burra y caballo.

Algunos autores han concedido mucha importancia al supuesto hecho de que solo en los meztizos la descendencia no tiene un carácter intermedio, sino que se parecen mucho a uno de sus padres; pero esto también ocurre a veces en los híbridos, aunque convengo que con mucha menos frecuencia que en los mestizos. Considerando los casos que he reunido de animales nacidos de cruzamiento que se asemejan mucho a uno de los padres, las semejanzas parecen principalmente limitadas a caracteres casi monstruosos en su naturaleza, y que han aparecido repentinamente —tales como albinismo, melanismo [151], falta de cola o de cuernos, o dedos adicionales en las manos o en los pies—, y no se refieren a caracteres que se han adquirido lentamente por selección. La tendencia a las reversiones repentinas al carácter perfecto de uno cualquiera de los dos progenitores tendrían también que presentarse con más facilidad en los mestizos, que descienden de variedades a menudo producidas de repente y de carácter semimonstruoso que en los híbridos que descienden de especies producidas de una manera lenta y natural. En conjunto, estoy plenamente de acuerdo con el doctor Prosper Lucas, quien —después de ordenar un enorme cúmulo de hechos referentes a los anima-

151 Véase el glosario de términos científicos.

les— llega a la conclusión de que las leyes de semejanza de los hijos con sus padres son las mismas, tanto si los padres difieren poco como si difieren mucho entre sí, es decir, en la unión de individuos de la misma variedad o de variedades diferentes o de especies distintas.

Independientemente de la cuestión de la fecundidad y de la esterilidad, en todos los demás aspectos parece haber una semejanza general y estrecha en la descendencia de la especies cruzadas y en la de las variedades cruzadas. Si considerásemos que las especies fueron creadas de un modo especial y que las variedades se produjeron mediante leyes secundarias, esta semejanza sería un hecho asombroso. Pero este hecho se armoniza perfectamente con la opinión de que no hay distinción esencial entre especies y variedades.

Resumen

Los primeros cruzamientos entre formas suficientemente distintas para clasificarlas como especies y sus híbridos son muy generalmente, pero no siempre, estériles. La esterilidad es de todos los grados, y con frecuencia es tan ligera que los experimentadores más cuidadosos han llegado a conclusiones diametralmente opuestas al clasificar las formas en virtud de esta prueba. La esterilidad es variable por predisposición innata en individuos de la misma especie, y es sumamente susceptible a la acción de las condiciones favorables y desfavorables. El grado de esterilidad no acompaña rigurosamente a la afinidad sistemática, sino que está regido por diversas leyes, extrañas y complejas. En general, es diferente —y a veces muy diferente— en los cruzamientos recíprocos entre dos mismas especies. No es siempre del mismo grado en el primer cruzamiento y en los híbridos engendrados por este cruzamiento.

Así como al injertar árboles la capacidad de una especie o variedad para prender en otra es incidental, con diferencias generalmente de naturaleza desconocida, en sus sistemas vegetativos, del mismo modo en los cruzamientos la mayor o menor facilidad de una especie para unirse con otra es concomitante con diferencias desconocidas en sus sistemas reproductores. No hay más razón para pensar que las especies han sido dotadas especialmente de diferentes grados de esterilidad para impedir su cruzamiento y mezcla de la naturaleza que para pensar que los árboles han sido especialmente dotados de varios, y algo análogos, grados de dificultad al ser injertados entre sí, con objeto de impedir su injerto por aproximación en nuestros bosques.

La esterilidad de los primeros cruzamientos y de su progenie híbrida no se ha adquirido mediante selección natural. En el caso de los primeros cruzamientos parece depender de diversas circunstancias; en algunos casos depende principalmente de la muerte prematura del embrión. En el caso de los híbridos depende, al parecer, de que toda su organización haya sido alterada debicto a estar compuesta de dos formas distintas, siendo la esterilidad muy afin a la que experimentan con tanta frecuencia las especies puras cuando se las somete a condiciones de vida nuevas y no naturales. Quien explique estos últimos casos podrá explicar la esterilidad de los híbridos. Esta opinión se halla sólidamente apoyada por un paralelismo de otra clase, a saber que, en primer lugar, los cambios ligeros en las condiciones de vida aumentan el vigor y la fecundidad de todos los seres orgánicos, y, en segundo lugar, que el cruzamiento de formas que han estado sometidas a condiciones de vida levemente diferentes, o que han variado, favorece el tamaño, vigor y fecundidad de su descendencia. Los hechos citados acerca de la esterilidad de las uniones ilegítimas de plantas dimorfas y trimorfas y de la de su progenie ilegítima tal vez hagan posible que exista algún vínculo desconocido en todos los casos que una el grado de fecundidad de las primeras uniones con el de sus descendientes. La consideración de estos hechos relativos al diformismo, lo mismo que la de los resultados de los cruzamientos recíprocos, conduce claramente a la conclusión de que la causa primaria de la esterilidad de las especies cruzadas está limitada a diferencias en sus elementos sexuales. Pero por qué, en el caso de especies distintas, los elementos sexuales hayan llegado a modificarse más o menos de un modo tan general, que conduzca a su infecundidad mutua, no lo sabemos, aunque esto parece tener alguna estrecha relación con que las especies hayan estado sometidas durante largos periodos de tiempo a condiciones de vida casi uniformes.

No es sorprendente que la dificultad al cruzar dos especies cualesquiera, y la esterilidad de su descendencia híbrida, se correspondan en la mayoría de los casos, incluso aunque se deban a causas distintas; pues ambas dependen de la cuantía de diferencia entre las especies que se cruzan. Tampoco es sorprendente que la facilidad de efectuar un primer cruzamiento, la fecundidad de los híbridos producidos de este modo y la capacidad de injertarse mutuamente entre sí —aunque esta última capacidad dependa evidentemente de circunstancias muy diferentes— vayan todas, en cierta medida, paralelas con la afinidad sistemática de las formas sometidas a experimento, pues la afinidad sistemática comprende toda clase de semejanzas.

Los primeros cruzamientos entre formas conocidas como variedades, o lo suficientemente parecidas para ser consideradas como tales, y su descendencia mestiza son muy generalmente, pero no —como se ha afirmado con tanta frecuencia— invariablemente fecundos. Tampoco es sorprendente esta casi universal y perfecta fecundidad, cuando se recuerda lo expuestos que estamos a discutir en un círculo vicioso con respecto a las variedades en estado de naturaleza; y cuando recordamos que el mayor número de variedades se han producido en domesticidad mediante la selección de simples diferencias externas y que no han estado sometidas durante mucho tiempo a condiciones uniformes de vida. También debemos tener muy presente que la domesticación prolongada desde hace mucho tiempo tiende a eliminar la esterilidad y es, por tanto, poco adecuada para producir esta misma cualidad. Independientemente de la cuestión de la fecundidad, en todos los demás respectos existe la mayor semejanza general entre híbridos y mestizos, en su variabilidad, en su facultad de absorberse mutuamente por cruzamientos repetidos y en heredar caracteres de ambas formas progenitoras. Por último, pues, aunque estemos tan ignorantes de la causa precisa de la esterilidad de los primeros cruzamientos y de la de los híbridos como lo estamos de por qué se vuelven estériles los animales y plantas sacados de sus condiciones naturales, sin embargo, los hechos citados en este capítulo no me parecen opuestos a la creencia de que las especies existieron originariamente como variedades.

CAPÍTULO X
DE LA IMPERFECCIÓN DEL ARCHIVO GEOLÓGICO

Del lapso de tiempo transcurrido, según se deduce de la velocidad de depósito y de la extensión de la denudación.—De la pobreza de nuestras colecciones paleontológicas.—De la ausencia de variedades intermedias numerosas en cualquier formación aislada.—De la aparición súbita de grupos enteros de especies afines.—Sobre la aparición súbita de grupos de especies afines en los estratos fosilíferos más inferiores que se conocen

EN el capítulo sexto he enumerado las objeciones principales que podían presentarse razonablemente en contra de las opiniones sostenidas en este volumen. La mayor parte de ellas ya se han comentado. Una, la distinción clara de formas peculiares y no estar asociadas entre sí por innumerables formas de transición, es una dificultad indiscutible. He expuesto las razones por las que estas formas no se encuentran por lo general en la actualidad, en las circunstancias al parecer más favorables para presencia, es decir, en un área extensa y continua con codiciones físicas graduales. He intentado demostrar que la vida de cada especie depende, en manera más importante, de la presencia de otras formas orgánicas ya definidas que del clima y, por tanto, que las condiciones de vida realmente reinantes no pasan por gradaciones tan completamente insensibles como el calor y la humedad. También intenté demostrar que las variedades intermedias, debido a que están representadas por un número menor de individuos que las formas que enlazan, serán por lo general derrotadas y exterminadas en el transcurso de ulteriores modificaciones y perfeccionamientos. Sin embargo, la causa principal de que no se presenten actualmente innumerables formas intermedias a través de toda la naturaleza, depende del proceso mismo de selección natural, en virtud del cual nuevas variedades desplazan y suplantan continuamente a sus formas madres. Pero justamente en proporción a la enorme escala en que ha obrado este proceso de exterminio, así el número de variedades intermedias, que existieron antiguamente, tiene que ser verdaderamente enorme. ¿Por qué, pues, cada formación geológica y cada estrato no están llenos de tales eslabones intermedios? La geología, ciertamente, no revela la existencia de tal cadena orgánica insensiblemente gradual; y esta, acaso, es la objección más clara y más grave que se haya presentado contra la teoría. La explicación estriba, a mi parecer, en la extrema imperfección del archivo geológico [152].

152 La evolución de las especies está íntimamente ligada a la historia de la Tierra y la formación de los continentes. Desde el primer Año Geofísico Internacional, el retrato del planeta ha sufrido una verdadera revolución, y la *teoría* clásica *de la contracción* de la Tierra al enfriarse ha sido casi demolida por los descubrimientos del A. G. I. Del globo rígido y achatado por los polos, la Tierra ha pasado a ser un *esferoide elástico,* de forma más bien trapezoidal, y con muchas más arrugas y fisuras de lo que se creía. Por su densidad decreciente se distinguen las siguientes capas en la Tierra: *nife,* núcleo rígido de más de 3.000 kilómetros de espesor; el *sima,* manto viscoso, de 2.900 kilómetros de espesor, sobre el que «flota» el sial; *sial,* o corteza terrestre, de hasta 60 kilómetros de espesor. La corteza terrestre se divide en *masas continentales* —espesor de 35-60 kilómetros, de roca granítica en especial— y *fondos submarinos* —espesor solo de 5-7 kilómetros, y tal vez de roca basáltica—. Las fallas principales están en la delgada corteza de los fondos oceánicos y en la línea limítrofe de los mares y continentes, lo que se debe —según la «teoría de la expansión terrestre», que supone que la Tierra se va caldeando en vez de enfriarse— a que la dilatación del globo resquebraja la corteza en esos dos puntos flacos. El *manto* —enigmático y fascinante, en el que la base de las montañas continentales se hunde como los icebergs en el mar— es de 2.900 kilómetros

En primer lugar, habrá que tener siempre presente qué clase de formas intermedias han debido existir antiguamente, según la

de espesor; al nivel de los 700 kilómetros —donde se hace más plástico y menos frágil— debe producirse el «deslizamiento de la costra terráquea», relativamente sólida, sobre la masa lítica interior, como si la piel de una naranja resbalara sobre la pulpa, renovándose el interés por la teoría de Wegener (1912) —pero superándola, pues Wegener creía que los continentes se deslizaban por los fondos submarinos, cuando en realidad se desplazan bloques corticales de 700 kilómetros de espesor—. Estos deslizamientos son causa de resquebrajaduras, seísmos y volcanes, y origen de gigantescos levantamientos orogénicos, que se calculan en número de doce de los cuatro clásicos —huroniano, caledoniano, herciniano y alpino— que se reconocen sobre los restos de los antiguos continentes. Se cree que el manto es viscoso y más caliente en su parte inferior, por lo que —según la «teoría de la convección»— la roca caliente del manto sube poco a poco hacia la corteza, se enfría y se hunde, arrastrando parte de esta; así se formarían las cordilleras submarinas, que despiden más calor que las continentales —cerca de la isla de Pascua, en un punto situado debajo de la *Elevación del Pacífico Oriental,* cordillera que corre a lo largo de la costa de América y considerada como una «corriente de convección ascendente» de trascendentales consecuencias geológicas, donde, en contra de la teoría de la contracción, la delgada corteza oceánica es más delgada de lo corriente, el calor irradiado por esta es siete veces mayor que en cualquier otro punto del planeta—. Según la ya vieja hipótesis de trabajo, en la era Proterozoica existían en el hemisferio norte tres bloques continentales: el *escudo canadiense* —de 15.000 metros de espesor y acaso núcleo de un continente primigenio—, el *escudo báltico* y el *escudo siberiano;* en el hemisferio sur, el continente de Godwana, y, entre ellos, el mar de Tetis. En la era Secundaria, este continente se desgaja en el *afrobrasileño* (con Arabia) y el *australoindomalgache;* y se modela América del Norte al unirse el *escudo apalachiano* al canadiense. En el periodo Mioceno se origina el levantamiento alpino: el Tetis euroafricano se convirtió en el Mediterráneo y el escudo báltico en una península del *escudo chinosiberiano;* el continente afrobrasileño se escinde en el *escudo brasileño* —que con el de las Guayanas modelará a América del Sur— y África, separados por el Atlántico: y el australoindomalgache se fragmenta: restos suyos son Insulindia y Australia, al alzarse el Himalaya —donde estuvo el Tetis asiático—, que arrastra a la India y a Arabia y adosa el escudo chinosiberiano, configurándose teoría. He encontrado difícil, al considerar dos especies cualesquiera, evitar imaginarme formas *directamente* intermedias entre ellas. Pero este es un punto de vista completamente falso; hemos de buscar siempre formas intermedias entre cada especie y un progenitor común, pero desconocido, y el progenitor habrá diferido en algunos respecto de todos sus descendientes modificados. Demos un ejemplo sencillo: las palomas colipavo *(fantail)* y buchona *(pouter)* descienden ambas de la paloma silvestre *(rock-pigeon)*; si poseyésemos todas las variedades intermedias que han existido en cualquier tiempo, tendríamos una serie sumamente completa entre ambas y la *rock-pigeon;* pero no tendríamos ninguna variedad directamente intermedia entre la colipavo y la bu-

a fines de la era Terciaria la actual Eurasia, al tiempo que Madagascar se desprende de África y esta —que ha sido unida a Europa— vuelve a separarse de ella por el Atlas y la Tirrénida, poniéndose en comunicación el Atlántico con el Mediterráneo. El conocimiento de la región submarina —71 por 100 de la superficie terrestre— es una de las emocionantes sorpresas del A. G. I.: hacia los 200 metros se halla la *plataforma continental* —pero la atlántica de Estados Unidos es de roca antiquísima, no de sedimentos terrestres, como se creía—; sigue el escarpado alud que lleva a la *región batial* o *pelágica* —formada por las *llanuras abisales* o *batipelágicas,* con sus *cubetas oceánicas,* y por las cordilleras submarinas— y, por fin, a la *región abisal* de las fosas oceánicas. El fantástico fondo submarino —sin sedimentos terrígenos y de relieve dentellado por ausencia de erosión— es un mundo nuevo e impresionante, en el que descuella la *Gran Cordillera Mesoatlántica,* que forma, con la *Elevación del Pacífico Oriental,* una cordillera circunglobal de 65.000 kilómetros de longitud. Por último, los descubrimientos del A. G. I. corroboran la teoría del desplazamiento de los polos. Antes de la edad glacial —que duró medio millón de años—, el Polo Norte estaba en la templada zona norcentral del Pacífico; luego ocupó su posición actual; seguía deshelado en plena edad glaciar —hace 20.000 años—, se heló al terminar esta —hace 12.000 años— y hoy se halla en proceso de deshielo. Si Groenlandia ha resultado ser una concavidad glacial bordeada de montañas, la Antártida es un continente dividido en dos por un canal helado, que también se ha desplazado sobre el manto, pues se han descubierto en ella yacimientos de carbón y restos fósiles de vegetaciones de clima templado.

chona; ninguna, por ejemplo, que reuniese una cola algo extendida con un buche algo dilatado, que son los rasgos característicos de estas dos razas. Estas dos razas, además, han llegado a modificarse tanto, que si no tuviésemos ninguna prueba histórica ni indirecta en relación con su origen, no hubiera sido posible haber determinado, por la simple comparación de sus conformaciones con la *rock-pigeon (Columba livia),* si habían descendido de esta especie o de alguna otra forma afin, tal como la *C. oenas.*

Lo mismo ocurre con las especies naturales; si consideramos formas muy distintas, por ejemplo, el caballo y el tapir, no tenemos ningún motivo para suponer que existieron alguna vez directamente intermedios entre ambas formas, sino entre cada una de ellas y un progenitor común desconocido. El progenitor común habrá tenido en toda su organización mucha semejanza general con el tapir y con el caballo; pero en algunos puntos de su estructura tal vez haya diferido considerablemente de ambos, incluso acaso más de lo que estos difieren entre sí. Por consiguiente, en todos estos casos seríamos incapaces de reconocer la forma madre de dos o más especies cualesquiera, aun si comparásemos de cerca la estructura de la forma madre con la de sus descendientes modificados, a menos que, al mismo tiempo, tuviésemos una cadena casi completa de eslabones intermedios.

Es lícitamente posible, según la teoría, que una de dos formas vivientes haya descendido de la otra —por ejemplo, el caballo del tapir—, y, en este caso, habrán existido entre ellos eslabones *directos intermedios*. Pero tal caso implicaría que una forma había permanecido sin alteración durante un larguísimo periodo de tiempo, en tanto que sus descendientes habían experimentado un cambio muy considerable, y el principio de la competencia entre organismo y organismo, entre hijo y padre, hará que esto sea un acontecimiento rarísimo, pues, en todos los casos, las formas orgánicas nuevas y perfeccionadas tienden a suplantar a las formas viejas y no mejoradas.

Según la teoría de la selección natural, todas las especies orgánicas han estado enlazadas con la especie madre de cada género, por diferencias no mayores que las que vemos en la actualidad entre las variedades naturales y las domésticas de una misma especie; y estas especies madres, por lo general extinguidas hoy día, han estado a su vez igualmente enlazadas con formas más antiguas; y retrocediendo así sucesivamente, hasta converger siempre en el antepasado común de cada una de las grandes clases. De este modo, el número de eslabones intermedios y de transición entre todas las especies vivientes y extinguidas tiene que haber sido inconcebiblemente grande. Pero seguramente, si esta teoria es verdadera, tales formas han existido sobre la Tierra.

Del lapso de tiempo transcurrido, según se deduce de la velocidad de depósito y de la extensión de la denudación

Independientemente de que no encontremos restos fósiles de estos tipos de enlace infinitamente numerosos, puede hacerse la objeción de que no ha podido transcurrir el tiempo suficiente para un cambio orgánico tan grande si todos los cambios se han efectuado lentamente. Apenas me es posible recordar al lector que no sea un geólogo práctico los hechos que forjan en la mente una débil idea del lapso de tiempo transcurrido. Quien lea la gran obra de sir Charles Lyell sobre los *Principles of Geology* —obra que los historiadores futuros reconocerán que ha producido una revolución en las ciencias naturales [153]—, y no admita, sin embargo, la enorme duración de los pasados periodos de tiempo, ya puede cerrar este libro. No quiere decir esto que sea suficiente estudiar los *Principles of Geology,* o leer tratados especiales de diferentes observadores acerca de distintas formaciones, y advertir cómo cada autor intenta dar una idea insuficiente de la duración de cada formación y hasta de cada estrato. Podemos hacernos una idea algo mejor del tiempo pasado mediante el conocimiento de los agentes terrestres en acción y enterándonos de cuán profundamente se

[153] Sir Charles Lyell (1797-1875) fue, efectivamente, el fundador de la geología moderna, acabando con las concepciones del neptunismo (Werner) y del plutonismo (Hutton), así como con la teoría de los cataclismos de Cuvier.

ha denudado la superficie de la Tierra y de la cantidad de sedimentos que se han depositado. Como Lyell ha hecho observar muy bien, la extensión y el grosor de nuestras formaciones sedimentarias son el resultado y la medida de la denudación que ha experimentado la corteza terrestre en otra parte. Por consiguiente, tendría uno que examinar por sí mismo los enormes cúmulos de estratos superpuestos y observar los arroyuelos que van arrastrando fango y las olas que van desgastando los acantilados, para comprender algo acerca de la duración del tiempo pasado, cuyos monumentos vemos por todas partes a nuestro alrededor.

Es útil recorrer una costa que esté formada de rocas moderademente duras y observar el proceso de degradación [154]. Las mareas, en la mayoría de los casos, llegan a los acantilados tan solo muy poco tiempo dos veces al día, y las olas las desgastan tan solo cuando van cargadas de arena o de guijas, pues hay pruebas evidentes de que el agua pura no influye para nada en el desgaste de las rocas. Al fin, queda minada la base del acantilado, caen enormes fragmentos, y estos, que permanecen fijos, han de ser desgastados partícula a partícula, hasta que, después de ser reducidos de tamaño, las olas los hacen rodar de acá para allá y luego se trituran más rápidamente hasta quedar convertidos en cascajo, arena y fango. ¡Pero con cuánta frecuencia vemos a lo largo de las bases de los acantilados en retirada bloques redondeados, cubiertos por una densa capa de producciones marinas, dando a entender lo poco que son desgastados por el roce y cuán raras veces los hace rodar el agua! Además, si seguimos unos cuantos kilómetros cualquier línea de acantilado rocoso que esté experimentando degradación, encontramos que solo de cuando en cuando, en una corta extensión o en torno a un promontorio, están sufriéndola actualmente los acantilados. El aspecto de la superficie y de la vegetación demuestran que en las demás partes han transcurrido los años sin que las aguas azoten su base.

Sin embargo, recientemente, las observaciones de Ramsay, a la vanguardia de muchos excelentes observadores —De Jukes, Geikie,

154 Véase el glosario de términos científicos.

Croll y otros—, nos enseñan que la degradación atmosférica es un agente mucho más importante que la acción costera, o sea, la acción de las olas. Toda la superficie de la Tierra se halla expuesta a la acción química del aire y del agua de lluvia, con su ácido carbónico disuelto, y, en los países fríos, a las heladas; la materia desagregada es arrastrada incluso por los declives suaves durante las lluvias fuertes y —en una extensión más grande de lo que podría suponerse, especialmente en las comarcas áridas— por el viento; luego es transportada por los arroyos y los ríos que, cuando son rápidos, ahondan sus cauces y trituran los fragmentos. En un día de lluvia vemos, incluso en una región ligeramente ondulada, los efectos de la erosión atmosférica en los regatos fangosos que bajan por todas las cuestas. Míster Ramsay y míster Whitaker han demostrado —y la observación es de las más sorprendentes— que las grandes líneas de escarpas de la comarca wealdiense [155] y las que se extienden a través de Inglaterra —que en otro tiempo se consideraban como antiguas costas— no pueden haberse formado de este modo, pues cada línea está constituida por una sola y la misma formación, mientras que nuestros acantilados costeros en todas las partes están formados por la intersección de diferentes formaciones. Siendo esto así, nos vemos obligados a admitir que las escarpas deben su origen, en parte, a que las rocas de que están compuestas han resistido la denudación atmosférica mejor que la superficie colindante; esta superficie, por consiguiente, ha sido gradualmente rebajada, quedando salientes las líneas de roca más dura. Nada causa en la mente una impresión más profunda de la vasta duración del tiempo —según nuestras ideas del tiempo— que la convicción, así adquirida, de que los agentes atmosféricos, que aparentemente tienen tan poca fuerza y que parecen trabajar con tanta lentitud, hayan producido grandes resultados.

Una vez compenetrados así de la lentitud con que la tierra se desgasta por la acción atmosférica y litoral, es conveniente, a fin de

155 Formación geológica perteneciente a la serie infracretácea de la región forestal de Inglaterra llamada The Weald, situada al suroeste del condado de Kent y al este del de Sussex.

apreciar la duración del tiempo pasado, considerar, de una parte, las masas de rocas que han desaparecido de áreas muy extensas y, de otra parte, el grosor de nuestras formaciones sedimentarias. Recuerdo que quedé muy impresionado cuando vi islas volcánicas que habían sido desgastadas por las olas y cercenadas todo alrededor, formando acantilados perpendiculares de trescientos a seiscientos metros de altura, pues la suave pendiente de las corrientes de lava, debido a su primer estado líquido, mostraban a la vista hasta dónde se habían extendido antiguamente en el mar las duras capas rocosas. La misma historia nos refieren, aún más claramente, las fallas, esas grandes hendeduras a lo largo de las cuales los estratos se han levantado en un lado o hundido en otro, hasta una altura o profundidad de cientos de metros; pues desde que la corteza se resquebrajó —y no hay gran diferencia si el levantamiento fue repentino o, como cree hoy la mayoría de los geólogos, fue lento y efectuado por muchos movimientos pequeños—, la superficie de la Tierra se ha nivelado completamente, que no se ve ningún indicio externo de estas grandes dislocaciones. La falla de Craven, por ejemplo, se extiende casi unos cincuenta kilómetros, y a lo largo de esta línea el movimiento vertical de los estratos varía desde unos doscientos a novecientos metros aproximadamente. El profesor Ramsay ha publicado un estudio de un hundimiento en Anglesea de setecientos metros, y me informa de que cree plenamente que en el condado de Merionethshire existe uno de más de tres mil metros; sin embargo, en estos casos no hay nada en la superficie de la Tierra que indique movimientos tan prodigiosos, pues el cúmulo de rocas a ambos lados de la grieta ha ido desapareciendo poco a poco.

Por otro lado, en todas las partes del mundo las masas de estratos sedimentarios tiene un grosor asombroso. En la cordillera calculé una masa de conglomerado de tres mil metros; y aunque es probable que los conglomerados se hayan acumulado más rápidamente que los sedimentos más finos, sin embargo, como están formados por guijarros pulimentados y redondeados, cada uno de los cuales lleva la impronta del tiempo, sirven para demostrar con qué lentitud tuvo que acumularse la masa. El profesor Ramsay me ha proporcionado los datos del grosor máximo —según medidas efectivas en la mayoría de los casos— de las sucesivas formaciones en *diferentes* partes de Gran Bretaña. Helos aquí:

	Metros
Estratos paleozoicos (sin incluir las capas ígneas)	17.420
Estratos secundarios	4.020
Estratos terciarios	672

que hacen, en total, 22.112 metros, o sea, algo más de veintidós kilómetros [156]. Algunas de las formaciones que están representadas en Inglaterra por capas delgadas tienen en el continente cientos de metros de espesor. Además, entre cada formación sucesiva hay, según la opinión de la mayoría de los geólogos, periodos en blanco de enorme extensión. De modo que el elevado cúmulo de rocas sedimentarias en Gran Bretafta nos da una idea incompleta del tiempo transcurrido durante su acumulación. La consideración de estos diferentes hechos produce en la mente casi la misma impresión que el vano esfuerzo por captar la idea de eternidad.

Sin embargo, esta impresión es, en parte, falsa. Míster Croll, en una interesante memoria, hace observar que no nos equivocamos al «formarnos una idea demasiado larga de la duración de los periodos geológicos», sino al evaluarlos por años [157]. Cuando los geó-

156 El espesor total de las rocas de Europa que contienen restos fosilíferos se estima en 22.000 metros —el sistema Devónico tiene 3.000 metros, y el Carbonífero de 3.000 a 5.000 metros—, en tanto que la formación laurentina del Canadá es de 15.000 metros de espesor —más gruesa que todas las demás juntas y más antigua—; y notemos que mientras en el Carbonífero se han encontrado 10.000 especies fósiles animales, en el periodo Pérmico solo se han hallado 300.

157 Los métodos para evaluar la edad de la Tierra han progresado mucho en dos siglos y medio. La escandalosa discrepancia que reinó en el siglo XIX entre los geólogos —que la calculaban en unos 200 millones de años— y los astrónomos y físicos —Helmholtz la calculó de 20-30 millones de años— no se superó hasta el siglo XX, al aplicarse el método radiactivo, que rebasó insospechadamente toda previsión. Por este método, en 1930 se calculó la edad del planeta en unos 1.200 millones de años; en 1947, Holmes llega a resultados más precisos, y en 1955, Starik, del Instituto Ra-

logos estudian fenómenos amplios y complicados, y luego consideran cifras que representan varios millones de años, las dos co-

diológico de Moscú, fija el límite superior de los materiales terrestres vecino a los 3.000 millones de años. Para mejor contraste de la época de Darwin con la nuestra damos los siguientes datos de las edades y periodos geológicos.

Fase astronómica de la Tierra duró unos	1.500 millones de años
Límite superior materiales terrestres, hace	3.000 millones de años
Edad de la Tierra	4.500 millones de años

Periodo	*Duración* (En millones de años)	*Hace*	*Características*
A) Edad Proterozoica		2.000	Algas, protozoos, primeras células hace 1.500 millones de años.
B) Edad Paleozoica			
Cambriano	100	600	Invertebrados, trilobites, braquiópodos.
Ordoviciense	60	500	Vertebrados *Amphioxus,* pez ciego; vive aún.
Siluriano	40	440	*Nautilus.* Corales. Cefalópodos.
Devoniano	50	400	*Coelacanthus,* pez con patas; vive aún.
Carbonífero	80	350	Criptógamas. Insectos. Anfibios. Reptil arcaico. Mamíferos.
Permiano	45	270	Reptil arcaico. Mamíferos.
C) Edad secundaria			
Triásico	45	225	Gimnop. Moluscos. Artrópodos. Saurio.
Jurásico	45	180	*Pterodactilus. Arqueopteryx. Ornithorhinchus.*
Cretáceo	65	135	Angiosp. Mamíferos placentados: Insectívoros.
D) Edad terciaria			
Eoceno	30	70	Desarr. de mamíf. Tarsio; lemures (véase glosario).
Oligoceno	15	40	*Propliopithecus.*
Mioceno	14	25	*Proconsul afric. Dryopithecus.*
Plioceno	10	11	Gibón. *Oreopithecus. Australopithecus.*
E) Edad Cuaternaria			
Pleistoceno	1	1	*Zindjanthropus Boisei. Atlanthropus mauritanicus.* Hombre de Swanscombe. Neandertal. *H. sapiens fossilis.*
Holoceno		10.000 años	*Homo sapiens recens.*

sas producen un efecto totalmente diferente en la mente, y enseguida se declara que las cifras son demasiado pequeñas. Por lo que se refiere a la denudación atmosférica, míster Croll demuestra —calculando la cantidad conocida de sedimentos acarreados anualmente por determinados ríos, en relación con las áreas de sus cuencas— que, de la altura media de todo el área, se arrastrarían, a medida que fuesen siendo gradualmente destruidos, unos trescientos metros de roca sólida en el transcurso de seis millones de años. Esto parece un resultado pasmoso, y algunas consideraciones llevan a la sospecha de que tal vez sea demasiado grande; pero incluso reducido a la mitad, o a la cuarta parte, es aún muy asombroso. Pocos de nosotros, sin embargo, sabemos lo que realmente significa un millón. Míster Croll pone el siguiente ejemplo: tómese una estrecha tira de papel de 83 pies y cuatro pulgadas de largo —26,3 metros—, extiéndase a lo largo de la pared de una gran sala y señálese luego en un extremo una décima de pulgada —2,5 milímetros—. Esta décima de pulgada representará un siglo, y la tira entera un millón de años [158]. Mas téngase presente, en relación

Los australopítecos sudafricanos son, sin duda, el *missing-link* entre los antropoides y el hombre; son los prehomínidos de la civilización del garrote y datan de hace dos millones de años. El *Zindjanthropus* —de hace 600.000 años— puede ser el *missing-link* entre los australopitecos y los pitecántropos *(Atlanthropus m.)*; es el paleoprimate de los «esferoides» o *pebble-culture Prechelense.* El *Atlanthropus mauritanicus* —de hace unos 500.000 años— pertenece al grupo de los pitecántropos *(Pithecanthropus erectus, Sinanthropus)*; este homínido *presapiens* es el artífice de las primeras hachas de piedra de África septentrional y central; España y Francia tienen restos de estas culturas de Clacton y Abbeville de los pitecántropos europeos, cuyos restos son evidentes en el *Homo heildelbergensis* o *Euranthropus mauritanicus.* La línea pitecantrópida tal vez sea una rama colateral, como la del hombre de Neandertal —de 180 a 90.000 años—, en tanto que el hombre de Swanscombe, el de Steinheim, etc. —300 a 200.000 años— conduzca al hombre de Cromañón —50.000 años— y al *Homo sapiens recens.*

158 Si suponemos que esa longitud de 26,3 metros representa 1.500 millones de años —fecha en que tal vez apareció la vida—, entonces 17,8 milímetros representan un millón de años —tiempo en que vivían los australo-

con el asunto de esta obra, lo que quiere decir un siglo, representado, como lo está, por una medida absolutamente insignificante en una sala de las dimensiones dichas. Varios eminentes criadores, tan solo en el transcurso de su vida, han modificado en tan gran manera algunos de los animales superiores —animales que propagan su especie mucho más lentamente que la mayoría de los animales inferiores—, que han formado lo que merece llamarse una nueva subraza. Pocos hombres se han ocupado, con el debido cuidado, de ninguna casta durante más de medio siglo, de modo que cien años representa el trabajo de dos criadores sucesivos. No hay que suponer que las especies en estado de naturaleza cambien alguna vez tan rápidamente como los animales domésticos bajo la dirección de la selección metódica. La comparación sería más justa, por todos los conceptos, si se hiciese con los efectos que resultan de la selección inconsciente, o sea, de la conservación de los animales más útiles o más hermosos, sin intención alguna de modificar la raza; no obstante, mediante este proceso de selección inconsciente se han modificado sensiblemente diferentes razas en el transcurso de dos o tres siglos.

Las especies, sin embargo, cambian probablemente con mucha más lentitud, y en un mismo país solo unas cuantas cambian al mismo tiempo. La lentitud es consecuencia de que todos los ha-

pitecos (el *Paranthropus*)—; 2,5 milímetros equivalen a 150.000 años —en que vivía el neandertaloide hombre de Ehringsdorf—, y 0,1 milímetro a un siglo.

Si se hace otro tipo de comparación muy frecuente: la fase de hominización, desde que comienza el andar erguido hasta la utilización del fuego, duró acaso 12-20 millones de años, o sea, de 12 a 20 horas. A las cinco de la mañana aparecieron los procónsules africanos. A las catorce de la tarde, el oreopiteco —no homínido tal vez—. A las veintidós de la noche surgieron los australopitecos, prehomínidos sudafricanos; a las veintitrés, el *Australopithecus Prometeus,* conquistador del fuego. Poco antes de la media hora, el *Zindjanthropus Boisei;* a las veintitrés treinta, el *Atlanthropus,* el *Euranthropus* de Heidelberg y los gigantopitecos; a los cinco minutos, el *Pithecanthropus erectus* y el *Sinanthropus;* a los diez minutos siguientes, el Neandertal; a las veintitrés cincuenta y cinco, el de Cromañón, y a las veintitrés cincuenta y nueve, el *Horno sapiens recens.*

bitantes del mismo país están ya tan bien adaptados entre sí, que en la economía de la naturaleza no se presentan nuevos puestos, sino después de largos intervalos, debido a cambios físicos de alguna clase o a la inmigración de formas nuevas. Además, las variaciones o diferencias individuales de naturaleza conveniente, mediante las que algunos de los habitantes pudiesen adaptarse mejor a los nuevos puestos en las circunstancias alteradas, no siempre aparecen simultáneamente. Por desgracia, no tenemos medio alguno de determinar, midiéndolo en años, el periodo de tiempo necesario para que una especie se modifique; pero sobre esta cuestión del tiempo hemos de volver.

De la pobreza de nuestras colecciones paleontológicas

Volvamos ahora la vista a nuestros museos geológicos más ricos, y ¡qué mezquino espectáculo contemplamos! Que nuestras colecciones son incompletas, lo admite todo el mundo. Nunca debiera olvidarse la observación de aquel admirable paleontólogo Edward Forbes, a saber, que muchísimas especies fósiles se conocen y se clasifican por ejemplares únicos y a menudo rotos, o por un corto número de ejemplares recogidos en un solo lugar. Tan solo una pequeña parte de la superficie de la Tierra se ha explorado geológicamente, y en ningún lugar con el cuidado suficiente, como lo prueban los importantes descubrimientos que cada año se hacen en Europa. Ningún organismo completamente blando puede conservarse, las conchas y los huesos se descomponen y desaparecen cuando quedan en el fondo del mar, donde no se acumula sedimento. Probablemente estamos en una idea completamente errónea cuando admitimos que el sedimento se deposita en casi todo el lecho del mar a una velocidad suficientemente rápida para enterrar y conservar restos fósiles. Por toda una enorme extensión del océano, el claro color azul del agua demuestra su pureza. Los muchos casos registrados de una formación cubierta concordantemente, después de un inmenso espacio de tiempo, por otra formación posterior, sin que la capa subyacente haya sufrido en el intervalo ningún desgaste ni dislocación, parecen explicarse únicamente por la hipótesis de que no es raro que el fondo del mar permanezca en estado inalterable durante eras de tiempo. Los restos que llegan a quedar enterrados, si lo están en arena o en cascajo, cuando las capas hayan emergido, se disolverán generalmente por la filtración de agua de lluvia, cargada de ácido carbónico. Algunas de las muchas clases de animales que viven en la costa, entre los límites de la marea alta y la marea baja, parece que se conservan raras veces. Por ejemplo, las diversas especies de ctamalinos —una subfamilia de cirrípedos sésiles— cubren las rocas por todas las costas del mundo en número infinito: son todos estrictamente litorales, con la excepción de una sola especie mediterránea que vive en aguas profundas, y de esta se han encontrado fósiles en Sicilia, mientras que ninguna otra especie ha sido hallada, hasta ahora, en ninguna formación terciaria, y, sin embargo, se sabe que el género *Chthamalus* existió durante el periodo Cretáceo. Por último, varios depósitos grandes, que requieren un vasto periodo de tiempo para su acumulación, están totalmente desprovistos de restos orgánicos, sin que podamos explicarnos la causa. Uno de los más notables es el de la formación *Flysch*, que consta de pizarra y arenisca, de un espesor de varios cientos de metros —a veces casi dos mil metros—, y que se extiende por casi quinientos kilómetros desde Viena a Suiza, y, aunque esta gran masa ha sido muy cuidadosamente explorada, no se han encontrado fósiles, excepto algunos restos vegetales.

Por lo que se refiere a las producciones terrestres que vivieron durante los periodos Paleozoicos y Secundarios, es innecesario afirmar que nuestros testimonios son fragmentarios en sumo grado. Por ejemplo, hasta hace poco no se conocía ningun molusco terrestre que perteneciese a cualquiera de estos dos vastos periodos, con la excepción de una especie descubierta por sir C. Lyell y el doctor Dawson en los estratos carboníferos de América del Norte; pero ahora se han encontrado moluscos terrestres en el lías [159]. Por lo que se refiere a los restos de mamíferos, una

[159] Formación constituida por sedimentos que siguen al Triásico o trías.

ojeada a la tabla histórica publicada en el *Manual* de Lyell nos convencerá, mucho mejor que páginas enteras de detalles, de lo accidental y rara que es su conservación. Tampoco es sorprendente esta escasez si recordamos la gran cantidad de huesos de mamíferos terciarios que se han descubierto en cavernas o en depósitos lacustres, y que no sé de ninguna caverna ni verdadero lecho lacustre que pertenezca a la edad de nuestras formaciones paleozoicas o secundarias.

Pero la imperfección del archivo geológico se debe en gran parte a otra causa más importante que cualquiera de las precedentes, es decir, a que las diversas formaciones están separadas unas de otras por grandes intervalos de tiempo. Esta doctrina ha sido categóricamente admitida por muchos geólogos y paleontólogos, quienes, como E. Forbes, no creen en modo alguno en la transformación de las especies. Cuando vemos los cuadros sinópticos de las formaciones en las obras de los tratadistas, o cuando las seguimos en la naturaleza, nos resulta dificil no creer que son rigurosamente consecutivas. Pero sabemos, por ejemplo, merced a la gran obra de sir R. Murchison sobre Rusia, que en este país hay inmensas lagunas entre las formaciones superpuestas; lo mismo ocurre en América del Norte y en otras muchas partes del mundo. El más concienzudo de los geólogos, si su atención hubiera estado limitada exclusivamente a estos extensos territorios, no hubiese sospechado nunca que durante los periodos que pasaron en blanco, y como no escritos en su propio pais, se habian acumulado en otras partes grandes masas de sedimento cargadas de formas orgánicas nuevas y peculiares. Y si en cada territorio por separado apenas puede formarse idea alguna del espacio de tiempo que ha transcurrido entre las formaciones consecutivas, debemos inferir que este no pudo determinarse en parte alguna. Los grandes y frecuentes cambios en la composición mineralógica de formaciones consecutivas, que generalmente implican grandes cambios en la geografía de los terrenos circundantes, de los que provenía el sedimento, están de acuerdo con la creencia de que han transcurrido vastos espacios de tiempo entre cada una de las formaciones.

Creo que podemos comprender por qué las formaciones geológicas de cada región son casi siempre intermitentes, esto es, que no han seguido unas a otras formando una serie ininterrumpida. Casi ningún hecho llamó más mi atención —cuando examinaba muchos cientos de kilómetros de las costas sudamericanas que se han levantado varios centenares de metros durante el periodo moderno— como la ausencia de depósitos recientes lo bastante extensos para perdurar siquiera durante un corto periodo geológico. A lo largo de toda la costa occidental, que está poblada por una fauna marina particular, las capas terciarias están tan pobremente desarrolladas, que probablemente no se conservará testimonio alguno de las diversas y sucesivas faunas marinas peculiares hasta una distante y remota edad. Un poco de reflexión explicará por qué a lo largo de la prominente costa occidental de América del Sur no pueden encontrarse en parte alguna extensas formaciones con restos recientes o terciarios, aunque la cantidad de sedimentos tuvo que ser grande en edades pasadas, a juzgar por la enorme degradación de las rocas de la costa y por las corrientes fangosas que llegan al mar. La explicación es, sin duda, que los depósitos litorales y los sublitorales se desgastan continuamente, tan pronto como surgen por el levantamiento lento y gradual de la tierra y quedan expuestos a la acción demoledora de las olas que baten la costa.

Podemos llegar a la conclusión, a mi parecer, de que el sedimento tiene que acumularse en masas sumamente gruesas, sólidas o extensas, para que pueda resistir la acción incesante de las olas, en su primera elevación y durante las sucesivas elevaciones de nivel, así como de la consiguiente degradación atmosférica. Estas acumulaciones de gran espesor y extensión pueden formarse de dos maneras: o bien en las grandes profundidades del mar, en cuyo caso el fondo no estará habitado por tantas y tan variadas formas orgánicas como los mares poco profundos, y las masas, cuando se levanten, darán un testimonio imperfecto de los organismos que existieron en sus proximidades durante el periodo de su acumulación; o bien el sedimento puede depositarse hasta alcanzar cualquier espesor y extensión en un fondo poco profundo, si este continúa sumergiéndose lentamente. En este último caso, en tanto que la velocidad de hundimiento y el acarreo de sedimento casi se equilibran mutuamente, el mar permanecerá poco profundo y favorable para muchas y variadas formas, y de este modo puede constituirse una rica formación fosilífera bastante espesa para resistir, cuando se levante, una gran denudación.

Estoy convencido de que casi todas nuestras formaciones antiguas, que son *ricas en fósiles* a través de la mayor parte de su espesor, se han formado de este modo durante un hundimiento. Desde que publiqué mis opiniones sobre este asunto en 1845, he seguido atentamente los progresos de la geología, y me he quedado sorprendido al advertir cómo los autores, uno tras otro, al tratar de esta o aquella gran formación, han llegado a la conclusión de que se acumularon durante una depresión. Puedo añadir que la única formación terciaria antigua en la costa occidental de América del Sur que ha sido lo bastante voluminosa para resistir la erosión que hasta hoy ha sufrido, pero que difícilmente perdurará hasta una edad geológica lejana, se depositó durante una oscilación descendente de nivel, adquiriendo de este modo un espesor considerable.

Todos los hechos geológicos nos dicen claramente que cada área ha experimentado numerosas y lentas oscilaciones de nivel, y evidentemente estas oscilaciones han afectado a vastos espacios. Por consiguiente, las formaciones ricas en fósiles, y suficientemente gruesas y extensas para resistir la subsiguiente erosión, se habrán formado sobre vastos espacios durante periodos de hundimiento, pero solamente allí donde el acarreo de sedimento fue suficiente para que el mar se mantuviese poco profundo y para enterrar y conservar los restos orgánicos antes de que tuviesen tiempo de descomponerse. Por el contrario, mientras el lecho del mar permanece estacionario, no pueden haberse acumulado depósitos *espesos* en las partes poco profundas, que son las más favorables para la vida. Menos aún puede haber ocurrido esto durante los periodos alternativos de elevación, o, para hablar con más propiedad, los lechos que estaban acumulados entonces se destruirán generalmente al levantarse y entrar en el dominio de la acción costera.

Estas observaciones se aplican principalmente a los depósitos litorales y sublitorales. En el caso de un mar extenso y poco profundo, tal como el de una gran parte del archipiélago malayo, donde la profundidad varía desde cincuenta y cinco o setenta metros hasta ciento diez, podría constituirse una formación muy extensa durante un periodo de elevación y, sin embargo, no sufrir excesivamente por la denudación durante su lenta emersión; pero el espesor de la formación no podría ser mucho, pues, debido al movimiento de elevación, sería menor que la profundidad en que se formase; tampoco estaría el depósito muy consolidado, ni cubierto por formaciones superpuestas, de modo que corriera mucho peligro de ser desgastado por la degradación atmosférica y por la acción del mar durante las consiguientes oscilaciones de nivel. Sin embargo, míster Hopkins ha sugerido que si una parte del área, después de emerger y antes de la denudación, se emergiera, el depósito formado durante el movimiento de elevación, aunque no fuese grueso, podrían después quedar protegidos por acumulaciones nuevas y, de este modo, conservarse durante un largo periodo.

Míster Hopkins expresa también la creencia de que las capas sedimentarias de considerable extensión horizontal rara vez han sido destruidas por completo. Pero todos los geólogos, excepto los pocos que creen que nuestros actuales esquistos metamórficos y rocas plutónicas formaron antiguamente el núcleo primordial del globo [160], admitirán que estas últimas rocas han sido despojadas de su cobertura en una gran extensión, pues es casi imposible que estas rocas se hayan solidificado y cristalizado mientras estuvieron al descubierto, aunque si la acción metamórfica ocurrió en las grandes profundidades del océano, el primitivo manto protector de la roca tal vez no haya sido muy grueso. Admitiendo que el gneis, la micacita, el granito, la diorita, etc., estuvieron en otro tiempo necesariamente cubiertos, ¿cómo podemos explicarlas extensas y desnudas áreas de estas rocas en muchas partes del mundo, si no es en la creencia de que han sido posteriormente denudadas por completo de todos los estratos que las cubrían? No

160 Alude a los geólogos partidarios del plutonismo.

puede dudarse de la existencia de estas áreas extensas. Humboldt describe la región granítica de Parima [161] como diecinueve veces, por lo menos, más grande que Suiza. Al sur del Amazonas, Bone pinta un área compuesta de rocas de esta naturaleza igual a la de España, Francia, Italia, parte de Alemania y las Islas Británicas juntas. Esta región no ha sido explorada cuidadosamente, pero, según los testimonios unánimes de los viajeros, el área granítica es enorme; así, Von Eschwege da una sección detallada de estas rocas, que se extiende desde Río de Janeiro hasta 260 millas geográficas —481,5 kilómetros— tierra adentro, en línea recta; yo viajé 240 kilómetros en otra dirección y no vi nada más que rocas graníticas. Examiné numerosos ejemplares recogidos a lo largo de toda la costa, desde cerca de Río de Janeiro hasta la desembocadura del Plata, o sea, una distancia de 1.100 millas geográficas —2.037 kilómetros—, y todos pertenecían a esta clase de rocas. Tierra adentro, a lo largo de toda la orilla septentrional del río de la Plata, no vi, aparte de capas terciarias modernas, más que un pequeño manchón de rocas ligeramente metamorfoseadas, que únicamente podían haber formado parte de la cubierta primitiva de la serie granítica. Fijándonos en una región bien conocida, es decir, en los Estados Unidos y Canadá, según se ve en el hermoso mapa del profesor H. D. Rogers, he calculado las áreas, recortando y pesando el papel, y he hallado que las rocas graníticas y las metamórficas —excluyendo «las semimetamórficas»— excedían, en la proporción de 19 a 12,5, al conjunto de las formaciones paleozoicas más recientes. En muchas regiones se vería que las rocas graníticas y las metamórficas están mucho más extendidas de lo que parece, si se quitasen todas las capas sedimentarias que descansan sobre ellas indebidamente, y que no pudieron formar parte del manto primitivo bajo el cual aquellas cristalizaron. Por tanto, es probable que, en algunas partes del mundo, formaciones enteras hayan sido completamente denudadas, sin dejar ni un vestigio tras de sí.

161 Sierra divisora entre los ríos Orinoco y Branco, y fronteriza entre Brasil y Venezuela.

Hay una observación que merece mencionarse de pasada. Durante los periodos de elevación, el área de la tierra y la de las partes adyacentes y poco profundas del mar aumentará y se formarán con frecuencia nuevas estaciones, circunstancias todas ellas favorables, como se explicó antes, para la formación de variedades y especies nuevas; pero durante estos periodos habrá generalmente un blanco en el archivo geológico. Por el contrario, durante los movimientos de hundimiento, el área habitada y el número de habitantes disminuirán —excepto en las costas de un continente que, al fragmentarse, se convirtiera en un archipiélago—, y, por consiguiente, durante el hundimiento, aunque habrá mucha extinción, se formarán pocas variedades y especies nuevas; y precisamente durante estos periodos de hundimiento es cuando se han acumulado los depósitos que son más ricos en fósiles.

De la ausencia de variedades intermedias numerosas en cualquier formación aislada

De estas diversas consideraciones resulta indudable que el archivo geológico, considerado en conjunto, es sumamente incompleto; pero si fijamos nuestra atención en una sola formación cualquiera, es mucho más difícil comprender por qué no encontramos en ella variedades de transición muy graduales entre las especies afines que vivieron al comienzo y al final de la formación. Se han registrado varios casos de una misma especie que presenta variedades en las partes inferior y superior de una misma formación; así, Trautschold cita numerosos ejemplos de *Ammonites*, y Hilgendorf ha descrito un caso muy curioso de diez formas graduales de *Planorbis multiformis* en las capas sucesivas de una formación de agua dulce en Suiza. Aunque cada formación haya requerido indudablemente un número muy grande de años para su depósito, pueden darse varias razones de por qué cada formación no comprende generalmente una serie gradual de eslabones entre las especies que vivieron a su comienzo y a su final; sin embargo, no puedo determinar el debido valor relativo de las consideraciones siguientes.

Aunque cada formación indica un lapso muy largo de años, probablemente cada formación es corta comparada con el periodo requerido para que una especie se transforme en otra. Ya sé que dos paleontólogos, cuyas opiniones son dignas del mayor respeto, Bronn y Woodward, han llegado a la conclusión de que el promedio de duración de cada formación es igual a dos o tres veces el promedio de duración de las formas específicas; pero dificultades insuperables, a mi parecer, nos impiden llegar a una conclusión justa sobre este punto. Cuando vemos que una especie aparece por vez primera en medio de una formación cualquiera, sería en extremo arriesgado deducir que esta especie no había existido anteriormente en ninguna otra parte. Del mismo modo, cuando vemos que una especie desaparece antes de que se hayan depositado las últimas capas, sería igualmente arriesgado suponer que la especie se extinguió entonces. Olvidamos cuán reducida es la superficie de Europa comparada con la del resto del mundo, y tampoco las diversas etapas de una misma formación a través de toda Europa se corresponden con perfecta exactitud.

Tal vez podamos deducir con seguridad que en los animales marinos de todas las clases ha habido gran movimiento migratorio debido a los cambios de clima y a otras alteraciones; y cuando vemos que una especie aparece por vez primera en una formación cualquiera, lo probable es tan solo que entonces inmigró por vez primera a aquella área. Es bien sabido, por ejemplo, que diversas especies aparecieron un poco más pronto en las capas paleozoicas de América del Norte que en las de Europa, tiempo que se ha requerido evidentemente para su migración desde los mares americanos a los europeos. Al examinar los depósitos más recientes en las diferentes partes del mundo, se ha observado en todas partes que un corto número de especies todavía existentes son comunes en un depósito, pero se han extinguido en el mar inmediatamente contiguo; o, al revés, que algunas abundan ahora en el mar vecino, pero son raras o faltan en este depósito determinado. Es una excelente lección reflexionar acerca de la comprobada e importante migración de los habitantes de Europa durante la época glacial, que forma tan solo una parte de un periodo geológico, y reflexionar también en los cambios de nivel, en los grandes cambios de clima y en el enorme lapso de tiempo transcurrido, todo ello comprendido dentro de un mismo periodo glacial. Sin embargo, tal vez pueda dudarse de que, en alguna parte del mundo, se hayan ido acumulando, dentro de una misma área y durante todo este periodo, depósitos sedimentarios que *comprendan restos fósiles*. No es probable, por ejemplo, que se depositasen sedimentos, durante todo el periodo glacial, cerca de la desembocadura del Misisipí, dentro del límite de profundidad en que mejor pueden prosperar los animales marinos; pues sabemos que, durante este espacio de tiempo, ocurrieron grandes cambios geográficos en otras partes de América. Cuando se levanten capas como las que se depositaron en aguas poco profundas cerca de la desembocadura del Misisipí durante una parte del periodo glacial, los restos orgánicos probablemente al principio aparecerán y desaparecerán a niveles diferentes, debido a las migraciones de especies y a los cambios geográficos. Y en un futuro lejano, un geólogo, que examinase estas capas, estaría tentado de sacar en conclusión que la duración media de la vida de las especies fósiles enterradas había sido menor que la del periodo glacial, en lugar de haber sido, como lo es en realidad, bastante mayor, pues se ha extendido desde antes de la época glacial hasta el día de hoy.

Para lograr una gradación perfecta entre dos formas, una de la parte superior y otra de la inferior de una misma formación, el depósito tiene que haber ido acumulándose continuamente durante un largo periodo, suficiente para el lento proceso de modificación; por consiguiente, el depósito tiene que ser muy grueso y la especie que experimentase el cambio tenía que haber vivido en la misma comarca durante todo el tiempo. Pero hemos visto que una formación gruesa, fosilífera en todo su espesor, solo puede acumularse durante un periodo de hundimiento, y para que se conserve aproximadamente igual la profundidad necesaria para que una misma especie marina pueda vivir en el mismo espacio, la cantidad de sedimento tiene que compensar casi la intensidad del hundimiento. Pero este mismo movimiento de depresión tenderá a sumergir el área de donde proviene el sedimiento y, por tanto, a disminuir la cantidad de sedimento mientras continúe el movimiento de descenso. De hecho, este equilibrio casi perfecto entre la cantidad de sedimento acarreado y la intensidad del hundimiento es probablemente una rara contingencia, pero más de un paleontólogo ha observado que los depósitos de mucho espesor son por lo general pobres en restos orgánicos, excepto cerca de sus límites superior e inferior.

Se diría que cada formación separada, lo mismo que la serie entera de formaciones de un país cualquiera, ha sido por lo general intermitente en su acumulación. Cuando vemos, como ocurre muy a menudo, una formación constituida por capas de composición mineralógica muy diferente, podemos sospechar razonablemente que el proceso de depósito ha sido más o menos interrumpido. Tampoco la inspección más cuidadosa de una formación nos dará idea alguna del espacio de tiempo que puede haber invertido su sedimentación. Podrían citarse muchos casos de capas, de tan solo unos pocos metros de espesor, que representan formaciones que en cualquier otra parte tienen cientos de metros de grosor y que han debido requerir un enorme periodo de tiempo para su acumulación; sin embargo, nadie que ignorase este hecho habría ni siquiera sospechado el enorme lapso de tiempo representado por la formación más delgada. Podrían citarse muchos casos en que las capas inferiores de una formación se han levantado, denudado y sumergido, y luego han sido cubiertas por las capas superiores de la misma formación, hechos que demuestran qué espacios de tiempo tan vastos —y, sin embargo, fáciles de pasar inadvertidos— han transcurrido en su acumulación. En otros casos, en los grandes árboles fosilizados que se conservan todavía en pie como cuando vivían, tenemos la prueba más evidente de muchos y larguísimos intervalos de tiempo y de cambios de nivel durante el proceso de sedimentación, que no se hubieran sospechado de no haberse conservado los árboles; así, sir C. Lyell y el doctor Dawson encontraron en Nueva Escocia capas carboníferas de unos 425 metros de espesor, con estratos antiguos que contenían raíces, unos encima de otros, en setenta y ocho niveles distintos, por lo menos. Por consiguiente, cuando una misma especie se presenta en la base, en el centro y en lo alto de una formación, lo probable es que no haya vivido en el mismo sitio durante todo el periodo de sedimentación, sino que haya desaparecido y reaparecido, quizá muchas veces, durante el mismo periodo geológico. Por tanto, si la especie hubo de experimentar modificación de considerable cuantía durante la sedimentación de una formación geológica cualquiera, un corte vertical no comprendería a todas las delicadas gradaciones que, según nuestra teoría, han tenido que existir, sino bruscos, aunque leves, cambios de forma.

Es de la mayor importancia recordar que los naturalistas no tienen ninguna *regla de oro* para distinguir las especies de las variedades; conceden cierta pequeña variabilidad a cada especie, pero cuando se encuentran con una cuantía de diferencia algo mayor entre dos formas cualesquiera, las clasifican a ambas como especies, a menos que sean capaces de enlazarlas entre sí mediante gradaciones intermedias muy próximas, y esto, por las razones que se acaban de señalar, raras veces podemos confiar en que se realice en una sola sección vertical geológica cualquiera. Suponiendo que B y C sean dos especies, y que una tercera, A, se encuentra en una capa más antigua y subyacente; aun cuando A fuese exactamente intermedia entre B y C, sería clasificada simplemente como una tercera especie distinta, a menos que al mismo tiempo pudiese conectarse íntimamente, mediante variedades intermedias con una u otra, o con ambas formas. Tampoco hay que olvidar, como se explicó antes, que A pudo ser el verdadero progenitor de B y de C, y, sin embargo, no sería necesario que fuese rigurosamente intermedia entre ellas en todos los respectos. De modo que podríamos encontrar la especie madre y a sus diversos descendientes modificados desde las capas inferiores hasta las superiores de una misma formación, y, a menos que encontráramos numerosas gradaciones de transición, no reconoceríamos su parentesco de consanguinidad y las clasificaríamos, por consiguiente, como especies distintas.

Es notorio lo extraordinariamente pequeñas que son las diferencias sobre las que muchos paleontólogos han fundado sus especies, y hacen esto con más presteza si los ejemplares provienen de diferentes subpisos de una misma formación. Algunos conquiliólogos exeperimentados están ahora rebajando a la categoría de variedades muchas de las sutilísimas especies de D'Orbigny y otros, y en este criterio encontramos la clase de prueba del cambio que, según la teoría, tenemos que encontrar. Fijémonos de nuevo en los depósitos terciaros más recientes, que encierran muchos moluscos considerados por la mayoría de los naturalistas como idénticos a las especies existentes; pero algunos excelentes naturalistas, como Agassiz y Pictet, sostienen que todas estas especies terciarias son específicamente distintas, aun cuando admiten que la diferencia es muy pequeña; de modo que —a menos que creamos que estos eminentes naturalistan han sido engañados por su imaginación, y que estas especies del Terciario superior no presentan en realidad diferencia alguna de sus especies representativas vivientes, o a menos que admitamos, en contra de la opinión de la mayoría de los naturalistas, que estas especies terciarias son todas realmente distintas de las modernas— tenemos la prueba de la existencia frecuente de ligeras modificaciones de la naturaleza requerida. Si consideramos espacios de tiempo algo mayores, como los pisos distintos, pero consecutivos de una misma formación importante, encontramos que los fósiles enterrados, aunque sean clasificados universalmente como especies diferentes, son, sin embargo, mucho más afines entre sí que las especies que se encuentran en formaciones mucho más separadas; de modo que también aquí tenemos pruebas indudables de cambios en el sentido requerido por mi teoría; pero sobre este último punto he de insistir en el capítulo siguiente.

En animales y plantas que se propagan rápidamente y que no cambian mucho de lugar, hay razones para sospechar, como hemos visto antes, que sus variedades son por lo general al principio locales, y que estas variedades locales no se difunden mucho ni suplantan a sus formas madres hasta que se han modificado y perfeccionado mucho. De acuerdo con esta opinión, son pocas las probabilidades de descubrir en una formación de un solo país determinado todas las primeras fases de transición entre dos formas cualesquiera, pues se supone que los cambios sucesivos han sido locales o limitados a un lugar determinado. La mayoría de los animales marinos tienen un área de dispersión grande, y hemos visto que, en las plantas, las que tiene mayor área de dispersión son las que con más frecuencia presentan variedades; de modo que en los moluscos y otros animales marinos, que son probablemente los que tienen mayor área de dispersión, excediendo en mucho de los límites de las formaciones geológicas conocidas en Europa, se hayan originado con más frecuencia, primero variedades locales y finalmente especies nuevas; y esto también disminuiría mucho las probabilidades de que podamos rastrear las fases de transición en una formación geológica cualquiera.

Hay una consideración más importante, que lleva al mismo resultado, como ha insistido recientemente el doctor Falconer, y es que el periodo durante el cual cada especie experimentó modificaciones, aunque sea muy largo si se mide en años, fue probablemente corto en comparación con el periodo durante el cual permaneció sin experimentar cambio alguno.

No ha de olvidarse que actualmente, con ejemplares perfectos para el estudio, rara vez pueden enlazarse dos formas mediante variedades intermedias, y probarse de este modo que son la misma especie, hasta que se recogen muchos ejemplares procedentes de muchos lugares, y en las especies fósiles raras veces puede hacerse esto. Quizá comprendamos mejor la improbabilidad de que seamos capaces de enlazar especies por eslabones fósiles intermedios, numerosos y sutilmente graduales, preguntándonos, por ejemplo, si los geólogos de un periodo futuro serán capaces de probar que nuestras diferentes razas de ganado vacuno, lanar, caballar y caninas han descendido de un solo tronco o de varios troncos primitivos; o si ciertos moluscos marinos que viven en las costas de América del Norte —que algunos conquiliólogos clasifican como especies distintas de sus representativas europeas, y otros conquiliólogos tan solo como variedades— son realmente variedades, o son lo que se dice específicamente distintos. Los geólogos venideros solo podrían hacer esto en el caso de que descubrieran en estado fósil numerosas gradaciones intermedias, y tal hallazgo es sumamente improbable.

Se ha afirmado también hasta la saciedad, por autores que creen en la inmutabilidad de las especies, que la geología no proporciona ninguna forma de transición. Esta afirmación, como veremos en el capitulo próximo, es ciertamente errónea. Como sir J. Lubbock ha hecho observar: «Toda especie es un eslabón entre otras formas afines». Si tomamos un género que tenga una veintena de especies, vivientes y extinguidas, y destruimos las cuatro quintas partes de ellas, nadie dudará de que las restantes resultarán mucho más distintas entre sí. Si ocurre que se han destruido de este modo las formas extremas del género, el género mismo quedará más distinto de los demás géneros afines. Lo que las investigaciones geológicas no han revelado es la existencia anterior de gradaciones infinitamente numerosas, tan sutiles como las variedades actuales, que enlacen entre sí casi todas las especies vivientes y extinguidas. Pero no debería esperarse que ocurriera esto, y, sin embargo, se ha propuesto reiteradamente como una objeción gravísima contra mis opiniones.

Tal vez valga la pena resumir en un ejemplo imaginario las observaciones precedentes acerca de las causas de la imperfección del archivo geológico. El archipiélago malayo tiene aproximadamente el tamaño de Europa, desde el cabo Norte al Mediterráneo y desde Gran Bretaña a Rusia, y, por tanto, equivale a todas las formaciones geológicas que se han examinado con cierta exactitud, excepto las de los Estados Unidos de América. Estoy plenamente de acuerdo con míster Godwin-Austen en que el estado actual del archipiélago malayo, con sus numerosas y grandes islas, separadas por mares anchos y poco profundos, representa probablemente el antiguo estado de Europa, cuando se iban acumulando la mayor parte de nuestras formaciones. El archipiélago malayo es una de las regiones más ricas en seres orgánicos; sin embargo, si se reuniesen todas las especies que han vivido allí en todo tiempo, ¡qué imperfectamente representarían la historia natural del mundo!

Pero tenemos toda clase de razones para creer que las producciones terrestres del archipiélago se conservan de un modo sumamente incompleto en las formaciones que suponemos se han ido allí acumulando. Tampoco quedarían enterrados muchos de los animales estrictamente litorales, o de los que vivían en las rocas submarinas peladas, y los enterrados entre cascajo o arena no perdurarían hasta una época lejana. Dondequiera que los sedimentos no se acumularon en el lecho del mar o no se acumularon con la velocidad suficiente para proteger a los cuerpos orgánicos de la descomposición, no se conservarían restos.

Formaciones ricas en fósiles de muchas clases, y de grosor suficiente para subsistir hasta una edad tan distante en lo futuro como las formaciones secundarias yacen en el pasado, se formarían por lo general en el archipiélago tan solo durante los periodos de hundimiento. Estos periodos de hundimiento estarían separados entre sí por inmensos intervalos de tiempo, durante los cuales el área estaría o bien en una fase estacionaria o bien elevándose; mientras se elevase, las formaciones fosilíferas de las costas más escarpadas serían destruidas, casi tan rápidamente como se acumulasen, por la acción costera incesante, como vemos actualmente en las costas de América del Sur. Incluso en los mares extensos y poco profundos del archipiélago malayo, las capas sedimentarias difícilmente podrían acumularse en gran espesor durante los periodos de elevación, ni quedar cubiertas ni protegidas por depósitos subsiguientes, de modo que tuviesen la probabilidad de perdurar hasta un futuro muy lejano. Durante los periodos de hundimiento, se extinguirían probablemente muchas formas orgánicas; durante los periodos de elevación, habría mucha variación, pero el archivo geológico resultaría en este caso menos perfecto.

Puede dudarse de si la duración de cualquiera de los grandes periodos de hundimiento de todo o de parte del archipiélago, acompañados de una acumulación simultánea de sedimento, *excedería* del promedio de duración de unas mismas formas específicas; y estas contingencias son indispensables para la conservación de todas las gradaciones de transición entre dos o más especies cualesquiera. Si tales gradaciones no se conservaron todas por completo, las variedades de transición aparecerían simplemente como otras tantas especies nuevas, aunque muy afines entre sí. Es probable también que cada gran periodo de hundimiento estuviese interrumpido por oscilaciones de nivel y que interviniesen ligeros cambios de clima durante estos largos periodos; y, en estos casos, los habitantes del archipiélago emigrarían, y ningún testimonio rigurosamente consecutivo de sus modificaciones se conservaría en una sola formación cualquiera.

Muchísimos de los animales marinos que viven en el archipiélago malayo se extienden actualmente a miles de kilómetros más allá de sus confines, y la analogía nos lleva claramente a la creencia de si serían principalmente estas especies de gran distribución geográfica —aunque solo algunas de ellas— las que con más frecuencia produjesen variedades nuevas; y estas variedades serían al principio locales o limitadas a un solo lugar; pero si poseían alguna ventaja decisiva o si se modificaban y perfeccionaban ulteriormente, se difundirían lentamente hasta suplantar a sus formas madres. Cuando estas variedades volviesen a sus antiguas tierras de origen, como diferirían de su estado anterior en grado casi uniforme, aunque quizá extremadamente ligero, y como se las encontraría enterradas en subpisos levemente distintos de una misma formación, serían clasificadas, de acuerdo con los principios seguidos por muchos paleontólogos, como especies nuevas y distintas.

Por tanto, si hay algo de verdad en estas observaciones, no tenemos derecho alguno a esperar encontrar en nuestras formaciones geológicas un número inmenso de aquellas sutiles formas de transición que, según nuestra teoría, han enlazado a todas las especies pasadas y presentes de un mismo grupo en una larga y ramificada cadena de la vida. Debemos buscar tan solo unos cuantos eslabones —y ciertamente los encontraremos—, unos más íntimamente y otros más distantemente relacionados entre sí; y estos eslabones, aunque fuesen muy afines entre sí, si los encontrásemos en pisos diferentes de una misma formación, serían clasificados, por muchos paleontólogos, como especies distintas. Pero no pretendo decir que yo hubiese sospechado nunca lo pobre que es el archivo en las secciones geológicas mejor conservadas, si la ausencia de innumerables formas de transición entre las especies que vivieron al comienzo y al final de cada formación no hubiese sido tan contraria a mi teoría.

De la aparición súbita de grupos enteros de especies afines

La manera brusca como grupos enteros de especies aparecen repentinamente en ciertas formaciones, se ha presentado por varios palentólogos —por ejemplo, por Agassiz, Pictet y Sedgwick— como una objeción fatal para la creencia en la transformación de las especies. Si realmente numerosas especies, pertenecientes a los mismos géneros o familias, han entrado en la vida al mismo tiempo, el hecho sería fatal para la teoría de la evolución mediante la selección natural, porque el desarrollo por este medio de un grupo de formas, descendientes todas ellas de un solo progenitor, tuvo que ser un proceso sumamente lento, y los progenitores tendrían que haber vivido mucho antes que sus descendientes modificados. Pero exageramos de continuo la perfección del archivo geológico, y deducimos erróneamente que, porque ciertos géneros o familias no se han encontrado por debajo de un piso determinado, estos géneros o familias no existieron antes de ese piso. Siempre se puede dar crédito a las pruebas paleontológicas positivas; las pruebas negativas no tienen valor alguno, como tantas veces ha demostrado la experiencia. De continuo olvidamos lo grande que es el mundo comparado con el área en que nuestras formaciones geológicas han sido cuidadosamente examinadas; olvidamos que grupos de especies pueden haber existido en otra parte durante mucho tiempo, y haberse multiplicado lentamente antes de invadir los antiguos archipiélagos de Europa y de los Estados Unidos. No nos hacemos el debido cargo de los intervalos de tiempo que han transcurrido entre nuestras formaciones consecutivas, más largos quizá, en muchos casos, que el tiempo requerido para la acumulación de cada formación. Estos intervalos habrán dado tiempo para la multiplicación de las especies a partir de una forma madre, y, en la formación siguiente, tales grupos o especies aparecerán como si hubiesen sido creados súbitamente.

Debo recordar aquí una observación hecha anteriormente, o sea, que se requeriría una larga sucesión de edades para adaptar un organismo a un modo de vida nuevo y peculiar —por ejemplo, a volar—, y, por consiguiente, que las formas de transición permanecerían con frecuencia limitadas durante mucho tiempo a una sola región; pero que, una vez que se consiguió esta adaptación y que algunas especies adquirieron así una gran ventaja sobre otros organismos, sería necesario un espacio de tiempo relativamente corto para producir muchas formas divergentes, que se dispersarían rápidamente por todo el mundo. El profesor Pictet, en su excelente *Review* —«Crítica»— de esta obra, al comentar las primeras formas de transición, y tomando como ejemplo las aves, no alcanza a comprender cómo pudieron ser de alguna utilidad las modificaciones sucesivas de los miembros anteriores de un prototipo imaginario. Pero consideremos los pingüinos del océano Antártico. ¿No tienen estas aves sus miembros anteriores en ese preciso estado intermedio, en que no son «ni verdaderos brazos ni verdaderas alas»? Y, sin embargo, estas aves conservan su puesto victoriosamente en la batalla por la vida, pues existen en número infinito y son de muchas clases. No supongo que, en este caso, tengamos a la vista los grados de transición reales por los que han pasado las alas de las aves; pero ¿qué dificultad especial existe en creer que aprovecharía a los descendientes modificados del pingüino, primero para ser capaces de chapotear por la superficie del mar, como el *Micropterus* de Eyton, y levantarse, por fin, de la superficie y deslizarse a través del aire?

Citaré ahora unos cuantos ejemplos para aclarar las observaciones precedentes, y para demostrar lo expuestos que estamos a equivocarnos al suponer que grupos enteros de especies se han producido repentinamente. Incluso en un intervalo tan corto como el que media entre la primera y la segunda edición de la gran obra de Pictet sobre paleontología, publicada en 1844-46 y 1853-57, las conclusiones acerca de la primera aparición y la desaparición de diversos grupos de animales se modificaron considerablemente, y una tercera edición exigiría aún nuevas modificaciones. Debo recordar el hecho bien conocido de que en los tratados de geología publicados no hace muchos años, se hablaba siempre de los mamíferos como si se hubiesen presentado bruscamente al comienzo de la serie terciaria; pero actualmente uno de los yacimientos conocidos más ricos en mamíferos fósiles pertenece a la mitad de la serie secundaria, y se han descubierto verdaderos mamíferos en la arenisca roja moderna, casi al comienzo de esta gran serie. Cuvier solía hacer la objeción de que en ningún estrato terciario se encontraban monos de ninguna clase; pero actualmente se han encontrado especies extinguidas en la India, en América del Sur y en Europa, retrocediendo hasta el Mioceno. Si no hubiese sido por la rara casualidad de conservarse las pisadas en la arenisca roja moderna de los Estados Unidos, ¿quién se hubiese aventurado a suponer que existieran durante aquel periodo hasta treinta especies, por lo menos, de animales diferentes parecidos a las aves, algunos de tamaño gigantesco? Ni un fragmento de hueso se ha descubierto en estas capas. No hace mucho tiempo, los paleontólogos sostenían que toda la clase de las aves empezó súbitamente a existir durante el periodo Eoceno; pero actualmente sabemos, según la autoridad del profesor Owen, que un ave vivió ciertamente durante la sedimentación de la arenisca verde superior; y aún más recientemente se ha descubierto en las pizarras oolíticas de Solenhofen esa ave extraña, el *Archeopteryx,* con una cola larga como la de un lagarto, que lleva un par de plumas en cada articulación, y con las alas provistas de dos uñas al desnudo. Difícilmente ningún descubrimiento reciente demostrará con más fuerza que este lo poco que sabemos hasta ahora de los habitantes anteriores del mundo.

Puedo citar otro ejemplo que, por haber ocurrido ante mis propios ojos, me impresionó mucho. En una memoria sobre los cirrípedos sésiles fósiles afirmé que, por el gran número de especies vivientes y de especies terciarias extinguidas; por la extraordinaria abundancia de individuos de muchas especies en todo el mundo, desde las regiones árticas hasta el ecuador, que viven en zonas de profundidad diferente, desde los límites de las mareas hasta casi los cien metros; por el modo perfecto en que se conservan los ejemplares en las capas terciarias más antiguas; por la facilidad con que puede reconocerse hasta el fragmento de una valva; por todas estas circunstancias, deducía yo que, si los cirrípedos sesiles hubieran existido durante los periodos secundarios, seguramente se hubiesen conservado y se hubiesen descubierto, y como no se había descubierto entonces ni una sola especie en capas de esta edad, llegaba a la conclusión de que de este gran grupo se había desarrollado súbitamente en el comienzo de la serie terciaria. Esto era para mí una penosa contrariedad, pues constituía —como creía yo entonces— un ejemplo más de la aparición brusca de un grupo grande de especies. Pero apenas publicado mi trabajo, un concienzudo peleontólogo, míster Bosquet, me envió un dibujo de un espécimen perfecto de un cirrípedo sésil inconfundible, que él mismo había extraído del Cretácico de Bélgica; y, para que el caso fuese lo más sorprendente posible, este cirrípedo era un *Chthamalus*, género muy común, numeroso y ubicuo, del que, sin embargo, no se ha encontrado ni una especie, ni siquiera en los estratos terciarios. Aún más recientemente, un *Pyrgoma* [162], que pertenece a una subfamilia distinta de cirrípedos sésiles, ha sido descubierto por míster Woodward en el Cretácico Superior; de modo que actualmente tenemos pruebas abundantes de la existencia de este grupo de animales durante el periodo Secundario.

El caso de aparición aparentemente brusca de un grupo entero de especies, sobre el que con más frecuencia insisten los paleontólogos, es el de los peces teleósteos, en la base, según Agassiz, del periodo Cretácico. Este grupo comprende la gran mayoría de las especies actuales. Pero ahora se admite generalmente que ciertas formas jurásicas y triásicas son teleósteos; y hasta algunas formas paleozoicas han sido clasificadas como tales por una gran autoridad. Si los teleósteos hubieran realmente aparecido de pronto en el hemisferio septentrional al comienzo de la formación cretácica, el hecho hubiese sido sumamente notable; pero no hubiera constituido una dificultad insuperable, a menos que se demostrase también que, en ese mismo periodo, las especies se desarrollaron súbita y simultáneamente en otras partes del mundo. Es casi superfluo hacer observar que apenas se conoce ningún pez fósil al sur del ecuador, y, leyendo la *Paleontología* de Pictet, se verá que se conocen muy pocas especies procedentes de las diversas formaciones de Europa. Unas cuantas familias de peces tienen ac-

162 Véase tabla de adiciones, pág. 41.

tualmente un área limitada; los peces teleósteos pudieron haber tenido en la Antigüedad un área igualmente confinada y, después de haberse desarrollado mucho en algún mar, esparcirse ampliamente. Tampoco tenemos derecho alguno a suponer que los mares del mundo hayan estado siempre tan libremente abiertos de norte a sur como lo están ahora. Incluso en nuestros días, si el archipiélago malayo se convirtiese en tierra firme, las partes tropicales del océano Índico formarían una gran cuenca perfectamente cerrada, en la cual podría multiplicarse cualquier grupo importante de animales marinos, y permanecerían confinados allí hasta que alguna de las especies llegase a adaptarse a un clima más frío y pudiese doblar los cabos del sur de África o de Australia, y llegar de este modo a otros mares distantes.

Por estas consideraciones, por nuestra ignorancia de la geología de los demás países situados más allá de los confines de Europa y de los Estados Unidos, y por la revolución que en nuestros conocimientos paleontológicos han realizado los descubrimientos de los últimos doce años, me parece que es casi tan arriesgado dogmatizar acerca de la sucesión de las formas orgánicas en todo el mundo como lo sería para un naturalista discutir sobre el número y área de distribución de las producciones de Australia a los cinco minutos de haber desembarcado en un lugar estéril del país.

Sobre la aparición súbita de grupos de especies afines en los estratos fosilíferos más inferiores que se conocen

Hay otra dificultad relacionada con la anterior que es mucho más grave. Me refiero a la manera en que las especies pertenecientes a varias de las principales divisiones del reino animal aparecen súbitamente en las rocas fosilíferas más inferiores que se conocen. La mayoría de las razones que me han convencido de que todas las especies vivientes de un mismo grupo descienden de un solo progenitor se aplican con igual fuerza a las especies más remotas conocidas. Por ejemplo: es indudable que todos los trilobites [163]

[163] Véase el glosario de términos científicos.

cámbricos y silúricos descienden de algún crustáceo que debió vivir mucho antes de la edad cámbrica, y que probablemente difirió mucho de todos los animales conocidos. Algunos de los animales más antiguos, como el *Nautilus* [164], la *Lingula* [165], etc., no difieren mucho de las especies vivientes, y, según nuestra teoría, no puede suponerse que estas especies antiguas sean las progenitoras de todas las especies pertenecientes a los mismos grupos que han ido apareciendo posteriormente, pues no tienen en ningún grado caracteres intermedios.

Por consiguiente, si la teoría es verdadera, es indiscutible que, antes de que se depositase el estrato cámbrico más inferior, transcurrieron largos periodos de tiempo, tan largos, o probablemente más largos, que todo el espacio de tiempo desde la edad cámbrica hasta nuestros días [166], y que durante estos vastos periodos los seres vivientes hormigueaban en el mundo. Nos encontramos aquí con una objeción formidable, pues parece dudoso que la Tierra, en estado adecuado para ser habitada por seres vivientes, tenga la duración suficiente. Sir W. Thompson llega a la conclusión de que la consolidación de la corteza terrestre difícilmente pudo haber ocurrido hace menos de veinte millones de años ni más de cuatrocientos, pero que probablemente ocurrió no hace menos de noventa y ocho ni más de doscientos millones de años. Estos límites amplísimos demuestran lo dudosas que son las fechas, y tal vez en lo futuro hayan de introducirse otros elementos en el problema. Míster Croll calcula que desde el periodo Cámbrico han transcurrido aproximadamente sesenta millones de años; pero esto —a juzgar por el pequeño cambio de los seres orgánicos desde el comienzo de la época glacial— parece un periodo de tiempo muy

[164] Género de moluscos cefalópodos, de concha en espiral como los amonites, existentes desde la edad secundaria y que aún viven en el océano Índico.

[165] Género de branquíopodos —animales que en tiempos de Darwin se incluían entre los moluscos—; se encuentran fósiles desde el periodo Silúrico y todavía existen unas 200 especies en los mares.

[166] Contraste con las notas 156, 157 y 158.

breve para las muchas e importantes mutaciones orgánicas que han ocurrido ciertamente desde la formación cámbrica; y los ciento cuarenta millones de años anteriores apenas pueden considerarse suficientes para el desarrollo de las variadas formas orgánicas que existían ya durante el periodo Cámbrico. Es probable, sin embargo, como insiste sir W. Thompson, que el mundo en periodo muy remoto estuviese sometido a cambios más rápidos y violentos en sus condiciones físicas que los que ocurren actualmente, y estos cambios tenderían a producir cambios a una velocidad correspondiente en los organismos que existiesen entonces.

A la pregunta de por qué no encontramos depósitos fosilíferos ricos pertenecientes a estos supuestos periodos antiquísimos anteriores al sistema Cámbrico, no puedo dar ninguna respuesta satisfactoria. Varios eminentes geólogos, con sir R. Murchison a la cabeza, se hallaban convencidos hasta muy recientemente de que en los restos orgánicos del estrato silúrico más inferior contemplábamos la primera aurora de la vida. Otra autoridad de la mayor competencia, como Lyell y Edward Forbes, han impugnado esta conclusión. No debemos olvidar que tan solo una pequeña parte de la Tierra se conoce con exactitud. No hace mucho tiempo que monsieur Barrande añadía otro piso más inferior, abundante en especies nuevas y peculiares, debajo del entonces conocido sistema Silúrico; y actualmente, aún más abajo, en la formación cámbrica inferior, míster Hicks ha encontrado en el sur de Gales yacimientos ricos en trilobites y que contienen diversos moluscos y anélidos. La presencia de nódulos fosfáticos y de materia bituminosa, incluso en algunas de las rocas azoicas inferiores, son probables indicios de vida en estos periodos, y se admite generalmente la existencia del *Eozoon* [167] en la formación laurentina del Canadá. Existen en el Canadá tres grandes series de estratos por debajo del sistema Silúrico, y en la más inferior de ellas se encuentra el *Eozoon*. Sir W. Logan afirma que «su espesor, unido, posiblemente rebasa con mucho al de todas lás rocas siguientes, desde la

[167] Descubierto en 1859, se clasificó como un rizópodo fósil, pero luego se le consideró como una simple sustancia mineral.

base de las series paleozoicas hasta los tiempos presentes. De este modo nos vemos transportados a un periodo tan remoto, que la aparición de la llamada *fauna primordial* (de Barrande) puede considerarse por algunos como un acontecimiento relativamente moderno». El *Eozoon* pertenece a la organización más inferior de todas las clases de animales, pero, dentro de su clase, es de organización elevada, existe en cantidad innumerable y, como ha hecho observar el doctor Dawson, seguramente hacía presa en otros diminutos seres orgánicos, que también vivirían en gran número. Así pues, las palabras que escribí en 1859 sobre la existencia de seres orgánicos mucho antes del periodo Cámbrico —y que son casi las mismas que empleó después sir W. Logan— han resultado ciertas. Sin embargo, es muy grande la dificultad para indicar alguna buena razón que explique la ausencia de vastas pilas de estratos ricos en fósiles por debajo del sistema Cámbrico. No parece probable que las capas más antiguas hayan sido desgastadas por la denudación, ni que sus fósiles hayan sido totalmente borrados por la acción metamórfica, pues si fuese así solo hubiéramos encontrado pequeños residuos de las formaciones que le siguen inmediatamente en el tiempo, y estas hubieran existido siempre en un estado de metamorfosis parcial. Mas las descripciones que poseemos de los depósitos silúricos sobre inmensos territorios de Rusia y de América del Norte, no apoyan la opinión de que, cuanto más antigua es una formación, tanto más ha sufrido invariablemente extrema denudación y metamorfosis.

El caso tiene que quedar por ahora sin explicación, y puede presentarse realmente como un argumento válido contra las opiniones aquí defendidas. Para demostrar que en lo futuro puede recibir alguna explicación, daré la siguiente hipótesis. Por la naturaleza de los restos orgánicos que no parecen haber vivido a grandes profundidades en las diversas formaciones de Europa y de los Estados Unidos, y por la cantidad de sedimento, de kilómetros de espesor, de que están compuestas las formaciones, podemos deducir que, desde el principio hasta el fin, hubo en la proximidad de los actuales continentes de Europa y de América del Norte grandes islas o extensiones de tierras de donde provenia el sedimento.

Esta misma opinión ha sido sostenida antes por Agassiz y otros. Pero desconocemos cuál fue el estado de las cosas en los intervalos entre las diferentes formaciones sucesivas, ni si Europa y los Estados Unidos existieron durante estos intervalos, como tierra seca o como superficie submarina próxima a tierra, sobre la cual no se depositó sedimento, o como el lecho de un mar abierto e insondable.

Considerando los océanos existentes, que son tres veces tan extensos como los continentes, los vemos sembrados de muchas islas; pero apenas se sabe hasta ahora de ninguna isla verdaderamente volcánica —excepto Nueva Zelanda, si es que esta puede llamarse verdaderamente así— que proporcione ni siquiera un resto de cualquier formación paleozoica o secundaria. Por consiguiente, tal vez podamos deducir que durante los periodos Paleozoico y Secundario no existieron continentes ni islas continentales donde actualmente se extienden nuestros océanos; pues si hubiesen existido, las formaciones paleozoicas secundarias se hubiesen acumulado con toda probabilidad de sedimentos derivados de su desgaste y destrucción, y estos se hubiesen levantado, por lo menos parcialmente, por las oscilaciones de nivel que deben haber ocurrido en esos periodos enormemente largos. Si podemos, pues, deducir algo de estos hechos, tal vez sea que, donde ahora se extienden los océanos, debieron de existir los océanos desde el periodo más remoto de que tenemos noticias; y, por otra parte, donde ahora existen continentes, existieron grandes extensiones de tierra desde el periodo Cámbrico, sometidas indudablemente a grandes oscilaciones de nivel. El mapa en colores que acompaña a mi libro sobre los arrecifes de corales me llevó a la conclusión de que los grandes océanos son todavía principalmente áreas de hundimiento, los grandes archipiélagos aún áreas de oscilaciones de nivel, y los continentes áreas de elevación. Pero no tenemos ninguna razón para suponer que las cosas hayan sido así desde el principio del mundo. Nuestros continentes parecen haberse formado por una preponderancia, durante muchas oscilaciones de nivel, de la fuerza de elevación; pero ¿acaso las áreas de movimiento preponderante no han cambiado en el transcurso de las edades? En un periodo muy anterior a la época cámbrica, tal vez existían continentes donde ahora se extienden los océanos, y vastos océanos sin límites donde ahora están nuestros continentes. Tampoco estaría justificado admitir que si, por ejemplo, el lecho del océano Pacífico se convirtiese ahora mismo en un continente, encontraríamos en él formaciones sedimentarias en un estado que se reconocerían más antiguas que en los estratos cámbricos, suponiendo que tales formaciones se hubiesen depositado allí antiguamente; pues pudiera ocurrir muy bien que estratos que se hundieron algunos kilómetros más cerca del centro de la Tierra, y que hubiesen sufrido la presión del enorme peso del agua que los cubre, pudieran haber sufrido una acción metamórfica mayor que los estratos que habían permanecido siempre más cerca de la superficie. Las inmensas áreas de algunas partes del mundo, por ejemplo de América del Sur, de rocas metamórficas desnudas, que debieron calentarse a gran presión, me ha parecido siempre que requieren una explicación especial, y acaso podamos pensar que en estas áreas extensas contemplamos las numerosas formaciones muy anteriores a la época cámbrica en estado de completa denudación metamórfica.

* * *

Las diversas dificultades aquí discutidas —es decir, que aun cuando encontramos en nuestras formaciones geológicas muchos enlaces de unión entre las especies que existen ahora y las que existieron antiguamente, no encontramos formas de transición gradual infinitamente numerosas que unan estrechamente a todas ellas; la manera súbita en que aparecen por primera vez varios grupos de especies en las formaciones europeas; la ausencia casi total, en lo que hasta ahora se conoce, de formaciones ricas en fósiles por debajo de los estratos cámbricos— son todas ellas indudablemente dificultades de naturaleza gravísima. Vemos esto en el hecho de que los paleontólogos más eminentes, como Cuvier, Owen, Agassiz, Barrande, Pictet, Falconer, E. Forbes, etc., y todos nuestros más grandes geólogos, como Lyell, Murchison, Sedgwick, etc., han sostenido unánimemente —y a menudo con vehemencia— la inmutabilidad de las especies. Pero sir Charles Lyell presta ahora el apoyo de su alta autoridad al lado opuesto, y la mayoría de los geólogos y paleontólogos vacilan en sus convicciones anteriores. Los que creen que el archivo geológico es en cualquier grado perfecto no dudarán en rechazar inmediatamente mi teoría. Por mi parte, siguiendo la metáfora de Lyell, considero el archivo geológico como una historia del mundo imperfectamente conservada y escrita en un dialecto cambiante; de esta historia solo poseemos el último volumen, relacionado solamente con dos o tres países. De este volumen solo se ha conservado aquí y allá un breve capítulo, y de cada página, solo unas pocas líneas sueltas. Cada palabra de este lenguaje que varía lentamente, más o menos diferente en los capítulos sucesivos, puede representar las formas orgánicas que están sepultadas en las formaciones consecutivas y que nos parece erróneamente que han sido introducidas de repente. Según esta opinión, las dificultades discutidas anteriormente disminuyen en gran medida y hasta desaparecen.

CAPÍTULO XI

DE LA SUCESIÓN GEOLÓGICA DE LOS SERES ORGÁNICOS

De la extinción.—De las formas orgánicas que cambian simultáneamente por todo el mundo.—De las afinidades de las especies extinguidas entre sí y con las formas vivientes.—Del estado de desarrollo de las formas antiguas comparado con el de las formas actuales.—De la sucesión de los mismos tipos dentro de las mismas áreas durante los últimos periodos terciarios.—Resumen del capítulo anterior y del presente

VEAMOS ahora si los diferentes hechos y leyes relativos a la sucesión geológica de los seres orgánicos concuerdan mejor con la idea común de la inmutabilidad de las especies o con la de su modificación lenta y gradual mediante variación y selección natural.

Las especies nuevas han aparecido muy lentamente, una tras otra, tanto en la tierra como en el agua. Lyell ha demostrado que apenas es posible resistirse a la evidencia, sobre este punto, en el caso de los diversos pisos terciarios, y cada año que pasa tiende a llenar los claros existentes entre los pisos y a hacer más gradual la proporción entre las formas extinguidas y las vivientes. En algunas de las capas más recientes —aunque indudablemente de gran antigüedad si se mide por años— tan solo una o dos especies se han extinguido y también solo una o dos son nuevas, por haber aparecido en ellas por primera vez, bien localmente o —hasta donde sabemos— en toda la superficie de la Tierra. Las formaciones secundarias están más interrumpidas; pero, como hace observar Bronn, ni la aparición ni la desaparición de las muchas especies enterradas en cada formación han sido simultáneas.

Las especies pertenecientes a géneros y clases distintos no han cambiado ni a la misma velocidad ni en el mismo grado. En las capas terciarias más antiguas pueden encontrarse aún unos pocos moluscos existentes hoy, en medio de una multitud de formas extinguidas. Falconer ha proporcionado un ejemplo sorprendente de un hecho similar, pues en los depósitos subhimalayos se presenta, asociado a muchos reptiles y mamíferos desaparecidos, un cocodrilo que existe todavía. La *Lingula* silúrica difiere muy poco de las especies vivientes de este género, mientras que la mayor parte de los restantes moluscos [168] silúricos y todos los crustáceos han cambiado mucho. Las producciones terrestres parecen haber cambiado más rápidamente que las del mar, de lo que se ha observado en Suiza un ejemplo notable. Hay algún fundamento para creer que los organismos superiores en la escala cambian más rápidamente que los inferiores, aunque haya excepciones a esta regla. La cuantía de cambio orgánico, como ha hecho observar Pictet, no es la misma en cada una de las llamadas formaciones sucesivas. Sin embargo, si comparamos cualesquiera formaciones, excepto las más afines entre sí, se encontrará que todas las especies han experimentado algún cambio. Cuando una especie ha

[168] Véase la nota 164.

desaparecido de la superficie de la Tierra, no tenemos motivo alguno para creer que esa misma forma idéntica reaparezca alguna vez. La excepción aparente más importante a esta última regla es la de las llamadas *colonias* de Barrande, las cuales se introdujeron durante un tiempo en el centro de una formación más antigua, y luego dejaron que reapareciese la fauna preexistente; pero la explicación de Lyell —es decir, que se trata de un caso de emigración temporal desde una provincia geográfica distinta— parece más satisfactoria.

Estos hechos diversos se concillan bien con nuestra teoría, que no incluye ninguna ley fija de desarrollo que haga cambiar brusca o simultáneamente, o en igual grado, a todos los habitantes de un área. El proceso de modificación ha de ser lento y comprenderá generalmente tan solo un corto número de especies al mismo tiempo, pues la variabilidad de cada especie es independiente de la de todas las demás. Que estas variaciones o diferencias individuales que puedan surgir se acumulen mediante selección natural en mayor o menor grado, originando así una mayor o menor cuantía de modificación permanente, dependerá de circunstancias muy complejas: de que las variaciones sean de naturaleza beneficiosa; de la facultad de intercruzamiento; del cambio lento de las condiciones físicas del pais; de la inmigración de nuevos colonos, y de la naturaleza de los demás habitantes con los que las especies que varían entran en competencia. De aquí que no sea en modo alguno sorprendente que una especie conserve la misma forma idéntica mucho más tiempo que otras especies, o que, si cambia, lo haga en menor grado. Encontramos relaciones análogas entre los habitantes actuales de distintos países; por ejemplo: los moluscos terrestres y los insectos coleópteros de la isla de Madeira han llegado a diferir considerablemente de sus parientes más próximos del continente europeo, en tanto que los moluscos marinos y las aves han permanecido sin alteración. Quizá podamos comprender la velocidad de cambio evidentemente mayor en las producciones terrestres y en los de organización más elevada, comparadas con las producciones marinas y más inferiores, por las relaciones complejas de los seres superiores con sus condiciones orgánicas e inorgánicas de vida, como se explicó en un capítulo anterior. Cuando un gran número de habitantes de un área cualquiera llega a modificarse y a perfeccionarse, podemos comprender, por el principio de la competencia y por las importantísimas relaciones de organismo a organismo en la lucha por la vida, que toda forma que no se modificase y perfeccionase en algún grado estaría expuesta a ser exterminada. Comprendemos, por tanto, por qué todas las especies de una misma región, si consideramos espacios de tiempo suficientemente largos, llegan a modificarse al cabo, pues de otro modo se hubiesen extinguido.

En miembros de una misma clase, el promedio de cambio durante largos e iguales periodos de tiempo acaso sea casi el mismo; pero, como la acumulación de formaciones duraderas, ricas en fósiles, depende de que se depositen grandes masas de sedimento en áreas que se hunden, nuestras formaciones se han acumulado casi necesariamente con intervalos de tiempo grandes e irregularmente intermitentes, y, por consiguiente, la cuantía de cambio orgánico que muestran los fósiles enterrados en las formaciones sucesivas no es igual. Cada formación, según esta hipótesis, no indica un acto de creación nuevo y completo, sino tan solo una escena circunstancial, tomada casi al azar, de un drama que va cambiando siempre lentamente.

Podemos comprender claramente por qué una especie, una vez que desaparece, no reaparece jamás, aun cuando volvieran a darse las mismas condiciones de vida, orgánicas e inorgánicas. Porque aunque la descendencia de una especie pudiera adaptarse —e indudablemente esto ha ocurrido en innumerables casos— para ocupar el puesto de otra especie en la economía de la naturaleza y, de este modo, suplantarla, sin embargo, las dos formas —la antigua y la nueva— no serían idénticamente iguales, pues ambas heredarían, casi con seguridad, caracteres diferentes de sus distintos progenitores, y los organismos que ya difieren variarían de un modo diferente. Por ejemplo, es posible que, si fuesen destruidas todas nuestras palomas colipavos —*fantail*—, los avicultores podrían hacer una raza nueva que apenas se distinguiese de la raza actual; pero si también fuese destruida la paloma silvestre progenitora, la *rock-pigeon* —y tenemos toda clase de razones para creer que, en estado de naturaleza, las formas madres son generalmente suplantadas y exterminadas por su descendencia perfeccionada—, es increíble que una colipavo idéntica a la raza extinguida pudiera obtenerse de ninguna otra especie de paloma, ni siquiera de ninguna otra raza bien establecida de paloma doméstica; pues las variaciones sucesivas serían, casi con seguridad, diferentes en cierto grado, y la variedad recién formada heredaría probablemente algunas diferencias características de su progenitor.

Los grupos de especies —esto es, géneros y familias— siguen en su aparición y desaparición las mismas reglas generales que las especies aisladas, cambiando más o menos rápidamente y en mayor o menor grado. Un grupo, una vez que ha desaparecido, no reaparece nunca; es decir, la existencia del grupo, hasta donde perdura, es continua. Sé que existen algunas aparentes excepciones a esta regla, pero las excepciones son sorprendentemente pocas, tan pocas, que E. Forbes, Pictet y Woodward —a pesar de ser todos ellos muy opuestos a las ideas que sostengo— admiten la exactitud de esta regla, regla que está rigurosamente de acuerdo con mi teoría, pues todas las especies del mismo grupo, por mucho que haya durado, son los descendientes modificados unos de otros, y todos ellos de un progenitor común. En el género *Lingula,* por ejemplo, las especies que han aparecido sucesivamente en todas las edades tienen que haber estado enlazadas por una serie ininterrumpida de generaciones, desde el estrato silúrico más inferior hasta nuestros días.

Hemos visto en el capítulo anterior que, a veces, grupos enteros de especies parecen erróneamente haberse desarrollado de repente, y he intentado dar una explicación de este hecho que, si fuese cierto, sería fatal para mis opiniones. Pero estos casos son realmente excepcionales, pues la regla general es un aumento gradual en número hasta que el grupo alcanza su máximo, y luego, más pronto o más tarde, un descenso gradual. Si el número de especies incluidas en un género, o el número de géneros en una familia, se representase por una línea vertical de grosor variable, que sube a través de las sucesivas formaciones geológicas en que se encuentran las especies, la línea parecerá, a veces, erróneamente que empieza en su extremo inferior, no en punta aguda, sino bruscamente; luego engrosará gradualmente hacia arriba, conservando a menudo el mismo grosor durante un trayecto y, por último, adelgazará en las capas superiores, indicando el descenso y la extinción final de las especies. Este aumento gradual del número de especies de un grupo está por completo conforme con mi teoría, pues las especies del mismo género, y los géneros de una misma familia, solo pueden aumentar lenta y gradualmente, por ser el proceso de modificación y de la producción de numerosas formas afines necesariamente un proceso lento y gradual, pues una especie da origen primero a dos o tres variedades, convirtiéndose estas lentamente en especies, que a su vez producen por pasos igualmente lentos otras variedades y especies, y así sucesivamente, como la ramificación de un gran árbol que arranca de un solo tronco, hasta que el grupo llega a ser grande.

De la extinción

Hasta ahora solo hemos hablado incidentalmente de la desaparición de las especies y de grupos de especies. Según la teoría de la selección natural, la extinción de formas viejas y la producción de formas nuevas y perfeccionadas están íntimamente enlazadas entre sí. La antigua idea de que todos los habitantes de la Tierra habían sido aniquilados por catástrofes en los sucesivos periodos está generalmente muy abandonada, incluso por aquellos geólogos, como Elie de Beaumont, Murchison, Barrande, etc., cuyas opiniones generales deberían conducirlos naturalmente a esta conclusión. Por el contrario, tenemos buenas razones para creer —por el estudio de las formaciones terciarias— que las especies y los grupos de especies desaparecen gradualmente, unos tras otros, primero de un sitio, luego de otro y, finalmente, del mundo. En algunos pocos casos, sin embargo —como la ruptura de un istmo y la consiguiente irrupción de una multitud de habitantes nuevos en un mar contiguo, o el hundimiento final de una isla—, el proceso de extinción puede ser rápido. Tanto las especies aisladas como los grupos enteros de especies duran periodos de tiempo muy desiguales; algunos grupos, como hemos visto, han persistido desde la más remota aurora conocida de la vida hasta el día de hoy; otros han desaparecido antes de que terminase el periodo Paleozoico. Ninguna ley fija parece determinar el periodo de tiempo durante el que subsiste una sola especie o un solo género cualesquiera. Hay motivos para creer que la extinción de un grupo entero de especies es por lo general un proceso más lento que el de su producción: si se representase, como antes, su aparición y desaparición por una línea vertical de grosor variable, se encontrará que la línea adelgaza más gradualmente en su extremo superior, que señala el progreso de la extinción, que en su extremo inferior, que indica la aparición y el aumento inicial del número de especies. En algunos casos, sin embargo, el exterminio de grupos enteros, como el de los amonites, hacia el final del periodo Secundario, fue asombrosamente súbito.

La extinción de las especies se ha rodeado del misterio más injustificado. Algunos autores han supuesto incluso que, así como el individuo tiene una vida de duración determinada, también las especies tienen una duración determinada. A nadie le puede haber asombrado más que a mí la extinción de las especies. Cuando encontré en La Plata el diente de un caballo enterrado entre los restos de *Mastodon, Megatherium, Toxodon* y otros monstruos extinguidos, que coexistieron todos con moluscos aún vivientes en un periodo geológico muy reciente, quedé lleno de asombro; pues viendo que el caballo, desde su introducción por los españoles en América del Sur, se ha vuelto salvaje por todo el continente, y que ha aumentado en número con una rapidez sin igual, me pregunté cómo pudo haberse exterminado tan recientemente el caballo antiguo en condiciones de vida al parecer tan favorables. Pero mi asombro era infundado. El profesor Owen advirtió pronto que el diente, aunque muy parecido a los del caballo actual, pertenecía a una especie extinguida. Si este caballo hubiese vivido todavía, aun siendo algo raro, ningún naturalista se hubiese sorprendido lo más mínimo de su rareza, pues la rareza es el atributo de un gran número de especies de todas las clases en todos los países. Si nos preguntamos por qué esta o aquella especie es rara, nos contestamos que hay algo desfavorable en sus condiciones de vida, pero lo que sea ese algo casi nunca podemos decirlo. Suponiendo que el caballo fósil existiese todavía como una especie rara, aseguraríamos —por la analogía con todos los demás mamíferos, incluso con los elefantes, que crían tan lentamente, y por la historia de la naturalización del caballo doméstico en América del Sur— que, en condiciones más favorables, hubiera poblado en pocos años todo el continente. Pero no podríamos decir cuáles eran las condiciones desfavorables que obstaculizaban su incremento, ni si eran una o varias circunstancias, ni en qué periodo de la vida del caballo, ni en qué grado, actuaban cada una de ellas. Si las condiciones hubieran continuado siendo cada vez menos favorables, por muy lentamente que hubiese sido, seguramente no hubiésemos observado el hecho y, sin embargo, el caballo fósil se iría haciendo cada vez más raro y, finalmente, se extinguiría, siendo ocupado su puesto por algún competidor más afortunado.

Resulta siempre muy difícil recordar que el aumento numérico de todo ser viviente es obstaculizado constantemente por causas contrarias que no se perciben, y estas mismas causas desconocidas son muy suficientes para determinar su rareza y, por último, su extinción. Tan poco conocido es este asunto, que repetidas veces he oído expresar la sorpresa de que hayan llegado a extinguirse monstruos tan enormes como el mastodonte y los dinosaurios, más antiguos aún, como si solamente la fuerza corporal diese la victoria en la lucha por la vida. Por el contrario, la corpulencia por sí sola determinaría en algunos casos, como ha hecho observar Owen, una extinción más rápida por la gran cantidad de alimento requerido. Antes de que el hombre habitase la India o África, alguna causa tuvo que refrenar el continuo aumento del elefante actual. El doctor Falconer, autoridad competentísima, cree que son principalmente los insectos los que, por acosar y debilitar constantemente al elefante de la India, impiden su incremento, y esta fue la conclusión de Bruce por lo que se refiere al elefante africano en Abisinia. Es seguro que ciertos insectos y los murciélagos chupadores de sangre [169] condicionan en diferentes partes de América del Sur la existencia de los grandes mamíferos naturalizados.

Vemos en muchos casos, en las formaciones terciarias más recientes, que la rareza de las especies precede a la extinción; y sabemos que este ha sido el curso de los acontecimientos en aquellos animales que han sido exterminados, local o totalmente, por la acción del hombre. Repito lo que publiqué en 1845, o sea, que admitir que las especies se vuelven raras por lo general antes de extinguirse y no encontrar sorprendente la rareza de una especie y, sin embargo, maravillarse mucho cuando la especie cesa de existir, es casi lo mismo que admitir que la enfermedad en el individuo es la precursora de la muerte y no encontrar sorprendente la enfermedad, y cuando muere el individuo maravillarse y sospechar que murió de muerte violenta.

La teoría de la selección natural está fundada en la creencia de que cada nueva variedad y, finalmente, cada especie nueva, se ha producido y mantenido por tener alguna ventaja sobre aquellas con las que entra en competencia; y casi se sigue inevitablemente la consiguiente extinción de las formas menos favorecidas. Lo mismo ocurre en nuestras producciones domésticas: cuando se han obtenido una variedad nueva y ligeramente perfeccionada, suplanta al principio a las variedades menos perfeccionadas de su vecindad; cuando ha sido muy perfeccionada, se transporta a todas partes, como a nuestro ganado vacuno cornicorto —*shorthorn*—, y reemplaza a otras razas en otros países. De este modo la aparición de formas nuevas y la desaparición de formas viejas, tanto las producidas naturalmente como las producidas artificialmente, están ligadas entre sí. En los grupos florecientes, el número de formas específicas nuevas que se han producido en un tiempo dado ha sido probablemente, en algunos periodos, mayor que el

169 Se refiere a una especie de quirópteros chupadores de sangre de la América Central y meridional, llamados «murciélago-sanguijuela», distintos del vampiro o murciélago orejudo sudamericano, que no suele chupar sangre.

número de las formas específicas viejas que han sido exterminadas; pero sabemos que las especies no han ido aumentando indefinidamente, por lo menos durante las últimas épocas geológicas, de modo que, considerando los últimos tiempos, podemos creer que la producción de formas nuevas ha ocasionado la extinción de un número aproximadamente igual de formas viejas.

La competencia será más severa, por lo general, como se explicó antes, ilustrándolo con algunos ejemplos, entre las formas que son más parecidas entre sí por todos los conceptos. Por eso, los descendientes modificados y perfeccionados de una especie originarán generalmente el exterminio de la especie madre; y si se han desarrollado muchas formas nuevas procedentes de una especie cualquiera, las más afines a esta, es decir, las especies de su mismo género, serán las más expuestas a ser exterminadas. De este modo, a mi parecer, cierto número de especies nuevas descendientes de una sola especie —o sea, un género nuevo— viene a suplantar a un género viejo perteneciente a la misma familia. Pero tiene que haber ocurrido muy a menudo que una especie nueva perteneciente a un grupo determinado se haya apoderado del puesto ocupado por una especie perteneciente a un grupo distinto y haya causado de este modo su exterminio. Si se desarrollan muchas formas afines del intruso afortunado, muchas tendrán que ceder sus puestos y generalmente serán las formas afines las que padecerán, debido a alguna inferioridad heredada en común. Pero bien sean especies pertenecientes a la misma o a distinta clase las que hayan cedido sus puestos a otras especies modificadas y perfeccionadas, algunas de las víctimas pueden a menudo conservarse durante mucho tiempo, por estar adaptadas a alguna condición peculiar de vida o por habitar alguna estación distante y aislada, donde hayan escapado a la dura competencia. Por ejemplo, algunas especies de *Trigonia* —un género grande de moluscos de las formaciones secundarias— sobreviven en los mares de Australia; y algunos miembros del gran grupo, casi extinguido, de los peces ganoideos viven aún en nuestras aguas dulces. Por consiguiente, la extinción total de un grupo es por lo general, como hemos visto, un proceso más lento que su producción.

Por lo que se refiere al exterminio, aparentemente repentino, de familias o de órdenes enteros, como la de los trilobites al final del periodo Paleozoico y la de los amonites al final del periodo Secundario, debemos recordar lo que ya se dijo acerca de los largos intervalos de tiempo que probablemente hubo entre nuestras formaciones consecutivas, y en estos intervalos tal vez haya habido una gran extinción lenta. Además, cuando por súbita inmigración o por un desarrollo inusitadamente rápido, muchas especies de un grupo nuevo hayan tomado posesión de un área, muchas de las especies más viejas habrán sido exterminadas de un modo igualmente rápido, y las formas que así cedan sus puestos serán generalmente afines, pues participarán en común de una misma inferioridad.

Así pues, a mi parecer, el modo como llegan a extinguirse las especies aisladas y los grupos enteros de especies se concilla bien con la teoría de la selección natural. No tenemos por qué asombrarnos de la extinción; si de algo hemos de asombrarnos, será de nuestra propia presunción al imaginar por un momento que comprendemos las múltiples circunstancias complejas de que depende la existencia de cada especie. Si olvidamos por un instante que cada especie tiende a aumentar desordenadamente, y que siempre está en acción algún obstáculo que limita este aumento, aun cuando raras veces lo veamos, toda la economía de la naturaleza quedará completamente oscurecida. En el momento en que podamos decir exactamente por qué esta especie es más abundante en individuos que aquella; por qué esta especie y no otra puede naturalizarse en un país determinado, entonces, y solo entonces, podremos sentirnos justamente sorprendidos de no poder explicarnos la extinción de una especie dada o de un grupo cualquiera de especies.

De las formas orgánicas que cambian simultáneamente por todo el mundo

Apenas ningún descubrimiento paleontológico es más sorprendente que el hecho de que las formas orgánicas cambian casi simultáneamente en todo el mundo. Así, nuestra formación cretácica europea puede reconocerse en muchas regiones distantes, bajo los climas más diferentes, donde no puede encontrarse ni un fragmento de creta mineral —como en América del Norte, en la región ecuatorial de América del Sur, en Tierra del Fuego, en el cabo de Buena Esperanza y en la península de la India—, pues en estos puntos tan distantes los restos orgánicos presentan en ciertas capas un inconfundible parecido con los del Cretácico. No es que se encuentren las mismas especies, pues en algunos casos ninguna especie es idénticamente igual; pero pertenecen a las mismas familias, géneros y secciones de géneros, y a veces tienen caracteres semejantes en puntos tan intranscendentes como la mera labor superficial. Además, otras formas, que no se encuentran en el Cretácico de Europa, pero que se presentan en las formaciones inferiores o superiores, aparecen en el mismo orden en estos distantes puntos del mundo. En las diversas formaciones paleozoicas sucesivas de Rusia, Europa Occidental y América del Norte, diferentes autores han observado un paralelismo semejante en las formas orgánicas, y lo mismo ocurre, según Lyell, en los depósitos terciarios de Europa y de América del Norte. Incluso prescindiendo por completo de las pocas especies fósiles que son comunes al Viejo y al Nuevo Continentes, sería aún manifiesto el paralelismo general en las sucesivas formas orgánicas de los pisos paleozoicos y terciarios, y podría establecerse fácilmente la correlación entre las diversas formaciones.

Estas observaciones, sin embargo, se refieren a los habitantes marinos del mundo; no tenemos datos suficientes para juzgar si las producciones terrestres y de agua dulce en puntos distantes cambian del mismo modo paralelo. Podemos dudar de que hayan cambiado de este modo: si el *Megatherium*, el *Mylodon*, la *Macrauchenia* y el *Toxodon* [170] hubiesen sido traídos a Europa desde La

[170] Fósiles extinguidos de la Pampa. La *Macrauchenia* era un animal de cuello largo, parecido al guanaco; el *Megatherium*, un perezoso gigante; el *Mylodon*, un armadillo, y el *Toxodon*, un oso hormiguero, ambos también gigantes. El *Megatherium* es el más famoso; se encontró a orillas del río Luján, cerca de Buenos Aires. El virrey de La Plata, marqués de Loreto, lo en-

Plata, sin ninguna información respecto a su posición geológica, nadie hubiera sospechado que habían coexistido con moluscos marinos, todos ellos vivientes aún; pero como estos monstruos extraños coexistieron con el mastodonte y el caballo, podría al menos deducirse que habían vivido durante uno de los últimos pisos terciarios.

Cuando se dice que las formas marinas han cambiado simultáneamente por todo el mundo, no debe suponerse que esta expresión se refiere al mismo año, ni al mismo siglo, ni siquiera que tenga un sentido geológico muy riguroso, pues si todos los animales marinos que viven actualmente en Europa, y todos los que vivían en Europa durante el periodo Pleistoceno —periodo remotísimo si se mide en años, y que comprende la época glacial—, se comparasen con los existen ahora en América del Sur o en Australia, el naturalista más experto difícilmente podría decir si son los habitantes actuales de Europa o los del Pleistoceno europeo los que más se parecen a los del hemisferio austral. Así, también varios observadores muy competentes sostienen que las producciones existentes en los Estados Unidos están más íntimamente emparentadas con las que vivieron en Europa durante ciertos periodos terciarios modernos que con los habitantes actuales de Europa; y, si esto es así, es evidente que las capas fosilíferas que actualmente se depositan en las costas de América del Norte estarían expuestas con el tiempo a ser clasificadas junto con capas europeas algo más antiguas. Sin embargo, mirando hacia una época futura muy lejana, es casi indudable que las formaciones *marinas* más modernas —es decir, las capas pliocenas superiores, las pleistocenas y las propiamente modernas de Europa, América del Norte y del Sur y Australia—, por contener restos fósiles en cierto grado afines y por no contener aquellas formas que se encuentran solo en los depósitos subyacentes más antiguos, serían clasificadas justamente como simultáneas en sentido geológico.

vió a Madrid, donde lo estudió el sabio español José Garriga. Un empleado francés en Madrid le envió a Cuvier unos dibujos, hechos sin autorización.

El hecho de que las formas orgánicas cambien simultáneamente, en los amplios sentidos antes dichos, en partes distantes del mundo, ha impresionado profundamente a observadores tan admirables como De Verneuil y D'Archiac. Después de referirse al paralelismo de las formas orgánicas paleozoicas en distintas partes de Europa, añaden: «Si, impresionados por esta extraña secuencia, fijamos nuestra atención en América del Norte y descubrimos allí una serie de fenómenos análogos, parecerá seguro que todas estas modificaciones de especies, su extinción y la introducción de especies nuevas, no pueden deberse a simples cambios en las corrientes marinas ni a otras causas más o menos locales y temporales, sino que dependen de leyes generales que rigen todo el reino animal». Monsieur Barrande ha hecho consideraciones de gran fuerza precisamente en el mismo sentido. Es, en verdad, completamente fútil considerar los cambios de corrientes, de clima o de otras condiciones físicas como la causa de estas grandes mutaciones de las formas orgánicas en todo el mundo, bajo los climas más diferentes. Debemos atribuirlo, como ha hecho observar Barrande, a alguna ley especial. Veremos esto más claramente cuando tratemos de la distribución actual de los seres orgánicos y veamos qué débil es la relación entre las condiciones físicas de los diferentes países y la naturaleza de sus habitantes.

Este gran hecho de la sucesión paralela de las formas orgánicas por todo el mundo se explica por la teoría de la selección natural. Las especies nuevas se forman por tener alguna ventaja sobre las formas viejas; y las formas que son ya dominantes, o que tienen alguna ventaja sobre las demás de su propio país, dan origen al mayor número de variedades nuevas o especies incipientes. Tenemos pruebas claras de este hecho en que las plantas que son dominantes —es decir, que son más comunes y están más ampliamente difundidas— producen el mayor número de variedades nuevas. Es también natural que las especies dominantes, variables y muy extendidas, que han invadido ya hasta cierto punto los territorios de otras especies, sean las que tengan mayores probabilidades de extenderse aún más y de dar origen en nuevos países a otras variedades y especies nuevas. El proceso de difusión sería a menudo muy lento, dependiendo de cambios climáticos y geográficos, de accidentes extraordinarios y de aclimatación gradual de las nuevas especies a los diferentes climas por los que tendrían que pasar; pero en el transcurso del tiempo, las formas dominantes conseguirían por lo general difundirse y, por último, prevalecer. La difusión de los habitantes terrestres de los distintos continentes sería probablemente más lenta que la de los habitantes de los mares abiertos. Era, pues, de esperar que encontrásemos, como encontramos, un paralelismo menos riguroso en la sucesión de las producciones terrestres que en la de las producciones marinas.

De este modo, a mi parecer, la sucesión paralela y —tomada en sentido amplio— simultánea de unas mismas formas orgánicas por todo el mundo concuerda bien con el principio de que las especies nuevas se han formado mediante especies dominantes muy difundidas y variables; las especies nuevas así producidas son a su vez dominantes, debido a tener alguna ventaja sobre sus padres, ya dominantes, así como sobre otras especies, y se extienden de nuevo, varían y producen formas nuevas. Las formas viejas, que son derrotadas y que ceden sus puestos a las formas nuevas y victoriosas, estarán generalmente emparentadas en grupos, por haber heredado en común alguna inferioridad, y, por consiguiente, cuando se extienden grupos nuevos y perfeccionados por el mundo desaparecen del mundo los grupos viejos, y en todas partes la sucesión de formas tiende a corresponder, tanto en su primera aparición como en su desaparición final.

Hay otra observación, relacionada con este asunto, digna de tenerse en cuenta. He dado las razones que tengo para creer que la mayoría de nuestras grandes formaciones, ricas en fósiles, se depositaron durante periodos de hundimiento, y que hubo intervalos de vasta duración en blanco, por lo que a los fósiles se refiere, durante los periodos en que el fondo del mar estaba más bien estacionario o se levantaba, y asimismo cuando el sedimento no se depositaba bastante aprisa para enterrar y conservar los restos orgánicos. Durante estos grandes intervalos en blanco, supongo que los habitantes de cada región experimentaron una considerable modificación y extinción, y que hubo mucha inmigración desde otras partes del mundo. Como tenemos razón para creer que grandes áreas son afectadas por el mismo movimiento, es probable que formaciones rigurosamente contemporáneas se hayan acumulado muchas veces en espacios vastísimos de una misma parte del mundo; pero estamos aún muy lejos de tener ningún derecho a sacar la conclusión de que ha ocurrido invariablemente de este modo, y que las grandes áreas han sido afectadas invariablemente por los mismos movimientos. Cuando dos formaciones se han depositado en dos regiones durante casi, pero no exactamente, el mismo periodo, hemos de encontrar en ambas —por las causas explicadas en los párrafos anteriores— la misma sucesión general en las formas orgánicas; pero las especies no se corresponden exactamente, pues en una región habrá habido un poco más de tiempo que en la otra para la modificación, extinción o emigración.

Presumo que casos de esta naturaleza se presentan en Europa. Míster Prestwitch, en sus admirables memorias sobre los depósitos eocenos de Inglaterra y Francia, llega a establecer un estrecho paralelismo general entre los pisos sucesivos en los dos países; pero cuando compara ciertos pisos de Inglaterra con los de Francia, aunque encuentra entre ambos una curiosa coincidencia en el número de las especies que pertenecen a los mismos géneros, sin embargo, las especies mismas difieren de un modo muy difícil de explicar, teniendo en cuenta la proximidad de las dos áreas, a menos, claro está, que se admita que un istmo separó dos mares habitados por faunas distintas, pero contemporáneas. Lyell ha hecho observaciones análogas acerca de algunas de las formaciones terciarias más recientes. Barrande demuestra igualmente que hay un notable paralelismo general en los sucesivos depósitos silúricos de Bohemia y Escandinavia; sin embargo, encuentra una sorprendente diferencia en las especies. Si las diversas formaciones de estas regiones no se han depositado exactamente durante los mismos periodos —correspondiendo frecuentemente una formación de una región con un intervalo en blanco de la otra—, y si en ambas regiones las especies han ido cambiando lentamente durante la acumulación de las diversas formaciones y durante largos intervalos de tiempo entre ellas, en este caso las diferentes formaciones de las dos regiones serían colocadas en el mismo orden, de acuerdo con la sucesión general de las formas orgánicas, y el orden parecería erróneamente ser paralelo con todo rigor y, sin embargo, las especies no serían todas las mismas en los pisos aparentemente correspondientes de las dos regiones.

De las afinidades de las especies extinguidas entre sí y con las formas vivientes

Consideremos ahora las afinidades mutuas de las especies extinguidas y vivientes. Se reparten todas en un corto número de grandes clases, y este hecho se explica enseguida por el principio de la descendencia. Cuanto más antigua es una forma, tanto más difiere, por regla general, de las formas vivientes. Pero, como Buckland hizo observar hace mucho tiempo, las especies extinguidas pueden clasificarse todas dentro de los grupos aún existentes o entre ellos. Que las formas orgánicas extinguidas ayudan a llenar los intervalos que existen entre los géneros, familias y órdenes es verdaderamente cierto; pero como esta afirmación ha sido frecuentemente ignorada y hasta negada, tal vez sea útil hacer algunas observaciones sobre este asunto y citar algunos ejemplos [171]. Si fijamos nuestra atención en las especies vivientes o en las extinguidas de una misma clase, la serie es mucho menos completa que si combinamos ambas en un solo sistema general. En los escritos del profesor Owen nos encontramos continuamente la expresión *formas generalizadas* aplicada a los animales extinguidos, y en los escritos de Agassiz con la expresión *tipos proféticos* o *sintéticos*, y estos términos implican que tales formas son, de hecho, eslabones intermedios o de enlace. Otro distinguido paleontólogo, monsieur Gaudry, ha demostrado del modo más notable que muchos de los mamíferos fósiles descubiertos por él en el Ática sirven para llenar

171 Véase tabla de adiciones, pág. 41.

los intervalos entre los géneros vivientes [172]. Cuvier clasificaba los rumiantes y los paquidermos como los dos órdenes más distintos de mamíferos; pero se han desenterrado tantas formas fósiles que Owen ha tenido que alterar toda la clasificación, y ha colocado a ciertos paquidermos en un mismo suborden con los rumiantes; por ejemplo, anula mediante gradaciones el intervalo, grande en apariencia, entre el cerdo y el camello. Los ungulados o cuadrúpedos de casco y pezuña se dividen actualmente en un grupo con un número par de dedos y otro con un número impar de dedos; pero la *Macrauchenia* de América del Sur enlaza, hasta cierto punto, estas dos grandes divisiones. Nadie negará que el *Hipparion* es intermedio entre el caballo viviente y ciertas formas de ungulados más antiguas. Qué maravillosa forma de enlace en la cadena de los mamíferos es el *Typotherium* de América del Sur, como lo expresa el nombre que le ha dado el profesor Gervais, fósil que no puede colocarse en ningún orden existente. Los sirenios [173] forman un grupo de mamíferos bien distintos, y una de las peculiaridades más notables del dugongo [174] y el manatí [175] actuales es la carencia total de miembros posteriores, sin que haya quedado ni siquiera un rudimento; pero el extinguido *Halitherium* tenía, según el profesor Flower, el fémur osificado «articulado en un acetábulo [176] bien definido de la pelvis», y constituye así cierta aproximación a los mamíferos ungulados ordinarios, con los que los sirenios están emparentados por otros conceptos. Los cetáceos o ballenas son muy diferentes de todos los demás mamíferos; pero

[172] Especialmente el *Mesopithecus pentelius,* que pertenece a un grupo de monos ya extinguidos, parecidos a los actuales y posiblemente origen de todos los monos del mundo.

[173] Mamíferos pisciformes, como el dugongo y el manatí.

[174] (Palabra malaya: *dugong.)* Mamífero acuático herbívoro (vaca marina) —*Halicore dugong*—, del género de los *Sirenia,* que vive en los mares del sudeste de Asia.

[175] Mamífero acuático, género de los sirenios, que vive en las bocas del Orinoco y del Amazonas.

[176] Parte alta del hueso isquión, en cuya concavidad entra la cabeza del fémur.

el *Zeuglodon* y el *Squalodon* terciarios, que han sido colocados por algunos naturalistas en un orden constituido por ellos solos, son considerados por el profesor Huxley [177] como cetáceos indudables, «y constituyen formas de enlace con los carnívoros acuáticos».

Incluso el gran intervalo que existe entre las aves y los reptiles —como ha demostrado el naturalista que se acaba de citar— se salva en parte del modo más insospechado; de un lado, mediante el avestruz y el extinguido *Archeopteryx*, y, de otro, mediante el *Compsognathus*, uno de los dinosaurios, grupo que comprende los más gigantescos de todos los reptiles terrestres. Volviendo a los invertebrados, afirma Barrande —y no puede citarse mayor autoridad— que los descubrimientos le enseñan cada día que, aun cuando los animales paleozoicos pueden ciertamente clasificarse dentro de los grupos actuales, a pesar de que en este antiguo periodo los grupos no estaban tan claramente separados entre sí como lo están ahora.

Algunos autores se han opuesto a que cualquier especie extinguida o grupo de especies sea considerada como intermedia entre dos especies vivientes o grupos de especies cualesquiera. Si con esto se quiere decir que ninguna forma extinguida es directamente intermedia, por todos sus caracteres, entre dos formas o grupos vivientes, la objeción es probablemente válida. Pero en una clasificación natural, muchas especies fósiles se sitúan ciertamente entre dos especies vivientes, y algunos géneros extinguidos entre géneros vivientes, incluso entre géneros que pertenecen a familias distintas. El caso más común, especialmente por lo que se refiere a grupos muy distintos, como peces y reptiles, parece ser que, suponiendo que se distingan actualmente por una veintena de caracteres, los miembros antiguos están separados por un número algo menor de caracteres; de modo que los dos grupos estaban antiguamente algo más próximos entre sí que lo están ahora.

Es una creencia común que cuanto más antigua es una forma tanto más tiende a enlazar, por algunos de sus caracteres, grupos

[177] Thomas H. Huxley (1825-1895), «el abuelo de los Huxley», famoso naturalista que demostró que la afinidad del hombre con el mono antropomorfo es mayor que la de este con las demás familias de monos.

actualmente muy separados entre sí. Esta observación no debe quedar restringida a aquellos grupos que han sufrido grandes cambios en el transcurso de las edades geológicas; y sería difícil probar la verdad de la proposición, pues de cuando en cuando se descubre algún animal viviente, como la *Lepidosiren*, que tiene afinidades directas con grupos muy distintos. Sin embargo, si comparamos los reptiles y batracios más antiguos, los peces más antiguos, los cefalópodos más antiguos y los mamíferos eocenos, con los representantes más modernos de las mismas clases, tenemos que admitir que hay algo de verdad en la observación.

Veamos hasta dónde estos diversos hechos y deducciones concuerdan con la teoría de la descendencia con modificaciones. Como el asunto es algo complejo, tengo que rogar al lector que vuelva al diagrama del capítulo cuarto. Supongamos que las letras bastardillas numeradas representan géneros, y las líneas de puntos que divergen de ellas, las especies de cada género. El diagrama es demasiado sencillo, pues se indican muy pocos géneros y muy pocas especies, pero esto carece de importancia para nosotros. Las líneas horizontales representan formaciones geológicas sucesivas, y todas las formas por debajo de la línea superior pueden considerarse como extinguidas. Los tres géneros vivientes, a^{14}, q^{14}, p^{14}, formarán una pequeña familia; b^{14} y f^{14}, una familia o subfamilia muy emparentada, y o^{14}, e^{14}, m^{14}, una tercera familia. Estas tres familias, junto con los muchos géneros extinguidos en las diversas líneas de descendencia divergentes a partir de la forma madre A, formarán un orden, pues todos habrán heredado algo en común de su remoto progenitor. Según el principio de la tendencia continua a la divergencia de caracteres, que se explicó anteriormente mediante este diagrama, cuanto más reciente es una forma, tanto más diferirá por lo general de su remoto progenitor. Por consiguiente, podemos comprender la regla de que los fósiles más antiguos difieran de las formas actuales. No debemos, sin embargo, suponer que la divergencia de caracteres sea un hecho necesario; depende únicamente de que los descendientes de una especie sean de este modo capaces de apoderarse de muchos y diferentes puestos en la economía de la naturaleza. Así pues, es completamente posible, como hemos visto en el caso de algunas formas silúricas, que una especie continúe modificándose ligeramente en relación con sus condiciones de vida levemente alteradas, y sin embargo conserve durante un largo periodo los mismos caracteres generales. Esto se representa en el diagrama mediante la letra F^{14}.

Todas las numerosas formas, extinguidas y vivientes, que descienden de A constituyen —como se hizo observar anteriormente— un orden; y este orden, por los efectos continuados de la extinción y divergencia de caracteres, ha llegado a dividirse en varias familias y subfamilias, algunas de las cuales se supone que han perecido en diferentes periodos y otras han perdurado hasta los tiempos presentes.

Fijándonos en el diagrama vemos que si muchas de las formas extinguidas, que se supone están enterradas en las formaciones sucesivas, se descubriesen en diversos puntos de la parte inferior de la serie, las tres familias que existen por encima de la línea superior resultarían menos distintas entre sí. Si, por ejemplo, los géneros a^1, a^5, a^{10}, f^8, m^3, m^6 y m^9 fuesen desenterrados, estas tres familias estarían tan íntimamente enlazadas entre sí que probablemente tendrían que reunirse en una gran familia, casi del mismo modo que ha ocurrido con los rumiantes y ciertos paquidermos. Mas quien se opusiera a considerar como intermedios los géneros extinguidos, que enlazan en este caso los géneros vivientes de las tres familias, tendría en parte razón, pues son intermedios, no directamente, sino tan solo mediante un camino largo y tortuoso, pasando por muchas y muy diferentes formas. Si se descubriesen muchas formas extinguidas por encima de una de las líneas horizontales centrales o formaciones geológicas intermedias —por ejemplo, por encima de la número VI—, pero ninguna por debajo de esta línea, entonces tan solo dos de las familias —las de la izquierda: a^{14}, etc., y b^{14}, etc., tendrían que reunirse en una familia; y quedarían dos familias, que serían menos distintas entre sí de lo que lo eran antes del descubrimiento de los fósiles—. Del mismo modo también, si se supone que las tres familias formadas por los ocho géneros —a^{14} a m^{14}— situados en la línea superior difieren entre sí por media docena de caracteres importantes, entonces las familias que existieron en el periodo señalado por la línea VI seguramente diferirían entre sí por un número menor de caracteres, pues en este estado primitivo de descendencia divergirán menos de su común progenitor. Así ocurre que los géneros antiguos y extinguidos son con frecuencia, en mayor o menor grado, de caracteres intermedios entre sus descendientes modificados o entre sus parientes colaterales.

En la naturaleza este proceso será mucho más complicado de lo que representa el diagrama, pues los grupos serán más numerosos, habrán subsistido durante espacios de tiempo sumamente desiguales y se habrán modificado en grado diferente. Como solamente poseemos el último volumen del archivo geológico, y en un estado muy fragmentario, no tenemos derecho a esperar, salvo en casos raros, que se llenen los grandes intervalos del sistema natural y que, de este modo, se unan familias y órdenes distintos. Todo lo que tenemos derecho a esperar es que los grupos que han experimentado mucha modificación, dentro de periodos geológicos conocidos, se aproximen algo más entre sí en las formaciones más antiguas, de modo que los miembros más antiguos difieran menos entre sí, en algunos de sus caracteres, de lo que difieren los miembros actuales de los mismos grupos; y, según las pruebas coincidentes de nuestros mejores paleontólogos, esto es lo que ocurre frecuentemente.

Así pues, según la teoría de la descendencia con modificación, se explican de un modo satisfactorio los hechos principales referentes a las afinidades mutuas de las formas orgánicas extinguidas entre sí y con las formas vivientes. Y estos hechos son absolutamente inexplicables por cualquier otra teoría.

Según esta misma teoría, es evidente que la fauna de uno cualquiera de los grandes periodos de la historia de la Tierra será intermedia, por sus caracteres generales, entre la que le precedió y la que le sucedió. Por tanto, las especies que vivieron en el sexto de los grandes periodos de descendencia del diagrama son los descendientes modificados de los que vivieron en el quinto periodo, y las progenituras de las que llegaron a modificarse todavía más en el séptimo periodo por lo que difícilmente podían dejar de ser casi intermedias por sus caracteres entre las formas orgánicas situadas por encima y por debajo de ellas. Sin embargo, hemos de tener en cuenta la completa extinción de algunas formas precedentes y, en cada región, la inmigración de formas nuevas de otras regiones, y una intensa modificación durante los grandes intervalos en blanco entre las formaciones sucesivas. Admitidas estas concesiones, la fauna de cada periodo geológico es indudablemente de carácter intermedio entre la fauna precedente y la siguiente. No necesito dar más que un solo ejemplo: el modo en que los fósiles del sistema Devónico, al descubrirse por primera vez este sistema, se reconocieron en el acto por los paleontólogos como de carácter intermedio entre los del sistema Carbonífero, que está encima, y los del sistema Silúrico, que está debajo. Pero cada fauna no es necesaria y exactamente intermedia, pues han transcurrido intervalos desiguales de tiempo entre las formaciones consecutivas.

No es una objeción de peso para la exactitud de la afirmación de que la fauna de cada periodo es, en conjunto, de carácter casi intermedio entre la fauna precedente y la siguiente, el hecho de que ciertos géneros presenten excepciones a la regla. Por ejemplo, las especies de mastodontes y elefantes, al ser ordenadas por el doctor Falconer en dos series —la primera según sus afinidades mutuas, y la segunda según sus periodos de existencia—, no se corresponden en orden. Ni las especies de caracteres extremos son las mas antiguas o las más modernas, ni tampoco las de caracteres intermedios son de una época intermedia. Pero suponiendo por un instante, en este y otros casos análogos, que el archivo de la primera aparición y desaparición de las especies estuviese completo —lo que está muy lejos de ser así—, no tenemos ningún motivo para creer que las formas producidas sucesivamente duren necesariamente espacios iguales de tiempo. Una forma antiquísima puede perdurar a veces mucho más que una forma producida en cualquier momento posterior, especialmente en el caso de las producciones terrestres que viven en comarcas separadas. Comparemos las cosas pequeñas con las grandes: si las razas principales, vivientes y extinguidas, de la paloma doméstica se ordenasen en serie, según su afinidad, este orden no estaría exactamente de acuerdo con el orden cronológico de su producción, y aún menos con el de su desaparición, pues la *rock-pigeon* madre vive todavía, y muchas variedades entre la *rock-pigeon* y la *carrier* —paloma mensajera inglesa— se han extinguido, y las *carriers*, que por el importante carácter de la longitud del pico están en un extremo de la serie, se originaron antes que las *tumblers* —volteadoras— de pico corto, que están, por este concepto, en el extremo opuesto de la serie.

Íntimamente relacionado con la afirmación de que los restos orgánicos de una formación intermedia son, en cierto grado, de carácter intermedio, está el hecho, sobre el que han insistido todos los paleontólogos, de que los fósiles de dos formaciones consecutivas están mucho más emparentados entre sí que los fósiles procedentes de dos formaciones distantes. Pictet da un ejemplo muy conocido: el de la semejanza general de los restos orgánicos de los diferentes pisos de la formación cretácica, aunque las especies son distintas en cada piso. Este solo hecho, por su generalidad, parece haber hecho vacilar al profesor Pictet en su creencia de la inmutabilidad de las especies. Quien esté familiarizado con la distribución de las especies vivientes en el globo no intentará explicar la gran semejanza de las especies distintas en formaciones consecutivas, porque las condiciones físicas de las áreas antiguas hayan permanecido casi iguales. Recordamos que las formas orgánicas —al menos las que viven en el mar— han cambiado casi simultáneamente en el mundo y, por consiguiente, en las condiciones y climas más diferentes. Considérense las prodigiosas vicisitudes del clima durante el periodo Pleistoceno, que comprende toda la época glacial, y adviértase lo poco que han influido en las formas específicas de los habitantes del mar.

Según la teoría de la descendencia, es clara toda la significación de que los restos fósiles de formaciones consecutivas estén muy emparentados, aunque estén clasificados como especies distintas. Como la acumulación de cada formación se ha interrumpido con frecuencia, y como entre las formaciones sucesivas se han intercalado grandes intervalos en blanco, no debemos esperar que encontremos, según intenté demostrar en el capítulo anterior, en una o dos formaciones cualesquiera, todas las variedades intermedias entre las especies que aparecieron al comienzo y al final de estos periodos; pero sí hemos de encontrar, después de intervalos larguísimos si se miden por años, pero tan solo moderadamente largos si se miden geológicamente, formas muy afines, o, como las llaman algunos autores, especies representativas, y estas ciertamente las encontramos. En una palabra, encontramos aquellas pruebas que tenemos derecho a esperar de las lentas y apenas perceptibles transformaciones de las formas específicas.

Del estado de desarrollo de las formas antiguas comparado con el de las formas actuales

Hemos visto en el capítulo cuarto que el grado de diferenciación y especialización de las partes que se produce en los seres orgánicos cuando llegan a la madurez es la mejor medida que hasta ahora se ha sugerido de su grado de perfección o superioridad. También hemos visto que, como la especialización de las partes es una ventaja para todo ser, la selección natural tenderá a hacer la organización de cada ser más especializada y perfecta, y, en este sentido, superior; aunque esto no quiere decir que no deje a muchos seres con una conformación sencilla y sin perfeccionar, adaptados a condiciones sencillas de vida, ni que en algunos casos no degrade o simplifique la organización, dejando, sin embargo, a estos seres así degradados mejor adaptados a sus nuevas formas de vida. De otra manera más general, las especies nuevas llegan a ser superiores a sus predecesores, pues han tenido que vencer en la lucha por la vida a todas las formas viejas, con las que entran en dura competencia. Por tanto, podemos llegar a la conclusión de que si en un clima casi igual los habitantes eocenos del mundo pudiesen entrar en competencia con los habitantes actuales, aquellos serian derrotados y exterminados por estos, como lo serían las formas secundarias por las eocenas, y las paleozoicas por las secundarias. Así pues, en virtud de esta prueba fundamental de la victoria en la lucha por la vida, lo mismo que por la medida de la especialización de los órganos, las formas modernas, de acuerdo con la teoría de la selección natural, tienen que ser de organización superior a las formas antiguas. ¿Ocurre así? Una gran mayoría de paleontólogos contesta afirmativamente, y parece que esta respuesta debe ser admitida como cierta, aunque difícil de probar.

No es una objeción válida a esta conclusión el hecho de que ciertos braquiópodos se hayan modificado muy poco desde una época geológica muy remota, y de que ciertos moluscos terrestres y de agua dulce hayan permanecido casi iguales desde el tiempo en que, hasta donde sabemos, aparecieron por vez primera. No es una dificultad insuperable el que los foraminíferos no hayan progresado, como ha señalado insistentemente el doctor Carpenter, en su organización desde incluso la época laurentina; pues algunos organismos tienen que haber quedado adaptados a condiciones sencillas de vida; y ¿qué podría haber más adecuado a este fin que estos protozoos de organización inferior? Objeciones tales como las anteriores serían fatales para mi teoría, si esta incluyese el progreso en la organización como una condición necesaria. Serían igualmente fatales si pudiera probarse que los citados foraminíferos, por ejemplo, hubiesen venido a la vida por primera vez durante la época laurentina, y los citados braquiópodos durante la formación cámbrica; pues en este caso no habría habido tiempo suficiente para el desarrollo de estos organismos hasta el tipo que entonces habían alcanzado. Cuando se ha progresado hasta un punto dado cualquiera, no hay ninguna necesidad, según la teoría de la selección natural, de que se continúe progresando ulteriormente; aunque, durante cada época sucesiva, tengan que modificarse algo para conservar sus puestos en relación con los leves cambios de sus condiciones de existencia. Las objeciones precedentes dependen del problema de si conocemos realmente la edad de la Tierra y de en qué periodo aparecieron por primera vez las diferentes formas orgánicas; y esto es muy discutido.

El problema de si la organización en conjunto ha progresado o no, es, por muchos conceptos, excesivamente intrincado. El archivo geológico, incompleto en todos los tiempos, no se extiende hacia atrás lo suficiente para demostrar con claridad inequívoca que, dentro de la historia conocida del mundo, la organización ha progresado mucho. Incluso en los tiempos actuales, considerando los miembros de una misma clase, los naturalistas no están unánimemente de acuerdo en qué formas han de clasificarse como superiores; así, algunos consideran a los selacios [178], por su aproximación a los reptiles en algunos puntos importantes de su conformación, como los peces superiores; otros consideran a los teleósteos como superiores. Los ganoideos ocupan una posición intermedia entre los selacios y los teleósteos; estos últimos son actualmente muy preponderantes por su número; pero antiguamente únicamente existieron los selacios y los ganoideos, y en este caso, según el tipo de superioridad que se elija, se dirá que han progresado o retrocedido en organización. El intento de comparar en la escala de superioridad miembros de distintos tipos parece ser vano. ¿Quién decidirá si una jibia es superior a una abeja, insecto que el gran Von Baer cree que es «de hecho, de organización superior a la del pez, aunque de otro tipo»? En la compleja lucha por la vida es muy de creer que los crustáceos, no muy elevados dentro de su propia clase, derrotaran a los cefalópodos, que son los moluscos superiores; y estos crustáceos, aunque no muy desarrollados en su organización, ocuparían un puesto muy alto en la escala de los animales invertebrados si se juzgase por la más decisiva de todas las pruebas: la ley de la lucha por la vida. Aparte de estas dificultades intrínsecas al decidir qué formas son las más avanzadas en organización, no debemos comparar únicamente los miembros superiores de una clase en dos periodos cualesquiera —aunque indudablemente es este un elemento, y quizá el más importante, al hacer una comparación—, sino que debemos comparar a todos los miembros, superiores e inferiores, en los dos periodos. En una época antigua pululaban en gran número los animales moluscoides más superiores e inferiores, es decir, los cefalópodos y los braquiópodos; actualmente ambos grupos están muy reducidos, en tanto que otros de organización intermedia han aumentado mucho; y, en consecuencia, algunos naturalistas sostienen que los moluscos tuvieron antiguamente un desarrollo superior al de hoy; pero un hecho más extraño puede señalarse desde el punto de vista contrario, teniendo en cuenta la vasta re-

178 Orden de peces cartilagíneos, de branquias fijas y mandíbula inferior móvil, como el tiburón y la raya.

ducción de los braquiópodos y el hecho de que nuestros cefalópodos, aunque pocos en número, son de organización más elevada que sus representantes antiguos. Debemos también comparar los proporcionales relativos, en dos periodos cualesquiera, de las clases superiores e inferiores de todo el mundo: si, por ejemplo, existen en la actualidad cincuenta mil especies de animales vertebrados, y si sabemos que en un periodo anterior existieron solamente diez mil especies, hemos de considerar este aumento de número en la clase superior, que implica un gran desplazamiento de formas inferiores, como un progreso decisivo en la organización del mundo. Vemos así cuán desesperadamente dificultoso es comparar con perfecta justicia, en relaciones tan sumamente complejas, el grado de organización de las faunas, imperfectamente conocidas, de los sucesivos periodos.

Apreciaremos más claramente esta dificultad considerando ciertas faunas y floras actuales. Por la manera extraordinaria como las producciones europeas se han difundido recientemente por Nueva Zelanda y han arrebatado los puestos que ocupaban anteriormente las producciones indígenas, hemos de creer que si todos los animales y plantas de Gran Bretaña fuesen puestos en libertad en Nueva Zelanda, una multitud de formas británicas llegarían a naturalizarse allí por completo en el transcurso del tiempo, y exterminarían a muchas de las formas nativas. Por el contrario, por el hecho de que casi ningún habitante del hemisferio austral se ha vuelto salvaje en ninguna parte de Europa, podemos más bien dudar de que, si todas las producciones de Nueva Zelanda se dejasen en libertad en Gran Bretaña, un número considerable sería capaz de apoderarse de los puestos ocupados actualmente por nuestras plantas y animales indígenas. Desde este punto de vista, las producciones de Gran Bretaña están situadas mucho más arriba en la escala que las de Nueva Zelanda. Sin embargo, el naturalista más perspicaz, después de un examen de las especies de los dos países, no hubiese previsto este resultado.

Agassiz y otras varias autoridades muy competentes, insisten en que los animales antiguos se asemejan, hasta cierto punto, a los embriones de los animales modernos, pertenecientes a las mismas clases; y que la sucesión geológica de formas extinguidas es casi paralela al desarrollo embrionario de las formas actuales. Esta opinión se concilia admirablemente bien con nuestra teoría. En el capítulo siguiente intentaré demostrar que el adulto difiere de su embrión debido a que han sobrevivido variaciones en una edad no temprana y a que han sido heredadas a la edad correspondiente. Este proceso, en tanto que deja al embrión casi inalterado, añade continuamente, en el transcurso de generaciones sucesivas, más diferencias cada vez al adulto. Así pues, el embrión viene a quedar como una especie de retrato, conservado por la naturaleza, de la condición primitiva y menos modificada de la especie. Esta opinión puede ser cierta y, sin embargo, no ser nunca susceptible de prueba. Viendo, por ejemplo, que los mamíferos, reptiles y peces más antiguos que se conocen pertenecen rigurosamente a estas mismas clases, aunque algunas de estas formas antiguas sean un poco menos distintas entre sí que lo son actualmente los miembros típicos de los mismos grupos, sería inútil buscar animales que tuviesen el carácter embriológico común de los vertebrados, hasta que se descubran capas ricas en fósiles muy por debajo de los estratos cámbricos inferiores, descubrimiento que es poco probable.

De la sucesión de los mismos tipos dentro de las mismas áreas durante los últimos periodos terciarios

Míster Clift demostró hace muchos años que los mamíferos fósiles de las cavernas de Australia estaban íntimamente emparentados con los marsupiales vivientes de aquel continente. En América del Sur es evidente un parentesco similar, incluso para ojos inexpertos, en las piezas gigantes del caparazón, semejantes a las del armadillo, encontradas en diferentes partes de La Plata, y el profesor Owen ha demostrado del modo más sobresaliente que la mayoría de los mamíferos fósiles, enterrados allí en gran número, están emparentados con los tipos sudamericanos. Este parentesco se ve aún más claramente en la maravillosa colección de huesos fósiles de las cavernas del Brasil, hecha por Lund y Clausen. Me han causado tanta impresión estos hechos, que en 1839 y 1845 insistí enérgicamente sobre esta «ley de sucesión de tipos», sobre «este parentesco maravilloso en un mismo continente entre lo muerto y lo vivo». El profesor Owen ha extendido posteriormente esta misma generalización a los mamíferos del viejo mundo. Vemos la misma ley en las restauraciones de las aves extinguidas y gigantes de Nueva Zelanda hechas por este autor. La vemos también en las aves de las cavernas del Brasil. Míster Woodward ha demostrado que la misma ley se aplica a los moluscos marinos; pero, por la extensa distribución de la mayor parte de los moluscos, no es bien ostensible en ella. Podían añadirse otros casos, como la relación entre los moluscos terrestres vivientes y extinguidos de Madeira, y entre los moluscos extinguidos y vivientes de las aguas salobres del mar aralo-cáspico.

Ahora bien, ¿qué significa esta importante ley de la sucesión de los mismos tipos dentro de unas mismas áreas? Sería muy temerario quien, después de comparar el clima actual de Australia y de las partes de América del Sur que están en la misma latitud, intentase explicar, por una parte, la diferencia entre los habitantes de estos dos continentes por sus condiciones físicas distintas, y, por otra parte, la uniformidad de los mismos tipos en cada continente durante los últimos periodos Terciarios, por la semejanza de condiciones. Tampoco se puede pretender que sea una ley inmutable el que los marsupiales se hayan producido principal o únicamente en Australia, o que los desdentados y otros tipos americanos se hayan producido tan solo en América del Sur; pues sabemos que, en tiempos antiguos, Europa estuvo poblada por numerosos marsupiales, y he demostrado en las publicaciones antes citadas que en América la ley de distribución de los mamíferos terrestres fue antiguamente diferente de lo que es hoy. En otro tiempo, América del Norte participó mucho del carácter actual de la mitad meridional del continente, y la mitad meridional tuvo antiguamente más semejanza que ahora con la mitad septentrional. De una manera análoga sabemos, por los descubrimientos de Falconer y de Cautley, que la parte septentrional de la India estuvo mucho más emparentada por sus mamíferos con África que lo está en la actualidad. Pudieran citarse hechos análogos relacionados con la distribución de los animales marinos.

Según la teoría de la descendencia con modificación, se explica inmediatamente la gran ley de la sucesión, muy persistente, pero no inmutable, de los mismos tipos en unas mismas áreas, pues los habitantes de cada parte del mundo tenderán evidentemente a dejar en aquella parte, durante el periodo de tiempo que le sigue inmediatamente, descendientes muy semejantes aunque modificados en cierto grado. Si los habitantes de un continente difirieron mucho en un tiempo de los de otro continente, sus descendientes modificados diferirán aún casi del mismo modo y en el mismo grado; pero después de largos intervalos de tiempo y de grandes cambios geográficos que permitan mucha emigración recíproca, los más débiles cederán a las formas dominantes, y no habrá nada inmutable en la distribución de los seres orgánicos.

Puede preguntárseme, en burla, si supongo yo que el megaterio y otros monstruos gigantes afines que vivieron antiguamente en la América del Sur han dejado tras sí, como descendientes degenerados, al perezoso, al armadillo y al oso hormiguero. Esto no puede admitirse ni por un instante. Aquellos animales gigantescos se han extinguido por completo y no han dejado descendencia alguna. Pero en las cavernas del Brasil hay muchas especies extinguidas que son muy afines por su tamaño y por todos los demás caracteres a las especies que aún viven en América del Sur, y algunos de estos fósiles tal vez hayan sido los verdaderos progenitores de las especies actuales. No debe olvidarse que, según nuestra teoría, todas las especies de un mismo género descienden de una sola especie; de modo que si en una formación geológica se encuentran seis géneros que comprendan cada uno ocho especies, y en una formación siguiente hay otros seis géneros afines o representativos, cada uno de ellos con el mismo número de especies, entonces podemos deducir que, en general, solo una especie de cada género más antiguo ha dejado descendientes modificados que constituyen los géneros nuevos que comprenden varias especies, y las otras siete especies de cada género antiguo se han extinguido y no han dejado descendencia. O bien —y este será un caso mucho más frecuente— dos o tres especies de dos o tres géneros solo de los seis géneros más viejos serán las progenitoras de los nuevos géneros, habiéndose extinguido totalmente las demás especies y todos los demás géneros. En los órdenes decadentes, cuyo número de géneros y especies disminuye, como ocurre con los desdentados de América del Sur, un número aún menor de géneros y especies dejarán descendientes consanguíneos especificados.

Resumen del capítulo anterior y del presente

He intentado demostrar que el archivo geológico es sumamente incompleto; que solo una pequeña parte del globo ha sido explorada geológicamente con cuidado; que solo ciertas clases de seres orgánicos se han conservado en abundancia en estado fósil; que tanto el número de ejemplares como el de especies conservados en nuestros museos es absolutamente como nada comparado con el número de generaciones que han tenido que desaparecer durante una sola formación; que, debido a ser el hundimiento casi necesario para la acumulación de depósitos ricos en especies fósiles de muchas clases, y del suficiente espesor para resistir la futura erosión, tuvieron que transcurrir grandes intervalos de tiempo entre la mayor parte de nuestras formaciones sucesivas; que probablemente ha habido más extinción durante los periodos de hundimiento y más variación durante los periodos de elevación, y durante estos últimos el archivo se habrá conservado con menos perfección; que cada formación aislada no se ha depositado de un modo continuo; que la duración de cada formación es probablemente corta comparada con la duración media de las formas específicas; que la migración ha representado un papel importante en la primera aparición de formas nuevas en un área y formación cualquiera; que las especies de gran distribución geográfica son las que han variado con más frecuencia, y las que con más frecuencia han originado nuevas especies; que las variedades han sido al principio locales; y, finalmente, que aun cuando cada especie ha tenido que pasar por numerosos estados de transición, es probable que los periodos durante los cuales experimentó modificación, aunque muchos y muy largos si se cuentan por años, sean cortos en comparación con los periodos durante los cuales cada especie permaneció sin variar. Estas causas, tomadas en conjunto, explicarán, en gran parte, por qué, aunque encontremos muchos eslabones, no encontramos innumerables variedades que enlacen entre sí todas las formas vivientes y extinguidas mediante las más graduales transiciones; también habría que tener en cuenta siempre que cualquier variedad intermedia entre dos formas que pudiera encontrarse sería clasificada, a menos que pudiese restaurarse perfectamente toda la cadena, como una especie nueva y distinta, pues no se pretende que tengamos un criterio seguro por el que puedan extinguirse las especies de las variedades.

Quien rechace esta opinión de la imperfección del archivo geológico, rechazará con razón toda la teoría, pues tal vez se pregunte en vano dónde están las innumerables estructuras de transición que enlazaron antiguamente las especies afines o representativas que se encuentran en los pisos sucesivos de una misma gran formación. Quien rechace la creencia en los inmensos espacios de tiempo que han transcurrido entre nuestras formaciones consecutivas; quien menosprecie el importante papel que ha jugado la migración, cuando se consideran las formaciones de una gran región, como las de Europa, puede presentar el argumento de la manifiesta, pero a veces engañosamente manifiesta, aparición súbita de grupos enteros de especies. Tal vez pregunte dónde están los restos de aquellos organismos infinitamente numerosos que existieron mucho antes de que se depositase el sistema Cámbrico. Sabemos hoy que por lo menos existió entonces un animal; pero solo puedo contestar a esta última suponiendo que los océanos se han extendido, desde hace un enorme periodo de tiempo, donde hoy se extienden, y que nuestros continentes, tan oscilantes, están situados actualmente donde se encontraron situados desde el comienzo del sistema Cámbrico; pero que, mucho antes de esta época, el mundo presentaba un aspecto muy diferente, y que los continentes más antiguos, constituidos por formaciones más antiguas que todas las que conocemos, existen aún, aunque solo como restos en estado metamórfico, o yacen todavía sepultados bajo el océano.

Aparte de estas dificultades, los otros grandes hechos principales de la paleontología concuerdan admirablemente con la teoría de la descendencia mediante variación y selección natural. De este modo podemos comprender por qué las especies nuevas se presentan lenta y sucesivamente, y por qué las especies de clases distintas no cambian necesariamente al mismo tiempo, ni a la misma velocidad, ni en el mismo grado, aunque a la larga todas experimenten, en cierta medida, modificación. La extinción de las formas antiguas es la consecuencia, casi inevitable, de la producción de formas nuevas. Podemos comprender por qué una vez que una especie ha desaparecido, no vuelve a reaparecer jamás. Los grupos de especies aumentan lentamente en número, y perduran durante periodos desiguales de tiempo, pues el proceso de modificación es necesariamente lento, y depende de muchas circunstancias complejas. Las especies dominantes, que pertenecen a grupos grandes y dominantes, tienden a dejar muchos descendientes modificados, que forman nuevos grupos y subgrupos. Cuando se forman estos, las especies de los grupos menos vigorosos, debido a su inferioridad heredada de un progenitor común, tienden a extinguirse a un tiempo y a no dejar ningún descendiente modificado sobre la faz de la Tierra. Pero la extinción completa de un grupo entero ha sido a veces un proceso lento, en virtud de la supervivencia de unos pocos descendientes, que subsisten en estaciones protegidas y aisladas. Una vez que un grupo ha desaparecido por completo, ya no reaparece, pues se ha roto el enlace de generación.

Podemos comprender por qué las formas dominantes que se extienden mucho y producen el mayor número de variedades tienden a poblar el mundo de descendientes afines, pero modificados; y por qué estos conseguirán generalmente desplazar a los grupos que les son inferiores en la lucha por la existencia. Por consiguiente, después de largos espacios de tiempo, las producciones del mundo parecen haber cambiado simultáneamente.

Podemos comprender por qué todas las formas orgánicas, antiguas y modernas, constituyen en conjunto unas cuantas grandes clases. Podemos comprender, mediante la continua tendencia a la divergencia de caracteres, por qué cuanto más antigua es una forma, tanto más difiere, en general, de las que viven ahora; por qué las formas antiguas y extinguidas tienden con frecuencia a llenar huecos entre las formas vivientes, reuniendo a veces dos grupos, previamente clasificados como más comúnmente aproximándolos un poco más entre sí. Cuanto más antigua es una forma, con tanta más frecuencia es, en cierto grado, intermedia entre grupos actualmente distintos; pues cuanto más antigua sea una forma, tanto más emparentada estará, y por consiguiente más se parecerá, al progenitor común de los grupos, a partir del cual han llegado a divergir mucho. Las formas extinguidas raras veces son directamente intermedias entre formas vivientes; y lo son tan solo por un camino largo y tortuoso, pasando por otras formas diferentes y extinguidas. Podemos ver claramente por qué los restos orgánicos de formaciones inmediatamente consecutivas son muy afines, pues están íntimamente enlazados entre sí por generación. Podemos ver claramente por qué los restos de una formación intermedia tienen caracteres intermedios.

Los habitantes del mundo en cada periodo sucesivo de su historia han derrotado a sus predecesores en la lucha por la vida, y son, en este respecto, superiores en la escala, y su estructura por lo general se ha especializado más; y esto puede explicar la creencia común defendida por tantos paleontólogos, de que la organización, en conjunto, ha progresado. Los animales antiguos y extinguidos se asemejan, hasta cierto punto, a los embriones de los animales más modernos pertenecientes a las mismas clases, y este hecho portentoso recibe una sencilla explicación según nuestras teorías. La sucesión de unos mismos tipos de estructura dentro de las mismas áreas, durante los periodos geológicos más recientes, deja de ser un misterio y se hace comprensible por el principio de la herencia.

Si el archivo geológico es, pues, tan incompleto como muchos creen —y, por lo menos, puede afirmarse que no puede probarse que el archivo sea mucho más completo—, las objeciones principales a la teoría de la selección natural disminuyen en gran medida o desaparecen. Por otra parte, todas las leyes principales de la paleontología proclaman claramente, según mi criterio, que las especies se han producido por generación ordinaria, siendo suplantadas las formas viejas por formas nuevas y perfeccionadas, productos de la *variación* y de la *supervivencia de los más aptos*.

CAPÍTULO XII
DISTRIBUCIÓN GEOGRÁFICA

Centros únicos de supuesta creación.—Medios de dispersión.—La dispersión durante el periodo glaciar.—Periodos glaciares alternantes en el norte y en el sur

AL considerar la distribución de los seres orgánicos sobre la superficie del globo, el primer hecho relevante que nos llama la atención es que ni la semejanza ni la desemejanza de los habitantes de las diyersas regiones pueden explicarse totalmente por las condiciones climáticas u otras condiciones físicas. Últimamente, casi todos los autores que han estudiado el asunto han llegado a esta conclusión. El caso de América casi bastaría por sí solo para probar su exactitud, pues si excluimos las partes ártica y templada del norte, todos los autores coinciden en que una de las divisiones fundamentales en la distribución geográfica es la que existe entre el Viejo y el Nuevo Mundo; y, sin embargo, si viajamos por el extenso continente americano, desde las partes centrales de los Estados Unidos hasta su extrema punta meridional, nos encontramos con las condiciones más diversificadas: regiones húmedas, áridos desiertos, montañas altísimas, praderas, selvas, pantanos, lagos y grandes ríos, con casi todas las temperaturas. Apenas existe clima o condiciones de vida en el Viejo Mundo que no tenga su paralelo en el nuevo, al menos tanta semejanza como requieren, en general, las mismas especies. Indudablemente, en el Viejo Mundo pueden señalarse áreas pequeñas más calurosas que ninguna de las del Nuevo Mundo; pero estas no están habitadas por fauna diferente de la de las comarcas colindantes, pues es raro encontrar un grupo de organismos confinado en un área pequeña, cuyas condiciones sean solo un poco especiales. A pesar de este paralelismo general en las condiciones del Viejo y del Nuevo Mundo, ¡qué diferentes son sus producciones vivientes!

En el hemisferio meridional, si comparamos las vastas extensiones de tierra de Australia, Sudáfrica y oeste de América del Sur, entre los 25° y 35° de latitud, encontraremos regiones sumamente parecidas en todas sus condiciones; y, sin embargo, no sería posible señalar tres faunas y floras por completo más diferentes. O también podemos comparar las producciones de América del Sur de los 35° de latitud norte con las de los 25° de latitud sur, que están, por consiguiente, separadas por un espacio de diez grados de latitud [179] y se hallan sometidas a condiciones considerablemente distintas, y sin embargo resultan incomparablemente más relacionadas entre sí que lo están con las producciones de Australia o de África que viven casi en el mismo clima. Hechos análogos podrían citarse con respecto a los seres marinos.

El segundo hecho importante que nos llama la atención en nuestro examen general es que las barreras de toda clase o los obstáculos para la libre migración están relacionados de un modo directo y principal con las diferencias entre las producciones de las diversas regiones. Vemos esto en la gran diferencia que existe en casi todas las producciones terrestres del Nuevo y del Viejo Mundo, excepto en las regiones septentrionales, donde casi se junta la tierra y donde, con un clima un poco diferente, pudo haber libertad de migración para las formas de la zona templada del norte, como la hay actualmente para las producciones estrictamente árticas. Vemos el mismo hecho en la gran diferencia que existe entre los habitantes de una misma latitud de Australia, África y Sudamérica, pues estos países se hallan casi lo más aislados posible unos de otros. Además, en cada continente vemos el mismo hecho, pues a los lados opuestos de cordilleras elevadas y continuas, de grandes desiertos y hasta de anchos ríos encontramos producciones diferentes; aunque, como las cordilleras, desiertos, etc., no son tan difíciles de pasar ni han durado tanto tiempo como los océanos que separan los continentes, las diferencias son muy inferiores a las que caracterizan a los distintos continentes.

Fijándonos de nuevo en el mar, encontramos la misma ley. Los seres marinos que viven en las costas oriental y occidental de América del Sur son muy distintos, habiendo muy pocos molus-

179 Respecto al ecuador.

cos, crustáceos y equinodermos comunes a ambas costas; pero el doctor Günther ha demostrado recientemente que el treinta por ciento aproximadamente de los peces son iguales a ambos lados del istmo de Panamá, y este hecho ha llevado a los naturalistas a creer que el istmo estuvo abierto en otro tiempo. Al oeste de las costas de América hay una dilatada extensión de mar abierto, sin una isla que pueda servir de punto de parada a los emigrantes; en este caso tenemos una barrera de otra clase, y en cuanto se pasa este obstáculo nos encontramos en las islas orientales del Pacífico con otra fauna totalmente distinta. De modo que tres faunas marinas se extienden hacia el norte y hacia el sur, en líneas paralelas no lejos unas de otras, bajo climas que se corresponden; pero, por estar separadas por barreras infranqueables, ya de tierra o de mar abierto, son casi por completo distintas. En cambio, continuando todavía más hacia el oeste de las islas orientales de las zonas tropicales del Pacífico, no encontramos ninguna barrera infranqueable, y tenemos innumerables islas como escalas, o costas continuas, hasta que, después de haber recorrido un hemisferio, llegamos a las costas de África, y en todo este vasto espacio no encontramos ninguna fauna marina distinta y bien caracterizada. Aunque tan pocos animales marinos son comunes a las tres faunas antes citadas, próximas a la América oriental y occidental y a las islas orientales del Pacífico, sin embargo, muchos peces se extienden desde el Pacífico hasta el océano Índico, y muchos moluscos son comunes a las islas orientales del Pacífico y a las costas orientales de África situadas en meridianos casi exactamente opuestos.

El tercer hecho importante, que en parte está comprendido en lo que se acaba de exponer, es la afinidad de las producciones del mismo continente o del mismo mar, aun cuando las especies sean distintas en diferentes puntos y comarcas. Es esta una ley muy general, y todos los continentes ofrecen innumerables ejemplos de ella. Sin embargo, el naturalista, cuando viaja, por ejemplo, de norte a sur, nunca deja de llamarle la atención la manera como se van reemplazando, sucesivamente, grupos de seres específicamente distintos, aunque muy afines. Oye cantos casi iguales de aves muy afines, aunque de clases diferentes; ve sus nidos construidos de modo parecido, aunque no completamente igual, con huevos casi de la misma coloración. Las llanuras próximas al estrecho de Magallanes están habitadas por una especie de *Rhea* (avestruz de América), y, hacia el norte de las llanuras de La Plata, por otra especie del mismo género y no por verdadero avestruz o emú [180], como los que viven en África y en Australia a la misma latitud. En estas mismas llanuras de La Plata vemos el agutí y la vizcacha, animales que tienen casi las mismas costumbres de nuestras liebres y conejos, y que pertenecen al mismo orden de los roedores, pero que presentan claramente un tipo de conformación americano. Si ascendemos a las elevadas cumbres de los Andes, nos encontramos una especie alpina de vizcacha; si nos fijamos en las aguas, no encontramos el castor ni la rata almizclera, sino el coipu y el capibara, roedores de tipo sudamericano. Podrían citarse otros innumerables ejemplos. Si consideramos las islas situadas frente a la costa americana, por mucho que difieran en estructura geológica, los habitantes son esencialmente americanos, aunque pertenezcan todos a especies peculiares. Podemos remontarnos a edades pasadas, como vimos en el capítulo anterior, y encontramos los tipos americanos que entonces prevalecían en el continente y mares americanos. Vemos en estos hechos la existencia de un profundo lazo orgánico, a través del tiempo y del espacio, en las mismas áreas de tierra y mar, independientemente de las condiciones físicas. Tardo ha de ser el naturalista que no se sienta movido a averiguar en qué consiste este vínculo.

Este lazo es simplemente la herencia, causa que, por sí sola, hasta donde positivamente sabemos, produce organismos completamente iguales entre sí, o, como vemos en el caso de las variedades, casi iguales. La desemejanza entre los habitantes de regiones diferentes puede atribuirse a modificación mediante variación y selección natural, y probablemente, en menor grado, a la influencia directa de condiciones físicas diferentes. Los grados de desemejanza dependerán de que haya sido impedida, con más o menos eficacia, la migración de las formas orgánicas predominan-

180 El avestruz americano se llamó *ñandú,* y el australiano *emú.*

tes de una región a otra, en periodos más o menos remotos; de la naturaleza y número de los inmigrantes anteriores, y de la acción mutua de los habitantes en cuanto a la conservación de las diferentes modificaciones; pues, como ya se ha observado muchas veces, la relación entre los organismos en la lucha por la vida es la más importante de todas las relaciones. Así, la gran importancia de las barreras entra en juego contrarrestando la migración, del mismo modo que el tiempo, en el lento proceso de modificación por selección natural. Las especies muy extendidas y abundantes en número, que han triunfado ya de muchos competidores en sus propias y dilatadas tierras, tendrán las mayores probabilidades de apoderarse de nuevos puestos cuando se extiendan a otros países. En sus nuevas patrias estarán sometidas a nuevas condiciones, y con frecuencia experimentarán más modificaciones y perfeccionamiento, y de este modo llegarán a alcanzar nuevas victorias y producirán grupos de descendientes modificados. Según este principio de herencia con modificación, podemos comprender el caso tan común y notorio de que secciones de géneros, géneros enteros y hasta familias se hallen confinadas en las mismas áreas.

Como se hizo observar en el capítulo anterior, no hay prueba alguna de la existencia de una ley de desarrollo necesario. Como la variabilidad de cada especie es una propiedad independiente, que será aprovechada por la selección natural solo hasta donde sea útil a cada individuo en su compleja lucha por la vida, la cuantía de modificación en las diferentes especies no será una cantidad uniforme. Si cierto número de especies, después de haber competido entre sí en su antigua patria, emigrasen en bloque a un nuevo país, que luego quedase aislado, serían poco susceptibles de modificación, pues ni la emigración ni el aislamiento, por sí solos, producen efecto alguno. Estas causas solamente entran en juego al poner a los organismos en relaciones nuevas entre sí, y, en menor grado, con las condiciones físicas ambientes. Así como hemos visto en el último capítulo que algunas formas han conservado casi los mismos caracteres desde un periodo geológico remotísimo, del mismo modo ciertas especies han emigrado por vastos espacios, habiéndose modificado poco o nada.

Según estas opiniones, es evidente que las diversas especies del mismo género, aunque vivan en las zonas más distantes del mundo, tienen que haber provenido originariamente de la misma fuente, pues descienden del mismo progenitor. En el caso de las especies que han experimentado durante periodos geológicos enteros poca modificación, no hay mucha dificultad en creer que hayan emigrado desde la misma región; pues durante los vastos cambios geográficos y climáticos que han sobrevenido desde los tiempos antiguos, es posible cualquier emigración, por dilatada que fuere. Pero en otros muchos casos, en los que tenemos motivos para creer que las especies de un género se han formado en tiempos relativamente recientes, existe gran dificultad sobre este punto. Es también evidente que los individuos de la misma especie, aunque vivan ahora en regiones distantes y aisladas, tienen que haber provenido de un solo sitio, en el cual nacieron antes sus progenitores; pues, como se ha explicado, es increíble que individuos exactamente iguales hayan sido producidos por padres específicamente distintos.

Centros únicos de supuesta creación

Hemos llegado así a la cuestión que ha sido muy discutida por los naturalistas, es decir: si las especies han sido creadas en uno o en más puntos de la superficie terrestre. Indudablemente, hay muchos casos en que es sumamente difícil comprender cómo la misma especie pudo haber emigrado de un solo punto a los varios y distantes puntos aislados donde ahora se encuentra. Sin embargo, la sencillez de la idea de que cada especie se produjo al principio en una sola región cautiva la mente. Quien la rechace, rechaza la *vera causa* de la generación ordinaria con emigraciones posteriores, e invoca la intervención de un milagro. Se admite universalmente que, en la mayor parte de los casos, que el área habitada por una especie es continua, y cuando una planta o animal vive en dos puntos tan distantes entre sí o con una separación de tal naturaleza que el espacio no pudo haber sido atravesado fácilmente por emigración, se cita el hecho como algo notable y excepcional. La incapacidad de emigración a través de un dilatado mar es más clara en el caso de los mamíferos terrestres que quizá en el de ningún otro ser orgánico, y, por consiguiente, no hay ningún ejemplo inexplicable de que el mismo mamífero viva en puntos distantes del mundo. Ningún geólogo halla dificultad en que Gran Bretaña posea los mismos cuadrúpedos que el resto de Europa, pues no hay duda de que en otro tiempo estuvieron unidas. Pero si las mismas especies pueden producirse en dos puntos separados, ¿por qué no encontramos ni un solo mamífero común a Europa y Australia o Sudamérica? Las condiciones de vida son casi iguales, de tal manera que una multitud de plantas y animales europeos han llegado a naturalizarse en América y Australia, y algunas de las plantas indígenas son idénticamente las mismas en estos puntos tan distantes de los hemisferios septentrional y meridional. La respuesta es, a mi parecer, que los mamíferos no han podido emigrar, mientras que algunas plantas, por sus variados medios de dispersión, han emigrado a través de los amplios e interrumpidos espacios intermedios. La influencia grande y asombrosa de las barreras de todas clases solo es comprensible según la opinión de que la gran mayoría de las especies se han producido a un lado de esas barreras y no han podido emigrar al lado opuesto. Un corto número de familias, muchas subfamilias, muchísimos géneros y un número todavía mayor de secciones de géneros están confinados en una sola región, y varios naturalistas han observado que los géneros más naturales —o sea, los géneros en que las especies están más estrechamente relacionadas entre sí— están generalmente confinados en un mismo país, o si ocupan una gran extensión, esta extensión es continua. ¡Qué extraña anomalía sería, si tuviese que prevalecer la regla diametralmente opuesta, cuando descendemos un paso en la serie, es decir, a los individuos de la misma especie, y estos individuos no hubiesen estado, por lo menos al principio, confinados en una sola región!

Por consiguiente, me parece, como a otros muchos naturalistas, que la opinión más probable es la de que cada especie ha sido producida en una sola área y que posteriormente ha emigrado de esta área hasta donde se lo han permitido sus facultades de emigración y subsistencia, bajo las condiciones pasadas y presentes. Indudablemente, se presentan muchos casos en los que no podemos explicar cómo la misma especie pudo haber pasado de un punto a otro. Pero los cambios geográficos y climatológicos que han ocurrido ciertamente en tiempos geológicos recientes tiene que haber convertido en discontinua el área, en otro tiempo continua, de muchas especies. Así es que nos vemos reducidos a considerar si las excepciones a la continuidad del área son tan numerosas y de naturaleza tan grave que tengamos que renunciar a la creencia, que las consideraciones generales hacen probable, de que cada especie ha sido producida dentro de un área y que desde allí ha emigrado hasta donde ha podido. Sería inútilmente tedioso discutir todos los casos excepcionales en que una misma especie vive en la actualidad en puntos distantes y separados, y no pretendo ni por un momento que pueda ofrecerse explicación alguna de muchos casos. Pero, después de algunas observaciones preliminares, discutiré unos cuantos de los grupos más asombrosos de hechos, como la existencia de la misma especie en las cumbres de las cordilleras más distantes o en puntos muy distantes de las regiones ártica y antártica; en segundo lugar —en el capítulo siguiente—, la extensa distribución de las producciones de agua dulce, y, en tercer lugar, la presencia de las mismas especies terrestres en islas y en los continentes más próximos, aunque se hallen separados por centenares de kilómetros de océano. Si la existencia de la misma especie en puntos distantes y aislados de la superficie terrestre puede explicarse en muchos casos según la opinión de que cada especie ha emigrado desde un solo lugar de nacimiento, entonces, teniendo en cuenta nuestra ignorancia de los antiguos cambios climatológicos y geográficos y de los diferentes medios de transporte incidental, la creencia de que un solo lugar de origen es la ley me parece incomparablemente la más segura.

Al discutir este asunto, podremos considerar al mismo tiempo un punto igualmente importante para nosotros, o sea, si las diversas especies de un género —que, según nuestra teoría, han de descender todas de un progenitor común— pueden haber emigrado, experimentando modificaciones en su emigración, de una sola área. Si cuando la mayor parte de las especies que viven en una región son diferentes de las de otra región, aunque muy afines a ellas, puede demostrarse que la emigración de una región a otra ha ocurrido probablemente en algún periodo anterior, nuestra opinión general resultará muy robustecida, pues la explicación es obvia según el principio de descendencia con modificación. Una isla volcánica, por ejemplo, que se hubiese levantado y formado a unos cuantos centenares de kilómetros de distancia de un continente, recibiría probablemente de este, en el transcurso del tiempo, unos cuantos colonos, y sus descendientes, aunque modificados, estarían aún relacionados por herencia con los habitantes de ese continente. Casos de esta naturaleza son comunes y, como veremos después, son inexplicables según la teoría de la creación independiente. Esta opinión de la relación de las especies de una región con las de otra no difiere mucho de la propuesta por míster Wallace, quien llega a la conclusión de que «toda especie ha comenzado a existir coincidiendo en tiempo y espacio con otra especie preexistente muy afín». Y actualmente es bien sabido que Wallace atribuye esta coincidencia a la descendencia con modificación.

La cuestión de los centros de creación únicos o múltiples difiere de otra cuestión, aunque está relacionada con ella, o sea, si todos los individuos de la misma especie descienden de una sola pareja o de un solo hermafrodita, o si, como suponen algunos autores, descienden de varios individuos creados simultáneamente. En los seres orgánicos que nunca se cruzan —si es que existen— cada especie tiene que descender de una sucesión de variedades modificadas, que se han ido suplantando unas a otras, pero que no se han mezclado nunca con otros individuos o variedades de la misma especie; de modo que, en cada etapa sucesiva de modificación, todos los individuos de la misma forma descenderán de un solo progenitor. Pero en la inmensa mayoría de los casos —o sea, en todos los organismos que habitualmente se unen para cada procreación, o que se cruzan incidentalmente—, los individuos de la misma especie que vivan en la misma área se mantendrán casi uniformes por cruzamiento; de manera que muchos individuos continuarán cambiando simultáneamente, y toda la cuantía de modificación en cada etapa no se deberá a la descendencia de un solo progenitor. Para ilustrar lo que quiero decir: nuestros caballos de carrera ingleses difieren de los caballos de cualquier otra raza; pero no deben su diferencia y superioridad a descender de una sola pareja, sino al cuidado continuado en la selección y amaestramiento de muchos individuos en cada generación.

Antes de discutir las tres clases de hechos que he elegido porque presentan las mayores dificultades dentro de la teoría de los «centros únicos de creación», he de decir unas palabras acerca de los medios de dispersión.

Medios de dispersión

Sir C. Lyell y otros autores han tratado admirablemente este asunto. Solo puedo dar aquí un resumen brevísimo de los hechos más importantes. El cambio de clima tiene que haber ejercido una influencia poderosa en la emigración. Una región hoy infranqueable por la naturaleza de su clima para ciertos organismos pudo haber sido una gran vía de emigración cuando el clima era diferente. Sin embargo, tendré que discutir ahora este aspecto del asunto con algún detalle. Los cambios de nivel del suelo tienen que haber sido también de gran influencia: un istmo estrecho separa ahora dos faunas marinas; supongamos que se sumerge o que ha estado sumergido en otro tiempo, y las dos faunas marinas se mezclarán ahora o pudieron haberse mezclado antiguamente. Donde ahora se extiende el mar pudo la tierra, en un periodo anterior, haber unido islas o quizá hasta continentes, y de este modo haber permitido a las producciones terrestres pasar de un continente a otro. Ningún geólogo discute el hecho de que grandes cambios de nivel han ocurrido dentro del periodo de los organismos actualmente existentes. Edward Forbes insistió en que todas las islas del Atlántico tienen que haber estado recientemente enlazadas con Europa o África, y también Europa con América. De igual modo, otros autores han levantado puentes hipotéticos sobre todos los océanos, y han unido casi todas las islas con algún continente. Si realmente los argumentos empleados por Forbes son dignos de crédito, tenemos que admitir que apenas existe una sola isla que no haya estado unida a algún continente. Esta opinión corta el nudo gordiano de la dispersión de una misma especie a los puntos más distantes y suprime muchas dificultades; pero, según mi leal saber y entender, no estamos autorizados para admitir tan enormes cambios geográficos dentro del periodo de las especies actuales. Me parece que tenemos sobradas pruebas de grandes oscilaciones en el nivel de la tierra o del mar; pero no de cambios tan amplios en la posición y extensión de nuestros continentes, como para que en periodo reciente se hayan unido entre sí y con las diversas islas oceánicas interpuestas. Admito sin reservas la existencia anterior de muchas islas, sepultadas hoy en el mar, que pudieron servir como puntos de parada a las plantas y a muchos animales durante su migración. En los océanos en que se producen corales, estas islas hundidas se señalan ahora por los anillos de corales o atolones que hay sobre ellas. Cuando se admita por completo, como se admitirá algún día, que cada especie ha procedido de un solo lugar de origen, y cuando, con el transcurso del tiempo, sepamos algo preciso acerca de los medios de distribución, podremos discurrir con seguridad sobre la antigua extensión de las tierras. Pero no creo que se pruebe nunca que dentro del periodo reciente la mayor parte de nuestros continentes, que en la actualidad se encuentran completamente separados, hayan estado unidos entre sí y con las numerosas islas oceánicas, sin solución o casi sin solución de continuidad. Varios hechos relativos a la distribución geográfica, tales como la gran diferencia en las faunas marinas de las costas opuestas de todo continente; la estrecha relación de los habitantes terciarios de diversas tierras, e incluso mares, con los habitantes actuales; el grado de afinidad entre los mamíferos que viven en las islas y los del continente más próximo, determinado, en parte, como veremos después, por la profundidad del océano que los separa; estos y otros hechos semejantes se oponen a la admisión de las prodigiosas revoluciones geográficas en el periodo moderno, que son necesarias en la hipótesis propuesta por Forbes y admitida por sus seguidores. La naturaleza y proporciones relativas de los habitantes de las islas oceánicas se oponen igualmente a la creencia de su antigua continuidad con los continentes. Tampoco la composición, casi siempre volcánica, de estas islas apoya la admisión de que son restos de continentes hundidos, pues si primitivamente hubiesen existido como cordilleras continentales, algunas por lo menos de las islas habrían estado formadas, como otras cumbres montañosas, de granito, esquistos metamórficos, rocas fosilíferas antiguas y de otro tipo, en vez de constar de simples rocas de materia volcánica.

He de decir ahora unas palabras sobre lo que se ha llamado medios accidentales de distribución, pero que con más propiedad debería llamarse medios ocasionales de distribución. Me limitaré aquí a las plantas. En las obras de botánica se afirma con frecuencia que esta o aquella planta se adapta mal a una extensa diseminación; pero puede decirse que es casi por completo desconocida la mayor o menor facilidad para su transporte a través del mar. Hasta que, ayudado por míster Berkeley, intenté unos cuantos experimentos, ni siquiera se sabía hasta qué punto las semillas podían resistir la acción nociva del agua del mar. Para sorpresa mía, vi que de ochenta y siete clases de semillas, sesenta y cuatro germinaron después de veintiocho días de inmersión, y unas cuantas sobrevivieron a una inmersión de ciento treinta y siete días. Merece citarse que ciertos órdenes fueron mucho más perjudicados que otros: se ensayaron nueve leguminosas y, excepto una, resistieron mal el agua salada; siete especies de los órdenes más afines, hidrofiláceas y polemoniáceas, murieron todas después de un mes de inmersión. Por razón de conveniencia, ensayé principalmente con semillas pequeñas, sin la cápsula o fruto, y como todas ellas se iban al fondo al cabo de unos días, no hubiesen podido atravesar flotando vastos espacios de mar, hubieran sido o no perjudicadas por el agua salada. Después ensayé con algunos frutos más grandes, cápsulas, etc., y algunos de ellos flotaron mucho tiempo. Es bien conocida la diferencia que existe en la flotación de la madera verde y seca, y se me ocurrió que las inundaciones frecuentemente deben de arrastrar al mar plantas o ramas secas con las cápsulas o los frutos adheridos a ellas. Esto me llevó a secar los troncos y ramas de noventa y cuatro plantas con fruto maduro y a colocarlo en agua de mar. La mayoría se hundió rápidamente; pero algunas que, de verdes, flotaban poquísimo tiempo, de secas flotaron mucho más tiempo; por ejemplo, las avellanas tiernas se fueron al fondo inmediatamente, pero una vez secas flotaron durante noventa días y, al ser plantadas después, germinaron; una esparraguera con bayas maduras flotó veintitrés días, seca flotó ochenta y cinco días, y las semillas germinaron después; las semillas maduras de *Helosciadium* se fueron al fondo a los dos días, secas flotaron más de noventa días, y luego germinaron. En resumen: de noventa y cuatro plantas secas, dieciocho flotaron más de veintiocho días, y algunas de estas dieciocho flotaron durante un periodo muchísimo mayor. De manera que, como 64/87 de las clases de semillas germinaron después de una inmersión de veintiocho días, y como 18/94 de las distintas especies con frutos maduros —aunque no todas eran las mismas especies que en el experimento precedente—flotaron, después de secas, durante más de veintiocho días, podemos sacar la conclusión —hasta donde puede inferirse algo de este escaso número de hechos— que las semillas de 14/100 de las clases de plantas de cualquier país podrían ser llevadas flotando por las corrientes marinas durante veintiocho días y conservarían su poder de germinación. En el atlas físico de Johnston, el promedio de velocidad de las diferentes corrientes del Atlántico es de treinta y tres millas [181] por día —algunas corrientes se desplazan a razón de sesenta millas diarias—; según este promedio, las semillas de 14/100 de las plantas de un país podrían atravesar flotando novecientas veinticuatro millas marinas para llegar a otro país, y una vez en tierra, si fuesen arrastradas hacia el interior por el viento hasta un sitio favorable, germinarían.

[181] Algo más de sesenta kilómetros. Las sesenta millas marinas, a que se refiere a continuación, equivalen a más de ciento diez kilómetros; y las novecientas veinticuatro, a más de mil setecientos kilómetros.

Después de mis experimentos, míster Martens hizo otros semejantes, pero de un modo mucho mejor, pues colocó las semillas dentro de una caja en el mismo mar, de manera que eran alternativamente mojadas y expuestas al aire como plantas realmente flotantes. Ensayó en noventa y ocho semillas, en su mayoría diferentes de las mías, pero eligió muchos frutos grandes, así como semillas de plantas que viven cerca del mar, y esto favorecía un promedio más largo de flotación y su resistencia a la acción nociva del agua salada. En cambio, no secaba previamente las plantas o ramas con los frutos, y esto, como hemos visto, hubiera hecho que algunas de ellas hubiesen flotado mucho más tiempo. El resultado fue que 18/98 de sus semillas de diferentes clases flotaron durante cuarenta y dos días y luego fueron capaces de germinación. Pero no dudo de que las plantas sometidas a la acción de las olas flotarían menos tiempo que las protegidas contra los movimientos violentos, como ocurre en nuestros experimentos. Por consiguiente, quizá sería más seguro admitir que las semillas de un 10/100, aproximadamente, de las plantas de una flora, después de haberse secado, flotarían a través de un espacio de mar de unos 1.750 kilómetros de ancho, y luego germinarían. El hecho de que los frutos más grandes floten más tiempo que los pequeños es interesante, pues las plantas con semillas o frutos grandes —que, como ha demostrado Alph. de Candolle, generalmente tienen áreas restringidas— difícilmente pudieran ser transportadas por otros medios.

Las semillas pueden ser transportadas ocasionalmente de otra manera. En la mayoría de las islas, incluso en las que están en el centro de los vastos océanos, el mar arroja leños flotantes; y los nativos de las islas de corales del Pacífico se procuran piedras para sus herramientas únicamente de entre las raíces de árboles impulsados por las corrientes, constituyendo estas piedras un valioso tributo real. He observado que cuando entre las raíces de los árboles quedan encajadas piedras de forma irregular, quedan encerradas entre sus intersticios y detrás de ellas pequeñas cantidades de tierra, tan perfectamente que ni una partícula puede ser desprendida por el agua durante el más largo transporte: procedentes de una pequeña porción de tierra *completamente* encerrada de este modo entre las raíces de un roble que tenía unos cincuenta años de edad, germinaron tres plantas dicotiledóneas; estoy seguro de la exactitud de esta observación. Además, puedo demostrar que los cuerpos muertos de las aves, cuando flotan en el mar, a veces se libran de ser devorados inmediatamente, y muchas clases de semillas conservan su vitalidad durante mucho tiempo en el buche de las aves que flotan; los guisantes y las arvejas, por ejemplo, mueren con solo unos cuantos días de inmersión en el agua del mar; pero algunos sacados del buche de una paloma que había estado flotando treinta días en agua de mar artificial germinaron casi todos, con gran sorpresa mía.

Las aves vivas difícilmente pueden dejar de ser agentes eficacísimos en el transporte de semillas. Podría citar muchos hechos que demuestran con cuánta frecuencia aves de muchas clases son arrastradas por las tempestades a grandes distancias a través del océano. Podemos admitir con seguridad que, en estas circunstancias, el término medio de su velocidad de vuelo será a menudo de más de sesenta y cinco kilómetros por hora, y algunos autores hacen un cálculo más elevado. Jamás he visto un ejemplo de semillas alimenticias que hayan pasado a través del intestino de un ave; pero semillas duras de frutos carnosos pasan sin alterarse hasta por los órganos digestivos de un pavo. En el transcurso de dos meses he recogido en mi jardín, de los excrementos de aves pequeñas, doce clases de semillas, y parecían perfectas, y algunas de ellas, que fueron ensayadas, germinaron. Pero el hecho siguiente es más importante: el buche de las aves no segrega jugo gástrico, y, según he averiguado experimentalmente, no perjudica en lo más mínimo la germinación de las semillas. Ahora bien, cuando un ave ha encontrado y devorado una gran cantidad de alimento, está positivamente probado que todos los granos no pasan a la molleja sino al cabo de doce y aun de dieciocho horas. En este intervalo, un ave puede ser fácilmente arrastrada por el viento a una distancia de algo más de novecientos kilómetros, y es sabido que los halcones andan a la caza de aves cansadas y el contenido de su buche desgarrado puede así esparcirse pronto. Algunos halcones y búhos engullen su presa entera, y después de un intervalo de doce a veinte horas vomitan pelotillas que, como sé por experimentos hechos en los jardines zoológicos, encierran semillas capaces de germinar. Algunas simientes de avena, trigo, mijo, alpiste, cañamón, trébol y remolacha germinaron después de haber estado de veinte a veintiuna horas en los estómagos de diferentes aves de rapiña, y dos semillas de remolacha germinaron después de haber estado en estas condiciones durante dos días y catorce horas. He visto que los peces de agua dulce comen semillas de muchas plantas de tierra y de agua; los peces son frecuentemente devorados por aves, y de este modo las semillas podrían ser transportadas de un lugar a otro. Introduje varias clases de semillas en el estómago de peces muertos, y luego los entregué a las águilas pescadoras, cigüeñas y pelícanos; estas aves, después de un intervalo de varias horas, vomitaron las semillas en las pelotillas o las expulsaron con sus excrementos, y varias de estas semillas conservaron su poder de germinación. Sin embargo, ciertas semillas murieron siempre por este procedimiento.

Las langostas son arrastradas a veces por el viento a grandes distancias de tierra firme; yo mismo cogí una a casi seiscientos cincuenta kilómetros de la costa de África, y he sabido de otras cogidas a distancias mayores. El reverendo R. T. Lower informó a sir C. Lyell de que, en noviembre de 1844, llegaron a la isla de Madeira nubes de langostas. Eran en cantidad innumerable, tan densas como los copos de nieve de una gran nevada, y se extendían en altura hasta donde podía verse con un telescopio. Durante dos o tres días fueron lentamente girando en una inmensa elipse, de unos diez kilómetros de diámetro, y de noche se posaban en los árboles más altos, que quedaban completamente cubiertos por ellas. Después desaparecieron hacia el mar, tan súbitamente como habían aparecido, y desde entonces no han vuelto a la isla. Ahora bien, en algunas partes de Natal creen algunos granjeros, aunque sin pruebas suficientes, que semillas nocivas son introducidas en sus praderas por los excrementos que dejan los grandes vuelos de langostas, que visitan muy a menudo el país. A causa de esta creencia, míster Weale me envió en una carta un paquetito de bolitas secas de excremento, de las cuales separé al microscopio varias semillas, y obtuve de ellas siete gramíneas pertenecientes a dos especies de dos géneros distintos. Por consiguiente, una nube de langosta como la que apareció en la isla de Madeira pudo fácilmente ser el medio de introducir diferentes clases de plantas en una isla situada lejos del continente.

Aunque los picos y las patas de las aves generalmente están limpios, a veces se les adhiere tierra: en un caso quité de la pata de una perdiz 3,66 gramos de tierra arcillosa seca, y en otro caso 1,32 gramos, y en la tierra había una piedrecita del tamaño de la semilla de una arveja. He aquí un caso mejor: un amigo me envió la pata de una chocha con una plastita de tierra seca pegada al tarso, que pesaba solamente nueve gramos y contenía una semilla de resbalabueyes *(Juncus bufonius)* que germinó y floreció. Míster Swaysland, de Brighton, que durante los últimos cuarenta años ha prestado suma atención a nuestras aves migratorias, me informa que con frecuencia ha matado aguzanieves *(Motacilla)*, trigueros y culiblancos *(Saxicola)*, al momento de llegar a nuestras costas, antes de que se hubiesen posado, y muchas veces ha observado plastitas de tierra adheridas a sus patas. Podrían citarse muchos hechos que demuestran cuán general es que el suelo esté cargado de semillas. Por ejemplo, el profesor Newton me envió la pata de una perdiz de patas coloradas *(Caccabis rufa)* que había sido herida y no podía volar, con una bola de tierra dura adherida a ella, que pesaba algo más dé ciento ochenta gramos [182]. La tierra fue conservada durante tres años; pero cuando fue desmenuzada, regada y colocada bajo una campana de cristal, brotaron de ella nada menos que ochenta y dos plantas: consistían estas en doce monocotiledóneas, entre ellas la avena común, y, por lo menos, otra especie de gramínea, y en setenta dicotiledóneas, que pertenecían, a juzgar por sus hojas jóvenes, a tres especies distintas, por lo menos. Ante estos hechos, ¿podemos dudar de que las muchas aves que son arrastradas anualmente por las tempestades a grandes distancias sobre el océano, y las que anualmente emigran —por ejem-

[182] Véase tabla de adiciones, pág. 41.

plo, los millones de codornices que atraviesan el Mediterráneo—, han de transportar ocasionalmente unas cuantas semillas empotradas en el barro que se adhiere a sus patas y picos? Pero tendré que volver sobre este asunto.

Como se sabe que los icebergs están a veces cargados de tierra y piedras, y que incluso han transportado matorrales, huesos y el nido de un pájaro terrestre, apenas puede dudarse de que ocasionalmente pudieron transportar, como ha sugerido Lyell, semillas de una parte a otra de las regiones ártica y antartica, y, durante el periodo glaciar, de una parte a otra de las que actualmente son zonas templadas. En las Azores —por el gran número de plantas comunes a Europa, en comparación con las especies de otras islas del Atlántico que están situadas cerca del continente, y, como ha observado míster H. C. Watson, por su carácter algo septentrional en comparación con la latitud— sospeché que estas islas han sido en parte pobladas por semillas traídas por los hielos durante la época glaciar. A ruego mío, sir C. Lyell escribió a míster Hartung preguntándole si había observado bloques erráticos [183] en estas islas, y contestó que había hallado fragmentos grandes de granito y de otras rocas que no se encuentran en el archipiélago. Por consiguiente, podemos deducir con seguridad que los icebergs depositaron en otro tiempo su carga rocosa en las costas de estas islas medio oceánicas, y es posible, por lo menos, que hayan llevado hasta allí algunas semillas de plantas septentrionales.

Considerando que estos diversos medios de transporte, y otros que sin duda faltan por descubrir, han estado en acción, año tras año, durante decenas de miles de años, sería, a mi parecer, un hecho maravilloso que muchas plantas no hubiesen llegado a ser transportadas muy lejos. A estos medios de transporte se les ha llamado a veces *accidentales*, pero esto no es rigurosamente correcto: las corrientes marinas no son accidentales, ni tampoco lo es la dirección de las tempestades de viento predominantes. Hay que observar que casi ningún medio de transporte puede llevar las semi-

183 Grandes bloques de roca que se hallan muy distantes de la zona donde se encuentra esta roca.

llas a distancias muy grandes, pues las semillas no conservan su vitalidad cuando están expuestas durante mucho tiempo a la acción del agua del mar, ni tampoco pueden ser llevadas mucho tiempo en el buche o en los intestinos de las aves. Sin embargo, estos medios serían suficientes para el transporte ocasional a través de extensiones de mar de casi ciento sesenta kilómetros de ancho, o de isla a isla, o de un continente a una isla vecina, pero no de un continente distante a otro. Las floras de continentes distantes no llegaron a mezclarse por estos medios, sino que permanecieron tan distintas como lo son actualmente. Las corrientes, por su curso, nunca debieron de traer semillas de América del Norte a Inglaterra, aunque pudieron traer, y traen, desde las Antillas a nuestras costas occidentales semillas que, de no quedar muertas por su larguísima inmersión en el agua salada, no pudieron resistir nuestro clima. Casi todos los años, una o dos aves terrestres son arrastradas por el viento a través de todo el océano Atlántico, desde América del Norte a las costas occidentales de Irlanda e Inglaterra; pero las semillas no podían ser transportadas por estos extraordinarios vagabundos más que por un medio, es decir, por el barro adherido a sus patas y picos, lo que es por sí mismo una rara casualidad. Aun en este caso, ¡qué pocas probabilidades habría de que una semilla cayese en un terreno favorable y llegase a madurar! Pero sería un gran error argüir que porque una isla bien poblada, como Gran Bretaña, no ha recibido, hasta donde se sabe —y sería muy difícil probarlo—, en estos últimos siglos, por medios ocasionales de transporte, inmigrantes de Europa o de cualquier otro continente, no haya de recibir colonos por medios semejantes una isla pobremente poblada, aun estando situada más lejos de tierra firme. De cien clases de semillas o animales transportados a una isla, aunque estuviese mucho menos poblada que Gran Bretaña, acaso nada más que una estaría lo bastante bien adaptada a su nueva patria para llegar a naturalizarse. Pero este no es argumento válido contra lo que podría realizarse por los medios ocasionales de transporte, durante el largo lapso de un periodo geológico, mientras la isla se iba levantando y antes de que hubiese sido poblada por completo de habitantes. En tierra casi pelada, en la que viven insectos o aves poco o nada destructores, casi cualquier semilla que tuviese la fortuna de llegar, si es adecuada al clima, germinaría y sobreviviría.

La dispersión durante el periodo glaciar

La identidad de muchas plantas y animales en cumbres montañosas, separadas entre sí por centenares de kilómetros de tierras bajas, en las que tal vez no podrían existir especies alpinas, es uno de los casos más sorprendentes que se conocen de la existencia de una misma especie en puntos distantes, sin posibilidad aparente de que hayan emigrado de un punto a otro. Es verdaderamente un hecho notable ver tantas plantas de la misma especie que viven en las regiones nevadas de los Alpes y de los Pirineos, y en las partes más septentrionales de Europa; pero es aún más notable el hecho de que las plantas de las *White Mountains* [184] de los Estados Unidos de América son todas las mismas que las del Labrador, y casi todas las mismas, según nos informa Asa Gray, que las de las montañas más elevadas de Europa. Ya en 1747, estos hechos llevaron a Gmelin a la conclusión de que las mismas especies tenían que haber sido creadas independientemente en muchos sitios distintos; y hubiésemos permanecido en tal creencia si Agassiz y otros no hubiesen llamado vivamente la atención sobre el periodo glaciar [185], que —como veremos enseguida— nos procura una explicación sencilla de estos hechos. Tenemos pruebas de casi todas las clases imaginables, tanto del mundo orgánico como del inorgánico, de que en un periodo geológico muy reciente Europa central y Norteamérica sufrieron un clima ártico. Las ruinas de una

[184] Sierra Nevada, cordillera alpina que corre por el Estado de California, donde se halla el pico Withney (4.418 metros), el más alto de América del Norte después del Mac Kinley (6.187), en Alaska.

[185] En nuestra época se distinguen cuatro glaciaciones fundamentales y tres interglaciaciones y un periodo posglaciar, que abarca más de la mitad del Pleistoceno, desde hace unos 600.000 años.

casa destruida por el fuego no relatan su historia con más elocuencia que las montañas de Escocia y de Gales, con sus laderas estriadas, sus superficies pulimentadas y sus peñas colgantes nos hablan de los glaciares que hace poco llenaban sus valles. Tanto ha cambiado el clima de Europa que en el norte de Italia gigantescas morrenas, dejadas por los antiguos glaciares, están hoy cubiertas de vid y de maíz. A través de una amplia zona de Estados Unidos, los bloques erráticos y las rocas estriadas revelan claramente la existencia de un periodo anterior de frío.

La pasada influencia del clima glaciar en la distribución de los habitantes de Europa, según la explica Edward Forbes, es sustancialmente como sigue. Pero seguiremos los cambios más fácilmente suponiendo que viene paulatinamente un nuevo periodo glaciar y que luego pasa, como ocurrió antiguamente. Cuando el frío, y a medida que cada más parte de zona meridional llegó a ser apropiada para los habitantes del norte, estos ocuparían los puestos de los primitivos habitantes de las zonas templadas; estos últimos, al mismo tiempo, se desplazarían cada vez más hacia el sur, a menos que fuesen detenidos por barreras, en cuyo caso perecerían; las montañas quedarían cubiertas de nieve y de hielo, y sus primitivos habitantes alpinos descenderían a las llanuras. Por el tiempo en que el frío hubo alcanzado su máxima intensidad, tendríamos una fauna y una flora árticas que cubrieron las regiones centrales de Europa, llegando por el sur hasta los Alpes y los Pirineos, extendiéndose incluso hasta España. Las regiones actualmente templadas de Estados Unidos estarían también cubiertas de plantas y animales árticos, que serían casi los mismos que los de Europa, pues los actuales habitantes circumpolares, que suponemos tendrían que viajar desde cualquier parte hacia el sur, son notablemente uniformes en todo el globo.

Al volver el calor, las formas árticas se replegarían hacia el norte, seguidas de cerca, en su retirada, por las producciones de las regiones más templadas. Y a medida que se iba fundiendo la nieve en las faldas de las montañas, las formas árticas se apoderarían del terreno limpio y deshelado, ascendiendo siempre, cada vez más alto, a medida que el calor aumentaba y la nieve seguía desapareciendo, mientras que sus hermanas proseguían su marcha hacia el norte. Por consiguiente, cuando el calor volvió por completo, las mismas especies que últimamente habían vivido juntas en las tierras bajas de Europa y América del Norte, se encontrarían de nuevo en las regiones árticas del Viejo y del Nuevo Mundo, y en muchas cumbres montañosas aisladas y muy distantes entre sí.

Así podemos comprender la identidad de muchas plantas en puntos tan inmensamente lejanos como las montañas de Estados Unidos y las de Europa. También podemos comprender así el hecho de que las plantas alpinas de cada cordillera estén más especialmente relacionadas con las formas árticas que viven exactamente al norte o casi exactamente al norte de ellas, pues la primera migración cuando llegó el frío, y la migración en sentido inverso, al volver el calor, serían en general al sur y al norte, respectivamente. Las plantas alpinas, por ejemplo, de Escocia, como hizo observar míster H. C. Watson, y las de los Pirineos, según hizo notar Ramond, están más especialmente relacionadas con las plantas del norte de Escandinavia; las de los Estados Unidos, con las del Labrador; y las de las montañas de Siberia, con las de las regiones árticas de ese país. Estas opiniones, basadas, como lo están, en la existencia perfectamente demostrada de un periodo glaciar anterior, me parece que explican de modo tan satisfactorio la distribución actual de las producciones alpina y ártica de Europa y América, que cuando en otras regiones encontramos las mismas especies en cumbres montañosas distantes, casi podemos sacar la conclusión, sin más pruebas, de que un clima más frío permitió en otro tiempo su migración a través de las tierras bajas interpuestas, que actualmente se han vuelto demasiado cálidas para su existencia.

Como las formas árticas se trasladaron primero hacia el sur y después retrocedieron hacia el norte, al unísono del cambio de clima, no habrán estado sometidas durante sus largas migraciones a una gran diversidad de temperatura, y como todas ellas emigraron juntas, en masa, sus relaciones mutuas no se habrán alterado mucho. Por consiguiente, según los principios defendidos en este volumen, estas formas no habrán sufrido grandes modificaciones. Mas el caso habrá sido algo diferente para las producciones alpinas que, desde el momento de la vuelta del calor, quedaron aisladas, primero en las faldas de las montañas y finalmente en sus cumbres; pero no es probable que el mismo conjunto de especies árticas hayan quedado en cordilleras muy distantes unas de otras y que hayan sobrevivido allí desde entonces; también, con toda probabilidad, habrán llegado a mezclarse con antiguas especies alpinas que debieron existir en las montañas antes del comienzo de la época glaciar y que, durante el periodo más frío, se vieron obligadas a bajar temporalmente a las llanuras; además, habrán estado sometidas subsiguientemente a influencias climáticas algo diferentes. Así pues, sus relaciones mutuas se habrán alterado en cierto grado y, en consecuencia, habrán estado sujetas a modificación y se habrán modificado; pues si comparamos las plantas y animales alpinos actuales de varias de las grandes cordilleras europeas entre sí, aunque muchas de las especies permanecen idénticamente iguales, algunas existen como variedades, otras como formas dudosas o subespecies y otras como especies distintas, pero muy afines, que se representan mutuamente en las diferentes cordilleras.

En el ejemplo precedente he supuesto que, al comienzo de nuestro imaginario periodo glaciar las producciones árticas eran tan uniformes en las regiones polares como lo son hoy. Pero también hay que admitir que muchas formas subárticas y unas cuantas templadas eran las mismas en todo el mundo, pues algunas de las especies que actualmente existen en las laderas de montañas inferiores y en las llanuras de Norteamérica y de Europa son las mismas; y puede preguntarse cómo explico este grado de uniformidad de las formas subárticas y templadas en todo el mundo, al comienzo del verdadero periodo glaciar. En la actualidad, las producciones subárticas y las templadas septentrionales del Viejo y del Nuevo Mundo están separadas por todo el océano Atlántico y por la parte norte del Pacífico. Durante el periodo glaciar, cuando los habitantes del Viejo y del Nuevo Mundo vivían mucho más hacia el sur que hoy, tuvieron que estar aún más completamente separados entre sí por mayores espacios de océano; de manera que puede preguntarse muy bien cómo es que las mismas especies pudieron llegar, entonces o antes, a los dos continentes. A mi parecer, la explicación está en la naturaleza del clima antes del comienzo del periodo glaciar. En aquella época, o sea, el periodo Plioceno más reciente, la mayoría de los habitantes del mundo eran específicamente los mismos que ahora, y tenemos buenas razones para creer que el clima era más cálido que en la actualidad. Por consiguiente, podemos suponer que los organismos que ahora viven a 60° de latitud, vivían, durante el periodo Plioceno, más al norte, en el círculo polar, a 66°-67° de latitud, y que las producciones árticas actuales vivían entonces en la tierra fragmentada todavía más próxima al polo. Ahora bien, si contemplamos un globo terráqueo, vemos que en el círculo polar hay tierra casi continua desde el oeste de Europa, a través de Siberia, hasta el este de América, y esta continuidad de tierra circumpolar, con la consiguiente libertad, en un clima más favorable, para emigraciones mutuas, explicará la supuesta uniformidad de las producciones subárticas y templadas del Viejo y del Nuevo Mundo en un periodo anterior a la época glaciar.

Creyendo, por las razones antes indicadas, que nuestros continentes han permanecido mucho tiempo casi en la misma posición relativa, aunque sujetos a grandes oscilaciones de nivel, me inclino firmemente a extender la opinión arriba expuesta, hasta deducir que durante un periodo aún más anterior y más cálido, tal como el periodo Plioceno más antiguo, un gran número de plantas y animales iguales vivían en las casi ininterrumpidas tierras circumpolares, y estas plantas y animales, tanto en el Viejo como en el Nuevo Mundo, comenzaron lentamente a emigrar hacia el sur, a medida que el clima iba siendo menos caliente, mucho antes del principio del periodo glaciar. Actualmente vemos, según creo, a sus descendientes —la mayor parte de ellos en un estado modificado— en las regiones centrales de Europa y de Estados Unidos. Según esta opinión, podemos comprender el parentesco y la muy escasa identidad entre las producciones de América del Norte y de Europa, parentesco que es sumamente notable teniendo en cuenta la distancia de las dos áreas y su separación por todo el océano Atlántico. Podemos comprender además el hecho singular, registrado por varios observadores, de que las producciones de Europa y América, durante las últimas etapas terciarias, estaban más estrechamente relacionadas entre sí que lo están actualmente, pues durante estos periodos más calientes las partes septentrionales del Viejo y del Nuevo Mundo deben de haber estado unidas, casi continuamente, por tierra, que serviría como de puente —que después el frío hizo intransitable— para la emigración recíproca de sus habitantes.

Durante la lenta disminución del calor del periodo Plioceno, tan pronto como las especies comunes que vivían en el Nuevo y en el Viejo Mundo emigraron al sur del círculo polar, quedarían completamente separadas unas de otras. Esta separación, por lo que concierne a las producciones más templadas, tiene que haber ocurrido hace mucho tiempo. Al emigrar hacia el sur, las plantas y animales tuvieron que mezclarse en una región con las producciones indígenas americanas, y tendrían que competir con ellas, y en otra gran región con las del Viejo Mundo. Por consiguiente, tenemos aquí todas las condiciones favorables para una gran modificación, para una modificación mucho más grande que las de las producciones alpinas, que quedaron aisladas, en un periodo mucho más reciente, en las diferentes cordilleras y en las tierras árticas de Europa y América del Norte. De aquí proviene que, cuando comparamos las producciones que actualmente viven en las regiones templadas del Nuevo y del Viejo Mundo, encontremos muy pocas especies idénticas —aunque Asa Gray haya demostrado últimamente que son idénticas más plantas de las que antes se suponía— y de que encontremos, en cambio, en cada una de las clases grandes numerosas formas —que unos naturalistas clasifican como razas geográficas y otros como especies distintas—, y una legión de formas representativas o muy afines, que son consideradas por todos los naturalistas como específicamente distintas.

Lo mismo que en la tierra, en las aguas del mar, una lenta emigración hacia el sur de la fauna marina, que —durante el Plioceno o incluso en algún periodo más reciente— fue casi uniforme a lo largo de las costas ininterrumpidas del círculo polar, explicará, según la teoría de la modificación, que muchas formas afines vivan hoy en áreas marinas completamente separadas. Así, creo, podemos comprender la presencia de algunas formas terciarias muy afines, todavía vivientes o extinguidas, en las costas oriental y occidental de la zona templada de América del Norte; y explicará también el hecho aún más sorprendente de que muchos crustáceos muy afines —según se describe en el admirable trabajo de Dana—, algunos peces y otros animales marinos vivan en el Mediterráneo y en los mares del Japón, a pesar de estar completamente separadas estas dos áreas en la actualidad por todo un continente y dilatadas extensiones del océano.

Estos casos de parentesco afín entre especies que viven actualmente o vivieron en otro tiempo en los mares de las costas oriental y occidental de América del Norte, en el Mediterráneo y en los mares del Japón, y en las tierras de la zona templada de América del Norte y Europa, son inexplicables por la teoría de la creación. No podemos sostener que estas especies hayan sido creadas iguales en correspondencia con las condiciones físicas casi similares de las áreas; pues si comparamos, por ejemplo, ciertas partes de América del Sur con zonas de Sudáfrica o de Australia, vemos países muy semejantes en todas sus condiciones físicas, con habitantes completamente distintos.

Periodos glaciares alternantes en el norte y en el sur

Pero tenemos que volver a nuestro asunto principal. Estoy convencido de que la opinión de Forbes puede generalizarse mucho. En Europa nos encontramos con las pruebas más claras del periodo glaciar, desde las costas occidentales de Gran Bretaña hasta los Montes Urales, y hacia el sur, hasta los Pirineos. Podemos deducir de los mamíferos congelados y de la naturaleza de la vegetación de las montañas, que Siberia sufrió análoga influencia. En el Líbano, según el doctor Hooker, las nieves perpetuas cubrían antiguamente el eje central y alimentaban glaciares que bajaban a más de mil doscientos metros por los valles. El mismo observador ha encontrado recientemente grandes morrenas a un nivel bajo en la cordillera del Atlas, en África del Norte. A lo largo del Himalaya, en puntos separados por unos mil quinientos kilómetros, los glaciares han dejado señales de su bajo descenso anterior; y en Sikkim, el doctor Hooker vio maíz que crecía sobre morrenas antiguas y gigantescas. Al sur del continente asiático, al otro lado del ecuador, sabemos, por las excelentes investigaciones del doctor J. Haast y del doctor Hector, que en Nueva Zelanda inmensos glaciares descendían antiguamente hasta un bajo nivel, y las mismas plantas encontradas por el doctor Hooker en montañas muy distantes de esta isla nos refieren la misma historia de un periodo frío anterior. De los hechos que me ha comunicado el reverendo W. B. Clarke resulta también que hay huellas de acción glaciar anterior en las montañas del extremo sudeste de Australia.

Por lo que se refiere a América: en su mitad norte se han observado fragmentos de roca transportados por el hielo en el lado este del continente, hasta los 36-37 grados de latitud hacia el sur, y en las costas del Pacífico, donde el clima es en la actualidad tan diferente, hasta los 46 grados de latitud hacia el sur. También se han observado bloques erráticos en las Montañas Rocosas. En la cordillera [186] de América del Sur, casi en el ecuador, los glaciares llegaron en otro tiempo por debajo de su nivel actual. En la región central de Chile examiné una vasta masa de detritus con grandes bloques, que cruzaba el valle del Portillo, y difícilmente puede dudarse de que antiguamente constituyó una enorme morrena; y míster D. Forbes me informa de que en varias partes de la cordillera, desde los 13 a los 30 grados de latitud sur, y aproximadamente a los tres mil quinientos metros de altura, encontró rocas profundamente estriadas semejantes a aquellas con las que él estaba familiarizado en Noruega, así como grandes masas de detritus con guijarros estriados. En toda esta extensión de la cordillera no existen actualmente verdaderos glaciares, ni siquiera a alturas mucho más considerables. Más al sur, a ambos lados del continente, desde los 41 grados de latitud hasta el extremo más meri-

[186] En castellano, en el original. Se refiere a los Andes.

dional, tenemos las pruebas más evidentes de una acción glaciar anterior, en un gran número de inmensos bloques transportados lejos de su lugar de origen.

Por estos diferentes hechos, es decir, porque la acción glaciar se ha extendido por todo el hemisferio boreal y austral; porque este periodo ha sido reciente, en sentido geológico, en ambos hemisferios; por haber perdurado en ambos durante muchísimo tiempo, como puede deducirse de la cantidad de trabajo efectuado, y, finalmente, por haber descendido recientemente los glaciares hasta un nivel bajo a lo largo de toda la línea de la cordillera, me pareció en un tiempo que era inevitable la conclusión de que la temperatura de toda la tierra había descendido simultáneamente en el periodo glaciar. Pero ahora míster Croll, en una serie de admirables memorias, ha intentado demostrar que la condición glaciar de un clima es el resultado de diferentes causas físicas, puestas en actividad por un aumento de la excentricidad de la órbita terrestre. Todas estas causas tienden hacia el mismo fin; pero la más potente parece ser la influencia indirecta de la excentricidad de la órbita en las corrientes oceánicas. Según míster Croll, los periodos de frío se repiten regularmente cada diez o quince mil años, y estos son extremadamente rigurosos a grandes intervalos, debido a ciertas circunstancias, la más importante de las cuales, como ha demostrado sir C. Lyell, es la posición relativa de las tierras y el agua. Míster Croll cree que el último gran periodo glaciar ocurrió hace doscientos cuarenta mil años, aproximadamente, y duró, con ligeras alteraciones de clima, unos ciento sesenta mil años. Por lo que se refiere a periodos glaciares más antiguos, varios geólogos están convencidos, por pruebas directas, de que estos periodos glaciares ocurrieron durante las formaciones miocenas y eocenas, por no mencionar formaciones aún más antiguas. Pero el resultado más importante para nosotros a que ha llegado míster Croll es que siempre que el hemisferio norte pasa por un periodo frío, la temperatura del hemisferio sur aumenta positivamente, por volverse los inviernos más suaves, debido principalmente a cambios en la dirección de las corrientes oceánicas. Y, viceversa, otro tanto ocurrirá en el hemisferio norte cuando el hemisferio sur pase por un periodo glaciar. Esta conclusión proyecta tanta luz sobre la distribución geográfica que me inclino decididamente a darle crédito [187]; pero expondré primero los hechos que requieren una explicación.

En América del Sur, el doctor Hooker ha demostrado que, aparte de muchas especies afines, entre las cuarenta o cincuenta plantas fanerógamas de la Tierra del Fuego —que constituyen una parte no despreciable de su escasa flora—, son comunes a América del Norte y Europa, a pesar de que estas lejanísimas áreas se encuentran, respectivamente, en hemisferios opuestos. En las elevadas montañas de la América ecuatorial existe una multitud de especies peculiares que pertenecen a géneros europeos. En los montes Organ, de Brasil, Gardner encontró unos cuantos géneros de las regiones templadas europeas, algunos antárticos y otros andinos, que no existen en las cálidas regiones bajas intermedias. En la Silla de Caracas, el ilustre Humboldt encontró hace mucho tiempo especies pertenecientes a géneros característicos de la cordillera.

En África se presentan en las montañas de Abisinia varias formas características de Europa y algunas representativas de la flora del cabo de Buena Esperanza. En el cabo de Buena Esperanza se encuentra un cortísimo número de especies europeas, que se cree que no han sido introducidas por el hombre, y en las montañas varias formas representativas europeas que no se han descubierto en las regiones intertropicales de África. El doctor Hooker, recientemente, ha demostrado también que varias de las plantas que viven en las regiones superiores de la elevada isla de Fernando Poo y en las vecinas montañas del Camerún, en el golfo de Guinea, están muy relacionadas con las de las montañas de Abisinia y también con las de las regiones templadas de Europa. Actualmente también parece, según me informa el doctor Hooker, que algunas de estas mismas plantas de clima templado han sido descubiertas

[187] No resta ningún mérito al trabajo de Darwin el hecho de que hoy se considere que la alternativa de periodos glaciares con periodos interglaciares sea debida a desviación de los polos, como tampoco el más exacto conocimiento de la duración de las glaciaciones.

por el reverendo T. Lowe en las montañas de las islas de Cabo Verde. Esta extensión de las mismas formas templadas, casi en el ecuador, a través de todo el continente africano y hasta las montañas del archipiélago de Cabo Verde, es uno de los hechos más asombrosos que se haya registrado nunca en la distribución de las plantas.

En el Himalaya y en las cordilleras aisladas de la península de la India, en las alturas de Ceilán y en los conos volcánicos de Java hay muchas plantas, ya idénticamente iguales, ya mutuamente representativas, y al mismo tiempo plantas representativas de las de Europa, que no se encuentran en cálidas tierras bajas intermedias. ¡Una lista de géneros de plantas recogidas en los picos más altos de Java evoca el recuerdo de una colección hecha en una colina de Europa! Todavía es más sorprendente el hecho de que formas peculiares australianas están representadas por ciertas plantas que crecen en las cumbres de las montañas de Borneo. Algunas de estas formas australianas, según me dice el doctor Hooker, se extienden a lo largo de las alturas de la península de Malaca, y se diseminan débilmente, de una parte, por la India, y, de otra, por el norte hasta el Japón.

En las montañas meridionales de Australia, el doctor F. Müller ha descubierto varias especies europeas; en las tierras bajas se presentan otras especies no introducidas por el hombre, y, según me informa el doctor Hooker, puede darse una larga lista de géneros europeos encontrados en Australia, pero no en las regiones tórridas intermedias. En la admirable *Introduction to the Flora of New Zealand*, del doctor Hooker, se citan hechos análogos y sorprendentes relativos a las plantas de aquella gran isla. Vemos, pues, que ciertas plantas que crecen en las montañas más altas de los trópicos, en todas las partes del mundo, y en las llanuras templadas del norte y del sur, son, o bien las mismas especies, o variedades de las mismas especies. Hay que observar, sin embargo, que estas plantas no son estrictamente formas árticas, pues, como ha hecho observar míster H. C. Watson, «al alejarse de las latitudes polares hacia las ecuatoriales, las floras alpinas o de montaña se van haciendo realmente cada vez menos árticas». Aparte de estas formas idénticas o muy afines, muchas especies que viven en estas mismas áreas, separadas por distancias tan grandes, pertenecen a géneros que actualmente no se encuentran en las tierras bajas tropicales intermedias.

Estas breves observaciones se aplican solo a las plantas; pero podrían citarse algunos hechos análogos relativos a los animales terrestres. En las producciones marinas también se dan casos semejantes; como ejemplo puedo citar la afirmación de una autoridad competentísima, el profesor Dana, de que «es ciertamente un hecho asombroso que Nueva Zelanda tenga mayor semejanza por sus crustáceos con Gran Bretaña, sus antípodas, que con ninguna otra parte del mundo». Sir J. Richardson habla también de la reaparición de formas septentrionales de peces en las costas de Nueva Zelanda, Tasmania, etc. El doctor Hooker me informa de que veinticinco especies de algas son comunes a Nueva Zelanda y a Europa, pero no se han encontrado en los mares tropicales intermedios.

Por los hechos precedentes —es decir, la presencia de formas templadas en las regiones montañosas a través de toda el África ecuatorial y a lo largo de la península de la India, hasta Ceilán y el archipiélago malayo, y, de modo menos acentuado, por toda la gran extensión tropical de América del Sur—, parece casi seguro que en algún periodo anterior, indudablemente durante la etapa más rigurosa del periodo glaciar, las tierras bajas de estos grandes continentes estuvieron habitadas en el ecuador por un número considerable de formas templadas. En este periodo, el clima ecuatorial al nivel del mar era probablemente casi igual que el que ahora se experimenta en la misma latitud a una altura de mil quinientos a casi dos mil metros, o incluso tal vez un poco más frío. Durante el periodo más frío, las tierras bajas en el ecuador tuvieron que cubrirse de una vegetación mezclada tropical y templada, como la que describe Hooker que crece exuberante a una altura de mil a mil quinientos metros en las laderas más bajas del Himalaya, aunque quizá con una preponderancia aún mayor de formas templadas. Así también, en la montañosa isla de Fernando Poo, en el golfo de Guinea, míster Mann encontró formas europeas templadas que empiezan a aparecer a unos mil quinientos metros de altura. En las montañas de Panamá, a una altura de solo seiscientos metros, el doctor Seemann encontró que la vegetación era como la de México, «con formas de la zona tórrida armoniosamente mezcladas con las de la templada».

Veamos ahora si la conclusión de míster Croll, de que cuando el hemisferio septentrional sufría el frío más intenso del gran periodo glaciar, el hemisferio meridional estaba realmente más caliente, arroja clara luz sobre la aparentemente inexplicable distribución actual de diferentes organismos en las zonas templadas de ambos hemisferios y en las montañas de los trópicos. El periodo glaciar, medido por años, tiene que haber sido larguísimo, y si recordamos los vastos espacios por los que se han extendido en unos cuantos siglos algunas plantas y animales naturalizados, este periodo habrá sido suficiente para cualquier emigración. Sabemos que las formas árticas, cuando el frío se fue haciendo cada vez más intenso, invadieron las regiones templadas, y, por los hechos que se acaban de citar, apenas cabe duda de que las formas templadas más vigorosas, predominantes y más extendidas, invadieron las tierras bajas ecuatoriales. Los habitantes de estas tierras bajas tórridas emigrarían al mismo tiempo a las regiones tropical y subtropical del sur, pues el hemisferio austral era más caliente en este periodo. Al decaer el periodo glaciar, como ambos hemisferios recobraron sus temperaturas anteriores, las formas de la zona templada septentrional, que vivían en las tierras bajas del ecuador, se dirigirían a sus patrias primitivas o serían destruidas, siendo reemplazadas por las formas ecuatoriales que volvían del sur. Sin embargo, algunas de las formas templadas septentrionales es casi seguro que ascenderían a alguna región montañosa próxima, donde, si era suficientemente elevada, sobrevivirían mucho tiempo, como las formas árticas en las montañas de Europa. Aunque el clima no fuese perfectamente adecuado para ellas, sobrevivirían, pues el cambio de temperatura debió de ser lentísimo, y las plantas poseen, indudablemente, cierta capacidad de aclimatación, como lo demuestran porque transmiten a su descendencia fuerzas constitucionales diferentes para resistir el frío y el calor.

Siguiendo el curso regular de los acontecimientos, el hemisferio austral estaría a su vez sujeto a un severo periodo glaciar, mientras el hemisferio septentrional se volvía más caliente; y entonces las formas templadas meridionales invadirían las tierras bajas ecuatoriales. Las formas septentrionales que habían quedado antes en las montañas, descenderían ahora y se mezclarían con las formas meridionales. Estas últimas, al volver el calor, tornarían a sus patrias primitivas, dejando algunas especies en las montañas y llevando consigo hacia el sur algunas de las formas templadas septentrionales que hubiesen descendido de sus refugios de las montañas. Así pues, tendríamos un corto número de especies idénticamente iguales en las zonas templadas septentrional y meridional y en las montañas de las regiones tropicales intermedias. Pero las especies, al quedar durante mucho tiempo en estas montañas o en hemisferios opuestos, tendrían que competir con muchas formas nuevas y estarían sometidas a condiciones físicas algo diferentes; por consiguiente, estarían muy sujetas a modificación y existirían ahora, en general, como variedades o como especies representativas, y esto es precisamente lo que sucede. Debemos también tener presente la existencia en ambos hemisferios de periodos glaciares anteriores, pues estos explicarían, de acuerdo con estos mismos principios, las muchas especies completamente distintas que viven en áreas iguales, pero muy separadas, y que pertenecen a géneros que en la actualidad no se encuentran en las zonas tórridas intermedias.

Un hecho notable, sobre el que han insistido repetidamente Hooker, por lo que se refiere a América, y Alph. de Candolle, por lo que se refiere a Australia, es que muchas especies idénticas o ligeramente modificadas han emigrado más de norte a sur que en sentido inverso. Sin embargo, vemos unas pocas formas meridionales en las montañas de Borneo y Abisinia. Sospecho que esta migración preponderante de norte a sur se debe a la mayor extensión de tierra en el norte y a que las formas septentrionales han existido en sus propias patrias en mayor número, y, en consecuencia, han sido llevadas por la selección natural y la modificación a un grado superior de perfección o facultad de dominio que las formas meridionales. Y de este modo, cuando los dos grupos llegaron a mezclarse en las regiones ecuatoriales, durante las alternancias de los periodos glaciares, las formas septentrionales fueron las más potentes y fueron capaces de conservar sus puestos en las montañas y de emigrar después hacia el sur, junto con las formas meridionales. Del mismo modo, veo hoy día que muchísimas producciones europeas cubren el suelo en La Plata, Nueva Zelanda y, en menor grado, en Australia, y han derrotado a las indígenas; mientras que poquísimas formas meridionales han llegado a naturalizarse en parte alguna del hemisferio septentrional, a pesar de que han sido importados a Europa, durante los dos o tres siglos últimos desde La Plata y durante los últimos cuarenta o cincuenta años desde Australia, gran cantidad de cueros, lanas y otros objetos a propósito para transportar semillas. Los montes Neilgherrie, en la India, ofrecen, sin embargo, una excepción parcial, pues aquí, según me dice el doctor Hooker, las formas australianas se siembran espontáneamente y llegan a naturalizarse con rapidez. Antes del último gran periodo glaciar, indudablemente las montañas intertropicales estuvieron pobladas de formas alpinas endémicas; pero estas, en casi todas las partes, han cedido ante las formas más dominantes, producidas en las áreas más grandes y en los talleres más activos del norte. En muchas islas, las producciones indígenas han sido casi igualadas, o incluso superadas en número, por las que han llegado a naturalizarse, y este es el primer paso para su extinción. Las montañas son islas sobre la tierra, y sus habitantes han cedido ante los producidos en las grandes áreas del norte, exactamente del mismo modo que los habitantes de las islas verdaderas han cedido por todas las partes, y están cediendo todavía, ante las formas continentales naturalizadas por la mano del hombre.

Los mismos principios se aplican a la distribución de los animales terrestres y de las producciones marinas, en las zonas templadas del norte y del sur y en las montañas intertropicales. Cuando, en el momento álgido del periodo glaciar, las corrientes oceánicas eran muy diferentes de lo que son ahora, algunos de los habitantes de los mares templados pudieron haber alcanzado el ecuador; de estos, un corto número sería capaz acaso de emigrar a la vez hacia el sur, manteniéndose dentro de las corrientes más frías, mientras que otros debieron permanecer y sobrevivir en las profundidades más frías, hasta que el hemisferio austral fue a su vez sometido a un clima glaciar y les permitió continuar su marcha; casi de la misma manera que, según Forbes, existen actualmente en las partes más profundas de los mares templados septentrionales espacios aislados habitados por producciones árticas.

Estoy lejos de suponer que, con las hipótesis que se acaban de exponer, queden resueltas todas las dificultades referentes a la distribución y afinidades de las especies idénticas y de parentesco cercano que viven actualmente tan separadas en el norte y en el sur y, a veces, en las cordilleras intermedias. Las rutas exactas de migración no pueden señalarse; no podemos decir por qué ciertas especies han emigrado y no otras, ni por qué ciertas especies se han modificado y han dado origen a nuevas formas, mientras otras han permanecido inalteradas. No podemos tratar de explicar estos hechos hasta que no sepamos por qué una especie y no otra ha llegado a naturalizarse por la acción del hombre en un país extraño, ni por qué una especie se extiende dos o tres veces más lejos y es dos o tres veces más común que otra especie en sus propios países.

Quedan también por resolver varias dificultades especiales, por ejemplo la presencia, como ha demostrado el doctor Hooker, de las mismas plantas en puntos tan enormemente separados como la Tierra de Kerguelen, Nueva Zelanda y la Tierra del Fuego; pero los icebergs, como ha sugerido Lyell, pueden haber influido en su dispersión. La existencia en estos y otros puntos distantes del hemisferio austral de especies que, aunque distintas, pertenecen a géneros exclusivamente confinados al sur, es un caso más notable. Algunas de estas especies son tan distintas que no podemos imaginar que desde el comienzo del último periodo glaciar haya habido tiempo para su emigración y consiguiente modificación en el grado necesario. Los hechos parecen indicar que especies distintas, pertenecientes a los mismos géneros, han emigrado en líneas que irradian de un centro común, y me siento inclinado a buscar, tanto en el hemisferio austral como en el boreal, un periodo anterior y más caliente, antes del comienzo del último periodo glaciar, en el que las tierras antárticas, ahora cubiertas de hielo, mantenían una flora aislada y sumamente peculiar. Puede presumirse que, antes que esta flora fuese exterminada durante la última época glaciar, un corto número de formas se habían dispersado ya muy lejos a varios puntos del hemisferio meridional por medios ocasionales de transporte y sirviéndose, como puntos de escala, de islas actualmente hundidas. Así, las costas meridionales de América, Australia y Nueva Zelanda pueden haber sido ligeramente matizadas por las mismas formas orgánicas peculiares.

Sir C. Lyell, en un notable pasaje, ha especulado, en términos casi idénticos a los míos, acerca de los efectos de las grandes alteraciones de clima por todo el mundo sobre la distribución geográfica. Y ahora hemos visto que la conclusión de míster Croll, de que los sucesivos periodos glaciares en un hemisferio coinciden con periodos más calientes en el hemisferio opuesto, unida a la admisión de la lenta modificación de las especies, explica una multitud de hechos en la distribución de las mismas formas orgánicas y de las formas afines en todas las partes del mundo. Las ondas vivientes han fluido durante un periodo desde el norte y durante otro desde el sur, y en ambos casos han alcanzado el ecuador; pero la corriente de la vida ha fluido con más fuerza desde el norte que en la dirección opuesta y, en consecuencia, ha inundado más ampliamente el sur. Así como la marea deja su oleaje en líneas horizontales, elevándose a mayor altura en las costas donde la marea sube más, del mismo modo las olas de la vida han dejado su oleaje viviente en las cumbres de nuestras montañas, en una línea que asciende suavemente desde las tierras bajas árticas hasta una gran altitud en el ecuador. Los diferentes seres que han quedado abandonados de este modo pueden compararse con las razas humanas salvajes que, al ser empujadas hacia las montañas y sobrevivir en los reductos montañosos de casi todos los países, sirven como testimonio, lleno de interés para nosotros, de los habitantes primitivos de las tierras bajas circundantes.

CAPÍTULO XIII
DISTRIBUCIÓN GEOGRÁFICA
(Continuación)

Producciones de agua dulce.—De los habitantes de las islas oceánicas.—Ausencia de batracios y de mamíferos terrestres en las islas oceánicas.—De las relaciones entre los habitantes de las islas y los de la tierra firme más próxima.—Resumen del presente capítulo y del anterior

Producciones de agua dulce

COMO los lagos y las cuencas de los ríos están separados unos de otros por barreras de tierra, podría pensarse que las producciones de agua dulce no se habrán extendido a gran distancia dentro de un mismo país, y como el mar es evidentemente una barrera aún más formidable, podría suponerse que nunca se habrán extendido a países distantes. Pero ocurre exactamente lo contrario. No solamente muchas producciones de agua dulce, pertenecientes a diferentes clases, tienen un área enorme, sino que especies afines prevalecen de un modo notable por todo el mundo. Al principio de mis recolecciones en las aguas dulces de Brasil, recuerdo muy bien que quedé muy sorprendido por la semejanza de los insectos, moluscos, etc., de agua dulce, y por la desemejanza de los seres terrestres de los alrededores, comparados con los de Gran Bretaña.

Pero la facultad de extenderse mucho que tienen las producciones de agua dulce creo que puede explicarse, en la mayor parte de los casos, porque han llegado a adaptarse, de un modo utilísimo para ellas, a cortas y frecuentes migraciones de una laguna a otra, o de un riachuelo a otro, dentro de su propio país, y de esta facultad se seguiría, como una consecuencia casi necesaria, la propensión a una gran dispersión. No podemos examinar aquí más que unos cuantos casos, de los cuales los peces nos ofrecen algunos de los más difíciles de explicar. Se creía que una misma especie de agua dulce no existía nunca en dos continentes distantes entre sí; pero el doctor Günther ha demostrado recientemente que el *Galaxias attenuatus* vive en Tasmania, en Nueva Zelanda, en las islas Malvinas y en el continente de América del Sur [188]. Este es un caso asombroso, y probablemente indica una dispersión, a partir de un centro antártico, durante un periodo caliente anterior. Este caso, sin embargo, resulta algo menos sorprendente porque las especies de este género tienen la facultad de atravesar, por algún medio desconocido, espacios considerables de océano; así, hay una especie común a Nueva Zelanda y a las islas Auckland, aunque están separadas por una distancia de unos cuatrocientos kilómetros. En un mismo continente, los peces de agua dulce se extienden a menudo mucho y como de un modo caprichoso, pues en dos cuencas contiguas algunas de las especies pueden ser las mismas y otras completamente diferentes.

Es probable que sean transportadas a veces por lo que puede llamarse medios accidentales. Así, no es muy raro que peces todavía vivos hayan sido arrojados por los torbellinos en puntos distantes, y se sabe que las huevas conservan su vitalidad durante un tiempo considerable después de sacadas del agua. Su dispersión puede atribuirse, sin embargo, principalmente a cambios de nivel de la tierra en el periodo moderno, originando que los ríos viertan unos en otros. También podrían citarse casos de haber ocurrido esto durante inundaciones, sin cambio alguno de nivel. A la misma conclusión lleva la gran diferencia de los peces a ambas vertientes de la mayoría de las cordilleras que son continuas, y que, por consiguiente, han tenido que impedir por completo desde un periodo antiguo la anastomosis de los sistemas fluviales de ambas vertientes. Algunos peces de agua dulce pertenecen a formas antiquísimas, y en estos casos habrá habido tiempo sobrado para grandes cambios geográficos y, por consiguente, tiempo y medios para muchas emigraciones. Es más: el doctor Günther ha llegado a deducir, por diversas consideraciones, que las mismas formas tienen una prolongada persistencia en los peces. Los peces de agua salada pueden con cuidado ser acostumbrados lentamente a

188 Véase tabla de adiciones, pág. 41.

vivir en agua dulce, y, según Valenciennes, apenas existe uno solo cuyos miembros están confinados en el agua dulce; de manera que una especie marina perteneciente a un grupo de agua dulce pudo viajar muy lejos a lo largo de las costas del mar y es probable que pudiera llegar a adaptarse, sin gran dificultad, a las aguas dulces de una región distante.

Algunas especies de moluscos de agua dulce tienen áreas muy extensas, y especies afines que, según nuestra teoría, descienden de un tronco común y tienen que haber provenido de una sola fuente, se extienden por el mundo entero. Su distribución me dejó al pronto muy perplejo, pues sus huevas no son a propósito para ser transportadas por aves y, como los adultos, mueren inmediatamente en el agua del mar. Ni siquiera podía comprender cómo algunas especies naturalizadas se han difundido rápidamente por todo un país. Pero dos hechos que he observado —e indudablemente se descubrirán otros muchos— arrojan mucha luz sobre este asunto. Al salir los patos súbitamente de una laguna cubierta de lentejas de agua [189], he visto por dos veces que estas plantitas se quedaban adheridas a su dorso y, al llevar unas cuantas lentejas de agua de un acuario a otro, se sucedió que los poblé involuntariamente con los moluscos de agua dulce procedentes del uno y del otro. Pero quizá es más eficaz otro medio: mantuve suspendidos los pies de un pato dentro del agua de un acuario donde se incubaban muchas huevas de moluscos de agua dulce, y observé que un gran número de moluscos pequeñísimos y acabados de incubar se arrastraban por los pies del pato y se adherían a ellos tan fuertemente que, al sacarlos del agua, no podían ser desprendidos, a pesar de que a una edad algo más avanzada se hubieran soltado voluntariamente. Estos moluscos recién incubados, aunque acuáticos por naturaleza, sobrevivieron en los pies del pato, en un aire húmedo, de doce a veinte horas; y en este espacio de tiempo un pato o una garza podrían volar por lo menos unos mil

[189] Género de plantas lemnáceas, con tallo y hojas formando una masa lenticular de color verde suave; a menudo cubre las aguas estancadas y sirve de pasto a peces y aves acuáticas.

kilómetros, y si era arrastrado por encima del mar hasta una isla oceánica o hasta cualquier otro punto distante, se posaría seguramente en una charca o arroyuelo. Sir Charles Lyell me informa de que un *Dytiscus*[190] había sido capturado con un *Ancylus* (molusco de agua dulce parecido a una lapa) firmemente adherido a él; y un coleóptero acuático de la misma familia, un *Colymbetes,* cayó una vez en la cubierta del *Beagle,* cuando este se encontraba a algo más de ochenta kilómetros de distancia de la costa más próxima: nadie puede decir hasta dónde podía haber sido arrastrado por un viento tempestuoso favorable.

Por lo que se refiere a las plantas, se sabe desde hace mucho tiempo la enorme distribución que tienen muchas especies de agua dulce, e incluso especies palustres, tanto sobre los continentes como por la mayoría de las islas oceánicas más remotas. Un notable ejemplo de esto ofrecen, según Alph. de Candolle, aquellos grupos mayores de plantas terrestres que tienen un corto número de especies acuáticas, pues estas últimas parecen adquirir inmediatamente, como consecuencia de ello, un área extensa. Creo que este hecho se explica por los medios favorables de dispersión. He mencionado antes que a veces se adhiere cierta cantidad de tierra a las patas y picos de las aves. Las aves zancudas, que frecuentan las orillas fangosas de las lagunas, al echar a volar de pronto, es facilísimo que la mayoría lleven las patas cargadas de fango. Las aves de este orden vagan más que las de ningún otro orden, y a veces se las encuentra en las islas más remotas y estériles de alta mar; no son muy a propósito para posarse en la superficie del mar, de modo que nada del barro de sus patas será arrastrado por el agua y, al ganar tierra, seguramente han de volar hacia los parajes de agua dulce que acostumbran a frecuentar. No creo que los botánicos se hayan dado cuenta de lo cargado de semillas que está el fango de las lagunas; he hecho varios pequeños experimentos, pero aquí citaré solo el caso más sorprendente: cogí, en febrero, tres cucharadas grandes de barro en tres puntos diferentes, de de-

190 Dítico, de la familia de los ditícidos, insectos coleópteros acuáticos con patas planas.

bajo del agua, junto a la orilla de una pequeña charca; este fango, después de seco, pesó tan solo unos doscientos gramos; lo conservé tapado en mi cuarto de trabajo durante seis meses, arrancando y contando las plantas a medida que crecían; estas plantas eran de muchas clases, y, en total, fueron quinientas treinta y siete, ¡y, sin embargo, todo el lodo viscoso cabía en una taza de desayuno! Considerando estos hechos, creo que sería una circunstancia inexplicable si las aves acuáticas no transportasen las semillas de plantas de agua dulce a lagunas y riachuelos despoblados, situados en puntos muy distantes. El mismo medio puede haber entrado en juego por lo que se refiere a los huevos de los animales más pequeños de agua dulce.

Otros medios desconocidos han representado probablemente también algún papel. He manifestado que los peces de agua dulce comen muchas clases de semillas, aunque devuelven otras muchas clases después de haberlas tragado; incluso los peces pequeños engullen semillas de tamaño regular, como las del nenúfar amarillo y las del *Potamogeton*. Las garzas y otras aves, siglo tras siglo, han venido devorando peces diariamente; luego emprenden el vuelo y se van a otras aguas, o son arrastradas por el viento a través del mar, y hemos visto que las semillas conservan su poder de germinación cuando son arrojadas muchas horas después en las pelotillas o en el excremento. Cuando vi el gran tamaño de las semillas del hermoso nenúfar *Nelumbium,* y recordé las indicaciones de Alphonse de Candolle acerca de la distribución geográfica de esta planta, pensé que su modo de dispersión permanecería inexplicable; pero Audubon afirma que encontró las semillas del gran nenúfar austral —probablemente el *Nelumbium luteum,* según el doctor Hooker— en el estómago de una garza. Ahora bien, esta ave tuvo que haber volado muchas veces de este modo con su estómago bien lleno a lagunas distantes, y al conseguir entonces una buena comida de peces, la analogía me hace creer que devolvería las semillas en una pelotilla en un estado adecuado para la germinación.

Al considerar estos diversos medios de distribución, debe recordarse que cuando se forma por vez primera una laguna o un arroyo —por ejemplo, en un islote que se esté levantando—, esta laguna o arroyo estarán desocupados, y una semilla o huevo tendrán muchas probabilidades de éxito. Aun cuando siempre haya lucha por la vida entre los habitantes de una misma laguna por pocas que sean sus especies, sin embargo, como el número de especies, incluso en una laguna bien poblada, es pequeño en comparación con el número de las que viven en un área terrestre de igual extensión, la competencia entre ellas será probablemente menos severa que entre las especies terrestres; por consiguiente, un intruso procedente de las aguas de un país extranjero ha de tener más probabilidades de apoderarse de un buen puesto que en el caso de colonos terrestres. Debemos recordar también que muchas producciones de agua dulce ocupan un lugar inferior en la escala natural, y tenemos motivos para creer que estos seres se modifican más lentamente que los superiores, y esto dará el tiempo necesario para la migración de las especies acuáticas. No hemos de olvidar la probabilidad de que muchas formas de agua dulce se hayan extendido antiguamente de un modo continuo por áreas inmensas y que luego se hayan extinguido en los lugares intermedios. Pero la amplia distribución de las plantas de agua dulce y de los animales inferiores, ya conserven idénticamente la misma forma o bien modificada en cierto grado, depende evidentemente en su parte principal de la gran dispersión de sus semillas y huevos por los animales, en especial por las aves de agua dulce, que tienen gran poder de vuelo y que, naturalmente, viajan de unas aguas dulces a otras.

De los habitantes de las islas oceánicas

Llegamos ahora a la última de las tres clases de hechos que he elegido para exponer las mayores dificultades que se presentan respecto a la distribución geográfica, dentro de la hipótesis de que no solamente todos los individuos de una misma especie han emigrado a partir de algún área, sino de que las especies afines han procedido de una sola área —la cuna de sus primitivos progenitores—, aun cuando actualmente vivan en los puntos más distantes. He expuesto ya mis razones para no creer en la existencia de extensiones continentales dentro del periodo de las especies vivientes, en tan enorme escala que las numerosas islas de los diferentes océanos fuesen pobladas todas de este modo por sus habitantes terrestres actuales. Esta opinión elimina muchas dificultades, pero no está de acuerdo con todos los hechos referentes a las producciones de las islas. En las indicaciones siguientes no me limitaré al simple problema de la dispersión, sino que consideraré algunos otros casos que se relacionan con la verdad de las dos teorías: la de las creaciones independientes y la de la descendencia con modificación.

Las especies de todas clases que viven en las islas oceánicas son cortas en número comparadas con las que viven en áreas continentales de igual extensión. Alphonse de Candolle admite esto para las plantas, y Wollaston para los insectos. Nueva Zelanda, por ejemplo, con sus elevadas montañas y sus diversificadas *estaciones*, que se extienden sobre unos mil trescientos kilómetros de latitud, junto con las islas de Auckland, Campbell y Chatham, contienen en total solamente novecientas sesenta clases de plantas fanerógamas; si comparamos este moderado número con las especies que pululan en áreas de igual extensión en el sudoeste de Australia o en el cabo de Buena Esperanza, tenemos que admitir que alguna causa, independientemente de las condiciones físicas diferentes, ha originado una diferencia numérica tan grande. Hasta el uniforme condado de Cambridge tiene ochocientas cuarenta y siete plantas, y la pequeña isla de Anglesea tiene setecientas sesenta y cuatro, si bien en esta cifra van incluidos unos cuantos helechos y plantas introducidas, y la comparación, por algunos otros conceptos, no es completamente justa. Tenemos pruebas de que la estéril isla de la Ascensión poseía primitivamente menos de media docena de plantas fanerógamas, y, no obstante, muchas especies han llegado a naturalizarse actualmente en ella, como ha ocurrido en Nueva Zelanda y en cualquier otra isla oceánica que pudiera citarse. Hay motivos para creer que en Santa Elena las plantas y animales naturalizados han exterminado del todo, o casi del todo, muchas producciones indígenas. Quien admita la doctrina de la creación separada de cada especie, tendrá que admitir que un número suficiente de los animales y plantas mejor adaptados no fueron creados para las islas oceánicas, que el hombre, involuntariamente, las ha poblado de modo mucho más completo y perfecto que lo hizo la naturaleza.

Aunque en las islas oceánicas hay corto número de especies, la proporción de especies endémicas —es decir, aquellas que no se encuentran en ninguna otra parte del mundo— es, con frecuencia, grandísima. Si comparamos, por ejemplo, el número de moluscos terrestres endémicos de la isla de Madeira, o de aves endémicas del archipiélago de los Galápagos, con el número de los que se encuentran en cualquier continente, y comparamos después el área de la isla con la del continente, veremos que esta es cierto. Teóricamente era de esperar este hecho, pues, como ya se explicó, las especies que llegan en ocasiones, tras largos intervalos de tiempo, a un distrito nuevo y aislado, al tener que competir con nuevos compañeros, han de estar sumamente sujetas a modificación, y a menudo producirán grupos de descendientes modificados. Pero en modo alguno se sigue de esto que, porque en una isla sean peculiares casi todas las especies de una clase, lo mismo sean las de otra clase o de otra sección de la misma clase, y esta diferencia parece depender, en parte, de que las especies que no están modificadas han emigrado juntas, de manera que sus relaciones mutuas no se han perturbado mucho, y, en parte, de la frecuente llegada de inmigrantes no modificados procedentes del país de origen, con los cuales se han cruzado las formas insulares. Hay que tener presente que la descendencia de estos cruzamientos ganará seguramente en vigor, de suerte que hasta un cruzamiento accidental produciría más efecto del que pudiera esperarse. Daré algunos ejemplos ilustrativos de las observaciones precedentes. En las islas de los Galápagos hay veintiséis aves terrestres; de estas, veintiuna —o quizá veintitrés— son peculiares, mientras que de las once aves marinas solamente lo son dos, y es evidente que las aves marinas pudieron llegar a estas islas con mucha mayor facilidad y frecuencia que las aves terrestres. Por el contrario, las Bermudas —que están situadas aproximadamente a la misma distancia de América del Norte que las islas de los Galápagos lo están de América del Sur, y que tienen un suelo muy peculiar— no poseen ni una sola ave terrestre endémica, y sabemos, por la admirable descripción de las islas Bermudas de míster J. M. Jones, que muchísimas aves de América del Norte visitan, accidentalmente o con frecuencia, estas islas. Casi todos los años, según me informa míster E. V. Harcourt, muchas aves europeas y africanas son arrastradas por el viento a la isla de Madeira; en esta isla viven noventa y nueve clases de aves, de las cuales solo una es peculiar, aunque muy afín a una forma europea, y tres o cuatro especies están limitadas a esta isla y a las Canarias. De modo que las islas Bermudas y Madeira han sido pobladas por aves procedentes de los continentes vecinos, las cuales, durante muchísimo tiempo, han luchado entre sí en estas islas y han llegado a adaptarse mutuamente. De aquí que cada especie, al establecerse en su nueva patria, haya sido obligada por las otras a mantenerse en su lugar y costumbres propias, y, por consiguiente, habrá estado muy poco sujeta a modificación. Cualquier tendencia a la modificación habrá sido refrenada también por el entrecruzamiento con inmigrantes no modificados que llegan con frecuencia de la patria primitiva. La isla de Madeira, además, está habitada por un asombroso número de moluscos terrestres peculiares, en tanto que ni una sola especie de moluscos marinos es peculiar de sus costas. Ahora bien, aunque no sabemos cómo se verifica la dispersión de los moluscos marinos, sin embargo podemos comprender que sus huevos o larvas, adheridos tal vez a algas marinas o maderas flotantes, o a las patas de las aves zancudas, pudieron ser transportados a través de unos quinientos o setecientos kilómetros sobre el océano con más facilidad que los moluscos terrestres. Los diferentes órdenes de insectos que viven en la isla de Madeira presentan casos muy paralelos.

Las islas oceánicas carecen a veces de ciertas clases completas, y su lugar está ocupado por otras clases: así, los reptiles en las islas de los Galápagos y las aves gigantescas y sin alas en Nueva Zelanda suplantan, o suplantaban recientemente, el lugar de los mamíferos. Aunque se hable aquí de Nueva Zelanda como de una isla oceánica, es algo dudoso si debiera considerarse así; es de gran tamaño y no está separada de Australia por un mar muy profundo; el reverendo W. B. Clarke ha sostenido recientemente que esta isla, lo mismo que la de Nueva Caledonia, por sus caracteres geológicos y la dirección de sus cordilleras, deben considerarse como pertenecientes a Australia. Volviendo a las plantas, el doctor Hooker ha demostrado que en las islas de los Galápagos la proporción numérica de los diferentes órdenes es muy diferente de la de cualquier otra parte. Todas estas diferencias numéricas, y la ausencia de ciertos grupos enteros de animales y plantas, se explican generalmente por supuestas diferencias en las condiciones físicas de las islas; pero esta explicación es muy dudosa. La facilidad de la inmigración parece haber sido realmente tan importante como la naturaleza de las condiciones físicas.

Podrían citarse muchos pequeños datos notables referentes a los habitantes de las islas oceánicas. Por ejemplo: en ciertas islas en las que no vive ni un solo mamífero, algunas de las plantas endémicas tienen semillas con magníficos ganchos, y, sin embargo, pocas relaciones hay más evidentes que la de que los ganchos sirven para el transporte de las semillas en la lana o el pelo de los cuadrúpedos. Pero una semilla con ganchos pudo ser llevada a la isla por otros medios, y entonces la planta, al modificarse, formaría una especie endémica, conservando, no obstante, sus ganchos, que constituirían un apéndice inútil, como las alas reducidas debajo de los élitros soldados de muchos coleópteros insulares. Además, las islas poseen a menudo árboles o arbustos pertenecientes a órdenes que en cualquier otra parte comprenden tan solo especies herbáceas; ahora bien, los árboles, como ha demostrado Alph. de Candolle, tienen, generalmente, sea por la causa que sea, áreas limitadas. Por consiguiente, los árboles serán poco a propósito para llegar hasta las islas oceánicas distantes, y una planta herbácea que no tuviese ninguna probabilidad de competir con éxito frente a los muchos árboles bien desarrollados que crecen en un continente, pudo, al establecerse en una isla, obtener alguna ventaja sobre las demás plantas herbáceas, creciendo cada vez más alta y sobrepujándolas. En este caso, la selección natural tendería a aumentar la altura de la planta, cualquiera que fuese el orden a que perteneciese, y a convertirla así, primero, en un arbusto y, después, en un árbol.

Ausencia de batracios y de mamíferos terrestres en las islas oceánicas

Respecto a la ausencia de órdenes enteros de animales en las islas oceánicas, Bory St. Vincent hizo observar hace mucho tiempo que nunca se encuentran batracios —ranas, sapos, lagartijas acuáticas— en ninguna de las muchas islas de que están sembrados los grandes océanos. Me he tomado el trabajo de comprobar esta afirmación y la he encontrado exacta, excepto en Nueva Zelanda, Nueva Caledonia, las islas Andamán y quizá en las islas Salomón y las Seychelles. Pero ya he hecho observar que es dudoso que Nueva Zelanda y Nueva Caledonia deban clasificarse como islas oceánicas, y esto todavía es más dudoso por lo que se refiere a los grupos de Andamán y Salomón y las Seychelles. Esta ausencia general de ranas, sapos y lagartijas acuáticas en tantas islas verdaderamente oceánicas no puede explicarse por sus condiciones físicas; realmente parece que las islas son particularmente adecuadas para estos animales, pues las ranas han sido introducidas en las islas Madeira, Azores y Mauricio, y se han multiplicado tanto que se han convertido en una molestia. Pero como el agua del mar mata inmediatamente a estos animales y sus puestas —con la excepción, que yo sepa, de una especie de la India—, habrá gran dificultad en su transporte a través del mar, y por esto podemos comprender por qué no existen en las islas rigurosamente oceánicas. Pero sería muy difícil explicar, según la teoría de la creación, por qué no han sido creadas en estas islas.

Los mamíferos nos ofrecen otro caso similar. He rebuscado cuidadosamente en las narraciones de los viajes más antiguos y no he encontrado ni un solo ejemplo indubitable de un mamífero terrestre —exceptuando los animales domésticos que poseían los indígenas— que viviese en una isla situada a más de quinientos kilómetros de un continente o en una gran isla continental, y numerosas islas situadas a mucha menor distancia carecen igualmente de mamíferos. Las islas Malvinas, que están habitadas por un zorro que parece un lobo, aparecen enseguida como una excepción; pero este grupo no puede considerarse como oceánico, porque descansa sobre un banco unido al continente, del que dista más de cuatrocientos cincuenta kilómetros; además, los icebergs llevaron antiguamente bloques erráticos a sus costas occidentales, y pudieron haber transportado zorros en otro tiempo, como ocurre actualmente con frecuencia en las regiones árticas. Sin embargo, no puede decirse que las islas pequeñas no sustenten por lo menos mamíferos pequeños, pues estos se encuentran, en muchas partes del mundo, en islas pequeñísimas cuando están situadas junto al continente, y apenas es posible citar una isla en la que no se hayan naturalizado y multiplicado en gran manera nuestros cuadrúpedos menores. Y no se puede decir, de acuerdo con la teoría corriente de la creación, que no haya habido tiempo para la creación de mamíferos; muchas islas volcánicas son suficientemente antiguas, como se demuestra por la enorme erosión que han sufrido y por sus estratos terciarios; además, ha habido tiempo para la producción de especies endémicas pertenecientes a otras clases, y es sabido que en los continentes las nuevas especies de mamíferos aparecen y desaparecen con más rapidez que otros animales inferiores.

Aunque no se encuentran mamíferos terrestres en las islas oceánicas, existen mamíferos aéreos en casi todas las islas. Nueva Zelanda posee dos murciélagos que no se encuentran en ninguna otra parte del mundo; la isla de Norfolk, el archipiélago de Viti, las islas Bonin, los archipiélagos de las Carolinas y las Marianas y la isla de Mauricio, todas poseen sus murciélagos característicos. ¿Por qué, podría preguntarse, la supuesta fuerza creadora ha producido murciélagos y no otros mamíferos en las islas remotas? De acuerdo con mi teoría, esta pregunta puede contestarse fácilmente porque ningún mamífero terrestre puede trasladarse a través de un gran espacio de mar, pero los murciélagos pueden atravesarlo volando. Se han visto murciélagos vagando de día sobre el océano Atlántico, y dos especies norteamericanas visitan, regular o accidentalmente, las islas Bermudas, situadas a unos mil kilómetros de tierra firme. Míster Tomes, que ha estudiado especialmente esta familia, me dice que muchas especies tienen áreas de distribución enormes, encontrándose en los continentes y en las islas muy distantes. Por consiguiente, no nos queda más que suponer que estas especies errantes se han modificado en sus nuevas patrias en relación con su nueva situación, y así podemos comprender la presencia de murciélagos endémicos en las islas oceánicas, al mismo tiempo que la ausencia de todos los demás mamíferos terrestres.

Existe otra relación interesante entre la profundidad del mar que separa las islas unas de otras o del continente más próximo y el grado de afinidad de los mamíferos que viven en ellas. Míster Windsor Earl ha hecho algunas observaciones notables sobre este particular, ampliadas luego considerablemente por las admirables investigaciones de míster Wallace, respecto al gran archipiélago malayo, el cual está atravesado, cerca de las Célebes, por un espacio de océano profundo que separa dos faunas muy distintas de mamíferos. A cada lado, las islas descansan sobre un banco submarino de no mucha profundidad, y están habitadas por los mismos cuadrúpedos o cuadrúpedos muy afines. No he tenido tiempo hasta ahora para proseguir el estudio de este asunto en todas las partes del mundo, pero hasta donde he ido subsiste la relación. Por ejemplo, Gran Bretaña está separada de Europa por un canal de poca profundidad, y los mamíferos son iguales en ambos lados, y lo mismo ocurre en todas las islas próximas a las costas de Australia. Las Antillas, por el contrario, están situadas sobre un banco profundamente sumergido —a casi dos mil metros de profundidad—, y allí encontramos formas americanas, pero las especies y aun los géneros son completamente distintos. Como la cuantía de modificación que experimentan los animales de todas las clases depende, en parte, del lapso de tiempo transcurrido, y como las islas que están separadas entre sí y del continente por canales poco profundos es más probable que hayan estado unidas constantemente en un periodo reciente que las islas separadas por canales profundos, podemos comprender por qué existe relación entre la profundidad del mar que separa dos faunas de mamíferos y su grado de afinidad, relación que es completamente inexplicable por la teoría de los actos independientes de creación.

Los hechos precedentes relativos a los habitantes de las islas —a saber: la escasez de especies, con una gran proporción de formas endémicas; el que se hayan modificado los miembros de ciertos grupos, pero no los de los demás grupos de la misma clase; la ausencia de ciertos órdenes completos, como la de batracios y mamíferos terrestres, no obstante la presencia de murciélagos aéreos; las raras proporciones de ciertos órdenes de plantas; el que formas herbáceas se hayan desarrollado hasta convertirse en árboles, etc.—, me parece que se avienen mejor con la creencia en la eficacia de los medios ocasionales de transporte, continuados durante largo tiempo, que con la creencia en la unión primitiva de todas las islas oceánicas con el continente más próximo; pues, según esta hipótesis, es probable que las diversas clases hubiesen emigrado más uniformemente, y que, al haber entrado juntas las especies, no se hubiesen perturbado mucho sus relaciones mutuas y, por consiguiente, no se hubiesen modificado o se hubiesen modificado todas las especies de una manera más uniforme.

No niego que existen muchas y serias dificultades para comprender cómo han llegado hasta su patria actual muchos de los habitantes de las islas más remotas, bien conserven todavía la misma forma específica o bien se hayan modificado después. Pero no se debe pasar por alto la posibilidad de que otras islas hayan existido alguna vez como puntos de escala, de las cuales no queda ahora ningún resto. Expondré detalladamente un caso difícil. Casi todas las islas oceánicas, aun las más pequeñas y aisladas, están habitadas por moluscos terrestres, generalmente por especies endémicas, aunque también a veces por especies que se encuentran en cualquier otra parte, de lo que el doctor Aug. A. Gould ha citado ejemplos notables relativos al Pacífico. Ahora bien, es sabido que el agua del mar mata fácilmente a los moluscos terrestres y sus huevos —al menos con los que yo he experimentado— se van al fondo y mueren. Pero debe existir algún otro medio desconocido, aunque eficaz en ocasiones, para su transporte. ¿Se adherirá a veces el molusco recién incubado a las patas de las aves que reposan en el suelo, y será transportado de este modo? Se me ocurrió que los moluscos testáceos terrestres, durante el periodo invernal y cuando tienen un diafragma membranoso en la boca de la concha, podían ser llevados en las grietas de los maderos flotantes a través de brazos de mar no muy anchos. Y encontré que varias especies, en este estado, resisten sin daño una inmersión de siete días en el agua del mar; un caracol, el *Helix pomatia,* después de haber sido tratado de este modo y de haber invernado de nuevo, fue puesto durante veinte días en agua de mar y resistió perfectamente. Durante este espacio de tiempo el molusco pudo haber sido arrastrado por una corriente marina, de velocidad media, a una distancia de mil kilómetros. Como este *Helix* tiene un opérculo calcáreo grueso, se lo quité, y cuando hubo formado un nuevo opérculo membranoso lo sumergí otra vez por espacio de catorce días en agua de mar y revivió de nuevo y empezó a arrastrarse. El barón Aucapitaine ha realizado después experimentos similares: colocó cien moluscos testáceos terrestres, pertenecientes a diez especies, en una caja con agujeros y la sumergió por espacio de quince días en el mar. De los cien moluscos revivieron veintisiete. La existencia de opérculo parece haber sido de importancia, pues de doce ejemplares de *Cyclostoma elegans,* que está provisto de él, revivieron once. Es digno de observar, viendo lo bien que el *Helix pomatia* me resistió en el agua salada, que no revivió ninguno de los cincuenta y cuatro ejemplares pertenecientes a otras cuatro especies de *Helix* sometidas a experimento por Aucapitaine. Sin embargo, no es probable en modo alguno que los moluscos terrestres hayan sido transportados con frecuencia de este modo; las patas de las aves ofrecen un medio más probable de transporte.

De las relaciones entre los habitantes de las islas y los de la tierra firme más próxima

El hecho más sorprendente e importante para nosotros es la afinidad que existe entre las especies que viven en las islas y las de la tierra firme más próxima, sin que sean realmente las mismas. Podrían citarse numerosos ejemplos. El archipiélago de los Galápagos, situado debajo del ecuador, se halla de novecientos a mil kilómetros de distancia de las costas de América del Sur. Casi todas las producciones terrestres y acuáticas llevan allí el sello inconfundible del continente americano. Hay veintiséis aves terrestres, de las cuales veintiuna, o acaso veintitrés, se clasifican como especies distintas, y se admitiría comúnmente que han sido creadas allí; sin embargo, la gran afinidad de la mayoría de estas aves con especies americanas se manifiesta en todos los caracteres, en sus costumbres, gestos y timbre de voz. Lo mismo ocurre con los demás animales y con una gran proporción de plantas, como ha demostrado Hooker en su admirable trabajo sobre la flora de este archipiélago. El naturalista, al contemplar a los habitantes de estas islas volcánicas del Pacífico, distantes del continente varios centenares de kilómetros, tiene la sensación de que se encuentra en tierra americana. ¿Por qué ha de ser así? ¿Por qué las especies que se supone que han sido creadas en el archipiélago de los Galápagos, y no en ninguna otra parte más, han de llevar tan visible el sello de su afinidad con las creadas en América? No hay nada en las condiciones de vida, ni en la naturaleza geológica de las islas, ni en su altitud o clima, ni en las proporciones en que están asociadas mutuamente las diferentes clases, que se asemeje mucho a las condiciones de la costa de América del Sur; en realidad, hay una considerable desemejanza en todos los respectos. Por el contrario, existe una gran semejanza en la naturaleza volcánica del suelo, en el clima, altitud y tamaño de las islas, entre el archipiélago de los Galápagos y el de Cabo Verde; pero ¡qué diferencia tan absoluta y completa entre sus habitantes! Los habitantes de las islas de Cabo Verde están relacionados con los de África, lo mismo que los de las islas de los Galápagos lo están con los de América. Hechos como estos no admiten explicación de ninguna clase en la opinión corriente de las creaciones independientes; mientras que, según la opinión que aquí se defiende, es obvio que las islas de los Galápagos estarán en buenas condiciones para recibir colonos de América, ya por medios ocasionales de transporte, ya —aunque no creo en esta teoría— por haber estado antiguamente unidas al continente, así como las de Cabo Verde lo estarán para recibir los de África; estos colonos estarían sujetos a modificación, delatando todavía el principio de la herencia su cuna primitiva.

Podrían citarse muchos hechos análogos: realmente es una regla casi universal que las producciones endémicas de las islas están relacionadas con las del continente más próximo o con las de la isla grande más próxima. Las excepciones son pocas, y la mayoría de ellas pueden ser explicadas. Así, aunque la Tierra de Kerguelen esté más cerca de África que de América, las plantas están relacionadas, y muy estrechamente, con las de América, como sabemos por el informe del doctor Hooker; pero esta anomalía desaparece según la teoría de que esta isla ha sido poblada principalmente por semillas llevadas con tierra y piedras en los icebergs arrastrados por las corrientes dominantes. Nueva Zelanda, por sus plantas endémicas, está mucho más relacionada con Australia, el continente más próximo, que ninguna otra región, y esto es lo que podía esperarse; pero también está evidentemente relacionada con América del Sur, que —aunque es el continente que le sigue en proximidad— está a una distancia tan enorme que el hecho resulta una anomalía. Pero esta dificultad desaparece en parte con la hipótesis de que Nueva Zelanda, América del Sur y otras tierras australes han sido pobladas en parte desde puntos intermedios, aunque distantes, es decir, desde las islas antárticas, cuando estaban cubiertas de vegetación, durante un periodo Terciario caliente, antes del comienzo del último periodo glaciar. La afinidad que, aunque débil, me asegura el doctor Hooker que es real, entre la flora del extremo sudoeste de Australia y la del cabo de Buena Esperanza es un caso mucho más notable; pero esta afinidad está limitada a las plantas, y, sin duda, se explicará algún día.

La misma ley que ha determinado el parentesco entre los habitantes de las islas y los de la tierra firme más próxima se manifiesta a veces, en menor escala, pero de un modo interesantísimo, dentro de los límites de un mismo archipiélago. Así, cada una de las islas del archipiélago de los Galápagos está ocupada, y el hecho es maravilloso, por muchas especies distintas; pero estas especies están relacionadas entre sí de un modo mucho más estrecho que con los habitantes del continente americano, o con los de cualquier otra parte del mundo. Esto es lo que podía esperarse, pues islas situadas tan cerca unas de otras tenían que recibir casi necesariamente inmigrantes procedentes del mismo lugar de origen, y de unas y otras islas del archipiélago. Pero ¿por qué muchos de los inmigrantes se han modificado diferentemente, aunque solo en pequeño grado, en islas situadas a la vista unas de otras y que tienen la misma naturaleza geológica, la misma altitud, clima, etc.? Durante mucho tiempo esto me pareció una gran dificultad; pero nace principalmente del error profundamente arraigado de considerar que las condiciones físicas de un país es lo más importante, cuando es indiscutible que la naturaleza de las demás especies con las que cada una tiene que competir es un elemento de éxito por lo menos tan importante, y generalmente muchísimo más importante. Ahora bien, si consideramos las especies que viven en el archipiélago de los Galápagos, y que se encuentran asimismo en otras partes del mundo, vemos que difieren considerablemente en las diversas islas. Esta diferencia pudiera realmente haberse esperado si las islas hubiesen sido pobladas por medios ocasionales de transporte, por ejemplo, una semilla de una planta que hubiese sido llevada a una isla, y la semilla de otra planta a otra isla, aunque todas procediesen de la misma fuente general. Por consiguiente, cuando en los tiempos primitivos un emigrante arribó por vez primera a una de las islas, o cuando después se propagó de una a otra, estaría sometido indudablemente a condiciones físicas diferentes en las distintas islas, pues tendría que competir con un conjunto diferente de organismos; una planta, por ejemplo, encontraría el suelo más apropiado para ella ocupado por especies algo diferentes en las diversas islas, y estaría expuesta a los ataques de enemigos algo diferentes. Si entonces varió, la selección natural favorecería probablemente a variedades diferentes en las diferentes islas. Algunas especies, sin embargo, se propagarían y, no obstante, conservarían los mismos caracteres en todo el grupo de islas, de igual modo que vemos algunas especies que se extienden ampliamente por todo un continente y siguen manteniéndose las mismas.

El hecho realmente sorprendente en este caso del archipiélago de los Galápagos, y en menor grado en algunos casos análogos, es que cada nueva especie, después de haberse formado en una isla cualquiera, no se propagó rápidamente a las demás del archipiélago. Pero las islas, aunque se hallen a la vista unas de otras, están separadas por profundos brazos de mar, en la mayoría de los casos más anchos que el canal de la Mancha, y no hay ninguna razón para suponer que las islas hayan estado unidas en algún periodo anterior. Las corrientes marinas son rápidas y barren entre las islas, y las tormentas de viento son extraordinariamente raras; de modo que, de hecho, las islas están mucho más separadas entre sí de lo que aparecen en el mapa. Sin embargo, algunas de las especies —tanto de las que se encuentran en otras partes del mundo como de las que están confinadas en el archipiélago— son comunes a las diversas islas, y de su modo de distribución actual podemos inferir que se han propagado de una isla a las demás. Pero creo que a menudo nos formamos una opinión errónea de la probabilidad de que especies muy afines se invadan mutuamente su territorio, al hallarse en libre intercomunicación. Indudablemente, si una especie tiene cualquier ventaja sobre otra, en brevísimo tiempo la suplantará total o parcialmente; pero si ambas se hallan igualmente adaptadas para sus propias localidades, probablemente conservarán ambas sus puestos separados durante tiempo casi ilimitado. Estando familiarizados con el hecho de que muchas especies, naturalizadas por la mano del hombre se han propagado con asombrosa rapidez por áreas extensas, nos inclinamos a pensar que la mayor parte de las especies se han difundido así; pero debemos recordar que las especies que se naturalizan en nuevos países no son generalmente muy afines de los habitantes, sino formas muy distintas que, en una proporción grande de casos, pertenecen —como ha demostrado Alph. de Candolle— a géneros distintos. En el archipiélago de los Galápagos, incluso muchas aves, aunque están bien adaptadas para volar de isla a isla, difieren en las diversas islas; así, hay tres especies muy afines de sinsonte [191], cada una de ellas confinada a su propia isla. Ahora bien, supongamos que el sinsonte de la isla Chatham es arrastrado por el viento a la isla Charles, que tiene su sinsonte propio, ¿por qué habría de conseguir establecerse allí? Seguramente podemos

[191] Pájaro cantor americano, el *Mimus polyglotus,* muy hábil en el arte de la imitación. Pertenece a la familia de los tordos.

deducir que la isla Charles está bien poblada por su propia especie, pues anualmente se ponen más huevos y se empollan más pajarillos de los que posiblemente se pueden criar, y podemos sacar la consecuencia de que el sinsonte peculiar a la isla Charles está por lo menos tan bien adaptado a su patria como la especie peculiar a la isla Chatham. Sir C. Lyell y míster Wollaston me han comunicado un hecho notable en relación con este asunto, y es que la isla de Madeira y el islote adyacente de Porto Santo poseen muchas especies distintas, pero representativas, de moluscos terrestres, algunos de los cuales viven en las grietas de las piedras; y a pesar de que anualmente son transportadas grandes cantidades de piedra desde Porto Santo a Madeira, sin embargo, esta última isla no ha llegado a ser colonizada por las especies de Porto Santo; no obstante, ambas islas han sido colonizadas por moluscos terrestres europeos, que indudablemente tenían alguna ventaja sobre las especies indígenas. Por estas consideraciones creo que no hemos de maravillarnos mucho porque las especies endémicas que viven en las diversas islas del archipiélago de los Galápagos no se hayan difundido todas de isla en isla. También en un mismo continente, la ocupación previa ha representado probablemente un papel importante para impedir la mezcla de las especies que viven en distintas regiones que tienen casi las mismas condiciones físicas. Así, los extremos sudeste y sudoeste de Australia tienen casi las mismas condiciones físicas y están unidos por tierra sin solución de continuidad, y sin embargo están habitados por un vasto número de mamíferos, aves y plantas diferentes; lo mismo ocurre, según míster Bates, con las mariposas y otros animales que viven en el amplio, abierto y continuo valle del Amazonas.

El mismo principio que rige el carácter general de los habitantes de las islas oceánicas —es decir, la relación con la fuente de donde más fácilmente pudieron provenir los colonos, junto con su modificación subsiguiente— es de la más amplia aplicación por toda la naturaleza. Vemos esto en cada cumbre montañosa y en cada lago o pantano; pues las especies alpinas, excepto cuando la misma especie se ha difundido extensamente durante la época glacial, están emparentadas con las de las tierras bajas circundantes; así, tenemos en América del Sur pájaros-moscas alpinos, roedores alpinos, plantas alpinas, etc., que pertenecen todos rigurosamente a formas americanas; y es evidente que una montaña, cuando comenzó a elevarse lentamente, tuvo que ser colonizada por los habitantes de las tierras bajas circundantes. Lo mismo ocurre con los moradores de lagos y pantanos, excepto en la medida en que la gran facilidad de transporte ha permitido a unas mismas formas prevalecer en grandes extensiones del mundo. Vemos este mismo principio en el carácter de la mayor parte de los animales ciegos que viven en las cavernas de América y de Europa, y podrían citarse otros hechos análogos. En mi opinión, resultará siempre cierto que allí donde existan en dos regiones, por muy distantes que estén, muchas especies muy afines o representativas, se encontrarán también algunas especies idénticas; y dondequiera que se encuentren muchas especies muy afines se encontrarán muchas formas que algunos naturalistas clasifiquen como especies distintas, y otros como meras variedades, mostrándonos estas formas dudosas los pasos en el proceso de la modificación.

La relación entre la facultad y la extensión de migración de ciertas especies, bien en la actualidad o ya en un periodo anterior, y la existencia de especies muy afines en puntos remotos de la Tierra, se manifiesta de otro modo más general. Míster Gould me hizo observar hace mucho tiempo que de los géneros de aves que se extienden por el mundo, muchas de sus especies tienen áreas geográficas amplísimas. Apenas puedo dudar de que esta regla es generalmente cierta, aunque difícil de probar. Entre los mamíferos, vemos esto sorprendentemente manifiesto en los quirópteros, y en menor grado en los félidos y en los cánidos. La misma regla vemos en la distribución de las mariposas y coleópteros. Lo mismo ocurre con la mayoría de los habitantes de agua dulce, pues muchos de los géneros de las clases más distintas se extienden por todo el mundo, y muchas de las especies tienen áreas enormes. Esto no quiere decir que todos, sino que algunas de las especies de géneros que se extienden muy ampliamente tienen áreas grandísimas. Tampoco se pretende que las especies de estos géneros tengan por término medio un área muy extensa, pues esto dependerá en gran parte de hasta dónde haya llegado el proceso de modificación; por ejemplo, si dos variedades de la misma especie viven una en América y otra en Europa, la especie tendrá un área inmensa; pero si la variación se ha acusado un poco más, las dos variedades serían clasificadas como especies distintas y sus áreas quedarían muy reducidas. Aún menos se pretende que las especies que tienen la capacidad de atravesar obstáculos y extenderse demasiado —como es el caso de ciertas aves de alas potentes— se extiendan necesariamente mucho, pues no hemos de olvidar nunca que extenderse ampliamente implica no solo la facultad de atravesar barreras, sino la facultad más importante de salir victorioso en tierras lejanas, en la lucha por la vida con rivales extranjeros. Pero según la hipótesis de que todas las especies son de un género, aunque se hallen distribuidas hasta por los más distantes puntos del globo, han descendido de un solo progenitor, debemos encontrar —y creo yo que, por regla general, encontraremos— que algunas, por lo menos, de las especies que tienen una distribución geográfica muy extensa.

Debemos tener presente que muchos géneros de todas las clases son de origen antiguo, y las especies, en este caso, habrán tenido tiempo sobrado para su dispersión y subsiguiente modificación. Hay también motivos para creer, por las pruebas geológicas, que dentro de cada una de las grandes clases los organismos inferiores cambian más despacio que los superiores, y, por consiguiente, habrán tenido más probabilidades de extenderse con más amplitud y de conservar aún el mismo carácter específico. Este hecho, unido al de que las semillas y huevos de la mayor parte de las formas de organización inferior son muy diminutos y más apropiados para el transporte a lugares muy distantes, explica probablemente una ley que ha sido observada hace mucho tiempo y que últimamente ha sido discutida por Alph. de Candolle, por lo que se refiere a las plantas; a saber, que cuanto más abajo en la escala está situado un grupo cualquiera de organismos, tanto más extensa es su área de dispersión.

Las relaciones que se acaban de discutir —a saber: que los organismos inferiores tienen mayor radio de acción que los superiores; que algunas de las especies de los géneros de gran extensión se extienden ellas mismas mucho; que hechos tales como el de que las producciones alpinas, lacustres y palustres estén generalmente emparentadas con las que viven en las tierras bajas circundantes y en las tierras secas; el sorprendente parentesco entre los habitantes de las islas y los del continente más próximo, y el parentesco aún más estrecho de los distintos habitantes de las islas de un mismo archipiélago— son inexplicables de acuerdo con la opinión ordinaria de la creación independiente de cada especie; pero se explican si admitimos la colonización desde la fuente más próxima y dispuesta, unida a la adaptación subsiguiente de los colonos a su nueva patria.

Resumen del presente capítulo y del anterior

En estos capítulos me he esforzado en demostrar que si nos hacemos el debido cargo de nuestra ignorancia acerca de los plenos efectos de los cambios de clima y del nivel de la tierra, que ciertamente han ocurrido dentro del periodo reciente, y de otros cambios que probablemente han ocurrido; si recordamos nuestra gran ignorancia acerca de los muchos y extraños medios de transporte ocasional; si tenemos presente —y esta es una consideración importantísima— la frecuencia con que una especie puede extenderse sin interrupción por una extensa área y luego extinguirse en los trechos intermedios, no es insuperable la dificultad al creer que todos los individuos de una misma especie, dondequiera que se encuentren, descienden de progenitores comunes. Y nos llevan a esta conclusión —a la que han llegado muchos naturalistas bajo la denominación de *centros únicos de creación*— varias consideraciones generales, especialmente la importancia de las barreras de todas clases y la distribución analógica de subgéneros, géneros y familias.

Por lo que se refiere a especies distintas pertenecientes a un mismo género —que, según nuestra teoría, se han propagado a partir de un origen común—, si reconocemos, al igual que antes, nuestra ignorancia y recordamos que algunas formas orgánicas han cambiado muy lentamente, por lo que es preciso conceder periodos enormes de tiempo para sus migraciones, las dificultades distan mucho de ser insuperables; aunque en este caso, como en el de los individuos de la misma especie, sean con frecuencia grandes.

Para demostrar con ejemplos los efectos de los cambios climáticos en la distribución geográfica, he intentado demostrar el papel tan importante que ha jugado el último periodo glaciar, el cual afectó incluso a las regiones ecuatoriales, y que, durante las alternativas de frío en el norte y en el sur, permitió que se mezclasen las producciones de los hemisferios opuestos y dejó algunas de ellas abandonadas en las cumbres de las montañas de todas las partes del mundo. Para demostrar lo variados que son los medios ocasionales de transporte, he discutido con alguna extensión los medios de dispersión de las producciones de agua dulce.

Si no son insuperables las dificultades para admitir que en el largo transcurso del tiempo todos los individuos de la misma especie, y también de las diferentes especies pertenecientes a un mismo género, han procedido de un solo origen, entonces todos los grandes hechos capitales de la distribución geográfica son explicables por la teoría de la migración, unida a la modificación subsiguiente y a la multiplicación de formas nuevas. De este modo podemos comprender la suma importancia de las barreras, ya de tierra o de agua, no solo para separar, sino evidentemente para formar las diferentes provincias zoológicas y botánicas. De este modo podemos comprender la concentración de especies emparentadas dentro de unas mismas áreas, y por qué en diferentes latitudes —por ejemplo, en América del Sur— los habitantes de las llanuras y montañas, de las selvas, pantanos y desiertos, están enlazados en conjunto de un modo tan misterioso, y que estén igualmente enlazados con los seres extinguidos que antiguamente vieron en el mismo continente. Teniendo presente que la relación mutua entre organismos es de la mayor importancia, podemos explicarnos por qué dos áreas que tienen casi las mismas condiciones físicas están a menudo habitadas por formas orgánicas muy diferentes; pues según el lapso de tiempo que ha transcurrido desde que los colonos llegaron a una de las regiones o a ambas; según la naturaleza de la comunicación que permitió llegar a ciertas formas y no a otras, en mayor o menor número; según que sucediese o no que los que llegaron entrasen en competencia más o menos directa entre sí y con los indígenas, y según que los inmigrantes fuesen capaces de variar con más o menos rapidez, resultarían en las dos o más regiones, independientemente de sus condiciones físicas, condiciones de vida infinitamente variadas —pues habría un conjunto casi infinito de acciones y reacciones orgánicas— y encontraríamos unos grupos de seres sumamente modificados y otros ligeramente modificados —algunos vigorosamente desarrollados y otros que existirían en escaso número—, y esto es lo que encontramos en las diversas y grandes provincias geográficas del mundo.

Según estos mismos principios podemos comprender, como me he esforzado en demostrar, por qué las islas oceánicas no solo han de tener pocos habitantes, sino que una gran proporción de estos son endémicos o peculiares, y por qué, en relación con los medios de migración, un grupo de seres ha de tener todas sus especies peculiares, y otro grupo, incluso dentro de la misma clase, ha de tener todas sus especies iguales a las de una parte contigua del mundo. Podemos comprender por qué grupos enteros de organismos, como los batracios y los mamíferos terrestres, faltan en las islas oceánicas, mientras que las islas más aisladas poseen sus propias especies peculiares de mamíferos aéreos o murciélagos. Podemos comprender por qué en las islas ha de existir cierta relación entre la presencia de mamíferos, en estado más o menos modificado, y la profundidad del mar que separa a estas islas entre sí y del continente. Podemos comprender claramente por qué todos los habitantes de un archipiélago, aunque específicamente distintos en las diversas islitas, tienen que estar muy emparentados entre sí, y también por qué han de estar emparentados, aunque menos estrechamente, con los del continente más próximo u otro origen del que puedan haber provenido los inmigrantes. Podemos comprender por qué, si existen especies muy afines y representativas en dos áreas, por distantes que estén una de otra, casi siempre se encuentran allí algunas especies idénticas.

Como el difunto Edward Forbes señaló con insistencia, existe un sorprendente paralelismo en las leyes de la vida a través del tiempo y del espacio; pues las leyes que rigen la sucesión de formas en los tiempos pasados son casi iguales a las que rigen actualmente las diferencias entre áreas distintas. Vemos esto en muchos hechos. La persistencia de cada especie y grupo de especies es continua en el tiempo, pues las aparentes excepciones a esta regla son tan pocas que pueden perfectamente atribuirse a que no hemos descubierto hasta ahora, en un yacimiento intermedio, ciertas formas que faltan en él, pero que se presentan tanto encima como debajo de él; de igual modo, en el espacio, la regla general es evidentemente que el área habitada por una sola especie o por un grupo de especies es continua, y las excepciones, que no son raras, pueden explicarse, como he intentado demostrar, por migraciones anteriores en circunstancias diferentes, o por medios ocasionales de transporte o porque las especies se han extinguido en los trechos intermedios. Tanto en el tiempo como en el espacio, las especies y los grupos de especies tienen sus puntos de desarrollo máximo. Grupos de especies, que viven durante el mismo periodo de tiempo o viven dentro de la misma área, se caracterizan a menudo por poseer en común rasgos distintivos insignificantes, como el color o los relieves de estructura. Considerando la larga sucesión de edades pasadas, así como las distantes provincias a través del mundo, encontramos que especies de ciertas clases difieren poco unas de otras, mientras que las de otra clase, o simplemente de una sección diferente del mismo orden, difieren mucho entre sí. Lo mismo en el tiempo que en el espacio, las formas de organización inferior de cada clase cambian generalmente menos que las de organización superior; pero en ambos casos existen notables excepciones a esta regla. Según nuestra teoría, estas diferentes relaciones a través del tiempo y del espacio son inteligibles; pues tanto si consideramos las formas orgánicas que han cambiado durante las edades sucesivas, como si nos fijamos en las que han cambiado después de haber emigrado a regiones distantes, en ambos casos están unidas por el mismo vínculo de la generación ordinaria, y en ambos casos las leyes de variación han sido las mismas y las modificaciones se han acumulado por los medios de selección natural.

CAPÍTULO XIV
AFINIDADES MUTUAS DE LOS SERES ORGÁNICOS.—MORFOLOGÍA.—EMBRIOLOGÍA.—ÓRGANOS RUDIMENTARIOS

Clasificación.—Semejanzas analógicas.—Sobre la naturaleza de las afinidades que enlazan a los seres orgánicos.—Morfología.—Desarrollo y embriología.—Órganos rudimentarios, atrofiados y abortados.—Resumen

Clasificación

DESDE el periodo más remoto de la historia del mundo se ha visto que los seres orgánicos se parecen entre sí en grados descendentes, de modo que pueden clasificarse en grupos subordinados a grupos. Esta clasificación no es arbitraria, como la agrupación de estrellas en constelaciones. La existencia de grupos hubiera sido de significación sencilla, si un grupo hubiese estado adaptado exclusivamente para vivir en tierra y otro en el agua; uno para alimentarse de carne y otro de sustancias vegetales, y así sucesivamente; pero el caso es muy diferente, pues es notorio que muy comúnmente miembros de incluso el mismo subgrupo tienen costumbres diferentes. En los capítulos segundo y cuarto, que tratan acerca de la variación y de la selección natural, respectivamente, he procurado demostrar que en cada país las especies de amplia distribución, las muy difundidas y las comunes, es decir, las especies dominantes, pertenecientes a los géneros mayores de cada clase, son las que más varían. Las variedades, o especies incipientes, que se producen de este modo, llegan a convertirse al fin en especies nuevas y distintas, y estas, según el principio de la herencia, tienden a producir especies nuevas y dominantes. Por consiguiente, los grupos que actualmente son grandes y que generalmente comprenden muchas especies dominantes, tienden a continuar aumentando en cantidad específica. Procuré demostrar además que, como los descendientes que varían de cada especie intentan ocupar tantos y tan diferentes puestos como sea posible en la economía de la naturaleza, tienden constantemente a divergir en sus caracteres. Esta última conclusión se apoya en la observación de la gran diversidad de formas que, en cualquier área pequeña, entran en la más estrecha competencia, y por la observación de ciertos hechos relacionados con la naturalización.

También he procurado demostrar que, en las formas que están aumentando en número y divergiendo en caracteres, hay una firme tendencia a suplantar y exterminar a las formas precedentes, menos divergentes y perfeccionadas. Ruego al lector que vuelva al diagrama que ilustra, tal como se explicó anteriormente, la acción de estos diversos principios, y verá que el resultado inevitable es que los descendientes modificados procedentes de un solo progenitor llegan a ramificarse en grupos subordinados a grupos. En el diagrama, cada letra de la línea superior puede representar un género que comprende diversas especies y la totalidad de los géneros a lo largo de esta línea superior forma en conjunto una clase, pues todos descienden de antepasado remoto, y, por consiguiente, han heredado algo en común. Pero los tres géneros de la izquierda tienen, según el mismo principio, mucho en común y forman una subfamilia, distinta de la que comprende los dos géneros inmediatos de la derecha, que se separaron de un progenitor común en el quinto grado de descendencia. Estos cinco géneros tienen también mucho en común, aunque menos que cuando se los agrupa en subfamilias y forman una familia distinta de la que comprende los tres géneros situados todavía más a la derecha, que se separaron en un periodo más primitivo. Y todos estos géneros, que descienden de A, forman un orden distinto del de los géneros que descienden de I. De modo que tenemos aquí muchas especies que descienden de un solo progenitor agrupadas en géneros, y los géneros en subfamilias, familias y órdenes, todos en una gran clase. De este modo se explica, a mi juicio, el importante hecho de la subordinación natural de los seres orgánicos en grupos subordinados a grupos, hecho que, por sernos familiar, no siempre nos llama suficientemente la atención. Indudablemente, los seres orgánicos, como todos los demás objetos, pueden clasificarse de muchas maneras, ya artificialmente por caracteres aislados, ya de un modo más natural por un conjunto de caracteres. Sabemos, por ejemplo, que los minerales y los cuerpos elementales pueden clasificarse de este modo. En este caso no hay, por supuesto, relación alguna con la sucesión genealógica, y no puede actualmente señalarse ninguna razón para su división en grupos. Pero con los seres orgánicos el caso es diferente, y la opinión antes dada está de acuerdo con su disposición natural en grupos subordinados, y nunca se ha intentado otra explicación.

Los naturalistas, como hemos visto, procuran ordenar las especies, géneros y familias dentro de cada clase según lo que se llama el *sistema natural.* Pero ¿qué es lo que quiere decirse con este sistema? Algunos autores lo consideran simplemente como un esquema para ordenar el conjunto de los seres vivientes que son más parecidos, y para separarlos de los que son más diferentes; o como un método artificial de enunciar, lo más brevemente posible, proposiciones generales, es decir, expresar con una sola frase los caracteres comunes, por ejemplo, a todos los mamíferos; con otra los comunes a todos los carnívoros; con otra los comunes al género cánido, y luego, añadiendo una sola frase, dar una descripción completa de cada especie de perro. La sencillez y utilidad de este sistema son indiscutibles. Pero muchos naturalistas piensan que con la expresión *sistema natural* se quiere decir algo más: creen que revela el plan del Creador; pero a menos que se especifique si por el plan del Creador se entiende el orden en el tiempo o en el espacio, o ambas cosas o qué otra cosa más, me parece que asi no se añade nada a nuestro conocimiento. Expresiones tales como la famosa de Linneo, con la que nos encontramos a menudo en forma más o menos velada —o sea, que los caracteres no hacen el género, sino que el género da los caracteres—, parecen implicar que en nuestras clasificaciones se incluye algún vínculo más profundo que la mera semejanza. Creo que así es, y que la comunidad de descendencia —única causa conocida de estrecha semejanza en los seres orgánicos— es el vínculo que, aunque atisbado en diferentes grados de modificación, nos es revelado en parte por nuestras clasificaciones.

Consideremos ahora las reglas que se siguen en la clasificación y las dificultades que se presentan, de acuerdo con la opinión de que la clasificación, o bien da algún plan desconocido de creación, o es simplemente un esquema para enunciar proposiciones generales y para colocar juntas las formas más parecidas entre sí. Pudiera creerse —y antiguamente se creyó— que aquellas partes de la estructura que determinaban las costumbres de vida y el puesto general de cada ser en la economía de la naturaleza serían de una importancia trascendental en la clasificación. Nada hay más falso. Nadie considera como de alguna importancia la semejanza externa entre un ratón y una musaraña [192], entre un dugongo y una ballena, o entre una ballena y un pez. Estas semejanzas, a pesar de estar tan íntimamente relacionadas con toda la vida del ser, se consideran como simples *caracteres de adaptación* o *analógicos;* pero ya insistiremos sobre la consideración de estas semejanzas. Se puede incluso dar como regla general que cualquier parte de la organización, cuanto menos se relacione con costumbres especiales, tanto más importante es para la clasificación. Por ejemplo, Owen, al hablar del dugongo, dice: «Siempre he considerado que los órganos de la generación, por ser los que están más remotamente relacionados con las costumbres y el alimento de un animal, proporcionan indicaciones clarísimas de sus verdaderas afinidades. En las modificaciones de estos órganos estamos, asimismo, menos expuestos a confundir un carácter sencillamente de adaptación

192 Mamífero insectívoro pequeño, de cabeza fina y pelaje sedoso. Pertenece al grupo de los mamíferos insectívoros con el hocico terminado en trompa, llamados sorícidos («Sorex»), como la musaraña acuática, la musaraña arañera y el musgaño, el mamífero más pequeño de Europa (menos de 12 cm de largo).

con un carácter esencial». ¡Qué notable es que, en las plantas, los órganos vegetativos, de los que dependen su nutrición y su vida, sean de poca significación, mientras que los órganos de reproducción, con su producto la semilla y el embrión, sean de la mayor importancia! De igual modo también, al discutir antes ciertos caracteres morfológicos que no son funcionalmente importantes, hemos visto que prestan con frecuencia una ayuda valiosísima en la clasificación. Esto depende de su constancia en muchos grupos afines, y su constancia depende principalmente de que algunas variaciones ligeras no han sido conservadas ni acumuladas por la selección natural, que obra solamente sobre caracteres útiles.

Que la importancia meramente fisiológica de un órgano no determina su valor clasificatorio está casi probado por el hecho de que en grupos afines, en los cuales un mismo órgano —como tenemos sobrado fundamento para creer— tiene casi idéntico valor fisiológico, es muy diferente su valor clasificatorio. Ningún naturalista puede haber trabajado mucho tiempo en un grupo cualquiera sin que le haya sorprendido este hecho, que ha sido plenamente reconocido en las obras de casi todos los autores. Bastará citar la máxima autoridad, Robert Brown, quien, al hablar de ciertos órganos de las proteáceas, dice que su importancia genérica, «como la de todas sus partes, no solo en esta, sino, como he observado, en todas las familias naturales, es muy desigual, y en algunos casos parece que se ha perdido por completo». De nuevo, en otra obra dice que los géneros de las connaráceas «difieren en tener uno o más ovarios, en la presencia o ausencia de albumen y en la prefloración imbricada o valvular. Uno cualquiera de estos caracteres, por sí solo, es con frecuencia de importancia más que genérica, a pesar de que en este caso, aun cuando se tomen en consideración todos juntos, resulten insuficientes para separar el *Cnestis* del *Connarus*». Para citar un ejemplo de insectos: en una de las grandes divisiones de los himenópteros, las antenas, como ha hecho observar Westwood, son de conformación muy constante; en otra división difieren mucho, y las diferencias son de valor completamente secundario para la clasificación; sin embargo, nadie dirá que las antenas, en estas dos divisiones del mismo orden, sean de una importancia fisiológica desigual. Pudiera citarse numerosos ejemplos de la importancia variable para la clasificación de un mismo órgano importante dentro del mismo grupo de seres.

Por otra parte, nadie dirá que los órganos rudimentarios o atrofiados sean de gran importancia fisiológica o vital, y, sin embargo, no cabe duda de que órganos de esta condición son con frecuencia de mucho valor para la clasificación. Nadie discutirá que los dientes rudimentarios de la mandíbula superior de los rumiantes jóvenes, y ciertos huesos rudimentarios de sus patas, prestan un servicio útilísimo al poner de manifiesto la estrecha afinidad entre rumiantes y paquidermos. Robert Brown ha insistido repetidamente en el hecho de que la posición de las florecillas rudimentarias es de suma importancia en la clasificación de las gramíneas.

Podrían citarse numerosos ejemplos de caracteres derivados de partes que deben considerarse de importancia fisiológica insignificante, pero que universalmente se admite que son de la mayor utilidad en la definición de grupos enteros. Por ejemplo, el que haya o no un paso abierto entre las aberturas nasales y la boca —único carácter, según Owen, que separa en absoluto los peces y reptiles—; la inflexión del ángulo de la mandíbula inferior en los marsupiales; el modo como se pliegan las alas de los insectos; el color simplemente en ciertas algas; la simple pubescencia en partes de la flor de las gramíneas, y la naturaleza de la envoltura dérmica, como el pelo y las plumas, en los vertebrados. Si el ornitorrinco hubiera estado cubierto de plumas en vez de pelos, este carácter externo e insignificante hubiese sido considerado por los naturalistas como una ayuda importante para determinar el grado de afinidad de este extraño ser con las aves.

La importancia, para la clasificación, de los caracteres insignificantes depende principalmente de que se hallen en correlación con otros varios caracteres más o menos importantes. En efecto, el valor de un conjunto de caracteres es muy evidente en historia natural. De aquí, como se ha hecho observar con frecuencia, que una especie pueda separarse de sus afines en varios caracteres, tanto de gran importancia fisiológica como de constancia casi general, y, sin embargo, no dejarnos duda alguna acerca de su clasificación. De aquí, también, que se haya visto que una clasificación fundada en un solo carácter cualquiera, por importante que pueda ser, ha fracasado siempre, pues ninguna parte de la organización es invariablemente constante. La importancia de un conjunto de caracteres, aun cuando ninguna sea importante, explica por sí sola el aforismo enunciado por Linneo —es decir, que los caracteres no hacen el género, sino que el género hace los caracteres—, pues este parece fundado en la apreciación de muchos detalles insignificantes de semejanza, demasiado leves para ser definidos. Ciertas plantas pertenecientes a las malpighiáceas dan flores perfectas y flores degeneradas; en estas últimas, como ha hecho observar A. de Jussieu, «la mayor parte de los caracteres propios de la especie, del género, de la familia y de la clase desaparecen, y de este modo se burlan de nuestra clasificación». Cuando la *Aspicarpa* produjo en Francia, durante varios años, solamente estas flores degeneradas, separándose tan sorprendentemente del tipo propio del orden en muchos de los puntos más importantes de conformación, M. Richard, sin embargo, vio sagazmente, como observa Jussieu, que este género debía seguir figurando aún entre las malpighiáceas. Este caso es un buen ejemplo del espíritu de nuestras clasificaciones.

Prácticamente, cuando los naturalistas están en su trabajo, no se preocupan del valor fisiológico de los caracteres que utilizan al definir un grupo o al asignar una especie particular cualquiera. Si dan con un carácter casi uniforme y común a un gran número de formas, pero no a otras, lo utilizan como un carácter de gran valor; si es común a un número menor de formas, lo utilizan como un carácter de valor secundario. Este principio ha sido plenamente reconocido por algunos naturalistas como el único y verdadero, y ninguno lo ha hecho con más claridad que el excelente botánico Aug. St. Hilaire. Si varios caracteres insignificantes se encuentran combinados, aun cuando no pueda descubrirse entre ellos ningún vínculo aparente de conexión, se les atribuye especial valor. Como en la mayoría de los grupos de animales, órganos importantes tales como los de propulsión de la sangre, los de la aireación de esta o los de la propagación de la especie se ve que son casi uniformes, se los considera de un valor inestimable para la clasificación; pero en algunos grupos, todos estos —los órganos vitales más importantes— se ve que presentan caracteres de valor completamente secundario. Así, según ha hecho observar recientemente Fritz Müller, en un mismo grupo de crustáceos [193], el *Cypridina* está provisto de corazón, mientras que en dos géneros sumamente afines —el *Cypris* y el *Cytherea*— carece de este órgano; una especie de *Cypridina* tiene branquias bien desarrolladas, mientras que otra especie está desprovista de ellas.

Podemos comprender por qué los caracteres procedentes del embrión hayan de ser de igual importancia que los procedentes del adulto, pues una clasificación natural incluye, por supuesto, todas las edades; pero, de acuerdo con la teoría ordinaria, no está de ningún modo claro que la estructura del embrión tenga que ser más importante para este propósito que la del adulto, siendo esta la única que juega por completo su papel en la economía de la naturaleza. Sin embargo, los grandes naturalistas Milne Edwards y Agassiz han insistido enérgicamente en que los caracteres embriológicos son los más importantes de todos, y esta doctrina ha sido muy generalmente admitida como verdadera. Sin embargo, su importancia ha sido a veces exagerada, debido a que no han sido excluidos los caracteres de adaptación de las larvas; para demostrar esto, Fritz Müller ordenó, valiéndose solo de estos caracteres, la gran clase de los crustáceos, y esta manera de ordenarlos no resultó ser natural. Pero es indudable que los caracteres embrionarios, excluyendo los larvarios, son de la mayor importancia para la clasificación, no solo en los animales, sino también en las plantas. Así, las divisiones principales de las plantas fanerógamas se fundan en diferencias existentes en el embrión —en el número y disposición de los cotiledones y en el modo de desarrollo de la plúmula y de la radícula—. Comprenderemos inmediatamente por qué estos caracteres poseen un valor tan grande en la clasificación: porque el sistema natural es genealógico en su disposición.

Nuestras clasificaciones muchas veces están evidentemente influidas por enlaces de afinidades. Nada más fácil que determi-

193 Se refiere a los cíprides, crustáceos diminutos bivalvos.

nar un número de caracteres comunes a todas las aves; pero en los crustáceos ha resultado imposible hasta ahora una determinación de esta naturaleza. Hay crustáceos, en los extremos opuestos de la serie, que apenas tienen un carácter en común, y, sin embargo, puede reconocerse inequívocamente que las especies de ambos extremos, por estar, evidentemente, relacionadas con otras y estas con otras, y así sucesivamente, pertenecen a esta clase y no a otra de artrópodos.

La distribución geográfica se ha utilizado a menudo, aunque quizá no del todo lógicamente, en la clasificación, sobre todo en grupos amplísimos de formas muy afines. Temminck insiste en la utilidad, e incluso en la necesidad, de este método en ciertos grupos de aves, y le han seguido varios entomólogos y botánicos.

Finalmente, por lo que se refiere al valor relativo de los diferentes grupos de especies, tales como órdenes, subórdenes, familias, subfamilias y géneros, parecen ser, al menos actualmente, casi arbitrario. Algunos de los mejores botánicos, como míster Bentham y otros, han insistido con fuerza en su valor arbitrario. Podrían citarse ejemplos, en las plantas y en los insectos, de un grupo clasificado al principio por naturalistas experimentados solo como género, y elevado luego a la categoría de subfamilia o familia; y esto se ha hecho no porque nuevas investigaciones hayan descubierto diferencias importantes de conformación, inadvertidas al principio, sino porque se han descubierto después numerosas especies afines con diferencias ligeramente leves.

Todas las reglas precedentes y las ayudas y dificultades en la clasificación pueden explicarse, si no me engaño mucho, de acuerdo con la teoría de que el *sistema natural* se basa en la descendencia con modificación; de que los caracteres que los naturalistas consideran como demostrativos de verdadera afinidad entre dos o más especies son los que han sido heredados de un antepasado común, pues toda verdadera clasificación es genealógica; y de que la comunidad de descendencia es el vínculo oculto que los naturalistas han estado buscando inconscientemente, y no un plan desconocido de creación o el enunciado de proposiciones generales, ni el mero hecho de poner juntos o separados objetos más o menos parecidos.

Pero debo explicar mi pensamiento más detenidamente. Creo que la *ordenación* de los grupos dentro de cada clase, con la debida subordinación y relación mutuas, para que sea natural debe ser rigurosamente genealógica; pero también creo que la *cuantía* de diferencia en las diversas ramas o grupos, aunque sean parientes en el mismo grado de consanguinidad con su antepasado común, puede diferir mucho, siendo debido a los diferentes grados de modificación que hayan experimentado, y esto se expresa por las formas que se clasifican en los diferentes géneros, familias, secciones y órdenes. El lector comprenderá mejor lo que se pretende decir si se toma la molestia de recurrir al diagrama del capítulo cuarto. Supongamos que las letras A a L representan géneros afines que existieron durante la época silúrica, y que desciende de una forma aún más primitiva. En tres de estos géneros —A, F e I—, una especie ha transmitido hasta la actualidad descendientes modificados, representados por los quince géneros —a^{14} a z^{14}— de la línea horizontal superior. Ahora bien, todos estos descendientes modificados de una sola especie están emparentados por consanguinidad o descendencia en un mismo grado; metafóricamente, pueden llamarse primos en el mismo millonésimo grado, y, sin embargo, difieren mucho y en distinta medida unos de otros. Las formas que descienden de A, ramificadas ahora en dos o tres familias, constituyen un orden distinto de las que descienden de I, divididas también en dos familias. Ni las especies vivientes que descienden de A pueden ser clasificadas en el mismo género que el progenitor A, ni las descendientes de I en el mismo género del progenitor I. Pero el género existente F^{14} puede suponerse que se ha modificado muy ligeramente, y se clasificará con el género progenitor F, exactamente de igual manera que un corto número de organismos todavía vivientes pertenecen a géneros silúricos. Así pues, el valor relativo de las diferencias entre estos seres orgánicos, que están todos mutuamente emparentados en el mismo grado de consanguinidad, ha venido a ser muy distinto. Sin embargo, su *ordenación* genealógica permanece rigurosamente exacta, no solo en los tiempos presentes, sino en cada periodo sucesivo de descendencia. Todos los descendientes modificados de

A habrán heredado algo en común de su común progenitor, como lo habrán heredado todos los descendientes de I; lo mismo ocurrirá en cada rama secundaria de descendientes y en cada fase sucesiva. Sin embargo, si suponemos que cualquier descendiente de A, o de I, ha llegado a modificarse de tal modo que ha perdido todos los vestigios de su parentesco, en este caso se habrá perdido su lugar en el sistema natural, como parece haber ocurrido con algunos organismos actuales. Todos los descendientes del género F, a lo largo de la totalidad de la línea de descendencia, se supone que se han modificado, pero muy poco, y que forman un solo género. Pero este género, aunque muy aislado, ocupará todavía su propia posición intermedia. La representación de los grupos, tal como se da en el diagrama sobre una superficie plana, es demasiado simple. Las ramas tendrían que divergir en todas las direcciones. Si los nombres de los grupos hubiesen sido escritos simplemente debajo en una serie lineal, la representación hubiese sido aún menos natural, y, evidentemente, es imposible representar en una serie o en una superficie plana las afinidades que descubrimos en la naturaleza entre los seres de un mismo grupo. Así pues, el sistema natural es genealógico en su ordenación, como un árbol genealógico; pero la cuantía de modificación que han experimentado los diferentes grupos tiene que expresarse clasificándolos en los que se llaman géneros, subfamilias, familias, secciones, órdenes y clases.

Valdría la pena de ilustrar este punto de vista de clasificación considerando el caso de las lenguas. Si poseyésemos un árbol genealógico perfecto de la humanidad, la ordenación genealógica de las razas humanas nos proporcionaría la mejor clasificación de las diversas lenguas que actualmente se hablan en todo el mundo; y si hubiesen de incluirse todas las lenguas muertas y todos los dialectos intermedios que van cambiando lentamente, tal ordenación sería la única posible. Sin embargo, podría ocurrir que algunas lenguas antiguas se hubiesen alterado muy poco y hubiesen dado origen a unas cuantas lenguas nuevas, mientras que otras se hubiesen alterado mucho, debido a la difusión, aislamiento y estado de civilización de las diversas razas descendientes, y de este modo hubiesen dado origen a numerosos dialectos y lenguas nuevas. Los varios grados de diferencia entre las lenguas de un mismo tronco tendrían que expresarse mediante grupos subordinados a grupos; pero la distribución, e incluso la única posible, sería siempre la genealógica, y esta sería rigurosamente natural, porque enlazaría el conjunto de todas las lenguas, vivas y muertas, por sus afinidades más íntimas y daría la filiación y origen de cada lengua.

En confirmación de esta opinión, echemos una ojeada a la clasificación de las variedades que se sabe o se cree que descienden de una sola especie. Las variedades se agrupan dentro de las especies y las subvariedades dentro de las variedades, y en algunos casos, como el de la paloma doméstica, en otros varios grados de diferencia. Se siguen casi las mismas reglas que al clasificar las especies. Los autores han insistido en la necesidad de ordenar las variedades según sistema natural, en vez de un sistema artificial; se nos previene, por ejemplo, para que no clasifiquemos juntas dos variedades de piña americana simplemente porque ocurra que sus frutos, a pesar de ser la parte más importante, sean casi idénticos; nadie clasifica juntos el nabo sueco y el nabo común, aunque sus raíces gruesas y comestibles sean tan parecidas. Cualquier parte que resulta ser más constante se emplea para clasificar las variedades; así, el gran agricultor Marshall dice que los cuernos son muy útiles a este respecto en el ganado vacuno, porque son menos variables que la forma o el color del cuerpo, etc., mientras que en los carneros los cuernos son mucho menos útiles para este fin, por ser menos constantes. Al clasificar las variedades, me doy cuenta de que, si tuviésemos un árbol genealógico, la clasificación genealógica sería universalmente preferida, y esta se ha intentado en algunos casos. Podríamos estar seguros de que, haya habido poca o mucha modificación, el principio de la herencia mantendría juntas a las formas que fuesen afines en el mayor número de peculiaridades. En las palomas volteadoras, aun cuando algunas de las subvariedades difieren en el importante carácter de la longitud del pico, sin embargo todas se conservan juntas por tener el hábito común de dar volteretas; pero la raza caricorta ha perdido por completo o casi por completo esta costumbre, y, no obstante, sin reparar en este punto, estas volteadoras se mantienen en el mismo grupo, por ser consanguíneas y parecerse en algunos otros conceptos.

Por lo que se refiere a las especies en estado de naturaleza, todos los naturalistas han introducido, de hecho, la descendencia en sus clasificaciones; pues en el grado ínfimo, el de especie, incluyen los dos sexos, y todo naturalista sabe lo enormemente que difieren estos a veces en los caracteres más importantes: apenas puede enunciarse un solo carácter común a los machos adultos y a los hermafroditas de ciertos cirrípedos, y, sin embargo, nadie sueña en separarlos. Tan pronto como se supo que a veces se producen en una misma planta las tres formas de orquídea *Monachanthus*, *Myanthus* y *Catasetum*, las cuales habían sido clasificadas previamente como tres géneros distintos, fueron inmediatamente consideradas como variedades, y actualmente he podido demostrar que son las formas masculina, femenina y hermafrodita de una misma especie. El naturalista incluye dentro de una sola especie los diferentes estados larvales de un mismo individuo, por mucho que puedan diferir entre sí y del individuo adulto, lo mismo que las llamadas generaciones alternantes de Steenstrup, que solo en un sentido técnico pueden considerarse como un mismo individuo. Incluye monstruos y variedades, no por su semejanza parcial con la forma madre, sino porque descienden de ella.

Como la descendencia se ha utilizado universalmente al clasificar el conjunto de los individuos de la misma especie, aunque los machos, las hembras y las larvas sean a veces en extremo diferentes, y como se ha utilizado al clasificar variedades que han experimentado cierta, y a veces considerable cuantía de modificación, ¿no podría este mismo elemento de la descendencia haber sido utilizado inconscientemente al agrupar las especies en géneros y los géneros en grupos superiores, todos dentro del llamado sistema natural? Yo creo que se ha empleado inconscientemente, y solo así puedo comprender las diferentes reglas y normas que han seguido nuestros mejores matemáticos. Como carecemos de árboles genealógicos escritos, nos vemos obligados a deducir la comunidad de origen por semejanzas de todas clases. Por eso elegimos aquellos caracteres que son los menos a propósito para modificarse, en relación con las condiciones de vida a que cada especie ha estado sometida en los tiempos recientes. Las estructuras rudimentarias, desde este punto de vista, son tan buenas, y algunas veces hasta mejores, que otras partes de la organización. No nos importa que un carácter pueda ser insignificante —ya sea la simple inflexión del ángulo de la mandíbula, la manera en que se pliegan las alas de un insecto, o que la piel esté cubierta de pelo o de plumas—, si este subsiste en muchas y diferentes especies, sobre todo en las que tienen hábitos de vida muy diferentes, adquiere un gran valor, pues solo por herencia de un progenitor común podemos explicar su presencia en tantas formas con costumbres tan distintas. En este respecto, podemos equivocarnos por lo que se refiere a puntos aislados de conformación, pero cuando varios caracteres, por insignificantes que sean, concurren en todo un amplio grupo de seres que tienen costumbres diferentes, podemos estar casi seguros, según la teoría de la descendencia, de que estos caracteres han sido heredados de un antepasado común, y sabemos que estos conjuntos de caracteres tienen especial valor en la clasificación.

Podemos comprender por qué una especie o un grupo de especies puede separarse de sus fines en varias de sus características más importantes, y, sin embargo, clasificarse con seguridad junto con ellas. Esto puede hacer con seguridad, y se hace a menudo, en tanto que un número suficiente de caracteres, por poco importantes que sean, revela el vínculo oculto de la comunidad de origen. Supongamos dos formas que no tienen ni un solo carácter común; sin embargo, si estas dos formas extremas están enlazadas sin interrupción por una cadena de grupos intermedios, podemos deducir enseguida su comunidad de origen y agruparlas a todas en una misma clase. Como vemos que los órganos de gran importancia fisiológica —los que sirven para conservar la vida en las más diversas condiciones de existencia— son generalmente los más constantes, les atribuimos un valor especial; pero si estos mismos órganos, en otro grupo o sección de un grupo, se ve que difieren mucho, enseguida les atribuimos menos valor en nuestra clasificación. Veremos dentro de poco por qué los caracteres embriológicos son de tanta importancia en la clasificación. La distribución geográfica puede a veces prestar servicio útil al clasificar géneros extensos, porque todas las especies del mismo género, que viven en una región distinta y aislada cualquiera, han descendido con toda probabilidad de los mismos progenitores.

Semejanzas analógicas

Según los anteriores puntos de vista, podemos comprender la importantísima diferencia que existe entre las afinidades reales y las semejanzas analógicas o de adaptación [194]. Lamarck fue el primero que llamó la atención sobre este asunto, y ha sido inteligentemente seguido por Macleay y otros. Las semejanzas en la forma del cuerpo y en los miembros anteriores, en forma de aleta, que existen entre los dugones y las ballenas, y entre estos dos órdenes de mamíferos y peces, son analógicas. También lo es la semejanza entre un ratón y un musgaño *(Sorex),* que pertenecen a órdenes diferentes, y la semejanza todavía mayor —sobre la que ha insistido míster Mivart— entre el ratón y un pequeño marsupial *(Antechinus)* de Australia. Estas últimas semejanzas pueden explicarse, a mi parecer, por adaptación a movimientos activos similares entre espesuras y matorrales, unido a los movimientos para ocultarse de los enemigos.

Entre los insectos hay innumerables casos similares; así, Linneo, engañado por las apariencias externas, clasificó realmente un insecto homóptero como lepidóptero. Vemos algo de esto incluso en nuestras variedades domésticas, como en la forma sorprendentemente parecida del cuerpo de las razas perfeccionadas del cerdo chino y del cerdo común, que han descendido de especies distintas; y en la similitud de los gruesos tallos del nabo común y del nabo sueco, que es específicamente distinto. La semejanza entre el galgo y el caballo de carrera apenas es más caprichosa que las ana-

194 Véase tabla de adiciones, pág. 41.

logías que han establecido algunos autores entre animales muy diferentes.

Según la teoría de que los caracteres son de importancia real para la clasificación solo en cuanto revelan la descendencia, podemos comprender claramente por qué los caracteres analógicos o de adaptación, aun cuando sean de la mayor importancia para el bienestar del ser, carecen casi de valor para el sistemático; pues animales que pertenecen a dos líneas genealógicas completamente distintas pueden haber llegado a adaptarse a condiciones semejantes y haber adquirido así una gran semejanza externa; pero estas semejanzas no revelarán, sino más bien tenderán a ocultar su parentesco de consanguinidad. También podemos comprender así la aparente paradoja de que exactamente los mismos caracteres sean analógicos cuando se compara un grupo con otro, pero den verdaderas afinidades cuando se comparan entre sí los miembros de un mismo grupo; así, la forma del cuerpo y los miembros en forma de aleta son caracteres analógicos solo cuando se comparan las ballenas con los peces, pues en ambas clases son adaptaciones para nadar; pero entre los diferentes miembros de la familia de las ballenas, la forma del cuerpo y los miembros en forma de aleta presentan caracteres que ponen de manifiesto afinidades verdaderas, pues como estas partes son casi similares en toda la familia, no podemos dudar de que han sido heredadas de un antepasado común. Lo mismo ocurre en los peces.

Podrían citarse numerosos ejemplos de semejanzas sorprendentes, en seres completamente distintos, entre órganos o partes determinadas que se han adaptado a las mismas funciones. Un buen ejemplo no lo proporciona la gran semejanza entre las mandíbulas del perro y las del lobo de Tasmania o *Thylacinus,* animales que están muy separados en el sistema natural. Pero esta semejanza está limitada al aspecto general, como la prominencia de los caninos y la forma cortante de los molares, pues en realidad los dientes difieren mucho. Así, el perro tiene a cada lado de la mandíbula superior cuatro premolares y solo dos molares, mientras que el *Thylacinus* tiene tres premolares y cuatro molares; los molares también difieren mucho, en tamaño y en conformación, en ambos animales, y la dentición del adulto va precedida de una dentición de leche muy diferente. Todo el mundo puede negar, desde luego, que los dientes en uno y otro caso se hayan adaptado a desgarrar carne, mediante la selección natural de variaciones sucesivas; pero si esto se admite en un caso, es para mí incomprensible que haya de negarse en otro. Celebro ver que una autoridad tan eminente como el profesor Flower haya llegado a la misma conclusión.

Los casos extraordinarios, citados en un capítulo anterior, de peces muy diferentes que poseen órganos eléctricos —o de insectos muy diferentes que poseen órganos luminosos—, y de orquídeas y de asclepidáceas que tienen masas de polen con discos viscosos, entran en este mismo encabezamiento de semejanzas analógicas. Pero estos casos son tan portentosos que fueron presentados como dificultades u objeciones a nuestra teoría. En todos estos casos puede descubrirse alguna diferencia fundamental en el crecimiento o desarrollo de las partes, y, generalmente, en su estructura adulta. El fin conseguido es el mismo, pero los medios, aunque superficialmente parecen ser los mismos, son esencialmente diferentes. El principio a que antes se aludió con la denominación de *variación analógica* entra probablemente con frecuencia en juego en estos casos; es decir, los miembros de una misma clase, aunque solo con parentesco lejano, han heredado tanto de común en su constitución que son aptos para variar de un modo semejante al ser afectados por causas semejantes de excitación, y esto, evidentemente, ayudaría a la adquisición, mediante selección natural, de partes u órganos notablemente parecidos entre sí, independientemente de su herencia directa de un progenitor común.

Como especies que pertenecen a clases distintas se han adaptado a menudo, mediante ligeras modificaciones sucesivas, a vivir en circunstancias casi similares —por ejemplo, a habitar en los tres elementos: tierra, aire y agua—, podemos comprender acaso el porqué de ese paralelismo numérico que se ha observado a veces entre los subgrupos de clases distintas. Un naturalista, impresionado por un paralelismo de esta naturaleza, elevando o rebajando arbitrariamente el valor de los grupos en las diferentes clases

—y toda nuestra experiencia demuestra que su valuación es hasta ahora arbitraria—, podría fácilmente extender mucho el paralelismo, y probablemente de este modo nacieron las clasificaciones septenaria, quinaria, cuaternaria y ternaria.

Existe otra curiosa clase de casos en los que la gran semejanza externa no depende de adaptación a hábitos de vida semejantes, sino que se ha adquirido por razón de protección. Me refiero al modo maravilloso con que ciertas mariposas imitan, como describió por vez primera míster Bates, a otras especies completamente distintas. Este excelente observador ha demostrado que en algunas regiones de América del Sur, donde, por ejemplo, una *Ithomia* abunda en brillantes enjambres, otra mariposa, una *Leptalis,* se encuentra a menudo mezclada en la misma bandada, y esta última se parece tanto a la *Ithomia* en cada raya y matiz de color, y hasta en la forma de sus alas, que míster Bates, con su vista aguzada por estar coleccionándolas durante once años, se engañaba de continuo, a pesar de estar siempre alerta. Cuando se coge y se compara a los imitadores y a los imitados, se ve que son muy diferentes en su conformación esencial y que no solo pertenecen a géneros distintos, sino con frecuencia a familias distintas. Si este mimetismo ocurriese solo en uno o dos casos, podría haberse pasado por alto como una extraña coincidencia. Pero si salimos de una región donde una *Leptalis* imita a una *Ithomia,* encontramos otras especies imitadoras e imitadas, pertenecientes a los dos mismos géneros, cuya semejanza es igualmente estrecha. En total se han enumerado no menos de diez géneros que comprenden especies que imitan a otras mariposas. Los imitadores y los imitados viven siempre en la misma región; nunca encontramos un imitador que viva lejos de la forma que imita. Los imitadores son casi invariablemente insectos raros; los imitados, en casi todos los casos, abundan hasta formar enjambres. En la misma comarca en que una especie de *Leptalis* imita exactamente a una *Ithomia,* hay a veces otros lepidópteros que remedan a la misma *Ithomia;* de modo que en un mismo paraje se encuentran especies de tres géneros de mariposas y hasta una polilla, que se asemejan todas mucho a una mariposa perteneciente a un cuarto género. Merece especial mención el hecho de que puede demostrarse, mediante una serie gradual, que algunas de las formas miméticas de *Leptalis,* lo mismo que algunas de las imitadas, son simplemente variedades de la misma especie, mientras que otras son indudablemente especies distintas. Pero puede preguntarse: ¿por qué ciertas formas se consideran como imitadas y otras como imitadoras? Míster Bates contesta satisfactoriamente a esta pregunta demostrando que la forma que es imitada conserva la vestimenta usual del grupo a que pertenece, mientras que las falsarias han cambiado su vestimenta y no se parecen a sus parientes más próximos. Esto nos lleva de la mano a indagar qué razón puede invocarse para que ciertas mariposas y polillas tomen con tanta frecuencia el ropaje de otra forma completamente distinta; por qué la naturaleza, para perplejidad de naturalistas, ha consentido en trucos de teatro. Míster Bates ha dado indudablemente con la verdadera explicación. Las formas imitadas, que siempre son muy abundantes en el número de sus miembros, tienen que escapar habitualmente en gran escala a la destrucción, pues de otro modo no podrían existir formando tales enjambres, y actualmente se ha recogido un gran cúmulo de pruebas que demuestran que son desagradables a las aves y a otros animales insectívoros. Por el contrario, las formas imitadoras que viven en la misma comarca, son relativamente escasas y pertenecen a grupos raros; por consiguiente, han de sufrir habitualmente alguna causa de destrucción, pues de otra manera, dado el número de huevos que ponen todas las mariposas, al cabo de tres o cuatro generaciones volarían en enjambre por toda la comarca. Ahora bien, si un individuo de uno de estos grupos raros y perseguidos tomase una vestimenta tan parecida a la de una especie bien protegida, que engañaba continuamente la vista experimentada de un entomólogo, engañaría muchas veces a insectos y a aves insectívoras, y de este modo se libraría con frecuencia de la destrucción. Casi puede decirse que míster Bates ha sido testigo actualmente del proceso mediante el cual los imitadores han llegado a parecerse tanto a los imitados, pues descubrió que algunas de las formas de *Leptalis* que imitan a tantas otras mariposas varían en sumo grado. En una comarca se presentaban diferentes variedades, y de estas solo una se parecía, hasta cierto punto, a la *Ithomia* común de la misma comarca. En otra comarca había dos o tres variedades, una de las cuales era mucho más común que las otras, y esta imitaba mucho a otra forma de *Ithomia*. De hechos de esta naturaleza, míster Bates deduce que la *Leptalis* varía primero, y cuando ocurre que una variedad se parece en cierto grado a cualquier mariposa común que viven en la misma comarca, esta variedad, por su semejanza con una especie floreciente y poco perseguida, tiene más probabilidades de salvarse de ser destruida por los insectos y las aves insectívoras, y, por consiguiente, se conserva con más frecuencia «por ser eliminados, generación tras generación, los grados menos perfectos de parecido, y quedar solo los demás para propagar su especie». De modo que tenemos aquí un excelente ejemplo de selección natural.

Messrs. [195] Wallace y Trimen han descrito también varios casos igualmente notables de imitación en los lepidópteros del archipiélago malayo y de África, y en algunos otros insectos. Míster Wallace ha descubierto también un caso análogo en las aves; pero no tenemos ninguno entre los cuadrúpedos grandes. El ser mucho más frecuente la imitación en los insectos que en otros animales, es probablemente la consecuencia de su pequeño tamaño; los insectos no pueden defenderse por sí mismos, excepto, naturalmente, las especies provistas de aguijón, y nunca he oído de ningún caso de insectos de estas especies que imiten a otros insectos, aun cuando ellas son imitadas; los insectos no pueden fácilmente escapar volando de los animales mayores que hacen presa de ellos, y por eso, hablando metafóricamente, están reducidos, como la mayor parte de los seres débiles, al engaño y al disimulo.

Hay que observar que el proceso de imitación probablemente nunca empieza entre formas de color muy diferente, sino que, iniciándose en especies ya algo parecidas entre sí, fácilmente se puede adquirir por los medios antes indicados la semejanza más estrecha, si es beneficiosa; y si la forma imitada se modificó después gradualmente por una causa cualquiera, la forma imitadora

195 Los señores, abreviatura inglesa de *Messieurs,* plural de *Míster.*

seguiría el mismo camino, y de este modo se modificaría casi indefinidamente, de manera que al fin podría adquirir una apariencia o colorido diferente por completo del de los otros miembros de la familia a que pertenece. Sin embargo, existe cierta dificultad sobre este punto, pues hay que suponer que, en algunos casos, formas antiguas pertenecientes a varios grupos distintos, antes de haber divergido hasta su grado actual, se parecían accidentalmente a una forma de otro grupo protegido, en grado suficiente para que les proporcionase alguna ligera protección, habiendo dado esto base para adquirir después la semejanza más perfecta.

Sobre la naturaleza de las afinidades que enlazan a los seres orgánicos

Como los descendientes modificados de las especies dominantes que pertenecen a los géneros más extensos tienden a heredar las ventajas que hicieron extensos a los grupos a que ellas pertenecen y a sus antepasados dominantes, es casi seguro que se extenderán ampliamente y se apoderarán cada vez de más puestos en la economía de la naturaleza. Los grupos más extensos y dominantes dentro de cada clase tienden, pues, a continuar aumentando en cantidad específica y, en consecuencia, suplantan a muchos grupos más pequeños y débiles. De este modo podemos explicar el hecho de que todos los organismos, vivientes y extinguidos, queden incluidos en unos cuantos grandes grupos y en un número aún menor de clases. Como demostración de lo escasos que son en número los grupos más grandes y de lo muy extendidos que están por todo el mundo, es notable el hecho de que el descubrimiento de Australia no ha añadido un solo insecto que pertenezca a una nueva clase, y de que en el reino vegetal, según veo por el doctor Hooker, ha añadido solamente dos o tres familias de pocas especies.

En el capítulo sobre sucesión geológica intenté demostrar, según el principio de que en cada grupo ha habido mucha divergencia de caracteres durante el largo y continuado proceso de modificación, por qué las formas orgánicas más antiguas presentan a menudo caracteres en cierto grado intermedios entre los de grupos existentes. Como un corto número de las formas antiguas e intermedias han transmitido hasta nuestros días descendientes, pero muy poco modificados, estos constituyen las que llamamos *especies osculantes* o *aberrantes* [196]. Cuanto más aberrante es una forma cualquiera, tanto mayor tiene que ser el número de formas de enlace que han sido exterminadas y que han desaparecido por completo. Y tenemos algunas pruebas de que los grupos aberrantes han sufrido rigurosas extinciones, pues están representados casi siempre por poquísimas especies, y estas —como suele ocurrir— son generalmente muy distintas entre sí, lo que también implica que ha habido extinciones. Los géneros *Ornithorhynchus* y *Lepidosiren,* por ejemplo, no serían menos aberrantes si cada uno estuviese representado por una docena de especies, en vez de estarlo, como ocurre actualmente, por una sola, o por dos o tres. Creo que solo podemos explicar este hecho considerando a los grupos aberrantes como formas que han sido vencidas por competidores más afortunados, quedando un corto número de representantes que se conservan aún en condiciones inusitadamente favorables.

Míster Waterhouse ha hecho observar que, cuando una forma que pertenece a un grupo de animales muestra afinidad con un grupo completamente distinto, esta afinidad, en la mayor parte de los casos, es general y no especial; así, según míster Waterhouse, de todos los roedores, la vizcacha es el más emparentado con los marsupiales; pero en los caracteres en que se aproxima a este orden, sus relaciones son generales, es decir, no son mayores con una especie cualquiera de marsupiales que con otra. Como se cree que estos puntos de afinidad son reales y no meramente de adaptación, tienen que deberse, de acuerdo con nuestra teoría, a herencia de un progenitor común. Por consiguiente, tendríamos que suponer: o bien que todos los roedores, incluyendo la vizcacha, se ramificaron de algún antiguo marsupial, que naturalmente habrá sido por sus caracteres más o menos intermedio con relación a to-

196 Véase el glosario de términos científicos.

dos los marsupiales existentes; o bien que, tanto los roedores como los marsupiales, se ramificaron de un antepasado común, y que ambos grupos han experimentado desde entonces mucha modificación en direcciones divergentes. En cualquiera de las dos opiniones, debemos suponer que la vizcacha ha conservado, por herencia, más caracteres de su remoto progenitor que los otros roedores, y que por esto no estará especialmente emparentada con ningún marsupial viviente, sino indirectamente con todos o casi todos los marsupiales, por haber conservado en parte los caracteres de su común progenitor o de algún miembro primitivo del grupo. Por otra parte, de todos los marsupiales, según ha hecho observar míster Waterhouse, el *Phascolomys* es el que más parece, no a una especie determinada, sino al orden de los roedores en general. Sin embargo, en este caso hay grave sospecha de que la semejanza es únicamente analógica, debido a que el *Phascolomys* ha llegado a adaptarse a hábitos de vida como los de los roedores. Aug. Pyr. de Candolle ha hecho casi las mismas observaciones sobre la naturaleza general de las afinidades de distintas familias de plantas.

Según el principio de la multiplicación y gradual divergencia de caracteres de las especies que descienden de un progenitor común, unido a la conservación por herencia de algunos caracteres comunes, podemos comprender las afinidades sumamente complejas y radiales que enlazan a todos los miembros de una misma familia o grupo superior; pues el progenitor común de toda una familia, ramificada ahora por extinción en grupos y subgrupos distintos, habrá transmitido algunos de sus caracteres, modificados en diferentes maneras y grados, a todas las especies, que estarán, por consiguiente, emparentadas entre sí por líneas de afinidad tortuosas y de distintas longitudes —como puede verse en el diagrama a que tantas veces hemos hecho referencia—, que se remontan a muchos antepasados. Del mismo modo que es difícil hacer ver el parentesco de consanguinidad entre la numerosa descendencia de cualquier familia noble y antigua aun con ayuda del árbol genealógico, y casi imposible hacerlo sin ayuda de este, podemos comprender la extraordinaria dificultad que han experimentado los naturalistas al describir, sin la ayuda de un diagrama, las diversas afinidades que columbran entre los numerosos miembros vivientes y extinguidos de una misma gran clase natural.

La extinción, como hemos visto en el capítulo cuarto, ha jugado un papel importante para precisar y ensanchar los intervalos entre los diferentes grupos de cada clase. De este modo podemos explicarnos la marcada distinción de clases enteras —por ejemplo, entre las aves y todos los demás animales vertebrados— por la creencia de que se han perdido por completo muchas formas orgánicas antiguas, mediante las cuales los primitivos progenitores de las aves estuvieron en otro tiempo enlazados con los progenitores primitivos de las otras y, al mismo tiempo, menos diferenciadas clases de vertebrados. Ha habido mucha menos extinción en las formas orgánicas que antiguamente enlazaron a los peces con los batracios. Ha habido aún menos extinción dentro de algunas clases enteras, por ejemplo, los crustáceos, pues en ellos las formas más asombrosamente distintas están todavía eslabonadas por una larga cadena de afinidades solo parcialmente interrumpida. La extinción únicamente ha separado los grupos, en modo alguno los ha hecho; pues si reapareciesen de pronto todas las formas que han existido alguna vez sobre la tierra, aunque sería completamente imposible dar definiciones por las que pudiese distinguirse a cada grupo, todavía sería posible una clasificación natural o, al menos, una ordenación natural. Veremos esto volviendo al diagrama: las letras A a L pueden representar once géneros silúricos, algunos de los cuales han producido grandes grupos de descendientes modificados, con cada forma de unión en cada una de las ramas y subramas que aún viven, y los eslabones no son más relevantes que los que existen entre las variedades. En este caso sería completamente imposible dar definiciones por las que los diversos miembros de los diversos grupos pudiesen ser distinguidos de sus ascendientes y descendientes más inmediatos. Sin embargo, la disposición del diagrama seguiría siendo útil y natural; pues, según el principio de la herencia, todas las formas que descendiesen, por ejemplo, de A, tendrían algo de común. En un árbol podemos distinguir esta o aquella rama, aunque las dos se unan y se mezclen en la bifurcación efectiva. No podríamos, como he dicho, precisar los diversos grupos; pero podríamos elegir tipos o formas que representasen la mayor parte de los caracteres de cada grupo, grande o pequeño, y dar así una idea general del valor de las diferencias entre ellos. Esto es a lo que nos veríamos obligados, si alguna vez consiguiésemos reunir todas las formas de una clase cualquiera que hubiese persistido a través del tiempo y del espacio. Seguramente jamás conseguiremos hacer una colección tan perfecta; sin embargo, en ciertas clases tendemos hacia ese fin, y Milne Edwards ha insistido recientemente, en un excelente trabajo, en la suma importancia de fijar la atención en los tipos, podamos o no separar y definir los grupos a que pertenecen tales tipos.

Finalmente, hemos visto que la selección natural, que resulta de la lucha por la existencia, y que casi inevitablemente conduce a la extinción y a la divergencia de caracteres en los descendientes de cualquier especie madre, explica el gran rasgo característico general de las afinidades de todos los seres orgánicos, es decir, su subordinación de grupo a grupo. Utilizamos el elemento de la descendencia al clasificar los individuos de ambos sexos y de todas las edades en una sola especie, aunque puedan tener muy pocos caracteres de común; empleamos la descendencia al clasificar variedades conocidas, por muy diferentes que sean de sus progenitores, y creo que este elemento de la descendencia es el vínculo oculto de conexión que los naturalistas han buscado bajo el nombre de *sistema natural*. De acuerdo con esta idea de que el sistema natural —en la medida en que ha sido realizado— es genealógico en su disposición, expresando los grados de diferencia por los términos géneros, familias, órdenes, etc., podemos comprender las reglas que nos vemos obligados a seguir en nuestra clasificación. Podemos comprender por qué valoramos ciertas semejanzas más qué otras; por qué nos servimos de órganos inútiles y rudimentarios, o de otros de escasa importancia fisiológica; por qué, al averiguar el parentesco entre un grupo y otro, rechazamos inmediatamente los caracteres analógicos o de adaptación y, sin embargo, nos valemos de estos mismos caracteres dentro de los límites de un mismo grupo. Podemos ver claramente por qué todas las formas vivientes y extinguidas pueden agruparse en unas cuantas grandes clases, y por qué los diversos miembros de cada clase están unidos mutuamente por las líneas de afinidad más complicadas y divergentes. Probablemente, jamás desenmarañaremos la inextricable madeja de las afinidades entre los mienbros de una clase cualquiera; pero, cuando tenemos a la vista un objetivo claro y no buscamos algún plan desconocido de la creación, podemos confiar en realizar progresos seguros, aunque lentos.

El profesor Haeckel, en su *Generelle Morphologie* y en otras obras, ha empleado recientemente su gran conocimiento y capacidad en lo que llama *filogenia,* o las líneas de descendencia de todos los seres orgánicos. Al representar las diferentes series cuenta principalmente con los caracteres embriológicos, pero recibe ayuda de los órganos homólogos y rudimentarios, así como de los sucesivos periodos en que se cree que han aparecido por vez primera en nuestras formaciones geológicas las diversas formas orgánicas. Así ha dado comienzo audazmente a una gran labor, y nos demuestra cómo será tratada en el futuro la clasificación.

Morfología

Hemos visto que los miembros de una misma clase, independientemente de sus hábitos de vida, se parecen entre sí en el plan general de su organización. Esta semejanza se expresa a menudo con el término *unidad de tipo,* o diciendo que las diversas partes y órganos son homólogos en las distintas especies de la clase. Todo el asunto se encierra en la denominación general de *morfología.* Esta es una de las partes más interesantes de la historia natural, y casi puede decirse que es su misma alma. ¿Qué puede haber más curioso que el que la mano del hombre, hecha para coger; la del topo, hecha para minar; la pata del caballo, la aleta de la marsopa y el ala del murciélago estén todas construidas según el mismo patrón y comprendan huesos similares, en las mismas posiciones relativas? [197]. ¡Qué curioso es —para dar un ejemplo subordinado,

197 Véase tabla de adiciones, pág. 41.

aunque sorprendente— que las patas posteriores del canguro, tan bien adaptadas para saltar en llanuras abiertas; las del coala trepador, que se alimenta de hojas, igualmente bien adaptadas para agarrarse a las ramas de los árboles; las de las ratas de Malabar, que viven bajo tierra y se alimentan de insectos o raíces, y las de algunos otros marsupiales australianos, estén constituidas según el mismo tipo extraordinario, o sea, con los huesos del segundo y tercer dedos sumamente delgados y envueltos por una misma piel, de manera que parecen como un solo dedo provisto de dos uñas! A pesar de esta semejanza de modelo, es evidente que las patas posteriores de estos diversos animales se usan para fines tan diferentes como pueda imaginarse. Hacen aún más sorpredente el caso de las zarigüeyas [198] de América, que, teniendo casi las mismas costumbres que algunos de sus parientes australianos, tienen los pies construidos según el plan ordinario. El profesor Flower, de quien están tomados estos datos, concluye con esta observación: «Podemos llamar esto conformidad con el tipo, sin acercarnos mucho a una explicación del fenómeno», y luego añade: «¿Pero no sugiere esto poderosamente la idea de verdadero parentesco, de herencia de un antepasado común?».

Geoffroy Saint-Hilaire ha insistido con mucha energía en la gran importancia de la posición relativa o conexión de las partes homólogas; pueden estas diferir casi ilimitadamente en forma y tamaño y, sin embargo, permanecer unidas entre sí en el mismo orden invariable. Jamás encontraremos, por ejemplo, traspuestos los huesos del brazo y del antebrazo, o los del muslo y la pierna. De aquí que puedan darse los mismos nombres a huesos homólogos en animales muy diferentes. Vemos esta misma gran ley en la constitución de la boca de los insectos: ¿qué puede haber más diferente que la proboscis espiral, inmensamente larga, de un esfíngido, la curiosamente plegada de una abeja o de una chinché y las grandes mandíbulas de un escarabajo? Sin embargo, todos estos órganos, que sirven para fines sumamente diferentes, están forma-

198 Mamífero didelfo arborícola, de América del Norte. La zarigüeya acuática vive de peces en los arroyos.

dos por modificaciones infinitamente numerosas de un labio superior, mandíbulas y dos pares de maxilas. La misma ley rige la constitución de la boca y las patas de los crustáceos. Y lo mismo ocurre en las flores de las plantas.

No hay nada más inútil que intentar explicar esta semejanza de tipo en miembros de una misma clase por la utilidad o por la doctrina de las causas finales. La inutilidad de este intento ha sido reconocida expresamente por Owen en su interesantísima obra sobre la *Nature of Limbs*. Según la teoría ordinaria de la creación independiente de cada especie, solamente podemos decir que esto es así; que le ha placido al Creador construir todos los animales y plantas, en cada una de las grandes clases, según un plan uniforme, pero esto no es una explicación científica.

La explicación es sencillísima según la teoría de la selección de ligeras modificaciones sucesivas, por ser cada modificación provechosa de algún modo a la forma modificada, aunque afecten a menudo, por correlación, a otras partes del organismo. En cambios de esta naturaleza, habrá poca o ninguna tendencia a alterar el modelo original o a trastocar las partes. Los huesos de un miembro pudieron acortarse y aplanarse en cualquier medida, y llegar a quedar envueltos al mismo tiempo por una membrana gruesa, de modo que sirvan como aleta o en una pata anterior palmeada pudieron alargarse hasta cualquier dimensión todos sus huesos, o determinados huesos, creciendo al mismo tiempo la membrana que los une, de modo que sirvan como ala; y, sin embargo, todas estas modificaciones no tenderían a alterar el armazón de los huesos o la conexión relativa de las partes. Si suponemos que el primitivo progenitor —el arquetipo, como puede llamársele— de todos los mamíferos, aves y reptiles, tuvo sus miembros construidos según el plan general actual, cualquiera que fuese el fin para que sirviesen, adivinaríamos enseguida la evidente significación de la construcción homóloga de los miembros en toda la clase. Así, en lo que se refiere a la boca de los insectos, nos basta solo suponer que su progenitor común tuvo un labio superior, mandíbulas y dos pares de maxilas, siendo estas partes quizá de forma muy sencilla, y luego la selección natural explicará la infinita diversidad en la estructura y funciones de los aparatos bucales de los insectos. Se concibe, no obstante, que el modelo general de un órgano pueda oscurecerse tanto que al final desaparezca, por la reducción y, al cabo, por el aborto completo de ciertas partes, por la fusión de otras y por la duplicación o multiplicación de otras —variaciones que sabemos que se hallan dentro de lo posible—. En las aletas de los gigantescos saurios marinos extinguidos y en las bocas de ciertos crustáceos chupadores, el modelo original parece haber quedado oscurecido en parte.

Hay otro aspecto igualmente curioso de este asunto: las homologías en serie, o sea, la comparación de las diferentes partes u órganos en un mismo individuo, y no de las mismas partes u órganos en diferentes individuos de la misma clase. La mayoría de los fisiólogos cree que los huesos del cráneo son homólogos —es decir, que corresponden en número y conexión relativa— con las partes fundamentales de un cierto número de vértebras. Los miembros anteriores y posteriores de todas las clases superiores de vertebrados son claramente homólogas. Lo mismo ocurre con las mandíbulas y las patas tan maravillosamente complejas de los crustáceos. Casi todo el mundo sabe que, en una flor, la posición relativa de los sépalos, pétalos, estambres y pistilos, así como su estructura íntima, se explica por la teoría de que consisten en hojas metamorfoseadas, dispuestas en espiral. En las plantas monstruosas encontramos a menudo pruebas evidentes de la posibilidad de que un órgano se esté transformando en otro, y vemos realmente, durante las fases primitivas o embrionarias de desarrollo de las flores, lo mismo que en los crustáceos y otros muchos animales, que órganos que al llegar a la madurez se vuelven sumamente diferentes son al principio exactamente iguales.

¡Qué inexplicables son los casos de homologías en serie por la teoría ordinaria de la creación! [199]. ¿Por qué ha de estar el cerebro encerrado en una caja compuesta de piezas óseas tan numerosas y tan singularmente formadas que parecen representar vértebras? Como ha hecho observar Owen, la ventaja que resulta de que las

199 Véase tabla de adiciones, pág. 41.

piezas separadas cedan en el acto del parto en los mamíferos no explica de ningún modo esa misma construcción en los cráneos de las aves y reptiles. ¿Por qué habrían de ser creados huesos semejantes para formar las alas y las patas del murciélago, utilizadas para fines tan completamente distintos como lo son el volar y el andar? ¿Por qué un crustáceo, que tiene un aparato bucal sumamente complejo, formado de muchas partes, ha de tener siempre, en consecuencia, menos patas, o, al revés, los que tienen muchas patas han de tener aparatos bucales más simples? ¿Por qué en todas las flores los sépalos, pétalos, estambres y pistilos, aunque adecuados a fines distintos, han de estar construidos según el mismo modelo? Según la teoría de la selección natural, podemos, hasta cierto punto, contestar a estas preguntas. No necesitamos considerar aquí cómo llegaron los cuerpos de algunos animales a dividirse en series de segmentos o cómo llegaron a dividirse en los lados derecho e izquierdo con órganos que se corresponden, pues tales cuestiones están casi fuera del alcance de la investigación. Sin embargo, es probable que algunas conformaciones en serie sean el resultado de las células que se multiplican por división, ocasionando la multiplicación de las partes que provienen de estas células. Bastara para nuestro pronósito tener presente que la repetición indefinida de una misma parte u órgano es, como ha dicho Owen, la característica común de todas las formas inferiores o poco especializadas, y, por tanto, el desconocido progenitor de los vertebrados tuvo probablemente muchas vértebras; el desconocido progenitor de los artrópodos, muchos segmentos, y el desconocido progenitor de las plantas fanerógamas, muchas hojas dispuestas en una o más espirales. También hemos visto anteriormente que las partes que se repiten muchas veces son muy propensas a variar, no solo en número, sino también en forma. En consecuencia, estas partes, que existen ya en número considerable y que son sumamente variables, proporcionarían naturalmente los materiales para la adaptación a los fines más diferentes y, sin embargo, tendrían que conservar, en general, por la fuerza de la herencia, vestigios evidentes de su semejanza primitiva o fundamental. A lo sumo, conservarían esta semejanza, mientras que las variaciones, que proporcionaban la base para su subsiguiente modificación mediante selección natural, tenderían desde el principio a ser semejantes, por ser iguales las partes en una fase temprana de desarrollo y por estar sometidas a casi las mismas condiciones. Tales partes, más o menos modificadas, serían homologas en serie, a menos que su origen común llegase a oscurecerse por completo.

En la gran clase de los moluscos, aunque puede demostrarse que son homólogas las partes de especies distintas, solamente puede indicarse un corto número de homologías en serie, tales como las valvas de los *Chiton;* esto es, raras veces podemos decir que una parte es homologa de otra en el mismo individuo. Y podemos comprender este hecho, pues en los moluscos, ni aun en los miembros más inferiores de la clase, no encontramos casi tanta indefinida repetición de una parte dada, como encontramos en las demás grandes clases de los reinos animal y vegetal.

Pero la morfología es un asunto mucho más complejo de lo que a primera vista parece, como últimamente ha demostrado muy bien, en una notable memoria, míster E. Ray Lankester, quien ha establecido una importante distinción entre ciertas clases de casos que han sido considerados igualmente como homólogos por los naturalistas [200]. Propone llamar *homogéneas* a las conformaciones que se asemejan entre sí en animales distintos, debido a que descienden de un progenitor común con subsiguiente modificación, y propone llamar *homoplásticas* a las semejanzas que no pueden explicarse de este modo. Por ejemplo: míster Lankester cree que los corazones de las aves y mamíferos son como un todo homogéneo, es decir, que han derivado de un progenitor común; pero que las cuatro cavidades del corazón en las dos clases son homoplásticas, es decir, que se han desarrollado independientemente. Míster Lankester aduce también la estrecha semejanza que existe entre los lados derecho e izquierdo del cuerpo, y entre los segmentos sucesivos de un mismo representante animal, y en este caso tenemos partes, comúnmente llamadas homólogas, que no tienen relación alguna con la descendencia de especies distintas de un progenitor

200 Véase tabla de adiciones, pág. 41.

común. Las conformaciones homoplásticas son las mismas que las que he clasificado, aunque de un modo muy imperfecto, como modificaciones o semejanzas analógicas. Su formación puede atribuirse en parte a que organismos distintos, o partes distintas de un mismo organismo, han variado de una manera análoga, y en parte a que modificaciones similares se han conservado para la misma función o fin general, de lo que podrían citarse muchos ejemplos.

Los naturalistas hablan con frecuencia del cráneo como formado de vértebras metamorfoseadas, de las mandíbulas de los cangrejos como patas metamorfoseadas, de los estambres y pistilos de las flores como hojas metamorfoseadas; pero en la mayor parte de los casos sería más correcto, como ha hecho observar el profesor Huxley, hablar del cráneo y de las vértebras, de las mandíbulas y de las patas, etc., como si proviniesen, por metamorfosis, no unos órganos de otros, tal como hoy existen, sino de algún elemento común y más sencillo. Sin embargo, la mayoría de los naturalistas emplean este lenguaje solo en sentido metafórico; están muy lejos de querer decir que durante un largo transcurso de descendencia, órganos primordiales de cualquier clase —vértebras en un caso y patas en el otro— se hayan convertido realmente en cráneos o mandíbulas. Sin embargo, es tan patente la apariencia de que esto ha tenido que ocurrir, que los naturalistas apenas pueden evitar el empleo de expresiones que tienen esta clara significación. Según las opiniones que aquí se defienden, estas expresiones pueden emplearse literalmente, y en parte queda explicado el hecho sorprendente de que las mandíbulas, por ejemplo, del cangrejo, conserven numerosos caracteres, que probablemente se hubiesen conservado por herencia si realmente se hubiesen originado por metamorfosis de patas verdaderas, aunque sumamente sencillas.

Desarrollo y embriología

Es este uno de los asuntos más importantes de toda la historia natural. La metamorfosis de los insectos, con las que todos estamos familiarizados, se efectúan en general bruscamente, mediante un corto número de fases; pero las transformaciones son, en realidad, numerosas y graduales, aunque ocultas. Cierta efémera[201] —*Chlöeon*—, durante su desarrollo, muda, como ha demostrado sir J. Lubbock, más de veinte veces, y cada vez experimenta algo de cambio; en este caso, vemos el acto de la metamorfosis realizado de un modo primitivo y gradual. Muchos insectos, y especialmente ciertos crustáceos, nos revelan qué sorprendentes cambios de estructura pueden efectuarse durante el desarrollo. Estos cambios, sin embargo, alcanzan su apogeo en las llamadas generaciones alternantes de algunos de animales inferiores. Es, por ejemplo, un hecho asombroso que una delicada coralina ramificada, tachonada de pólipos y adherida a una roca submarina, produzca, primero por gemación y luego por división transversal, una legión de medusas flotantes, y que estas produzcan huevos, de los que nacen animálculos nadadores que se adhieren a las rocas y, al desarrollarse, se convierten en coralinas ramificadas, y así sucesivamente en un ciclo sin fin. La creencia en la identidad esencial del proceso de generación altercante y de metamorfosis ordinaria se ha robustecido mucho por el descubrimiento, hecho por Wagner, de una larva o gusano de una mosca, la *Cecidomyia,* que produce asexualmente otras larvas, y estas, otras que finalmente se desarrollan convirtiéndose en machos y hembras adultos que propagan su especie por el modo corriente de poner huevos.

Es digno de anotarse que cuando se anunció por vez primera el notable descubrimiento de Wagner me preguntaron cómo era posible explicar que las larvas de este díptero adquiriesen la facultad de reproducirse asexualmente. Mientras que el caso fue único, no pudo darse respuesta alguna. Pero Grimm ha demostrado ya que otro díptero, un *Chironomus,* se reproduce por sí mismo casi de la misma manera, y cree que esto ocurre frecuentemente en el orden[202]. Es la pupa, y no la larva del *Chironomus* la que tiene esta facultad; y Grimm señala más adelante que este caso, hasta cierto

[201] Insecto neuróptero de muy corta vida, que muere después de poner sus huevos.

[202] Véase tabla de adiciones, pág. 41.

punto, «une el de la *Cecidomyia* con la partenogénesis de los cóccidos», implicando el término partenogénesis que las hembras adultas de los cóccidos son capaces de producir huevos fecundos sin el concurso del macho. De ciertos animales pertenecientes a diferentes clases se sabe que tienen la facultad de reproducción ordinaria a una edad extraordinariamente temprana, y no tenemos más que adelantar la reproducción partenogenésica por pasos graduales hasta una edad cada vez más temprana —el *Chironomus* nos muestra una fase casi exactamente intermedia, la de pupa— y podremos explicarnos quizá el caso maravilloso de la *Cecidomyia.*

Ha quedado establecido ya que diversas partes de un mismo individuo que son exactamente iguales durante un periodo embrionario temprano, se vuelven muy diferentes y sirven para fines muy distintos en estado adulto. También se ha demostrado que, por lo general, los embriones de las especies más distintas pertenecientes a una misma clase son muy semejantes, pero cuando se desarrollan por completo se vuelven muy diferentes. No puede darse mejor prueba de este último hecho que la afirmación de Von Baer de que «los embriones de los mamíferos, de las aves, de los saurios y de los ofidios, y probablemente también de los quelonios, son sumamente parecidos unos a otros en sus primeras fases, tanto en su conjunto como en el modo de desarrollo de sus partes; tanto, en efecto, que muchas veces solo podemos distinguir los embriones por su tamaño. Tengo en mi poder dos pequeños embriones que conservo en alcohol, cuyos nombres omití anotar, y ahora me es completamente imposible decir a qué clase pertenecen. Pueden ser saurios o aves pequeñas, o crías de mamíferos, tan completa es la semejanza en el modo de formación de la cabeza y tronco de estos animales. Faltan, sin embargo, todavía las extremidades en estos embriones. Pero aunque hubiesen existido en su primera fase de desarrollo, no nos dirían nada, pues las patas de los saurios y mamíferos, las alas y patas de las aves, así como las manos y los pies del hombre, todos provienen de la misma forma fundamental». Las larvas de la mayor parte de los crustáceos, en los estados correspondientes de desarrollo, se parecen mucho entre sí, por muy diferentes que lleguen a ser los adultos, y lo mismo ocurre con muchísimos otros animales. Algún vestigio de la ley de semejanza embrionaria perdura a veces hasta una edad bastante avanzada; así, las aves del mismo género y las de géneros afines se asemejan a menudo entre sí por su plumaje de jóvenes, como vemos en las plumas moteadas de los jóvenes del grupo de los tordos. En la tribu de los félidos, la mayor parte de las especies tienen en los adultos rayas o manchas formando líneas, y pueden distinguirse claramente rayas o manchas en los cachorros del león y del puma. Algunas, aunque raras veces, vemos algo de esto en las plantas: así, las hojas tiernas del *Ulex* o tojo, y las primeras hojas de las acacias filodíneas [203], son pinnadas o divididas como las hojas ordinarias de las leguminosas.

Los puntos de estructura en que los embriones de animales muy diferentes dentro de una misma clase se parecen entre sí, a menudo no tienen ninguna relación directa con sus condiciones de existencia. Por ejemplo, no podemos suponer que el peculiar recorrido, en forma de asa, de las arterias junto a las hendiduras branquiales en los embriones de los vertebrados, guarde relación con condiciones semejantes en la cría del mamífero que se alimenta en el útero de su madre, en el huevo del ave que se empolla en el nido y en la puesta de una rana en el agua. No tenemos más motivos para creer en esta relación que los que tengamos para creer que los huesos semejantes de la mano del hombre, del ala del murciélago y de la aleta de la marsopa estén relacionados con condiciones semejantes de vida. Nadie supone que las rayas del cachorro del león o las manchas del polluelo del mirlo le sirvan de alguna utilidad a estos animales.

El caso es diferente, sin embargo, cuando un animal, durante una parte cualquiera de su vida embrionaria, es activo y tiene que encargarse de sí mismo. El periodo de actividad puede comenzar más tarde o más temprano; pero sea cualquiera el momento en que empiece, la adaptación de la larva a sus condiciones de vida

203 Las acacias verdaderas (género *Acacia)*, diferentes de la vulgarmente llamada así, que es la acacia falsa *(Robinia pseudoacacia)*. (Véase FILODINEO, en el glosario de términos científicos.)

es exactamente tan perfecta y acabada como en el animal adulto. En qué manera tan importante ha funcionado esta adaptación lo ha demostrado recientemente sir J. Lubbock en sus observaciones sobre la gran semejanza de las larvas de algunos insectos que pertenecen a órdenes muy distintos y sobre la diferencia entre las larvas de otros insectos dentro de un mismo orden, de acuerdo con sus hábitos de vida. Debido a estas adaptaciones, la semejanza de las larvas de los animales afines está a veces muy oscurecida; especialmente cuando hay división de trabajo durante las diferentes fases de desarrollo, como cuando una misma larva, durante una fase, tiene que buscar comida y durante otra fase tiene que buscar un lugar donde fijarse. Hasta pueden citarse casos de larvas de especies afines, o de grupos de especies, que difieren más entre sí que los adultos. En la mayor parte de los casos, sin embargo, aunque sean activas, obedecen aún, más o menos rigurosamente, a la ley de la semejanza embrionaria común. Los cirrípedos proporcionan un buen ejemplo de esto; incluso el ilustre Cuvier no se dio cuenta de que un escaramujo era un crustáceo; pero una simple mirada a la larva lo demuestra de una manera inequívoca. Del mismo modo, también las dos grandes divisiones de los cirrípedos —los pedunculados y los sésiles—, aunque muy diferentes por su aspecto externo, tienen larvas que apenas pueden distinguirse en todas sus fases.

El embrión, en el transcurso de su desarrollo, generalmente se eleva en organización; empleo esta expresión, aunque confieso que es casi imposible definir claramente lo que se quiere decir cuando se habla de que una organización es superior o inferior. Pero seguramente nadie discutirá que la mariposa es superior a la oruga. Sin embargo, en algunos casos, el animal adulto debe considerarse como inferior en la escala que la larva, como ocurre en ciertos crustáceos parásitos. Refiriéndonos una vez más a los cirrípedos: las larvas, en la primera fase, tienen tres pares de órganos locomotores, un solo ojo simple y boca probosciforme, con la que se alimentan en abundancia, pues aumentan mucho de tamaño. En la fase segunda, que corresponde al estado de crisálida de las mariposas, tienen seis pares de patas natatorias, perfectamente construidas, un par de magníficos ojos compuestos y antenas sumamente complejas; pero tienen la boca cerrada e imperfecta y no pueden alimentarse. Su función en este estado es buscar, mediante sus bien desarrollados órganos de los sentidos, y conseguir, mediante su activa facultad de natación, un lugar apropiado para adherirse a él y sufrir su metamorfosis final. Cuando esta se ha realizado, los cirrípedos se quedan adheridos para toda su vida: sus patas se convierten en órganos prensiles y reaparece una boca bien constituida; pero carecen de antenas y sus dos ojos se convierten de nuevo en una sola mancha ocular simple y diminuta. En esta última y completa fase, puede considerarse a los cirrípedos ya como de organización más elevada o ya como de organización más inferior a la que tenían en estado larvario. Pero en algunos géneros las larvas se desarrollan convirtiéndose en hermafroditas, que tienen la conformación ordinaria, y en lo que he llamado *complemental males*[204], y en estos últimos el desarrollo ha sido ciertamente retrógrado, pues el macho es un simple saco que vive poco tiempo y está desprovisto de boca, de estómago y cualquier otro órgano de importancia, excepto los de la reproducción.

Estamos tan acostumbrados a ver la diferencia de conformación entre el embrión y el adulto, que estamos tentados a considerar esta diferencia como dependiente, en cierto modo necesario, del crecimiento. Pero no hay ninguna razón para que, por ejemplo, el ala de un murciélago o la aleta de una marsopa no se hayan perfilado con todas sus partes en las debidas proporciones, tan pronto como cualquier parte empezó a ser visible. En algunos grupos enteros de animales, y en ciertos miembros de otros grupos, ocurre así, y el embrión en ningún periodo difiere mucho del adulto; así, Owen ha hecho observar, con relación a la jibia, que «no hay metamorfosis alguna; el carácter de cefalópodo se manifiesta mucho antes de que las partes del embrión estén completas». Los moluscos terrestres y los crustáceos de agua dulce nacen con sus formas propias, mientras que los miembros marinos de estas dos mismas grandes clases pasan por cambios considerables,

204 «Machos completivos, absolutos.»

y a menudo de importancia, durante su desarrollo. Por otra parte, las arañas apenas experimentan ninguna metamorfosis. Las larvas de la mayoría de los insectos pasan por una fase vermiforme, ya sean activas y adaptadas a costumbres diversas, ya inactivas por estar colocadas en medio de alimento adecuado o por ser alimentadas por sus progenitores; pero en un corto número de casos, como en el del *Aphis* [205], si consideramos los admirables dibujos del desarrollo de este insecto, hechos por el profesor Huxley, apenas vemos ningún vestigio de la fase vermiforme.

A veces faltan únicamente las fases más primitivas de desarrollo. Así, Fritz Müller ha hecho el notable descubrimiento de que ciertos crustáceos parecidos a los camarones (afines del *Penaeus)* aparecen primero bajo la sencilla forma de *nauplio* [206] y, después de pasar por dos o más fases de *zoea* [207] y luego por una fase de *mysis* [208], adquieren finalmente la conformación adulta. Ahora bien, en todo el gran orden de los malacostráceos [209]—al que pertenecen estos crustáceos—no se sabe hasta ahora de ningún otro miembro que empiece desarrollándose bajo la forma de nauplio, aunque muchos aparecen como *zoeas;* sin embargo, Müller indica las razones en favor de su creencia de que, si no hubiese habido ninguna supresión de desarrollo, todos estos crustáceos aparecerían como nauplios.

¿Cómo podemos, pues, explicarnos estos diversos hechos en embriología, a saber: la diferencia de conformación tan general, aunque no tan universal, entre el embrión y el adulto; el que las varias partes de un mismo embrión, que finalmente llegan a ser muy diferentes y sirven para diversos fines, sean semejantes en un temprano periodo de crecimiento; la semejanza común, pero no invariable, entre los embriones o larvas de las especies más distintas de una misma clase; que el embrión conserve con frecuencia,

205 Áfido, afídido o pulgón.
206 Véase el glosario: NAUPLIUS (forma de).
207 Ídem: ZOEA (fase de).
208 Ídem: MYSIS (fase de).
209 Ídem: MALACOSTRACA.

cuando está dentro del huevo o del útero, conformaciones que no le son de utilidad, ni en este ni en otro periodo posterior de su vida, y que, por el contrario, las larvas que tienen que proveer a sus propias necesidades estén perfectamente adaptadas a las condiciones ambientes; y, finalmente, el hecho de que ciertas larvas ocupen un lugar más elevado en la escala de organización que el animal adulto en el que, al desarrollarse, se transforman?

Creo que todos estos hechos pueden explicarse de la siguiente manera. Se admite, por lo común —quizá porque las monstruosidades afectan al embrión en un periodo muy temprano—, que las pequeñas variaciones o diferencias individuales aparecen necesariamente en un periodo igualmente temprano. No solo tenemos pocas pruebas sobre este punto, sino que las que tenemos indican ciertamente lo contrario; pues es notorio que los criadores de reses, de caballos y de diversos animales de lujo, no pueden decir, en realidad, hasta algún tiempo después del nacimiento, cuáles son los méritos o deméritos de sus crías. Vemos esto claramente en nuestros niños; no podemos decir si un niño será alto o bajo, ni cuáles serán exactamente sus rasgos característicos. La cuestión no es en qué periodo de la vida puede haberse producido cada variación, sino en qué periodo se manifiestan los efectos. La causa puede haber obrado —y yo creo que muchas veces ha obrado— en uno o en ambos padres antes del acto de la generación. Merece señalarse que no tiene ninguna importancia para la cría, mientras permanece en el útero de su madre o en el huevo, o mientras es alimentado y protegido por sus padres, que la mayor parte de sus caracteres los haya adquirido un poco más pronto o un poco más tarde. Nada significaría, por ejemplo, para un ave que consigue su alimento por tener un pico muy curvo, el que de pequeña poseyese un pico de esta forma, mientras fuese alimentada por sus padres.

He aseverado en el capítulo primero que, cualquiera que sea la edad en que aparece por vez primera una variación en el padre, esta variación tiende a reaparecer en la descendencia a la edad correspondiente. Ciertas variaciones pueden aparecer únicamente a las edades correspondientes; por ejemplo, las particularidades en las fases oruga, capullo e imago del gusano de seda, o también en los cuernos completamente desarrollados del ganado vacuno. Pero las variaciones que, por todo lo que nos es dado ver, pudieran haber aparecido por ver primera a una edad más temprana o más tardía, tienden igualmente a aparecer a la misma edad en la descendencia y en el padre. No quiero decir, ni mucho menos, que invariablemente ocurra así, y podría citar numerosos casos excepcionales de variaciones —tomando esta palabra en su sentido más amplio— que sobrevinieron en el hijo a una edad más temprana que en el padre.

Estos dos principios —a saber: que las variaciones ligeras generalmente aparecen en un periodo no muy temprano de la vida, y que son heredadas en el periodo correspondiente— explican, a mi parecer, todos los hechos embriológicos importantes antes especificados. Pero consideremos en primer lugar unos cuantos casos análogos en nuestras variedades domésticas. Algunos autores que han escrito sobre perros, sostienen que el galgo y el *bulldog*, a pesar de ser tan diferentes, son en realidad variedades muy afines, que descienden del mismo tronco salvaje. Por consiguiente, tuve curiosidad de ver hasta qué punto se diferenciaban sus cachorros; los criadores me dijeron que se diferenciaban exactamente lo mismo que sus padres, y así parecía ser juzgando a ojo; pero midiendo realmente los perros adultos y sus cachorros de seis días, encontré que los cachorros no habían adquirido, ni con mucho, toda la intensidad de sus diferencias proporcionales. Además, también me dijeron que los potros de los caballos de tiro y de carrera —razas que se han formado casi por completo mediante selección en estado doméstico— se diferenciaban tanto como los animales adultos; pero habiendo tomado medidas cuidadosas de las madres y de los potrillos de tres días, de razas de carrera y de tiro pesado, encontré que esto no ocurre en modo alguno.

Como tenemos pruebas concluyentes de que las razas de la paloma han descendido de una sola especie silvestre, comparé los pichones a las doce horas de haber salido del huevo; medí cuidadosamente las proporciones —aunque no se darán aquí los detalles— del pico, anchura de la boca, longitud del orificio nasal y del párpado, tamaño de los pies y longitud de las patas, en la especie madre silvestre, en las buchonas, colipavos, *runts, barbs, dragons, carriers* y *tumblers*. Ahora bien, algunas de estas aves, de adultas, difieren de manera tan extraordinaria en la longitud y forma del pico, y en otros caracteres, que seguramente se hubieran clasificado como géneros distintos, si se las hubiese encontrado en estado de naturaleza. Pero cuando fueron puestos en ringlera los polluelos de estas diversas razas, aunque la mayoría de ellos podían distinguirse exactamente, las diferencias proporcionales en los puntos antes señalados eran incomparablemente menores que en las palomas adultas. Algunos puntos característicos de diferencia —por ejemplo, el de la anchura de la boca— apenas podían descubrirse en los pichones; pero hubo una excepción notable de esta regla, pues los pichones de la *tumbler* caricorta diferían de los pichones de la *rock-pigeon* silvestre y de las otras castas casi exactamente en las mismas proporciones que en estado adulto.

Estos hechos se explican por los dos principios citados. Los criadores eligen sus perros, caballos, palomas, etc., para la crianza, cuando están ya casi desarrollados; les es indiferente que las cualidades deseadas las adquieran más pronto o más tarde, si las posee el animal adulto. Y los casos que se acaban de citar, especialmente el de las palomas, demuestran que las diferencias características que han sido acumuladas por la selección del hombre, y que dan valor a sus castas, no aparecen generalmente en un periodo muy temprano de la vida y que se heredan en un periodo correspondiente. Pero el caso de la *tumbler* caricorta, que a las doce horas de haber nacido poseía sus caracteres propios, prueba que esta no es la regla universal; pues, en este caso, las diferencias características, o bien tienen que haber aparecido en un periodo más temprano que de ordinario, o, de no ser así, las diferencias tienen que haber sido heredadas, no a la edad correspondiente, sino a una edad más temprana.

Apliquemos ahora estos dos principios a las especies en estado de naturaleza. Tomemos un grupo de aves que desciendan de alguna forma antigua y modificada por selección natural para costumbres distintas. En este caso, como las muchas y pequeñas variaciones sucesivas han sobrevenido en las diversas especies a una edad no muy temprana, y han sido heredadas a la edad correspondiente, los polluelos se habrán modificado muy poco y se parecerán aún entre sí mucho más que los adultos, como acabamos de ver con las razas de palomas. Podemos extender esta opinión a conformaciones muy distintas y a clases enteras. Los miembros anteriores, por ejemplo, que en otro tiempo le sirvieron de patas a un remoto progenitor, pueden, a través de un largo proceso de modificación, llegar a adaptarse en un descendiente para actuar como manos, en otro como aletas y en otro como alas; pero, según los dos principios ya citados, los miembros anteriores no se habrán modificado mucho en los embriones de estas diversas formas, aunque en cada forma el miembro anterior difiera mucho en el estado adulto. Cualquiera que sea la influencia que el prolongado uso y desuso pueda haber tenido en la modificación de los miembros u otras partes de cualquier especie, habrá obrado principalmente o únicamente sobre el animal casi adulto, cuando se veía obligado a usar todas sus fuerzas para ganarse su propio sustento, y los resultados que se produjeran de este modo se habrán transmitido a la descendencia en la edad correspondiente casi adulta. Así, los jóvenes no se modificarán, o se modificarán solo ligeramente, por los efectos del aumento del uso y desuso de sus partes.

En algunos animales, las sucesivas variaciones pueden haber sobrevenido en un periodo muy temprano de su vida, o sus grados pueden haberse heredado en una edad correspondiente a aquella en que ocurrieron por vez primera. En cualquiera de los dos casos, la cría o el embrión se parecerán mucho a la forma madre adulta, como hemos visto en la *tumbler* caricorta. Y esta es la regla de desarrollo en ciertos grupos enteros, o solo en ciertos subgrupos, como en las jibias, los moluscos terrestres, los crustáceos de agua dulce, las arañas y algunos miembros de la gran clase de los insectos. Con respecto a la causa final de que las crías de estos grupos no experimenten ninguna metamorfosis, vemos que esto se deduce de las siguientes circunstancias, a saber: de que los jóvenes tengan que proveer a sus necesidades en una edad muy temprana, y de que tengan los mismos hábitos de vida que sus padres; pues en este caso sería indispensable para su existencia que se modificase de la misma manera que sus padres. Además, por lo que se refiere al hecho singular de que muchos animales terrestres y de agua dulce no experimenten metamorfosis alguna, mientras los miembros marinos de los mismos grupos pasan por varias transformaciones, Fritz Müller ha sugerido que el proceso de lenta modificación y adaptación de un animal a vivir en tierra o en agua dulce, en vez de vivir en el mar, se simplificaría mucho no pasando por ningún estado larvario; pues no es probable que puestos bien adaptados para las fases de larva y de madurez, en estas condiciones de existencia nuevas y tan diferentes, se encontrasen comúnmente desocupados o mal ocupados por otros organismos. En este caso, la adquisión gradual de la conformación adulta en un edad cada vez más temprana sería favorecida por la selección natural y, finalmente, se perderían todos los vestigios de las metamorfosis anteriores.

Si, por el contrario, fuese útil a las crías de un animal seguir hábitos de vida algo diferentes de los de la forma madre y, por consiguiente, estar conformadas según un plan algo diferente, o si fuese útil a una larva, ya diferente de su madre, modificarse aún más, entonces, según el principio de la herencia a las edades correspondientes, las crías o las larvas se irían volviendo por selección natural cada vez más diferentes de sus padres hasta un límite inconcebible. Las diferencias en las larvas también podrían llegar a ser correlativas con las sucesivas fases de su desarrollo; de modo que la larva, en la primera fase, podría llegar a diferir mucho de la larva en la segunda fase, como ocurre en muchos animales. El animal adulto también podría llegar a adaptarse a sitios y hábitos de vida en los que los órganos de locomoción o de los sentidos, etc., fuesen inútiles y, en este caso, la metamorfosis sería retrógrada.

Por las observaciones que se acaban de hacer vemos cómo por cambios de estructura en la cría, acordes con los cambios de hábitos de vida, junto con la herencia a las edades correspondientes, los animales pueden llegar a pasar por fases de desarrollo completamente diferentes de la condición primitiva de sus progenitores adultos. La mayoría de nuestras autoridades más competentes están convencidas actualmente de que las diversas fases de larva y de ninfa de los insectos se han adquirido por adaptación y no por herencia de alguna forma antigua. El caso curioso del *Sitaris* —coleóptero que pasa por ciertos estados insólitos de desarrollo— serviría de ejemplo de cómo pudo ocurrir esto. Fabre describió la primera forma larval como un insecto activo y diminuto, provisto de seis patas, dos largas antenas y cuatro ojos. Estas larvas son empolladas en los nidos de abejas[210], y cuando las abejas machos salen de sus agujeros, en la primavera, lo que hacen antes que las hembras, las larvas saltan sobre ellos y después pasan a las hembras cuando estas se parean con los machos. En cuanto la abeja hembra deposita sus huevos en la superficie de la miel almacenada en las celdas, las larvas del *Sitaris* se lanzan sobre los huevos y los devoran. Después experimentan un cambio completo: sus ojos desaparecen, sus patas y antenas se vuelven rudimentarias y se alimentan de miel, de modo que ahora se asemejan más a las larvas ordinarias de los insectos; luego sufren una nueva transformación y, finalmente, salen en perfecto estado de coleópteros. Ahora bien, si un insecto que experimentase transformaciones como las del *Sitaris* llegase a ser el progenitor de toda una nueva clase de insectos, el curso de desarrollo de la nueva clase sería muy diferente del de nuestros insectos actuales, y el primer estado larval no representaría ciertamente la condición primitiva de ninguna forma antigua y adulta.

Por el contrario, es sumamente probable que, en muchos animales, los estados embrionarios o larvales nos muestren, más o menos por completo, la condición del progenitor de todo el grupo en su estado adulto. En la gran clase de los crustáceos, formas prodigiosamente distintas entre sí —como los parásitos chupadores, los cirrípedos, los entomostráceos[211] y hasta los malacostráceos—, aparecen al principio como larvas en forma de *nauplius;* y como estas larvas viven y se alimentan en pleno mar y no están adapta-

210 «Se refiere a los himenópteros del género *Anthophora,* afines a las abejas comunes, pero de costumbres diferentes.» *(De la traducción de Antonio de Zulueta, editada por Espasa-Calpe.)*

211 Véase ENTOMOSTRACA en el glosario.

das para ninguna condición particular de existencia, y por otras razones, señaladas por Fritz Müller, es probable que en algún periodo muy remoto existió un animal adulto independiente que se pareciese al nauplio y que produjo ulteriormente, por varias líneas genealógicas divergentes, los grandes grupos de crustáceos antes citados. De igual modo también es probable, por lo que sabemos de los embriones de mamíferos, aves, peces y reptiles, que estos animales sean los descendientes modificados de algún antiguo progenitor que, en estado adulto, estaba provisto de branquias, vejiga natatoria, cuatro miembros en forma de aleta y una larga cola, todo ello adecuado para la vida acuática.

Como todos los seres orgánicos, extinguidos y actuales, que han vivido en cualquier tiempo, pueden clasificarse dentro de un corto número de clases grandes, y como, según nuestra teoría, dentro de cada clase todos han estado enlazados por delicadas gradaciones, la mejor y —si nuestras colecciones fuesen casi completas— la única clasificación posible sería la genealógica, por ser la descendencia el vínculo oculto de conexión que los naturalistas han estado buscando con el nombre de «sistema natural». Según esta hipótesis, podemos comprender por qué, a los ojos de la mayoría de los naturalistas, la estructura del embrión es aún más importante para la clasificación que la del adulto. De dos o más grupos de animales, aunque difieran mucho entre sí por su conformación y costumbres en estado adulto, si pasan por fases embrionarias muy semejantes, podemos estar seguros de que todos ellos descienden de una misma forma madre y, por consiguiente, de que tienen estrecho parentesco. Así pues, la comunidad de estructura embrionaria revela la comunidad de origen; pero la desemejanza en el desarrollo embrionario no prueba la diversidad de origen, pues en uno de los dos grupos los estados de desarrollo pueden haberse suprimido o haberse modificado tanto, por adaptación a nuevos hábitos de vida, que ya no pueden reconocerse. Incluso en grupos en los que los adultos se han modificado en alto grado, la comunidad de origen se revela a menudo por la conformación de las larvas; hemos visto, por ejemplo, que los cirrípedos, aunque exteriormente son tan parecidos a los moluscos, se sabe enseguida por sus larvas que pertenecen a la gran clase de los crustáceos. Como el embrión con frecuencia muestra, más o menos claramente, la estructura del progenitor antiguo y menos modificado del grupo, podemos comprender por qué las formas antiguas y extinguidas se parecen tan a menudo, en su estado adulto, a los embriones de especies extinguidas de la misma clase. Agassiz cree que esto es una ley universal de la naturaleza, y esperamos en el futuro ver comprobada la exactitud de esta ley. Sin embargo, solo ha resultado exacta en aquellos casos en los que el estado antiguo del progenitor del grupo no ha sido completamente borrado, ni por haber sobrevenido variaciones sucesivas en un periodo muy temprano de crecimiento, ni porque estas variaciones se hayan heredado a una edad más temprana que a la edad en que aparecieron por vez primera. También debe tenerse en cuenta que la ley puede ser verdadera y, sin embargo, debido a que el archivo geológico no se extiende lo suficiente en el pasado, permanezca durante mucho tiempo, o para siempre, sin posibilidad de demostración. La ley no será útil rigurosamente en aquellos casos en que una forma antigua llegó a adaptarse en su estado de larva a un género especial de vida y transmitió este mismo estado larval a un grupo entero de descendientes, pues estas larvas no se parecerán a ninguna otra forma aún más antigua en su estado adulto.

Así pues, los hechos principales de la embriología, que no ceden en importancia a ningunos otros, se explican, a mi parecer, por el principio de que las variaciones en los numerosos descendientes de un remoto progenitor han aparecido en un periodo no muy temprano de su vida y se heredan en un periodo correspondiente. La embriología aumenta mucho en interés cuando consideramos al embrión como un retrato, más o menos borroso, del progenitor —ya en su estado adulto o de larva— de todos los miembros de una misma gran clase.

Órganos rudimentarios, atrofiados y abortados

Los órganos o partes de esta extraña condición, que llevan el sello claro de la inutilidad, son sumamente comunes, o incluso generales, por toda la naturaleza. Sería imposible citar uno solo de los animales superiores en el que una parte u otra no se encuentre en estado rudimentario. En los mamíferos, por ejemplo, los machos poseen mamas rudimentarias; en los ofidios, un lóbulo del pulmón es rudimentario; en las aves, el *ala bastarda* [212] puede considerarse con seguridad como un dedo rudimentario, y en algunas especies todo el ala es tan extremadamente rudimentaria que no puede utilizarse para volar. ¿Qué puede haber más curioso que la presencia de dientes en el feto de las ballenas, que cuando se han desarrollado no tienen ni un diente en su boca, o los dientes, que nunca rompen las encías, en la mandíbula superior de los terneros antes de nacer?

Los órganos rudimentarios declaran abiertamente su origen y significación de diversos modos. Hay coleópteros que pertenecen a especies muy afines, o incluso exactamente a la misma especie, que tienen o bien alas perfectas y completamente desarrolladas o bien simples rudimentos membranosos, que no raras veces están situados debajo de élitros firmemente soldados entre sí, y en estos casos es imposible dudar de que los rudimentos representan alas. A veces los órganos rudimentarios conservan su potencialidad; esto ocurre a veces en las mamas de los mamíferos machos, pues se sabe que llegan a desarrollarse bien y a segregar leche. Del mismo modo, también en las ubres del género *Bos*, hay normalmente cuatro pezones bien desarrollados y dos rudimentarios; pero estos últimos en nuestras vacas domésticas a veces llegan a desarrollarse bien y a dar leche. Por lo que se refiere a las plantas, los pétalos son unas veces rudimentarios y otras bien desarrollados en individuos de la misma especie. En ciertas plantas que tienen los sexos separados, Kölreuter encontró que, cruzando una especie en la que las flores masculinas tenían un rudimento de pistilo, con una especie hermafrodita que tiene, claro es, un pistilo bien desarrollado, el rudimento en la descendencia híbrida

[212] Se llama «ala bastarda» a las tres, cuatro o cinco plumas que nacen cerca de la punta del ala de un ave, unida a una excrecencia ósea que es hómologa del dedo pulgar de algunos mamíferos.

aumentó mucho de tamaño, y esto demuestra claramente que el pistilo rudimentario y el perfecto eran esencialmente de igual naturaleza. Un animal puede poseer varias partes en estado perfecto y, sin embargo, pueden ser en cierto sentido rudimentarias, porque sean inútiles; así, el renacuajo de la salamandra común o lagartija acuática, como hace observar míster G. H. Lewes, «tiene agallas y pasa su existencia en el agua; pero la *Salamandra atra*, que vive en las alturas de las montañas, pare sus crías completamente formadas. Este animal nunca vive en el agua; sin embargo, si abrimos una hembra grávida, encontramos dentro de ella renacuajos con branquias delicadamente plumosas y, puestos en el agua, nadan casi como los renacuajos de la salamandra común. Evidentemente, esta organización acuática no tiene ninguna relación con la vida futura del animal, ni está adaptada a su condición embrionaria; tiene solamente relación con adaptaciones ancestrales y repite una fase del desarrollo de sus progenitores».

Un órgano que sirve para dos funciones puede volverse rudimentario o abortar completamente para una, incluso para la función más importante, y permanecer perfectamente eficaz para la otra. Así, en las plantas, el oficio del pistilo es permitir que los tubos polínicos lleguen hasta los óvulos dentro del ovario. El pistilo consta de un estigma soportado por un estilo; pero en algunas plantas compuestas, las florecillas masculinas, que naturalmente no pueden ser fecundadas, tienen un pistilo rudimentario, pues no está coronado por el estigma; pero el estilo permanece bien desarrollado y está cubierto, como de ordinario, de pelos, que sirven para cepillar el polen de las antenas unidas que lo circundan. Además, un órgano puede volverse rudimentario para su función propia y ser utilizado para otra distinta: en ciertos peces, la vejiga natatoria parece ser rudimentaria para su función propia de hacer flotar, pero se ha convertido en un órgano respiratorio naciente o pulmón. Podrían citarse muchos ejemplos análogos. Los órganos útiles, por muy poco desarrollados que estén, a menos que tengamos motivos para suponer que antiguamente estuvieron muy desarrollados, no deben considerarse como rudimentarios: pueden encontrarse en estado naciente y en progreso hacia un mayor desarrollo. Los órganos rudimentarios, por el contrario, o son inútiles por completo, como los dientes que nunca rompen en las encías, o casi inútiles, como las alas del avestruz, que sirven simplemente como velas. Como los órganos de esta condición, antiguamente, cuando estaban aún menos desarrollados, serían todavía de menos utilidad que ahora, no pueden haberse producido antiguamente por variación y selección natural, que obra solamente mediante la conservación de las modificaciones útiles. Estos órganos han sido conservados, en parte, por la fuerza de la herencia y se relacionan con un antiguo estado de cosas. Sin embargo, muchas veces es difícil distinguir entre órganos rudimentarios y órganos nacientes, pues solo por analogía podemos juzgar si una parte es capaz de ulterior desarrollo, en cuyo caso merece llamarse naciente. Órganos de esta condición serán siempre algo raro, pues generalmente los seres provistos de ellos habrán sido suplantados por sus sucesores con el mismo órgano en estado más perfecto y, por consiguiente, se habrán extinguido hace mucho tiempo. El ala del pingüino o pájaro bobo es de gran utilidad, funcionando como aleta; por tanto, puede representar el estado naciente del ala. No es que yo crea que esto sea así; más probablemente es un órgano reducido, modificado para una función nueva. El ala del *Apteryx*, por el contrario, es completamente inútil y es verdaderamente rudimentaria. Owen considera los sencillos miembros filiformes de la *Lepidosiren* como los «comienzos de órganos que alcanzan completo desarrollo funcional en los vertebrados superiores», pero, según la opinión defendida últimamente por el doctor Günther, son probablemente residuos que constan del eje que subsiste de una aleta, con los radios o ramas laterales abortados. Las glándulas mamarias del ornitorrinco pueden considerarse, en comparación con las ubres de la vaca, como en estado naciente. Los frenos ovígeros de ciertos cirrípedos, que han cesado de retener las huevas y que están poco desarrollados, son branquias nacientes.

Los órganos rudimentarios en los individuos de una misma especie son muy propensos a variar en el grado de su desarrollo y en otros respectos. También, en especies muy afines, difiere a veces mucho el grado a que ha sido reducido un mismo órgano. De este último hecho es un buen ejemplo el estado de las alas de las polillas hembras pertenecientes a una misma familia. Los órganos rudimentarios pueden estar abortados por completo, y esto implica que, en ciertos animales o plantas, faltan totalmente partes que por analogía pudiéramos esperar encontrar en ellos, y que a veces se encuentran en individuos monstruosos. Así, en la mayoría de las escrofulariáceas el quinto estambre está abortado por completo; sin embargo, podemos llegar a la conclusión de que ha existido en otro tiempo un quinto estambre, pues en muchas especies de la familia se encuentra un rudimento de él, y este rudimento en ocasiones llega a desarollarse perfectamente, como pueden verse a veces en la boca de dragón. Al seguir el rastro de las homologías de un órgano cualquiera en diferentes seres de una misma clase, no hay nada más común o, para comprender plenamente las relaciones de las partes, más útil que el descubrimiento de rudimentos. Esto se pone claramente de manifiesto en los dibujos que da Owen de los huesos de las patas del caballo, del buey y del rinoceronte.

Es un hecho importante que los órganos rudimentarios, tales como los dientes de las mandíbulas superiores de las ballenas y rumiantes, pueden a menudo descubrirse en el embrión, aunque después desaparecen por completo. Creo que es también una regla universal que una parte rudimentaria es de mayor tamaño, con relación a las partes contiguas, en el embrión que en el adulto; de modo que el órgano en aquella temprana edad es menos rudimentario, o incluso puede decirse que no es rudimentario en ningún grado. De aquí que se diga con frecuencia que los órganos rudimentarios en el adulto han conservado su estado embrionario.

Acabo de citar los hechos principales relativos a los órganos rudimentarios. Al reflexionar sobre ellos, todos debemos sentirnos llenos de asombro, pues la misma razón nos dice que la mayoría de las partes y órganos están excelentemente adaptados para ciertos usos, nos dice con igual claridad que estos órganos rudimentarios o atrofiados son imperfectos e inútiles. En las obras de historia natural se dice generalmente que los órganos rudimentarios han sido creados «por razón de simetría» o para «completar el plan de la naturaleza». Pero esto no es una explicación, es sencillamente una reafirmación del hecho. Ni tampoco está esto conforme consigo mismo: así, la *Boa constrictor* tiene rudimentos de patas posteriores y de pelvis, y si se dice que estos huesos se han conservado «para completar el plan de la naturaleza», ¿por qué —como pregunta el profesor Weismann— no se han conservado en otros ofidios, que no poseen ni siquiera un vestigio de estos mismos huesos? ¿Qué se pensaría de un astrónomo que sostuviese que los satélites giran en órbitas elípticas alrededor de sus planetas «por razón de simetría», porque los planetas giran así alrededor del Sol? Un eminente fisiólogo explica la presencia de los órganos rudimentarios suponiendo que sirven para excretar sustancias sobrantes o sustancias perjudiciales para el organismo; pero ¿podemos imaginar que obre así la diminuta papila que a menudo representa el pistilo en las flores masculinas y que está formada de simple tejido celular? ¿Podemos imaginar que los dientes rudimentarios, que posteriormente son reabsorbidos, sean beneficiosos para el rápido crecimiento del ternero en estado de embrión, eliminando una sustancia tan preciosa como el fosfato de cal? Cuando se amputan los dedos a un hombre, se sabe que aparecen uñas imperfectas en los muñones, y lo mismo podría creer yo que estos vestigios de uñas se han desarrollado para excretar una sustancia córnea, como creer que las uñas rudimentarias de la aleta del manatí se han desarrollado con este mismo fin.

Según la teoría de la descendencia con modificación, el origen de los órganos rudimentarios es relativamente sencillo, y podemos comprender, en gran parte, las leyes que rigen su imperfecto desarrollo. Tenemos multitud de casos de órganos rudimentarios en nuestras producciones domésticas, como el muñón de cola en las razas sin ella, los vestigios de orejas en las razas de ovejas sin orejas, la reaparición de pequeños cuernos colgantes en las castas de ganado vacuno sin cuernos —muy especialmente, según Youatt, en los ternerillos—, y, en fin, el estado de toda flor en la coliflor. A menudo vemos rudimentos de diversas partes en los monstruos; pero dudo que ninguno de estos casos arroje luz sobre el origen de los órganos rudimentarios en estado de naturaleza, más que en cuanto demuestran que pueden producirse rudimentos; pues el balance de las pruebas indica claramente que las especies en estado natural no experimentan cambios grandes ni bruscos. Pero el estudio de nuestras producciones domésticas nos enseña que el desuso de partes conduce a la reducción de su tamaño y que el resultado es hereditario.

Parece probable que el desuso ha sido el agente principal en la atrofia de los órganos. Al principio llevaría gradualmente a la reducción cada vez más completa de una parte, hasta que al fin esta llega a ser rudimentaria, como en el caso de los ojos de los animales que viven en cavernas oscuras, y el de las alas de aves que viven en las islas oceánicas, aves que raramente se han visto obligadas a emprender el vuelo acosadas por los animales de presa y que, finalmente, han perdido la facultad de volar. Además, un órgano útil en ciertas condiciones puede volverse perjudicial en otras, como las alas de los coleópteros que viven en islas pequeñas y expuestas a los vientos, y en este caso la selección natural habrá ayudado a la reducción del órgano, hasta que se volvió inofensivo y rudimentario.

Todo cambio de estructura y función que pueda realizarse por grados pequeños, está bajo el poder de la selección natural; de modo que un órgano que, por cambio de hábitos de vida, se haya vuelto inútil o perjudicial para un propósito, puede modificarse y ser utilizado para otro propósito. También un órgano pudo conservarse para una sola de sus antiguas funciones. Los órganos formados primitivamente con la ayuda de la selección natural, al volverse inútiles, pueden ser muy variables, pues sus variaciones no pueden ser refrenadas durante mucho tiempo por la selección natural. Todo esto concuerda muy bien con lo que vemos en estado de naturaleza. Además, cualquiera que sea el periodo de la vida en que el desuso o la selección reduzca un órgano —y esto ocurrirá generalmente cuando el ser haya llegado al estado adulto y tenga que ejercer todas sus facultades de acción—, el principio de la herencia a las edades correspondientes tenderá a reproducir el órgano en su estado reducido en la misma edad adulta, aunque raras veces influirá en el órgano del embrión. Así podremos comprender el mayor tamaño de los órganos rudimentarios en el embrión con relación a las partes contiguas, y su menor tamaño relativo en el adulto [213]. Si, por ejemplo, el dedo de un animal adulto se usase cada vez menos durante muchas generaciones, debido a algún cambio de costumbres, o si un órgano o glándula se ejercitasen funcionalmente cada vez menos, podíamos deducir que llegaría a reducirse de tamaño en los descendientes adultos de este animal, pero conservaría casi su tipo primitivo de desarrollo en el embrión.

Queda, sin embargo, esta dificultad: después que un órgano ha cesado de ser utilizado y, en consecuencia, se ha reducido mucho, ¿cómo puede reducirse aún más de tamaño, hasta que no quede el más leve vestigio, y cómo, finalmente, puede borrarse por completo? Es casi imposible que el desuso pueda seguir produciendo ningún efecto más una vez que el órgano ha dejado de funcionar. Esto requiere alguna explicación adicional, que no puedo dar. Si se pudiese probar, por ejemplo, que toda parte de la organización tiende a variar en mayor grado hacia la disminución que hacia el aumento de tamaño, entonces podríamos comprender cómo un órgano que se ha hecho inútil se volvería rudimentario independientemente de los efectos del desuso y, al fin, sería suprimido por completo, pues las variaciones en el sentido de disminución de tamaño ya no estarían contrarrestadas por la selección natural. El principio de la economía del crecimiento —explicado en un capítulo anterior, según el cual los materiales que forman una parte cualquiera, si no es útil para su poseedor, son ahorrados en la medida de lo posible— entrará quizá en juego para convertir en rudimentaria una parte inútil. Pero este principio se limitará casi necesariamente a las primeras fases del proceso de reducción; pues no podemos imaginar, por ejemplo, que una diminuta papila, que representa en una flor masculina el pistilo de la flor femenina y que está formada simplemente de tejido celular, pueda reducirse más o reabsorberse con objeto de economizar sustancia nutritiva.

[213] Véase tabla de adiciones, pág. 41.

Finalmente, como los órganos rudimentarios, cualesquiera que sean las gradaciones por las que hayan pasado hasta llegar a su actual condición de inutilidad, son el testimonio de un antiguo estado de cosas y se han conservado únicamente por la fuerza de la herencia, podemos comprender, según la teoría genealógica de la clasificación, por qué los sistemáticos, al colocar los organismos en sus verdaderos puestos en el sistema natural, han encontrado a menudo que las partes rudimentarias son tan útiles, y a veces incluso más útiles, que las partes de gran importancia fisiológica. Los órganos rudimentarios pueden compararse con las letras de una palabra que se conservan todavía en la escritura ortográfica, aunque son inútiles en la pronunciación, pero que sirven de guía para su derivación. Según la teoría de la descendencia con modificación, podemos llegar a la conclusión de que la existencia de órganos en estado rudimentario imperfecto e inútil, o completamente abortado, lejos de presentar una extraña dificultad, como sin duda la presentan en la antigua doctrina de la creación, podía hasta haber sido prevista de acuerdo con las teorías que aquí se exponen.

Resumen

En este capítulo he procurado demostrar la clasificación de todos los seres orgánicos a través de todos los tiempos en grupos subordinados a grupos; que la naturaleza de los parentescos por los que todos los organismos vivientes y extinguidos están unidos en un corto número de grandes clases por líneas de afinidad complejas, divergentes y tortuosas; que las reglas seguidas por los naturalistas y las dificultades encontradas en sus clasificaciones; que el valor atribuido a los caracteres, si son constantes y dominantes, ya sean de la mayor o de la más ínfima importancia, o —como los órganos rudimentarios— de ninguna; que la amplia oposición de valores entre los caracteres analógicos o de adaptación y los de verdadera afinidad, y otras reglas semejantes, todo se deduce naturalmente si admitimos el parentesco común de las formas afines, junto con su modificación por variación y selección natural, con las circunstancias de extinción y de divergencia de caracteres. Al considerar esta teoría de la clasificación, hay que tener presente que el elemento de la descendencia se ha utilizado universalmente al clasificar juntos los sexos, edades, formas dimorfas y variedades reconocidas de una misma especie, por mucho que difieran entre sí de estructura. Si extendemos el uso de este elemento de la descendencia —la única causa cierta de semejanza de los seres orgánicos conocida con seguridad—, comprenderemos lo que se quiere decir por *sistema natural:* este sistema es genealógico en su tentativa de clasificación, señalando los grados de diferencia adquirida por los términos de variedades, especies, géneros, familias, órdenes y clases.

Según esta misma teoría de la descendencia con modificación, la mayor parte de los hechos principales de la morfología se hacen inteligibles, ya si consideramos el mismo modelo desarrollado por las diferentes especies de una misma clase en sus órganos homólogos, para cualquier función a que se destinen, ya si consideramos las homologías en serie y laterales en cada animal o planta.

Según el principio de las ligeras variaciones sucesivas, que no sobrevienen necesaria ni generalmente en un periodo muy temprano de la vida, y que se heredan en un periodo correspondiente, podemos comprender los hechos capitales de la embriología, a saber: la gran semejanza en el embrión de las partes que son homologas y que, al llegar al estado adulto, se vuelven muy diferentes en estructura y función; y la semejanza de las partes u órganos homólogos en especies afines, pero distintas, aunque estén adaptados sus individuos en estado adulto a las costumbres más diferentes posibles. Las larvas son embriones activos, que se han modificado especialmente, en mayor o menor grado, en relación con sus hábitos de vida, habiendo heredado sus modificaciones en una edad temprana correspondiente. Según estos mismos principios —y teniendo en cuenta que, cuando los órganos se reducen de tamaño, ya sea por desuso o por selección natural, esto ocurrirá generalmente en aquel periodo de la vida en que el ser tiene que proveer a sus propias necesidades, y teniendo en cuenta asimismo cuán poderosa es la fuerza de la herencia—, incluso pudiera ser prevista la presencia de órganos rudimentarios. La importancia de los caracteres embriológicos y de los órganos rudimentarios en la clasificación se comprende según la teoría de que una ordenación natural debe ser genealógica.

Finalmente, las diversas clases de hechos que se han considerado en este capítulo me parece que proclaman tan claramente que las innumerables especies, géneros y familias de que está poblada la Tierra descienden todos, cada uno dentro de su propia clase o grupo, de unos progenitores comunes, y que se han modificado todos en el transcurso de la descendencia, que yo adoptaría sin titubeo esta teoría, aun cuando no se apoyase en otros hechos o argumentos.

CAPÍTULO XV
RECAPITULACIÓN Y CONCLUSIÓN

Recapitulación de las objeciones a la teoría de la selección natural.—Recapitulación de los hechos generales y especiales a su favor.—Causas de la creencia general en la inmutabilidad de las especies.—Hasta qué punto puede extenderse la teoría de la selección natural.—Efectos de su adopción en el estudio de la historia natural.—Observaciones finales.

COMO toda esta obra es una larga argumentación, puede ser conveniente para el lector tener brevemente recapitulados los hechos y las deducciones principales.

No niego que puedan hacerse muchas y graves objeciones a la teoría de la descendencia con modificación por medio de la variación y de la selección natural. He procurado dar a estas objeciones toda su fuerza. Al pronto, nada resulta más difícil de creer que el hecho de que los órganos y los instintos más complejos se hayan perfeccionado, no por medios superiores, aunque análogos, a la razón humana, sino por la acumulación de variaciones ligeras, cada una de ellas buena para el individuo que la posee. Sin embargo, aunque parezca insuperablemente grande a nuestra imaginación, esta dificultad no puede considerarse como real, si admitimos las siguientes proposiciones, a saber: que todas las partes de la organización y todos los instintos ofrecen, por lo menos, diferencias individuales; que hay una lucha por la existencia que conduce a la conservación de las desviaciones provechosas de estructura o instinto, y, finalmente, que pueden haber existido gradaciones en el estado de perfección de cada órgano, buena cada una de ellas en su género. No creo que pueda discutirse la verdad de estas proposiciones.

Indudablemente, es en extremo difícil aún conjeturar por qué gradaciones se han perfeccionado muchas estructuras, especialmente entre los grupos fragmentarios y decadentes de teres orgánicos, grupos que han sufrido muchas extinciones; pero vemos tan extrañas gradaciones en la naturaleza, que hemos de ser extraordinariamente prudentes al afirmar que cualquier órgano o instinto, o cualquier estructura entera, no han podido llegar a su estado actual mediante muchos pasos graduales. Hay que admitir que existen casos de especial dificultad opuestos a la teoría de la selección natural, y uno de los más curiosos es el de la existencia de dos o tres castas definidas de hormigas obreras, o hembras estériles, en una misma comunidad; pero he procurado demostrar cómo pueden superarse estas dificultades.

Por lo que se refiere a la esterilidad casi general de las especies cuando se cruzan por vez primera —que ofrece contraste tan notable con la fecundidad casi general de las variedades cuando se cruzan—, debo remitir al lector a la recapitulación de los hechos que se da al final de capítulo noveno, que, a mi juicio, demuestra concluyentemente que esta esterilidad no es un don más especial que la incapacidad de dos clases distintas de árboles para injertarse mutuamente, sino que es un atributo accidental que depende de diferencias limitadas a los sistemas reproductores de las especies cruzadas[214]. Vemos la exactitud de esta conclusión en la gran diferencia que existe en los resultados de cruzar recíprocamente las dos mismas especies, es decir, cuando una especie se

214 Véase tabla de adiciones, pág. 41.

utiliza primero como padre y luego como madre. La analogía por la consideración de las plantas dimorfas y trimorfas nos lleva claramente a la misma conclusión, pues cuando las formas se unen ilegítimamente producen pocas o ninguna semilla y sus descendientes son más o menos estériles; y estas formas pertenecen indudablemente a la misma especie y no difieren entre sí en ningún respecto, excepto en sus órganos y funciones reproductores.

Aunque se haya afirmado por tantos autores que es general la fecundidad de las variedades cuando se cruzan y la de su descendencia mestiza, sin embargo, esto no puede considerarse como completamente exacto después de los hechos citados que se apoyan en la gran autoridad de Gärtner y Kölreuter. La mayoría de las variedades que se han experimentado no se han producido en estado doméstico, y como la domesticación —no me refiero al simple confinamiento— tiende casi con seguridad a eliminar aquella esterilidad que, juzgando por analogía, hubiera afectado a las especies progenitoras si se hubiesen cruzado, no hemos de esperar que la domesticación produzca también la esterilidad de sus descendientes modificados cuando se cruzan. Esta eliminación de la esterilidad resulta, al parecer, de la misma causa que permite a nuestros animales domésticos criar ilimitadamente en condiciones variadas, y resulta también, al parecer, que se han acostumbrado gradualmente a cambios frecuentes en sus condiciones de existencia.

Una doble y paralela serie de hechos parece arrojar mucha luz sobre la esterilidad de las especies cuando se cruzan por vez primera y la de su descendencia híbrida. Por una parte, hay buenos fundamentos para creer que los cambios leves en las condiciones de vida dan vigor y fecundidad a todos los seres orgánicos. Sabemos también que el cruzamiento entre individuos distintos de una misma variedad, y entre variedades distintas, aumenta el número de sus descendientes y les da ciertamente mayor tamaño y vigor. Esto se debe principalmente a que las formas que se cruzan han estado sometidas a condiciones de existencia algo diferentes; pues he comprobado, mediante una laboriosa serie de experimentos, que si a todos los individuos de una misma variedad se los somete durante varias generaciones a las mismas condiciones, la ventaja resultante del cruzamiento frecuentemente disminuye mucho o desaparece del todo. Este es uno de los aspectos del caso. Por otra parte, sabemos que las especies que han estado sometidas mucho tiempo a condiciones casi uniformes, cuando se las somete en cautividad a condiciones nuevas y muy cambiadas, o perecen o, si sobreviven, se vuelven estériles, aunque se conserven en perfecta salud. Esto no ocurre, u ocurre solamente en estado levísimo, con nuestras producciones domésticas, que han estado sometidas durante mucho tiempo a condiciones fluctuantes; por consiguiente, cuando vemos que los híbridos producidos por cruzamiento entre dos especies distintas son pocos numéricamente, debido a que perecen poco después de su concepción o a una edad muy temprana, o que, si sobreviven, se han vuelto más o menos estériles, parece sumamente probable que este resultado sea debido a que han estado sometidos de hecho a un gran cambio en sus condiciones de vida, por estar compuestos de dos organizaciones distintas. Quien explique de un modo preciso por qué, por ejemplo, un elefante o un zorro no crían en cautividad en su país natal, mientras que el perro o el cerdo domésticos crían ilimitadamente en las condiciones más variadas, podrá dar al mismo tiempo una respuesta precisa a la cuestión de por qué al cruzarse dos especies distintas, lo mismo que su descendencia híbrida, resultan generalmente más o menos estériles, mientras que cuando se cruzan dos variedades domésticas, y sus descendientes mestizos, son perfectamente fecundos.

Volviendo a la distribución geográfica, las dificultades con que tropieza la teoría de la descendencia con modificación son bastante graves. Todos los individuos de una misma especie, y todas las especies del mismo género, o incluso grupos superiores, han descendido de progenitores comunes; y, por consiguiente, por muy distantes y aisladas que estén las partes del mundo en que actualmente se encuentran, estas especies, en el transcurso de las sucesivas generaciones, se han trasladado desde un punto a todos los demás. Muchas veces no es totalmente imposible ni conjeturar siquiera cómo pudo realizarse esto. Sin embargo, como tenemos fundamento para creer que algunas especies han conservado la misma forma específica durante larguísimos periodos de tiempo —inmensamente largos para ser medidos, por años—, no debe darse demasiada importancia a la gran difusión ocasional de una misma especie, pues durante periodos tan largos siempre habrá habido alguna buena oportunidad para una amplia emigración por muchos medios. Un área fragmentaria o interrumpida puede explicarse con frecuencia por la extinción de especies en las regiones intermedias. Es innegable que hasta ahora sabemos muy poco acerca de la extensión total de los diversos cambios geográficos y climáticos que ha experimentado la Tierra durante los periodos modernos, y estos cambios habrán facilitado muchas veces la migración. Como ejemplo, he procurado demostrar lo poderosa que ha sido la influencia del periodo glaciar en la distribución de una misma especie y de especies afines por todo el mundo. Hasta el presente es muy profunda nuestra ignorancia acerca de los muchos medios ocasionales de transporte. Por lo que se refiere a especies distintas de un mismo género que viven en regiones distantes y aisladas, como el proceso de modificación ha sido necesariamente lento, habrán sido posibles todos los medios de migración durante un periodo larguísimo y, consiguientemente, la dificultad de la gran difusión de las especies del mismo género queda en cierto modo atenuada.

Como, según la teoría de la selección natural, ha tenido que existir un número interminable de formas intermedias, que enlazaban todas las especies de cada grupo por gradaciones tan suaves como lo son nuestras variedades actuales, puede preguntarse: ¿por qué no vemos a nuestro alrededor estas formas de enlace? ¿Por qué no están confundidos todos los seres orgánicos en un caos inextrincable? Por lo que se refiere a las formas existentes, hemos de recordar que no tenemos ninguna razón para —salvo en casos raros— esperar descubrir lazos de unión *directa* entre ellas, sino tan solo entre cada una de ellas y alguna forma extinguida y suplantada. Incluso en un área extensa, que haya permanecido continua durante un largo periodo, y en la que el clima y otras condiciones de vida cambien insensiblemente al pasar de una comarca ocupada por una especie a otra comarca ocupada por otra especie muy afín, no tenemos ninguna razón para esperar hallar con frecuencia variedades intermedias en las zonas intermedias; pues tenemos motivos para creer que, en todo caso, solo un corto número de especies de un género experimenta cambio, extinguiéndose por completo las demás especies sin dejar progenie modificada. De las especies que experimentan cambio, solo unas cuantas del mismo país cambian al mismo tiempo, y todas las modificaciones se realizan lentamente. También he demostrado que las variedades intermedias, que probablemente existieron al principio en las zonas intermedias, estarían expuestas a ser suplantadas por las formas afines situadas a uno y otro lado; pues estas últimas, por existir en gran número, se modificarían y se perfeccionarían generalmente con mayor rapidez que las variedades intermedias, que existían en menor número; de modo que, a la larga, las variedades intermedias serían suplantadas y exterminadas.

Según esta doctrina del exterminio de una infinidad de formas de enlace entre los habitantes vivientes y los extinguidos del mundo, y en cada uno de los periodos sucesivos entre las especies extinguidas y las especies más antiguas aún, ¿por qué cada formación geológica no está llena de estas formas? ¿Por qué cada colección de fósiles no aporta pruebas patentes de la gradación y mutación de las formas orgánicas? Aunque las investigaciones geológicas han revelado indudablemente la existencia anterior de muchas formas, que ponen en relación numerosas formas orgánicas, no proporcionan las infinitas y delicadas gradaciones entre las especies pasadas y presentes que requiere nuestra teoría, y esta es la más clara de las numerosas objeciones que se han presentado contra ella. ¿Por qué, además, parece —aunque esta apariencia es muchas veces falsa— que grupos enteros de especies afines se presentan de repente en los pisos geológicos sucesivos? Aunque actualmente sabemos que los seres orgánicos aparecieron en nuestro globo en un periodo incalculablemente remoto, mucho antes de que se depositasen las capas inferiores del sistema Cámbrico, ¿por qué no encontramos debajo de este sistema grandes masas de estratos surtidos con los restos de los progenitores de los fósiles cámbricos? Pues, de acuerdo con nuestra teoría, estos estratos han tenido que depositarse en alguna parte, en aquellas épocas antiguas y completamente desconocidas de la historia del mundo.

Solo puedo contestar a estas preguntas y objeciones en el supuesto de que el archivo geológico es mucho más incompleto de lo que cree la mayoría de los geólogos. El número de ejemplares de todos nuestros museos es absolutamente nada, comparado con las innumerables generaciones de las innumerables especies que realmente han existido. La forma madre de dos o más especies cualesquiera no sería por todos sus caracteres más directamente intermedia entre su descendencia modificada, de lo que la *rock-pigeon* es directamente intermedia por su buche y su cola entre sus descendientes la buchona y la colipavo. No seríamos capaces de reconocer a una especie como madre de otra especie modificada, por muy cuidadosamente que pudiéramos examinar a ambas, a menos que poseyésemos la mayor parte de los eslabones intermedios, y debido a la imperfección del archivo geológico, no tenemos motivos para esperar encontrar tantos eslabones. Si se descubriesen dos o tres o incluso más formas de enlace, por muy leves que fueran sus diferencias, muchos naturalistas las clasificarían sencillamente como otras tantas especies nuevas, sobre todo si se hubiesen encontrado en diferentes subpisos geológicos. Podrían citarse numerosas formas actuales dudosas, que son probablemente variedades; pero ¿quién pretenderá que en los tiempos futuros se descubrirán tantas formas fósiles que los naturalistas podrán decidir si estas formas dudosas han de ser o no llamadas variedades? Tan solo una pequeña parte del mundo ha sido explorada geológicamente. Solo los seres orgánicos de ciertas clases pueden conservarse en estado fósil, al menos en un número considerable cualquiera. Muchas especies, una vez formadas, no experimentan nunca ningún cambio ulterior, sino que se extinguen sin dejar descendientes modificados; y los periodos, durante los cuales las especies han sufrido modificación, aunque largos si se miden por años, probablemente han sido cortos en comparación con los periodos durante los cuales conservaron la misma forma. Son las especies dominantes y de área extensa las que varían más y con mayor frecuencia, y las variedades son muchas veces locales al principio; causas ambas que hacen poco probable el descubrimiento de lazos intermedios en una formación determinada. Las variedades locales no se extenderán a otras y distantes regiones hasta que se hayan modificado y mejorado considerablemente; y cuando se han extendido, y se han descubierto en una formación geológica, aparecen como si se hubiesen creado súbitamente en ese lugar, y serán clasificadas sencillamente como especies nuevas. La mayoría de las formaciones se han acumulado con intermitencias, y su duración ha sido probablemente más corta que la duración media de las formas específicas. Las formaciones sucesivas, en la mayoría de los casos, están separadas entre sí por intervalos en blanco de gran duración, pues formaciones fosilíferas bastante espesas para resistir la futura degradación, por regla general, solo pudieron acumularse donde se depositó mucho sedimento sobre el lecho del mar que iba sumergiéndose. Durante los periodos alternantes de elevación y de nivel estacionario, el archivo geológico estará, por lo general, en blanco. Durante estos últimos periodos habrá probablemente más variabilidad en las formas orgánicas, y durante los periodos de hundimiento, más extinción.

Por lo que se refiere a la ausencia de estratos ricos en fósiles debajo de la formación cámbrica, solo puede recurrir a la hipótesis dada en el capítulo décimo, o sea, que, aunque nuestros continentes y océanos han subsistido casi en las posiciones relativas actuales durante un periodo enorme, no tenemos ningún motivo para admitir que siempre haya ocurrido asi; por consiguiente, formaciones mucho más antiguas que cualquiera de las actualmente conocidas pueden yacer sepultadas debajo de los grandes océanos[215]. Por lo que se refiere a que el lapso de tiempo transcurrido, desde que nuestro planeta se consolidó, no ha sido suficiente para la magnitud del cambio orgánico supuesto —y esta objeción, como planteada por sir William Thompson, es probablemente una de las más graves que nunca se hayan presentado—, solo puedo decir, en primer lugar, que no sabemos con qué velocidad, medida por años, cambian las especies, y, en segundo lugar, que muchos filó-

[215] Véase tabla de adiciones, pág. 41.

sofos no están todavía dispuestos a admitir que conozcamos bastante la constitución del universo y del interior de nuestro globo para razonar con seguridad sobre su duración pasada.

Todo el mundo admitirá que el archivo geológico es imperfecto; pero muy pocos se sentirán inclinados a admitir que es imperfecto en el grado requerido por nuestra teoría. Si consideramos intervalos de tiempo bastante largos, la geología revela claramente que todas las especies han cambiado, y que han cambiado del modo requerido por la teoría, pues han cambiado lentamente y de una manera gradual. Vemos esto claramente en que los restos fósiles de las formaciones consecutivas están invariablemente mucho más relacionadas entre sí que los fósiles de formaciones muy separadas.

Tal es el resumen de las diversas objeciones y dificultades principales que pueden con justicia presentarse contra nuestra teoría, y he recapitulado ahora brevemente las respuestas y explicaciones que, hasta donde a mí se me alcanza, pueden darse. He encontrado, durante muchos años, demasiado abrumadoras estas dificultades para dudar de su peso. Pero merece señalarse especialmente que las objeciones más importantes se refieren a cuestiones en las que hemos de reconocer abiertamente nuestra ignorancia, sin que sepamos tampoco hasta dónde llega la misma.

No conocemos todas las gradaciones posibles de transición entre los órganos más sencillos y los más perfectos; no puede pretenderse que conozcamos todos los diversos medios de distribución que han existido durante el largo transcurso de los años, ni que sepamos toda la imperfección del archivo geológico. Con ser graves, como lo son, estas diversas objeciones, no son, a mi juicio, en modo alguno suficientes para echar por tierra la teoría de la descendencia con subsiguiente modificación.

* * *

Volvamos al otro aspecto de la cuestión. En estado doméstico vemos mucha variabilidad producida, o por lo menos estimulada, por el cambio de condiciones de vida; pero con frecuencia de una manera tan oscura que estamos tentados a considerar las variaciones como espontáneas. La variabilidad está regida por muchas leyes complejas: por correlación de crecimiento, compensación, aumento del uso y desuso de las partes y la acción determinada de las condiciones ambientes. Es muy difícil averiguar en qué medida se han modificado nuestras producciones domésticas; pero podemos deducir con seguridad que las modificaciones han sido en gran cuantía y que pueden heredarse durante largos periodos. Mientras las condiciones de vida permanezcan iguales, tenemos motivos para creer que una modificación, que ha sido ya heredada por muchas generaciones, puede continuar siendo heredada por un número casi infinito de generaciones. Por el contrario, tenemos pruebas de que la variablilidad, una vez que ha entrado en juego, no cesa en estado doméstico durante un periodo larguísimo, y tampoco sabemos si llega a cesar nunca, pues accidentalmente se producen todavía variedades nuevas en nuestras producciones domésticas más antiguas.

La variabilidad no es producida realmente por el hombre; el hombre tan solo expone, y sin intención, los seres orgánicos a nuevas condiciones de vida, y luego la naturaleza obra sobre la organización y la hace variar. Pero el hombre puede seleccionar, y selecciona, las variaciones que le presenta la naturaleza, y las acumula así de la manera deseada. Así, el hombre adapta a los animales y plantas a su propio beneficio o gusto. Puede hacer esto metódicamente, o puede hacerlo inconscientemente, conservando a los individuos que le son más útiles o agradables, sin intención de modificar las castas. Es seguro que se puede influir ampliamente en los caracteres de una casta seleccionando, en cada generación sucesiva, diferencias individuales tan leves que son inapreciables, excepto para unos ojos expertos. Este proceso inconsciente de selección ha sido el agente principal en la formación de las razas domésticas más distintas y útiles. Que muchas razas producidas por el hombre ostentan en gran medida los caracteres de especies naturales se demuestra por las inextrincables dudas de si muchas de ellas son variedades o especies originariamente distintas.

No hay motivo alguno para que los principios que han obrado tan eficazmente en estado doméstico no hayan obrado también en estado de naturaleza. En la supervivencia de las razas y de los individuos favorecidos, durante la incesante lucha por la existencia, vemos una forma poderosa y completamente activa de selección. La lucha por la existencia resulta inevitablemente de la elevada razón geométrica de incremento, que es común a todos los seres orgánicos. La gran velocidad de incremento se prueba por el cálculo: por el rápido aumento de muchos animales y plantas durante una serie de temporadas especiales y cuando se los naturaliza en nuevos países. Nacen más individuos de los que tal vez pueden sobrevivir. Un grano[216] en la balanza puede determinar qué individuos han de vivir y cuáles han de morir, qué variedad o especie aumentará en número de individuos y cuál disminuirá o acabará por extinguirse. Como los individuos de una misma especie entran por todos los conceptos en la competencia más rigurosa entre sí, la lucha será generalmente más severa entre ellos; será casi igualmente severa entre las variedades de una misma especie, y seguirá en severidad entre las especies de un mismo género. Por otra parte, muchas veces la lucha será rigurosa entre seres muy alejados en la escala de la naturaleza. La más pequeña ventaja de ciertos individuos, en cualquier edad o estación, sobre aquellos con quienes entran en competencia, o la mejor adaptación, por leve que sea, a las condiciones físicas ambientes, harán a la larga inclinar la balanza a su favor.

En los animales que tienen los sexos separados habrá, en la mayor parte de los casos, lucha entre los machos por la posesión de las hembras. Los machos más vigorosos, o los que lucharon con más éxito con sus condiciones de vida, dejarán generalmente progenie más numerosa. Pero el éxito dependerá muchas veces de que los machos tengan armas, medios de defensa o encantos especiales, y la más ligera ventaja conducirá a la victoria.

Como la geología proclama claramente que todos los países han sufrido grandes cambios físicos, pudiéramos haber esperado encontrar que los seres orgánicos han variado en estado natural

[216] Se refiere a la fracción de peso más pequeña del sistema de medidas inglés: el grano, que equivale a 0,06 gramos.

del mismo modo que han variado en estado doméstico. Y si ha habido cualquier variabilidad en la naturaleza, sería un hecho inexplicable que la selección natural no hubiese entrado en juego. Se ha afirmado esto con frecuencia; pero la afirmación no es susceptible de prueba, pues la cuantía de variación en estado natural es sumamente limitada. El hombre —aunque obre solo sobre los caracteres externos y a menudo caprichosamente— puede producir en corto espacio de tiempo grandes resultados añadiendo simples diferencias individuales a sus producciones domésticas; y nadie admite que las especies presenten diferencias individuales. Pero, aparte de estas diferencias, todos los naturalistas admiten que existen las variedades naturales, a las que se consideran suficientemente distintas para que merezcan ser registradas en las obras sistemáticas. Nadie ha trazado una distinción clara entre las diferencias individuales y las variedades ligeras, ni entre las variedades más claramente acusadas y las subespecies y especies. En continentes separados, o en distintas partes de un mismo continente, cuando están divididas por barrenas de cualquier clase, o en islas adyacentes, ¡qué multitud de formas existen a las que algunos naturalistas experimentados clasifican como variedades, otros como razas geográficas o subespecies, y otros como especies distintas, aunque muy afines!

Pues si los animales y plantas varían, por muy leve y lentamente que sea, ¿por qué no han de conservarse y acumularse por selección natural, o supervivencia de los más aptos, las variaciones o diferencias individuales que sean en algún modo beneficiosas? Si el hombre puede, con paciencia, seleccionar variaciones útiles para él, ¿por qué, en condiciones de vida variables y complejas, no habrá de surgir con frecuencia, y ser conservadas y seleccionadas, variaciones útiles a las producciones vivientes de la naturaleza? ¿Qué límite puede ponerse a esta fuerza, que actúa durante hace muchas edades y escrudiña rigurosamente toda la constitución, estructura y costumbres de cada ser, favoreciendo lo bueno y rechazando lo malo? No veo límite alguno a esta fuerza para adaptarse lenta y adecuadamente a cada forma a las más complejas relaciones de vida. La teoría de la selección natural, aun sin ir más allá de esto, parece que es probable en sumo grado. He recapitulado ya, lo mejor que he podido, las dificultades y objeciones presentadas contra nuestra teoría; pasemos ahora a los hechos y argumentos especiales en favor de ella.

* * *

De acuerdo con la teoría de que las especies no son más que variedades muy acusadas y permanentes, y de que cada especie existió primero como variedad, podemos comprender por qué no se puede trazar una línea de demarcación ante las especies —que comúnmente se supone que han sido producidas por actos especiales de creación— y las variedades —que se reconoce que han sido producidas por leyes secundarias—. Según esta misma teoría, podemos comprender por qué en una región en la que se han producido muchas especies de un género, y donde florecen actualmente, estas mismas especies presentan muchas variedades; pues donde la fabricación de especies ha sido activa, hemos de esperar, por regla general, encontrarla todavía en actividad; y así ocurre si las variedades son especies incipientes. Además, las especies de los géneros mayores, que proporcionan el mayor número de variedades o especies incipientes, conservan hasta cierto punto el carácter de variedades, pues difieren entre sí en menor grado que las especies de los géneros menores. También las especies más afines de los géneros mayores tienen aparentemente áreas restringidas, y por sus afinidades están reunidas, en pequeños grupos, alrededor de otras especies, pareciéndose por ambos conceptos a las variedades. Estas relaciones son extrañas, de acuerdo con la teoría de que cada especie fue creada independientemente; pero son inteligibles si cada especie existió primero como una variedad.

Como cada especie tiende, por su razón geométrica de reproducción, a aumentar extraordinariamente en número de individuos, y como los descendientes modificados de cada especie serán capaces de aumentar tanto más cuanto más se diversifiquen en costumbres y conformación, de modo que puedan apoderarse de muchos y diferentes puestos en la economía de la naturaleza, habrá una tendencia constante en la selección natural a conservar la descendencia más divergente de cualquier especie. Por consiguiente, durante un largo proceso de modificación, las leyes diferencias características de las variedades de una misma especie tienden a aumentar hasta convertirse en las grandes diferencias características de las especies de un mismo género. Las variedades nuevas o perfeccionadas suplantarán y exterminarán inevitablementea las variedades más viejas, menos perfeccionadas e intermedias; y así las especies se convertirán en gran medida en entidades definidas y precisas. Las especies dominantes, que pertenecen a los grupos mayores dentro de cada clase, tienden a dar origen a formas nuevas y dominantes; de modo que cada grupo grande tiende a hacerse aún mayor y, al mismo tiempo, más divergente en caracteres. Pero como todos los grupos no pueden continuar aumentando de este modo en cantidad específica, pues llegarían a no caber en la Tierra, los grupos más dominantes derrotan a los menos dominantes. Esta tendencia de los grupos grandes a continuar aumentando en cantidad específica y divergiendo en caracteres, unida a la inevitable circunstancia de su gran extinción, explica la disposición de todas las formas orgánicas en grupos subordinados a grupos, todos ellos comprendidos en un corto número de clases, que han prevalecido a través del tiempo. Este hecho capital de la agrupación de todos los seres orgánicos en lo que se llama el sistema natural, es completamente inexplicable por la teoría de la creación.

Como la selección natural obra únicamente por la acumulación de variaciones leves, sucesivas y favorables, no puede producir modificaciones grandes o súbitas; solamente obra por pasos cortos y lentos. De aquí que el precepto de *Natura non facit saltum,* que cada nuevo conocimiento que adquirimos tiende a confirmar, sea inteligible de acuerdo con esta teoría. Podemos comprender por qué, en toda la naturaleza, el mismo fin general se consigue por una diversidad casi infinita de medios, pues toda particularidad, una vez adquirida, se hereda durante mucho tiempo, y conformaciones modificadas ya de modos muy diferentes tienen que adaptarse a un mismo fin general. En un palabra, podemos comprender por qué la naturaleza es pródiga en variedad, aunque avara en innovación. Pero nadie puede explicar por qué tiene que ser esto una ley de la naturaleza si cada especie ha sido creada independientemente.

Existen otros muchos hechos explicables, a mi parecer, por nuestra teoría. ¡Qué extraño es que un ave, en la forma del pájaro carpintero, se alimente de insectos en el suelo; que los gansos de tierra adentro, que rara vez o nunca nadan, tengan membrana interdigital; que un ave parecida al tordo bucee y se alimente; que el petrel tenga las costumbres y la conformación adecuadas para vivir como un alca, y así en un sinfín de casos! Pero estos hechos cesan de ser extraños, y hasta pudieran haberse previsto, según la teoría de que cada especie se esfuerza constantemente por aumentar en número, junto con la selección natural siempre dispuesta a adaptar a los descendientes de cada especie que varíen un poco a cualquier puesto desocupado o mal ocupado en la naturaleza.

Podemos comprender, hasta cierto punto, por qué hay tanta belleza por toda la naturaleza, pues esto puede atribuirse, en gran parte, a la acción de la selección. Que la belleza, según nuestro sentido de ella, no es universal, ha de admitirlo todo el que se fije en algunas serpientes venenosas, en algunos peces y en ciertos murciélagos asquerosos que tienen una semejanza monstruosa con la cara humana. La selección sexual ha dado colores brillantísimos, elegantes dibujos y otros adornos a los machos, y a veces a los dos sexos de muchas aves, mariposas y otros animales. En las aves, muchas veces ha hecho musical para la hembra, lo mismo que para nuestros oídos, la voz del macho. Las flores y los frutos se hacen visibles mediante brillantes colores en contraste con el follaje, a fin de que las flores puedan ser fácilmente vistas, visitadas y fecundadas por los insectos, y las semillas diseminadas por los pájaros. Por qué ocurre que ciertos colores, sonidos y formas agradan al hombre y a los animales inferiores —es decir, cómo fue adquirido por vez primera el sentido de la belleza en su forma más sencilla—, no lo sabemos, como tampoco sabemos por qué ciertos olores y sabores se hicieron por vez primera agradables.

Como la selección natural obra mediante la competencia, adapta y perfecciona a los habitantes de cada país tan solo con relación a los demás habitantes; de manera que no debe sorprendernos que las especies de un país cualquiera —a pesar de que, según la teoría ordinaria, se supone que han sido creadas y adaptadas especialmente para ese país— sean derrotadas y suplantadas por las producciones naturalizadas procedentes de otra tierra. Tampoco debemos maravillarnos de que todos los mecanismos de la naturaleza no sean —hasta donde podemos juzgar— absolutamente perfectos, como en el caso incluso del ojo humano, ni de que algunos de ellos sean odiosos para nuestras ideas acerca de la idoneidad. No debemos maravillarnos de que el aguijón de la abeja, al ser utilizado contra un enemigo, ocasiona la muerte de la propia abeja; de que se produzca tan gran número de zánganos para un solo acto, y de que luego los maten sus propias hermanas estériles; ni del asombroso derroche de polen por nuestros abetos; ni del odio instintivo de la abeja reina hacia sus propias hijas fecundas; ni de que los icneumónidos se alimenten en el interior del cuerpo de las orugas vivas, ni de otros casos semejantes. Lo realmente maravilloso es, de acuerdo con la teoría de la selección natural, que no se hayan descubierto más casos de falta absoluta de perfección.

Las leyes complejas y poco conocidas que rigen la producción de variedades son las mismas, hasta donde podemos juzgar, que las leyes que han regido la producción de especies distintas. En ambos casos, las condiciones físicas parecen haber producido algún efecto directo y definido, pero no podemos decir con qué intensidad. Así, cuando las variedades se introducen en una estación nueva cualquiera, a veces toman algunos de los caracteres propios de las especies de aquella estación. Tanto en las variedades como en las especies, el uso y el desuso parecen haber producido un efecto considerable; siendo imposible resistirse a admitir esta conclusión cuando nos fijamos, por ejemplo, en el pato de cabeza deforme —*logger-headed duck*—, que tiene las alas inservibles para volar, casi en la misma condición que las del pato doméstico; cuando nos fijamos en el tucu-tuco, que en ocasiones es ciego, y luego en ciertos topos, que son habitualmente ciegos y tienen sus ojos cubiertos de piel, o cuando nos fijamos en los animales ciegos que viven en cavernas oscuras de América y de Europa. En las variedades y en las especies, la variación correlativa parece haber jugado un papel importante, de modo que cuando una parte se ha modificado, las demás partes se modifican necesariamente. Tanto en las variedades como en las especies, se presentan a veces caracteres perdidos hace mucho tiempo. ¡Qué inexplicable es, por la teoría de la creación, la aparición circunstancial de rayas en las espaldillas y en las patas de diversas especies del género equino y de sus híbridos! ¡Qué sencillamente se explica este hecho si creemos que estas especies descienden todas de un progenitor con rayas, del mismo modo que las diversas razas domésticas de palomas descienden de la paloma silvestre —la *rock-pigeon*— azul y con fajas!

Según la teoría ordinaria de que cada especie ha sido creada independientemente, ¿por qué han de ser más variables los caracteres específicos —o sea, aquellos por los que las especies de un mismo género difieren entre sí— que los caracteres genéricos, en los que todas coinciden? ¿Por qué, por ejemplo, en una especie cualquiera de un género, el color de la flor ha de ser más propenso a variar, si las demás especies tienen flores de colores diferentes, que si todas poseyesen flores del mismo color? Si las especies son tan solo variedades bien acusadas, cuyos caracteres se han vuelto permanentes en alto grado, podemos comprender este hecho; pues variaron ya desde el momento en que se separaron del progenitor común en ciertos caracteres, por lo que han venido a ser específicamente distintas unas de otras; por tanto, estos mismos caracteres tienen que ser más propensos a variar que los caracteres genéricos, que se han heredado sin alteración durante un inmenso periodo de tiempo. Es inexplicable, por la teoría de la creación, por qué una parte desarrollada de una manera insólita en una sola especie de un género —y, por tanto, de gran importancia para esta especie, según podemos deducir naturalmente— haya de estar sumamente sujeta a variación; pero, según nuestra teoría, esta parte ha experimentado, desde que las diversas especies se separaron del progenitor común, una extraordinaria variabilidad y modificación, y por tanto hemos de esperar que, por lo general, sea todavía más variable. Pero una parte puede desarrollarse del modo más extraordinario, como las alas del murciélago, y, sin embargo, no ser más variable que cualquier otra estructura, si la parte es común a muchas formas subordinadas, es decir, si ha sido heredada durante un periodo de tiempo muy largo, pues en este caso se ha vuelto constante por selección natural muy prolongada.

Si echamos una mirada a los insectos, con ser algunos maravillosos, no ofrecen dificultad mayor que las conformaciones corpóreas, de acuerdo con la teoría de la selección natural de sucesivas y leves, pero provechosas, modificaciones. De este modo podemos comprender por qué la naturaleza va por pasos graduales al dotar a los diferentes animales de una misma clase de sus diversos instintos. He procurado mostrar cuánta luz arroja el principio de la gradación sobre las admirables facultades adquitectónicas de la abeja común. La costumbre, indudablemente, entra muchas veces en juego en la midificación de los instintos; pero en realidad no es indispensable, como vemos en el caso de los insectos neutros, que no dejan descendencia alguna que herede los resultados de una costumbre prolongada. De acuerdo con la teoría de que todas las especies de un mismo género han descendido de un progenitor común y que han heredado mucho en común, podemos comprender por qué las especies afines, aun cuando se hallen en condiciones de vida muy diferentes, siguen sin embargo casi con los mismos instintos; por qué los tordos de las regiones tropicales y templadas de América del Sur, por ejemplo, revisten de barro sus nidos como nuestras especies inglesas. Según la teoría de que los instintos se han adquirido lentamente por selección natural, no hemos de maravillarnos de que algunos instintos no sean perfectos y estén expuestos a error, ni de que muchos instintos sean causa de sufrimiento para otros animales.

Si las especies no son más que variedades bien acusadas y permanentes, podemos comprender al instante por qué sus descendencias cruzadas han de seguir las mismas leyes complejas en sus grados y clases de semejanza con sus progenitores —en absorberse mutuamente por cruzamientos sucesivos, y en otros puntos análogos— que sigue la descendencia cruzada de las variedades reconocidas. Esta semejanza sería un hecho extraño si las especies hubiesen sido creadas independientemente y las variedades se hubiesen producido por leyes secundarias.

Si admitimos que el archivo geológico es imperfecto en grado extremo, entonces los hechos que realmente nos proporciona el archivo apoyan vigorosamente la teoría de la descendencia con modificación. Las especies nuevas han entrado en escena lentamente y a intervalos sucesivos, y la cuantía de cambio, después de espacios iguales de tiempo, es muy distinta en los diferentes grupos. La extinción de especies y de grupos enteros de especies —que ha representado un papel tan importante en la historia del mundo orgánico— es consecuencia casi inevitable del principio de selección natural, pues las formas antiguas son suplantadas por formas nuevas y mejoradas. Ni las especies aisladas ni los grupos de especies reaparecen una vez que se ha roto la cadena de la generación ordinaria. La difusión gradual de las formas dominantes, unida a la modificación lenta de sus descendientes, hace que las formas orgánicas aparezcan, después de largos intervalos de tiempo, como si hubiesen cambiado simultáneamente en todo el mundo. El hecho de que los restos fósiles de cada formación sean en algún grado intermedios, por sus caracteres, entre los fósiles de las formaciones inferiores y superiores, se explica sencillamente por su posición intermedia en la cadena de la descendencia. El importante hecho de que todos los seres extinguidos puedan clasificarse junto con todos los seres actuales es consecuencia natural de que los seres vivientes y extinguidos descienden de progenitores comunes. Como las especies, por lo general, han divergido en caracteres durante su largo transcurso de descendencia y modificación, podemos comprender por qué las formas más antiguas, o los primeros progenitores de cada grupo, ocupen tan a menudo una posición en cierto modo intermedia entre los grupos vivientes. Las formas recientes se consideran, por lo regular, como más elevadas, en conjunto, en la escala de la organización que las formas antiguas, y tienen que serlo por cuanto que las formas más recientes y mejoradas han vencido en la lucha por la vida a las formas más antiguas y menos perfeccionadas; además, generalmente sus órganos se especializaron más para diferentes funciones. Este hecho es perfectamente compatible con el de que numerosos seres conserven todavía conformaciones sencillas y poco mejoradas, adaptadas a condiciones sencillas de vida; y es igualmente compatible con el hecho de que algunas formas hayan retrocedido en organización, por haberse adaptado mejor en cada fase de su descendencia a hábitos de vida nuevos y degradados. Por último, la asombrosa ley de la larga persistencia de formas afines en un mismo continente —de marsupiales en Australia, de desdentados en América, y otros casos análogos— resulta comprensible, pues, dentro de un mismo país, los seres vivientes y los extinguidos han de ser muy afines por descendencia.

Considerando la distribución geográfica, si admitimos que durante el largo transcurso de los tiempos ha habido mucha migración de una parte a otra del mundo, debido a antiguos cambios geográficos y de clima, y a los muchos medios ocasionales y desconocidos de dispersión, comprenderemos, de acuerdo con la teoría de la descendencia con modificación, la mayoría de los grandes hechos capitales de la distribución geográfica. Comprendemos por qué ha de haber un paralelismo tan sorprendente en la distribución de los seres orgánicos en el espacio y en su sucesión geológica en el tiempo, pues en ambos casos los seres han estado unidos por el vínculo de la generación ordinaria y los medios de modificación han sido los mismos. Comprendemos toda la significación del hecho maravilloso, que ha sorprendido a todo viajero, o sea, que en un mismo continente y en las condiciones más diversas, con calor y con frío, en las montañas y en las llanuras, en los desiertos y en los pantanos, la mayor parte de los habitantes, dentro de cada una de las grandes clases, tienen evidente parentesco, pues son los descendientes de los mismos progenitores y primitivos colonos. Según este mismo principio de migración anterior, combinada en la mayor parte de los casos con modificación, podemos comprender, con ayuda del periodo glaciar, la identidad de algunas plantas y el parentesco próximo de otras muchas que viven en las montañas más distantes y en las zonas templadas septentrional y meridional, así como el estrecho parentesco de algunos habitantes del mar en las latitudes templadas boreal y austral, a pesar de estar separadas por todo el océano intertropical. Aunque dos regiones presenten condiciones físicas tan sumamente semejantes que hasta exijan las mismas especies, no debe sorprendernos que sus habitantes sean muy diferentes, si estas regiones han estado completamente separadas una de otra durante un largo periodo de tiempo; pues como la relación de organismo a organismo es la más importante de todas, y como las dos regiones habrán recibido colonos en diversos periodos y en diferentes proporciones, procedentes de alguna otra región o intercambiándoselos mutuamente, él proceso de modificación en las dos áreas habrá sido inevitablemente diferente.

Según esta teoría de la migración con subsiguiente modificación, comprendemos por qué las islas oceánicas están habitadas tan solo por pocas especies, y por qué muchas de estas son formas peculiares y endémicas. Comprendemos claramente por qué especies que pertenecen a aquellos grupos de animales que no pueden cruzar grandes espacios del océano, como los batracios y los mamíferos terrestres, no habitan en las islas oceánicas, y por qué, por el contrario, especies nuevas y peculiares de murciélagos, animales que pueden atravesar el océano, se encuentran a menudo en islas muy distantes de todo continente. Casos tales como la presencia de todos los demás mamíferos terrestres son hechos absolutamente inexplicables por la teoría de los actos independientes de creación.

La existencia de especies muy afines o representativas en dos áreas cualesquiera implica, de acuerdo con la teoría de la descendencia con modificación, que unas mismas formas madre habitaron antiguamente ambas áreas, y casi invariablemente hallamos que, siempre que muchas especies muy afines viven en dos áreas, algunas especies idénticas son comunes a ambas. Siempre que se presentan muchas especies muy afines, aunque distintas, se presentan también formas dudosas y variedades pertenecientes a los mismos grupos. Es una regla muy general que los habitantes de cada área están emparentados con los habitantes de la fuente más próxima de donde pueden haber provenido los inmigrantes. Vemos esto en la notable relación de casi todas las plantas y animales del archipiélago de los Galápagos, de la isla de Juan Fernández y de las demás islas americanas con las plantas y animales del vecino continente americano, y de los animales y plantas del archipiélago de Cabo Verde y otras islas africanas con los del continente africano. Hay que admitir que estos hechos no reciben explicación alguna por la teoría de la creación.

El hecho, como hemos visto, de que todos los seres orgánicos, pasados y presentes, puedan clasificarse dentro de unas cuantas grandes clases, en grupos subordinados a otros grupos, quedando a menudo los grupos extinguidos entre los grupos actuales, resulta comprensible por la teoría de la selección con sus secuelas de extinción y divergencia de caracteres. Según estos mismos principios, comprendemos por qué son tan complejas y tortuosas las afinidadees mutuas de las formas de dentro de cada clase. Vemos por qué ciertos caracteres son mucho más útiles que otros para la clasificación; por qué los caracteres adaptables, aunque de suma importancia para los seres, apenas tienen importancia alguna para la clasificación; por qué los caracteres derivados de órganos rudimentarios, aunque de ninguna utilidad para los seres, son muchas veces de gran valor taxonómico, y por qué los caracteres embriológicos son con frecuencia los más valiosos de todos. Las afinidades reales de todos los seres orgánicos, en contraposición con sus semejanzas de adaptación, son debidas a la herencia o comunidad de origen. El *sistema natural* es un ordenamiento genealógico, en el que los grados de diferencia adquiridos se expresan por los términos variedades, especies, géneros, familias, etc.; y tenemos que descubrir las líneas genealógicas por los caracteres más permanentes, cualesquiera que sean y por pequeña que sea su importancia para la vida.

El similar armazón de huesos de la mano del hombre, del ala del murciélago, de la aleta de la marsopa y de la pata del caballo; el mismo número de vértebras que forman el cuello de la jirafa y del elefante, y otros innumerables hechos semejantes, se explican de una vez por la teoría de la descendencia con lentas y pequeñas modificaciones sucesivas. La semejanza de tipo de las alas y las patas del murciélago, aunque usados para fines tan diferentes; de las mandíbulas y patas del cangrejo; y de los pétalos, estambres y pistilos de la flor es también, en gran parte, comprensible por la teoría de la modificación gradual de las partes u órganos que fueron originariamente iguales en el remoto progenitor de cada una de estas clases. Según el principio de que las variaciones sucesivas no siempre sobrevienen en edad temprana y que se heredan en un periodo correspondiente no muy temprano de la vida, comprendemos claramente por qué los embriones de los mamíferos, aves, reptiles y peces son tan semejantes, y tan diferentes las formas adultas. Podemos cesar de asombrarnos de que el embrión de un mamífero o ave que respiran en el aire tengan hendiduras branquiales y arterias en forma de asas, como las del pez que tiene que respirar el aire disuelto en el agua con el auxilio de branquias bien desarrolladas.

El desuso, ayudado a veces por la selección natural, reducirá con frecuencia órganos que se han vuelto inútiles con el cambio de hábitos o condiciones de vida; y podemos comprender por esta opinión la significación de los órganos rudimentarios. Pero el desuso y la selección generalmente obrarán en cada ser, cuando este haya llegado a la madurez y tenga que jugar todo su papel en la lucha por la existencia, y así, pues, tendrá poca fuerza sobre los órganos durante la primera edad; de ahí que los órganos no se reduzcan ni se vuelvan rudimentarios en esta primera edad. El ternero, por ejemplo, ha heredado —de un remoto progenitor que tenía dientes bien desarrollados— dientes que nunca rompen en la encía de la mandíbula superior; y podemos creer que los dientes en el animal adulto se redujeron antiguamente por desuso, debido a que la lengua y el paladar, o los labios, llegaron a adaptarse excelentemente por selección natural para ramonear sin el auxilio de aquellos, mientras que, en el ternero, los dientes quedaron sin alteración y, según el principio de la herencia a las edades correspondientes, han sido heredados desde un tiempo remoto hasta la actualidad. Por la teoría de que cada organismo, con todas sus diversas partes, ha sido creado por un acto especial, ¡cuán completamente inexplicable es que se presenten con tanta frecuencia órganos que llevan el sello evidente de la inutilidad, como los dientes del ternero embrionario o las alas plegadas bajo los élitros soldados de muchos coleópteros! Puede decirse que la naturaleza se ha tomado el trabajo de revelarnos su esquema de modificación por medio de los órganos rudimentarios y de las conformaciones homólogas y embrionarias, pero nosotros somos demasiado ciegos para comprender su significado.

* * *

Recapitulo ahora los hechos y consideraciones que me han convencido por completo de que las especies se han modificado durante un largo proceso de descendencia. Esto se ha realizado principalmente por la selección natural de numerosas variaciones sucesivas, ligeras y favorables, auxiliada de modo importante por los efectos hereditarios del uso y desuso de las partes, y de un modo accesorio —es decir, con relación a las conformaciones de adaptación, pasadas o presentes— por la acción directa de las condiciones externas y por variaciones que, en nuestra ignorancia, nos parece que surgen espontáneamente. Parece que en otro tiempo rebajé la frecuencia y el valor de estas últimas formas de variación, en cuanto que conducen a modificaciones permanentes de conformación, independientemente de la selección natural. Pero como mis conclusiones han sido recientemente muy tergiversadas y se ha afirmado que atribuyo la modificación de las especies exclusivamente a la selección natural, me permito hace observar que en la primera edición de esta obra, y en las siguientes, puse en lugar bien visible —o sea, al final de la Introducción— las siguientes palabras: «Estoy convencido de que la selección natural ha sido el principal, pero no el exclusivo, medio de modificación». Esto no ha servido de nada. Grande es la fuerza de la tergiversación continua; pero la historia de la ciencia demuestra que, afortunadamente, esta fuerza no perdura mucho tiempo [217].

Difícilmente puede admitirse que una teoría falsa explique de un modo tan satisfactorio, como lo hace la teoría de la selección

217 Véase tabla de adiciones, pág. 41.

natural, las diferentes y extensas clases de hechos antes especificados. Recientemente se ha hecho la objeción de que este es un método peligroso de razonar; pero es un método utilizado al juzgar los acontecimientos comunes de la vida y ha sido utilizado muchas veces por los más grandes filósofos de la naturaleza. De este modo se ha llegado a la teoría ondulatoria de la luz, y la creencia en la rotación de la Tierra sobre su eje hasta hace poco tiempo no se apoyaba apenas en ninguna prueba directa. No es una objeción válida el que la ciencia no arroje aún luz alguna sobre el problema, más elevado, de la esencia o del origen de la vida. ¿Quién puede explicar qué es la esencia de la atracción de la gravedad? Nadie se opone actualmente a seguir las consecuencias que resultan de este elemento desconocido de atracción, a pesar de que Leibnitz acusó ya a Newton de introducir «propiedades ocultas y milagrosas en la filosofía».

No veo ninguna razón válida para que las opiniones expuestas en este libro hieran los sentimientos religiosos de nadie. Es suficiente, como demostración de lo pasajeras que son tales impresiones, recordar que el mayor descubrimiento que jamás ha hecho el hombre —o sea, la ley de la atracción de la gravedad— fue también atacada por Leibnitz «como subversiva de la religión natural, y, por consiguiente, de la revelada». Un famoso autor y teólogo me ha escrito diciéndome que «poco a poco ha sabido comprender que es una concepción igualmente noble de la Deidad creer que ha creado unas pocas formas primitivas capaces de desarrollarse por sí mismas en otras formas necesarias, como creer que ha necesitado un acto nuevo de creación para llenar los huecos producidos por la acción de sus leyes».

Puede preguntarse por qué, hasta hace poco tiempo, todos los naturalistas y geólogos contemporáneos más eminentes no creyeron en la mutabilidad de las especies. No puede afirmarse que los seres orgánicos en estado de naturaleza no estén sometidos a ninguna variación; no se ha probado que la cuantía de variación en el transcurso de los tiempos sea una cantidad limitada; ninguna distinción clara se ha señalado, ni puede señalarse, entre las especies y las variedades bien acusadas. No puede sostenerse que las especies, cuando se cruzan, sean invariablemente estériles y las variedades invariablemente fecundas, ni que la esterilidad sea un don y un signo especial de creación. La creencia de que las especies eran producciones inmutables fue casi inevitable mientras se creyó que la historia del mundo era de breve duración; pero ahora que hemos adquirido alguna idea del lapso de tiempo transcurrido, somos demasiado propensos a admitir, sin pruebas, que el archivo geológico es tan perfecto que debería proporcionarnos pruebas evidentes de la mutación de las especies, si estas hubiesen experimentado mutación.

Pero la causa primordial de nuestra renuncia natural a admitir que una especie ha dado origen a otra especie distinta es que siempre somos tardos en admitir grandes cambios cuyos grados intermedios no vemos. La dificultad es la misma que la que sintieron tantos geólogos cuando Lyell sostuvo por vez primera que los agentes que aún vemos en actividad han formado las largas líneas de acantilados del interior y han excavado los grandes valles. La mente no puede quizá abarcar toda la significación ni siquiera de la expresión *un millón de años;* no puede sumar y percibir todos los resultados de muchas pequeñas variaciones acumuladas durante un número casi infinito de generaciones.

Aunque estoy plenamente convencido de la verdad de las opiniones expuestas en este libro bajo la forma de un compendio, no espero en modo alguno convencer a experimentados naturalistas cuya mente está llena de una multitud de hechos vistos todos, durante un largo transcurso de años, desde un punto de vista diametralmente opuesto al mío. Es muy cómodo ocultar nuestra ignorancia bajo expresiones tales como el «plan de creación», «unidad tipo», etc., y creer que damos una explicación cuando tan solo volvemos a enunciar un hecho. Todo aquel cuya disposición natural le lleve a dar más importancia a las dificultades no aclaradas que a la explicación de un cierto número de hechos, rechazará seguramente la teoría. Algunos cuantos naturalistas dotados de mucha flexibilidad mental, y que han empezado ya a dudar de la inmutabilidad de las especies, tal vez puedan ser influidos por este libro; pero miro con confianza hacia el porvenir, hacia los jóvenes y moderados naturalistas, que serán capaces de ver los dos aspectos de la cuestión con imparcialidad. Quienquiera que sea movido a creer que las especies son mudables, prestará un buen servicio expresando concienzudamente su convicción, pues solo de esta manera puede desaparecer la carga de prejuicios que pesa abrumadoramente sobre este asunto.

Varios naturalistas eminentes han divulgado recientemente su creencia de que una multitud de especies, reputadas como tal dentro de cada género, no son verdaderas especies; pero que otras especies son verdaderas, esto es, que han sido creadas independientemente. Esto me parece que es llegar a una extraña conclusión. Admiten que una multitud de formas —que hasta hace poco ellos mismos creían que eran creaciones especiales, que son consideradas todavía así por la mayoría de los naturalistas, y que, por consiguiente, tienen todos los rasgos característicos externos de verdaderas especies—, admiten, digo, que estas se han producido por variación, pero se niegan a hacer extensiva la misma opinión a otras formas poco diferentes. No pretenden, sin embargo, precisar, ni siquiera conjeturar, cuáles son las formas orgánicas creadas y cuáles son las producidas por leyes secundarias. Admiten la variación como una *vera causa,* en un caso, y arbitrariamente la rechazan en otro, sin señalar distinción alguna en los dos casos. Llegará el día en que esto se cite como un ejemplo curioso de la ceguera de las opiniones preconcebidas. Estos autores parecen no maravillarse más ante un acto milagroso de creación que ante un nacimiento ordinario. ¿Pero creen realmente que, en innumerables periodos de la historia de la Tierra, ciertos átomos elementales recibieron la orden de convertirse súbitamente en tejidos vivientes? ¿Creen que en cada supuesto acto de creación se produjeron uno o muchos individuos? Las infinitas clases de animales y plantas, ¿fueron creadas todas como huevos o semillas, o desarrolladas por completo? Y en el caso de los mamíferos, ¿se crearon llevando las falsas señales de la nutrición por el útero de la madre? Indudablemente, algunas de estas mismas preguntas no pueden ser contestadas por los que creen en la aparición o creación de tan solo unas cuantas formas orgánicas o de una sola forma únicamente.

Diversos autores han sostenido que es tan fácil creer en la creación de un millón de seres como en la de uno solo; pero el axioma filosófico de Maupertuis de la *menor acción* mueve a la mente a admitir de mejor grado el menor número; y realmente no necesitamos creer que los innumerables seres que hay dentro de cada una de las grandes clases han sido creados con señales patentes, pero engañosas, de descender de un solo y único progenitor.

Como recuerdo en un estado anterior de cosas, he conservado en los párrafos precedentes, y en otros más, varias frases que implican que los naturalistas creen en la creación separada de cada especie, y se me ha censurado mucho por haberme expresado así. Pero indudablemente esta era la creencia general cuando apareció la primera edición de la presente obra [218]. Antaño hablé a muchos naturalistas del asunto de la evolución, y nunca encontré una acogida simpática. Es probable que algunos creyesen entonces en la evolución; pero guardaban silencio o se expresaban tan ambiguamente que no era fácil comprender su pensamiento. Actualmente las cosas han cambiado por completo, y casi todos los naturalistas admiten el gran principio de la evolución. Hay algunos, sin embargo, que creen todavía que las especies han dado origen de súbito, por medios completamente inexplicables, a formas nuevas y totalmente diferentes; pero, como he intentado demostrar, pueden oponerse pruebas de peso a la admisión de modificaciones grandes y bruscas. Desde un punto de vista científico, y en cuanto al desarrollo ulterior de la investigación, con creer que las formas nueva se han desarrollado súbitamente, de un modo inexplicable, de formas antiguas y muy diferentes, se consigue poca ventaja sobre la antigua creencia en la creación de las especies del polvo de la tierra.

Puede preguntarse hasta dónde extiendo la doctrina de la modificación de las especies. Esta cuestión es difícil de contestar, pues cuanto más distintas son las formas que consideremos, tanto menor es el número y la fuerza de los argumentos en favor de la comunidad de descendencia. Pero algunos argumentos del mayor

218 Véase tabla de adiciones, pág. 41.

peso se extienden hasta muy lejos. Todos los miembros de clases enteras se enlazan por una cadena de afinidades y todos pueden clasificarse, según el mismo principio, en grupos subordinados a grupos. Los restos fósiles tienden a veces a llenar intervalos grandísimos entre los órdenes existentes.

Los órganos en estado rudimentario demuestran claramente que un remoto progenitor tuvo el órgano en estado de completo desarrollo, y esto, en algunos casos, implica una cuantía enorme de modificación en los descendientes. En clases enteras, diversas estructuras se forman según un mismo modelo, y en una edad muy temprana los embriones se parecen mucho entre sí. Por esto, no dudo de que la teoría de la descendencia con modificación abarca a todos los miembros de una misma gran clase o de un mismo reino. Creo que los animales descienden, a lo sumo, de solo cuatro o cinco progenitores, y las plantas de un número igual o menor.

La analogía me llevaría a dar un paso más, o sea, a la creencia de que todos los animales y plantas descienden de un solo prototipo. Pero la analogía puede ser un guía engañoso. Sin embargo, todos los seres vivientes tienen mucho de común en su composición química, su estructura celular, sus leyes de crecimiento y su propensión a las influencias nocivas. Vemos esto en un hecho tan insignificante como el de que un mismo veneno obra a menudo de un modo similar en animales y plantas, o el de que el veneno segregado por el cinípido produce crecimientos monstruosos en el rosal silvestre y en el roble. En todos los seres orgánicos, excepto tal vez en algunos de los muy inferiores, la reproducción sexual parece ser esencialmente semejante. En todos, hasta donde actualmente se sabe, la vesícula germinal es igual; de modo que todos los organismos proceden de un origen común. Si consideramos incluso las dos divisiones principales —es decir, los reinos animal y vegetal—, ciertas formas inferiores son de carácter tan intermedio que los naturalistas han discutido a qué reino deben atribuirse. Como ha hecho observar el profesor Asa Gray, «las esporas y otros cuerpos reproductores de muchas de las algas inferiores pueden alegar que tienen primero una existencia animal característica y después una existencia vegetal inequívoca». Por tanto, según el principio de la selección natural con divergencia de caracteres, no parece increíble que, tanto los animales como las plantas, se puedan haber desarrollado de alguna de tales formas inferiores e intermedias; y si admitimos esto, también tenemos que admitir que todos los seres orgánicos que en todo tiempo han vivido sobre la Tierra descienden tal vez a partir de una sola forma primordial. Pero esta deducción se basa fundamentalmente en la analogía, y es de poca importancia que sea aceptada o no. Sin duda, es posible, como ha argüido míster G. H. Lewes, que en el primer comienzo de la vida se desarrollaron formas muy diferentes; pero, si es así, podemos llegar a la conclusión de que tan solo poquísimas han dejado descendientes modificados. Pues, como he hecho observar recientemente con relación a los miembros de cada uno de los grandes reinos, tales como los vertebrados, artrópodos, etc., tenemos en sus conformaciones embriológicas, homólogas y rudimentarias, pruebas claras de que, dentro de cada reino, todos los animales descienden de un solo progenitor.

Cuando las opiniones propuestas por mí en este volumen, y por míster Wallace, o cuando opiniones análogas sobre el origen de las especies sean generalmente admitidas, podemos prever vagamente que habrá una importante revolución en la historia natural. Los sistemáticos podrán proseguir sus trabajos como hasta el presente; pero no estarán constantemente obsesionados por la oscura duda de si esta o aquella forma son verdaderas especies. Y esto —estoy seguro de ello, pues hablo por experiencia— será no pequeño alivio. Cesarán las interminables discusiones de si unas cincuenta especies de zarzas británicas lo son o no en realidad. Los sistemáticos solo tendrán que decidir —lo que no será fácil— si una forma cualquiera es suficientemente constante y distinta de las demás formas, para que sea susceptible de definición; y, en caso de serlo, si las diferencias son lo bastante importantes para que merezca un nombre específico. Este último punto pasará a ser una consideración mucho más esencial de lo que es actualmente; pues las diferencias, por leves que sean, entre dos formas cualesquiera, si no están unidas por gradaciones intermedias, se consideran por la mayoría de los naturalistas como suficientes para elevar ambas formas a la categoría de especies.

En el futuro nos veremos obligados a reconocer que la única distinción entre las especies y las variedades bien acusadas es que de estas últimas se sabe, o se cree, que están enlazadas actualmente por gradaciones intermedias, mientras que las especies lo estuvieron antiguamente. Por consiguiente, sin desechar la consideración de la existencia actual de gradaciones intermedias entre dos formas cualesquiera, nos veremos en la necesidad de pesar más cuidadosamente y de valorar más la cuantía real de la diferencia entre ellas Es completamente posible que formas reconocidas hoy generalmente como simples variedades se las pueda considerar en el futuro dignas de nombres específicos, y en este caso el lenguaje científico y el común llegarán a ponerse de acuerdo. En una palabra, tendremos que tratar a las especies del mismo modo que los naturalistas tratan a los géneros, quienes admiten que los géneros son meras combinaciones artificiales establecidas por pura conveniencia. Esta puede no ser una perspectiva alentadora, pero al menos nos veremos libres de las infructuosas indagaciones tras la esencia indescubierta e indescubrible del término especie.

Las otras secciones más generales de la historia natural aumentarán mucho en interés. Los términos de *afinidad, parentesco, comunidad de tipo, paternidad, morfología, caracteres de adaptación, órganos rudimentarios* y *abortados,* etc., empleados por los naturalistas, cesarán de ser metafóricos y tendrán una significación más clara. Cuando no contemplemos ya a un ser orgánico como un salvaje contempla a un barco, como algo completamente fuera de su comprensión; cuando consideremos a toda producción de la naturaleza como seres que han tenido una larga historia; cuando contemplemos a cada estructura compleja y a cada instinto como el resumen de muchos dispositivos, cada uno de ellos útil a su poseedor, del mismo modo que una gran invención mecánica es el resumen del trabajo, de la experiencia, de la inteligencia y hasta de los desatinos de numerosos trabajadores; cuando contemplemos así a cada ser orgánico, ¡cuánto más interesante —hablo por experiencia— se hace el estudio de la historia natural!

Un amplio campo de investigación, casi no hollado, se abrirá acerca de las causas y leyes de la variación, de la correlación, de los efectos del uso y del desuso, de la acción directa de las condiciones externas, y así sucesivamente. El estudio de las producciones domésticas subirá intensamente de valor. Una variedad nueva, formada por el hombre, será un objeto de estudio más importante e interesante que una especie más añadida a la infinidad de especies ya registradas. Nuestras clasificaciones vendrán a ser —hasta donde sea posible hacerlas de este modo— genealogías, y entonces expresarán verdaderamente lo que puede llamarse el plan de creación. Las reglas para la clasificación se simplicarán, sin duda, cuando tengamos a la vista un fin determinado. No poseemos árboles genealógicos ni escudos de armas y hemos de descubrir y seguir las huellas de las numerosas líneas divergentes de descendencia de nuestras genealogías naturales mediante los caracteres de cualquier tipo que se han ido heredando desde hace mucho tiempo. Los órganos rudimentarios nos dirán infaliblemente la naturaleza de conformaciones perdidas hace mucho tiempo. Las especies y los grupos de especies llamados aberrantes, y que caprichosamente pueden llamarse «fósiles vivientes», nos ayudarán a formar una representación de las antiguas formas orgánicas. La embriología nos revelará muchas veces la conformación, en cierto grado borrosa, de los prototipos de cada una de las grandes clases.

Cuando podamos estar seguros de que todos los individuos de una misma especie y todas las especies muy afines de la mayoría de los géneros han descendido, dentro de un periodo no muy remoto, de un solo progenitor, y de que han emigrado de un solo lugar de origen, y cuando conozcamos mejor los muchos medios de migración, entonces —por la luz que actualmente proyecta, y continuará proyectando, la genealogía sobre los cambios precedentes de clima y de nivel de la Tierra— seguramente podremos seguir de una manera admirable las anteriores migraciones de los habitantes de todo el mundo. Aun hoy, la comparación de las diferencias entre los habitantes del mar en los lados opuestos de un continente, y la naturaleza de los diversos habitantes de este continente en relación con sus medios aparentes de inmigración, pueden arrojar alguna luz sobre la geografía antigua.

La noble ciencia de la geología pierde esplendor por la extrema imperfección de sus archivos. La corteza terrestre, con sus restos enterrados, no puede considerarse como un museo bien provisto, sino como una pobre colección hecha al azar y en raras ocasiones. Se reconocerá que la acumulación de cada formación fosilífera importante ha dependido de la coincidencia excepcional de circunstancias favorables, y que los intervalos en blanco entre los pisos sucesivos han sido de vasta duración. Pero podremos medir con alguna seguridad la duración de estos intervalos por la comparación de las formas orgánicas precedentes y subsiguientes. Hemos de ser cautos al intentar establecer, por la sucesión general de las formas orgánicas, correlación de rigurosa contemporaneidad entre dos formaciones que no comprenden muchas especies idénticas. Como las especies se producen y se extinguen por causas que obran lentamente y que aún existen, y no por actos milagrosos de creación; y como la más importante de todas las causas de cambio orgánico es una que es casi independiente de la alteración, y acaso de la alteración brusca, de las condiciones físicas —es decir, de la relación mutua de organismo a organismo—, pues el perfeccionamiento de un organismo ocasiona el mejoramiento o el exterminio de otros, resulta que la cuantía de cambio orgánico en los fósiles de formaciones consecutivas sirve probablemente como una buena medida de lapso de tiempo relativo, aunque no del absoluto. Sin embargo, cierto número de especies que se conservasen juntas como un todo, podían permanecer sin alteración durante un largo periodo, mientras que, durante el mismo, algunas de estas especies —por emigrar a países nuevos y entrar en competencia con formas extranjeras— podían modificarse, de modo que no podemos exagerar la exactitud del cambio orgánico como medida del tiempo.

En el futuro veo ancho campo para investigaciones mucho más importantes. La psicología se basará seguramente sobre los cimientos, bien echados ya por míster Herbert Spencer, de la necesaria adquisición gradual de cada una de las facultades y aptitudes mentales. Y se arrojará mucha luz sobre el origen del hombre y sobre su historia [219].

Autores eminentísimos parecen estar completamente satisfechos con la teoría de que cada especie ha sido creada independientemente. A mi juicio, se aviene mejor con lo que conocemos de las leyes impresas en la materia por el Creador, el que la producción y la extinción de los habitantes pasados y presentes del mundo sean debidas a causas secundarias, como las que determinan el nacimiento y la muerte de los individuos. Cuando considero a todos los seres no como creaciones especiales, sino como los descendientes directos de unos cuantos seres que vivieron mucho antes de que se depositase la primera capa del sistema Cámbrico, me parece que se ennoblecen a mis ojos. Juzgando por el pasado, podemos deducir con seguridad que ninguna especie viviente transmitirá su semejanza sin alteración hasta un futuro lejano. Y de las especies que ahora existen, muy pocas transmitirán descendientes de ninguna clase a un futuro aún más lejano; pues la manera como están agrupados todos los seres orgánicos, demuestra que la mayor parte de las especies de cada género, y todas las especies de muchos géneros, no solo no han dejado descendiente alguno, sino que se han extinguido por completo. Podemos lanzar una mirada profética al porvenir, hasta el punto de predecir que serán las especies comunes y muy difundidas, que pertenecen a los grupos mayores y dominantes dentro de cada clase, las que finalmente prevalecerán y procrearán especies nuevas y dominantes. Como todas las formas orgánicas vivientes son los descendientes directos de las que vivieron mucho tiempo antes de la época cámbrica, podemos estar seguros de que jamás se ha interrumpido ni una sola vez la sucesión ordinaria por generación, y de que ningún cataclismo ha desolado al mundo entero.

[219] Esta cínica referencia al origen del hombre —que fue suprimida por su traductor, Bronn, en la primera edición alemana de 1860— tuvo una importancia trascendental en el naturalista alemán Haeckel —quien llamó a Darwin «Copérnico de la biología»—, autor de los famosos *Enigmas del mundo* y de la *Ley biogenética.*

Por tanto, podemos contar con alguna confianza con un porvenir seguro de gran duración. Y como la selección natural obra solamente por y para el bien de cada ser, todos los dones corporales e intelectuales tenderán a progresar hacia la perfección.

Es interesante contemplar un enmarañado ribazo cubierto por numerosas plantas de muchas clases, con pájaros que cantan en los matorrales, con variados insectos revoloteando en torno y con gusanos que se arrastran por entre la tierra húmeda, y reflexionar que estas formas primorosamente construidas, tan diferentes entre sí, y que dependen mutuamente unas de otras de modos tan complejos, han sido producidas por leyes que obran en rededor nuestro. Estas leyes, tomadas en su sentido más amplio, son: la de *crecimiento con reproducción;* la de *herencia,* que está casi comprendida en la de reproducción; la de *variabilidad,* por la acción directa e indirecta de las condiciones de vida, y por el uso y desuso; y una *razón de incremento* tan elevada que conduce a la *lucha por la vida,* y, como consecuencia, a la *selección natural,* que determina la *divergencia de caracteres* y la *extinción* de las formas menos perfeccionadas. Así pues, el objeto más excelso que somos capaces de concebir, es decir, la producción de los animales superiores, resulta directamente de la guerra de la naturaleza, del hambre y de la muerte. Hay grandeza en esta concepción de que la vida, con sus diferentes facultades, fue originalmente alentada por el Creador en unas cuantas formas o en una sola, y que, mientras este planeta ha ido girando según la constante ley de la gravitación, se han desarrollado y se están desarrollando, a partir de un comienzo tan sencillo, infinidad de formas cada vez más bellas y maravillosas.

Glosario de los principales términos científicos usados en esta obra [1]

A

ABERRACIÓN *(en óptica)*.—Se llama *aberración esférica* cuando, en la refracción de la luz por una lente convexa, los rayos que pasan a través de diferentes partes de la lente convergen hacia el foco a distancias ligeramente diferentes, y *aberración cromática* cuando, al mismo tiempo, los rayos coloreados se separan por la acción prismática de la lente y convergen al centro a distancias diferentes.

ABERRANTES.—Se dice que son aberrantes las formas o grupos de animales o plantas que se apartan en caracteres importantes de sus afines más próximos, de modo que no se les incluye fácilmente con ellos en el mismo grupo.

ABORTADO.—Se dice de un órgano que es abortado cuando su desarrollo se ha detenido en una etapa muy prematura.

ALBINISMO.—Albinos son los animales en cuya piel y apéndices no se han producido las materias colorantes características de la especie. Albinismo es la condición de ser albino.

ALGAS.—Clase de plantas que incluye a las algas marinas y a las algas filamentosas de agua dulce.

ALTERNANCIA DE GENERACIONES.—Este término se aplica a un modo particular de reproducción que predomina entre muchos animales inferiores, en los cuales el huevo produce una forma orgánica completamente diferente de la de su progenitor, pero a partir de la cual la forma madre se reproduce por un proceso de brote, o por la división de la sustancia del primer producto del huevo.

AMMONITES.—Grupo de conchas fósiles, de forma espiral y con cámaras, afín al actual y nacarado

[1] Debo a la amabilidad de míster W. S. Dallas este glosario, que se da porque muchos autores se me han quejado de que algunos de los términos aquí usados eran incomprensibles para ellos. Míster Dallas se ha esforzado por que las explicaciones de los términos sean lo más populares posible. *(Nota del autor.)* [Con este mismo criterio se hacen algunas aclaraciones actuales a ciertos términos.]

Nautilus, pero que tiene las particiones entre las cámaras formando ondas en complicados dibujos en sus uniones con la pared externa de la concha.

ANALOGÍA.—Se dice de aquella semejanza de estructuras que depende de la similitud de función, como las alas de los insectos y de las aves. De tales estructuras se dice que son *análogas* y que son *análogas* entre sí.

ANÉLIDOS.—Una clase de gusanos que tienen la superficie de su cuerpo más o menos claramente dividida en anillos o segmentos, generalmente provistos de apéndices para la locomoción y de agallas. Comprende los gusanos marinos ordinarios, los gusanos terrestres y las sanguijuelas.

ANIMÁLCULO.—Animal diminuto; generalmente se aplica a aquellos que solo son visibles al microscopio.

ANÓMALO.—Contrario a la regla.

ANTENAS.—Órganos articulados, añadidos a la cabeza de los insectos, de los crustáceos y de los miriápodos, y que no pertenecen a la boca.

ANTERAS.—Parte superior de los estambres de las flores, en los que se produce el polen o polvo fertilizante.

APLACENTADOS.—Véase MAMÍFEROS.

APÓFISIS.—Eminencias de los huesos que sirven generalmente para la inserción de los músculos ligamentosos, etc.

ÁREA.—Extensión de un país sobre la que se difunde de modo natural un animal o planta. *Área en el tiempo* expresa la distribución de una especie o grupo a través de las capas fosilíferas de la corteza terrestre.

ARQUETÍPICO.—Relativo al *arquetipo* o forma ideal primitiva sobre la que parecen estar organizados todos los seres de un grupo.

ARTRÓPODOS.—Gran división del reino animal caracterizada generalmente por tener la superficie del cuerpo dividida en anillos, llamados segmentos, de los cuales un número mayor o menor está provisto de patas articuladas (tales como los insectos, los crustáceos y los miriápodos). [Véase INVERTEBRADOS.]

ASIMÉTRICO.—Que tiene los dos lados desiguales.

ATROFIADO.—Detenido en su desarrollo en una fase muy prematura.

B

BALANUS.—Género que comprende el bálano común, que vive en abundancia en las rocas de la costa. [El bálano *(Balanus crenatus)* —que también se llama «bellota de mar»— se distingue del percebe por carecer de pedúnculo. Véase CRUSTÁCEOS.]

BATRACIOS.—Clases de animales afines a los reptiles, pero que experimentan una metamorfosis peculiar en la que, de joven, el animal es generalmente acuático y respira por agallas. (Ejemplos: las ranas, los sapos y las lagartijas acuáticas.) [En la época de Darwin, los batracios formaban parte del grupo de los reptiles; hoy, como se sabe, los batracios o anfibios forman una clase de vertebrados independiente de los reptiles.]

BLOQUES ERRÁTICOS.—Grandes bloques de piedra o de roca que son transportados lejos de su lugar de origen, generalmente empotrados en arcillas o gravas.

BRANQUIAL.—Perteneciente a las agallas o branquias.

BRANQUIAS.—Agallas u órganos para respirar en el agua.

BRAQUIÓPODOS.—Una clase de moluscos marinos, o animales de cuerpo blando, provistos de una concha bivalva, que se adhieren a los objetos submarinos por medio de un pedúnculo que pasa a través de una abertura en una de las valvas, y provisto de brazos con flecos, mediante cuya acción se llevan el alimento a la boca. [Estos animales moluscoides se clasifican hoy fuera del grupo de los moluscos; se encuentran fósiles desde la época silúrica y aún quedan unas 200 especies en los mares.]

C

CÁMBRICO (*sistema*).—Una serie de rocas paleozoicas muy antiguas, entre la formación laurentina y la silúrica. Hasta muy recientemente eran consideradas como las rocas fosilíferas más antiguas.

CÁNIDOS.—La familia canina, que comprende el perro, el lobo, el zorro, el chacal, etc.

CAPARAZÓN.—La concha que envuelve generalmente la parte anterior de los crustáceos; se aplica también a las piezas de concha sólida de los cirrípedos.

CAPULLO.—Cápsula, generalmente de material sedoso, en la que suelen estar envueltos los insectos durante la fase segunda o fase de reposo (pupa) de su existencia. El término «fase de capullo» se emplea aquí como equivalente de «fase de pupa».

CARBONÍFERO.—Este término se aplica a la gran formación que comprende, entre otras rocas, los yacimientos de carbón. Pertenece al sistema Paleozoico o de formaciones más antiguas.

CAUDAL.—Relativo a la cola.

CAVADORES.—Que tienen la facultad de cavar. Los himenópteros cavadores son un grupo de insectos parecidos a las avispas, que hacen agujeros en el suelo arenoso a fin de construir nidos para sus crías.

CEFALÓPODOS.—La clase superior de los moluscos, o animales de cuerpo blando, que se caracteriza porque tienen la boca rodeada de un número mayor o menor de tentáculos o brazos carnosos que, en la mayoría de las especies, van provistos de ventosas. (Ejemplos: la jibia o sepia y el nautilo.)

CELOSPERMOS.—Término que se aplica a aquellos frutos de las umbelíferas que tienen la semilla ahuecada en su cara interna.

CETÁCEOS.—Orden de mamíferos que comprende la ballena, el delfín, etc.; tienen forma de pez, la piel desnuda y solamente desarrollados los miembros anteriores.

CIRRÍPEDOS.—Orden de crustáceos que comprende los percebes y los bálanos o «bellotas de mar». De jóvenes se parecen a otros muchos crustáceos por la forma; pero de adultos están casi siempre adheridos a otros objetos, ya directamente o por medio de un pedúnculo, y sus cuerpos están envueltos por una masa calcárea compuesta de varias piezas, dos de las cuales pueden abrirse para dar salida a un bulto sinuoso, llamado tentáculo, los cuales representan los miembros.

COCCUS.—Género de insectos que comprende la cochinilla. En estos, el macho es una mosca diminuta y alada, y la hembra generalmente una masa sin movimiento y de forma redonda. [*Cóccido* dícese de los insectos hemípteros, suborden de los homópteros, notables por su diformismo sexual, como la cochinilla y el quermes. Se trata aquí de la cochinilla (*Coccidae*) —*coccinus* = escarlata, por el colorante rojo que proporcionaba—, insecto hemíptero cóccido, no de la cochinilla —*cochina* = de forma de coco, de bola—, crustáceo isópodo de cuerpo anillado, terrestre, que al tocarlo se arrolla en forma de bola, llamado también «cochinilla de humedad».]

COLEÓPTEROS.—Escarabajos, orden de insectos, mordedores, que tienen el primer par de alas más o menos córneas, formando estuches para el segundo par, y que se encuentra por lo general en línea recta por debajo del centro de la espalda. [El primer par de alas son los élitros, duros o coriáceos, y el segundo par son alas membranosas aptas para el vuelo. Existen unas doscientas mil especies repartidas por todo el mundo.]

COLUMNA.—Órgano especial de las flores de las orquídeas, en las que los estambres, estilo y estigma —o partes reproductoras— están unidos.

COMPUESTAS (*plantas*).—Plantas cuya inflorescencia consta de numerosas flores pequeñas (florecillas) reunidas en un espeso mazo, que está rodeado en su base por una envoltura común. (Ejemplos: la margarita, el diente de león, etc.)

CONFERVAS.—Algas filamentosas de agua dulce.

CONGLOMERADO.—Roca formada de fragmentos de roca o guijarros, cementados por algún otro material.

CORIMBO.—Mazo de flores en el cual las que brotan de la parte inferior del pedúnculo floral van soportadas en largos tallos, de forma que quedan casi a nivel con las que brotan de los pedúnculos superiores.

COROLA.—Segunda envoltura de la flor, compuesta generalmente de órganos coloreados y parecidos a las hojas (pétalos), que pueden estar unidos por sus bordes, ya en su base o en toda su superficie.

CORRELACIÓN.—La normal coincidencia de un fenómeno, carácter, etc., con otro.

COTILEDONES.—El germen o simiente de las plantas.

CRUSTÁCEOS.—Clase de animales artrópodos que tienen la envoltura de su cuerpo generalmente más o menos endurecida por la sedimentación de una materia calcárea y que respiran por medio de agallas. (Ejemplos: el cangrejo, la langosta, el camarón, etc.) [Los crustáceos son una clase de artrópodos, importante orden de los invertebrados, de caparazón quitinoso; son animales marinos, de agua dulce y terrestres. Se dividen en: *a) entomostráceos,* que comprenden, entre otros grupos, filópodos (pulgas de agua), ostracodos y cirrípedos o cirrópodos (que se dividen en cirrópodos pedunculados o percebes y en cirrípedos sésiles o bálanos); y *b) malacostráceos,* que comprenden, entre otros grupos, leptostráceos y podoftalmos (entre estos últimos se hallan el cangrejo de río y de mar, el ermitaño, la langosta, los camarones, etc.)]

CURCULIO.—Antiguo término genérico para los coleópteros conocidos como gorgojos, caracterizados por sus cuatro patas articuladas y por ser su cabeza una especie de pico, a cuyos lados se insertan las antenas.

CUTÁNEO.—Relativo a la piel.

D

DEGRADACIÓN.—Desgaste del terreno por la acción del mar o de los agentes meteóricos.

DENUDACIÓN.—Desgaste de la superficie del suelo por el agua.

DESDENTADOS.—Orden peculiar de cuadrúpedos, caracterizado por la ausencia de los dientes incisivos anteriores en ambas quijadas. (Ejemplos: los perezosos o armadillos.)

DEVÓNICO *(sistema).*—Serie de rocas paleozoicas que comprende la arenisca roja antigua. [La arenisca roja nueva es el pérmico.]

DICOTILEDÓNEAS *(plantas).*—Clase de plantas caracterizadas por tener dos cotiledones, por la formación de madera nueva entre la corteza y la madera vieja (crecimiento exógeno) y por la disposición reticular de los vasos de las hojas. Las partes de las flores son generalmente múltiplos de cinco.

DIFERENCIACIÓN.—La separación o discriminación de partes u órganos que, en las formas orgánicas más simples, están más o menos unidas.

DIMORFO.—Que tiene dos formas distintas. Dimorfismo es la condición de la aparición de una misma especie bajo dos formas distintas.

DIOICO.—Que tiene los órganos de los dos sexos en individuos distintos.

DIORITA.—Una forma especial de glauconita.

DORSAL.—Referente a la espalda.

E

EFEMERAS.—Insectos afines a la mosca de un día o mosca de mayo. [Es un género de insectos nerópteros.]

ÉLITROS.—Alas anteriores y duras de los coleópteros, que sirven de estuche para las alas posteriores y membranosas, alas estas que constituyen los verdaderos órganos de vuelo.

EMBRIÓN.—Germen animal que se desarrolla dentro del huevo o de la matriz.

EMBRIOLOGÍA.—Estudio del desarrollo del embrión.

ENDÉMICO.—Peculiar a una localidad dada.

ENDENTADURA SERRADA.—Dientes en forma de sierra.

ENTOMOSTRÁCEOS.—División de la clase de los crustáceos, que tienen todos los segmentos del cuerpo generalmente distintos, agallas unidas a las patas o a los órganos de la coba, y las patas guarnecidas con pelos finos. Generalmente son de tamaño pequeño.

EOCENO.—La más antigua de las tres divisiones de la era Terciaria de los geólogos. Las rocas de esta edad contienen escasa proporción de moluscos idénticos a las especies que viven actualmente. [Recuérdese lo que hemos dicho sobre la división geológica de la Tierra en la época de Darwin.]

ESÓFAGO.—El gaznate.

ESCUDETES.—Placas córneas que suelen recubrir las patas de las aves, especialmente por delante.

ESPECIALIZÁCIÓN.—La disposición de por sí de un órgano particular para la realización de una función especial.

ESTAMBRES.—órganos masculinos de las plantas con flores, que están situados en círculo dentro de los pétalos. Constan generalmente de un filamento y de una antera, siendo la antera la parte esencial en la cual se forma el polen o polvo fecundante.

ESTERNÓN.—El hueso del pecho.

ESTIGMA.—La porción superior del pistilo de las plantas con flores.

ESTILO.—La porción central del pistilo completo, que se eleva como una columna desde el ovario y soporta al estigma en su punta.

ESTÍPULAS.—Órganos pequeños y hojosos, situados en la base de los tallos de las hojas de muchas plantas.

F

FAUNA.—El conjunto de los animales que viven naturalmente en un país o región determinados, o que han vivido durante un periodo geológico dado.

FÉLIDOS.—La familia de los felinos.

FERAL.—Que se ha vuelto salvaje desde el estado de cultivo o de domesticidad.

FETAL.—Relativo al feto o embrión, en curso de desarrollo.

FILODÍNEAS.—Que tienen tallos o peciolos aplanados y en forma de hoja, en vez de verdaderas hojas. [Filodio es un peciolo que tiene apariencia y funciones de una hoja.]

FLORA.—El conjunto de las plantas que crecen naturalmente en un país o durante un periodo geológico dado.

FLORECILLAS.—Flores imperfectamente desarrolladas en algunos respectos y reunidas en una densa espiga o cabeza, como en las gramíneas, diente de león, etc.

FORAMINÍFEROS.—Clase de animales de ínfima organización, generalmente de tamaño pequeño y de cuerpo gelatinoso, de cuya superficie se dilatan y contraen unos delicados filamentos con los que pueden aprehender objetos externos, y que poseen una concha calcárea o arenácea, generalmente dividida en cámaras y perforada con pequeñas aberturas. [Son protozoos rizópodos, y sus formas fósiles son los *nummulites,* de la era Terciaria.]

FOSILÍFERO.—Que contiene fósiles.

FRENO.—Pequeña franja o pliegue de piel.

FÚRCULA.—El hueso furcular, formado por la unión de los huesos del cuello en muchas aves, como en la gallina común.

G

GALLINÁCEAS *(aves).*—Orden de aves del cual la gallina común, el pavo y el faisán son los ejemplos más conocidos.

GALLUS.—Género de aves que comprende al gallo común.

GANOIDEOS *(peces).*—Peces cubiertos de escamas óseas esmaltadas de una manera peculiar. La mayoría de ellos se han extinguido.

GANGLIO.—Bulto o nudo a partir del cual irradian los nervios como desde un centro.

GLACIAR *(periodo).*—Periodo de mucho frío y de enorme extensión de hielo sobre la superficie de la Tierra. Se cree que durante la historia geológica de la Tierra han ocurrido repetidamente periodos glaciares, pero el término se aplica generalmente al fin de la época Terciaria, cuando casi toda Europa estuvo sometida a un clima ártico. [Ha habido periodos glaciares durante la era Proterozoica —con el alzamiento laurentino-algonquino—, durante la era Paleozoica —con el alzamiento caledoniense—, y especialmente en la era Cuaternaria —después del alzamiento alpino de la era Terciaria—. (Véase el cuadro de los periodos glaciares de la era Cuaternaria.)]

GLÁNDULA.—Órgano que segrega o disocia algún producto particular de la sangre de los animales o de la savia de las plantas.

GLOTIS.—Abertura de la tráquea al esófago o gaznate.

GNEIS.—Roca parecida al granito, aunque más o menos estratificada, y producida realmente por la alteración de un depósito sedimentario después de su consolidación.

GRALLATORES.—Las llamadas aves zancudas —cigüeñas, grullas, agachadizas, etc.—, generalmente provistas de unas patas largas, sin plumas desde por encima del calcañar y sin membrana alguna entre sus dedos. [Del latín *grallator, -oris* —el que anda en zancos—, derivado de *grallae* —zancos—, y esta de *gradus* —paso.]

GRANITO.—Roca que está formada esencialmente de cristales de feldespato y mica en una masa de cuarzo.

H

HÁBITAT.—Lugar en que una planta o animal vive naturalmente.

HEMÍPTEROS.—Orden o suborden de insectos caracterizado por la posesión de un pico articulado o *rostrum,* y por tener sus alas anteriores córneas en la base y membranosas en la extremidad, donde se entrecruzan. Este grupo incluye las diversas especies de chinches. [Los hemípteros se dividen en dos subórdenes: heterópteros, como la chinche, y homópteros, como la cigarra.]

HERMAFRODITAS.—Que poseen los órganos de ambos sexos.

HÍBRIDOS.—Los descendentes de la unión de dos especies distintas.

HIMENÓPTEROS.—Orden de insectos, mordedores y generalmente con cuatro alas membranosas, en las que hay unos cuantos nervios. Las abejas y avispas son ejemplos familiares de este grupo.

HIPERTROFIADO.—Excesivamente desarrollado.

HOMOLOGÍA.—Aquella relación entre las partes que resulta de su desarrollo a partir de las partes embrionarias correspondientes, ya en animales diferentes, como es el caso del brazo del hombre, las patas delanteras de los cuadrúpedos y las alas de las aves, ya en un mismo individuo, como es el caso de las patas anteriores y posteriores de los cuadrúpedos, y los segmentos o anillos y los apéndices de que se compone el cuerpo de los gusanos, miriápodos, etc. Esta última se llama *homología en serie.* Las partes que están en semejante relación entre sí se dice que son homologas, y tal parte u órganos se dice que es *homólogo* de otro. En plantas diferentes, las partes de la flor son homologas, y, en general, estas partes se consideran como homologas respecto a las hojas.

HOMÓPTEROS.—Orden o suborden de insectos que tienen —como los hemípteros— un pico articulado, pero cuyas alas anteriores son completamente membranosas o completamente coriáceas. Las cigarras cercopis y los pulgones son los ejemplos más conocidos. [Este orden de insectos es hoy un suborden de insectos hemípteros que comprende familias como la de los cicádidos, cicadélidos, cóccidos, áfidos, etc. Los cicádidos (*Cicadidae*) es una familia que comprende unas 500 especies de cigarras agrupadas en dos géneros, entre ellas la *Cicada plebeia* o cigarra vulgar. Los cicadélidos (*Cicadellidae,* del latín *cicadella,* diminutivo de *cicada,* cigarra) es una familia de insectos del orden de los hemípteros, suborden de los homípteros, que comprende gran número de especies y entre sus géneros principales está el cercopis (gén. *Cercopidae),* que agrupa numerosas especies repartidas por todo el orbe, y de las ocho europeas destaca la especie *Cercopis sanguinolenta.]*

HONGOS.—Clase de plantas celulares de las que los ejemplos más familiares son los hongos, setas y mohos.

I

ICNEUMÓNIDOS.—Familia de insectos himenópteros, cuyos individuos ponen sus huevos en los cuerpos o en los huevos de otros insectos. [No hay que confundir al icneumón —género de insectos himenópteros— con el cuadrúpedo carnívoro del mismo nombre —semejante al gato de algalia— que vive en África, se alimenta de ratas y serpientes, y al que los antiguos egipcios adoraban como principal destructor de huevos de cocodrilo.]

IMAGO.—Estado reproductor completo —generalmente alado— de un insecto.

INDÍGENAS.—Los animales o plantas aborígenes de un país o región.

INFLORESCENCIA.—Modo de disposición de las flores de las plantas.

INFUSORIOS.—Clase de animálculos microscópicos, llamados así por haberse conservado originariamente en infusiones de sustancias vegetales. Constan de una materia gelatinosa encerrada en una delicada membrana que está provista total o parcialmente de unos cortos pelillos vibrátiles, llamados cilios, por medio de los cuales los animálculos nadan en el agua o se llevan las partículas diminutos de alimento al orificio de la boca.

INSECTÍVOROS—Que se alimentan de insectos.

INVERTEBRADOS *(animales).*—Los animales que carecen de espina dorsal o columna vertebral. [El reino animal comprende más del millón de especies vivas y medio millón de especies fósiles, y se divide en nueve grandes órdenes: 1) Protozoos, microorganismos unicelulares que se clasifican en: *a)* rizópodos, *b)* flagelados, *c)* esporozoos, y *ch)* ciliados o infusorios. Los órdenes que siguen son de metazoos o animales pluricelulares. 2) Espongiarios, como la esponja de mar. 3) Celentéreos, con sus dos formas pólipos y medusas. 4) Platelmintos, gusanos planos, como la solitaria. 5) Nematelmintos, gusanos cilíndricos, como las lombrices y la triquina. 6) Articulados o artrópodos, que se clasifican en: *a)* crustáceos, *b)* insectos, *c)* arácnidos, y *ch)* miriápodos. 7) Moluscos. 8) Equinodermos, como el erizo de mar y las holoturias; y 9) Cordados, orden formado por: A) tunicados, animales marinos, fijos casi todos, cuerpo en forma de saco, envueltos en una cutícula de celulosa y provistos de notacorda —cuerda dorsal, rígida y elástica, que protege el eje neuronal de los cordados; en los embriones de los vertebrados aparece como esbozo de la futura columna vertebral—; B) acranios, pequeños animales marinos, pisciformes, cefalocordados, provistos de notacorda, como el anfioxo, provisto de vasos pulsátiles, pero sin corazón. Todos los animales anteriores son invertebrados, y C) Vertebrados.]

L

LAGUNAS.—Espacios que hay entre los tejidos de algunos de los animales inferiores, y que sirven de vasos para la circulación de los líquidos del cuerpo.

LAMINADO.—Provisto de láminas o plaquitas.

LARINGE.—La parte superior de la tráquea que abre hacia la garganta.

LAURENTINA *(formación)*.—Grupo de rocas muy antiguas y alteradas que se extienden principalmente a lo largo del río San Lorenzo, de donde proviene su nombre. En estas rocas es donde se han encontrado las huellas más antiguas conocidas de cuerpos orgánicos.

LEGUMINOSAS.—Orden de plantas representado por los guisantes y las judías comunes, que tienen una flor irregular, uno de cuyos pétalos se eleva como un ala, y los estambres y el pistilo están encerrados en una cápsula formada por otros dos pétalos. El fruto es una vaina o legumbre.

LEMÚRIDOS.—Grupo de animales cuadrumanos, distintos de los monos y que se parecen a los cuadrúpedos insectívoros en algunos de sus caracteres y costumbres. Sus individuos tienen las ventanas de la nariz combadas o arremangadas, y una garra en vez de uña en el dedo principal de las manos posteriores. [Los lemúridos son de la familia de los prosimios, mamíferos arborícolas parecidos a los simios o monos, con los cuales forman el orden de los mamíferos superiores llamado primates. En algunos de los representantes de los lemúridos —el *Tarsius spectrum*, el indri de Madagascar— se ha querido ver el eslabón perdido en la cadena de la descendencia del hombre. Los simios o monos se clasifican en: *a)* platirrinos, monos de nariz chata, trepadores, casi siempre con cola prensil, del nuevo continente, como el tití, y *b)* catirrinos, monos de nariz estrecha, de cola no prensil y a veces sin ella, del antiguo continente, que comprenden: *a)* los cercopitecos, como el mico; *b)* el gibón *(Hylobates)* —en el que Haeckel creyó ver el mono más cercano al hombre—, y *c)* los artropoides o antropomorfos, el grupo de los primates superiores, como el orangután, grupo en el que Weinert distingue el subgrupo de los *summoprimates:* el chimpancé y el hombre, cuyo antecesor común —según la teoría del antropoide— es el *dryopithecus*. En 1948, al descubrir Leakey y sus colaboradores los restos fósiles del primate superior más antiguo que conocemos, el *Proconsul africanus,* cuya antigüedad se remonta a veinte millones de años —periodo Mioceno, como el *dryopithecus,* pero anterior a él y a otros paleoprimates precursores del chimpancé—, lo consideraron como el eslabón perdido del que derivaron, por un lado, los antropoides arborícolas, y, por otro, los lejanos antepasados del hombre. Posteriormente se ha considerado al *Oreopithecus Bambolii Gervais* —fósil del orden de los primates descubierto en 1869 y que suscitó desde entonces verdaderas dificultades de clasificación, siendo incluido por unos dentro de los cercopitecos, por otros entre los hilobátidos (gibones) y por algún otro, y recientemente por el paleontólogo suizo Hürzeler, quien en 1958 halló una osamenta completa del oreopiteco, entre los homínidos— como el eslabón perdido íntimamente vinculado con los australopitécidos, los pitecantrópidos y el *Homo sapiens,* atribuyéndole una antigüedad de doce millones de años —comienzos del Plioceno—, si bien hoy se piensa que el oreopiteco se extinguió sin dejar descendencia. Así, el periodo de la evolución de los orígenes del hombre se ha ampliado desde un millón hasta doce o veinte millones de años.]

LEPIDÓPTEROS.—Orden de insectos caracterizados por la posesión de una trompetilla espiral y de cuatro grandes alas más o menos escamosas. Comprende las mariposas y las polillas.

LITORAL.—Que vive a la orilla del mar.

LOESS.—Depósito gredoso de fecha reciente (posterciario) que ocupa una gran parte del valle del Rin. [El loess es un polvo de cuarzo con partículas de arcilla y mica, que cubre grandes extensiones de China y Europa, formando un suelo muy fértil mediante el acarreo de sedimentos diluviales por la acción del viento.]

M

MALACOSTRÁCEOS.—La división superior de los crustáceos, que comprende los cangrejos ordinarios, la langosta, los camarones, etc., junto con la cochinilla y la pulga de agua.

MAMÍFEROS.—La clase superior de los animales, que comprende a los cuadrúpedos, por lo general velludos, los balénidos y el hombre, y caracterizados por la producción de crías que se alimentan desde su nacimiento de la leche de las tetas (mamas, glándulas mamarias) de la madre. Debido a una diferencia importante en el desarrollo embrionario se divide esta clase en dos grandes grupos: en uno de ellos, cuando el embrión ha alcanzado cierto estado, se forma entre el embrión y la madre una conexión vascular llamada *placenta;* y en el otro carece de ella, naciendo la cría en un estado muy incompleto. Los primeros, que comprenden la mayor parte de la clase, se llaman *mamí-*

feros placentados; los segundos, o *mamíferos aplacentados,* comprenden los marsupiales y monotremas *(Ornithorhynchus).*

MANDÍBULAS *(en los insectos).*—El primer par o par superior de mandíbulas, que son generalmente órganos sólidos, córneos y mordientes. En las aves, el término se aplica a ambas mandíbulas con sus envolturas córneas. En los cuadrúpedos, la mandíbula es propiamente la quijada inferior.

MARSUPIALES.—Orden de mamíferos cuyas crías nacen en un estado muy incompleto de desarrollo y que son llevadas por la madre, mientras maman, en una bolsa ventral *(marsupium),* tales como los canguros, las zarigüeyas, etc. (Véase MAMÍFEROS.)

MAXILAS *(en tos insectos).*—El segundo par o par inferior de mandíbulas, que está compuesto por varias articulaciones y va provisto de apéndices especiales articulados llamados palpos o antenas.

MÉDULA ESPINAL.—La porción central del sistema nervioso de los vertebrados, que baja del cerebro a través de los arcos de las vértebras y de la que arrancan casi todos los nervios a los diferentes órganos del cuerpo.

MELANISMO.—Lo contrario de albinismo; desarrollo excesivo de las sustancias colorantes de la piel y sus apéndices.

METAMÓRFICAS *(rocas).*—Rocas sedimentarias que han experimentado modificación, generalmente por la acción del calor, después de su sedimentación y consolidación.

MOLUSCOS.—Una de las grandes divisiones del reino animal, que comprende a los animales que tienen el cuerpo blando, generalmente provisto de concha, y en los cuales los ganglios o centros nerviosos no presentan ninguna disposición general determinada. Se los conoce generalmente por la denominación de «conchas»; la jibia, los caracoles comunes y de mar, las ostras, los mejillones y los berberechos pueden servir como ejemplos de moluscos.

MONOCOTILEDÓNEAS *(plantas).*—Plantas en las que germina solamente un germen (o cotiledón); se caracterizan por la ausencia de sucesivas capas leñosas en el tallo (crecimiento endógeno), por ser generalmente rectos los vasos de las hojas y por ser generalmente múltiplos de tres las partes de las flores. (Ejemplos: las gramíneas, lirios, orquídeas, palmas, etc.)

MORFOLOGÍA.—La ley de forma o estructura independiente de la función.

MORRENAS.—Las acumulaciones de fragmentos de rocas arrastrados por los glaciares.

MYSIS *(fase de).*—Fase en el desarrollo de ciertos crustáceos (langostinos), en la cual se parecen mucho a los adultos de un género *(Mysis)* que pertenece a un grupo ligeramente inferior.

N

NACIENTE.—Comienzo de desarrollo.

NATATORIO.—Adaptado para el propósito de nadar.

NAUPLIUS *(forma de)*.—El estado más primitivo en el desarrollo de ciertos crustáceos, especialmente los que pertenecen a los grupos más inferiores. En esta fase el animal tiene cuerpo pequeño, con indicaciones indistintas de una división en segmentos y tres pares de miembros con pelillos. Esta forma del *Cyclops* común de agua dulce se describía como un género distinto, bajo el nombre de *Nauplius*.

NERVADURA.—La disposición de las venas o nervios en las alas de los insectos.

NEUTRAS.—Hembras imperfectamente desarrolladas de ciertos insectos sociales (tales como las hormigas y las abejas), que realizan todos los trabajos de la comunidad. De aquí que se les llame también *trabajadoras*.

NICTITANTE *(membrana)*.—Membrana semitransparente que puede desplegarse sobre el ojo de las aves y reptiles, ya para moderar los efectos de una luz fuerte o para barrer partículas de polvo, etc., de la superficie del ojo.

O

OCELOS.—Ojos simples de los insectos, generalmente situados encima de la cabeza, entre los grandes ojos compuestos.

OOLÍTICO —Una gran serie de rocas secundarias, llamadas así por la contextura de algunas de ellas, que parecen estar formadas de una masa de pequeños cuerpos calcáreos de *forma de huevo*. [En la época de Darwin, la era Secundaria o Mesozoica se dividía en dos series —lías y oolítica—, hoy en desuso.]

OPÉRCULO.—Lámina calcárea empleada por muchos moluscos para cerrar la abertura de sus conchas. Las *válvulas operculares* de los cirrípedos son las que cierran la abertura de la concha.

ÓRBITA.—Cavidad ósea para acoger el ojo.

ORGANISMO.—Cualquier ser organizado, animal o planta.

ORTOSPERMO.—Término aplicado a aquellos frutos de las umbelíferas que tienen la semilla recta.

OSCULANTES.—Se dice que son osculantes las formas o grupos que son evidentemente intermedios entre otros grupos, enlazándolos entre sí.

OVARIO *(en las plantas)*.—La parte inferior del pistilo u órgano femenino de la flor, que contiene los óvulos o semillas incipientes; por lo general, llega a convertirse en fruto cuando ha descendido el desarrollo de los demás órganos de la flor.

OVAS.—Huevos.

OVÍGERO.—Que lleva o contiene huevos.

ÓVULOS *(de las plantas)*.—Las semillas en su condición más primaria.

P

PALEOZOICO.—El sistema más antiguo de las rocas fosilíferas.

PALPOS.—Apéndices articulados de algunos de los órganos de la boca, en insectos y crustáceos.

PAPILIONÁCEAS.—Orden de plantas (véase LEGUMINOSAS). Las flores de estas plantas se llaman *papilionáceas,* o de forma de mariposa, por la semejanza imaginaria de los pétalos superiores extendidos con las alas de una mariposa.

PAQUIDERMOS.—Grupo de mamíferos, llamado así por su piel gruesa, y que comprende el elefante, rinoceronte, hipopótamo, etc.

PARÁSITO.—Animal o planta que vive a expensas de otro organismo, encima o en el interior de él.

PARTENOGÉNESIS.—Generación de seres vivos de huevos o semillas no fecundizados.

PEDUNCULADO.—Soportado sobre un tallo o tronco.

PELORIA o PELORISMO.—La apariencia de regularidad de estructura en las flores de plantas que normalmente llevan flores irregulares.

PELVIS.—El arco óseo al que están articulados los miembros posteriores de los animales vertebrados.

PÉTALOS.—Las hojas de la corola o segundo círculo de órganos de una flor. Por lo general son de contextura delicada y de colores brillantes.

PIGMENTO.—Sustancia colorante producida generalmente en las partes superficiales de los animales. Las células que la segregan se llaman *células pigmentarias.*

PINNADO.—Que lleva hojitas a cada lado de un tallo central.

PISTILOS.—Los órganos femeninos de la flor, situados en el centro de los otros órganos florales. El pistilo se divide generalmente en ovario o germen, el estilo y el estigma.

PLANTÍGRADOS.—Cuadrúpedos que pisan con toda la planta del pie, como los osos.

PLÁSTICO.—Fácilmente susceptible de cambio.

PLEISTOCENO *(periodo).*—Los tiempos más recientes de la época Terciaria. [Hoy el Pleistoceno o diluvial es el primer periodo Cuaternario, que coincide con el periodo Glaciar. El segundo periodo Cuaternario o actual es el Holoceno o Aluvial, formado por las recientes tierras de aluvión.]

PLÚMULA *(en las plantas).*—El brote diminuto entre las simientes de las plantas nuevamente germinadas.

PLUTÓNICAS *(rocas).*—Rocas que se supone que se han producido por la acción ígnea en las profundidades de la Tierra.

POLEN.—El elemento masculino de las plantas con flores; generalmente un polvo fino producido por las anteras que —por contacto con el estigma— efectúa la fecundación de las semillas. Esta fecundación se lleva a cabo por medio de tubos *(tubos poliníferos)* que salen de los granos de polen que se adhieren al estigma y penetran en los tejidos hasta alcanzar el ovario.

POLIÁNDRICAS *(flores).*—Flores que tienen muchos estambres.

POLÍGAMAS *(plantas).*—Plantas en las que unas flores son unisexuales y otras hermafroditas. Las flores unisexuales (masculinas y femeninas)

pueden estar en la misma planta o en plantas diferentes.
POLIMORFAS.—Que presentan muchas formas.
POLIZOARIO.—La estructura común formada por las células de los polizoos, tales como los bien conocidos *sea-mats* [2].
PRENSIL.—Capaz de agarrar.
PREPOTENTE.—Que tiene superioridad de poder.
PRIMARIAS.—Las plumas que forman la extremidad del ala de las aves, y que van insertas en la parte que representa la mano del hombre.
PROPÓLEOS.—Sustancia resinosa que recogen las abejas de las yemas abiertas de diversos árboles.
PROTEICO.—Excesivamente variable.
PROTOZOOS.—La gran división inferior del reino animal. Estos animales están compuestos de materia gelatinosa y apenas presentan rastro alguno de órganos distintos. Los infusorios, foraminígeros y espongiarios, con algunas otras formas, pertenecen a esta división. [Véase INVERTEBRADOS y RIZÓPODOS.]
PUPA.—La segunda fase en el desarrollo de un insecto, de la cual pasa a la forma reproductora perfecta (alada). En muchos insectos la *fase de pupa* o ninfa se pasa en completo reposo. La crisálida es la fase de pupa o ninfa de las mariposas.

Q

QUELONIOS.—Orden de reptiles que comprende las tortugas de mar, las tortugas comunes, etc.

R

RADÍCULA.—Raíz diminuta de una planta embrionaria.
RAMUS.—Una mitad de la mandíbula inferior de los mamíferos. La porción que asciende para articularse con el cráneo se llama *ramus ascendente*.
REGRESIÓN.—Desarrollo hacia atrás. Cuando un animal, al acercarse a la madurez, llega a ser menos perfectamente organizado de lo que pudiera esperarse de sus fases primitivas y de sus afines conocidos, se dice que sufre un *desarrollo* o *metamorfosis retrógrado*.
RIZÓPODOS.—Clase de animales inferiormente organizados (protozoos) que tienen un cuerpo gelatinoso, de cuya superficie pueden sobresalir apéndices o filamentos en forma de raíz, que sirven para la locomoción y captura de alimentos. El orden más importante es el de los foramíferos. (Véase FORAMINÍFEROS e INVERTEBRADOS.]
ROEDORES.—Los mamíferos roedores, tales como las ratas, conejos y ardillas. Se caracterizan especialmente por la posesión de un solo par de dientes incisivos en forma de cincel en cada quijada, entre los cuales y las muelas hay un gran hueco.
RUBUS.—El género de las zarzas.
RUDIMENTARIO.—Muy imperfectamente desarrollado.
RUMIANTES.—El grupo de cuadrúpedos que rumian o mastican la rumia, tales como los bueyes, ovejas y venados. Tienen las pezuñas

hendidas y carecen de dientes incisivos en la quijada superior.

RETINA.—La delicada envoltura interior del ojo, formada por filamentos nerviosos que se extienden desde el nervio óptico y sirven para la percepción de las impresiones producidas por la luz.

S

SACRA.—Perteneciente al sacro o hueso compuesto generalmente por dos o más vértebras unidas, a cuyos lados está acoplada la pelvis en los animales vertebrados.

SARCODA.—La materia gelatinosa de que se compone el cuerpo de los animales de organización más inferior (protozoos).

SEDIMENTARIAS *(formaciones)*.—Rocas depositadas como sedimentos por el agua.

SEGMENTOS.—Los anillos transversales de que se compone el cuerpo de un animal articulado o anélido.

SÉPALOS.—Las hojas o segmentos del cáliz o envoltura más externa de una flor ordinaria. Generalmente son verdes, pero a veces tienen colores brillantes.

SÉSIL.—Que no se soporta sobre un tallo o pedúnculo.

SILÚRICO *(sistema)*.—Sistema antiquísimo de rocas fosilíferas, perteneciente a la parte más primitiva de las series paleozoicas.

SUBCUTÁNEO.—Situado debajo de la piel.

SUCCIONADOR.—Adaptado para succionar o chupar.

SUTURAS *(en el cráneo)*.—Las líneas de unión de los huesos que componen el cráneo.

T

TARSO.—Pies articulados de los artrópodos, como los insectos.

TELEÓSTEOS *(peces)*.—Clase de peces familiar en nuestros días, que tienen, por lo general, el esqueleto completamente osificado y las escamas córneas.

TENTÁCULOS.—Órganos carnosos y delicados para coger o palpar, que poseen muchos animales inferiores.

TERCIARIA.—La época geológica más reciente, inmediatamente anterior al establecimiento del presente orden de cosas. [Véase PLEISTOCENO.]

TRABAJADORAS.—(Véase NEUTRAS.)

TRÁQUEA.—El gaznate o paso para la admisión de aire a los pulmones.

TRIDÁCTILOS.—De tres dedos o compuesto de tres partes móviles unidas a una base común.

TRILOBITES.—Grupo especial de crustáceos extinguidos, algo parecido a las cochinillas en su forma externa y, como ellas, capaces de enrollarse en una bola. Sus restos se han encontrado solamente en las rocas paleozoicas, y más abundantemente en la edad Silúrica.

TRIMORPAS.—Que presentan tres formas distintas.

U

UMBELÍFERAS.—Orden de plantas cuyas flores, que constan de cinco estambres y un pistilo con dos estilos, van sustentadas sobre unos tallos que brotan de la parte superior del tallo de la flor, y se abren como las varillas de un paraguas, de modo que llevan todas las flores en una misma cabeza *(umbela)* y casi al mismo nivel. (Ejemplos: el perejil y la zanahoria.)

UNGULADOS.—Cuadrúpedos con pezuña.

UNICELULAR.—Que consta de una sola célula.

V

VASCULAR.—Que contiene vasos sanguíneos.

VERMIFORME.—En forma de gusano.

VERTEBRADOS *(animales)*.—La división superior del reino animal, llamada así por la presencia, en la mayoría de los casos, de una columna vertebral compuesta de numerosas uniones o vértebras, que constituye el centro del esqueleto y, al mismo tiempo, soporta y protege las partes centrales del sistema nervioso. [Los vertebrados —que comprenden unas 60.000 especies— se dividen en las cinco clases de peces, anfibios, reptiles, aves y mamíferos.]

VERTÍCILOS.—Los círculos o líneas espirales en que se disponen las partes de las plantas, según el eje de crecimiento.

VESÍCULA GERMINAL.—Vesícula diminuta en los huevos de los animales, a partir de la cual proviene el desarrollo del embrión.

Z

ZOEA *(fase de)*.—La fase más primaria en el desarrollo de muchos de los crustáceos superiores, llamados así por el nombre de *Zoea* que se aplicó a estos animales cuando se suponía que formaban un género especial.

ZOOIDES.—En muchos de los animales inferiores (como los corales, las medusas, etc.) la reproducción se efectúa de dos maneras, es decir, por medio de huevos o mediante un proceso de brote con o sin separación del progenitor del producto del último, que suele ser muy diferente al del huevo. La individualidad de la especie está representada por el conjunto de la forma producida entre dos reproducciones sexuales; y estas formas, que son evidentemente animales individuales, se han llamado *zooides*.

Índice alfabético

A

B

C

CH

D

E

F

G

H

I

J

K

L

M

N

O

P

Q

R

S

T

U

V

W

Y

Z